김찬양 교수의

# 연구실 안전관리사

## 2차 한권으로 끝내기

시대에듀

김찬양 교수의 연구실안전관리사 2차 한권으로 끝내기

*Always with you*

사람이 길에서 우연하게 만나거나 함께 살아가는 것만이 인연은 아니라고 생각합니다.
책을 펴내는 출판사와 그 책을 읽는 독자의 만남도 소중한 인연입니다.
시대에듀는 항상 독자의 마음을 헤아리기 위해 노력하고 있습니다.
늘 독자와 함께하겠습니다.

PREFACE

# 머리말

제4차 산업혁명시대를 맞아 2021년 우리나라의 국가 총 R&D 투자 규모가 100조원을 넘어섰으며 이에 따라 연구실과 연구활동종사자의 수도 매년 증가하고 있습니다. 과학기술정보통신부가 발표한 '연구실안전관리 실태조사'에 따르면 연구실 수는 2015년 69,119개에서 2021년 83,804개로, 연구활동종사자의 수는 2015년 1,293,251명에서 2020년 1,311,591명으로 증가하였습니다. 더불어 연구실 안전에 대한 위험성도 함께 증대되었는데, 3일 이상의 치료가 필요한 연구실 사고 발생 건수는 2015년 136건에서 2020년 227건으로 지속적으로 증가하고 있어 관리가 시급한 실정입니다.

연구실사고는 예측이 어려울 뿐만 아니라 그 어떤 사고보다도 큰 재산 피해를 야기합니다. 연구실에서 취급하는 분석장비, 화학물질, 생물체 등 손실에 대한 물질적 피해 외에도, 화재 · 폭발 · 중독 등의 사고로 인한 고급 기술인력(연구활동종사자)의 건강과 그동안 축적해 온 연구활동 성과 등에도 직간접적으로 큰 피해가 발생할 수 있습니다. 이에 연구실사고를 예방하기 위한 안전담당자는 단순한 안전지식뿐만 아니라 다양한 분야(화학, 생물, 기계, 전기 등)의 전문지식까지 갖추어야 합니다. 현재 연구실의 안전은 산업안전기사 등 산업현장에 특화된 인원이 그 역할을 담당하고 있는 실정이라 연구실 안전에 있어서 형식적이거나 위험요인 파악에 비전문적인 경우가 많아 연구실 안전을 담당할 전문인력이 필요합니다.

'연구실안전관리사'는 연구실과 관련된 안전법령, 기술기준 및 전공지식을 활용하여 안전활동을 할 수 있는 자로, 선제적인 연구실 사고예방활동과 연구활동종사자에게 기술적 지도 및 조언 등의 역할을 수행해 내는 연구실 맞춤형 전문가로서 활약할 것입니다. 연구실안전관리사 자격시험은 2022년 7월에 1차 필기시험을 시작으로, 11월에 2차 서술형 시험이 진행되었습니다. 본 도서는 시험과목과 출제기준에 따라 중요한 핵심이론과 연구실 안전환경 조성에 관한 법률, 산업안전보건법, 관련 법적 기준, 기술기준 등을 수록하였고, 과목별 빈칸완성 문제와 실전모의고사를 통해 이론을 충분히 복습하고 실전에 대비할 수 있도록 구성하였습니다.

본 도서의 부족한 점은 꾸준히 수정, 보완하여 좋은 수험 대비서가 되도록 노력하겠으며, 수험생 여러분의 합격을 기원합니다. 끝으로 본 도서가 출간되기까지 애써 주신 시대에듀 임직원 여러분의 노고에 감사드립니다.

편저자 씀

# 시험안내

## 연구실안전관리사란?

2020년 6월 연구실안전법 전부개정을 통해 신설된 연구실 안전에 특화된 국가전문자격으로 취득자는 대학 · 연구기관, 기업부설 연구기관의 연구실 등의 연구실 안전을 관리할 수 있다.

## 연구실안전관리사의 직무

사전유해인자위험분석
실시 지도

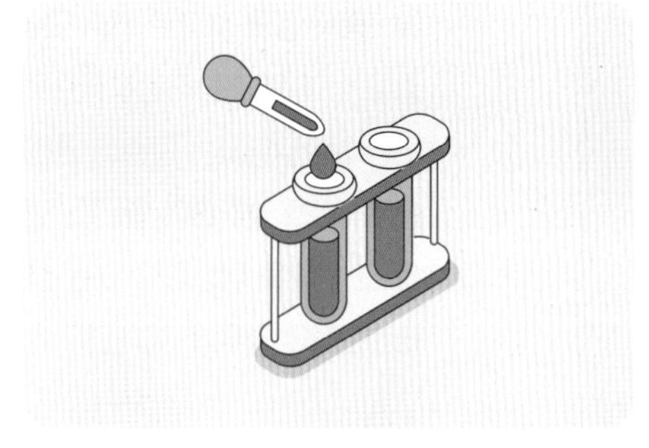

연구활동종사자
교육 · 훈련

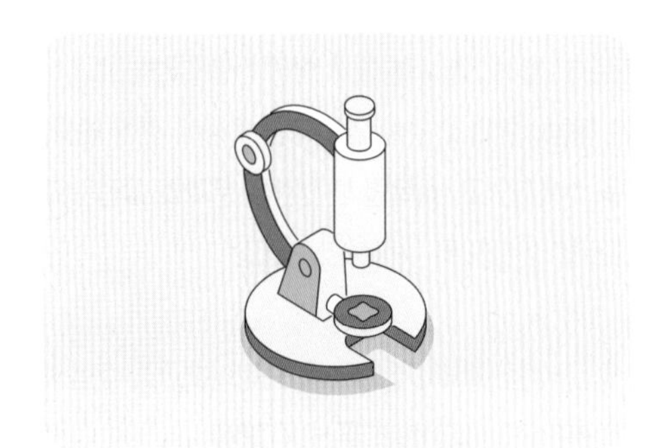

안전관리 우수연구실 인증
취득 지원을 위한 지도

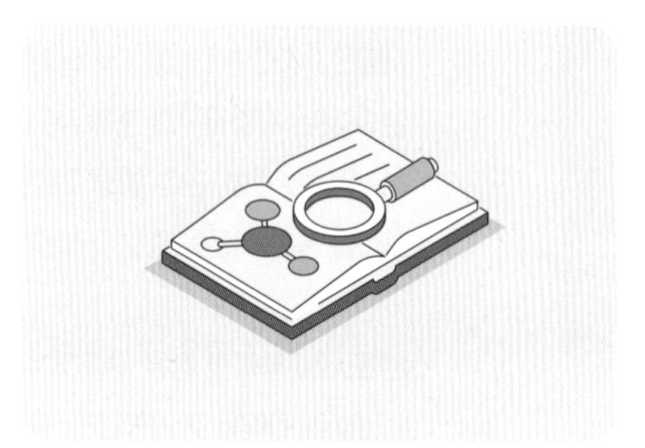

그 밖에 연구실 안전에 관한 연구종사자 등의
자문에 대한 응답 및 조언 등

## 진로 및 전망

- 대학 · 연구기관 등
  연구실안전환경관리자 선임, 법정 안전교육 강사 등
- 점검 · 진단 대행기관 및 컨설팅 기관
  점검 · 진단 기술인력, 안전관리 컨설팅 수행 인력 등
- 안전관리 공공기관
  안전정책 기획 · 연구 수행인력, 연구실 안전관리 컨설턴트 및 인증심사 위원, 연구실 안전관리 전문수행 기관(권역별연구안전지원센터) 연구인력 등

## 기대효과

- 연구실에 특화된 전문인력 양성을 통한 사고예방활동 강화로 연구자 생명 보호 및 국가 연구자산 보호에 기여
- 연구실 내 위험상황을 자체 관리 및 연구현장을 지원할 수 있도록 직무수행역량 강화 및 기관 내 안전문제해결능력 제고
- 종합적인 안전관리를 수행할 수 있는 전문자격자 배출로 가스, 전기 등 전문영역 자격제도 간 교류 활성화 기대
- 이공계(화학, 생물, 기계 등) 인력의 진로 · 취업 경로 다변화 기대 및 안전 분야 전공자의 고용 확대

# 시험안내

## 응시자격

① 「국가기술자격법」에 따른 국가기술자격의 직무분야 중 안전관리분야(이하 '안전관리분야'라 한다)나 안전관리 유사분야(직무분야가 기계, 화학, 전기 · 전자, 환경 · 에너지인 경우로 한정한다. 이하 '안전관리유사분야'라 한다) 기사 이상의 자격을 취득한 사람

② 안전관리분야나 안전관리유사분야 산업기사 이상의 자격 취득 후 안전업무 경력이 1년 이상인 사람

③ 안전관리분야나 안전관리유사분야 기능사 자격 취득 후 안전업무 경력이 3년 이상인 사람

④ 안전 관련 학과의 4년제 대학(「고등교육법」에 따른 대학이나 이와 같은 수준 이상의 학교를 말한다. 이하 같다) 졸업자 또는 졸업 예정자(최종 학년에 재학 중인 사람을 말한다)

⑤ 안전 관련 학과의 3년제 대학 졸업 후 안전업무 경력이 1년 이상인 사람

⑥ 안전 관련 학과의 2년제 대학 졸업 후 안전업무 경력이 2년 이상인 사람

⑦ 이공계 학과의 석사학위를 취득한 사람

⑧ 이공계 학과의 4년제 대학 졸업 후 안전업무 경력이 1년 이상인 사람

⑨ 이공계 학과의 3년제 대학 졸업 후 안전업무 경력이 2년 이상인 사람

⑩ 이공계 학과의 2년제 대학 졸업 후 안전업무 경력이 3년 이상인 사람

⑪ 안전업무 경력이 5년 이상인 사람

## 시험요강

• 시행처 : 과학기술정보통신부

• 2024년 시험일정

| 시험회차 | 접수기간 | 시험일자 | 합격자발표 | 응시자격<br>증빙서류 제출 |
|---|---|---|---|---|
| 제1차 시험 | 4.22.(월) 10:00~<br>5.3.(금) 17:00 | 7.6.(토) | 8.7.(수) | 4.22.(월) 10:00~<br>5.3.(금) 17:00<br>※ 결과 통지 및 보완 완료 :<br>~6.19.(수) |
| 제2차 시험 | 9.2.(월) 10:00~<br>9.13.(금) 17:00 | 10.12.(토) | 11.18.(월) | |

※ 상기 시험일정은 시행처의 사정에 따라 변경될 수 있으니, 연구실안전관리사 자격시험 홈페이지(safelab.kpc.or.kr)에서 확인하시기 바랍니다.

• 시험방법

- 제1차 시험 : 선택형(4지 선다형)
- 제2차 시험 : 단답형 · 서술형

※ 제2차 시험 답안 정정 시에는 반드시 정정 부분을 두 줄(=)로 긋고 해당 답안 칸에 다시 기재 바랍니다.

## 시험과목 및 시험범위

| 구 분 | 시험과목 | 시험범위 |
|---|---|---|
| 제1차 시험 | 연구실 안전 관련 법령 | • 「연구실 안전환경 조성에 관한 법률」, 「산업안전보건법」 등 안전 관련 법령 |
| | 연구실 안전관리 이론 및 체계 | • 연구활동 및 연구실 안전의 특성 이해<br>• 연구실 안전관리 시스템 구축 · 이행 역량<br>• 연구실 유해 · 위험요인 파악 및 사전유해인자 위험분석 방법<br>• 연구실 안전교육<br>• 연구실사고 대응 및 관리 |
| | 연구실 화학 · 가스 안전관리 | • 화학 · 가스 안전관리 일반<br>• 연구실 내 화학물질 관련 폐기물 안전관리<br>• 연구실 내 화학물질 누출 및 폭발 방지 대책<br>• 화학 시설(설비) 설치 · 운영 및 관리 |
| | 연구실 기계 · 물리 안전관리 | • 기계 안전관리 일반<br>• 연구실 내 위험기계 · 기구 및 연구장비 안전관리<br>• 연구실 내 레이저, 방사선 등 물리적 위험요인에 대한 안전관리 |
| | 연구실 생물 안전관리 | • 생물(유전자변형생물체 포함) 안전관리 일반<br>• 연구실 내 생물체 관련 폐기물 안전관리<br>• 연구실 내 생물체 누출 및 감염 방지 대책<br>• 생물 시설(설비) 설치 · 운영 및 관리 |
| | 연구실 전기 · 소방 안전관리 | • 전기 및 소방 안전관리 일반<br>• 연구실 내 화재, 감전, 정전기 예방 및 방폭 · 소화 대책<br>• 전기, 소방 시설(설비) 설치 · 운영 및 관리 |
| | 연구활동종사자 보건 · 위생관리 및 인간공학적 안전관리 | • 보건 · 위생관리 및 인간공학적 안전관리 일반<br>• 연구활동종사자 질환 및 인적 과실(Human Error) 예방 · 관리<br>• 안전 보호구 및 연구환경 관리<br>• 환기 시설(설비) 설치 · 운영 및 관리 |
| 제2차 시험 | 연구실 안전관리 실무 | • 연구실 안전 관련 법령, 연구실 화학 · 가스 안전관리, 연구실 기계 · 물리 안전관리, 연구실 생물 안전관리, 연구실 전기 · 소방 안전관리, 연구활동종사자 보건 · 위생관리에 관한 사항 |

# 이 책의 구성과 특징

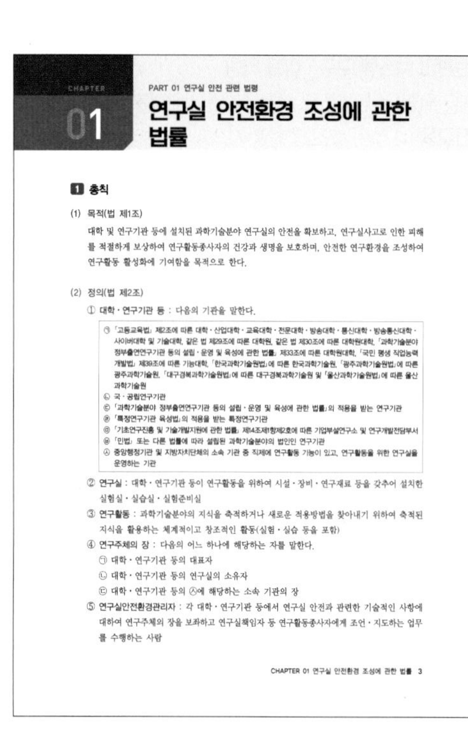

CHAPTER 01

PART 01 연구실 안전 관련 법령

## 연구실 안전환경 조성에 관한 법률

### 1 총칙

(1) 목적(법 제1조)

대학 및 연구기관 등에 설치된 과학기술분야 연구실의 안전을 확보하고, 연구실사고로 인한 피해를 적절하게 보상하여 연구활동종사자의 건강과 생명을 보호하며, 안전한 연구환경을 조성하여 연구활동 활성화에 기여함을 목적으로 한다.

(2) 정의(법 제2조)

① **대학·연구기관 등** : 다음의 기관을 말한다.

> ㉠ 「고등교육법」 제2조에 따른 대학·산업대학·교육대학·전문대학·방송대학·통신대학·방송통신대학·사이버대학 및 기술대학, 같은 법 제29조에 따른 대학원, 같은 법 제30조에 따른 대학원대학, 「과학기술분야 정부출연연구기관 등의 설립·운영 및 육성에 관한 법률」 제33조에 따른 대학원대학, 「국민 평생 직업능력 개발법」 제39조에 따른 기능대학, 「한국과학기술원법」에 따른 한국과학기술원, 「광주과학기술원법」에 따른 광주과학기술원, 「대구경북과학기술원법」에 따른 대구경북과학기술원 및 「울산과학기술원법」에 따른 울산과학기술원
> ㉡ 국·공립연구기관
> ㉢ 「과학기술분야 정부출연연구기관 등의 설립·운영 및 육성에 관한 법률」의 적용을 받는 연구기관
> ㉣ 「특정연구기관 육성법」의 적용을 받는 특정연구기관
> ㉤ 「기초연구진흥 및 기술개발지원에 관한 법률」 제14조제1항제2호에 따른 기업부설연구소 및 연구개발전담부서
> ㉥ 「민법」 또는 다른 법률에 따라 설립된 과학기술분야의 법인인 연구기관
> ㉦ 중앙행정기관 및 지방자치단체의 소속 기관 중 직제에 연구활동 기능이 있고, 연구활동을 위한 연구실을 운영하는 기관

② **연구실** : 대학·연구기관 등이 연구활동을 위하여 시설·장비·연구재료 등을 갖추어 설치한 실험실·실습실·실험준비실

③ **연구활동** : 과학기술분야의 지식을 축적하거나 새로운 적용방법을 찾아내기 위하여 축적된 지식을 활용하는 체계적이고 창조적인 활동(실험·실습 등을 포함)

④ **연구주체의 장** : 다음의 어느 하나에 해당하는 자를 말한다.

㉠ 대학·연구기관 등의 대표자
㉡ 대학·연구기관 등의 연구실의 소유자
㉢ 대학·연구기관 등의 ㉦에 해당하는 소속 기관의 장

⑤ **연구실안전환경관리자** : 각 대학·연구기관 등에서 연구실 안전과 관련한 기술적인 사항에 대하여 연구주체의 장을 보좌하고 연구실책임자 등 연구활동종사자에게 조언·지도하는 업무를 수행하는 사람

CHAPTER 01 연구실 안전환경 조성에 관한 법률 3

## 핵심이론

필수적으로 학습해야 하는 중요한 이론들을 각 과목별로 분류하여 수록하였습니다.

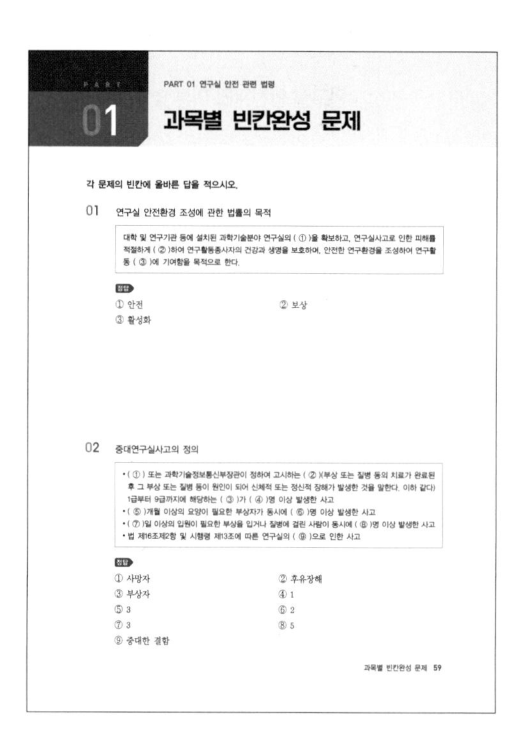

PART 01

PART 01 연구실 안전 관련 법령

## 과목별 빈칸완성 문제

**각 문제의 빈칸에 올바른 답을 적으시오.**

01 연구실 안전환경 조성에 관한 법률의 목적

> 대학 및 연구기관 등에 설치된 과학기술분야 연구실의 ( ① )을 확보하고, 연구실사고로 인한 피해를 적절하게 ( ② )하여 연구활동종사자의 건강과 생명을 보호하며, 안전한 연구환경을 조성하여 연구활동 ( ③ )에 기여함을 목적으로 한다.

정답

① 안전 ② 보상
③ 활성화

02 중대연구실사고의 정의

> • ( ① ) 또는 과학기술정보통신부장관이 정하여 고시하는 ( ② )(부상 또는 질병 등의 치료가 완료된 후 그 부상 또는 질병 등이 원인이 되어 신체적 또는 정신적 장해가 발생한 것을 말한다. 이하 같다) 1급부터 9급까지에 해당하는 ( ③ )가 ( ④ )명 이상 발생한 사고
> • ( ⑤ )개월 이상의 요양이 필요한 부상자가 동시에 ( ⑥ )명 이상 발생한 사고
> • ( ⑦ )일 이상의 입원이 필요한 부상을 입거나 질병에 걸린 사람이 동시에 ( ⑧ )명 이상 발생한 사고
> • 법 제16조제2항 및 시행령 제13조에 따른 연구실의 ( ⑨ )으로 인한 사고

정답

① 사망자 ② 후유장해
③ 부상자 ④ 1
⑤ 3 ⑥ 2
⑦ 3 ⑧ 5
⑨ 중대한 결함

과목별 빈칸완성 문제 59

## 과목별 빈칸완성 문제

핵심이론에서 시험에 출제될 만한 부분들로 만든 빈칸완성 문제를 수록하였습니다. 각 문제의 빈칸을 채우며 핵심이론을 보충 학습할 수 있도록 하였습니다.

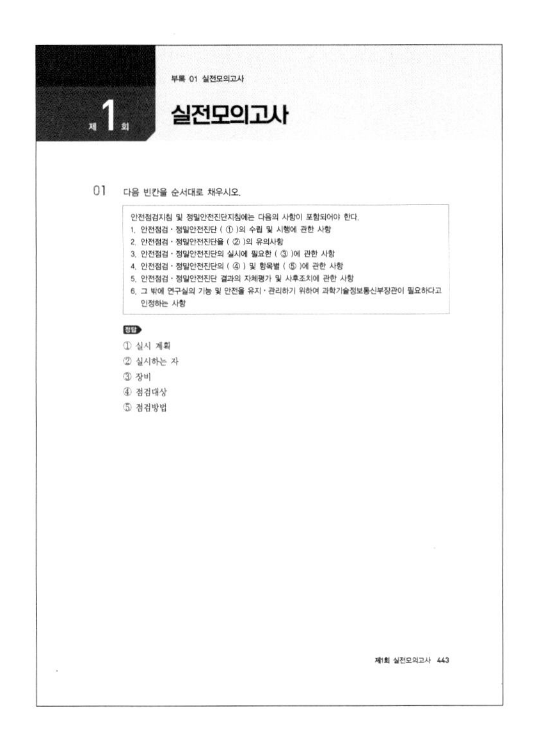

부록 01 실전모의고사

제 1 회 실전모의고사

01 다음 빈칸을 순서대로 채우시오.

안전점검지침 및 정밀안전진단지침에는 다음의 사항이 포함되어야 한다.
1. 안전점검 · 정밀안전진단 ( ① )의 수립 및 시행에 관한 사항
2. 안전점검 · 정밀안전진단을 ( ② )의 유의사항
3. 안전점검 · 정밀안전진단의 실시에 필요한 ( ③ )에 관한 사항
4. 안전점검 · 정밀안전진단의 ( ④ ) 및 항목별 ( ⑤ )에 관한 사항
5. 안전점검 · 정밀안전진단 결과의 자체평가 및 사후조치에 관한 사항
6. 그 밖에 연구실의 기능 및 안전을 유지 · 관리하기 위하여 과학기술정보통신부장관이 필요하다고 인정하는 사항

정답

① 실시 계획
② 실시하는 자
③ 장비
④ 점검대상
⑤ 점검방법

제1회 실전모의고사 443

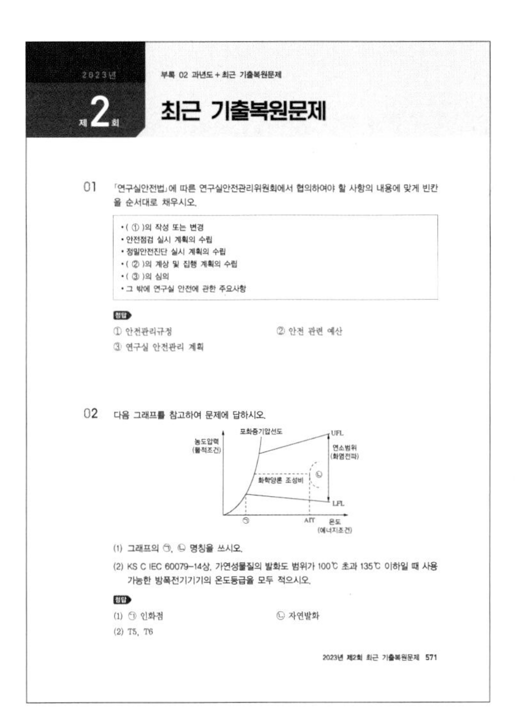

2023년 부록 02 과년도 + 최근 기출복원문제

제 2 회 최근 기출복원문제

01 「연구실안전법」에 따른 연구실안전관리위원회에서 협의하여야 할 사항의 내용에 맞게 빈칸을 순서대로 채우시오.

- ( ① )의 작성 또는 변경
- 안전점검 실시 계획의 수립
- 정밀안전진단 실시 계획의 수립
- ( ② )의 계상 및 집행 계획의 수립
- ( ③ )의 심의
- 그 밖에 연구실 안전에 관한 주요사항

정답

① 안전관리규정 ② 안전 관련 예산
③ 연구실 안전관리 계획

02 다음 그래프를 참고하여 문제에 답하시오.



(1) 그래프의 ㉠, ㉡ 명칭을 쓰시오.
(2) KS C IEC 60079-14상, 가연성물질의 발화도 범위가 100℃ 초과 135℃ 이하일 때 사용 가능한 방폭전기기기의 온도등급을 모두 적으시오.

정답

(1) ㉠ 인화점 ㉡ 자연발화
(2) T5, T6

2023년 제2회 최근 기출복원문제 571

## 실전모의고사

실전모의고사를 수록하여 실력을 점검할 수 있도록 하였습니다. 핵심이론의 내용을 재점검하고 효과적으로 시험 문제에 대비할 수 있도록 하였습니다.

## 최근 기출복원문제

최근에 출제된 기출문제를 복원하여 수록하였습니다. 가장 최신의 출제경향을 파악한 핵심을 꿰뚫는 명쾌한 답안으로 한 번에 합격할 수 있도록 하였습니다.

# 목 차

## PART 01 연구실 안전 관련 법령


CHAPTER 01 연구실 안전환경 조성에 관한 법률 ········ 003
CHAPTER 02 연구실 설치운영에 관한 기준 ········ 056
과목별 빈칸완성 문제 ········ 059


## PART 02 연구실 화학 · 가스 안전관리


CHAPTER 01 화학 · 가스 안전관리 일반 ········ 077
CHAPTER 02 연구실 내 화학물질 관련 폐기물 안전관리 ········ 102
CHAPTER 03 연구실 내 화학물질 누출 및 폭발 방지 대책 ········ 112
과목별 빈칸완성 문제 ········ 129


## PART 03 연구실 기계 · 물리 안전관리


CHAPTER 01 기계 안전관리 일반 ········ 143
CHAPTER 02 연구실 내 위험기계 · 기구 및 연구장비 안전관리 ········ 162
CHAPTER 03 연구실 내 레이저, 방사선 등 물리적 위험요인에 대한 안전관리 ········ 201
과목별 빈칸완성 문제 ········ 212


## PART 04 연구실 생물 안전관리


CHAPTER 01 생물(유전자변형생물체 포함) 안전관리 일반 ········ 229
CHAPTER 02 연구실 내 생물체 관련 폐기물 안전관리 ········ 249
CHAPTER 03 연구실 내 생물체 누출 및 감염 방지 대책 ········ 258
CHAPTER 04 생물 시설(설비) 설치 · 운영 및 관리 ········ 265
과목별 빈칸완성 문제 ········ 280

# CONTENTS



PART 05 연구실 전기 · 소방 안전관리

CHAPTER 01 소방 안전관리 ···· 297
CHAPTER 02 전기 안전관리 ···· 331
CHAPTER 03 화재 · 감전 · 정전기 안전대책 ···· 344
과목별 빈칸완성 문제 ···· 369

PART 06 연구활동종사자 보건 · 위생관리 및 인간공학적 안전관리

CHAPTER 01 보건 · 위생관리 및 연구활동종사자 질환 예방 · 관리 ···· 381
CHAPTER 02 안전보호구 및 연구환경 관리 ···· 405
CHAPTER 03 환기시설(설비) 설치 · 운영 및 관리 ···· 420
과목별 빈칸완성 문제 ···· 431

부록 01 실전모의고사

제1회 ~ 제15회 실전모의고사 ···· 443

부록 02 과년도 + 최근 기출복원문제

2022년 제1회 과년도 기출복원문제 ···· 563
2023년 제2회 최근 기출복원문제 ···· 571

# 안전보건표지의 종류와 형태

## 1 금지표지

출입금지 · 보행금지 · 차량통행금지 · 사용금지 · 탑승금지

금연 · 화기금지 · 물체이동금지

## 2 경고표지

인화성물질경고 · 산화성물질경고 · 폭발성물질경고 · 급성독성물질경고 · 부식성물질경고

방사성물질경고 · 고압전기경고 · 매달린물체경고 · 낙하물경고 · 고온경고

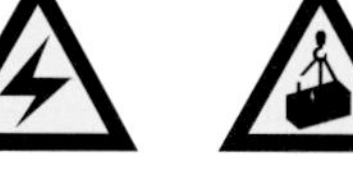

저온경고 · 몸균형상실경고 · 레이저광선경고 · 발암성·변이원성·생식독성·전신독성·호흡기과민성 물질경고 · 위험장소경고

## 3 지시표지

보안경착용 · 방독마스크착용 · 방진마스크착용 · 보안면착용 · 안전모착용

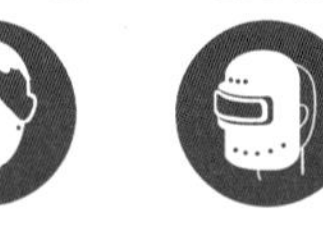

귀마개착용 · 안전화착용 · 안전장갑착용 · 안전복착용

## 4 안내표지

녹십자표지 · 응급구호표시 · 들것 · 세안장치 · 비상용 기구

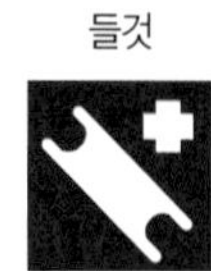

비상구 · 좌측비상구 · 우측비상구

# PART 01

# 연구실 안전 관련 법령

CHAPTER 01 연구실 안전환경 조성에 관한 법률

CHAPTER 02 연구실 설치운영에 관한 기준

과목별 빈칸완성 문제

CHAPTER 01

PART 01 연구실 안전 관련 법령

# 연구실 안전환경 조성에 관한 법률

## 1 총칙

### (1) 목적(법 제1조)

대학 및 연구기관 등에 설치된 과학기술분야 연구실의 안전을 확보하고, 연구실사고로 인한 피해를 적절하게 보상하여 연구활동종사자의 건강과 생명을 보호하며, 안전한 연구환경을 조성하여 연구활동 활성화에 기여함을 목적으로 한다.

### (2) 정의(법 제2조)

① **대학 · 연구기관 등** : 다음의 기관을 말한다.

> ㉠ 「고등교육법」 제2조에 따른 대학 · 산업대학 · 교육대학 · 전문대학 · 방송대학 · 통신대학 · 방송통신대학 · 사이버대학 및 기술대학, 같은 법 제29조에 따른 대학원, 같은 법 제30조에 따른 대학원대학, 「과학기술분야 정부출연연구기관 등의 설립 · 운영 및 육성에 관한 법률」 제33조에 따른 대학원대학, 「국민 평생 직업능력 개발법」 제39조에 따른 기능대학, 「한국과학기술원법」에 따른 한국과학기술원, 「광주과학기술원법」에 따른 광주과학기술원, 「대구경북과학기술원법」에 따른 대구경북과학기술원 및 「울산과학기술원법」에 따른 울산과학기술원
> ㉡ 국 · 공립연구기관
> ㉢ 「과학기술분야 정부출연연구기관 등의 설립 · 운영 및 육성에 관한 법률」의 적용을 받는 연구기관
> ㉣ 「특정연구기관 육성법」의 적용을 받는 특정연구기관
> ㉤ 「기초연구진흥 및 기술개발지원에 관한 법률」 제14조제1항제2호에 따른 기업부설연구소 및 연구개발전담부서
> ㉥ 「민법」 또는 다른 법률에 따라 설립된 과학기술분야의 법인인 연구기관
> ㉦ 중앙행정기관 및 지방자치단체의 소속 기관 중 직제에 연구활동 기능이 있고, 연구활동을 위한 연구실을 운영하는 기관

② **연구실** : 대학 · 연구기관 등이 연구활동을 위하여 시설 · 장비 · 연구재료 등을 갖추어 설치한 실험실 · 실습실 · 실험준비실

③ **연구활동** : 과학기술분야의 지식을 축적하거나 새로운 적용방법을 찾아내기 위하여 축적된 지식을 활용하는 체계적이고 창조적인 활동(실험 · 실습 등을 포함)

④ **연구주체의 장** : 다음의 어느 하나에 해당하는 자를 말한다.

㉠ 대학 · 연구기관 등의 대표자

㉡ 대학 · 연구기관 등의 연구실의 소유자

㉢ 대학 · 연구기관 등의 ㉦에 해당하는 소속 기관의 장

⑤ **연구실안전환경관리자** : 각 대학 · 연구기관 등에서 연구실 안전과 관련한 기술적인 사항에 대하여 연구주체의 장을 보좌하고 연구실책임자 등 연구활동종사자에게 조언 · 지도하는 업무를 수행하는 사람

⑥ **연구실책임자** : 연구실 소속 연구활동종사자를 직접 지도·관리·감독하는 연구활동종사자

⑦ **연구실안전관리담당자** : 각 연구실에서 안전관리 및 연구실사고 예방 업무를 수행하는 연구활동종사자

⑧ **연구활동종사자** : 연구활동에 종사하는 사람으로서 각 대학·연구기관 등에 소속된 연구원·대학생·대학원생 및 연구보조원 등

⑨ **연구실안전관리사** : 연구실안전관리사 자격시험에 합격하여 자격증을 발급받은 사람

⑩ **안전점검** : 연구실 안전관리에 관한 경험과 기술을 갖춘 자가 육안 또는 점검기구 등을 활용하여 연구실에 내재된 유해인자를 조사하는 행위

⑪ **정밀안전진단** : 연구실사고를 예방하기 위하여 잠재적 위험성의 발견과 그 개선대책의 수립을 목적으로 실시하는 조사·평가

⑫ **연구실사고** : 연구실 또는 연구활동이 수행되는 공간에서 연구활동과 관련하여 연구활동종사자가 부상·질병·신체장해·사망 등 생명 및 신체상의 손해를 입거나 연구실의 시설·장비 등이 훼손되는 것

⑬ **중대연구실사고** : 연구실사고 중 손해 또는 훼손의 정도가 심한 사고로서 사망사고 등 과학기술정보통신부령으로 정하는 사고

**사망사고 등 과학기술정보통신부령으로 정하는 사고(시행규칙 제2조)**

- 사망자 또는 과학기술정보통신부장관이 정하여 고시하는 후유장해(부상 또는 질병 등의 치료가 완료된 후 그 부상 또는 질병 등이 원인이 되어 신체적 또는 정신적 장해가 발생한 것을 말한다. 이하 같다) 1급부터 9급까지에 해당하는 부상자가 1명 이상 발생한 사고
- 3개월 이상의 요양이 필요한 부상자가 동시에 2명 이상 발생한 사고
- 3일 이상의 입원이 필요한 부상을 입거나 질병에 걸린 사람이 동시에 5명 이상 발생한 사고
- 법 제16조제2항 및 시행령 제13조에 따른 연구실의 중대한 결함으로 인한 사고

⑭ **중대한 결함이 있는 경우** : 다음의 어느 하나에 해당하는 사유로 연구활동종사자의 사망 또는 심각한 신체적 부상이나 질병을 일으킬 우려가 있는 경우(시행령 제13조)

㉠ 「화학물질관리법」에 따른 유해화학물질, 「산업안전보건법」에 따른 유해인자, 과학기술정보통신부령(고압가스 안전관리법 시행규칙)으로 정하는 독성가스 등 유해·위험물질의 누출 또는 관리 부실
㉡ 「전기사업법」에 따른 전기설비의 안전관리 부실
㉢ 연구활동에 사용되는 유해·위험설비의 부식·균열 또는 파손
㉣ 연구실 시설물의 구조안전에 영향을 미치는 지반침하·균열·누수 또는 부식
㉤ 인체에 심각한 위험을 끼칠 수 있는 병원체의 누출

⑮ **유해인자** : 화학적·물리적·생물학적 위험요인 등 연구실사고를 발생시키거나 연구활동종사자의 건강을 저해할 가능성이 있는 인자

⑯ **고위험연구실(연구실 설치운영에 관한 기준 제2조제1호)** : 연구개발활동 중 연구활동종사자의 건강에 위험을 초래할 수 있는 유해인자를 취급하는 연구실을 의미하며 「연구실 안전환경 조성에 관한 법률 시행령」 제11조제2항에 해당하는 연구실

> **정기적으로 정밀안전진단을 실시해야 하는 연구실(시행령 제11조제2항)**
> - 연구활동에 「화학물질관리법」에 따른 유해화학물질을 취급하는 연구실
> - 연구활동에 「산업안전보건법」에 따른 유해인자를 취급하는 연구실
> - 연구활동에 과학기술정보통신부령(「고압가스 안전관리법 시행규칙」)으로 정하는 독성가스를 취급하는 연구실

⑰ 저위험연구실(연구실 설치운영에 관한 기준 제2조제2호) : 연구개발활동 중 유해인자를 취급하지 않아 사고발생 위험성이 현저하게 낮은 연구실을 의미하며 「연구실 안전환경 조성에 관한 법률 시행령」 별표 4의 조건을 충족하는 연구실

> **저위험연구실 : 다음의 연구실을 제외한 연구실(시행령 별표 4)**
> - 제11조제2항 각 호의 연구실(고위험연구실)
> - 화학물질, 가스, 생물체, 생물체의 조직 등 적출물, 세포 또는 혈액을 취급하거나 보관하는 연구실
> - 「산업안전보건법 시행령」 제70조, 제71조, 제74조제1항제1호, 제77조제1항제1호 및 제78조제1항에 따른 기계·기구 및 설비를 취급하거나 보관하는 연구실
> - 「산업안전보건법 시행령」 제74조제1항제2호 및 제77조제1항제2호에 따른 방호장치가 장착된 기계·기구 및 설비를 취급하거나 보관하는 연구실

⑱ 중위험연구실(연구실 설치운영에 관한 기준 제2조제3호) : 고위험연구실 및 저위험연구실에 해당하지 않는 연구실

## (3) 적용범위(법 제3조, 시행령 별표 1)

① '연구실안전법의 전부'를 적용하지 않는 기준 : 대학·연구기관 등이 설치한 각 연구실의 연구활동종사자를 합한 인원이 10명 미만인 경우

② '연구실안전환경관리자의 지정(법 제10조)'을 적용하지 않는 기준

㉠ 상시 근로자 50명 미만인 연구기관, 기업부설연구소 및 연구개발전담부서

㉡ 「산업안전보건법」 제17조(안전관리자)를 적용받는 연구실

③ '연구실안전관리위원회(법 제11조)'를 적용하지 않는 기준 : 「산업안전보건법」 제24조(산업안전보건위원회)를 적용받는 연구실

④ '안전관리규정의 작성 및 준수 등(법 제12조)'을 적용하지 않는 기준

㉠ 「산업안전보건법」 제25조(안전보건관리규정의 작성), 제26조(안전보건관리규정의 작성·변경 절차) 및 제27조(안전보건관리규정의 준수)를 적용받는 연구실

㉡ 「고압가스 안전관리법」 제11조(안전관리규정)를 적용받는 연구실(고압가스와 관련된 부분으로 한정)

㉢ 「액화석유가스의 안전관리 및 사업법」 제31조(안전관리규정)를 적용받는 연구실(액화석유가스와 관련된 부분으로 한정)

㉣ 「원자력안전법」 제30조(연구용원자로 등의 건설허가) 또는 제53조(방사성동위원소·방사선발생장치 사용 등의 허가 등)제1항 및 제3항을 적용받는 연구실(연구용 또는 교육용 원자로 및 관계시설, 방사성동위원소 또는 방사선발생장치, 특정핵물질 등과 관련된 부분으로 한정)

⑤ '안전점검의 실시(법 제14조)'와 '정밀안전진단의 실시(법 제15조)'를 적용하지 않는 기준

㉠ 「산업안전보건법」 제47조(안전보건진단)를 적용받는 연구실

㉡ 「고압가스 안전관리법」 제16조의2(정기검사 및 수시검사)를 적용받는 연구실(고압가스와 관련된 부분으로 한정)

㉢ 「액화석유가스의 안전관리 및 사업법」 제38조(정밀안전진단 및 안전성평가) 또는 제44조(액화석유가스 사용시설의 설치와 검사 등)제1항을 적용받는 연구실(액화석유가스와 관련된 부분으로 한정)

㉣ 「도시가스사업법」 제17조(정기검사 및 수시검사)를 적용받는 연구실(가스공급시설 또는 가스사용시설과 관련된 부분으로 한정)

㉤ 「원자력안전법」 제34조에 따라 준용되는 같은 법 제22조(검사) 또는 제56조(검사)를 적용받는 연구실(연구용 또는 교육용 원자로 및 관계시설, 방사성동위원소 또는 방사선발생장치, 특정핵물질 등과 관련된 부분으로 한정)

㉥ 「유전자변형생물체의 국가 간 이동 등에 관한 법률」 제22조(연구시설의 설치・운영)를 적용받는 연구실로서 같은 법 시행령 별표 1에 따른 안전관리등급이 3등급 또는 4등급인 연구실

㉦ 「감염병의 예방 및 관리에 관한 법률」 제23조(고위험병원체의 안전관리 등)를 적용받는 연구실

⑥ '사전유해인자위험분석의 실시(법 제19조)'를 적용하지 않는 기준 : 「산업안전보건법」 제36조(위험성평가의 실시)를 적용받는 연구실로서 연구활동별로 위험성평가를 실시한 연구실

⑦ '교육・훈련(법 제20조)'을 적용하지 않는 기준 : 「산업안전보건법」 제29조(근로자에 대한 안전보건교육)를 적용받는 연구실

⑧ '연구활동종사자에 대한 교육・훈련(법 제20조제1항 및 제2항)'을 적용하지 않는 기준

㉠ 「고압가스 안전관리법」 제23조(안전교육)를 적용받는 연구실(고압가스 안전관리에 관계된 업무를 수행하는 자로 한정)

㉡ 「액화석유가스의 안전관리 및 사업법」 제41조(안전교육)를 적용받는 연구실(액화석유가스 안전관리에 관계된 업무를 수행하는 자로 한정)

㉢ 「도시가스사업법」 제30조(안전교육)를 적용받는 연구실(가스 안전관리에 관계된 업무를 수행하는 자로 한정)

㉣ 「원자력안전법」 제106조(교육훈련)제1항을 적용받는 연구실(연구용 또는 교육용 원자로 및 관계시설, 방사성동위원소 또는 방사선발생장치, 특정핵물질 등과 관련된 부분으로 한정)

⑨ '건강검진(법 제21조)'을 적용하지 않는 기준 : 「산업안전보건법」 제129조부터 제131조까지의 규정(건강진단)을 적용받는 연구실

### (4) 국가의 책무(법 제4조)

① 국가는 연구실의 안전한 환경을 확보하기 위한 연구활동을 지원하는 등 필요한 시책을 수립・시행하여야 한다.

② 국가는 연구실 안전관리기술 고도화 및 연구실사고 예방을 위한 연구개발을 추진하고, 유형별 안전관리 표준화 모델과 안전교육 교재를 개발・보급하는 등 연구실의 안전환경 조성을 위한 지원시책을 적극적으로 강구하여야 한다.

③ 국가는 연구활동종사자의 안전한 연구활동을 보장하기 위하여 연구 안전에 관한 지식・정보의 제공 등 연구실 안전문화의 확산을 위하여 노력하여야 한다.

④ 교육부장관은 대학 내 연구실의 안전 확보를 위하여 대학별 정보공시에 연구실 안전관리에 관한 내용을 포함하여야 한다.

⑤ 국가는 대학・연구기관 등의 연구실 안전환경 및 안전관리 현황 등에 대한 실태를 대통령령으로 정하는 실시주기, 방법 및 절차에 따라 조사하고 그 결과를 공표할 수 있다.

### (5) 실태조사(시행령 제3조)

① **실시주기** : 2년마다(필요한 경우 수시로 실시)

② **방법** : 과학기술정보통신부장관은 실태조사를 하려는 경우에는 해당 연구주체의 장에게 조사의 취지 및 내용, 조사 일시 등이 포함된 조사계획을 미리 통보해야 한다.

③ **포함사항**

㉠ 연구실 및 연구활동종사자 현황

㉡ 연구실 안전관리 현황

㉢ 연구실사고 발생 현황

㉣ 그 밖에 연구실 안전환경 및 안전관리의 현황 파악을 위하여 과학기술정보통신부장관이 필요하다고 인정하는 사항

## 2 연구실 안전환경 기반 조성

### (1) 연구실 안전환경 조성 기본계획(법 제6조)

① **주체** : 정부

② **주기** : 5년마다

③ **확정・변경** : 연구실안전심의위원회의 심의를 거쳐 확정・변경

④ **포함사항**

㉠ 연구실 안전환경 조성을 위한 발전목표 및 정책의 기본 방향

ⓛ 연구실 안전관리 기술 고도화 및 연구실사고 예방을 위한 연구개발
ⓒ 연구실 유형별 안전관리 표준화 모델 개발
ⓡ 연구실 안전교육 교재의 개발·보급 및 안전교육 실시
ⓜ 연구실 안전관리의 정보화 추진
ⓑ 안전관리 우수연구실 인증제 운영
ⓢ 연구실의 안전환경 조성 및 개선을 위한 사업 추진
ⓞ 연구안전 지원체계 구축·개선
ⓙ 연구활동종사자의 안전 및 건강 증진
ⓒ 그 밖에 연구실사고 예방 및 안전환경 조성에 관한 중요사항

### (2) 연구실안전심의위원회(법 제7조, 시행령 제5조, 연구실안전심의위원회 운영규정 제2조)

| 설치·운영 주체 | 과학기술정보통신부장관 | |
|---|---|---|
| 위원 구성<br>(15명 이내) | 당연직 위원<br>(5명) | • 위원장 : 과학기술정보통신부 차관<br>• 교육부 교육안전정보국장<br>• 과학기술정보통신부 미래인재정책국장<br>• 고용노동부 산재예방보상정책국장<br>• 행정안전부 안전관리정책관의 국장급 이상의 공무원 |
| | 민간 위원<br>(10명 이내) | 연구실 안전 분야의 대학 부교수급 또는 연구기관 책임연구원급 이상으로 이 분야에 학식과 경험이 풍부한 사람 중에서 산업계·학계·연구계 및 성별을 고려하여 과학기술정보통신부 장관이 위촉 |
| | 간사(사무 처리) | 과학기술정보통신부의 과학기술안전기반팀장 |
| 위원 임기 | 민간위원 | 3년, 1회 연임 가능(민간위원 결원으로 새로 위촉한 위원은 전임위원의 잔여임기를 따름) |
| 회의 | 정기회의 | 연 2회 |
| | 임시회의 | • 재적위원 3분의 1 이상의 소집요구가 있는 경우<br>• 위원장이 필요하다고 판단하는 경우 |
| 개의·의결 | 개의 | 재적의원 과반수 출석 |
| | 의결 | 출석위원 과반수 찬성 |
| 심의사항 | • 기본계획 수립·시행에 관한 사항<br>• 연구실 안전환경 조성에 관한 주요정책의 총괄·조정에 관한 사항<br>• 연구실사고 예방 및 대응에 관한 사항<br>• 연구실 안전점검 및 정밀안전진단 지침에 관한 사항<br>• 그 밖에 연구실 안전환경 조성에 관하여 위원장이 회의에 부치는 사항<br><br>※ 연구실안전심의위원회 운영규정 제3조(심의위원회 기능)<br>• 연구실 안전환경 조성 기본계획 수립에 관한 중요사항<br>• 연구실 안전환경 조성을 위한 주요정책 및 제도개선에 관한 중요사항<br>• 연구실 안전관리 표준화 모델 및 안전교육에 관한 중요사항<br>• 연구실 사고예방 및 사고발생 시 대책에 관한 중요사항<br>• 연구실 안전점검 및 정밀안전진단에 관한 중요사항<br>• 연구실안전관리사 자격시험 및 교육·훈련의 실시, 운영에 관한 중요사항<br>• 그 밖에 연구실 안전환경 조성에 관하여 심의위원회의 위원장이 부의하는 사항 | |

### (3) 연구실안전정보시스템(법 제8조, 시행령 제6조)

| 구축·운영 주체 | 과학기술정보통신부장관 |
|---|---|
| 운영 주체 | 권역별연구안전지원센터 |
| 목적 | 연구실 안전환경 조성 및 연구실사고 예방을 위하여 연구실사고에 관한 통계, 연구실 안전 정책, 연구실 내 유해인자 등에 관한 정보를 수집하여 체계적으로 관리한다. |
| 포함 정보 | • 대학·연구기관 등의 현황<br>• 분야별 연구실사고 발생 현황, 연구실사고 원인 및 피해 현황 등 연구실사고에 관한 통계<br>• 기본계획 및 연구실 안전 정책에 관한 사항<br>• 연구실 내 유해인자에 관한 정보<br>• 안전점검지침 및 정밀안전진단지침<br>• 안전점검 및 정밀안전진단 대행기관의 등록 현황<br>• 안전관리 우수연구실 인증 현황<br>• 권역별연구안전지원센터의 지정 현황<br>• 연구실안전환경관리자 지정 내용 등 법 및 연구실안전법 시행령에 따른 제출·보고 사항<br>• 그 밖에 연구실 안전환경 조성에 필요한 사항 |
| 공표 | 대학·연구기관 등의 연구실안전정보를 매년 1회 이상 공표 |
| 제출·보고 의무 이행 | • 과학기술정보통신부장관에게 제출·보고해야 하는 사항을 안전정보시스템에 입력한 경우에는 제출·보고 의무를 이행한 것으로 본다.<br>• 예외 : 연구실의 중대한 결함 보고, 연구실 사용제한 조치 등의 보고 |

### (4) 연구실안전관리 조직 및 책무

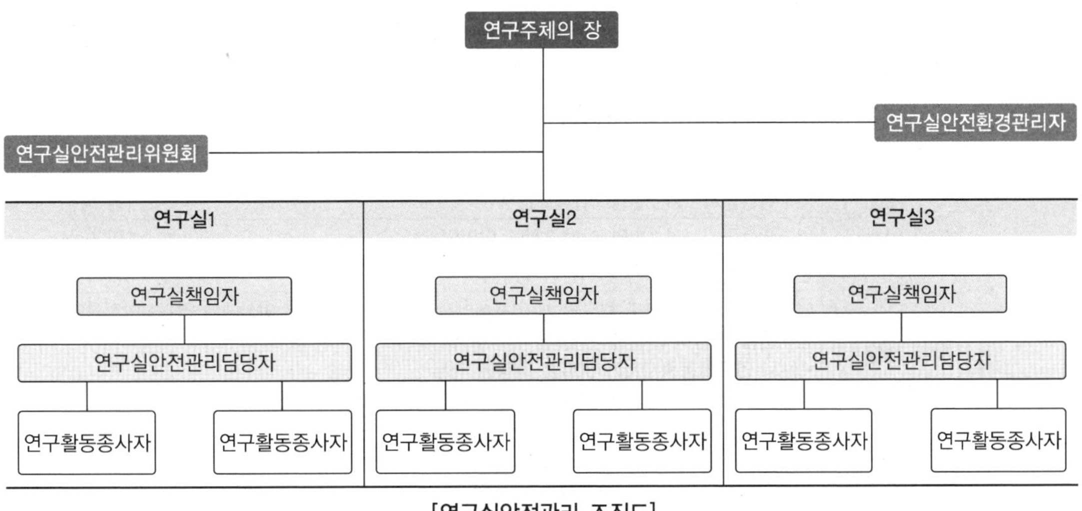


[연구실안전관리 조직도]

#### ① 연구주체의 장(법 제5조)

| 책무 | • 연구주체의 장은 연구실의 안전에 관한 유지·관리 및 연구실사고 예방을 철저히 함으로써 연구실의 안전환경을 확보할 책임을 지며, 연구실사고 예방시책에 적극 협조하여야 한다.<br>• 연구주체의 장은 연구활동종사자가 연구활동 수행 중 발생한 상해·사망으로 인한 피해를 구제하기 위하여 노력하여야 한다.<br>• 연구주체의 장은 과학기술정보통신부장관이 정하여 고시하는 연구실 설치·운영 기준에 따라 연구실을 설치·운영하여야 한다. |
|---|---|

### ② 연구실책임자(법 제9조, 시행령 제7조)

| 지정 주체 | 연구주체의 장 |
| --- | --- |
| 지정 요건<br>(요건 모두 충족할 것) | • 대학 · 연구기관 등에서 연구책임자 또는 조교수 이상의 직에 재직하는 사람일 것<br>• 해당 연구실의 연구활동과 연구활동종사자를 직접 지도 · 관리 · 감독하는 사람일 것<br>• 해당 연구실의 사용 및 안전에 관한 권한과 책임을 가진 사람일 것 |
| 책무 | • 연구실 내에서 이루어지는 교육 및 연구활동의 안전에 관한 책임을 짐(법 제5조)<br>• 연구실사고 예방시책에 적극 참여(법 제5조)<br>• 해당 연구실의 유해인자에 관한 교육 실시<br>• 연구실안전관리담당자 지정<br>• 연구활동에 적합한 보호구 비치 및 착용 지도<br>• 사전유해인자위험분석을 실시하고 결과를 연구주체의 장에게 보고(법 제19조) |

### ③ 연구실안전관리담당자(법 제9조, 국립환경과학원 연구실 안전관리규정 제9조)

| 지정 주체 | 연구실책임자 |
| --- | --- |
| 자격 요건 | 해당 연구실의 연구활동종사자 |
| 책무 | • 연구실 내 위험물, 유해물을 취급 및 관리<br>• 화학물질(약품) 및 보호장구를 관리<br>• 물질안전보건자료(MSDS)를 작성 및 보관<br>• 연구실 안전관리에 따른 시설 개 · 보수 요구<br>• 연구실 안전점검표를 작성 및 보관<br>• 연구실 안전관리규정 비치 등 기타 연구실 내 안전관리에 관한 사항 수행 |

### ④ 연구활동종사자(법 제5조)

| 책무 | 연구실안전법에서 정하는 연구실 안전관리 및 연구실사고 예방을 위한 각종 기준과 규범 등을 준수하고 연구실 안전환경 증진활동에 적극 참여하여야 한다. |
| --- | --- |

### ⑤ 연구실안전환경관리자(법 제10조, 시행령 제8조)

<table>
<tr><th>지정 주체</th><td colspan="2">연구주체의 장</td></tr>
<tr><th rowspan="3">지정 인원</th><td>연구활동종사자가 1천명 미만인 경우</td><td>1명 이상</td></tr>
<tr><td>연구활동종사자가 1천명 이상 3천명 미만인 경우</td><td>2명 이상</td></tr>
<tr><td>연구활동종사자가 3천명 이상인 경우</td><td>3명 이상</td></tr>
<tr><th>업무 전담</th><td colspan="2">다음 요건 중 하나라도 해당될 시 연구실안전환경관리자 중 1명 이상에게 연구실안전환경관리자 업무만을 전담하도록 해야 한다.<br>• 상시 연구활동종사자가 300명 이상인 경우<br>• 연구활동종사자(상시 연구활동종사자 포함)가 1,000명 이상인 경우</td></tr>
<tr><th>분교 · 분원<br>별도 지정 예외</th><td colspan="2">• 분교 또는 분원의 연구활동종사자 총인원이 10명 미만인 경우<br>• 본교와 분교 또는 본원과 분원이 같은 시 · 군 · 구 지역에 소재하는 경우<br>• 본교와 분교 또는 본원과 분원 간의 직선거리가 15km 이내인 경우</td></tr>
</table>

| | |
|---|---|
| 자격 요건<br>(법 제10조,<br>시행령 별표 2) | • 법 제34조에 따른 연구실안전관리사 자격을 취득한 사람<br>• 「국가기술자격법」에 따른 국가기술자격 중 안전관리 분야의 기사 이상 자격을 취득한 사람<br>• 「국가기술자격법」에 따른 국가기술자격 중 안전관리 분야의 산업기사 자격을 취득한 후 연구실 안전관리 업무 실무경력이 1년 이상인 사람<br>• 「고등교육법」에 따른 전문대학 또는 이와 같은 수준 이상의 학교에서 산업안전, 소방안전 등 안전 관련 학과를 졸업한 후 또는 법령에 따라 이와 같은 수준 이상으로 인정되는 학력을 갖춘 후 연구실 안전관리 업무 실무경력이 2년 이상인 사람<br>• 「고등교육법」에 따른 전문대학 또는 이와 같은 수준 이상의 학교에서 이공계학과를 졸업한 후 또는 법령에 따라 이와 같은 수준 이상으로 인정되는 학력을 갖춘 후 연구실 안전관리 업무 실무경력이 4년 이상인 사람<br>• 「초·중등교육법」에 따른 고등기술학교 또는 이와 같은 수준 이상의 학교를 졸업한 후 연구실 안전관리 업무 실무경력이 6년 이상인 사람<br>• 다음의 어느 하나에 해당하는 안전관리자로 선임되어 연구실 안전관리 업무실무경력이 1년 이상인 사람<br>– 「고압가스 안전관리법」 제15조에 따른 안전관리자<br>– 「산업안전보건법」 제17조에 따른 안전관리자<br>– 「도시가스사업법」 제29조에 따른 안전관리자<br>– 「전기안전관리법」 제22조에 따른 전기안전관리자<br>– 「화재의 예방 및 안전관리에 관한 법률」 제24조에 따른 소방안전관리자<br>– 「위험물안전관리법」 제15조에 따른 위험물안전관리자<br>• 연구실 안전관리 업무 실무경력이 8년 이상인 사람 |
| 수행업무 | • 안전점검·정밀안전진단 실시 계획의 수립 및 실시<br>• 연구실 안전교육계획 수립 및 실시<br>• 연구실사고 발생의 원인조사 및 재발 방지를 위한 기술적 지도·조언<br>• 연구실 안전환경 및 안전관리 현황에 관한 통계의 유지·관리<br>• 법 또는 법에 따른 명령이나 안전관리규정을 위반한 연구활동종사자에 대한 조치의 건의<br>• 그 밖에 안전관리규정이나 다른 법령에 따른 연구시설의 안전성 확보에 관한 사항 |
| 지정·변경 | 해당 날로부터 14일 이내에 과학기술정보통신부장관에게 그 내용을 제출 |

### ⑥ 연구실안전환경관리자의 대리자(시행령 제8조)

| | |
|---|---|
| 직무대행 사유 | • 연구실안전환경관리자가 여행·질병이나 그 밖의 사유로 일시적으로 그 직무를 수행할 수 없는 경우<br>• 연구실안전환경관리자의 해임 또는 퇴직과 동시에 다른 연구실안전환경관리자가 선임되지 아니한 경우 |
| 대행기간 | 30일 초과 금지(단, 출산휴가 시 90일 초과금지) |
| 자격요건 | • 「국가기술자격법」에 따른 안전관리 분야의 국가기술자격을 취득한 사람<br>• 타법의 안전관리자로 선임되어 있는 사람<br>• 연구실 안전관리 업무 실무경력이 1년 이상인 사람<br>• 연구실 안전관리 업무에서 연구실안전환경관리자를 지휘·감독하는 지위에 있는 사람 |

⑦ 연구실안전관리위원회(법 제11조, 시행규칙 제5조)

| 설치 · 운영 주체 | 연구주체의 장 | |
|---|---|---|
| 위원 구성<br>(15명 이내) | 연구실안전환경관리자 및 다음의 사람 중에서 연구주체의 장이 지명하는 사람<br>• 연구실책임자<br>• 연구활동종사자(전체 위원의 2분의 1 이상)<br>• 연구실 안전 관련 예산 편성 부서의 장<br>• 연구실안전환경관리자가 소속된 부서의 장 | |
| 위원장 | 위원 중에서 호선 | |
| 회의 | 정기회의 | 연 1회 이상 |
| | 임시회의 | • 위원회의 위원 과반수가 요구할 때<br>• 위원장이 필요하다고 인정할 때 |
| 개의 · 의결 | 개의 | 재적의원 과반수 출석 |
| | 의결 | 출석위원 과산수 찬성 |
| 협의사항 | • 안전관리규정의 작성 또는 변경<br>• 안전점검 실시 계획의 수립<br>• 정밀안전진단 실시 계획의 수립<br>• 안전 관련 예산의 계상 및 집행 계획의 수립<br>• 연구실 안전관리 계획의 심의<br>• 그 밖에 연구실 안전에 관한 주요사항 | |
| 게시 · 알림 | 위원장은 의결된 내용 등 회의 결과를 게시 또는 그 밖의 적절한 방법으로 연구활동종사자에게 신속하게 알려야 한다. | |
| 처우 | 연구주체의 장은 정당한 활동을 수행한 연구실안전관리위원회 위원에 대하여 불이익한 처우를 하여서는 아니 된다. | |

## 3 연구실 안전조치

### (1) 안전관리규정(법 제12조, 시행규칙 제6조)

| 작성 주체 | 연구주체의 장 |
|---|---|
| 안전관리규정 | 연구실에 맞는 효과적인 안전관리를 위하여 조직 내 구성원들의 계층 간, 조직 간의 책임과 역할이 명확히 이행되도록 방법과 절차를 규정한 문건 |
| 작성 대상 | 대학 · 연구기관 등에 설치된 각 연구실의 연구활동종사자를 합한 인원이 10명 이상인 경우 |
| 작성 주의사항 | • 단순한 법 적용보다는 각 조직의 실정에 맞도록 작성한다.<br>• 조직 내 모든 안전관리활동이 안전관리 규정을 중심으로 전개되도록 작성한다.<br>• 단순히 책임자를 지정하는 것이 아니라, 책임자의 업무 내용을 중심으로 작성한다.<br>• 조직 구성원의 자발적 참여를 이끌어 낼 수 있도록 작성한다. |
| 작성사항 | • 안전관리 조직체계 및 그 직무에 관한 사항<br>• 연구실안전환경관리자 및 연구실책임자의 권한과 책임에 관한 사항<br>• 연구실안전관리담당자의 지정에 관한 사항<br>• 안전교육의 주기적 실시에 관한 사항<br>• 연구실 안전표식의 설치 또는 부착<br>• 중대연구실사고 및 그 밖의 연구실사고의 발생을 대비한 긴급대처 방안과 행동요령<br>• 연구실사고 조사 및 후속대책 수립에 관한 사항<br>• 연구실 안전 관련 예산 계상 및 사용에 관한 사항<br>• 연구실 유형별 안전관리에 관한 사항<br>• 그 밖의 안전관리에 관한 사항 |

## (2) 안전점검지침 및 정밀안전진단지침(법 제13조, 시행령 제9조)

| 작성대상 | 과학기술정보통신부장관 |
|---|---|
| 안전점검지침 및 정밀안전진단지침 포함사항 | • 안전점검·정밀안전진단 실시 계획의 수립 및 시행에 관한 사항<br>• 안전점검·정밀안전진단을 실시하는 자의 유의사항<br>• 안전점검·정밀안전진단의 실시에 필요한 장비에 관한 사항<br>• 안전점검·정밀안전진단의 점검대상 및 항목별 점검방법에 관한 사항<br>• 안전점검·정밀안전진단 결과의 자체평가 및 사후조치에 관한 사항<br>• 그 밖에 연구실의 기능 및 안전을 유지·관리하기 위하여 과학기술정보통신부장관이 필요하다고 인정하는 사항 |
| 정밀안전진단 지침 포함사항 | • 유해인자별 노출도 평가에 관한 사항<br>• 유해인자별 취급 및 관리에 관한 사항<br>• 유해인자별 사전 영향 평가·분석에 관한 사항 |

## (3) 안전점검 및 정밀안전진단

### ① 안전점검(법 제14조, 시행령 제10조)

#### ㉠ 일상점검

| 정의 | 연구활동에 사용되는 기계·기구·전기·약품·병원체 등의 보관상태 및 보호장비의 관리실태 등을 직접 눈으로 확인하는 점검 |
|---|---|
| 주기 | 연구활동 시작 전에 매일 1회 실시(단, 저위험연구실은 매주 1회 이상 실시) |
| 점검 실시자 | 해당 연구실의 연구활동종사자 |
| 물적 장비 요건 | 별도 장비 불필요 |

#### ㉡ 정기점검

| 정의 | 연구활동에 사용되는 기계·기구·전기·약품·병원체 등의 보관상태 및 보호장비의 관리실태 등을 안전점검기기를 이용하여 실시하는 세부적인 점검 |
|---|---|
| 주기 | 매년 1회 이상 실시 |
| 점검 면제 | 다음의 어느 하나에 해당하는 연구실의 경우에는 정기점검 면제<br>• 저위험연구실<br>• 안전관리 우수연구실 인증을 받은 연구실(단, 정기점검 면제기한은 인증 유효기간의 만료일이 속하는 연도의 12월 31일까지)<br><br>※ 연구실 안전점검 및 정밀안전진단에 관한 지침 제10조<br>정밀안전진단을 실시한 연구실은 해당연도 정기점검 면제 |
| 점검 실시자 | 자격 요건 충족한 자 |
| 물적 장비 요건 | 장비 요건 충족 필요 |

#### ㉢ 특별안전점검

| 정의 | 폭발사고·화재사고 등 연구활동종사자의 안전에 치명적인 위험을 야기할 가능성이 있을 것으로 예상되는 경우에 실시하는 점검 |
|---|---|
| 주기 | 연구주체의 장이 필요하다고 인정하는 경우에 실시 |
| 점검 실시자 | 정기점검과 동일 |
| 물적 장비 요건 | 정기점검과 동일 |

② 정밀안전진단(법 제15조, 연구실 안전점검 및 정밀안전진단에 관한 지침 제11조)

| 정의 | 연구실사고를 예방하기 위하여 잠재적 위험성의 발견과 그 개선대책의 수립을 목적으로 실시하는 조사·평가(법 제2조) |
|---|---|
| 주기 | • 2년에 1회 이상 : 고위험연구실(시행령 제11조)<br>• 수시 : 안전점검을 실시한 결과 연구실사고 예방을 위하여 정밀안전진단이 필요하다고 인정되는 경우 또는 연구실에서 중대연구실사고가 발생한 경우 |
| 실시항목 | • 정기점검 실시 내용<br>• 유해인자별 노출도평가의 적정성<br>• 유해인자별 취급 및 관리의 적정성<br>• 연구실 사전유해인자위험분석의 적정성 |
| 점검 실시자 | 자격 요건 충족한 자 |
| 물적 장비 요건 | 장비 요건 충족 필요 |

③ 안전점검 및 정밀안전진단 실시 결과 보고(연구실 안전점검 및 정밀안전진단에 관한 지침 제16조)

<table>
<tr><td>결과 알림</td><td colspan="2">점검·진단 실시자는 점검·진단 결과를 종합하여 연구실 안전등급을 부여하고, 그 결과를 연구주체의 장에게 알려야 함</td></tr>
<tr><td>결과 공표</td><td colspan="2">연구주체의 장은 그 결과를 지체 없이 공표하여야 함</td></tr>
<tr><td rowspan="6">연구실<br>안전등급</td><td>등급</td><td>연구실 안전환경 상태</td></tr>
<tr><td>1</td><td>연구실 안전환경에 문제가 없고 안전성이 유지된 상태</td></tr>
<tr><td>2</td><td>연구실 안전환경 및 연구시설에 결함이 일부 발견되었으나, 안전에 크게 영향을 미치지 않으며 개선이 필요한 상태</td></tr>
<tr><td>3</td><td>연구실 안전환경 또는 연구시설에 결함이 발견되어 안전환경 개선이 필요한 상태</td></tr>
<tr><td>4</td><td>연구실 안전환경 또는 연구시설에 결함이 심하게 발생하여 사용에 제한을 가하여야 하는 상태</td></tr>
<tr><td>5</td><td>연구실 안전환경 또는 연구시설의 심각한 결함이 발생하여 안전상 사고발생위험이 커서 즉시 사용을 금지하고 개선해야 하는 상태</td></tr>
</table>

④ 정기점검·특별안전점검의 직접 실시요건(시행령 별표 3)

| 점검 분야 | 점검 실시자의 인적 자격 요건 | 물적 장비 요건 |
|---|---|---|
| 일반안전, 기계, 전기 및 화공 | 다음의 어느 하나에 해당하는 사람<br>• 인간공학기술사, 기계안전기술사, 전기안전기술사 또는 화공안전기술사<br>• 법 제34조제2항에 따른 교육·훈련을 이수한 연구실안전관리사<br>• 다음의 어느 하나에 해당하는 분야의 박사학위 취득 후 안전 업무(과학기술분야 안전사고로부터 사람의 생명·신체 및 재산의 안전을 확보하기 위한 업무를 말한다. 이하 같다) 경력이 1년 이상인 사람<br>– 안전<br>– 기계<br>– 전기<br>– 화공<br>• 다음의 어느 하나에 해당하는 기능장·기사 자격 취득 후 관련 경력 3년 이상인 사람 또는 산업기사 자격 취득 후 관련 경력 5년 이상인 사람<br>– 일반기계기사<br>– 전기기능장·전기기사 또는 전기산업기사<br>– 화공기사 또는 화공산업기사<br>• 산업안전기사 자격 취득 후 관련 경력 1년 이상인 사람 또는 산업안전산업기사 자격 취득 후 관련 경력 3년 이상인 사람<br>• 「전기안전관리법」 제22조에 따른 전기안전관리자로서의 경력이 1년 이상인 사람<br>• 연구실안전환경관리자 | • 정전기 전하량 측정기<br>• 접지저항측정기<br>• 절연저항측정기 |

| 점검 분야 | 점검 실시자의 인적 자격 요건 | 물적 장비 요건 |
|---|---|---|
| 소방 및 가스 | 다음의 어느 하나에 해당하는 사람<br>• 소방기술사 또는 가스기술사<br>• 법 제34조제2항에 따른 교육·훈련을 이수한 연구실안전관리사<br>• 소방 또는 가스 분야의 박사학위 취득 후 안전 업무 경력이 1년 이상인 사람<br>• 가스기능장·가스기사·소방설비기사 자격 취득 후 관련 경력 1년 이상인 사람 또는 가스산업기사·소방설비산업기사 자격 취득 후 관련 경력 3년 이상인 사람<br>• 「화재의 예방 및 안전관리에 관한 법률」 제24조에 따른 소방안전관리자로서의 경력이 1년 이상인 사람<br>• 연구실안전환경관리자 | • 가스누출검출기<br>• 가스농도측정기<br>• 일산화탄소농도측정기 |
| 산업위생 및 생물 | 다음의 어느 하나에 해당하는 사람<br>• 산업위생관리기술사<br>• 법 제34조제2항에 따른 교육·훈련을 이수한 연구실안전관리사<br>• 산업위생, 보건위생 또는 생물 분야의 박사학위 취득 후 안전 업무 경력이 1년 이상인 사람<br>• 산업위생관리기사 자격 취득 후 관련 경력 1년 이상인 사람 또는 산업위생관리산업기사 자격 취득 후 관련 경력 3년 이상인 사람<br>• 연구실안전환경관리자 | • 분진측정기<br>• 소음측정기<br>• 산소농도측정기<br>• 풍속계<br>• 조도계(밝기측정기) |

※ 비고

1. 물적 장비 중 해당 장비의 기능을 2개 이상 갖춘 복합기능 장비를 갖춘 경우에는 개별 장비를 갖춘 것으로 본다.
2. 점검 실시자는 해당 기관에 소속된 사람으로 한다.

### ⑤ 정밀안전진단의 직접 실시요건(시행령 별표 5)

| 진단 분야 | 진단 실시자의 인적 자격 요건 | 물적 장비 요건 |
|---|---|---|
| 일반안전, 기계, 전기 및 화공 | 다음의 어느 하나에 해당하는 사람<br>• 인간공학기술사, 기계안전기술사, 전기안전기술사 또는 화공안전기술사<br>• 법 제34조제2항에 따른 교육·훈련을 이수한 연구실안전관리사<br>• 안전, 기계, 전기, 화공 중 어느 하나에 해당하는 분야의 박사학위 취득 후 안전 업무 경력이 1년 이상인 사람<br>• 다음의 어느 하나에 해당하는 기능장·기사 자격 취득 후 관련 경력 3년 이상인 사람 또는 산업기사 자격 취득 후 관련 경력 5년 이상인 사람<br>– 산업안전기사 또는 산업안전산업기사<br>– 일반기계기사<br>– 전기기능장·전기기사 또는 전기산업기사<br>– 화공기사 또는 화공산업기사<br>• 「전기안전관리법」 제22조에 따른 전기안전관리자로서의 경력이 3년 이상인 사람 | • 정전기 전하량 측정기<br>• 접지저항측정기<br>• 절연저항측정기 |
| 소방 및 가스 | 다음의 어느 하나에 해당하는 사람<br>• 소방기술사 또는 가스기술사<br>• 법 제34조제2항에 따른 교육·훈련을 이수한 연구실안전관리사<br>• 소방 또는 가스 분야의 박사학위 취득 후 안전 업무 경력이 1년 이상인 사람<br>• 가스기능장·가스기사·소방설비기사 자격 취득 후 관련 경력 3년 이상인 사람 또는 가스산업기사·소방설비산업기사 자격 취득 후 관련 경력 5년 이상인 사람<br>• 「화재의 예방 및 안전관리에 관한 법률」 제24조에 따른 소방안전관리자로서 경력이 3년 이상인 사람 | • 가스누출검출기<br>• 가스농도측정기<br>• 일산화탄소농도측정기 |

| 진단 분야 | 진단 실시자의 인적 자격 요건 | 물적 장비 요건 |
|---|---|---|
| 산업위생 및 생물 | 다음의 어느 하나에 해당하는 사람<br>• 산업위생관리기술사<br>• 법 제34조제2항에 따른 교육·훈련을 이수한 연구실안전관리사<br>• 산업위생, 보건위생 또는 생물 분야의 박사학위 취득 후 안전 업무 경력이 1년 이상인 사람<br>• 산업위생관리기사 자격 취득 후 관련 경력 3년 이상인 사람 또는 산업위생관리산업기사 자격 취득 후 관련 경력 5년 이상인 사람 | • 분진측정기<br>• 소음측정기<br>• 산소농도측정기<br>• 풍속계<br>• 조도계(밝기측정기) |

※ 비고

1. 물적 장비 중 해당 장비의 기능을 2개 이상 갖춘 복합기능 장비를 갖춘 경우에는 개별 장비를 갖춘 것으로 본다.
2. 진단 실시자는 해당 기관에 소속된 사람으로 한다.

### ⑥ 서류 보존기간(연구실 안전점검 및 정밀안전진단에 관한 지침 제17조)

| 종류 | 보존기간 |
|---|---|
| 일상점검표 | 1년 |
| 정기점검, 특별안전점검, 정밀안전진단 결과보고서, 노출도평가 결과보고서 | 3년 |

※ 보존기간의 기산일은 보고서가 작성된 다음 연도의 첫날로 한다.

▌연구실 안전점검 및 정밀안전진단에 관한 지침 [별표 2]

# 일상점검 실시 내용

(제6조제4항 관련)

**연구실 일상점검표**

| 기 관 명 | |
|---|---|
| 연구실명 | |

| 결 재 | 연구실책임자 |
|---|---|
| | |

| 구분 | 점검 내용 | 점검 결과 | | |
|---|---|---|---|---|
| | | 양호 | 불량 | 미해당 |
| 일반 안전 | 연구실(실험실) 정리정돈 및 청결 상태 | | | |
| | 연구실(실험실) 내 흡연 및 음식물 섭취 여부 | | | |
| | 안전수칙, 안전표지, 개인보호구, 구급약품 등 실험장비(흄후드 등) 관리 상태 | | | |
| | 사전유해인자 위험분석 보고서 게시 | | | |
| 기계 기구 | 기계 및 공구의 조임부 또는 연결부 이상 여부 | | | |
| | 위험설비 부위에 방호장치(보호 덮개) 설치 상태 | | | |
| | 기계기구 회전반경, 작동반경 위험지역 출입금지 방호설비 설치 상태 | | | |
| 전기 안전 | 사용하지 않는 전기기구의 전원투입 상태 확인 및 무분별한 문어발식 콘센트 사용 여부 | | | |
| | 접지형 콘센트를 사용, 전기배선의 절연피복 손상 및 배선정리 상태 | | | |
| | 기기의 외함접지 또는 정전기 장애방지를 위한 접지 실시 상태 | | | |
| | 전기 분전반 주변 이물질 적재금지 상태 여부 | | | |
| 화공 안전 | 유해인자 취급 및 관리대장, MSDS의 비치 | | | |
| | 화학물질의 성상별 분류 및 시약장 등 안전한 장소에 보관 여부 | | | |
| | 소량을 덜어서 사용하는 통, 화학물질의 보관함·보관용기에 경고표시 부착 여부 | | | |
| | 실험폐액 및 폐기물 관리 상태(폐액분류표시, 적정 용기 사용, 폐액용기덮개 체결 상태 등) | | | |
| | 발암물질, 독성물질 등 유해화학물질의 격리보관 및 시건장치 사용 여부 | | | |
| 소방 안전 | 소화기 표지, 적정 소화기 비치 및 정기적인 소화기 점검 상태 | | | |
| | 비상구, 피난통로 확보 및 통로상 장애물 적재 여부 | | | |
| | 소화전, 소화기 주변 이물질 적재금지 상태 여부 | | | |
| 가스 안전 | 가스용기의 옥외 지정장소 보관, 전도방지 및 환기 상태 | | | |
| | 가스용기 외관의 부식, 변형, 노즐잠금 상태 및 가스용기 충전기한 초과 여부 | | | |
| | 가스누설검지경보장치, 역류/역화 방지장치, 중화제독장치 설치 및 작동 상태 확인 | | | |
| | 배관 표시사항 부착, 가스사용시설 경계/경고표시 부착, 조정기 및 밸브 등 작동 상태 | | | |
| | 주변 화기와의 이격거리 유지 등 취급 여부 | | | |
| 생물 안전 | 생물체(LMO 포함) 및 조직, 세포, 혈액 등의 보관 관리 상태(보관용기 상태, 보관기록 유지, 보관장소의 생물재해(Biohazard) 표시 부착 여부 등) | | | |
| | 손 소독기 등 세척시설 및 고압멸균기 등 살균 장비의 관리 상태 | | | |
| | 생물체(LMO 포함) 취급 연구시설의 관리·운영대장 기록 작성 여부 | | | |
| | 생물체 취급기구(주사기, 핀셋 등), 의료폐기물 등의 별도 폐기 여부 및 폐기용기 덮개설치 상태 | | | |

※ 지시(특이) 사항 :

* 상기 내용을 성실히 점검하여 기록함

점검자(연구실안전관리담당자) : ( 서명 )

▮연구실 안전점검 및 정밀안전진단에 관한 지침 [별표 3]

# 정기점검 · 특별안전점검 실시 내용

(제7조제2항 및 제8조2항 관련)

| 안전분야 | | 점검 항목 | 양호 | 주의 | 불량 | 해당 없음 |
|---|---|---|---|---|---|---|
| 일반안전 | A | 연구실 내 취침, 취사, 취식, 흡연 행위 여부 | □ | NA | □ | □ |
| | | 연구실 내 건축물 훼손 상태(천장파손, 누수, 창문파손 등) | □ | □ | □ | □ |
| | | 사고발생 비상대응 방안(매뉴얼, 비상연락망, 보고체계 등) 수립 및 게시 여부 | □ | □ | NA | □ |
| | B | 연구(실험)공간과 사무공간 분리 여부 | □ | □ | □ | □ |
| | | 연구실 내 정리정돈 및 청결 상태 여부 | □ | □ | NA | □ |
| | | 연구실 일상점검 실시 여부 | □ | □ | □ | □ |
| | | 연구실책임자 등 연구활동종사자의 안전교육 이수 여부 | □ | □ | □ | □ |
| | | 연구실 안전관리규정 비치 또는 게시 여부 | □ | □ | NA | □ |
| | | 연구실 사전유해인자 위험분석 실시 및 보고서 게시 여부 | □ | □ | NA | □ |
| | | 유해인자 취급 및 관리대장 작성 및 비치 · 게시 여부 | □ | □ | NA | □ |
| | | 기타 일반안전 분야 위험 요소 | □ | □ | □ | □ |
| 기계안전 | A | 위험기계 · 기구별 적정 안전방호장치 또는 안전덮개 설치 여부 | □ | NA | □ | □ |
| | | 위험기계 · 기구의 법적 안전검사 실시 여부 | □ | NA | □ | □ |
| | B | 연구 기기 또는 장비 관리 여부 | □ | □ | NA | □ |
| | | 기계 · 기구 또는 설비별 작업안전수칙(주의사항, 작동매뉴얼 등) 부착 여부 | □ | □ | NA | □ |
| | | 위험기계 · 기구 주변 울타리 설치 및 안전구획 표시 여부 | □ | NA | □ | □ |
| | | 연구실 내 자동화설비 기계 · 기구에 대한 이중 안전장치 마련 여부 | □ | □ | NA | □ |
| | | 연구실 내 위험기계 · 기구에 대한 동력차단장치 또는 비상정지장치 설치 여부 | □ | □ | □ | □ |
| | | 연구실 내 자체 제작 장비에 대한 안전관리 수칙 · 표지 마련 여부 | □ | □ | NA | □ |
| | | 위험기계 · 기구별 법적 안전인증 및 자율안전확인신고 제품 사용 여부 | □ | NA | □ | □ |
| | | 기타 기계안전 분야 위험 요소 | □ | □ | □ | □ |
| 전기안전 | A | 대용량기기(정격 소비 전력 3kW 이상)의 단독회로 구성 여부 | □ | NA | □ | □ |
| | | 전기 기계 · 기구 등의 전기충전부 감전방지 조치(폐쇄형 외함구조, 방호망, 절연덮개 등) 여부 | □ | □ | □ | □ |
| | | 과전류 또는 누전에 따른 재해를 방지하기 위한 과전류차단장치 및 누전차단기 설치 · 관리 여부 | □ | □ | □ | □ |
| | | 절연피복이 손상되거나 노후된 배선(이동전선 포함) 사용 여부 | □ | □ | □ | □ |

| 안전분야 | 점검 항목 | | 양호 | 주의 | 불량 | 해당없음 |
|---|---|---|---|---|---|---|
| 전기안전 | B | 바닥에 있는 (이동)전선 몰드처리 여부 | ☐ | ☐ | ☐ | ☐ |
| | | 접지형 콘센트 및 정격전류 초과 사용(문어발식 콘센트 등) 여부 | ☐ | ☐ | NA | ☐ |
| | | 전기기계·기구의 적합한 곳(금속제 외함, 충전될 우려가 있는 비충전금속체 등)에 접지 실시 여부 | ☐ | NA | ☐ | ☐ |
| | | 전기기계·기구(전선, 충전부 포함)의 열화, 노후 및 손상 여부 | ☐ | ☐ | ☐ | ☐ |
| | | 분전반 내 각 회로별 명칭(또는 내부도면) 기재 여부 | ☐ | ☐ | ☐ | ☐ |
| | | 분전반 적정 관리 여부(도어개폐, 적치물, 경고표지 부착 등) | ☐ | ☐ | ☐ | ☐ |
| | | 개수대 등 수분발생지역 주변 방수조치(방우형 콘센트 설치 등) 여부 | ☐ | ☐ | ☐ | ☐ |
| | | 연구실 내 불필요 전열기 비치 및 사용 여부 | ☐ | ☐ | ☐ | ☐ |
| | | 콘센트 등 방폭을 위한 적절한 설치 또는 방폭전기설비 설치 적정성 | ☐ | ☐ | ☐ | ☐ |
| | | 기타 전기안전 분야 위험 요소 | ☐ | ☐ | ☐ | ☐ |
| 화공안전 | A | 시약병 경고표지(물질명, GHS, 주의사항, 조제일자, 조제자명 등) 부착 여부 | ☐ | ☐ | ☐ | ☐ |
| | | 폐액용기 성상별 분류 및 안전라벨 부착·표시 여부 | ☐ | ☐ | ☐ | ☐ |
| | | 폐액 보관장소 및 용기 보관 상태(관리 상태, 보관량 등) 적정성 | ☐ | ☐ | ☐ | ☐ |
| | B | 대상 화학물질의 모든 MSDS(GHS) 게시·비치 여부 | ☐ | ☐ | ☐ | ☐ |
| | | 사고대비물질, CMR물질, 특별관리물질 파악 및 관리 여부 | ☐ | NA | ☐ | ☐ |
| | | 화학물질 보관용기(시약병 등) 성상별 분류 보관 여부 | ☐ | ☐ | ☐ | ☐ |
| | | 시약선반 및 시약장의 시약 전도방지 조치 여부 | ☐ | ☐ | NA | ☐ |
| | | 시약 적정기간 보관 및 용기 파손, 부식 등 관리 여부 | ☐ | ☐ | ☐ | ☐ |
| | | 휘발성, 인화성, 독성, 부식성 화학물질 등 취급 화학물질의 특성에 적합한 시약장 확보 여부(전용캐비닛 사용 여부) | ☐ | ☐ | ☐ | ☐ |
| | | 유해화학물질 보관 시약장 잠금장치, 작동성능 유지 등 관리 여부 | ☐ | ☐ | ☐ | ☐ |
| | | 기타 화공안전 분야 위험 요소 | ☐ | ☐ | ☐ | ☐ |
| 유해화학물질 취급시설 검사항목 | B | 화학물질 배관의 강도 및 두께 적절성 여부 | ☐ | ☐ | NA | ☐ |
| | | 화학물질 밸브 등의 개폐방향을 색채 또는 기타 방법으로 표시 여부 | ☐ | ☐ | NA | ☐ |
| | | 화학물질 제조·사용설비에 안전장치 설치 여부(과압방지장치 등) | ☐ | ☐ | NA | ☐ |
| | | 화학물질 취급 시 해당 물질의 성질에 맞는 온도, 압력 등 유지 여부 | ☐ | ☐ | NA | ☐ |
| | | 화학물질 가열·건조설비의 경우 간접가열구조 여부(단, 직접 불을 사용하지 않는 구조, 안전한 장소설치, 화재방지설비 설치의 경우 제외) | ☐ | ☐ | NA | ☐ |
| | | 화학물질 취급설비에 정전기 제거 유효성 여부(접지에 의한 방법, 상대습도 70% 이상하는 방법, 공기 이온화하는 방법) | ☐ | ☐ | NA | ☐ |
| | | 화학물질 취급시설에 피뢰침 설치 여부(단, 취급시설 주위에 안전상 지장 없는 경우 제외) | ☐ | ☐ | NA | ☐ |
| | | 가연성 화학물질 취급시설과 화기취급시설 8m 이상 우회거리 확보 여부(단, 안전조치를 취하고 있는 경우 제외) | ☐ | ☐ | NA | ☐ |
| | | 화학물질 취급 또는 저장설비의 연결부 이상 유무의 주기적 확인(1회/주 이상) | ☐ | ☐ | NA | ☐ |
| | | 소량 기준 이상 화학물질을 취급하는 시설에 누출 시 감지·경보할 수 있는 설비 설치 여부(CCTV 등) | ☐ | ☐ | NA | ☐ |
| | | 화학물질 취급 중 비상시 응급장비 및 개인보호구 비치 여부 | ☐ | ☐ | NA | ☐ |

| 안전분야 | | 점검 항목 | 양호 | 주의 | 불량 | 해당 없음 |
|---|---|---|---|---|---|---|
| 소방안전 | A | 취급물질별 적정(적응성 있는) 소화설비 · 소화기 비치 여부 및 관리 상태(외관 및 지시압력계, 안전핀 봉인 상태, 설치 위치 등) | □ | □ | □ | □ |
| | | 비상시 피난 가능한 대피로(비상구, 피난동선 등) 확보 여부 | □ | NA | □ | □ |
| | | 유도등(유도표지) 설치 · 점등 및 시야 방해 여부 | □ | □ | □ | □ |
| | B | 비상대피 안내정보 제공 여부 | □ | □ | □ | □ |
| | | 적합한(적응성) 감지기(열, 연기) 설치 및 정기적 점검 여부 | □ | NA | □ | □ |
| | | 스프링클러 외형 상태 및 헤드의 살수분포구역 내 방해물 설치 여부 | □ | NA | □ | □ |
| | | 적정 가스소화설비 방출표시등 설치 및 관리 여부 | □ | NA | □ | □ |
| | | 화재발신기 외형 변형, 손상, 부식 여부 | □ | □ | NA | □ |
| | | 소화전 관리 상태(호스 보관 상태, 내 · 외부 장애물 적재, 위치표시 및 사용요령 표지판 부착 여부 등) | □ | □ | □ | □ |
| | | 기타 소방안전 분야 위험 요소 | □ | □ | □ | □ |
| 가스안전 | A | 용기, 배관, 조정기 및 밸브 등의 가스 누출 확인 | □ | NA | □ | □ |
| | | 적정 가스누출감지 · 경보장치 설치 및 관리 여부(가연성, 독성 등) | □ | NA | □ | □ |
| | | 가연성 · 조연성 · 독성 가스 혼재 보관 여부 | □ | NA | □ | □ |
| | B | 가스용기 보관 위치 적정 여부(직사광선, 고온 주변 등) | □ | NA | □ | □ |
| | | 가스용기 충전기한 경과 여부 | □ | □ | □ | □ |
| | | 미사용 가스용기 보관 여부 | □ | □ | NA | □ |
| | | 가스용기 고정(체인, 스트랩, 보관대 등) 여부 | □ | NA | □ | □ |
| | | 가스용기 밸브 보호캡 설치 여부 | □ | □ | NA | □ |
| | | 가스배관에 명칭, 압력, 흐름방향 등 기입 여부 | □ | □ | NA | □ |
| | | 가스배관 및 부속품 부식 여부 | □ | NA | □ | □ |
| | | 미사용 가스배관 방치 및 가스배관 말단부 막음 조치 상태 | □ | NA | □ | □ |
| | | 가스배관 충격방지 보호덮개 설치 여부 | □ | □ | □ | □ |
| | | LPG 및 도시가스시설에 가스누출 자동차단장치 설치 여부 | □ | NA | □ | □ |
| | | 화염을 사용하는 가연성 가스(LPG 및 아세틸렌 등)용기 및 분기관 등에 역화방지장치 부착 여부 | □ | NA | □ | □ |
| | | 특정고압가스 사용 시 전용 가스실린더 캐비닛 설치 여부(특정고압가스 사용 신고 등 확인) | □ | NA | □ | □ |
| | | 독성가스 중화제독 장치 설치 및 작동 상태 확인 | □ | NA | □ | □ |
| | | 고압가스 제조 및 취급 등의 승인 또는 허가 관련 기록 유지 · 관리 | □ | □ | □ | □ |
| | | 기타 가스안전 분야 위험 요소 | □ | □ | □ | □ |
| 산업위생 | A | 개인보호구 적정 수량 보유 · 비치 및 관리 여부 | □ | □ | □ | □ |
| | | 후드, 국소배기장치 등 배기 · 환기설비의 설치 및 관리(제어풍속 유지 등) 여부 | □ | □ | □ | □ |
| | | 화학물질(부식성, 발암성, 피부자극성, 피부흡수가 가능한 물질 등) 누출에 대비한 세척장비(세안기, 샤워설비) 설치 · 관리 여부 | □ | □ | □ | □ |

| 안전분야 | | 점검 항목 | 양호 | 주의 | 불량 | 해당 없음 |
|---|---|---|---|---|---|---|
| 산업위생 | B | 연구실 출입구 등에 안전보건표지 부착 여부 | ☐ | ☐ | ☐ | ☐ |
| | | 연구 특성에 맞는 적정 조도수준 유지 여부 | ☐ | ☐ | NA | ☐ |
| | | 연구실 내 또는 비상시 접근 가능한 곳에 구급약품(외상조치약, 붕대 등) 구비 여부 | ☐ | ☐ | ☐ | ☐ |
| | | 실험복 보관장소(또는 보관함) 설치 여부 | ☐ | ☐ | ☐ | ☐ |
| | | 연구자 위생을 위한 세척·소독기(비누, 소독용 알코올 등) 비치 여부 | ☐ | ☐ | NA | ☐ |
| | | 연구실 실내 소음 및 진동에 대한 대비책 마련 여부 | ☐ | ☐ | NA | ☐ |
| | | 노출도 평가 적정 실시 여부 | ☐ | ☐ | ☐ | ☐ |
| | | 기타 산업위생 분야 위험 요소 | ☐ | ☐ | ☐ | ☐ |
| 생물안전 | A | 생물활성 제거를 위한 장치(고온/고압멸균기 등) 설치 및 관리 여부 | ☐ | ☐ | ☐ | ☐ |
| | | 의료폐기물 전용 용기 비치·관리 및 일반폐기물과 혼재 여부 | ☐ | ☐ | ☐ | ☐ |
| | | 생물체(LMO, 동물, 식물, 미생물 등) 및 조직, 세포, 혈액 등의 보관 관리 상태(적정 보관용기 사용 여부, 보관용기 상태, 생물위해표시, 보관기록 유지 여부 등) | ☐ | ☐ | ☐ | ☐ |
| | B | 연구실 출입문 앞에 생물안전시설 표지 부착 여부 | ☐ | ☐ | ☐ | ☐ |
| | | 연구실 내 에어로졸 발생 최소화 방안 마련 여부 | ☐ | ☐ | NA | ☐ |
| | | 곤충이나 설치류에 대한 관리방안 마련 여부 | ☐ | ☐ | ☐ | ☐ |
| | | 생물안전작업대(BSC) 관리 여부 | ☐ | ☐ | NA | ☐ |
| | | 동물실험구역과 일반실험구역의 분리 여부 | ☐ | ☐ | ☐ | ☐ |
| | | 동물사육설비 설치 및 관리 상태(적정 케이지 사용 여부 및 배기덕트 관리 상태 등) | ☐ | ☐ | ☐ | ☐ |
| | | 고위험 생물체(LMO 및 병원균 등) 보관장소 잠금장치 여부 | ☐ | NA | ☐ | ☐ |
| | | 병원체 누출 등 생물 사고에 대한 상황별 SOP 마련 및 바이오스필키트(Biological Spill Kit) 비치 여부 | ☐ | ☐ | NA | ☐ |
| | | 생물체(LMO 등) 취급 연구시설의 설치·운영 신고 또는 허가 관련 기록 유지·관리 여부 | ☐ | ☐ | ☐ | ☐ |
| | | 기타 생물안전 분야 위험 요소 | ☐ | ☐ | ☐ | ☐ |

▌연구실 안전점검 및 정밀안전진단에 관한 지침 [별표 4]

# 정밀안전진단 실시 내용

(제11조제2항 관련)

| 구분 | 진단항목 | 비고 |
|---|---|---|
| 분야별 안전 | 1. 일반안전<br>2. 기계안전<br>3. 전기안전<br>4. 화공안전<br>5. 소방안전<br>6. 가스안전<br>7. 산업위생<br>8. 생물안전 | 정기점검에 준함 |
| 유해인자별 노출도평가의 적정성 | 1. 노출도평가 연구실 선정 사유<br>2. 화학물질 노출기준의 초과 여부<br>3. 노출기준 초과 시 개선대책 수립 및 시행 여부<br>4. 노출도평가 관련 서류 보존 여부<br>5. 노출도평가가 추가로 필요한 연구실<br>6. 기타 노출도평가에 관한 사항 | |
| 유해인자별 취급 및 관리의 적정성 | 1. 취급 및 관리대장 작성 여부<br>2. 관리대장의 연구실 내 비치 및 교육 여부<br>3. 기타 취급 및 관리에 대한 사항 | |
| 연구실 사전유해인자위험분석의 적정성 | 1. 연구실안전현황, 유해인자 위험분석 작성 및 유효성 여부<br>2. 연구개발활동안전분석(R&DSA, 2018. 1. 1.부터 시행) 작성 여부<br>3. 사전유해인자위험분석 보고서 비치 및 관리대장 관리 여부<br>4. 기타 사전유해인자위험분석 관련 사항 | |

# 유해인자 취급 및 관리대장

(제13조제4항 관련)

• 연구실명 : • 작 성 자 : (인)

• 작성일자 : 년 월 일 • 연구실책임자 : (인)

| 연번 | 물질명<br>(장비명) | CAS No.<br>(사양) | 보유량<br>(보유대수) | 보관장소 | 유해・위험성 분류 | | 대상 여부 | |
|---|---|---|---|---|---|---|---|---|
| | | | | | 물리적 위험성 | 건강 및 환경 유해성 | 정밀<br>안전<br>진단 | 작업<br>환경<br>측정 |
| 1 | (작성예)<br>벤젠 | 71-43-2<br>(액상) | 700mL | 시약장-1 | | | O | O |
| 2 | (작성예)<br>아세틸렌 | 74-86-2<br>(기상) | 200mL | 밀폐형<br>시약장-3 | | | O | X |
| 3 | (작성예)<br>원심분리기 | MaxRPM :<br>8,000 | 1EA | 실험대1 | 고속회전에 따른<br>사용주의(시료 균형<br>확보 등) | - | - | - |
| 4 | (작성예)<br>인화점측정기 | Measuring<br>Range<br>(80℃ to 00℃) | 1EA | 실험대2 | Propane Gas 이용에<br>따른 화재 및 폭발 주의 | - | - | - |
| 5 | ⋮ | | ⋮ | ⋮ | ⋮ | ⋮ | ⋮ | |
| 6 | | | | | | | | |
| 7 | | | | | | | | |

[비고]

• 물질명/Cas No : 연구실 내 사용, 보관하고 있는 유해인자(화학물질, 연구장비, 안전설비 등)에 대해 작성(단, 화학물질과 연구장비(설비) 등은 별도로 작성・관리 가능)

• 보유량 : 보관 또는 사용하고 있는 유해인자에 대한 보유량 작성(단위기입)

• 물질보관장소 : 저장 또는 보관하고 있는 화학물질의 장소 작성

• 유해・위험성분류 : 화학물질은 MSDS를 확인하여 작성(MSDS상 2번 유해・위험성 분류 및 「화학물질 분류표시 및 물질안전보건자료에 관한 기준」 별표 1 참고)하고, 장비는 취급상 유의사항 등을 기재

• 대상 여부 : 화학물질별 법령에서 정한 관리대상 여부(「연구실안전법」 시행령 제11조 정밀안전진단 대상물질 여부, 산업안전보건법 시행규칙 별표 21 작업환경측정 대상 유해인자 여부)

※ 연구실책임자의 필요에 따라 양식 변경 가능(단, 제13조제3항에서 규정하고 있는 물질명(장비명), 보관장소, 보유량, 취급상 유의사항, 그 밖에 연구실책임자가 필요하다고 판단하는 사항은 반드시 포함할 것)

### (4) 안전점검 및 정밀안전진단 대행기관의 등록 등(법 제17조, 시행령 제14조)

| 등록서류 | • 등록신청서<br>• 기술인력 보유 현황<br>• 장비 명세서 | |
|---|---|---|
| 등록취소 | 등록취소 | 거짓 또는 그 밖의 부정한 방법으로 등록 또는 변경등록을 한 경우 |
| | 등록취소, 6개월 이내의 업무정지 또는 시정명령 | • 타인에게 대행기관 등록증을 대여한 경우<br>• 대행기관의 등록기준에 미달하는 경우<br>• 등록사항의 변경이 있은 날부터 6개월 이내에 변경등록을 하지 아니한 경우<br>• 대행기관이 안전점검지침 또는 정밀안전진단지침을 준수하지 아니한 경우<br>• 등록된 기술인력이 아닌 사람에게 안전점검 또는 정밀안전진단 대행업무를 수행하게 한 경우<br>• 안전점검 또는 정밀안전진단을 성실하게 대행하지 아니한 경우<br>• 업무정지 기간에 안전점검 또는 정밀안전진단을 대행한 경우<br>• 등록된 기술인력이 교육을 받게 하지 아니한 경우 |

### (5) 중대한 결함(법 제16조, 시행령 제13조)

| 보고 | 점검 · 진단 실시 결과 중대한 결함이 있는 경우에는 그 결함이 있음을 안 날부터 7일 이내에 연구주체의 장이 과학기술정보통신부장관에게 보고하여야 함 |
|---|---|
| 중대한 결함에 해당되는 사유 | • 「화학물질관리법」에 따른 유해화학물질, 「산업안전보건법」에 따른 유해인자, 과학기술정보통신부령으로 정하는 독성가스 등 유해 · 위험물질의 누출 또는 관리 부실<br>• 「전기사업법」에 따른 전기설비의 안전관리 부실<br>• 연구활동에 사용되는 유해 · 위험설비의 부식 · 균열 또는 파손<br>• 연구실 시설물의 구조안전에 영향을 미치는 지반침하 · 균열 · 누수 또는 부식<br>• 인체에 심각한 위험을 끼칠 수 있는 병원체의 누출 |
| 통보 · 조치 | 과학기술정보통신부장관은 중대한 결함을 보고받은 경우 이를 즉시 관계 중앙행정기관의 장 및 지방자치단체의 장에게 통보하고, 연구주체의 장에게 연구실 사용제한 등 조치를 요구하여야 함 |

### (6) 사전유해인자위험분석(연구실 사전유해인자위험분석 실시에 관한 지침)

① 실시대상 : 연구활동에 다음을 취급하는 모든 연구실(고위험연구실)

㉠ 「화학물질관리법」에 따른 유해화학물질

㉡ 「산업안전보건법」에 따른 유해인자

㉢ 「고압가스 안전관리법 시행규칙」에 따른 독성가스

② 실시자 : 연구실책임자

③ 실시시기

㉠ 연구활동 시작 전

㉡ 연구활동과 관련하여 주요 변경사항이 발생한 경우

㉢ 연구실책임자가 필요하다고 인정하는 경우

④ 실시절차

| | |
|---|---|
| **연구실 안전현황 분석** | • 안전현황표 작성<br>• 다음의 자료 및 정보를 활용<br>– 기계·기구·설비 등의 사양서<br>– 물질안전보건자료(MSDS)<br>– 연구·실험·실습 등의 연구내용, 방법(기계·기구 등 사용법 포함), 사용되는 물질 등에 관한 정보<br>– 안전 확보를 위해 필요한 보호구 및 안전설비에 관한 정보<br>– 그 밖에 사전유해인자위험분석에 참고가 되는 자료 등 |
| **연구활동별 유해인자 위험분석** | • 연구활동별 유해인자 위험분석 보고서 작성<br>• 연구개발활동안전분석(R&DSA) 보고서 작성 |
| **연구실 안전계획 수립** | 유해인자에 대한 안전한 취급 및 보관 등을 위한 조치, 폐기방법, 안전설비 및 개인보호구 활용 방안 등을 연구실 안전계획에 포함 |
| **비상조치계획 수립** | 화재, 누출, 폭발 등의 비상사태가 발생했을 경우에 대한 대응 방법, 처리 절차 등을 비상조치계획에 포함 |

⑤ 보고 및 게시

㉠ 연구실책임자가 사전유해인자위험분석 결과를 연구활동 시작 전에 연구주체의 장에게 보고

㉡ 연구실책임자는 연구실 출입문 등 해당 연구실의 연구활동종사자가 쉽게 볼 수 있는 장소에 게시할 수 있음

㉢ 보고서 보존기간 : 연구 종료일로부터 3년

▌연구실 사전유해인자위험분석 실시에 관한 지침 [별지 제1호서식] 예시

# 연구실 안전현황표

(보존기간 : 연구종료일부터 3년)

<table>
<tr><td>①</td><td colspan="2">기관명</td><td colspan="2">○○대학교</td><td>구 분</td><td colspan="3">■ 대 학 □ 연구 기관<br>□ 기업부설(연) □ 기 타</td></tr>
<tr><td rowspan="5">②</td><td rowspan="5">연구실 개요</td><td>연구실명</td><td colspan="6">대기오염실험실</td></tr>
<tr><td>연구실 위치</td><td colspan="6">E26동 4층 1호</td></tr>
<tr><td>연구 분야<br>(복수선택 가능)</td><td colspan="6">□ 화 학 / 화 공 ■ 건 축 / 환 경<br>□ 기 계 / 물 리 □ 에너지 / 자 원<br>□ 전 기 / 전 자 □ 기 타<br>□ 의 학 / 생 물</td></tr>
<tr><td>연구실책임자명</td><td>백○○</td><td colspan="2">연락처 (e-mail 포함)</td><td colspan="3">000-0000-0000<br>( @ ac.kr)</td></tr>
<tr><td>연구실안전관리 담당자명</td><td>김○○</td><td colspan="2">연락처 (e-mail 포함)</td><td colspan="3">000-0000-0000<br>( @ ac.kr)</td></tr>
<tr><td>③</td><td colspan="2">비상연락처</td><td colspan="6">연구실안전환경관리자 : 000-0000-0000 병원 : 000-0000-0000<br>사고처리기관(소방서 등) : 000-0000-0000 기타 : 000-0000-0000</td></tr>
<tr><td>④</td><td colspan="2">연구실 수행 연구활동명<br>(실험/연구과제명)</td><td colspan="6">1. 도시 및 산단지역 HAPs 모니터링(Ⅰ)<br>2. 염색산단 등 도심산단 유해대기오염물질 정도관리<br>3. 대기오염공정시험법(염화수소 : 티오시안산 제이수은법)</td></tr>
<tr><td rowspan="5">⑤</td><td rowspan="5">연구활동종사자 현황</td><td>연 번</td><td>이 름(성별 표시)</td><td colspan="5">직 위(교수/연구원/학생 등)</td></tr>
<tr><td>1</td><td>백○○(남)</td><td colspan="5">교수</td></tr>
<tr><td>2</td><td>백○○(여)</td><td colspan="5">대학원생</td></tr>
<tr><td>3</td><td>김○○(여)</td><td colspan="5">대학원생</td></tr>
<tr><td>4</td><td>박○○(남)</td><td colspan="5">대학원생</td></tr>
<tr><td rowspan="3">⑥</td><td rowspan="3">주요 기자재 현황</td><td>연 번</td><td>기자재명<br>(연구기구 · 기계 · 장비)</td><td>규격(수량)</td><td>활용 용도</td><td colspan="3">비 고</td></tr>
<tr><td>1</td><td>건조기</td><td>1대</td><td>초자건조</td><td colspan="3">물품번호 : 06454400000<br>모델명 : F0600M</td></tr>
<tr><td>2</td><td>흄후드</td><td>1대</td><td>국소박이</td><td colspan="3">물품번호 : 05027<br>모델명 : EP-4B-2</td></tr>
</table>

<table>
<tr><th colspan="3">연구실 유해인자</th></tr>
<tr><td>⑦</td><td>화학물질</td><td>- 보유 물질 -<br>□ 폭발성 물질 ■ 인화성 물질<br>□ 물 반응성 물질 ■ 산화성 물질<br>□ 발화성 물질 □ 자기반응성 물질<br>■ 금속부식성 물질 □ 유기과산화물</td></tr>
<tr><td>⑧</td><td>가 스</td><td>- 보유 물질 -<br>■ 가연성(또는 인화성)가스 □ 압축가스<br>□ 산화성가스 □ 액화가스<br>□ 독성가스 □ 고압가스<br>□ 기타(가스명) :</td></tr>
<tr><td>⑨</td><td>생물체</td><td>- 보유 물질 -<br>□ 고위험병원체<br>□ 고위험병원체를 제외한 제3 위험군<br>□ 고위험병원체를 제외한 제4 위험군<br>□ 유전자변형생물체(미생물, 동물, 식물 포함)</td></tr>
<tr><td>⑩</td><td>물리적 유해인자</td><td>□ 소음 □ 진동 □ 방사선<br>■ 이상기온 □ 이상기압 □ 분진<br>■ 전기 □ 레이저 □ 위험기계 · 기구<br>□ 기 타( )</td></tr>
<tr><td>⑪</td><td>24시간 가동여부</td><td>□ 가동<br>■ 미가동 | 정전 시 비상 발전설비 등 보유 여부 | □ 보유<br>■ 미보유</td></tr>
</table>

| | 개인보호구 현황 및 수량 | | | | | |
|---|---|---|---|---|---|---|
| ⑫ | 보안경/고글/보안면 | 14/6/9 | 안전화/내화학장화/절연장화 | 14/6/9 | 귀마개/귀덮개 | 3/4 |
| | 레이저 보안경 | 11 | 안전장갑 | 5 | 실험실 가운 | 9 |
| | 안전모/머리커버 | 1 | 방진/방독/송기마스크 | 34/28/- | 보호복 | 3 |
| | 기타 | | | | | |

**안전장비 및 설비 보유현황**

⑬

| | | | |
|---|---|---|---|
| ■ 세안설비(Eye washer) | ■ 비상샤워시설 | ■ 흄후드 | ■ 국소배기장치 |
| ■ 가스누출경보장치 | □ 자동차단밸브(AVS) | □ 중화제독장치(Scrubber) | □ 가스실린더캐비넷 |
| □ 케미컬누출대응킷 | □ 유(油)흡착포 | ■ 안전폐액통 | □ 레이저 방호장치 |
| ■ 시약보관캐비넷 | □ 글러브 박스 | □ 불산치료제(CGG) | ■ 소화기 |
| □ 기타(고압전기 외 16건) | | | |

**연구실 배치현황**

⑭

| 배치도 | 주요 유해인자 위험설비 사진 | |
|---|---|---|
| | | |
| | | |

▌연구실 사전유해인자위험분석 실시에 관한 지침 [별지 제2호서식] 예시

# 연구개발활동별(실험 · 실습/연구과제별) 유해인자 위험분석 보고서

(보존기간 : 연구종료일부터 3년)

| | | | | |
|---|---|---|---|---|
| ① | 연구명<br>(실험 · 실습/연구과제명) | 염색산단 등 도심산단<br>유해대기오염물질 정도 관리 | 연구기간<br>(실험 · 실습/연구과제) | 2024.03.01.~2024.08.31. |
| ② | 연구(실험 · 실습/연구과제)<br>주요 내용 | 대기 중 다환방향족탄화수소(PAH) 측정 및 실험실 간 분석 결과 비교 | | |
| ③ | 연구활동종사자 | 백○○, 백○○ , 배○○ , 홍○○ | | |

| | 유해인자 | 유해인자 기본정보 | | | | | |
|---|---|---|---|---|---|---|---|
| ④ | | CAS NO<br>물질명 | 보유수량<br>(제조연도) | GHS등급<br>(위험, 경고) | 화학물질의<br>유별 및 성질<br>(1~6류) | 위험<br>분석 | 필요<br>보호구 |
| | 1) 화학물질 | 109-99-9<br>테트라<br>하이드로푸탄 | 4L×2병 | | 4류 | • H225 : 고인화성 액체 및 증기<br>• H303 : 삼키면 유해할 수 있음<br>• H318 : 눈에 심한 손상을 일으킴<br>• H335 : 호흡기계 자극을 일으킬 수 있음<br>• H351 : 암을 일으킬 것으로 의심됨 | |
| | | 75-05-08<br>아세토니트릴 | 4L×10병 | | 4류 | • H225 : 고인화성 액체 및 증기<br>• H302 : 삼키면 유해함<br>• H319 : 눈에 심한 자극을 일으킴<br>• H335 : 호흡기계 자극을 일으킬 수 있음<br>• H402 : 수생생물에 유해함 | |
| | | 67-56-1<br>메틸알코올 | 4L×11병 | | 4류 | • H225 : 고인화성 액체 및 증기<br>• H319 : 눈에 심한 자극을 일으킴<br>• H360 : 태아 또는 생식능력에 손상을 일으킬 수 있음 | |
| | 2) 가 스 | 해당없음 | | | | | |
| | 3) 생물체 | 해당없음 | | | | | |
| | 4) 물리적 유해인자 | 기구명 | 유해인자종류 | 크기 | 위험분석 | | 필요<br>보호구 |
| | | 건조기 | 전기 | - | 인체에 전기가 흘러 일어나는 화상 또는 불구자가 되거나 심한 경우에는 생명을 잃게 됨 | | |

[비고]

① 연구명 및 연구기간 : 실험명 또는 연구과제명, 연구과제 기간
② 연구 주요 내용 : 과제의 목적과 주요 내용
③ 연구활동종사자 : 해당 실험에 참여하는 모든 연구활동조사자
④ 유해인자 : 해당 실험 시 취급하는 화학물질, 가스, 생물체, 물리적 유해인자의 기본 정보(CAS NO, GHS 등급, 위험분석 등)

▌연구실 사전유해인자위험분석 실시에 관한 지침 [별지 제3호서식] 예시

# 연구개발활동안전분석(R&DSA) 보고서

(보존기간 : 연구종료일부터 3년)

| ① | 연구목적 | 도시 및 산단지역의 유해대기오염물질(HAPs) 측정 및 분석 |
|---|---|---|

| 순서 | ② 연구·실험 절차 | ③ 위험분석 | ④ 안전계획 | ⑤ 비상조치계획 |
|---|---|---|---|---|
| 1 | 실험 전 세척된 조사기구를 120℃에서 30분 동안 건조 및 운반 | • 초자기구에 잔류한 화학물질에 의해 화재가 날 수 있다. [화학 화재·폭발] | • 기기에 넣기 전 초자기구에 화학물질이 남아 있지 않도록 깨끗이 세척한다. | • 화학물질 화재 발생 시 소화기로 초기진화할 시 및 2차 재해에 대비하여 안전한 지정된 장소로 대피한다.<br>• 연기를 흡인한 경우 곧바로 신선한 공기를 마시게 한다.<br>• 화재 발생 사고 상황신고(위치, 약품 종류 및 양, 부상자 유무 등)<br>– 재난신고(119) |
| | | • 전기기기에 감전될 수 있다. [감전] | • 전기기기 사용 시에는 필히 접지한다.<br>• 전원부가 물에 닿지 않도록 주의하며 젖은 손으로 기기를 다루지 않는다. | • 감전사고 발생 시 2차 감전을 방지하기 위해 감전 부상자와 신체접촉이 안 되도록 주의하며 나무 또는 플라스틱 막대를 이용해 부상자를 구호한다.<br>• 부상자의 상태(의식, 호흡, 맥박, 출혈 등)를 살피고 심폐소생술 등 응급처치를 한다.<br>• 감전사고 상황 신고(부상자 유무 등) |
| | | • 전기화재가 발생할 수 있다. [전기화재] | • 용량을 초과하는 문어발식 멀티콘센트 사용을 금지한다.<br>• 전열기 근처에 가연물을 방치하지 않는다. | • 전기화재 발생 시 감전 위험이 있으므로 물분사를 금지하며 C급 소화기를 사용하여 초기진화한다.<br>• 연기를 흡입한 경우 곧바로 신선한 공기를 마시게 한다.<br>• 화재 발생 사고 상황 신고(위치, 부상자 유무 등)<br>– 재난신고(119) |
| | | • 건조 중 문을 열 경우 120℃의 고온에 의한 화상을 입을 수 있다. [화상] | • 온도가 떨어지지 않은 상태에서는 열지 않는다. | • 화상을 입은 경우 깨끗한 물에 적신 헝겊으로 상처 부위를 냉각하고 감염방지 응급처치를 한다.<br>– 화상환자 : ○○병원(○○○○, ○○○○) |
| ⋮ | ⋮ | ⋮ | ⋮ | ⋮ |

[비고]
① 연구목적 : 해당 실험 또는 연구과제 수행목적
② 연구·실험 절차 : 실험 또는 연구과제 내용을 수행방법, 사용물질, 사용기구 등을 구분하여 절차 수립
③ 위험분석 : 시험에 사용하는 화학물질, 가스, 생물체 등에 의한 위험 및 물리적 유해인자에 대한 위험분석
④ 안전계획 : 실험 절차 중에서 발생될 사고를 방지하기 위한 관리방법
⑤ 비상조치계획 : 신속하게 대응하기 위한 비상조치계획(사고대응, 대피방안 등)

## (7) 교육 · 훈련

### ① 연구활동종사자 교육

㉠ 교육 · 훈련 담당자(시행령 제16조)

ⓐ 정기 · 특별안전점검 실시자의 인적 자격 요건 중 어느 하나에 해당하는 사람으로서 해당 기관의 정기점검 또는 특별안전점검을 실시한 경험이 있는 사람. 단, 연구활동종사자는 제외한다.

ⓑ 대학의 조교수 이상으로서 안전에 관한 경험과 학식이 풍부한 사람

ⓒ 연구실책임자

ⓓ 연구실안전환경관리자

ⓔ 권역별연구안전지원센터에서 실시하는 전문강사 양성 교육 · 훈련을 이수한 사람

ⓕ 연구실안전관리사

㉡ 교육시간 및 내용(시행규칙 별표 3)

| 구분 | 교육대상 | | 교육시간<br>(교육시기) | 교육내용 |
|---|---|---|---|---|
| 신규<br>교육 · 훈련 | 근로자 | 가. 영 제11조제2항에 따른 연구실에 신규로 채용된 연구활동종사자(고위험연구실) | 8시간 이상<br>(채용 후 6개월 이내) | • 연구실 안전환경 조성 관련 법령에 관한 사항<br>• 연구실 유해인자에 관한 사항<br>• 보호장비 및 안전장치 취급과 사용에 관한 사항<br>• 연구실사고 사례, 사고 예방 및 대처에 관한 사항<br>• 안전표지에 관한 사항<br>• 물질안전보건자료에 관한 사항<br>• 사전유해인자위험분석에 관한 사항<br>• 그 밖에 연구실 안전관리에 관한 사항 |
| | | 나. 영 제11조제2항에 따른 연구실이 아닌 연구실에 신규로 채용된 연구활동종사자(중 · 저위험연구실) | 4시간 이상<br>(채용 후 6개월 이내) | |
| | 근로자가 아닌 사람 | 다. 대학생, 대학원생 등 연구활동에 참여하는 연구활동종사자 | 2시간 이상<br>(연구활동 참여 후 3개월 이내) | |
| 정기<br>교육 · 훈련 | 가. 영 별표 3에 따른 저위험연구실의 연구활동종사자 | | 연간 3시간 이상 | • 연구실 안전환경 조성 관련 법령에 관한 사항<br>• 연구실 유해인자에 관한 사항<br>• 안전한 연구활동에 관한 사항<br>• 물질안전보건자료에 관한 사항<br>• 사전유해인자위험분석에 관한 사항<br>• 그 밖에 연구실 안전관리에 관한 사항 |
| | 나. 영 제11조제2항에 따른 연구실의 연구활동종사자(고위험연구실) | | 반기별 6시간 이상 | |
| | 다. 가목 및 나목에서 규정한 연구실이 아닌 연구실의 연구활동종사자(중위험연구실) | | 반기별 3시간 이상 | |
| 특별안전<br>교육 · 훈련 | 연구실사고가 발생했거나 발생할 우려가 있다고 연구주체의 장이 인정하는 연구실의 연구활동종사자 | | 2시간 이상 | • 연구실 유해인자에 관한 사항<br>• 안전한 연구활동에 관한 사항<br>• 물질안전보건자료에 관한 사항<br>• 그 밖에 연구실 안전관리에 관한 사항 |

※ 비고

- "근로자"란 「근로기준법」에 따른 근로자를 말한다.
- 연구주체의 장은 신규 교육 · 훈련을 받은 사람에 대해서는 해당 반기 또는 연도(저위험연구실의 연구활동종사자)의 정기 교육 · 훈련을 면제할 수 있다.
- 정기 교육 · 훈련은 사이버교육의 형태로 실시할 수 있다. 이 경우 평가를 실시하여 100점을 만점으로 60점 이상 득점한 사람에 대해서만 교육을 이수한 것으로 인정한다.

② 연구실안전환경관리자 전문교육(시행규칙 별표 4)

| 구분 | 교육시기 · 주기 | 교육시간 | 교육내용 |
|---|---|---|---|
| 신규교육 | 연구실안전환경관리자로 지정된 후 6개월 이내 | 18시간 이상 | • 연구실 안전환경 조성 관련 법령에 관한 사항<br>• 연구실 안전 관련 제도 및 정책에 관한 사항<br>• 안전관리 계획 수립 · 시행에 관한 사항<br>• 연구실 안전교육에 관한 사항<br>• 연구실 유해인자에 관한 사항<br>• 안전점검 및 정밀안전진단에 관한 사항<br>• 연구활동종사자 보험에 관한 사항<br>• 안전 및 유지 · 관리비 계상 및 사용에 관한 사항<br>• 연구실사고 사례, 사고 예방 및 대처에 관한 사항<br>• 연구실 안전환경 개선에 관한 사항<br>• 물질안전보건자료에 관한 사항<br>• 그 밖에 연구실 안전관리에 관한 사항 |
| 보수교육 | 신규교육을 이수한 후 매 2년이 되는 날을 기준으로 전후 6개월 이내 | 12시간 이상 | |

※ 비고 : 법 제30조에 따라 지정된 권역별연구안전지원센터에서 위 교육을 이수하고, 교육 이수 후 수료증을 발급받은 사람에 대해서만 전문교육을 이수한 것으로 본다.

③ 대행기관 기술인력 교육(시행규칙 별표 2)

| 구분 | 교육 시기 · 주기 | 교육시간 | 교육내용 |
|---|---|---|---|
| 신규교육 | 등록 후 6개월 이내 | 18시간 이상 | • 연구실 안전환경 조성 관련 법령에 관한 사항<br>• 연구실 안전 관련 제도 및 정책에 관한 사항<br>• 연구실 유해인자에 관한 사항<br>• 주요 위험요인별 안전점검 및 정밀안전진단 내용에 관한 사항<br>• 유해인자별 노출도 평가, 사전유해인자위험분석에 관한 사항<br>• 연구실사고 사례, 사고 예방 및 대처에 관한 사항<br>• 기술인력의 직무윤리에 관한 사항<br>• 그 밖에 직무능력 향상을 위해 필요한 사항 |
| 보수교육 | 신규교육 이수 후 매 2년이 되는 날을 기준으로 전후 6개월 이내 | 12시간 이상 | |

④ 연구실안전관리사 교육 · 훈련(연구실안전관리사 자격시험 및 교육 · 훈련 등에 관한 규정 별표 2)

| 구분 | 교육 · 훈련 과목 | 교육시간<br>(24시간 이상) |
|---|---|---|
| 연구실안전 이론 및 안전관련 법률 | 1. 연구실 안전의 특성 및 이론<br>2. 연구실안전법의 이해<br>3. 실무에 유용한 국내 안전 관련 법률 | 6시간 이상 |
| 연구실 안전관리 실무 | 1. 연구실안전관리사의 소양 및 책무<br>2. 연구실 안전관리 일반<br>3. 사고대응 및 안전시스템<br>4. 연구실 안전점검 · 정밀안전진단 | 8시간 이상 |
| 위험물질 안전관리 기술 | 1. 화학(가스) 안전관리<br>2. 기계 · 물리 안전관리<br>3. 생물 안전관리<br>4. 전기 · 소방 안전관리<br>5. 연구실 보건 · 위생관리 | 10시간 이상 |

### (8) 보호구(시행규칙 별표 1)

① 연구실 보호구(저위험연구실은 제외)

㉠ 실험복

㉡ 발을 보호할 수 있는 신발

② 연구활동에 따른 보호구

| 분야 | 연구활동 | 보호구 |
|---|---|---|
| 화학 및 가스 | 다량의 유기용제, 부식성 액체 및 맹독성 물질 취급 | • 보안경 또는 고글<br>• 내화학성 장갑<br>• 내화학성 앞치마<br>• 호흡보호구 |
| | 인화성 유기화합물 및 화재·폭발 가능성 있는 물질 취급 | • 보안경 또는 고글<br>• 보안면<br>• 내화학성 장갑<br>• 방진마스크(먼지)<br>• 방염복 |
| | 독성가스 및 발암성 물질, 생식독성 물질 취급 | • 보안경 또는 고글<br>• 내화학성 장갑<br>• 호흡보호구 |
| 생물 | 감염성 또는 잠재적 감염성이 있는 혈액, 세포, 조직 등 취급 | • 보안경 또는 고글<br>• 일회용 장갑<br>• 수술용 마스크 또는 방진마스크 |
| | 감염성 또는 잠재적 감염성이 있으며 물릴 우려가 있는 동물 취급 | • 보안경 또는 고글<br>• 일회용 장갑<br>• 수술용 마스크 또는 방진마스크<br>• 잘림 방지 장갑<br>• 방진모(먼지)<br>• 신발덮개 |
| | 「생명공학육성법」의 실험지침에 따른 생물체의 위험군 분류 중 건강한 성인에게는 질병을 일으키지 않는 것으로 알려진 바이러스, 세균 등 감염성 물질 취급 | • 보안경 또는 고글<br>• 일회용 장갑 |
| | 실험지침에 따른 생물체의 위험군 분류 중 사람에게 감염됐을 경우 증세가 심각하지 않고 예방 또는 치료가 비교적 쉬운 질병을 일으킬 수 있는 바이러스, 세균 등 감염성 물질 취급 | • 보안경 또는 고글<br>• 일회용 장갑<br>• 호흡보호구 |
| 물리(기계, 방사선, 레이저 등) | 고온의 액체, 장비, 화기 취급 | • 보안경 또는 고글<br>• 내열장갑 |
| | 액체질소 등 초저온 액체 취급 | • 보안경 또는 고글<br>• 방한장갑 |
| | 낙하 또는 전도 가능성 있는 중량물 취급 | • 보호장갑<br>• 안전모<br>• 안전화 |
| | 압력 또는 진공 장치 취급 | • 보안경 또는 고글<br>• 보호장갑<br>• 안전모<br>• 보안면(필요한 경우만 해당) |

| 분야 | 연구활동 | 보호구 |
|---|---|---|
| 물리(기계, 방사선, 레이저 등) | 큰 소음(85dB 이상)이 발생하는 기계 또는 초음파 기기를 취급 또는 큰 소음이 발생하는 환경에 노출 | 귀마개 또는 귀덮개 |
| | 날카로운 물건 또는 장비 취급 | • 보안경 또는 고글<br>• 잘림 방지 장갑(필요한 경우만 해당) |
| | 방사성 물질 취급 | • 방사선보호복<br>• 보안경 또는 고글<br>• 보호장갑 |
| | 레이저 및 자외선(UV) 취급 | • 보안경 또는 고글<br>• 보호장갑<br>• 방염복(필요한 경우만 해당) |
| | 감전위험이 있는 전기기계·기구 또는 전로 취급 | • 절연보호복<br>• 보호장갑<br>• 절연화 |
| | 분진·미스트·흄 등이 발생하는 환경 또는 나노물질 취급 | • 고글<br>• 보호장갑<br>• 방진마스크(먼지) |
| | 진동이 발생하는 장비 취급 | 방진장갑(진동) |

### (9) 건강검진(시행규칙 제11조, 제12조)

① 일반건강검진

㉠ 실시대상 : 「산업안전보건법 시행령」에 따른 유해물질 및 유해인자를 취급하는 연구활동종사자

㉡ 실시주기 : 1년에 1회 이상(사무직은 2년에 1회)

㉢ 검사항목

ⓐ 문진과 진찰

ⓑ 혈압, 혈액 및 소변 검사

ⓒ 신장, 체중, 시력 및 청력 측정

ⓓ 흉부방사선 촬영

㉣ 갈음

ⓐ 「국민건강보험법」에 따른 일반건강검진

ⓑ 「학교보건법」에 따른 건강검사

ⓒ 「산업안전보건법 시행규칙」에서 정한 일반건강진단의 검사항목을 모두 포함하여 실시한 건강진단

㉤ 서류 보존 : 5년

② 특수건강검진

㉠ 실시대상

ⓐ 「산업안전보건법 시행규칙」에 따른 유해인자를 취급하는 연구활동종사자

ⓑ 예외 : 「산업안전보건법 시행규칙」에 따른 임시 작업과 단시간 작업을 수행하는 연구활동종사자(발암성 물질, 생식세포 변이원성 물질, 생식독성 물질(CMR 물질)을 취급하는 연구활동종사자는 제외)

- 임시작업 : 일시적으로 하는 작업 중 월 24시간 미만인 작업을 말한다. 다만, 월 10시간 이상 24시간 미만인 작업이 매월 행하여지는 작업은 제외한다.
- 단시간 작업 : 관리대상 유해물질을 취급하는 시간이 1일 1시간 미만인 작업을 말한다. 다만, 1일 1시간 미만인 작업이 매일 수행되는 경우는 제외한다.

㉡ 실시시기 및 주기(산업안전보건법 시행규칙 별표 23)

| 구분 | 대상 유해인자 | 시기<br>(배치 후 첫 번째 특수건강진단) | 주기 |
|---|---|---|---|
| 1 | N,N-디메틸아세트아미드<br>디메틸포름아미드 | 1개월 이내 | 6개월 |
| 2 | 벤젠 | 2개월 이내 | 6개월 |
| 3 | 1,1,2,2-테트라클로로에탄<br>사염화탄소<br>아크릴로니트릴<br>염화비닐 | 3개월 이내 | 6개월 |
| 4 | 석면, 면 분진 | 12개월 이내 | 12개월 |
| 5 | 광물성 분진<br>목재 분진<br>소음 및 충격소음 | 12개월 이내 | 24개월 |
| 6 | 제1호부터 제5호까지의 대상 유해인자를 제외한 별표22의 모든 대상 유해인자 | 6개월 이내 | 12개월 |

㉢ 판정(근로자 건강진단 실시기준 별표 4)

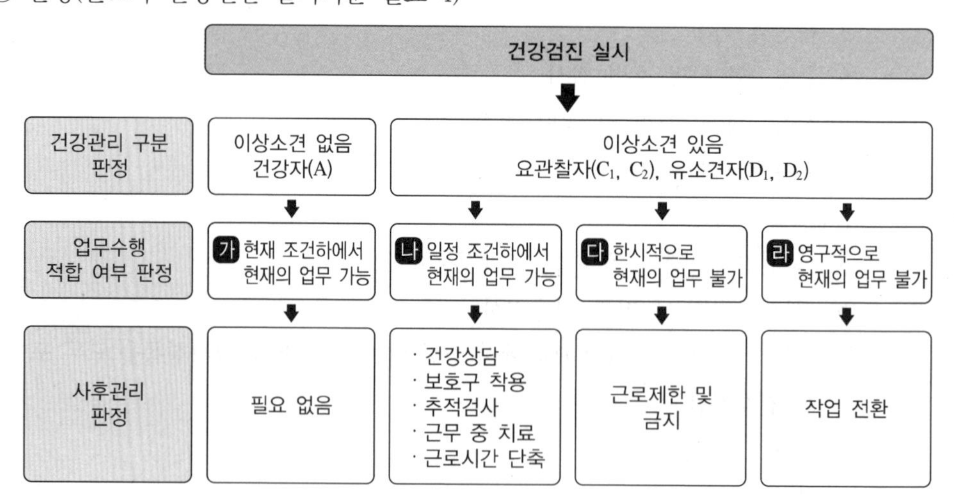

ⓐ 건강관리 구분 판정

| 건강관리 구분 | | 건강관리 구분 내용 |
|---|---|---|
| A | | 건강관리상 사후관리가 필요 없는 근로자(건강한 근로자) |
| C | C1 | 직업성 질병으로 진전될 우려가 있어 추적검사 등 관찰이 필요한 근로자(직업병 요관찰자) |
| | C2 | 일반 질병으로 진전될 우려가 있어 추적관찰이 필요한 근로자(일반 질병 요관찰자) |
| D1 | | 직업성 질병의 소견을 보여 사후관리가 필요한 근로자(직업병 유소견자) |
| D2 | | 일반 질병의 소견을 보여 사후관리가 필요한 근로자(일반 질병 유소견자) |
| R | | 건강진단 1차 검사결과 건강수준의 평가가 곤란하거나 질병이 의심되는 근로자(제2차 건강진단 대상자) |

※ "U"는 2차 건강진단 대상임을 통보하고 30일을 경과하여 해당 검사가 이루어지지 않아 건강관리 구분을 판정할 수 없는 근로자. "U"로 분류한 경우에는 해당 근로자의 퇴직, 기한 내 미실시 등 2차 건강진단의 해당 검사가 이루어지지 않은 사유를 산업안전보건법 시행규칙 제209조제3항에 따른 건강진단결과표의 사후관리소견서 검진소견란에 기재하여야 함

ⓑ 업무수행 적합 여부 판정

| 구분 | 업무수행 적합 여부 내용 |
|---|---|
| 가 | 현재 조건하에서 현재의 업무 가능 |
| 나 | 일정 조건(환경 개선, 개인 보호구 착용, 진단주기 단축 등)하에서 현재의 업무 가능 |
| 다 | 한시적으로 현재의 업무 불가(건강상 또는 근로조건상의 문제를 해결한 후 작업복귀 가능) |
| 라 | 영구적으로 현재의 업무 불가 |

ⓒ 사후관리 판정

| 구분 | 사후관리조치 내용 |
|---|---|
| 0 | 필요 없음 |
| 1 | 건강상담 |
| 2 | 보호구 지급 및 착용 지도 |
| 3 | 추적검사 |
| 4 | 근무 중 치료 |
| 5 | 근로시간 단축 |
| 6 | 작업 전환 |
| 7 | 근로제한 및 금지 |
| 8 | 산재요양신청서 직접 작성 등 해당 근로자에 대한 직업병 확진 의뢰 안내 |
| 9 | 기타 |

㉣ 서류 보존 : 5년(단, 발암물질 취급 근로자의 검진 결과는 30년간 보존)

③ 배치 전 건강진단

㉠ 개요 : 유해인자 노출업무에 신규로 배치되는 근로자의 기초 건강자료를 확보하고 해당 노출업무에 대한 배치 적합성 여부를 평가(특수건강검진의 일종)

㉡ 대상 : 특수건강검진 대상인 업무에 배치되는 근로자

※ 면제 : 최근 6개월 이내 해당 사업장 또는 다른 사업장에서 동일 유해인자에 대해 배치 전 건강진단에 준하는 건강진단을 받은 경우

㉢ 실시시기 : 배치 전

④ 수시 건강진단

㉠ 개요 : 특수건강검진 대상 업무로 인해 유해인자에 의한 직업성 천식이나 직업성 피부염 등 건강장해를 의심하게 하는 증상을 보이거나 의학적 소견이 있는 근로자를 대상으로 실시하는 건강진단(특수건강검진의 일종)

㉡ 대상 : 건강장해 의심 증상을 보이거나 의학적 소견이 있는 근로자

㉢ 실시시기 : 특수건강검진 시기 외 직업 관련 증상 호소자 발생 시

⑤ 임시 건강검진

㉠ 개요 : 연구실 내 유소견자가 발생하거나 발생할 우려 등이 있는 경우 실시하는 검진

㉡ 대상 : 과학기술정보통신부장관은 연구주체의 장에게 다음의 어느 하나에 해당하는 경우 해당 구분에 따른 연구활동종사자에 대한 임시건강검진의 실시를 명할 수 있다.

ⓐ 연구실 내에서 유소견자(질병 또는 장해 증상 등 의학적 소견을 보이는 사람)가 발생한 경우 : 다음의 어느 하나에 해당하는 연구활동종사자

- 유소견자와 같은 연구실에 종사하는 연구활동종사자
- 유소견자와 같은 유해인자에 노출된 해당 대학·연구기관 등에 소속된 연구활동종사자로서 유소견자와 유사한 질병·장해 증상을 보이거나 유소견자와 유사한 질병·장해가 의심되는 연구활동종사자

ⓑ 연구실 내 유해인자가 외부로 누출되어 유소견자가 발생했거나 다수 발생할 우려가 있는 경우 : 누출된 유해인자에 접촉했거나 접촉했을 우려가 있는 연구활동종사자

㉢ 실시시기 : 필요한 경우 실시

㉣ 검사항목

ⓐ 「산업안전보건법 시행규칙」에 따른 특수건강진단의 유해인자별 검사항목 중 연구활동종사자가 노출된 유해인자에 따라 필요하다고 인정되는 항목

ⓑ 그 밖에 건강검진 담당 의사가 필요하다고 인정하는 항목

### (10) 연구실 안전예산(법 제11조, 제12조, 시행령 제17조, 시행규칙 제13조)

① **배정 주기** : 매년

② **배정 비율** : 해당 연구과제 인건비 총액의 1% 이상에 해당하는 금액

③ **계상·집행계획 수립** : 연구실안전관리위원회에서 협의

④ **게시·비치** : 연구실 안전 관련 예산 계상 및 사용에 관한 사항을 안전관리규정에 작성하여 각 연구실에 게시·비치

⑤ **명세서 제출** : 연구주체의 장은 매년 4월 30일까지 계상한 해당 연도 연구실 안전 및 유지·관리비의 내용과 전년도 사용 명세서를 과학기술정보통신부장관에게 제출

⑥ 사용용도

㉠ 안전관리에 관한 정보제공 및 연구활동종사자에 대한 교육・훈련

㉡ 연구실안전환경관리자에 대한 전문교육

㉢ 건강검진

㉣ 보험료

㉤ 연구실의 안전을 유지・관리하기 위한 설비의 설치・유지 및 보수

㉥ 연구활동종사자의 보호장비 구입

㉦ 안전점검 및 정밀안전진단

㉧ 그 밖에 연구실의 안전환경 조성을 위하여 필요한 사항으로서 과학기술정보통신부장관이 고시하는 용도

**과학기술정보통신부장관이 고시하는 용도(연구실 안전 및 유지관리비의 사용내역서 작성에 관한 세부기준)**

- 안전 관련 자료의 확보・전파 비용 및 교육・훈련비 등 안전문화 확산
- 건강검진
- 보험료
- 설비의 설치・유지 및 보수
- 보호장비 구입
- 안전점검 및 정밀안전진단
- 지적사항 환경개선비
- 강사료 및 전문가 활용비
- 수수료
- 여비 및 회의비
- 설비 안전검사비
- 사고조사 비용 및 출장비
- 사전유해인자위험분석 비용
- 연구실안전환경관리자 인건비(최소 지정 기준 초과하여 지정된 자로서 연구실안전환경관리 업무를 전담하는 자의 인건비)
- 안전관리시스템
- 기타 연구실 안전을 위해 사용된 비용

## 4 연구실사고에 대한 대응 및 보상

### (1) 연구실사고 보고(법 제23조, 시행규칙 제14조)

① **사고 보고주체** : 연구실사고가 발생한 경우 다음의 어느 하나에 해당하는 연구주체의 장은 과학기술정보통신부장관에게 보고하고 이를 공표하여야 한다.

㉠ 사고피해 연구활동종사자가 소속된 대학·연구기관 등의 연구주체의 장

㉡ 대학·연구기관 등이 다른 대학·연구기관 등과 공동으로 연구활동을 수행하는 경우 공동연구활동을 주관하여 수행하는 연구주체의 장

㉢ 연구실사고가 발생한 연구실의 연구주체의 장

② 연구실사고 보고

| | 중대연구실사고 | 연구실사고(의료기관에서 3일 이상의 치료가 필요한 생명 및 신체상의 손해를 입은 연구실사고) |
|---|---|---|
| 보고기한 | 지체 없이(천재지변 등 부득이한 사유가 발생한 경우에는 그 사유가 없어진 때에 지체 없이) | 사고가 발생한 날부터 1개월 이내 |
| 보고방법 | 전화, 팩스, 전자우편이나 그 밖의 적절한 방법으로 과학기술정보통신부장관에게 보고 | 연구실사고 조사표를 작성하여 과학기술정보통신부장관에게 보고 |
| 보고사항 | • 사고 발생 개요 및 피해 상황<br>• 사고 조치 내용, 사고 확산 가능성 및 향후 조치·대응 계획<br>• 그 밖에 사고 내용·원인 파악 및 대응을 위해 필요한 사항 | • 사고 발생 개요 및 피해현황<br>• 사고 조치 현황 및 향후 계획<br>• 재발 방지대책<br>• 연구실 안전관리 현황 등 |
| 사고공표 | 보고한 연구실사고의 발생 현황을 대학·연구기관 등 또는 연구실의 인터넷 홈페이지나 게시판 등에 공표 | |

▌연구실 안전환경 조성에 관한 법률 시행규칙 [별지 제6호 서식]

# 연구실사고 조사표

※ 뒤쪽의 작성방법을 읽고 작성해 주시기 바라며, [ ]에는 해당하는 곳에 √ 표시를 합니다. (앞쪽)

<table>
<tr><td colspan="2">기관명</td><td colspan="6"></td><td colspan="2">기관 유형</td><td colspan="4">[ ]대학 [ ]연구기관<br>[ ]기업부설(연) [ ]그 밖의 기관</td></tr>
<tr><td colspan="2">주소</td><td colspan="12"></td></tr>
<tr><td colspan="2" rowspan="5">사고 발생 원인 및 발생 경위[1]</td><td colspan="2">사고일시</td><td colspan="10">년 월 일 시</td></tr>
<tr><td colspan="2" rowspan="2">사고장소</td><td colspan="10">학과(부서)명:</td></tr>
<tr><td colspan="10">연구실명: (연구 분야 : )</td></tr>
<tr><td colspan="2">연구활동 내용</td><td colspan="10">연구활동 수행 인원, 취급 물질・기계・설비, 수행 중이던 연구활동의 개요 등 기록</td></tr>
<tr><td colspan="2">사고 발생 당시 상황</td><td colspan="10">불안전한 연구실 환경, 사고자나 동료 연구자의 불안전한 행동 등 기록</td></tr>
<tr><td rowspan="9">피해 현황</td><td rowspan="7">인적 피해</td><td>성명</td><td>성별</td><td>출생 연도</td><td>신분[2]</td><td>상해 부위</td><td>상해 유형[3]</td><td>상해・질병 코드[4]</td><td>치료 (예상)기간</td><td>상해・질병 완치 여부</td><td>후유장해여부 (1~14급)</td><td>보상 여부</td><td>보상 금액</td></tr>
<tr><td>①</td><td></td><td></td><td></td><td></td><td></td><td></td><td></td><td></td><td></td><td></td><td></td></tr>
<tr><td>②</td><td></td><td></td><td></td><td></td><td></td><td></td><td></td><td></td><td></td><td></td><td></td></tr>
<tr><td>③</td><td></td><td></td><td></td><td></td><td></td><td></td><td></td><td></td><td></td><td></td><td></td></tr>
<tr><td>④</td><td></td><td></td><td></td><td></td><td></td><td></td><td></td><td></td><td></td><td></td><td></td></tr>
<tr><td>⑤</td><td></td><td></td><td></td><td></td><td></td><td></td><td></td><td></td><td></td><td></td><td></td></tr>
<tr><td colspan="12">※ 인적 피해가 5명을 초과하는 경우, '인적 피해 현황' 부분만 별지로 추가 작성해 주시기 바랍니다.</td></tr>
<tr><td rowspan="2">물적 피해</td><td colspan="4">피해물품</td><td colspan="3"></td><td colspan="2">피해금액</td><td colspan="3">약 백만원</td></tr>
<tr></tr>
<tr><td colspan="2">조치 현황 및 향후 계획</td><td colspan="12">보고 시점까지 내부보고 등 조치 현황 및 향후 계획(치료 및 복구 등) 기록</td></tr>
<tr><td colspan="2">재발 방지대책</td><td colspan="12">(상세계획은 별첨)</td></tr>
<tr><td colspan="2" rowspan="3">연구실 안전관리 현황</td><td colspan="6">점검・진단</td><td colspan="6">[ ] 실시(실시일 : )<br>[ ] 미실시(사유 : )</td></tr>
<tr><td colspan="6">보험가입</td><td colspan="6">[ ] 가입(가입일 : )<br>[ ] 미가입(사유 : )</td></tr>
<tr><td colspan="6">안전교육</td><td colspan="6">[ ] 실시(실시일 : )<br>[ ] 미실시(사유 : )</td></tr>
<tr><td colspan="2">별첨</td><td colspan="12">재발 방지대책 상세 계획<br>사고장소 현장 및 피해 사진 등</td></tr>
</table>

<table>
<tr><td rowspan="3">관계자 확인<br>( 년 월 일)</td><td>연구주체의 장</td><td>(서명 또는 인)</td></tr>
<tr><td>연구실안전환경관리자</td><td>(서명 또는 인)</td></tr>
<tr><td>연구실책임자</td><td>(서명 또는 인)</td></tr>
</table>

210mm×297mm[백상지 $80g/m^2$]

(뒤쪽)

| 작성방법 |
| --- |
| 1) 사고 발생 원인 및 발생 경위<br>※ 연구실사고 원인을 상세히 분석할 수 있도록 사고일시[년, 월, 일, 시(24시 기준)], 사고 발생 장소, 사고 발생 당시 수행 중이던 연구활동 내용(연구활동 수행 인원, 취급 물질·기계·설비, 수행 중이던 연구활동의 개요 등), 사고 발생 당시 상황[불안전한 연구실 환경(기기 노후, 안전장치·설비 미설치 등), 사고자나 동료 연구자의 불안전한 행동(예시 : 보호구 미착용, 넘어짐 등) 등]을 상세히 적는다.<br>2) 신분은 아래의 항목을 참고하여 작성한다.<br>※ 기관 유형이 "대학"인 경우에는 ① 교수, ② 연구원, ③ 대학원생(석사·박사), ④ 대학생(학사, 전문학사)에 해당하면 그 명칭을 적고, 그 밖의 신분에 해당할 경우에는 그 상세 명칭을 적는다.<br>※ 기관 유형이 "연구기관"인 경우에는 ① 연구자(근로자 신분을 지닌 사람), ② 학생연구원에 해당하면 그 명칭을 적고, 그 밖의 신분에 해당할 경우에는 그 상세 명칭을 적는다.<br>※ 기관 유형이 "기업부설연구소"인 경우에는 「기초연구진흥 및 기술개발지원에 관한 법률」에 따라 한국산업기술진흥협회(KOITA)에 신고된 신고서를 기준으로 ① 전담연구원, ② 연구보조원, ③ 학생연구원에 해당하면 그 명칭을 적고, 그 밖의 신분에 해당할 경우에는 그 상세 명칭을 적는다.<br>3) 상해 유형은 아래의 항목을 참고하여 작성합니다.<br>① 골절 : 뼈가 부러진 상태<br>② 탈구 : 뼈마디가 삐어 어긋난 상태<br>③ 찰과상 : 스치거나 문질려서 살갗이 벗겨진 상처<br>④ 찔림 : 칼, 주사기 등에 찔린 상처<br>⑤ 타박상 : 받히거나 넘어지거나 하여 피부 표면에는 손상이 없으나 피하조직이나 내장이 손상된 상태<br>⑥ 베임 : 칼 따위의 날카로운 것에 베인 상처<br>⑦ 이물 : 체외에서 체내로 들어오거나 또는 체내에서 발생하여 조직과 익숙해지지 않은 물질이 체내에 있는 상태<br>⑧ 난청 : 청각기관의 장애로 청력이 약해지거나 들을 수 없는 상태<br>⑨ 화상 : 불이나 뜨거운 열에 데어서 상함 또는 그 상처<br>⑩ 동상 : 심한 추위로 피부가 얼어서 상함 또는 그 상처<br>⑪ 전기상 : 감전이나 전기 스파크 등에 의한 상함 또는 그 상처<br>⑫ 부식 : 알칼리류, 산류, 금속 염류 따위의 부식독에 의하여 신체에 손상이 일어난 상태<br>⑬ 중독 : 음식이나 내용·외용 약물 및 유해물질의 독성으로 인해 신체가 기능장애를 일으키는 상태<br>⑭ 질식 : 생체 또는 그 조직에서 갖가지 이유로 산소의 결핍, 이산화탄소의 과잉으로 일어나는 상태<br>⑮ 감염 : 병원체가 몸 안에 들어가 증식하는 상태<br>⑯ 물림 : 짐승, 독사 등에 물려 상처를 입음 또는 그 상처<br>⑰ 긁힘 : 동물에 긁혀서 생긴 상처<br>⑱ 염좌 : 인대 등이 늘어나거나 부분적으로 찢어져 생긴 손상<br>⑲ 절단 : 예리한 도구 등으로 인하여 잘린 상처<br>⑳ 그 밖의 유형 : ①~⑲ 항목으로 분류할 수 없을 경우에는 그 상해의 명칭을 적는다.<br>4) 상해·질병 코드는 진단서에 표기된 상해·질병 코드(질병분류기호 등)를 적는다. |

210mm×297mm[백상지 80g/m$^2$]

### (2) 연구실사고 조사반(시행령 제18조, 연구실 사고조사반 구성 및 운영규정)

① **운영 주체** : 과학기술정보통신부 장관(사고조사반 구성·운영에 필요한 사항을 정함)

② **구성, 임기** : 15명 내외의 인력풀, 2년(연임 가능)

③ **사고조사반 구성** : 조사가 필요하다고 인정되는 안전사고 발생 시 사고원인, 규모 및 발생지역 등 그 특성을 고려하여 지명·위촉된 조사반원 중 5명 내외로 해당 사고를 조사하기 위한 사고조사반을 구성

④ **사고조사반 책임자(조사반장)**

㉠ 사고조사반원 중 과학기술정보통신부장관이 지명 또는 위촉

㉡ 조사반장은 사고조사가 효율적이고 신속히 수행될 수 있도록 해당 조사반원에게 임무를 부여하고 조사업무를 총괄

㉢ 조사반장은 현장 도착 후 즉시 사고 원인 및 피해내용, 연구실 사용제한 등 긴급한 조치의 필요 여부 등에 대해 과학기술정보통신부에 우선 유·무선으로 보고

㉣ 조사반장은 사고조사가 종료된 경우 지체 없이 사고조사보고서를 작성하여 과학기술정보통신부장관에게 제출

⑤ **사고조사반 수행업무**

㉠ 「연구실 안전환경 조성에 관한 법률」 이행 여부 등 사고원인 및 사고경위 조사

㉡ 연구실 사용제한 등 긴급한 조치 필요 여부 등의 검토

㉢ 그 밖에 과학기술정보통신부장관이 조사를 요청한 사항

⑥ **사고조사보고서 포함 내용**

㉠ 조사 일시

㉡ 해당 사고조사반 구성

㉢ 사고개요

㉣ 조사내용 및 결과(사고현장 사진 포함)

㉤ 문제점

㉥ 복구 시 반영 필요사항 등 개선대책

㉦ 결론 및 건의사항

⑦ **정보 외부 제공** : 사고조사 과정에서 업무상 알게 된 정보를 외부에 제공하고자 하는 경우 사전에 과학기술정보통신부장관과 협의 필요

### (3) 긴급조치(법 제25조)

① 긴급조치 요구・실시자

| | |
|---|---|
| 과학기술정보통신부장관 | 중대한 결함에 대해 보고받은 경우 연구주체의 장에게 연구실 사용제한 등 긴급조치를 요구(법 제16조) |
| 연구주체의 장 | 안전점검 및 정밀안전진단의 실시 결과 또는 연구실사고 조사 결과에 따라 연구활동종사자 또는 공중의 안전을 위하여 긴급한 조치가 필요하다고 판단되는 경우 실시 |
| 연구활동종사자 | 연구실의 안전에 중대한 문제가 발생하거나 발생할 가능성이 있어 긴급한 조치가 필요하다고 판단되는 경우 직접 실시(연구주체의 장은 해당 조치를 취한 연구활동종사자에 대하여 그 조치의 결과를 이유로 신분상・경제상의 불이익을 주어서는 안 됨) |

② 긴급조치 실시방법

㉠ 정밀안전진단 실시

㉡ 유해인자의 제거

㉢ 연구실 일부의 사용제한

㉣ 연구실의 사용금지

㉤ 연구실의 철거

㉥ 그 밖에 연구주체의 장 또는 연구활동종사자가 필요하다고 인정하는 안전조치

③ 긴급조치의 보고

㉠ 연구활동종사자가 긴급조치를 직접 실시한 경우 연구주체의 장에게 그 사실을 지체 없이 보고하여야 함

㉡ 긴급조치가 있는 경우 연구주체의 장은 그 사실을 과학기술정보통신부장관에게 즉시 보고하여야 함

㉢ 과학기술정보통신부장관은 보고받은 긴급조치를 공고하여야 함

### (4) 보험(법 제26조, 제27조, 시행령 제19조, 시행규칙 제15조, 제16조, 제17조)

① 연구주체의 장의 의무

㉠ 연구활동종사자의 상해・사망에 대비하여 연구활동종사자를 피보험자 및 수익자로 하는 보험에 가입하여야 한다.

㉡ 매년 보험가입에 필요한 비용을 예산에 계상하여야 한다.

㉢ 보험의 보험금 지급청구권은 양도 또는 압류하거나 담보로 제공할 수 없다.

㉣ 연구활동종사자가 보험에 따라 지급받은 보험금으로 치료비를 부담하기에 부족하다고 인정하는 경우 다음에 따라 해당 연구활동종사자에게 치료비를 지원할 수 있다.

ⓐ 치료비는 진찰비, 검사비, 약제비, 입원비, 간병비 등 치료에 드는 모든 의료비용을 포함할 것

ⓑ 치료비는 연구활동종사자가 부담한 치료비 총액에서 보험에 따라 지급받은 보험금을 차감한 금액을 초과하지 않을 것

② 종류

| | |
|---|---|
| 요양급여 | • 최고한도 : 20억원 이상<br>• 연구실사고로 발생한 부상·질병 등으로 인하여 의료비를 실제로 부담한 경우에 지급<br>• 긴급하거나 부득이한 사유가 있을 때에는 해당 연구활동종사자의 청구를 받아 요양급여를 미리 지급할 수 있음 |
| 장해급여 | 후유장해 등급(1~14급)별로 과학기술정보통신부장관이 정하여 고시하는 금액 이상으로 지급 |
| 입원급여 | • 입원 1일당 5만원 이상<br>• 연구실사고로 발생한 부상·질병 등으로 인하여 의료기관에 입원을 한 경우에 입원일부터 계산하여 실제 입원일수에 따라 지급<br>• 입원일수가 3일 이내이면 지급하지 않을 수 있고, 입원일수가 30일 이상인 경우에는 최소한 30일에 해당하는 금액은 지급 |
| 유족급여 | • 2억원 이상<br>• 연구활동종사자가 연구실사고로 인하여 사망한 경우 지급 |
| 장의비 | • 1천만원 이상<br>• 장례를 실제로 지낸 자에게 지급 |

③ 2종 이상의 보험급여 지급 기준

㉠ 부상 또는 질병 등이 발생한 사람이 치료 중에 그 부상 또는 질병 등이 원인이 되어 사망한 경우 : 요양급여, 입원급여, 유족급여 및 장의비를 합산한 금액

㉡ 부상 또는 질병 등이 발생한 사람에게 후유장해가 발생한 경우 : 요양급여, 장해급여 및 입원급여를 합산한 금액

㉢ 후유장해가 발생한 사람이 그 후유장해가 원인이 되어 사망한 경우 : 유족급여 및 장의비에서 장해급여를 공제한 금액

④ 보험가입 대상 제외 : 다음의 어느 하나에 해당하는 법률에 따라 기준을 충족하는 보상이 이루어지는 연구활동종사자

㉠ 「산업재해보상보험법」

㉡ 「공무원 재해보상법」

㉢ 「사립학교교직원 연금법」

㉣ 「군인 재해보상법」

⑤ 보험 관련 자료 등의 제출 : 과학기술정보통신부장관으로부터 요청받은 경우 매년 4월 30일까지 아래에 해당하는 서류 제출

㉠ 해당 보험회사에 가입된 대학·연구기관 등 또는 연구실의 현황

㉡ 대학·연구기관 등 또는 연구실별로 보험에 가입된 연구활동종사자의 수, 보험가입 금액, 보험기간 및 보상금액

㉢ 해당 보험회사가 연구실사고에 대하여 이미 보상한 사례가 있는 경우에는 보상받은 대학·연구기관 등 또는 연구실의 현황, 보상받은 연구활동종사자의 수, 보상금액 및 연구실사고 내용

### (5) 안전관리 우수연구실 인증제(법 제28조, 시행령 제20조, 안전관리 우수연구실 인증제 운영에 관한 규정)

① 목적 : 연구실의 안전관리 역량을 강화하고 표준모델을 발굴·확산

② 인증심의위원회

| 구성 | 연구실 안전 관련 업무와 관련한 산·학·연 전문가 등 15명 이내의 위원(위원장 : 과학기술정보통신부장관이 위원 중에서 선임) |
|---|---|
| 임기 | 2년(연임 가능, 임기 만료 후에도 후임 위촉 전까지 직무 수행 가능) |
| 심의·의결사항 | • 인증기준에 관한 사항<br>• 인증심사 결과 조정 및 인증 여부 결정에 관한 사항<br>• 인증 취소 여부 결정에 관한 사항<br>• 그 밖에 과학기술정보통신부장관 또는 위원회의 위원장이 회의에 부치는 사항 |

③ 인증기준

㉠ 연구실 운영규정, 연구실 안전환경 목표 및 추진계획 등 연구실 안전환경 관리체계가 우수하게 구축되어 있을 것

㉡ 연구실 안전점검 및 교육 계획·실시 등 연구실 안전환경 구축·관리 활동 실적이 우수할 것

㉢ 연구주체의 장, 연구실책임자 및 연구활동종사자 등 연구실 안전환경 관계자의 안전의식이 형성되어 있을 것

④ 신청 첨부서류(과학기술정보통신부장관에게 제출)

㉠ 기업부설연구소 또는 연구개발전담부서의 경우 인정서 사본

㉡ 연구활동종사자 현황

㉢ 연구과제 수행 현황

㉣ 연구장비, 안전설비 및 위험물질 보유 현황

㉤ 연구실 배치도

㉥ 기타 인증심사에 필요한 서류(연구실 안전환경 관리체계 및 연구실 안전환경 관계자의 안전의식 확인을 위해 필요한 서류)

⑤ 인증심사기준

| 연구실 안전환경 시스템 분야<br>(12개 항목) | • 운영법규 등 검토<br>• 목표 및 추진계획<br>• 조직 및 업무분장<br>• 사전유해인자위험분석<br>• 교육 및 훈련, 자격 등<br>• 의사소통 및 정보제공<br>• 문서화 및 문서관리<br>• 비상시 대비·대응 관리 체계<br>• 성과측정 및 모니터링<br>• 시정조치 및 예방조치<br>• 내부심사<br>• 연구주체의 장의 검토 여부 |
|---|---|

| 연구실 안전환경 활동 수준 분야 (13개 항목) | • (적/부) 연구실과 사무실의 분리 여부<br>• (적/부) 11개 항목 중 8개 이상 심사 가능 여부<br>• 연구실의 안전환경 일반<br>• 연구실 안전점검 및 정밀안전진단 상태 확인<br>• 연구실 안전교육 및 사고 대비·대응 관련 활동<br>• 개인보호구 지급 및 관리<br>• 화재·폭발 예방<br>• 가스안전<br>• 연구실 환경·보건 관리<br>• 화학안전<br>• 실험 기계·기구 안전<br>• 전기안전<br>• 생물안전 |
|---|---|
| 연구실 안전관리 관계자 안전의식 분야 (4개 항목) | • 연구주체의 장<br>• 연구실책임자<br>• 연구활동종사자<br>• 연구실안전환경관리자 |

⑥ 인증서 발급

㉠ 필수 이행항목에 적합 판정을 받고, 각 분야별로 100분의 80 이상을 득점한 경우에 한하여 인증 결정을 할 수 있다.

㉡ 유효기간 : 2년

㉢ 재인증 : 만료일 60일 전까지 과학기술정보통신부장관에게 인증 신청

⑦ 인증 취소

㉠ 거짓이나 그 밖의 부정한 방법으로 인증을 받은 경우(반드시 인증 취소)

㉡ 정당한 사유 없이 1년 이상 연구활동을 수행하지 않은 경우

㉢ 인증서를 반납하는 경우

㉣ 인증기준에 적합하지 아니하게 된 경우

## 5 연구실 안전환경 조성을 위한 지원

### (1) 대학·연구기관 등에 대한 지원 - 국가지원(법 제29조, 시행령 제22조)

① 지원 대상

㉠ 대학·연구기관 등

㉡ 연구실 안전관리와 관련 있는 연구 또는 사업을 추진하는 비영리 법인 또는 단체

② 지원 사업·연구

㉠ 연구실 안전관리 정책·제도개선, 안전관리기준 등에 대한 연구, 개발 및 보급

㉡ 연구실 안전 교육자료 연구, 발간, 보급 및 교육

㉢ 연구실 안전 네트워크 구축·운영

㉣ 연구실 안전점검·정밀안전진단 실시 또는 관련 기술·기준의 개발 및 고도화
㉤ 연구실 안전의식 제고를 위한 홍보 등 안전문화 확산
㉥ 연구실사고의 조사, 원인 분석, 안전대책 수립 및 사례 전파
㉦ 그 밖에 연구실의 안전환경 조성 및 기반 구축을 위한 사업

### (2) 권역별연구안전지원센터(법 제30조, 시행령 제23조, 별표 9)

① **지정 요건** : 법정 기술인력 요건 만족하는 2인 이상, 센터 운영 자체 규정 마련, 업무 추진 사무실 확보

② **수행업무**

㉠ 연구실사고 발생 시 사고 현황 파악 및 수습 지원 등 신속한 사고 대응에 관한 업무
㉡ 연구실 위험요인 관리실태 점검·분석 및 개선에 관한 업무
㉢ 업무 수행에 필요한 전문인력 양성 및 대학·연구기관 등에 대한 안전관리 기술 지원에 관한 업무
㉣ 연구실 안전관리 기술, 기준, 정책 및 제도 개발·개선에 관한 업무
㉤ 연구실 안전의식 제고를 위한 연구실 안전문화 확산에 관한 업무
㉥ 정부와 대학·연구기관 등 상호 간 연구실 안전환경 관련 협력에 관한 업무
㉦ 연구실 안전교육 교재 및 프로그램 개발·운영에 관한 업무
㉧ 그 밖에 과학기술정보통신부장관이 정하는 연구실 안전환경 조성에 관한 업무

③ **지정 취소**

㉠ 거짓이나 그 밖의 부정한 방법으로 지정을 받은 경우(지정 취소)
㉡ 지정 요건을 충족하지 못하게 된 경우

## (3) 검사

① 절차

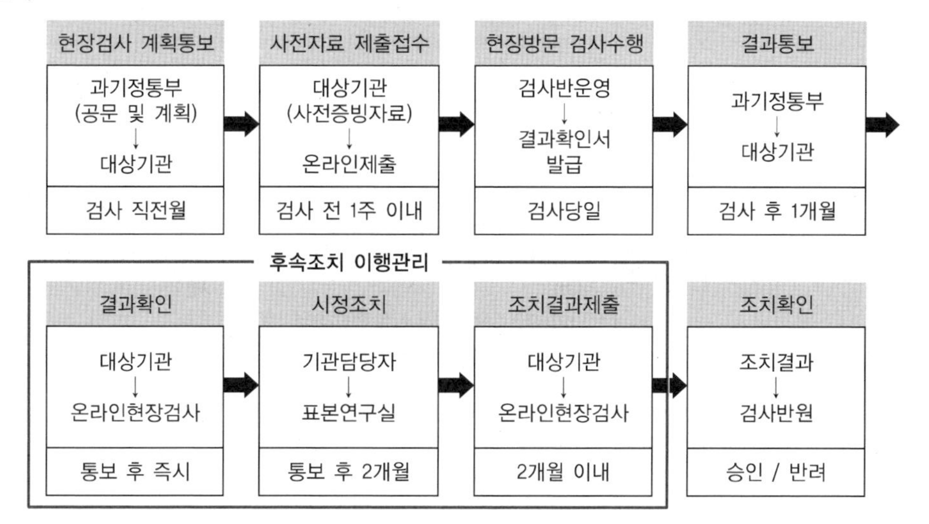


② 현장검사

㉠ 검사 추진 계획(23년~) : 5년 주기 전수검사(기관당 1회 이상 검사실시) 추진

㉡ 검사반 구성 : 검사원 2인 이상(국가연구안전관리본부, 수도권연구안전센터, 과학기술정보통신부, 민간전문가 참여)

㉢ 검사 대상

ⓐ 집중관리대상 : 대학, 연구기관, 고위험연구실을 보유한 50인 이상의 기업(연)

ⓑ '23년도 행정처분 발생 기관

ⓒ 기획재정부 안전등급제 대상 기관

ⓓ '23년도 연구실사고(중상 이상) 발생 기관

ⓔ '23년도 컨설팅 참여 미흡 기관 등

③ 검사 내용

㉠ 법 이행 서류검사 : 체크리스트를 활용하여 사전자료서류 확인

※ 검사항목(8개 항목) : 안전규정, 안전조직, 교육훈련, 점검・진단, 안전예산, 건강검진, 사고조사, 보험가입

참고

**법 이행 서류검사 관련 확인사항 및 준비사항**

| 구분 | | 검사 시 확인사항 | 대상기관 준비사항 |
|---|---|---|---|
| 안전관리규정(법 제12조) 관련 | | • 안전관리규정 작성 확인(작성사항 포함 여부, 최신 법령 반영 여부)<br>• 안전관리규정 성실 준수 여부 확인<br>• 표본검사 시 연구실 내 안전관리규정 게시 확인 | • 안전관리규정 제·개정 전문 제출<br>• 안전관리규정 제·개정 이력, 근거법령 등 입력 |
| 안전조직 | 안전환경관리자(법 제10조) 관련 | • 안전환경관리자 지정 확인(지정문건, 자격요건, 전담자, 업무 성실 수행 여부, 국가연시스템 보고이력, 분원·분교에 대한 지정현황)<br>• 안전환경관리자 대리자 지정 현황(해당 시) | • 안전환경관리자 지정 현황 입력 및 지정문건 제출<br>• 안전환경관리자 대리자 지정 현황 입력(해당 시) |
| | 연구실책임자(법 제9조) 관련 | • 연구실책임자 지정 확인(연구실별 지정 여부, 지정문건, 자격 요건 등)<br>• 연구실안전관리담당자 지정 확인(연구실별 지정 여부, 지정문건)<br>• 사전유해인자위험분석 실시 여부<br>• 유해인자 취급 및 관리대장 작성 여부 | 연구실책임자, 안전관리담당자 지정 현황 입력 및 지정문건 제출 |
| | 안전관리위원회(법 제11조) 관련 | • 안전관리위원회 구성 확인(조직도, 구성요건)<br>• 안전관리위원회 운영 확인(정기운영, 의결내용, 결과공표 등) | • 안전관리위원회 운영 현황 입력(근거법령, 위원수, 운영실적 등)<br>• 안전관리위원회 운영 결과 제출(구성현황, 회의결과, 공표결과) |
| 교육·훈련(법 제20조) 관련 | | • 연구활동종사자 안전교육 실시 확인(계획·결과보고서, 통계 및 미이수자 관리)<br>• 안전환경관리자 전문교육(신규·보수) 실시 확인(검사 당일 기준 교육이수 여부 확인) | • 연구활동종사자 안전교육 현황 입력(근거법령, 교육형태, 교육시간, 교육내용, 교육훈련 담당자의 자격, 참여율)<br>• 안전환경관리자 전문교육 결과 준비(신규·보수교육 실시결과) |
| 점검·진단 | 안전점검(법 제14조) 관련 | • 일상점검 실시 및 책임자 서명 확인(점검항목, 실시시기, 일상점검표 적부)<br>• 정기점검 실시 및 후속조치 확인(실시내용, 자격요건, 보고서 내용, 후속조치 이행, 점검결과 공표, 중대한 결함 보고, 조치결과 적정여부) | • 일상·정기점검 실시 현황 입력(근거법령, 수행방법, 점검등급 등)<br>• 일상·정기점검 결과보고서 준비(일상점검 체크리스트, 정기점검 결과보고서) |
| | 정밀안전진단(법 제15조) 관련 | 정밀안전진단 실시 및 후속조치 확인(실시내용, 자격요건, 보고서 내용, 후속조치 이행, 진단결과 공표, 중대한 결함 보고, 조치결과 적정여부) | • 정밀안전진단 실시 현황 입력(근거법령, 수행방법, 점검등급 등)<br>• 정밀안전진단 결과보고서 준비(결과보고서 및 후속조치 자료) |
| 안전예산(법 제22조) 관련 | | • 안전예산 편성 확인(예산 편성 내역, 과제 인건비 1% 이상 편성 여부, 적정항목 편성)<br>• 안전예산 집행 확인(적정 집행 여부, 목적 외 사용 여부, 사용내역서 제출 여부) | • 안전예산 현황 입력(기관 안전예산 편성, 연구과제 안전예산 편성)<br>• 안전관리규정 제·개정 전문 제출<br>• 집행내역 증빙자료 준비 |
| 건강검진(법 제21조) 관련 | | • 건강검진 실시 여부(수검율, 일반·특수 건강검진 결과표, 물질별 실시 시기 및 주기 적정성)<br>• 대상자 및 대상인자 파악 적정 확인(대상자 및 대상인자 파악 조사표, 표본검사 시 대상인자 누락 여부 확인) | 건강검진 실시 현황 입력 및 자료 준비(근거법령, 대상파악, 대상인원, 실시인원, 실시계획 및 결과표 등) |

| 구분 | 검사 시 확인사항 | 대상기관 준비사항 |
|---|---|---|
| 사고보고(법 제23조) 관련 | • 연구실사고 보고 이력 확인(검사 당일 기준 미보고사고 여부 확인, 보고기한 준수 여부)<br>• 연구실사고 후속조치 확인(후속조치 이행, 사고조사결과 공표 여부, 조치결과 적정성, 사고조사보고서 기록 보관) | • 연구실사고 발생현황 입력(사고일시, 보고일시, 사고내용 등)<br>• 연구실사고 관련 자료 준비(사고조사표, 후속조치 등) |
| 보험가입(법 제26조) 관련 | • 연구활동종사자 보험 가입 확인(모든 연구활동종사자 가입)<br>• 보험의 보상기준 충족 여부 확인(연구실사고에 대한 보상 기준 적정성)<br>• 보험가입 보고서 제출 여부 | • 연구활동종사자 보험가입 현황 입력(근거 법령, 대상인원, 가입인원 등)<br>• 연구활동종사자 보험 가입 증빙 제출(연구활동종사자 현황, 가입 보험 증권 등) |

㉡ 표본연구실 검사 : 체크리스트를 활용하여 연구실 설치・운영 기준 등 검사(표본 연구실 20개실 내외)

※ 검사항목(8개 분야) : 일반분야, 기계분야, 전기분야, 화공분야, 소방분야, 가스분야, 위생분야, 생물분야

※ 표본연구실 검사 시 측정장비($T_{VOC}$ 등)를 활용할 수 있음

**참고**

**표본연구실 검사 관련 주요 지적사항 및 관리방안**

• 일반분야

| 구분 | 주요 지적사항 | 관리방안 |
|---|---|---|
| **유해인자 취급・관리대장** | • 일부 유해인자 누락<br>• 최신화된 이력 없음<br>• 미작성, 미게시 | • 모든 유해인자 포함하여 작성<br>• 최신화 관리(6개월 이내)<br>• 연구실 내 잘 보이는 곳 게시 |
| **연구실 일상점검** | • 일상점검항목 미흡(항목 삭제)<br>• 연구실책임자 확인・서명 누락<br>• 일부 미실시 | • 법정 일상점검 항목 유지(추가는 가능하나 삭제 금지)<br>• 연구실책임자 확인・서명<br>• 연구활동 시작 전 매일 실시 |
| **연구실 비상대응 연락망** | • 작성내용 미흡<br>• 비상연락망 현행화 미흡<br>• 미작성, 미게시 | • 연구실별 비상연락망 작성<br>• 연락처, 보고절차 등 현행화<br>• 연구실 내 잘 보이는 곳 게시 |

• 기계분야

| 구분 | 주요 지적사항 | 관리방안 |
|---|---|---|
| **기계・기구・설비별 안전수칙** | • 안전수칙 미작성<br>• 안전수칙 게시 미흡 | • 안전수칙 작성<br>• 기계・기구 주변에 게시<br>• 취급자 대상 교육 실시 |
| **위험기계・기구 안전구획** | 울타리 미설치 또는 안전구획 미흡 | • 위험기계・기구별 울타리 설치<br>• 눈에 잘 띄는 색의 테이프 등으로 안전구획 표시<br>• 그 밖의 접근 제한 조치 등 |
| **위험기계・기구 방호장치** | • 방호장치 또는 안전덮개 미설치<br>• 방호장치 임의해제 사용 | • 위험기계・기구별 적정 방호장치 또는 안전덮개 설치<br>• 방호장치 임의해제 금지<br>• 안전검사 및 주기적인 성능 검사 |

• 전기분야

| 구분 | 주요 지적사항 | 관리방안 |
|---|---|---|
| 연구실 내 분전반 | • 분전반 주변 적재물 비치<br>• 경고표지 미부착 | • 분전반 주변 장애물 제거<br>• 경고표지 및 주의사항 부착<br>• 외부 분전반 시건장치 양호 |
| 분전반 회로별 명칭 기재 | • 명칭・명판 등의 이해 불가<br>• 일부 회로별 명칭 미기재<br>• 미기재・미부착 | • 직관적으로 이해할 수 있도록 명칭・명판 등 기재・부착<br>• 도면 게시 또는 비치 |
| 정격전류 초과 문어발 콘센트 | • 문어발식 콘센트 사용<br>• 전선정리・관리 미흡 | • 문어발식 콘센트 사용 금지<br>• 전선정리・관리(정리, 몰드 등) |

• 화공분야

| 구분 | 주요 지적사항 | 관리방안 |
|---|---|---|
| 시약병 경고표지 | • 유해화학물질 시약병 경고표지 미부착<br>• 제조 시약병 라벨링 미부착 | • 유해화학물질 시약병 경고표지 부착(소분용기도 포함)<br>• 제조 시약병 라벨링 부착 |
| MSDS | • MSDS 미비치 및 종사자 미숙지(보관위치 모름)<br>• 안전보건공단의 MSDS 또는 요약본 비치 | • 모든 물질의 MSDS 게시・비치(전자기기를 통한 홈페이지 연결 인정)<br>• 연구활동종사자 MSDS 교육<br>• 공급업체용 MSDS 게시・비치 |
| 특별관리물질 관리대장 | • 특별관리물질 대상파악 미흡<br>• 관리대장 미작성 | • 특별관리물질 대상파악(벤젠, 황산, DMF 등)<br>• 관리대장 작성 및 고시 |

• 소방분야

| 구분 | 주요 지적사항 | 관리방안 |
|---|---|---|
| 비상대피 안내정보 | • 비상대피안내도 최신화 미흡<br>• 부적절한 정보 제공<br>• 비상대피안내도 없음 | • 비상대피안내도 최신화<br>• 출입구, 인접 복도, 대피동선 등 눈에 잘 보이는 곳에 비상대피안내도 부착・관리 |
| 소화기(소화전) 관리 | • 연구실 내 소화기 미비치<br>• 소화기, 소화전 위치 표지 미부착<br>• 충전상태 불량 및 유효기간 경과<br>• 소화기, 소화전 앞 장애물 적치 등 | • 연구실 내 적응성 소화기 비치<br>• 소화기, 소화전 위치 표지 부착<br>• 소화기 수량, 충전상태, 유효기간 양호하게 설치<br>• 소화기, 소화전 앞 장애물 적치금지 |
| 피난유도등 설치・관리 | • 유도등 미설치<br>• 유도등 점등 상태 미약 또는 불량<br>• 유도등 시야 확보 방해 | • 연구실 출입구 상부에 피난구 유도등 설치 및 점등상태 양호<br>• 연구실 전 구역에서 유도등 확인 가능<br>• 연구실부터 건물 외부까지 유도등 설치 |

• 가스분야

| 구분 | 주요 지적사항 | 관리방안 |
|---|---|---|
| 고압가스용기 밸브 보호캡 | 미사용 가스용기에 밸브 보호캡 미설치 | 모든 미사용 가스용기에 보호캡 설치 |
| 고압가스용기 고정(체결) | • 고정장치 미체결<br>• 가스용기 고정장치 불량 | 가스용기 고정장치 체결・보관 |
| 미사용 가스배관 말단부 막음조치 | • 미사용 가스배관 방치<br>• 말단부 막음조치 미실시 | • 미사용 가스배관 철거<br>• 미사용 가스배관 말단부 막음조치 실시 |

• 위생분야

| 구분 | 주요 지적사항 | 관리방안 |
|---|---|---|
| 연구실 안전보건표지 부착 | • 안전보건표지 미부착<br>• 안전보건표지 정보 불일치 | • 연구활동에 적합한 안전보건표지 부착<br>• 연구실 유해인자 현황 일치 |
| 개인보호구 비치 및 관리 | • 연구활동에 적합한 개인보호구 미비(개인별 관리 미흡, 필터 관리 미흡)<br>• 개인보호구 청결상태 미흡 | • 연구활동에 적합한 개인보호구 구비(개인별 관리, 필터 관리)<br>• 개인보호구 청결 양호 |
| 세안기, 샤워설비 설치 및 관리 | • 샤워설비, 세안장치 미설치<br>• 샤워설비, 세안장치 주변 장애물 적치<br>• 작동밸브, 세척장비 헤드 높이 등 설치기준 일부 부적합<br>• 안내표지 및 사용법 미부착 | • 화학물질 취급장소로부터 약 15m 내 샤워설비, 세안장치 설치(주변 장애물 없어야 함)<br>• 샤워설비, 세안장치 설치기준 적합<br>• 안내표지 및 사용법 부착 |

• 생물분야

| 구분 | 주요 지적사항 | 관리방안 |
|---|---|---|
| 의료용 폐기물 전용용기 | • 전용용기 미사용<br>• 전용용기 폐기정보 미기입<br>• 의료폐기물 과다 보관(용기 70% 이상)<br>• 폐기물 보관기간 미준수 | • 폐기물 종류별 전용용기 사용<br>• 적정 폐기정보 기입<br>• 용기 내 적정량 보관<br>• 폐기물 보관기간 준수 |
| 에어로졸 발생 최소화 | 연구장비·폐기물 용기 덮개 개방 사용 등 에어로졸 발생 | • 연구장비·폐기물 용기 덮개 덮음<br>• 에어로졸 방지 장비 사용 |
| 생물안전작업대 및 클린벤치 관리 | • 적정 등급의 생물안전작업대 미사용<br>• 소모품(헤파필터, UV램프 등) 불량<br>• 작업대 내외부 청소 등 상태 미흡 | • 적정 등급의 생물안전작업대 사용<br>• 소모품(헤파필터, UV램프 등) 교체<br>• 작업대 청소 등 관리상태 양호 |

### (4) 시정명령(법 제33조)

① **시정명령** : 과학기술정보통신부장관 → 대상 연구주체의 장

② 대상

㉠ 연구실 설치·운영 기준에 따라 연구실을 설치·운영하지 아니한 경우

㉡ 연구실안전정보시스템의 구축과 관련하여 필요한 자료를 제출하지 아니하거나 거짓으로 제출한 경우

㉢ 연구실안전관리위원회를 구성·운영하지 아니한 경우

㉣ 안전점검 또는 정밀안전진단 업무를 성실하게 수행하지 아니한 경우

㉤ 연구활동종사자에 대한 교육·훈련을 성실하게 실시하지 아니한 경우

㉥ 연구활동종사자에 대한 건강검진을 성실하게 실시하지 아니한 경우

㉦ 안전을 위하여 필요한 조치를 취하지 아니하였거나 안전조치가 미흡하여 추가조치가 필요한 경우

㉧ 검사에 필요한 서류 등을 제출하지 아니하거나 검사 결과 연구활동종사자나 공중의 위험을 발생시킬 우려가 있는 경우

③ **시정조치** : 주어진 기간 내에 시정조치를 하고, 그 결과를 과학기술정보통신부장관에게 보고

## 6 연구실안전관리사

### (1) 연구실안전관리사의 직무(법 제35조)

① **직무수행조건** : 안전관리사 자격 취득 후 과학기술정보통신부장관이 실시하는 교육·훈련(연구실안전관리사 교육·훈련)을 이수

② 수행직무

㉠ 연구시설·장비·재료 등에 대한 안전점검·정밀안전진단 및 관리

㉡ 연구실 내 유해인자에 관한 취급 관리 및 기술적 지도·조언

㉢ 연구실 안전관리 및 연구실 환경개선 지도

㉣ 연구실사고 대응 및 사후 관리 지도

㉤ 그 밖에 연구실 안전에 관한 사항으로서 대통령령으로 정하는 사항

| **대통령령으로 정하는 사항(시행령 제30조)**<br>• 사전유해인자위험분석 실시 지도<br>• 연구활동종사자에 대한 교육·훈련<br>• 안전관리 우수연구실 인증 취득을 위한 지도<br>• 그 밖에 연구실 안전에 관하여 연구활동종사자 등의 자문에 대한 응답 및 조언 |
|---|

### (2) 자격의 취소·정지 처분(법 제38조, 시행령 별표 12)

① 취소·정지 처분 사유

㉠ 자격취소

ⓐ 거짓이나 그 밖의 부정한 방법으로 연구실안전관리사 자격을 취득한 경우

ⓑ 법 제36조의 어느 하나의 결격사유에 해당하게 된 경우

ⓒ 연구실안전관리사의 자격이 정지된 상태에서 연구실안전관리사 업무를 수행한 경우

㉡ 자격취소 또는 자격정지(2년 범위)

ⓐ 안전관리사 자격증을 다른 사람에게 빌려주거나, 다른 사람에게 자기의 이름으로 연구실안전관리사의 직무를 하게 한 경우

ⓑ 고의 또는 중대한 과실로 연구실안전관리사의 직무를 거짓으로 수행하거나 부실하게 수행하는 경우

ⓒ 직무상 알게 된 비밀을 제3자에게 제공 또는 도용하거나 목적 외의 용도로 사용한 경우

② 가중·감경처분

㉠ 가중사유

ⓐ 위반행위가 고의나 중대한 과실에 따른 것으로 인정되는 경우

ⓑ 위반의 내용·정도가 중대하여 연구실 안전에 미치는 피해가 크다고 인정되는 경우

㉡ 감경사유

ⓐ 위반행위가 사소한 부주의나 오류로 인한 것으로 인정되는 경우

ⓑ 위반의 내용·정도가 경미하여 연구실 안전에 미치는 영향이 적다고 인정되는 경우

ⓒ 위반 행위자가 처음 위반행위를 한 경우로서 3년 이상 모범적으로 연구실안전관리사 직무를 수행해 온 사실이 인정되는 경우

㉢ 처분

ⓐ 처분권자는 위반행위의 동기·내용·횟수 및 위반의 정도 등 사유를 고려하여 행정처분을 가중하거나 감경할 수 있다.

ⓑ 처분이 자격정지인 경우에는 그 처분기준의 2분의 1의 범위에서 가중하거나 감경할 수 있다.

ⓒ 처분이 자격취소인 경우(자격취소를 해야 하는 사유는 제외)에는 6개월 이상의 자격정지 처분으로 감경할 수 있다.

## 7 보칙 및 벌칙

### (1) 신고(법 제39조)

① 연구활동종사자는 연구실에서 이 법 또는 이 법에 따른 명령을 위반한 사실이 발생한 경우 그 사실을 과학기술정보통신부장관에게 신고할 수 있다.

② 연구주체의 장은 ①의 신고를 이유로 해당 연구활동종사자에 대하여 불리한 처우를 하여서는 아니 된다.

### (2) 비밀유지(법 제40조)

① 안전점검 또는 정밀안전진단을 실시하는 사람은 업무상 알게 된 비밀을 제3자에게 제공 또는 도용하거나 목적 외의 용도로 사용하여서는 아니 된다. 다만, 연구실의 안전관리를 위하여 과학기술정보통신부장관이 필요하다고 인정할 때에는 그러하지 아니하다.

② 자격을 취득한 연구실안전관리사는 그 직무상 알게 된 비밀을 누설하거나 도용하여서는 아니 된다.

### (3) 권한·업무의 위임 및 위탁(법 제41조)

① 과학기술정보통신부장관이 권역별연구안전지원센터로 위탁하는 업무

㉠ 연구실안전정보시스템 구축·운영에 관한 업무

㉡ 안전점검 및 정밀안전진단 대행기관의 등록·관리 및 지원에 관한 업무

㉢ 연구실 안전관리에 관한 교육·훈련 및 전문교육의 기획·운영에 관한 업무
㉣ 연구실사고 조사 및 조사 결과의 기록 유지·관리 지원에 관한 업무
㉤ 안전관리 우수연구실 인증제 운영 지원에 관한 업무
㉥ 검사 지원에 관한 업무
㉦ 그 밖에 연구실 안전관리와 관련하여 필요한 업무로서 대통령령으로 정하는 업무

> **대통령령으로 정하는 업무(시행령 제32조)**
> • 연구실 안전환경 확보·조성을 위한 연구개발 및 필요 시책 수립 지원에 관한 업무
> • 실태조사
> • 지원 업무
> • 연구실안전환경관리자 지정 내용 제출의 접수

② 과학기술정보통신부장관이 관계 전문기관·단체 등에 위탁할 수 있는 업무
㉠ 안전관리사 시험의 실시 및 관리
㉡ 안전관리사 교육·훈련의 실시 및 관리

### (4) 벌칙(법 제43조, 제44조)

① 5년 이하의 징역 또는 5천만원 이하의 벌금
㉠ 안전점검 또는 정밀안전진단을 실시하지 아니하거나 성실하게 실시하지 아니함으로써 연구실에 중대한 손괴를 일으켜 공중의 위험을 발생하게 한 자
㉡ 제25조제1항에 따른 조치(긴급조치)를 이행하지 아니하여 공중의 위험을 발생하게 한 자
② 3년 이상 10년 이하의 징역 : ①에 해당하는 죄를 범하여 사람을 사상에 이르게 한 자
③ 1년 이하의 징역이나 1천만원 이하의 벌금 : 직무상 알게 된 비밀을 제3자에게 제공 또는 도용하거나 목적 외의 용도로 사용한 자(안전점검·정밀안전진단 실시자 및 연구실안전관리사)

### (5) 양벌규정(법 제45조)

① 법인의 대표자나 법인 또는 개인의 대리인, 사용인, 그 밖의 종업원이 그 법인 또는 개인의 업무에 관하여 제43조제1항 또는 제44조의 위반행위를 하면 그 행위자를 벌하는 외에 그 법인 또는 개인에게도 해당 조문의 벌금형을 과한다. 다만, 법인 또는 개인이 그 위반행위를 방지하기 위하여 해당 업무에 관하여 상당한 주의와 감독을 게을리하지 아니한 경우에는 그러하지 아니하다.
② 법인의 대표자나 법인 또는 개인의 대리인, 사용인, 그 밖의 종업원이 그 법인 또는 개인의 업무에 관하여 제43조제2항의 위반행위를 하면 그 행위자를 벌하는 외에 그 법인 또는 개인에게도 1억원 이하의 벌금형을 과한다. 다만, 법인 또는 개인이 그 위반행위를 방지하기 위하여 해당 업무에 관하여 상당한 주의와 감독을 게을리하지 아니한 경우에는 그러하지 아니하다.

### (6) 과태료(법 제46조)

① 2천만원 이하의 과태료

㉠ 정밀안전진단을 실시하지 아니하거나 성실하게 수행하지 아니한 자(벌칙 부과 시 제외)

㉡ 보험에 가입하지 아니한 자

② 1천만원 이하의 과태료

㉠ 안전점검을 실시하지 아니하거나 성실하게 수행하지 아니한 자(벌칙 부과 시 제외)

㉡ 교육·훈련을 실시하지 아니한 자

㉢ 건강검진을 실시하지 아니한 자

③ 500만원 이하의 과태료

㉠ 연구실책임자를 지정하지 아니한 자

㉡ 연구실안전환경관리자를 지정하지 아니한 자

㉢ 연구실안전환경관리자의 대리자를 지정하지 아니한 자

㉣ 안전관리규정을 작성하지 아니한 자

㉤ 안전관리규정을 성실하게 준수하지 아니한 자

㉥ 보고를 하지 아니하거나 거짓으로 보고한 자

㉦ 안전점검 및 정밀안전진단 대행기관으로 등록하지 아니하고 안전점검 및 정밀안전진단을 실시한 자

㉧ 연구실안전환경관리자가 전문교육을 이수하도록 하지 아니한 자

㉨ 소관 연구실에 필요한 안전 관련 예산을 배정 및 집행하지 아니한 자

㉩ 연구과제 수행을 위한 연구비를 책정할 때 일정 비율 이상을 안전 관련 예산에 배정하지 아니한 자

㉪ 안전 관련 예산을 다른 목적으로 사용한 자

㉫ 보고를 하지 아니하거나 거짓으로 보고한 자

㉬ 자료제출이나 경위 및 원인 등에 관한 조사를 거부·방해 또는 기피한 자

㉭ 시정명령을 위반한 자

# 02 연구실 설치운영에 관한 기준

## (1) 주요 구조부

| 구분 | | 준수사항 | 연구실위험도 | | |
|---|---|---|---|---|---|
| | | | 저위험 | 중위험 | 고위험 |
| 공간분리 | 설치 | 연구·실험공간과 사무공간 분리 | 권장 | 권장 | 필수 |
| 벽 및 바닥 | 설치 | 기밀성 있는 재질, 구조로 천장, 벽 및 바닥 설치 | 권장 | 권장 | 필수 |
| | | 바닥면 내 안전구획 표시 | 권장 | 필수 | 필수 |
| 출입통로 | 설치 | 출입구에 비상대피표지(유도등 또는 출입구·비상구 표지) 부착 | 필수 | 필수 | 필수 |
| | | 사람 및 연구장비·기자재 출입이 용이하도록 주 출입통로 적정 폭, 간격 확보 | 필수 | 필수 | 필수 |
| 조명 | 설치 | 연구활동 및 취급물질에 따른 적정 조도값 이상의 조명장치 설치 | 권장 | 필수 | 필수 |

## (2) 안전설비

| 구분 | | 준수사항 | 연구실위험도 | | |
|---|---|---|---|---|---|
| | | | 저위험 | 중위험 | 고위험 |
| 환기설비 | 설치 | 기계적인 환기설비 설치 | 권장 | 권장 | 필수 |
| | | 국소배기설비 배출공기에 대한 건물 내 재유입 방지 조치 | 권장 | 권장 | 필수 |
| | 운영 | 주기적인 환기설비 작동 상태(배기팬 훼손 상태 등) 점검 | 권장 | 권장 | 필수 |
| 가스설비 | 설치 | 조연성 가스와 가연성 가스 분리보관 | – | 필수 | 필수 |
| | | 가스용기 전도방지장치 설치 | – | 필수 | 필수 |
| | | 취급 가스에 대한 경계, 식별, 위험표지 부착 | – | 필수 | 필수 |
| | | 가스누출검지경보장치 설치 | – | 필수 | 필수 |
| | 운영 | 사용 중인 가스용기와 사용 완료된 가스용기 분리보관 | – | 필수 | 필수 |
| | | 가스배관 내 가스의 종류 및 방향 표시 | – | 필수 | 필수 |
| | | 주기적인 가스누출검지경보장치 성능 점검 | – | 필수 | 필수 |
| 전기설비 | 설치 | 분전반 접근 및 개폐를 위한 공간 확보 | 권장 | 필수 | 필수 |
| | | 분전반 분기회로에 각 장치에 공급하는 설비목록 표기 | 권장 | 필수 | 필수 |
| | | 고전압장비 단독회로 구성 | 권장 | 필수 | 필수 |
| | | 전기기기 및 배선 등의 모든 충전부 노출방지 조치 | 권장 | 필수 | 필수 |
| | 운영 | 콘센트, 전선의 허용전류 이내 사용 | 필수 | 필수 | 필수 |
| 소방설비 | 설치 | 화재감지기 및 경보장치 설치 | 필수 | 필수 | 필수 |
| | | 취급 물질로 인해 발생할 수 있는 화재유형에 적합한 소화기 비치 | 필수 | 필수 | 필수 |
| | | 연구실 내부 또는 출입문, 근접 복도 벽 등에 피난안내도 부착 | 필수 | 필수 | 필수 |
| | 운영 | 주기적인 소화기 충전 상태, 손상 여부, 압력저하, 설치불량 등 점검 | 필수 | 필수 | 필수 |

## (3) 안전장비

| 구분 | | 준수사항 | 연구실위험도 | | |
|---|---|---|---|---|---|
| | | | 저위험 | 중위험 | 고위험 |
| 긴급 세척장비 | 설치 | 연구실 및 인접 장소에 긴급세척장비(비상샤워장비 및 세안장비) 설치 | – | 필수 | 필수 |
| | | 긴급세척장비 안내표지 부착 | – | 필수 | 필수 |
| | 운영 | 주기적인 긴급세척장비 작동기능 점검 | – | 필수 | 필수 |
| 시약장[1] | 설치 | 강제배기장치 또는 필터 등이 장착된 시약장 설치 | – | 권장 | 필수 |
| | | 충격, 지진 등에 대비한 시약장 전도방지조치 | – | 필수 | 필수 |
| | 운영 | 시약장 내 물질 물성이나 특성별로 구분 저장(상호 반응물질 함께 저장 금지) | – | 필수 | 필수 |
| | | 시약장 내 모든 물질 명칭, 경고표지 부착 | – | 필수 | 필수 |
| | | 시약장 내 물질의 유통기한 경과 및 변색여부 확인 · 점검 | – | 필수 | 필수 |
| | | 시약장별 저장 물질 관리대장 작성 · 보관 | – | 권장 | 필수 |
| 국소배기 장비 등[2] | 설치 | 흄후드 등의 국소배기장비 설치 | – | 필수 | 필수 |
| | | 적합한 유형, 성능의 생물안전작업대 설치 | – | 권장 | 필수 |
| | 운영 | 흄, 가스, 미스트 등의 유해인자가 발생되거나 병원성미생물 및 감염성물질 등 생물학적 위험 가능성이 있는 연구개발활동은 적정 국소배기장비 안에서 실시 | – | 필수 | 필수 |
| | | 주기적인 흄후드 성능(제어풍속) 점검 | – | 필수 | 필수 |
| | | 흄후드 내 청결 상태 유지 | – | 필수 | 필수 |
| | | 생물안전작업대 내 UV램프 및 헤파필터 점검 | – | 필수 | 필수 |
| 폐기물 저장장비 | 설치 | 「폐기물관리법」에 적합한 폐기물 보관 장비 · 용기 비치 | – | 필수 | 필수 |
| | | 폐기물 종류별 보관표지 부착 | – | 필수 | 필수 |
| | 운영 | 폐액 종류, 성상별 분리보관 | – | 필수 | 필수 |
| | | 연구실 내 폐기물 보관 최소화 및 주기적인 배출 · 처리 | – | 필수 | 필수 |

※ 비고
1) 연구실 내 화학물질 등 보관 시 적용
2) 연구실 내 화학물질, 생물체 등 취급 시 적용

### (4) 그 밖의 연구실 설치·운영 기준

| 구분 | | 준수사항 | 연구실위험도 | | |
|---|---|---|---|---|---|
| | | | 저위험 | 중위험 | 고위험 |
| 연구·실험 장비[1] | 설치 | 취급하는 물질에 내화학성을 지닌 실험대 및 선반 설치 | 권장 | 권장 | 필수 |
| | | 충격, 지진 등에 대비한 실험대 및 선반 전도방지조치 | 권장 | 필수 | 필수 |
| | | 레이저장비 접근 방지장치 설치 | – | 필수 | 필수 |
| | | 규격 레이저 경고표지 부착 | – | 필수 | 필수 |
| | | 고온장비 및 초저온용기 경고표지 부착 | – | 필수 | 필수 |
| | | 불활성 초저온용기 지하실 및 밀폐된 공간에 보관·사용 금지 | – | 필수 | 필수 |
| | | 불활성 초저온용기 보관장소 내 산소농도측정기 설치 | – | 필수 | 필수 |
| | 운영 | 레이저장비 사용 시 보호구 착용 | – | 필수 | 필수 |
| | | 고출력 레이저 연구·실험은 취급·운영 교육·훈련을 받은 자에 한해 실시 | – | 권장 | 필수 |
| 일반적 연구실 안전수칙 | 운영 | 연구실 내 음식물 섭취 및 흡연 금지 | 필수 | 필수 | 필수 |
| | | 연구실 내 취침 금지(침대 등 취침도구 반입 금지) | 필수 | 필수 | 필수 |
| | | 연구실 내 부적절한 복장 착용 금지(반바지, 슬리퍼 등) | 권장 | 필수 | 필수 |
| 화학물질 취급·관리 | 운영 | 취급하는 물질에 대한 물질안전보건자료(MSDS) 게시·비치 | – | 필수 | 필수 |
| | | 성상(유해 특성)이 다른 화학물질 혼재보관 금지 | – | 필수 | 필수 |
| | | 화학물질과 식료품 혼용 취급·보관 금지 | – | 필수 | 필수 |
| | | 유해화학물질 주변 열, 스파크, 불꽃 등의 점화원 제거 | – | 필수 | 필수 |
| | | 연구실 외 화학물질 반출 금지 | – | 필수 | 필수 |
| | | 화학물질 운반 시 트레이, 버킷 등에 담아 운반 | – | 필수 | 필수 |
| | | 취급물질별 적합한 방제약품 및 방제장비, 응급조치 장비 구비 | – | 필수 | 필수 |
| 기계·기구 취급·관리 | 설치 | 기계·기구별 적정 방호장치 설치 | – | 필수 | 필수 |
| | 운영 | 선반, 밀링장비 등 협착 위험이 높은 장비 취급 시 적합한 복장 착용(긴 머리는 묶고 헐렁한 옷, 불필요 장신구 등 착용 금지 등) | – | 필수 | 필수 |
| | | 연구·실험 미실시 시 기계·기구 정지 | – | 필수 | 필수 |
| 생물체 취급·관리 | 설치 | 출입구 잠금장치(카드, 지문인식, 보안시스템 등) 설치 | – | 권장 | 필수 |
| | | 출입문 앞 생물안전표지 부착 | – | 필수 | 필수 |
| | | 고압증기멸균기 설치 | – | 권장 | 필수 |
| | | 에어로졸의 외부 유출 방지기능이 있는 원심분리기 설치 | – | 권장 | 필수 |
| | 운영 | 출입대장 비치 및 기록 | – | 권장 | 필수 |
| | | 연구·실험 시 기계식 피펫 사용 | – | 필수 | 필수 |
| | | 연구·실험 폐기물은 생물학적 활성을 제거 후 처리 | – | 필수 | 필수 |

※ 비고

1) 연구실 내 해당 연구·실험장비 사용 시 적용

# PART 01 과목별 빈칸완성 문제

**각 문제의 빈칸에 올바른 답을 적으시오.**

## 01 연구실 안전환경 조성에 관한 법률의 목적

대학 및 연구기관 등에 설치된 과학기술분야 연구실의 ( ① )을 확보하고, 연구실사고로 인한 피해를 적절하게 ( ② )하여 연구활동종사자의 건강과 생명을 보호하며, 안전한 연구환경을 조성하여 연구활동 ( ③ )에 기여함을 목적으로 한다.

정답

① 안전 ② 보상

③ 활성화

## 02 중대연구실사고의 정의

- ( ① ) 또는 과학기술정보통신부장관이 정하여 고시하는 ( ② )(부상 또는 질병 등의 치료가 완료된 후 그 부상 또는 질병 등이 원인이 되어 신체적 또는 정신적 장해가 발생한 것을 말한다. 이하 같다) 1급부터 9급까지에 해당하는 ( ③ )가 ( ④ )명 이상 발생한 사고
- ( ⑤ )개월 이상의 요양이 필요한 부상자가 동시에 ( ⑥ )명 이상 발생한 사고
- ( ⑦ )일 이상의 입원이 필요한 부상을 입거나 질병에 걸린 사람이 동시에 ( ⑧ )명 이상 발생한 사고
- 법 제16조제2항 및 시행령 제13조에 따른 연구실의 ( ⑨ )으로 인한 사고

정답

① 사망자 ② 후유장해

③ 부상자 ④ 1

⑤ 3 ⑥ 2

⑦ 3 ⑧ 5

⑨ 중대한 결함

## 03 고위험연구실의 정의

> • 연구활동에 ( ① )을 취급하는 연구실
> • 연구활동에 ( ② )를 취급하는 연구실
> • 연구활동에 ( ③ )를 취급하는 연구실

**정답**

① 「화학물질관리법」에 따른 유해화학물질
② 「산업안전보건법」에 따른 유해인자
③ 과학기술정보통신부령(고압가스 안전관리법 시행규칙)으로 정하는 독성가스

## 04 중대한 결함의 정의

> • ( ① ), ( ② ), ( ③ ) 등 유해 · 위험물질의 ( ④ ) 또는 관리 부실
> • 「전기사업법」에 따른 전기설비의 ( ⑤ ) 부실
> • 연구활동에 사용되는 ( ⑥ )의 부식 · 균열 또는 파손
> • 연구실 시설물의 구조안전에 영향을 미치는 ( ⑦ ) · 균열 · ( ⑧ ) 또는 부식
> • 인체에 심각한 위험을 끼칠 수 있는 ( ⑨ )의 누출

**정답**

① 「화학물질관리법」에 따른 유해화학물질
② 「산업안전보건법」에 따른 유해인자
③ 과학기술정보통신부령(고압가스 안전관리법 시행규칙)으로 정하는 독성가스
④ 누출
⑤ 안전관리
⑥ 유해 · 위험설비
⑦ 지반침하
⑧ 누수
⑨ 병원체

## 05 실태조사 조사 포함사항

• 연구실 및 ( ① ) 현황
• 연구실 ( ② ) 현황
• ( ③ ) 발생 현황
• 그 밖에 연구실 안전환경 및 안전관리의 현황 파악을 위하여 과학기술정보통신부장관이 필요하다고 인정하는 사항

정답

① 연구활동종사자
② 안전관리
③ 연구실사고

## 06 연구실 안전환경 조성 기본계획 포함사항

• 연구실 안전환경 조성을 위한 발전목표 및 ( ① )의 기본 방향
• 연구실 ( ② ) 기술 고도화 및 ( ③ ) 예방을 위한 연구개발
• 연구실 유형별 안전관리 ( ④ ) 개발
• 연구실 안전교육 교재의 개발·보급 및 ( ⑤ ) 실시
• 연구실 안전관리의 ( ⑥ ) 추진
• 안전관리 ( ⑦ ) 운영
• 연구실의 안전환경 조성 및 개선을 위한 사업 추진
• 연구안전 ( ⑧ ) 구축·개선
• ( ⑨ )의 안전 및 건강 증진
• 그 밖에 연구실사고 예방 및 안전환경 조성에 관한 중요사항

정답

① 정책
② 안전관리
③ 연구실사고
④ 표준화 모델
⑤ 안전교육
⑥ 정보화
⑦ 우수연구실 인증제
⑧ 지원체계
⑨ 연구활동종사자

## 07 연구실안전심의위원회의 심의사항(연구실안전심의위원회 운영규정)

- 연구실 안전환경 조성 ( ① ) 수립에 관한 중요사항
- 연구실 안전환경 조성을 위한 주요정책 및 ( ② )에 관한 중요사항
- 연구실 안전관리 ( ③ ) 및 안전교육에 관한 중요사항
- 연구실 ( ④ ) 및 사고발생 시 대책에 관한 중요사항
- 연구실 ( ⑤ ) 및 정밀안전진단에 관한 중요사항
- ( ⑥ ) 자격시험 및 교육·훈련의 실시, 운영에 관한 중요사항
- 그 밖에 연구실 안전환경 조성에 관하여 심의위원회의 위원장이 부의하는 사항

정답

① 기본계획
② 제도개선
③ 표준화 모델
④ 사고예방
⑤ 안전점검
⑥ 연구실안전관리사

## 08 연구실안전정보시스템 포함 정보

- ( ① ) 등의 현황
- 분야별 ( ② ) 발생 현황, ( ② ) 원인 및 피해 현황 등 ( ② )에 관한 통계
- ( ③ ) 및 연구실 안전 정책에 관한 사항
- 연구실 내 ( ④ )에 관한 정보
- ( ⑤ )지침 및 ( ⑥ )지침
- ( ⑤ ) 및 ( ⑥ ) 대행기관의 등록 현황
- 안전관리 ( ⑦ ) 인증 현황
- ( ⑧ )의 지정 현황
- ( ⑨ ) 지정 내용 등 법 및 연구실안전법 시행령에 따른 제출·보고 사항
- 그 밖에 연구실 안전환경 조성에 필요한 사항

정답

① 대학·연구기관
② 연구실사고
③ 기본계획
④ 유해인자
⑤ 안전점검
⑥ 정밀안전진단
⑦ 우수연구실
⑧ 권역별연구안전지원센터
⑨ 연구실안전환경관리자

## 09 연구실안전관리 조직도

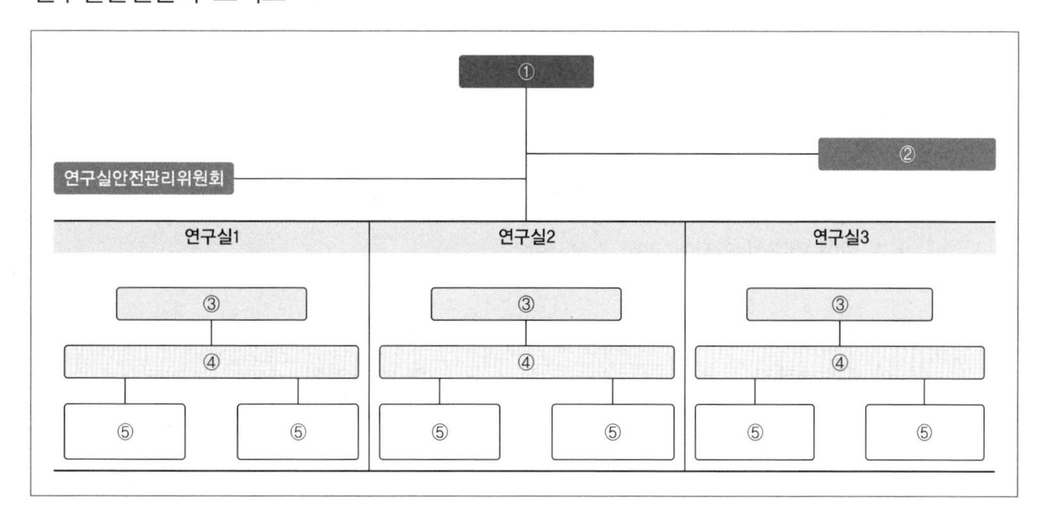


정답

① 연구주체의 장

② 연구실안전환경관리자

③ 연구실책임자

④ 연구실안전관리담당자

⑤ 연구활동종사자

## 10 연구실안전환경관리자의 수행업무

- ( ① ) · 정밀안전진단 실시 계획의 수립 및 실시
- 연구실 ( ② ) 수립 및 실시
- ( ③ ) 발생의 원인조사 및 재발 방지를 위한 기술적 지도 · 조언
- 연구실 안전환경 및 안전관리 현황에 관한 ( ④ )의 유지 · 관리
- 법 또는 법에 따른 명령이나 ( ⑤ )을 위반한 연구활동종사자에 대한 조치의 건의
- 그 밖에 안전관리규정이나 다른 법령에 따른 연구시설의 안전성 확보에 관한 사항

정답

① 안전점검

② 안전교육계획

③ 연구실사고

④ 통계

⑤ 안전관리규정

## 11 연구실안전관리위원회의 협의사항

- ( ① )의 작성 또는 변경
- ( ② ) 실시 계획의 수립
- ( ③ ) 실시 계획의 수립
- 안전 관련 ( ④ )의 계상 및 집행 계획의 수립
- 연구실 ( ⑤ ) 계획의 심의
- 그 밖에 연구실 안전에 관한 주요사항

정답

① 안전관리규정
② 안전점검
③ 정밀안전진단
④ 예산
⑤ 안전관리

## 12 연구실 안전관리규정 작성 시 포함사항

- 안전관리 ( ① ) 및 그 직무에 관한 사항
- ( ② ) 및 ( ③ )의 권한과 책임에 관한 사항
- ( ④ )의 지정에 관한 사항
- ( ⑤ )의 주기적 실시에 관한 사항
- 연구실 ( ⑥ )의 설치 또는 부착
- ( ⑦ ) 및 그 밖의 연구실사고의 발생을 대비한 긴급대처 방안과 행동요령
- ( ⑧ ) 조사 및 후속대책 수립에 관한 사항
- 연구실 안전 관련 ( ⑨ ) 계상 및 사용에 관한 사항
- 연구실 유형별 ( ⑩ )에 관한 사항
- 그 밖의 안전관리에 관한 사항

정답

① 조직체계
② 연구실안전환경관리자
③ 연구실책임자
④ 연구실안전관리담당자
⑤ 안전교육
⑥ 안전표식
⑦ 중대연구실사고
⑧ 연구실사고
⑨ 예산
⑩ 안전관리

## 13 안전점검지침 및 정밀안전진단지침의 포함사항

- 안전점검 · 정밀안전진단 ( ① ) 계획의 수립 및 시행에 관한 사항
- 안전점검 · 정밀안전진단을 ( ② )의 유의사항
- 안전점검 · 정밀안전진단의 ( ③ )에 관한 사항
- 안전점검 · 정밀안전진단의 ( ④ ) 및 항목별 ( ⑤ )에 관한 사항
- 안전점검 · 정밀안전진단 결과의 ( ⑥ ) 및 ( ⑦ )에 관한 사항
- 그 밖에 연구실의 기능 및 안전을 유지 · 관리하기 위하여 과학기술정보통신부장관이 필요하다고 인정하는 사항

정답

① 실시
② 실시하는 자
③ 실시에 필요한 장비
④ 점검대상
⑤ 점검방법
⑥ 자체평가
⑦ 사후조치

## 14 안전점검의 정의

- 일상점검 : 연구활동에 사용되는 기계 · 기구 · 전기 · 약품 · 병원체 등의 ( ① ) 및 ( ② )의 관리실태 등을 직접 ( ③ )으로 확인하는 점검
- 정기점검 : 연구활동에 사용되는 기계 · 기구 · 전기 · 약품 · 병원체 등의 ( ① ) 및 ( ② )의 관리실태 등을 ( ④ )를 이용하여 실시하는 세부적인 점검
- 특별안전점검 : ( ⑤ ) 등 연구활동종사자의 안전에 치명적인 위험을 야기할 가능성이 있을 것으로 예상되는 경우에 실시하는 점검

정답

① 보관상태
② 보호장비
③ 눈
④ 안전점검기기
⑤ 폭발사고 · 화재사고

## 15 안전점검 및 정밀안전진단 실시 결과에 따른 연구실 안전등급과 연구실 안전환경 상태

| 연구실 안전등급 | 연구실 안전환경 상태 |
|---|---|
| 1 | 연구실 안전환경에 ( ① )가 없고 안전성이 유지된 상태 |
| 2 | 연구실 안전환경 및 연구시설에 ( ② )이 일부 발견되었으나, 안전에 크게 영향을 미치지 않으며 ( ③ )이 필요한 상태 |
| 3 | 연구실 안전환경 또는 연구시설에 ( ② )이 발견되어 안전환경 ( ③ )이 필요한 상태 |
| 4 | 연구실 안전환경 또는 연구시설에 ( ② )이 심하게 발생하여 사용에 ( ④ )을 가하여야 하는 상태 |
| 5 | 연구실 안전환경 또는 연구시설의 심각한 ( ② )이 발생하여 안전상 사고발생위험이 커서 즉시 ( ⑤ )을 금지하고 ( ③ )해야 하는 상태 |

정답

① 문제

② 결함

③ 개선

④ 제한

⑤ 사용

## 16 사전유해인자위험분석 실시절차 중 연구실 안전현황 분석 시 활용하는 자료

- 기계 · 기구 · 설비 등의 ( ① )
- ( ② )
- 연구 · 실험 · 실습 등의 ( ③ ), 방법(기계 · 기구 등 사용법 포함), 사용되는 물질 등에 관한 정보
- 안전 확보를 위해 필요한 ( ④ ) 및 ( ⑤ )에 관한 정보
- 그 밖에 사전유해인자위험분석에 참고가 되는 자료 등

정답

① 사양서

② 물질안전보건자료(MSDS)

③ 연구내용

④ 보호구

⑤ 안전설비

## 17 사전유해인자위험분석의 실시절차

| ( ① ) → ( ② ) → ( ③ ) → ( ④ ) |
|---|

정답

① 연구실 안전현황 분석
② 연구활동별 유해인자 위험분석
③ 연구실 안전계획 수립
④ 비상조치계획 수립

## 18 연구실 연구활동종사자 신규교육 · 훈련의 교육내용

- ( ① )에 관한 사항
- 연구실 ( ② )에 관한 사항
- ( ③ ) 및 ( ④ ) 취급과 사용에 관한 사항
- ( ⑤ ) 사례, ( ⑤ ) 예방 및 대처에 관한 사항
- ( ⑥ )에 관한 사항
- ( ⑦ )에 관한 사항
- ( ⑧ )에 관한 사항
- 그 밖에 연구실 안전관리에 관한 사항

정답

① 연구실 안전환경 조성 관련 법령
② 유해인자
③ 보호장비
④ 안전장치
⑤ 연구실사고
⑥ 안전표지
⑦ 물질안전보건자료
⑧ 사전유해인자위험분석

## 19 연구실 안전예산의 사용용도

- 안전관리에 관한 정보제공 및 연구활동종사자에 대한 ( ① )
- ( ② )에 대한 전문교육
- ( ③ )
- ( ④ )
- 연구실의 안전을 유지・관리하기 위한 ( ⑤ )의 설치・유지 및 보수
- 연구활동종사자의 ( ⑥ ) 구입
- 안전점검 및 ( ⑦ )
- 그 밖에 연구실의 안전환경 조성을 위하여 필요한 사항으로서 과학기술정보통신부장관이 고시하는 용도

정답

① 교육・훈련

② 연구실안전환경관리자

③ 건강검진

④ 보험료

⑤ 설비

⑥ 보호장비

⑦ 정밀안전진단

## 20 중대연구실사고 발생 시 보고사항

- 사고 발생 개요 및 ( ① )
- 사고 조치 내용, 사고 ( ② ) 가능성 및 ( ③ )・대응계획
- 그 밖에 사고 내용・원인 파악 및 대응을 위해 필요한 사항

정답

① 피해 상황

② 확산

③ 향후 조치

## 21 연구실사고조사보고서 포함 내용

- 조사 일시
- 해당 ( ① ) 구성
- ( ② )개요
- 조사내용 및 ( ③ )
- ( ④ )
- 복구 시 반영 필요사항 등 ( ⑤ )
- 결론 및 ( ⑥ )

정답

① 사고조사반

② 사고

③ 결과

④ 문제점

⑤ 개선대책

⑥ 건의사항

## 22 연구실 긴급조치 실시방법

- ( ① ) 실시
- ( ② )의 제거
- 연구실 일부의 ( ③ )
- 연구실의 ( ④ )
- 연구실의 ( ⑤ )
- 그 밖에 연구주체의 장 또는 연구활동종사자가 필요하다고 인정하는 안전조치

정답

① 정밀안전진단

② 유해인자

③ 사용제한

④ 사용금지

⑤ 철거

## 23 연구실 보험의 종류 5가지

| • | • |
|---|---|
| • | • |
| • | |

정답

요양급여, 장해급여, 입원급여, 유족급여, 장의비

## 24 연구실 검사 중 법 이행 서류검사항목 8가지

| • | • | • | • |
|---|---|---|---|
| • | • | • | • |

정답

안전규정, 안전조직, 교육훈련, 점검・진단, 안전예산, 건강검진, 사고조사, 보험가입

## 25 연구실 검사 중 표본연구실 검사항목 8가지

| • | • | • | • |
|---|---|---|---|
| • | • | • | • |

정답

일반분야, 기계분야, 전기분야, 화공분야, 소방분야, 가스분야, 위생분야, 생물분야

## 26 시정명령 대상

- ( ① )에 따라 연구실을 설치·운영하지 아니한 경우
- ( ② )의 구축과 관련하여 필요한 자료를 제출하지 아니하거나 거짓으로 제출한 경우
- ( ③ )를 구성·운영하지 아니한 경우
- ( ④ ) 업무를 성실하게 수행하지 아니한 경우
- 연구활동종사자에 대한 ( ⑤ )을 성실하게 실시하지 아니한 경우
- 연구활동종사자에 대한 ( ⑥ )을 성실하게 실시하지 아니한 경우
- 안전을 위하여 필요한 조치를 취하지 아니하였거나 ( ⑦ )가 미흡하여 추가조치가 필요한 경우
- ( ⑧ )에 필요한 서류 등을 제출하지 아니하거나 ( ⑧ ) 결과 연구활동종사자나 공중의 위험을 발생시킬 우려가 있는 경우

정답

① 연구실 설치·운영 기준

② 연구실안전정보시스템

③ 연구실안전관리위원회

④ 안전점검 또는 정밀안전진단

⑤ 교육·훈련

⑥ 건강검진

⑦ 안전조치

⑧ 검사

## 27 연구실안전관리자의 수행직무

- 연구시설·장비·재료 등에 대한 ( ① ) 및 관리
- 연구실 내 ( ② )에 관한 취급 관리 및 기술적 지도·조언
- 연구실 안전관리 및 연구실 ( ③ ) 지도
- ( ④ ) 대응 및 사후 관리 지도
- 그 밖에 연구실 안전에 관한 사항으로서 대통령령으로 정하는 사항

정답

① 안전점검·정밀안전진단

② 유해인자

③ 환경개선

④ 연구실사고

## 28 연구실 설치운영에 관한 기준(– / 권장 / 필수)

• 주요 구조부

| 구분 | | 준수사항 | 연구실위험도 | | |
|---|---|---|---|---|---|
| | | | 저위험 | 중위험 | 고위험 |
| 공간분리 | 설치 | 연구·실험공간과 사무공간 분리 | | | |
| 벽 및 바닥 | 설치 | 기밀성 있는 재질, 구조로 천장, 벽 및 바닥 설치 | | | |
| | | 바닥면 내 안전구획 표시 | | | |
| 출입통로 | 설치 | 출입구에 비상대피표지(유도등 또는 출입구·비상구 표지) 부착 | | | |
| | | 사람 및 연구장비·기자재 출입이 용이하도록 주 출입통로 적정 폭, 간격 확보 | | | |
| 조명 | 설치 | 연구활동 및 취급물질에 따른 적정 조도값 이상의 조명장치 설치 | | | |

• 안전설비

| 구분 | | 준수사항 | 연구실위험도 | | |
|---|---|---|---|---|---|
| | | | 저위험 | 중위험 | 고위험 |
| 환기설비 | 설치 | 기계적인 환기설비 설치 | | | |
| | | 국소배기설비 배출공기에 대한 건물 내 재유입 방지 조치 | | | |
| | 운영 | 주기적인 환기설비 작동 상태(배기팬 훼손 상태 등) 점검 | | | |
| 가스설비 | 설치 | 조연성 가스와 가연성 가스 분리보관 | | | |
| | | 가스용기 전도방지장치 설치 | | | |
| | | 취급 가스에 대한 경계, 식별, 위험표지 부착 | | | |
| | | 가스누출검지경보장치 설치 | | | |
| | 운영 | 사용 중인 가스용기와 사용 완료된 가스용기 분리보관 | | | |
| | | 가스배관 내 가스의 종류 및 방향 표시 | | | |
| | | 주기적인 가스누출검지경보장치 성능 점검 | | | |
| 전기설비 | 설치 | 분전반 접근 및 개폐를 위한 공간 확보 | | | |
| | | 분전반 분기회로에 각 장치에 공급하는 설비목록 표기 | | | |
| | | 고전압장비 단독회로 구성 | | | |
| | | 전기기기 및 배선 등의 모든 충전부 노출방지 조치 | | | |
| | 운영 | 콘센트, 전선의 허용전류 이내 사용 | | | |
| 소방설비 | 설치 | 화재감지기 및 경보장치 설치 | | | |
| | | 취급 물질로 인해 발생할 수 있는 화재유형에 적합한 소화기 비치 | | | |
| | | 연구실 내부 또는 출입문, 근접 복도 벽 등에 피난안내도 부착 | | | |
| | 운영 | 주기적인 소화기 충전 상태, 손상 여부, 압력저하, 설치불량 등 점검 | | | |

• 안전장비

<table>
<tr><th rowspan="2" colspan="2">구분</th><th rowspan="2">준수사항</th><th colspan="3">연구실위험도</th></tr>
<tr><th>저위험</th><th>중위험</th><th>고위험</th></tr>
<tr><td rowspan="3">긴급 세척장비</td><td rowspan="2">설치</td><td>연구실 및 인접 장소에 긴급세척장비(비상샤워장비 및 세안장비) 설치</td><td></td><td></td><td></td></tr>
<tr><td>긴급세척장비 안내표지 부착</td><td></td><td></td><td></td></tr>
<tr><td>운영</td><td>주기적인 긴급세척장비 작동기능 점검</td><td></td><td></td><td></td></tr>
<tr><td rowspan="6">시약장[1]</td><td rowspan="2">설치</td><td>강제배기장치 또는 필터 등이 장착된 시약장 설치</td><td></td><td></td><td></td></tr>
<tr><td>충격, 지진 등에 대비한 시약장 전도방지조치</td><td></td><td></td><td></td></tr>
<tr><td rowspan="4">운영</td><td>시약장 내 물질 물성이나 특성별로 구분 저장(상호 반응물질 함께 저장 금지)</td><td></td><td></td><td></td></tr>
<tr><td>시약장 내 모든 물질 명칭, 경고표지 부착</td><td></td><td></td><td></td></tr>
<tr><td>시약장 내 물질의 유통기한 경과 및 변색여부 확인 · 점검</td><td></td><td></td><td></td></tr>
<tr><td>시약장별 저장 물질 관리대장 작성 · 보관</td><td></td><td></td><td></td></tr>
<tr><td rowspan="6">국소배기 장비 등[2]</td><td rowspan="2">설치</td><td>흄후드 등의 국소배기장비 설치</td><td></td><td></td><td></td></tr>
<tr><td>적합한 유형, 성능의 생물안전작업대 설치</td><td></td><td></td><td></td></tr>
<tr><td rowspan="4">운영</td><td>흄, 가스, 미스트 등의 유해인자가 발생되거나 병원성미생물 및 감염성물질 등 생물학적 위험 가능성이 있는 연구개발활동은 적정 국소배기장비 안에서 실시</td><td></td><td></td><td></td></tr>
<tr><td>주기적인 흄후드 성능(제어풍속) 점검</td><td></td><td></td><td></td></tr>
<tr><td>흄후드 내 청결 상태 유지</td><td></td><td></td><td></td></tr>
<tr><td>생물안전작업대 내 UV램프 및 헤파필터 점검</td><td></td><td></td><td></td></tr>
<tr><td rowspan="4">폐기물 저장장비</td><td rowspan="2">설치</td><td>「폐기물관리법」에 적합한 폐기물 보관 장비 · 용기 비치</td><td></td><td></td><td></td></tr>
<tr><td>폐기물 종류별 보관표지 부착</td><td></td><td></td><td></td></tr>
<tr><td rowspan="2">운영</td><td>폐액 종류, 성상별 분리보관</td><td></td><td></td><td></td></tr>
<tr><td>연구실 내 폐기물 보관 최소화 및 주기적인 배출 · 처리</td><td></td><td></td><td></td></tr>
</table>

※ 비고

1) 연구실 내 화학물질 등 보관 시 적용

2) 연구실 내 화학물질, 생물체 등 취급 시 적용

• 그 밖의 연구실 설치·운영 기준

| 구분 | | 준수사항 | 연구실위험도 | | |
|---|---|---|---|---|---|
| | | | 저위험 | 중위험 | 고위험 |
| 연구·실험 장비[1] | 설치 | 취급하는 물질에 내화학성을 지닌 실험대 및 선반 설치 | | | |
| | | 충격, 지진 등에 대비한 실험대 및 선반 전도방지조치 | | | |
| | | 레이저장비 접근 방지장치 설치 | | | |
| | | 규격 레이저 경고표지 부착 | | | |
| | | 고온장비 및 초저온용기 경고표지 부착 | | | |
| | | 불활성 초저온용기 지하실 및 밀폐된 공간에 보관·사용 금지 | | | |
| | | 불활성 초저온용기 보관장소 내 산소농도측정기 설치 | | | |
| | 운영 | 레이저장비 사용 시 보호구 착용 | | | |
| | | 고출력 레이저 연구·실험은 취급·운영 교육·훈련을 받은 자에 한해 실시 | | | |
| 일반적 연구실 안전수칙 | 운영 | 연구실 내 음식물 섭취 및 흡연 금지 | | | |
| | | 연구실 내 취침 금지(침대 등 취침도구 반입 금지) | | | |
| | | 연구실 내 부적절한 복장 착용 금지(반바지, 슬리퍼 등) | | | |
| 화학물질 취급·관리 | 운영 | 취급하는 물질에 대한 물질안전보건자료(MSDS) 게시·비치 | | | |
| | | 성상(유해 특성)이 다른 화학물질 혼재보관 금지 | | | |
| | | 화학물질과 식료품 혼용 취급·보관 금지 | | | |
| | | 유해화학물질 주변 열, 스파크, 불꽃 등의 점화원 제거 | | | |
| | | 연구실 외 화학물질 반출 금지 | | | |
| | | 화학물질 운반 시 트레이, 버킷 등에 담아 운반 | | | |
| | | 취급물질별 적합한 방제약품 및 방제장비, 응급조치 장비 구비 | | | |
| 기계·기구 취급·관리 | 설치 | 기계·기구별 적정 방호장치 설치 | | | |
| | 운영 | 선반, 밀링장비 등 협착 위험이 높은 장비 취급 시 적합한 복장 착용(긴 머리는 묶고 헐렁한 옷, 불필요 장신구 등 착용 금지 등) | | | |
| | | 연구·실험 미실시 시 기계·기구 정지 | | | |
| 생물체 취급·관리 | 설치 | 출입구 잠금장치(카드, 지문인식, 보안시스템 등) 설치 | | | |
| | | 출입문 앞 생물안전표지 부착 | | | |
| | | 고압증기멸균기 설치 | | | |
| | | 에어로졸의 외부 유출 방지기능이 있는 원심분리기 설치 | | | |
| | 운영 | 출입대장 비치 및 기록 | | | |
| | | 연구·실험 시 기계식 피펫 사용 | | | |
| | | 연구·실험 폐기물은 생물학적 활성을 제거 후 처리 | | | |

※ 비고
1) 연구실 내 해당 연구·실험장비 사용 시 적용

정답

※ Page. 56~58 참고

# PART 02

# 연구실 화학 · 가스 안전관리

CHAPTER 01 화학 · 가스 안전관리 일반

CHAPTER 02 연구실 내 화학물질 관련 폐기물 안전관리

CHAPTER 03 연구실 내 화학물질 누출 및 폭발 방지 대책

과목별 빈칸완성 문제

합격의 공식 시대에듀 www.sdedu.co.kr

# 화학 · 가스 안전관리 일반

## 1 화학물질의 유해 · 위험성의 확인 방법

### (1) GHS-MSDS

① GHS-MSDS의 항목(화학물질의 분류 · 표시 및 물질안전보건자료에 관한 기준 별표 4)

| 1 | 화학제품과 회사에 관한 정보 | 9 | 물리화학적 특성 |
|---|---|---|---|
| 2 | 유해성 · 위험성 | 10 | 안정성 및 반응성 |
| 3 | 구성성분의 명칭 및 함유량 | 11 | 독성에 관한 정보 |
| 4 | 응급조치 요령 | 12 | 환경에 미치는 영향 |
| 5 | 폭발 · 화재 시 대처방법 | 13 | 폐기 시 주의사항 |
| 6 | 누출 사고 시 대처방법 | 14 | 운송에 필요한 정보 |
| 7 | 취급 및 저장방법 | 15 | 법적 규제현황 |
| 8 | 노출방지 및 개인보호구 | 16 | 그 밖의 참고사항 |

② GHS-MSDS의 활용

| 상황 | 활용하는 MSDS 항목 |
|---|---|
| 화학물질에 대한 일반 정보와 물리 · 화학적 성질, 독성 정보를 알고 싶은 상황 | • 2번 항목(유해성 · 위험성)<br>• 3번 항목(구성성분의 명칭 및 함유량)<br>• 9번 항목(물리화학적 특성)<br>• 10번 항목(안정성 및 반응성)<br>• 11번 항목(독성에 관한 정보) |
| 사업장 내 화학물질을 처음 취급 · 사용하거나, 폐기 또는 타 저장소 등으로 이동시키려는 상황 | • 7번 항목(취급 및 저장방법)<br>• 8번 항목(노출방지 및 개인보호구)<br>• 13번 항목(폐기 시 주의사항) |
| 화학물질이 외부로 누출되고 근로자에게 노출된 상황 | • 2번 항목(유해성 · 위험성)<br>• 4번 항목(응급조치 요령)<br>• 6번 항목(누출 사고 시 대처방법)<br>• 11번 항목(독성에 관한 정보)<br>• 12번 항목(환경에 미치는 영향) |
| 화학물질로 인하여 폭발 · 화재 사고가 발생한 상황 | • 2번 항목(유해성 · 위험성)<br>• 4번 항목(응급조치 요령)<br>• 5번 항목(폭발 · 화재 시 대처방법)<br>• 10번 항목(안정성 및 반응성) |
| 화학물질 규제현황 및 제조 · 공급자에게 MSDS에 대한 문의사항이 있을 경우 | • 1번 항목(화학제품과 회사에 관한 정보)<br>• 15번 항목(법적 규제현황)<br>• 16번 항목(그 밖의 참고사항) |

③ GHS-MSDS의 유해성·위험성(2번 항목)

㉠ 화학물질(가스)의 유해성·위험성 분류

ⓐ 물리적 위험성

- 폭발성 물질 : 자체의 화학반응에 따라 주위환경에 손상을 줄 수 있는 정도의 온도·압력 및 속도를 가진 가스를 발생시키는 고체·액체 또는 혼합물
- 인화성 가스 : 20℃, 표준압력(101.3kPa)에서 공기와 혼합하여 인화되는 범위에 있는 가스와 54℃ 이하 공기 중에서 자연발화하는 가스
- 인화성 액체 : 표준압력(101.3kPa)에서 인화점이 93℃ 이하인 액체
- 인화성 고체 : 가연 용이성 고체(분말, 과립상, 페이스트 형태로 점화원을 잠깐 접촉하여도 쉽게 점화되거나 화염이 빠르게 확산되는 물질) 또는 마찰에 의해 화재를 일으키거나 화재를 돕는 고체
- 에어로졸 : 재충전이 불가능한 금속·유리 또는 플라스틱 용기에 압축가스·액화가스 또는 용해가스를 충전하고 내용물을 가스에 현탁시킨 고체나 액상 입자로, 액상 또는 가스상에서 폼·페이스트·분말상으로 배출되는 분사장치를 갖춘 것
- 물반응성 물질 : 물과의 상호작용에 의하여 자연발화하거나 인화성 가스의 양이 위험한 수준으로 발생하는 고체·액체 또는 혼합물
- 산화성 가스 : 일반적으로 산소를 발생시켜 다른 물질의 연소를 더 잘되도록 하거나 연소에 기여하는 가스
- 산화성 액체 : 그 자체로는 연소하지 않더라도 일반적으로 산소를 발생시켜 다른 물질을 연소시키거나 연소를 촉진하는 액체
- 산화성 고체 : 그 자체로는 연소하지 않더라도 일반적으로 산소를 발생시켜 다른 물질을 연소시키거나 연소를 촉진하는 고체
- 고압가스 : 20℃, 200kPa 이상의 압력하에서 용기에 충전되어 있는 가스 또는 액화되거나 냉동액화된 가스
- 자기반응성 물질 : 열적으로 불안정하여 산소의 공급이 없이도 강렬하게 발열·분해하기 쉬운 액체·고체 또는 혼합물
- 자연발화성 액체 : 적은 양으로도 공기와 접촉하여 5분 안에 발화할 수 있는 액체
- 자연발화성 고체 : 적은 양으로도 공기와 접촉하여 5분 안에 발화할 수 있는 고체
- 자기발열성 물질 : 주위에서 에너지를 공급받지 않고 공기와 반응하여 스스로 발열하는 고체·액체 또는 혼합물(자기발화성 물질은 제외)
- 유기과산화물 : 1개 혹은 2개의 수소 원자가 유기 라디칼에 의하여 치환된 과산화수소의 유도체인 2가의 -O-O-구조를 가지는 액체 또는 고체 유기물
- 금속 부식성 물질 : 화학적인 작용으로 금속에 손상 또는 부식을 일으키는 물질

ⓑ 건강 유해성

- 급성 독성 : 입 또는 피부를 통하여 1회 또는 24시간 이내에 수회로 나누어 투여되거나 호흡기를 통하여 4시간 동안 노출 시 나타나는 유해한 영향
- 피부 부식성/자극성(화학물질이 4시간 동안 노출되었을 때의 회복 여부로 분류)
  - 피부 부식성 : 피부에 비가역적인 손상이 생기는 것
  - 피부 자극성 : 피부에 가역적인 손상이 생기는 것
- 심한 눈 손상성/자극성(눈에 화학물질을 노출했을 때 21일의 관찰기간 내의 회복 여부로 분류)
  - 심한 눈 손상성 : 눈 조직 손상 또는 시력 저하 등이 나타나 완전히 회복되지 않는 것
  - 심한 눈 자극성 : 눈에 변화가 발생하였다가 완전히 회복되는 것
- 호흡기 또는 피부 과민성
  - 호흡기 과민성 : 물질을 흡입한 후 발생하는 기도의 과민증
  - 피부 과민성 : 물질과 피부의 접촉을 통한 알레르기성 반응
- 발암성*(carcinogenicity) : 암을 일으키거나 그 발생을 증가시키는 성질
- 생식세포 변이원성*(germ cell mutagenicity) : 자손에게 유전될 수 있는 사람의 생식세포에 돌연변이를 일으키는 성질
- 생식독성*(reproductive toxicity) : 생식기능 · 생식능력에 대한 유해영향을 일으키거나 태아의 발생 · 발육에 유해한 영향을 주는 성질
- 흡인 유해성 : 액체나 고체 화학물질이 직접적으로 구강이나 비강을 통하거나 간접적으로 구토에 의하여 기관 및 하부호흡기계로 들어가 나타나는 화학적 폐렴, 다양한 단계의 폐손상 또는 사망과 같은 심각한 급성 영향
- 특정표적장기 독성(1회 노출) : 1회 노출에 의해 위의 건강 유해성 이외의 특이적이며 비시차적으로 나타나는 특정표적장기의 독성
- 특정표적장기 독성(반복노출) : 반복노출에 의해 위의 건강 유해성 이외의 특이적이며 비시차적으로 나타나는 특정표적장기의 독성

| *CMR 물질 : 발암성 물질, 생식세포 변이원성 물질, 생식독성 물질 |
|---|

ⓒ 환경 유해성

- 수생환경 유해성
  - 급성 수생환경 유해성 : 단기간의 노출에 의해 수생환경에 유해한 영향을 일으키는 유해성
  - 만성 수생환경 유해성 : 수생생물의 생활주기에 상응하는 기간 동안 물질 또는 혼합물을 노출시켰을 때 수생생물에 나타나는 유해성

• 오존층 유해성 : 오존을 파괴하여 오존층을 고갈시키는 성질

㉡ 위험성 · 유해성에 따른 그림문자

| 폭발성 | 인화성 | 급성독성 | 호흡기 과민성 | 수생환경 유해성 |
|---|---|---|---|---|
| | | | | |
| • 자기반응성<br>• 유기과산화물 | • 물 반응성<br>• 자기반응성<br>• 자연발화성<br>• 자기발열성<br>• 유기과산화물<br>• 에어로졸 | | • 발암성<br>• 생식세포 변이원성<br>• 생식독성<br>• 특정표적 장기독성<br>• 흡인유해성 | |
| **산화성** | **고압가스** | **금속부식성** | **경고** | |
| | | | | |
| | | • 피부 부식성<br>• 심한 눈 손상성 | • 눈 자극성<br>• 피부 자극성<br>• 피부 과민성<br>• 오존층유해성 | |

(2) NFPA 704(Fire Diamond, NFPA지수)

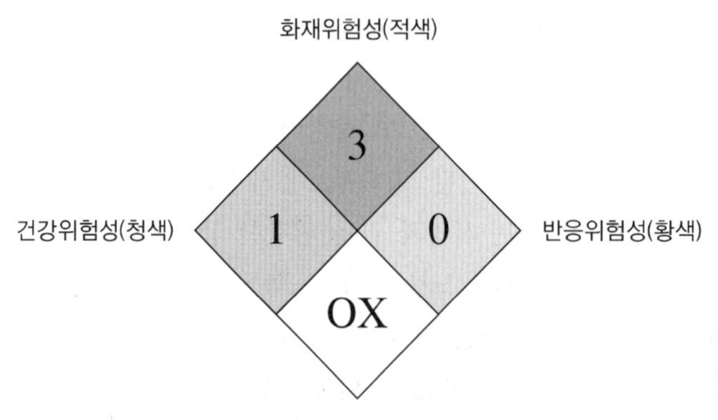


| 등급 \ 분야(배경색) | 건강위험성(청색) | 화재위험성(인화점)(적색) | 반응위험성(황색) |
|---|---|---|---|
| 0 | 유해하지 않음 | 잘 타지 않음 | 안정함 |
| 1 | 약간 유해함 | 93.3℃ 이상 | 열에 불안정함 |
| 2 | 유해함 | 37.8℃~93.3℃ | 화학물질과 격렬히 반응함 |
| 3 | 매우 유해함 | 22.8℃~37.8℃ | 충격이나 열에 폭발 가능함 |
| 4 | 치명적임 | 22.8℃ 이하 | 폭발 가능함 |

| 기타위험성 표시문자 | 의미 |
|---|---|
| W or ₩ | 물과 반응할 수 있고, 반응 시 심각한 위험을 수반할 수 있다. |
| OX or OXY | 산화제를 의미한다. |
| COR(ACID, ALK) | 부식성(강한 산성, 강한 염기성)을 띤다. |
| BIO | 생물학적 위험성을 가진 물질을 의미한다. |
| POI | 독성물질을 의미한다. |
| ☢ | 방사능 물질을 의미한다. |
| CRY or CRYO | 극저온 물질을 의미한다. |

## 2 화학물질(가스)의 성질

### (1) 압력

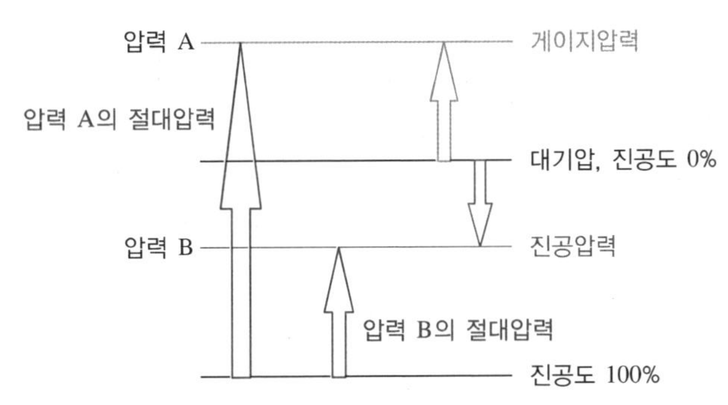


① **절대압력** : 어떤 용기 내의 가스가 용기의 내벽에 미치는 실제의 압력으로 완전 진공의 상태를 0으로 기준하여 측정한 압력

㉠ 절대압력=대기압+게이지압력

㉡ 절대압력=대기압−진공압력

② **게이지압력** : 압력계로 측정한 압력(대기압은 $0kg/cm^2$)

③ **진공압력** : 대기압보다 낮아지는 정도(완전진공 : 기압이 전혀 없는 상태)

④ **표준대기압** : 표준 중력 가속도하의 0℃에서 수은주의 높이가 760mm인 압력

> 1atm = 760mmHg = 76cmHg
> = 101,325Pa = 101.325kPa = 0.101325MPa = 1.01325bar
> = $10.332mH_2O$ = $1.0332kg/cm^2$ = 14.7psi = $14.7lb/in^2$

### (2) 온도

① 물체의 차갑고 뜨거운 정도를 나타내는 물리량

② 온도의 종류

| | |
|---|---|
| 섭씨온도<br>(℃, 셀시우스) | 표준 대기압 상태에서 순수한 물의 어는점(0)과 끓는점(100)을 온도의 표준으로 정하여, 그 사이를 100등분한 온도눈금 |
| 화씨온도<br>(°F, 파렌하이트) | 표준 대기압 상태에서 순수한 물의 어는점(32)과 끓는점(212)을 온도의 표준으로 정하여, 그 사이를 180등분한 온도눈금 |
| 켈빈온도(K) | 섭씨의 절대온도<br>0K = −273℃ |
| 랭킨온도(°R) | 화씨의 절대온도<br>0°R = −460°F |

※ 절대온도 : 열역학적으로 분자운동이 정지한 상태의 온도를 0으로 측정한 온도

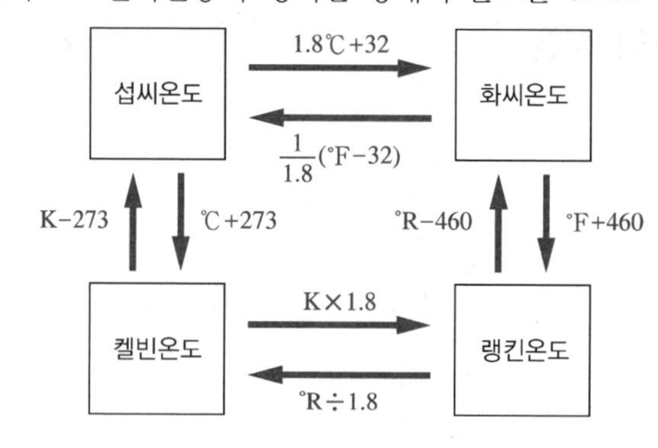


### (3) 비중

① 액비중(액체의 비중)

㉠ 액체의 밀도를 4℃ 물의 밀도(1g/cm$^3$ 또는 1kg/L)와 비교한 값이다.

㉡ 액비중이 1보다 크면 물보다 무겁고, 1보다 작으면 물보다 가볍다.

② 가스비중(증기비중)

$$\text{가스비중} = \frac{\text{가스(증기) 분자량}}{\text{공기 분자량(29)}}$$

㉠ 가스의 밀도를 표준상태(0℃, 1atm) 공기의 밀도와 비교한 값이다.

㉡ 표준상태(0℃, 1atm)에서 모든 공기(종류 상관없이) 1mol은 22.4L의 부피를 가지므로, 분자량만을 비교하여 가스비중을 구한다.

㉢ 가스비중이 1보다 크면 공기보다 무겁고, 1보다 작으면 공기보다 가볍다.

## (4) 증기압

① 액체의 표면에서 증발 속도와 응축 속도가 같아 액체와 기체가 동적 평형을 이루었을 때 증기가 나타내는 압력이다.

② 액체의 종류에 따라, 온도에 따라 증기압이 다르다.

③ 증기압과 대기압이 같아지는 온도가 해당 물질의 끓는점이다.

④ 증기압이 큰 물질은 휘발성 물질이다.

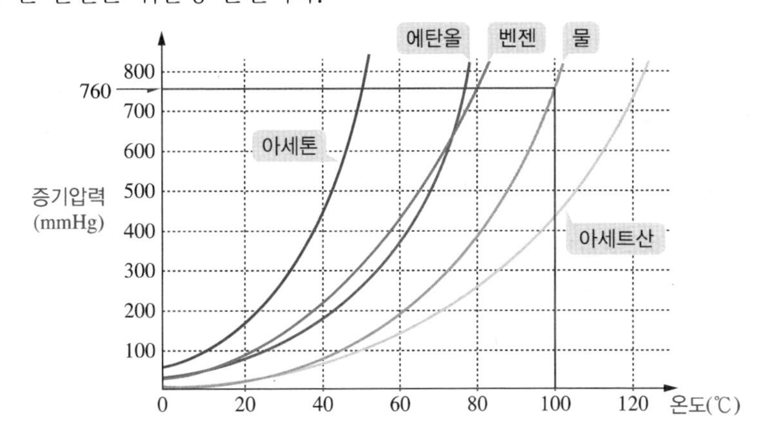


## (5) 연구실 사전유해인자위험분석 대상 화학물질 · 가스

① 「화학물질관리법」 제2조제7호에 따른 유해화학물질

| 유해화학물질 : 유독물질, 허가물질, 제한물질 또는 금지물질, 사고대비물질, 그 밖에 유해성 또는 위해성이 있거나 그러할 우려가 있는 화학물질<br>• 유독물질 : 유해성(화학물질의 독성 등 사람의 건강이나 환경에 좋지 아니한 영향을 미치는 화학물질 고유의 성질)이 있는 화학물질로서 대통령령으로 정하는 기준에 따라 환경부장관이 정하여 고시한 것<br>• 허가물질 : 위해성(유해성이 있는 화학물질이 노출되는 경우 사람의 건강이나 환경에 피해를 줄 수 있는 정도)이 있다고 우려되는 화학물질<br>• 제한물질 : 특정 용도로 사용되는 경우 위해성이 크다고 인정되어, 그 용도로의 제조, 수입, 판매, 보관 · 저장, 운반 또는 사용을 금지하는 화학물질<br>• 금지물질 : 위해성이 크다고 인정되는 화학물질로서 모든 용도로의 제조, 수입, 판매, 보관 · 저장, 운반 또는 사용을 금지하는 화학물질<br>• 사고대비물질 : 화학물질 중에서 급성독성(急性毒性) · 폭발성 등이 강하여 화학사고의 발생 가능성이 높거나 화학사고가 발생한 경우에 그 피해 규모가 클 것으로 우려되는 화학물질 |
|---|

② 「산업안전보건법」 제104조에 따른 유해인자

| 폭발성 물질, 인화성 가스, 인화성 액체, 인화성 고체, 에어로졸, 물반응성 물질, 산화성 가스, 산화성 액체, 산화성 고체, 고압가스, 자기반응성 물질, 자연발화성 액체, 자연발화성 고체, 자기발열성 물질, 유기과산화물, 금속 부식성 물질, 급성 독성 물질, 피부 부식성/자극성 물질, 심한 눈 손상성/자극성 물질, 호흡기 과민성 물질, 피부 과민성 물질, 발암성 물질, 생식세포 변이원성 물질, 생식독성 물질, 흡인 유해성 물질, 특정 표적장기 독성 물질(1회 노출/반복노출), 수생 환경 유해성 물질, 오존층 유해성 물질 |
|---|

③ 「고압가스 안전관리법 시행규칙」 제2조제1항제2호에 따른 독성가스

| 아크릴로니트릴 · 아크릴알데히드 · 아황산가스 · 암모니아 · 일산화탄소 · 이황화탄소 · 불소 · 염소 · 브롬화메탄 · 염화메탄 · 염화프렌 · 산화에틸렌 · 시안화수소 · 황화수소 · 모노메틸아민 · 디메틸아민 · 트리메틸아민 · 벤젠 · 포스겐 · 요오드화수소 · 브롬화수소 · 염화수소 · 불화수소 · 겨자가스 · 알진 · 모노실란 · 디실란 · 디보레인 · 세렌화수소 · 포스핀 · 모노게르만 및 그 밖에 공기 중에 일정량 이상 존재하는 경우 인체에 유해한 독성을 가진 가스로서 허용농도(해당 가스를 성숙한 흰쥐 집단에게 대기 중에서 1시간 동안 계속하여 노출시킨 경우 14일 이내에 그 흰쥐의 2분의 1 이상이 죽게 되는 가스의 농도)가 100만분의 5,000 이하인 것 |
|---|

## 3 화학물질 안전관리

### (1) 화학물질 취급기준

① 유해화학물질 취급기준

㉠ 콘택트렌즈를 착용하지 않는다.

㉡ 밀폐된 공간에서 취급 시 가연성 · 폭발성 · 유독성 가스의 존재 여부와 산소 결핍 여부를 점검 후 취급한다.

㉢ 실험하는 물질이 올바른지 라벨을 주의 깊게 읽고 끝나면 뚜껑을 닫아야 한다.

㉣ 독성물질 취급 시 항상 흄후드 내에서 취급한다.

② 성상별 취급기준(안전보건규칙 제225조)

| 구분 | 취급기준 |
|---|---|
| 폭발성 물질, 유기과산화물 | 화기나 그 밖에 점화원이 될 우려가 있는 것에 접근시키거나 가열 또는 마찰, 충격을 가하지 않는다. |
| 산화성 액체 · 고체 | 분해가 촉진될 우려가 있는 물질에 접촉시키거나 가열 또는 마찰, 충격을 가하지 않는다. |
| 물반응성 물질, 인화성 고체 | 화기나 그 밖에 점화원이 될 우려가 있는 것에 접근시키거나 발화를 촉진하는 물질 또는 물에 접촉시키거나 가열 또는 마찰, 충격을 가하지 않는다. |
| 인화성 액체 | 화기나 그 밖에 점화원이 될 우려가 있는 것에 접근시키거나 주입 또는 가열, 증발시키지 않는다. |
| 인화성 가스 | 화기나 그 밖에 점화원이 될 우려가 있는 것에 접근시키거나 압축 · 가열 또는 주입하지 않는다. |
| 부식성 물질 · 급성 독성물질 | 누출시키거나 인체에 접촉시키는 행위를 하지 않는다. |

### (2) 저장 · 보관 시 주의사항

① 일반적 주의사항

㉠ 연구실에 GHS-MSDS를 비치하고 교육한다.

㉡ 화학물질 성상별로 분류하여 보관한다.

② 저장 · 보관 장소

㉠ 환기가 잘되고 직사광선을 피할 수 있는 곳(열 · 빛 차단)에 보관한다.

㉡ 다량의 인화물질의 보관을 위해서는 별도의 보관 장소를 마련한다.

③ 안전 장비 · 방재도구

㉠ 보관한 화학물질의 특성에 따라 누출을 검출할 수 있는 가스누출경보기를 갖추고 주기적으로 작동 여부를 점검한다.

㉡ 인체에 화학물질이 직접 누출될 경우를 대비하여 긴급세척장비를 설치하고 주기적으로 작동 여부를 점검한다.

㉢ 긴급세척장비의 위치는 알기 쉽게 도식화하여 연구활동종사자가 모두 볼 수 있는 곳에 표시한다.

㉣ 산성 및 염기성물질의 누출에 대비하여 중화제 및 제거 물질 등을 구비한다.

㉤ 화재에 대비하여 소화기를 반드시 배치한다.

④ 선반 · 시약장

㉠ 화학약품이 떨어지거나 넘어지지 않게 추락방지 가드를 설치한다.

㉡ 용기 파손 등 화학물질 누출 시 주변으로 오염 확산을 막기 위해 누출 방지턱을 설치한다.

㉢ 저장소의 높이는 1.8m 이하로 힘들이지 않고 손이 닿을 수 있는 곳으로 하며, 이보다 위쪽이나 눈높이 위에 저장하지 않아야 한다.

㉣ 부식성, 인화성 약품은 가능한 눈높이 아래에 보관한다.

㉤ 용량이 큰 화학물질은 취급 시 파손에 대비하기 위해 선반의 하단이나 낮은 곳에 보관한다.

㉥ 식별이 용이하도록 큰 병은 뒤쪽에, 작은 병은 앞쪽에 보관한다.

㉦ 라벨이 앞쪽을 바라보도록 보관한다.

㉧ 동일한 화학물질은 좀 더 오래된 것을 앞에 보관하여 먼저 사용할 수 있도록 한다.

⑤ 보관용기

㉠ 모든 화학물질의 용기(소분 용기 포함)에는 명확하게 라벨에 기재하여야 하며 읽기 쉬워야 한다.

㉡ 라벨이 손상되지 않게 다루며, 오염된 라벨은 즉시 교체한다.

㉢ 약품 보관 용기 뚜껑의 손상 여부를 정기적으로 점검하여 화학물질의 노출을 방지한다.

㉣ 용매는 밀폐된 상태로 보관한다.

㉤ 가스가 발생하는 약품은 정기적으로 가스 압력을 제거한다.

㉥ 빛에 민감한 화학약품은 불투명 용기(갈색병 등)에 보관한다.

㉦ 공기 · 습기에 민감한 화학약품은 이중병에 보관한다.

⑥ 재고관리

㉠ 화학물질은 연구에 필요한 양만 구입하여 보관량을 최소화한다.

㉡ 보관된 화학물질은 정기적으로 물품 조사와 유지 관리를 실시한다.

⑦ 성상별 보관 주의사항

㉠ 휘발성 액체는 열, 태양, 점화원 등에서 멀리 보관한다.

㉡ 물 반응성 물질은 건조하고 서늘한 장소에 보관하고 물 및 발화원과 격리 조치한다.

㉢ 독성이 있는 화학물질은 잠금장치가 되어 있는 안전한 시약장에 보관한다.

㉣ 인화성 액체는 인화성 용액 전용 안전캐비닛에 따로 저장하며, 산화제류・산류와 함께 보관하지 않는다.

㉤ 산・염기는 산 전용 안전캐비닛에 따로 보관하며, 인화성 액체 및 고체류, 염기류, 산화제류, 무기산류와 함께 보관하지 않는다.

㉥ 산화제는 불연성 캐비넷에 따로 보관하고 환원제류, 인화성류, 유기물과 함께 보관하지 않는다.

⑧ **위험물의 분리보관(위험물안전관리법 시행규칙 제49조 저장기준)** : 옥내저장소・옥외저장소에서 유별이 다른 위험물을 서로 1m 이상의 간격을 두고 함께 저장할 수 있는 경우

㉠ 제1류 위험물(알칼리금속의 과산화물 또는 이를 함유한 것을 제외한다)과 제5류 위험물을 저장하는 경우

㉡ 제1류 위험물과 제6류 위험물을 저장하는 경우

㉢ 제1류 위험물과 제3류 위험물 중 자연발화성 물질(황린 또는 이를 함유한 것에 한한다)을 저장하는 경우

㉣ 제2류 위험물 중 인화성 고체와 제4류 위험물을 저장하는 경우

㉤ 제3류 위험물 중 알킬알루미늄 등과 제4류 위험물(알킬알루미늄 또는 알킬리튬을 함유한 것에 한한다)을 저장하는 경우

㉥ 제4류 위험물 중 유기과산화물 또는 이를 함유하는 것과 제5류 위험물 중 유기과산화물 또는 이를 함유한 것을 저장하는 경우

※ 위험물의 유별(위험물안전관리법 시행령 별표 1)

| 1류 위험물 | 산화성 고체 |
|---|---|
| 2류 위험물 | 가연성 고체 |
| 3류 위험물 | 자연발화성 물질 및 금수성 물질 |
| 4류 위험물 | 인화성 액체 |
| 5류 위험물 | 자기반응성 물질 |
| 6류 위험물 | 산화성 액체 |

## (3) 운반 시 주의사항

① 유해화학물질 운반 주의사항

㉠ 식료품・사료・의약품・음식과 함께 운반하지 않는다.

㉡ 대중교통수단(버스, 철도, 지하철 등)이나 우편 등을 이용하여 운반하지 않는다.

㉢ 직접 용기를 들어 운반하지 않고 트레이・버킷 등에 담아 운반한다.

② 유별을 달리하는 위험물의 혼재기준(위험물안전관리법 시행규칙 별표 19)

| 위험물의 구분 | 제1류 | 제2류 | 제3류 | 제4류 | 제5류 | 제6류 |
|---|---|---|---|---|---|---|
| 제1류 | | × | × | × | × | ○ |
| 제2류 | × | | × | ○ | ○ | × |
| 제3류 | × | × | | ○ | × | × |
| 제4류 | × | ○ | ○ | | ○ | × |
| 제5류 | × | ○ | × | ○ | | × |
| 제6류 | ○ | × | × | × | × | |

비고
1. "X" 표시는 혼재할 수 없음을 표시한다.
2. "O" 표시는 혼재할 수 있음을 표시한다.
3. 이 표는 지정수량의 1/10 이하의 위험물에 대하여는 적용하지 아니한다.

## (4) 폐기 시 주의사항

① 폐화학물질

㉠ 폐화학물질의 성질 및 상태를 파악하여 분리・폐기한다.

㉡ 유통기한이 지난 화학물질, 변색 화학약품, 미사용・장기간 보관 화학물질 등은 위험하므로 주기적으로 유통기한을 확인하여 안전하게 폐기한다.

㉢ 화학반응이 일어날 것으로 예상되는 물질은 혼합하지 않아야 한다.

㉣ 처리해야 하는 폐기물에 대한 사전 유해・위험성을 평가하고 숙지한다.

㉤ 폐기하려는 화학물질은 반응이 완결되어 안정화되어 있어야 한다.

㉥ 가스가 발생하는 경우, 반응이 완료된 후 폐기 처리한다.

② 폐기용기

㉠ 수집용기에 적합한 폐기물 스티커를 부착하고 라벨지를 이용하여 기록・유지한다.

㉡ 폐기물이 누출되지 않도록 뚜껑을 밀폐하고 누출 방지를 위한 키트를 설치한다.

# 4 가스의 성질

## (1) 가스의 분류

① 상태에 의한 분류

㉠ 압축가스 : 일정한 압력에 의하여 상온에서 기체 상태로 압축되어 있는 것으로서 임계온도가 상온보다 낮아 상온에서 압축해도 액화가 어려워 기체 상태로 압축되어 있는 가스
예 수소, 산소, 질소, 아르곤, 헬륨 등

㉡ 액화가스 : 가압, 냉각 등의 방법에 의하여 액체 상태로 되어 있는 것으로서 임계온도가 상온보다 높아 상온에서 압축시키면 비교적 쉽게 액화가 가능하므로 액체 상태로 용기에 충전되어 있는 가스

예 프로판, 암모니아, 탄산가스 등

㉢ 용해가스 : 가스의 독특한 특성 때문에 용제(아세톤 등)를 충진시킨 다공물질에 고압하에서 용해시켜 사용하는 가스

예 아세틸렌

② 연소성에 의한 분류

㉠ 가연성 가스

ⓐ 조연성 가스(지연성 가스)와 반응하여 빛과 열을 내며 연소하는 가스

ⓑ 폭발한계의 하한이 10% 이하인 것과 폭발한계의 상한과 하한의 차가 20% 이상인 가스

예 수소, 암모니아, 일산화탄소, 황화수소, 아세틸렌, 메탄, 프로판, 부탄 등

㉡ 조연성 가스(지연성 가스) : 가연성 가스의 연소를 돕는 가스

예 공기, 산소, 염소 등

㉢ 불연성 가스 : 스스로 연소하지 못하고 다른 물질을 연소시키는 성질도 갖지 않는 가스

예 질소, 아르곤, 헬륨, 탄산가스 등

③ 독성에 의한 분류

㉠ 독성가스 : 공기 중에 일정량 이상 존재하는 경우 인체에 유해한 독성을 가진 가스로서 허용농도가 100만분의 5,000 이하인 것

예 일산화탄소, 염소, 불소, 암모니아, 황화수소, 아황산가스, 이황화탄소, 산화에틸렌, 포스겐, 포스핀, 시안화수소, 염화수소, 불화수소, 브롬화수소, 디보레인 등

※ 허용농도 : 해당 가스를 성숙한 흰쥐 집단에 대기 중에서 1시간 동안 계속하여 노출시킨 경우 14일 이내에 그 흰쥐의 2분의 1 이상이 죽게 되는 가스의 농도, LC50(rat, 1hr)

※ 독성가스의 허용농도(TLV-TWA)

| 독성가스 | 허용농도(ppm) |
|---|---|
| 포스겐($COCl_2$), 불소($F_2$) | 0.1 |
| 염소($Cl_2$), 불화수소(HF) | 0.5 |
| 황화수소($H_2S$) | 10 |
| 암모니아($NH_3$) | 25 |
| 일산화탄소(CO) | 30 |

㉡ 비독성 가스 : 공기 중에 어떤 농도 이상 존재하여도 유해하지 않은 가스

예 산소, 질소, 수소 등

④ 기타 위험성에 따른 분류

㉠ 부식성 가스 : 물질을 부식시키는 특성을 가진 가스

예 아황산가스, 염소, 불소, 암모니아, 황화수소, 염화수소 등

㉡ 자기발화가스 : 공기 중에 누출되었을 때 점화원 없이 스스로 연소되는 가스

예 실란, 디보레인 등

⑤ 고압가스의 종류

㉠ 압축가스

ⓐ 상용의 온도에서 실제 압력(게이지 압력)이 1MPa 이상이 되는 압축가스

ⓑ 35℃에서 압력이 1MPa 이상이 되는 압축가스(아세틸렌 제외)

㉡ 액화가스

ⓐ 상용의 온도에서 실제압력이 0.2MPa 이상이 되는 액화가스

ⓑ 압력이 0.2MPa이 되는 경우의 온도가 35℃ 이하인 액화가스

㉢ 아세틸렌가스 : 15℃에서 압력이 0Pa을 초과하는 아세틸렌가스

㉣ 액화시안화수소·액화브롬화메탄·액화산화에틸렌가스 : 35℃에서 압력이 0Pa을 초과하는 액화시안화수소·액화브롬화메탄·액화산화에틸렌가스

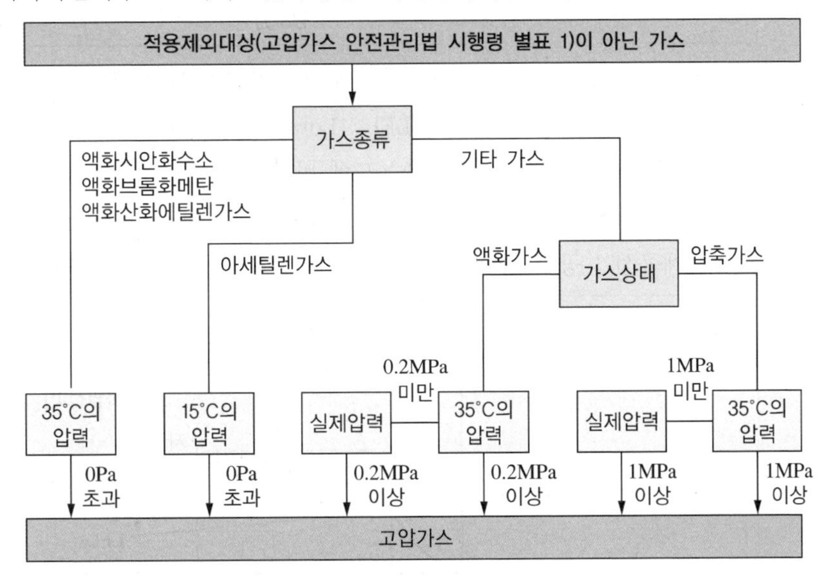


⑥ 가스용기의 구별(고압가스안전관리법 시행규칙 별표 24)

㉠ 가연성·독성가스 용기 표시색

| 가스종류 | 수소 | 아세틸렌 | 액화암모니아 | 액화염소 | 액화석유가스 | 그 밖의 가스 |
|---|---|---|---|---|---|---|
| 도색 | 주황색 | 황색 | 백색 | 갈색 | 밝은 회색 | 회색 |

㉡ 의료용 가스용기 표시색

| 가스종류 | 헬륨 | 에틸렌 | 아산화질소 | 싸이크로프로판 |
|---|---|---|---|---|
| 도색 | 갈색 | 자색 | 청색 | 주황색 |
| 가스종류 | 산소 | 액화탄산가스 | 질소 | 그 밖의 가스 |
| 도색 | 백색 | 회색 | 흑색 | 회색 |

㉢ 그 밖의 가스용기 표시색

| 가스종류 | 산소 | 액화탄산가스 | 질소 | 그 밖의 가스 |
|---|---|---|---|---|
| 도색 | 녹색 | 청색 | 회색 | 회색 |

### (2) 가스의 위험성

① 폭발범위(연소범위)

㉠ 단일물질의 폭발범위

ⓐ 연소범위(폭발범위) : 공기와 혼합되어 연소(폭발)가 가능한 가연성가스의 농도 범위

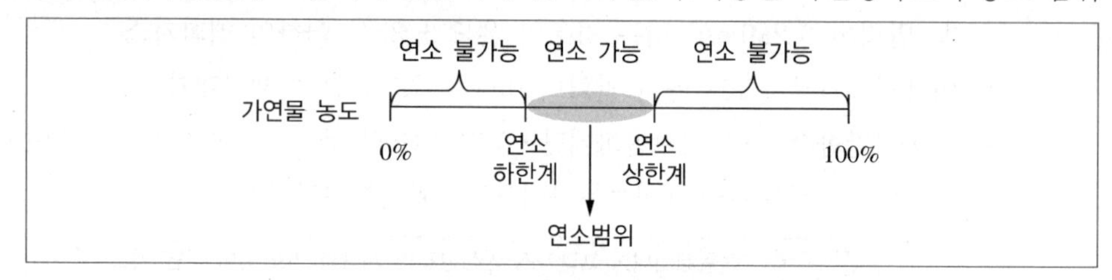


- 폭발하한계(L) : 공기 중의 산소농도에 비하여 가연성 기체의 수가 너무 적어서 폭발(연소)이 일어날 수 없는 한계(LEL : Lower Explosion Limit), 연료부족, 산소과잉
- 폭발상한계(U) : 공기 중의 산소농도에 비하여 가연성 기체의 수가 너무 많아서 폭발(연소)이 일어날 수 없는 한계(UEL : Upper Explosion Limit), 연료과잉, 산소부족

ⓑ 연소한계곡선 : 공기 중의 가연물의 농도와 온도에 따른 연소범위를 표현한 그래프

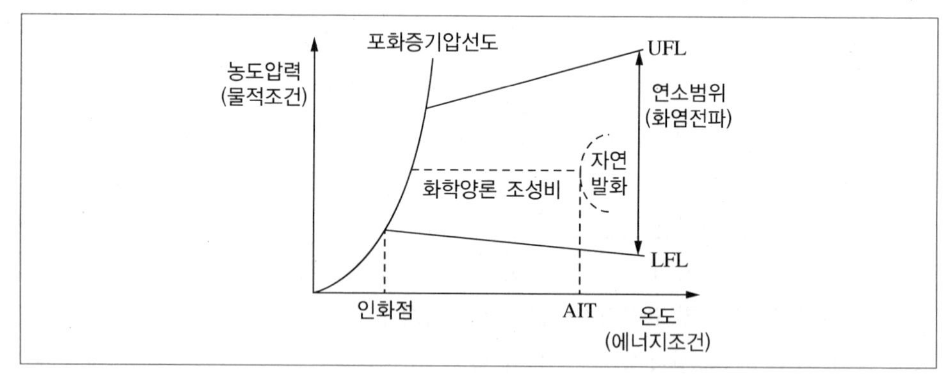


- 인화점 : LFL선과 포화증기압선도가 만나는 점의 온도(가연물이 LFL 농도로 인화할 수 있는 최소 온도)
- 자연발화점 : 별도의 점화원이 없어도 자연발화를 시작하는 온도(화학양론조성비일 때 자연발화점이 가장 낮다)

ⓒ 최소산소농도(MOC : Minimum Oxygen Concentration)
- 연소가 진행되기 위해 필요한 최소한의 산소농도
- 산소농도를 MOC보다 낮게 낮추면 연료농도에 관계없이 연소 및 폭발방지가 가능하다.

| | |
|---|---|
| $MOC = LFL \times O_2$ | • MOC[%] : 최소산소농도<br>• LFL[%] : 폭발하한계<br>• $O_2$ : 가연물 1mol 기준의 완전연소 반응식에서의 산소의 계수 |

ⓛ 혼합가스의 폭발범위 : 르샤틀리에 공식을 이용하여 폭발범위를 계산한다.

| | |
|---|---|
| 폭발하한계(L) | $\frac{100(\%)}{L(\%)} = \frac{A\text{의 부피}(\%)}{A\text{의 폭발하한}(\%)} + \frac{B\text{의 부피}(\%)}{B\text{의 폭발하한}(\%)} + \frac{C\text{의 부피}(\%)}{C\text{의 폭발하한}(\%)} + \cdots$ |
| 폭발상한계(U) | $\frac{100(\%)}{U(\%)} = \frac{A\text{의 부피}(\%)}{A\text{의 폭발상한}(\%)} + \frac{B\text{의 부피}(\%)}{B\text{의 폭발상한}(\%)} + \frac{C\text{의 부피}(\%)}{C\text{의 폭발상한}(\%)} + \cdots$ |

ⓒ 폭발범위에 영향을 주는 인자
ⓐ 온도 : 온도 상승 → 폭발범위 증가(폭발하한계↓, 폭발상한계↑)
ⓑ 압력 : 압력 상승 → 폭발범위 증가(폭발상한계↑)
ⓒ 산소농도 : 산소농도 증가 → 폭발범위 증가(폭발상한계↑)
ⓓ 불활성기체 : 불활성기체농도 증가 → 폭발범위 감소(폭발하한계↑, 폭발상한계↓)

ⓔ 주요 가스의 폭발범위

| 가스 | 폭발범위(vol%) | 가스 | 폭발범위(vol%) |
|---|---|---|---|
| 메탄 | 5~15 | 수소 | 4~75 |
| 프로판 | 2.1~9.5 | 암모니아 | 15~28 |
| 부탄 | 1.8~8.4 | 황화수소 | 4.3~45 |
| 아세틸렌 | 2.5~81 | 시안화수소 | 6~41 |
| 산화에틸렌 | 3~80 | 일산화탄소 | 12.5~74 |

② 위험도
㉠ 가스의 위험도를 나타내는 척도
ⓛ 폭발하한계가 낮고 폭발범위가 넓을수록 위험도가 크다.

| | |
|---|---|
| $H = \frac{U-L}{L}$ | • $H$ : 위험도<br>• $U$ : 폭발상한계<br>• $L$ : 폭발하한계 |

예 메탄($CH_4$)의 $H = \frac{15-5}{5} = 2$

프로판($C_3H_8$)의 $H = \frac{9.5-2.1}{2.1} = 3.52$

아세틸렌($C_2H_2$)의 $H = \frac{81-2.5}{2.5} = 31.4$

③ 가스누출에 따른 전체환기 필요환기량

㉠ 희석을 위한 필요환기량

$$Q = \frac{24.1 \times S \times G \times K \times 10^6}{M \times TLV}$$

㉡ 화재·폭발 방지를 위한 필요환기량

$$Q = \frac{24.1 \times S \times G \times S_f \times 100}{M \times LEL \times B}$$

㉢ 단위기호

- $Q$ : 필요환기량($m^3$/h)
- $S$ : 유해물질의 비중
- $G$ : 유해물질 시간당 사용량(L/h)
- $M$ : 유해물질의 분자량
- $TLV$ : 유해물질의 노출기준(ppm)
- $LEL$ : 폭발하한계(%)
- $K$ : 안전계수(작업장 내 공기혼합 정도)
  $K=1$(원활), $K=2$(보통), $K=3$(불완전)
- $B$ : 온도상수(121℃ 기준)
  $B=1$(이하), $B=0.7$(초과)
- $S_f$ : 공정안전계수
  $S_f=4$(연속공정), $S_f=10$~12(회분식공정)

## 5 가스 안전관리

### (1) 구입 시 주의사항

① 고압가스는 「고압가스 안전관리법」에 따라 판매허가를 받은 업체에서 구입한다.

② 고압가스 구입 시 판매업체로부터 물질안전보건자료를 받아서 비치한다.

③ 구입 시 압력, 무게 등이 포함된 가스시험성적서 등 계약 관련 서류를 받아 둔다.

④ 가스를 다 사용할 때까지 충전기한이 남아 있는 용기를 구입하고 다 사용한 가스용기는 공급자에게 바로 반납한다.

### (2) 취급 시 주의사항

① 일반 주의사항

㉠ 고압가스 용기의 라벨에 기재된 가스의 종류를 확인하고 GHS-MSDS를 읽어 가스의 특성과 누출 시 필요한 사항을 숙지한다.

㉡ 환기가 잘되는 곳에서 사용해야 한다.

㉢ 사용하지 않은 용기와 사용 중인 용기, 빈 용기는 구별하여 보관한다.

㉣ 압력조절기의 밸브를 갑자기 열게 되면 가스 흐름이 빨라져 마찰열 또는 정전기로 인한 사고의 위험이 있으므로 주의한다.

ⓜ 산소, 불소 등 산화성가스를 사용하는 경우에는 밸브나 압력조절기를 서서히 개폐하도록 하며, 석유류 등에 의한 사고 예방을 위해 압력조절기 등 설비를 깨끗하게 닦고 사용한다.

② **사용 전 주의사항**

㉠ 검지기 또는 비눗물 등으로 누설 점검을 실시한다.

㉡ 압력조절기의 정상적 작동 여부를 확인한다.

③ **사용 후 주의사항** : 가스용기를 사용하지 않을 때는 가스용기의 밸브를 잠그고 보호캡을 씌우도록 한다.

④ **특정 가스 취급 주의사항**

㉠ 인화성가스의 고압가스는 역화방지장치(flashback arrestor)를 반드시 설치하여 불꽃이 연료 또는 조연제인 산소로 유입되는 것을 차단하여 폭발사고를 방지한다.

㉡ 초저온가스는 충분한 환기가 되는 장소에서 보관・사용해야 하며, 연구실에는 산소 농도측정기를 설치한다.

㉢ 초저온가스 등을 취급하는 경우에는 안면보호구 및 단열장갑을 착용한다.

⑤ **가스용기 교체 시 주의사항**

㉠ 가스용기를 연결할 때는 누출을 방지하고 기밀을 위해 너트에 테프론 테이프를 사용한다.

㉡ 직접 사용처와 연결하는 것이 아니라 가스관으로 연결하여 사용처로 배분하는 시스템을 사용하는 경우에는 가스용기 교체 시 가스관이 다른 가스로 오염되지 않도록 한다.

㉢ 가스는 약간의 압력이 남아 있을 때 공기가 들어가지 않도록 교체하며, 누출이 없는지 확인하고 교체 후에는 반드시 캡을 씌우도록 한다.

⑥ **배관・밸브**

㉠ 연구실에 설치된 배관에는 가스명, 흐름 방향 등을 표시한다.

㉡ 각 밸브에는 개폐 상태를 알 수 있도록 열림, 닫힘을 표시한다. 만약에 밸브 조작으로 심각하게 안전상 문제가 있는 경우에는 함부로 밸브를 열 수 없도록 핸들 제거, 자물쇠 채움, 조작금지 표지 등을 설치한다.

### (3) 보관・저장 시 주의사항

① **보관・저장장소**

㉠ 가스용기는 반드시 40℃ 이하에서 보관해야 하고 환기가 항상 잘되도록 한다.

㉡ 가스용기를 야외에 저장할 때는 열과 기후의 영향을 최소화할 수 있는 장소이어야 한다.

㉢ 가스용기를 사용 대기, 사용 중, 사용 완료(빈 용기)로 구분하여 보관한다.

㉣ 성상별로 구분하여 저장한다(가연성, 조연성, 독성가스는 항상 따로 저장하거나 방호벽을 세워 3m 이상 떨어뜨려 저장)

㉤ 발화성(pyrophoric), 독성물질의 가스용기는 환기가 잘되는 장소에 구분하여 보관하거나 가스용기 캐비닛에 보관하고 지정된 사람만 접근하도록 한다.

㉥ 가스용기가 넘어지지 않도록 고정장치 또는 쇠사슬을 이용하여 벽이나 기둥에 단단히 고정한다.

㉦ 다수의 가스용기를 하나의 스트랩으로 동시에 체결하지 않는다.

② 실린더 캐비닛

㉠ 선택 기준

ⓐ 실린더 캐비닛은 한국가스안전공사의 검사를 받은 것을 사용한다.

ⓑ 불연성 재료의 실린더 캐비닛을 사용한다.

ⓒ 실린더 캐비닛 내의 설비 중 고압가스가 통하는 부분은 상용압력의 1.5배 이상의 압력으로 행하는 내압시험과 상용압력 이상의 압력으로 행하는 기밀시험에 합격한 것으로 한다.

ⓓ 실린더 캐비닛은 내부를 볼 수 있는 창이 부착된 것으로 한다.

ⓔ 실린더 캐비닛 내부의 충전용기 등에는 전도(轉到) 등에 따른 충격 및 밸브의 손상방지를 위한 조치를 강구한다.

㉡ 배관·밸브 등

ⓐ 실린더 캐비닛 내부의 압력계, 유량계 등의 기구류와 배관의 내면에 사용하는 재료는 가스의 종류·성상·온도 및 압력 등에 적절한 것으로 한다.

ⓑ 실린더 캐비닛 내의 배관 접속부 및 기기류를 용이하게 점검할 수 있도록 한다.

ⓒ 실린더 캐비닛 내의 배관에는 가스의 종류 및 유체의 흐름 방향을 표시한다.

ⓓ 실린더 캐비닛 내의 밸브에는 개폐 방향 및 개폐 상태를 표시한다.

㉢ 안전장치

ⓐ 실린더 캐비닛 내에는 가스 누출을 검지하여 경보하기 위한 설비를 설치한다.

ⓑ 실린더 캐비닛 내의 충전용기 또는 이들에 설치된 배관에는 캐비닛의 외부에서 조작이 가능한 긴급 시 차단할 수 있는 장치를 설치한다.

ⓒ 실린더 캐비닛 내의 설비를 자동으로 제어하는 장치, 실린더 캐비닛 내의 공기 배출을 위한 장치와 그 밖의 안전확보에 필요한 설비의 경우에는 정전 등에 의해 해당 설비의 기능이 상실되지 않도록 비상전력을 보유하는 등의 조치를 강구한다.

ⓓ 가연성 가스용기를 넣는 실린더 캐비닛에는 해당 실린더 캐비닛에서 발생하는 정전기를 제거하는 조치를 한다.

㉣ 운영기준

ⓐ 가연성가스와 조연성가스가 같은 캐비닛에 보관되지 않도록 각별히 주의한다.

ⓑ 상호반응에 의해 재해가 발생할 우려가 있는 가스는 동일 실린더 캐비닛 내에 함께 넣지 않는다.

ⓒ 실린더 캐비닛 내의 공기를 항상 옥외로 배출하고, 내부의 압력이 외부의 압력보다 항상 낮도록 유지한다.

③ 가스용기(실린더)

㉠ 보관 시에는 반드시 캡을 씌워 밸브 목을 보호할 수 있도록 한다.

㉡ 가스용기의 검사 여부, 충전기한을 반드시 체크하여 충전기한이 지났거나 임박하였을 경우 가스의 사용을 중지하고 제조사에 연락하여 수거하도록 한다.

### (4) 고압가스 저장 안전유지 기준

① 용기 보관장소·용기

㉠ 충전용기와 잔가스 용기는 각각 구분하여 용기 보관장소에 놓을 것

㉡ 가연성가스, 독성가스 및 산소의 용기는 각각 구분하여 용기 보관장소에 놓을 것

㉢ 용기 보관장소에는 계량기 등 작업에 필요한 물건 외에는 두지 않을 것

㉣ 용기 보관장소의 주위 2m 이내에는 화기 또는 인화성 물질이나 발화성 물질을 두지 않을 것

㉤ 충전용기는 항상 40℃ 이하의 온도를 유지하고 직사광선을 받지 않도록 조치할 것

㉥ 충전용기(내용적이 5L 이하인 것은 제외한다)에는 넘어짐 등에 의한 충격 및 밸브의 손상을 방지하는 등의 조치를 하고 난폭하게 취급하지 않을 것

㉦ 가연성 가스용기 보관장소에는 방폭형 휴대용 손전등 외의 등화를 지니고 들어가지 않을 것

② 밸브, 콕(조작 스위치)

㉠ 밸브가 돌출한 용기(내용적이 5L 미만인 용기는 제외한다)에는 용기의 넘어짐 및 밸브의 손상을 방지하는 조치를 할 것

㉡ 안전밸브 또는 방출밸브에 설치된 스톱밸브는 그 밸브의 수리 등을 위하여 특별히 필요한 때를 제외하고는 항상 완전히 열어 놓을 것

㉢ 가연성가스 또는 독성가스 저장탱크의 긴급차단장치에 딸린 밸브 외에 설치한 밸브 중 그 저장탱크의 가장 가까운 부근에 설치한 밸브는 가스를 송출 또는 이입하는 때 외에는 잠가둘 것

㉣ 밸브 등(밸브, 콕)에는 그 밸브 등의 개폐 방향(개폐 상태)이 표시되도록 할 것

㉤ 밸브 등(조작 스위치로 개폐하는 것은 제외)이 설치된 배관에는 그 밸브 등의 가까운 부분에 쉽게 알아볼 수 있는 방법으로 그 배관 내의 가스, 그 밖의 유체의 종류 및 방향이 표시되도록 할 것

ⓗ 조작함으로써 그 밸브 등이 설치된 저장설비에 안전상 중대한 영향을 미치는 밸브 중에서 항상 사용하지 않을 것(긴급 시에 사용하는 것은 제외)에는 자물쇠를 채우거나 봉인하는 등의 조치를 하여 둘 것

ⓢ 밸브 등을 조작하는 장소에는 그 밸브 등의 기능 및 사용빈도에 따라 그 밸브 등을 확실히 조작하는 데 필요한 발판과 조명도를 확보할 것

③ 고압가스설비

㉠ 진동이 심한 곳에는 진동을 최소한도로 줄일 수 있는 조치를 할 것

㉡ 고압가스설비를 이음쇠로 접속할 때에는 그 이음쇠와 접속되는 부분에 잔류응력이 남지 않도록 조립하고 이음쇠 밸브류를 나사로 조일 때는 무리한 하중이 걸리지 않도록 해야 하며, 상용압력이 19.6MPa 이상이 되는 곳의 나사는 나사 게이지로 검사한 것일 것

㉢ 산소 외 고압가스 저장설비의 기밀시험이나 시운전을 할 때에는 산소 외의 고압가스를 사용하고, 공기를 사용할 때에는 미리 그 설비 중에 있는 가연성가스를 방출한 후에 실시해야 하며, 온도를 그 설비에 사용하는 윤활유의 인화점 이하로 유지할 것

㉣ 가연성가스 또는 산소 가스설비의 부근에는 작업에 필요한 양 이상의 연소하기 쉬운 물질을 두지 않을 것

㉤ 석유류, 유지류 또는 글리세린은 산소압축기의 내부윤활제로 사용하지 않고, 공기압축기의 내부윤활유는 재생유가 아닌 것으로서 사용조건에 안전성이 있는 것일 것

### (5) 특수고압가스 · 특정고압가스 저장 안전유지 기준

※ 특수고압가스(고압가스 안전관리법 시행규칙 제2조) : 반도체의 세정 등 산업통상자원부장관이 인정하는 특수한 용도에 사용되는 고압가스

예 압축모노실란, 압축디보레인, 액화알진, 포스핀, 세렌화수소, 게르만, 디실란

※ 특정고압가스(고압가스 안전관리법 제20조) : 「고압가스 안전관리법」 규정에 따른 고압가스로, 사용하기 위해 공급받거나 일정 규모 이상의 저장능력을 가지면 사용 전에 시장 · 군수 · 구청장 등에 신고를 해야 하는 가스

예 수소, 산소, 액화암모니아, 아세틸렌, 액화염소, 천연가스, 압축모노실란, 압축디보레인, 액화알진, 포스핀, 셀렌화수소, 게르만, 디실란, 오불화비소, 오불화인, 삼불화인, 삼불화질소, 삼불화붕소, 사불화유황, 사불화규소

① 가스용기 안전취급

㉠ 충전용기를 이동하면서 사용하는 때에는 손수레에 단단하게 묶어 사용해야 하며 사용 종료 후에는 용기 보관실에 저장하여 둔다.

㉡ 사용설비에 특수고압가스 충전용기 등을 접속할 때와 분리할 때에는 해당 충전용기 등의 밸브를 닫힌 상태에서 해당 사용설비 내부의 가스를 불활성가스로 치환하거나 해당 설비 내부를 진공으로 한다.

② 가스용기 안전조치

㉠ 고압가스의 충전용기는 항상 40℃ 이하를 유지하도록 한다.

㉡ 고압가스의 충전용기 밸브는 서서히 개폐하고 밸브 또는 배관을 가열하는 때에는 열습포나 40℃ 이하의 더운물을 사용한다.

㉢ 고압가스의 충전용기를 사용한 후에는 밸브를 닫아 둔다.

㉣ 충전용기(내용적 5L 이하의 것은 제외)를 용기 보관장소 또는 용기 보관실에 보관하는 경우 넘어짐 등으로 인한 충격 및 밸브 등의 손상을 방지하는 조치를 다음과 같이 한다.

ⓐ 충전용기는 바닥이 평탄한 장소에 보관할 것

ⓑ 충전용기는 물건의 낙하 우려가 없는 장소에 저장할 것

ⓒ 고정된 프로텍터가 없는 용기에는 캡을 씌워 보관할 것

ⓓ 충전용기를 이동하면서 사용하는 때에는 손수레에 단단하게 묶어 사용할 것

㉤ 사이펀 용기는 기화장치가 설치되어 있는 시설에서만 사용한다. 다만, 사이펀 용기의 액출구를 막음조치하거나 기화공정 없이 액체를 그대로 사용하는 경우에는 그렇지 않다.

③ 밸브 등의 안전조치

㉠ 각 밸브 등에는 그 명칭 또는 플로시트(flow sheet)에 의한 기호, 번호 등을 표시하고 그 밸브 등의 핸들 또는 별도로 부착한 표시판에 당해 밸브 등의 개폐 방향을 명시한다.

㉡ 밸브 등이 설치된 배관에는 내부 유체 종류를 명칭 또는 도색으로 표시하고 흐름 방향을 표시한다.

㉢ 밸브 등을 조작함으로써 그 밸브 등에 관련된 사용시설에 안전상 중대한 영향을 미치는 밸브 등에는 작업원이 그 밸브 등을 적절히 조작할 수 있도록 다음과 같은 조치를 강구한다.

ⓐ 밸브 등에는 그 개폐 상태를 명시하는 표시판을 부착한다. 이 경우 특히 중요한 조정밸브 등에는 개도계(開度計)를 설치한다.

ⓑ 안전밸브의 주밸브 및 보통 사용하지 않는 밸브 등(긴급용의 것을 제외한다)은 함부로 조작할 수 없도록 자물쇠의 채움, 봉인, 조작금지 표시의 부착이나 조작 시에 지장이 없는 범위 내에서 핸들을 제거하는 등의 조치를 하고, 내압·기밀시험용 밸브 등은 플러그 등의 마감 조치로 이중차단 기능이 이루어지도록 강구한다.

ⓒ 계기판에 설치한 긴급차단밸브, 긴급방출밸브 등의 버튼 핸들(button handle), 노칭 디바이스 핸들(notching device handle) 등에는 오조작 등 불시의 사고를 방지하기 위해 덮개, 캡 또는 보호장치를 사용하는 등의 조치를 함과 동시에 긴급차단밸브 등의 개폐 상태를 표시하는 시그널 램프 등을 계기판에 설치한다. 또한 긴급차단밸브의 조작 위치가 2곳 이상일 경우 보통 사용하지 않는 밸브 등에는 함부로 조작해서는 안 된다는 뜻과 그것을 조작할 때의 주의사항을 표시한다.

㉣ 밸브 등의 조작 위치에는 그 밸브 등을 확실하게 조작할 수 있도록 필요에 따라 발판을 설치한다.

ⓜ 밸브 등을 조작하는 장소는 밸브 등의 조작에 필요한 조도 150lx 이상이어야 하며, 이 경우 계기판에는 비상조명장치를 설치한다.

④ 밸브 조작

㉠ 밸브 등의 조작에 대해서 유의해야 할 사항을 작업기준 등에 정하여 작업원에게 주지시킨다.

㉡ 조작함으로써 관련된 가스설비 등에 영향을 미치는 밸브 등의 조작은 조작 전후에 관계처와 긴밀한 연락을 취하여 상호 확인하는 방법을 강구한다.

㉢ 액화가스의 밸브 등에 대해서는 액봉 상태로 되지 않도록 폐지 조작을 한다.

㉣ 법에 의한 시설 중 계기실 이외에서 밸브 등을 직접 조작하는 경우에는 계기실에 있는 계기의 지시에 따라서 조작할 필요가 있으므로 계기실과 해당 조작 장소 간 통신시설로 긴밀한 연락을 취하면서 적절하게 대처한다.

ⓜ 밸브 등에 무리한 힘을 가하지 않도록 하기 위하여 다음 기준에 따라 조치를 한다.

ⓐ 직접 손으로 조작하는 것을 원칙으로 한다. 다만, 직접 손으로 조작하기가 어려운 밸브에 대해서는 밸브 렌치(valve wrench) 등을 사용할 수 있다.

ⓑ 밸브 등의 조작에 밸브 렌치 등을 사용하는 경우에는 당해 밸브 등의 재질 및 구조에 대해서 안전한 개폐에 필요한 표준 토크를 조작력 등의 일정 조작 조건에서 구하여 얻은 길이의 밸브 렌치 또는 토크 렌치(torque wrench, 한 가지 기능형으로 한다)로 의하여 조작한다.

⑤ 정전기 제거설비 : 정전기 제거설비를 정상상태로 유지하기 위하여 다음 사항을 확인한다.

㉠ 지상에서의 접지 저항치

㉡ 지상에서의 접속부 접속 상태

㉢ 지상에서의 절선, 그 밖에 손상 부분의 유무

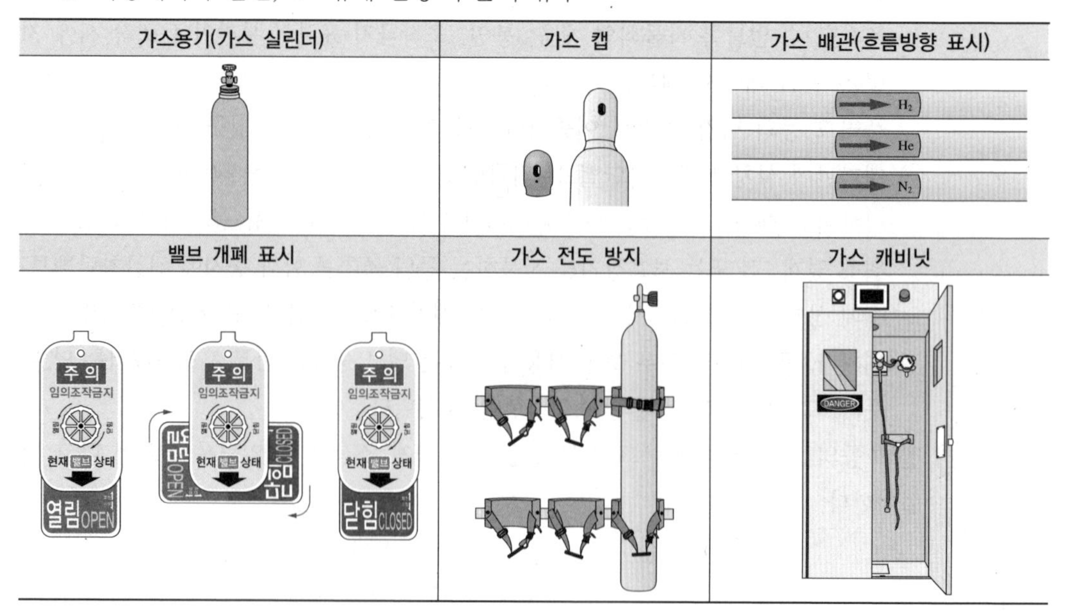

### (6) 압력조절기 취급 시 주의사항

> ※ **압력조절기** : 가스용기 배출구에 있는 장치로 가스의 양을 조절하는 장치

① 일반 주의사항

㉠ 사용 전에 반드시 각 부품 및 파트의 기능과 올바른 사용법을 숙지하고 있어야 한다.

㉡ 가스용기와 압력조절기를 연결할 시에는 올바른 기구를 사용하도록 한다.

㉢ 가연성가스와 일반 가스용기의 나사선은 반대방향으로 만들어져 있으므로 연결 시 주의한다.

㉣ 압력조절기가 적절하게 작동하도록 보정・보관・정비에 신경을 쓴다.

② 압력조절기 설치・사용

㉠ 압력조절기는 가스용기의 출구와 연결해야 한다.

㉡ 압력조절기의 배출 압력 조절 노브(나사)를 반시계방향으로 돌려 완전히 느슨하게 한다(가연성가스는 일반가스와 반대방향으로 시계방향으로 돌려 느슨하게 한다).

㉢ 압력조절기의 가스 흐름 통제 밸브가 완전히 잠겨 있는지 확인한다.

㉣ 압력조절기의 실린더 압력계가 가스용기의 압력을 나타낼 때까지 용기밸브를 서서히 연다.

㉤ 압력이 원하는 수준에 도달할 때까지 압력조절기의 배출 압력 조절 노브를 시계방향으로 돌려서 연다.

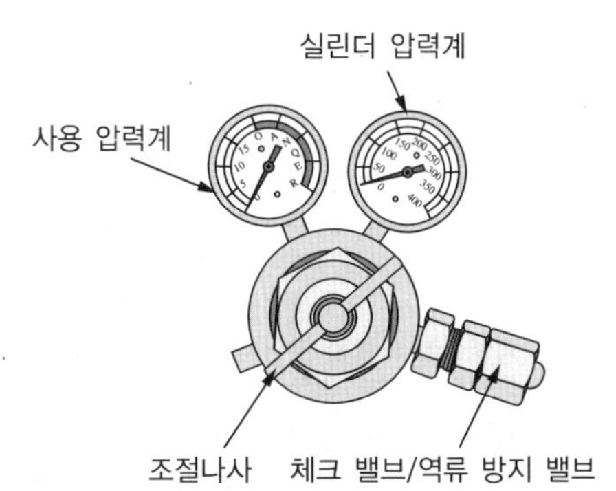


## 6 사고 비상조치요령

### (1) 화학물질 사고 비상조치요령

① 화학물질 사고형태

| | |
|---|---|
| **폭발사고** | 누출된 화학물질이 인화하여 폭발 또는 폭발 후 화재가 발생한 것 |
| **화재사고** | 누출된 화학물질이 인화하여 화재가 발생한 것으로 폭발사고를 제외한 경우 |
| **누출사고** | 화학물질이 누출되었으나 화재나 폭발 등에는 이르지 않은 상황 |

② 화학물질 사고 비상조치요령

㉠ 누출사고

| | |
|---|---|
| 기본요령 | • 메인밸브를 잠그고 모든 장비의 작동을 멈춘다.<br>• 누출이 발생한 지역을 표시하여, 작동을 멈출 수 있게 한다.<br>• 누출된 화학물질(가스)의 종류와 양을 확인하며 사고 상황을 정확히 파악한 후 관계자에게 알리고 119에 신고한다. |
| 연구실책임자, 연구활동종사자 (사고장소) | • 주변 연구활동종사자들에게 사고가 발생한 것을 알린다.<br>• 안전부서(필요시 소방서, 병원)에 약품 누출 발생사고 상황을 신고한다(위치, 약품 종류 및 양, 부상자 유무 등).<br>• 화학물질에 노출된 부상자의 노출된 부위를 깨끗한 물로 20분 이상 씻어 준다(금수성 물질, 인 등 물과 반응하는 물질이 묻었을 경우 물세척 금지).<br>• 위험성이 높지 않다고 판단되면 안전담당부서와 함께 정화 및 폐기작업을 실시한다. |
| 연구실안전환경관리자 (안전부서) | • 누출물질에 대한 MSDS를 확인하고 대응장비를 확보한다.<br>• 사고현장에 접근 금지 테이프 등을 이용하여 통제구역을 설정한다.<br>• 개인보호구 착용 후 사고처리를 한다(흡착제, 흡착포, 흡착펜스, 중화제 등 사용).<br>• 부상자 발생 시 응급조치 및 인근 병원으로 후송한다. |

㉡ 화재・폭발사고

| | |
|---|---|
| 기본요령 | • 독성・인화성가스의 누출이 원인이 된 화재는 폭발・중독 위험을 피하기 위해 신속하게 대피한다.<br>• 화재가 발생한 장소는 있는 그대로 놓아둔 채 떠나는 것이 좋으며, 사고확대 방지로 연소물질을 제거하거나 필요한 관계자를 제외한 다른 사람들의 접근을 차단한다.<br>• 피난처를 마련하고 사고의 확대를 방지한다.<br>• 독성가스와 접촉한 신체에 대하여 응급 처치 키트를 사용하여 조치를 취한다.<br>• 가스 안전 책임자는 비상대응 설비・물품을 확인하며, 가스마스크, 정화통과 같은 소모품은 사용 후 교체하거나 정기적으로 다시 채워놓아야 한다. |
| 연구실책임자, 연구활동종사자 (사고장소) | • 주변 연구활동종사자들에게 사고가 발생한 것을 알린다.<br>• 위험성이 높지 않다고 판단되면 초기진화를 실시한다.<br>• 2차 사고에 대비하여 현장에서 멀리 떨어진 안전한 장소에서 물을 분무한다(금수성 물질이 있는 경우 물과의 반응성을 고려하여 화재를 진압).<br>• 유해가스 또는 연소생성물의 흡입방지를 위한 개인보호구를 착용한다.<br>• 화학물질에 노출된 부상자의 노출부위를 깨끗한 물로 20분 이상 씻어준다.<br>• 초기진화가 힘든 경우 지정대피소로 신속히 대피한다. |
| 연구실안전환경관리자 (안전부서) | • 방송을 통해 사고를 전파하여 신속한 대피를 유도한다.<br>• 호흡이 없는 부상자 발생하여 심폐소생술 실시 시 전기・가스설비 공급을 차단한다.<br>• 화학물질의 누설, 유출방지가 곤란한 경우 주변의 연소방지를 중점적으로 실시한다.<br>• 유해화학물질의 확산, 비산 및 용기의 파손, 전도방지 등의 조치를 강구한다.<br>• 소화하며 중화・희석 등 사고조치도 병행한다.<br>• 부상자 발생 시 응급조치 및 인근 병원으로 후송한다. |

## (2) 가스

### ① 가스 사고형태

| 폭발사고 | 누출된 가스가 인화하여 폭발 또는 폭발 후 화재가 발생한 것 |
|---|---|
| 화재사고 | 누출된 가스가 인화하여 화재가 발생한 것으로 폭발 및 파열사고를 제외한 경우 |
| 누출사고 | 가스가 누출된 것으로서 화재 또는 폭발 등에 이르지 않는 것 |
| 파열사고 | 가스시설, 특정설비, 가스용기, 가스용품 등이 물리적 또는 화학적인 현상 등에 의하여 파괴되는 것 |
| 질식사고 | 가스시설 등에서 산소의 부족으로 인한 인적피해가 발생한 것 |
| 중독사고 | 가스연소기의 연소가스 또는 독성가스에 의하여 인적피해가 발생한 것 |

### ② 가스 사고 비상조치요령

㉠ 독성가스 누출사고

ⓐ 독성가스가 누출된 지역의 사람들에게 경고한다.

ⓑ 호흡을 최대한 멈춘다.

ⓒ 마스크나 수건 등으로 입과 코를 최대한 막아 흡입하는 것을 최소화한다.

ⓓ 얼굴은 바람이 부는 방향으로 향한다.

ⓔ 독성가스 누출점이 바람이 불어오는 쪽이면 직각으로 대피해서 멀리 돌아간다.

ⓕ 높은 지역으로 뛰어간다.

ⓖ 독성가스 누출을 관리자나 책임자에게 보고한다.

ⓗ 소방서 등 관계기관에 신고한다.

㉡ 연료가스(가연성가스) 누출사고

ⓐ LPG의 경우에는 공기보다 무거워 바닥으로 가라앉으므로 침착히 빗자루 등으로 쓸어 낸다.

ⓑ 가스기구의 콕을 잠그고, 밸브까지 잠근다.

ⓒ 출입문, 창문을 열어 가스를 외부로 유출시켜 환기한다.

ⓓ 환풍기나 선풍기 등을 사용하면 스위치 조작 시 발생하는 스파크에 의해 점화될 수 있으므로 전기 기구는 절대 조작하지 않는다.

ⓔ LPG 판매점이나 도시가스 관리 대행업소에 연락하여 필요한 조치를 받고 안전한지 확인한 후 다시 사용한다.

ⓕ 대형화재 발생 시 도시가스회사에 전화를 하여 그 지역에 보내지고 있는 가스를 차단하도록 한다.

ⓖ 소방서 등 관계기관에 신고한다.

# 연구실 내 화학물질 관련 폐기물 안전관리

## 1 폐기물 분류

### (1) 폐기물

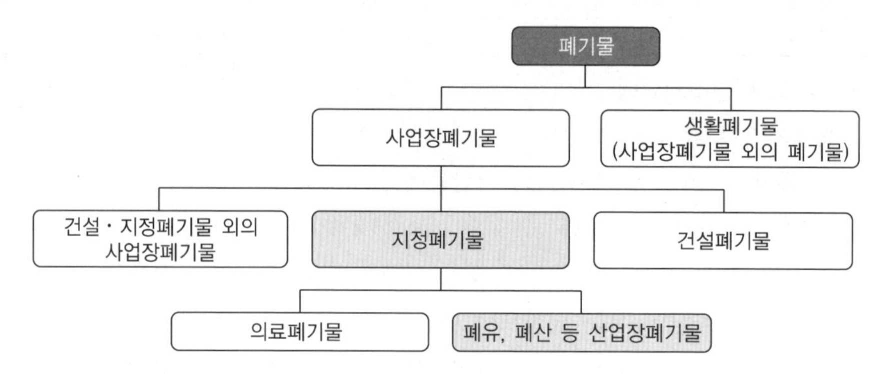


### (2) 지정폐기물(폐기물관리법 제2조)

사업장 폐기물 중 지정폐기물은 폐유 · 폐산 등 주변 환경을 오염시킬 수 있거나 의료폐기물 등 인체에 위해를 줄 수 있는 해로운 물질로서 대통령령으로 정하는 폐기물이다.

| 구분 | 내용 |
|---|---|
| 특정시설에서 발생되는 폐기물 | • 폐합성 고분자화합물(고체 상태 제외) : 폐합성 수지, 폐합성 고무<br>• 오니류(수분함량 95% 미만 또는 고형물함량 5% 이상인 것으로 한정) : 폐수처리오니, 공정오니<br>• 폐농약(농약의 제조 · 판매업소에서 발생되는 것으로 한정) |
| 부식성 폐기물 | • 폐산 : pH 2.0 이하의 액체 상태<br>• 폐알칼리 : pH 12.5 이상의 액체 상태 |
| 유해물질함유 폐기물 | 광재, 분진, 폐주물사 및 샌드블라스트 폐사, 폐내화물 및 재벌구이 이전에 유약을 바른 도자기 조각, 소각재, 안정화 또는 고형화 · 고화 처리물, 폐촉매, 폐흡착제 및 폐흡수제 |
| 폐유기용제 | • 할로겐족<br>• 기타 폐유기용제 |
| 폐유 | 기름 성분 5% 이상 함유 |
| 그 외 | • 폐페인트 및 폐락카<br>• 폐석면<br>• 폴리클로리네이티드비페닐(PCB) 함유 폐기물<br>• 폐유독물질<br>• 의료폐기물<br>• 천연방사성제품폐기물<br>• 수은폐기물<br>• 그 밖에 주변환경을 오염시킬 수 있는 유해한 물질로서 환경부장관이 정하여 고시하는 물질 |

### (3) 실험폐기물

① **종류** : 일반폐기물, 화학폐기물, 생물폐기물, 의료폐기물, 방사능 폐기물, 배기가스 등으로 구분

㉠ 화학폐기물 : 화학실험 후 발생한 액체, 고체, 슬러지 상태의 화학물질로 더 이상 연구 및 실험 활동에 필요하지 않게 된 화학물질이다.

㉡ 실험폐기물이 모두 지정폐기물에 해당하는 것은 아니다.

㉢ 실험폐기물 처리는 연구자의 각별한 관심과 회수 처리하는 사람과의 긴밀한 협조가 요구된다.

② 화학폐기물의 폐기물 구분

| 폐기물 구분 | 화학폐기물의 예 |
|---|---|
| 폐산 | 불산(HF), 염산(HCl), 질산($HNO_3$), 황산($H_2SO_4$), 아세트산($C_2H_4O_2$) |
| 폐알칼리 | 수산화나트륨(NaOH), 암모니아($NH_3$) 등 |
| 유기용제(할로겐) | 디클로로메탄($CH_2Cl_2$), 클로로벤젠($C_6H_5Cl$) 등 |
| 유기용제(비할로겐) | 아세톤($C_3H_6O$), 메탄올($CH_4O$), 벤젠($C_6H_6$), 톨루엔($C_7H_8$) 등 |
| 폐유 | 윤활유, 연료유, 실리콘오일 등 |
| 무기물질 | 백금(Pt)/산화알루미늄($Al_2O_3$) 폐촉매, 폐흡착제 등 |
| 폐시약 | 라벨이 지워진 화학약품 등 |
| 기타폐기물 | 시약공병, 오염된 장갑 등 |

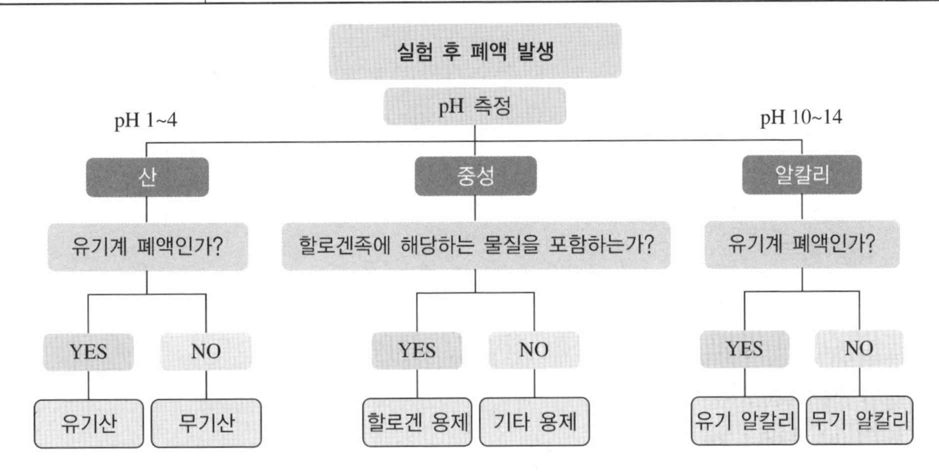


## 2 폐기물 안전관리

### (1) 폐기물 관리 기본원칙

① 처리해야 하는 폐기물에 대한 사전 유해・위험성을 평가하고 숙지한다.

② 화학물질의 성질 및 상태를 파악하여 분리, 폐기해야 한다.

③ 화학반응이 일어날 것으로 예상되는 물질은 혼합하지 않아야 한다.

④ 폐기하려는 화학물질은 반응이 완결되어 안정화되어 있어야 한다.

⑤ 가스가 발생하는 경우, 반응이 완료된 후 폐기 처리해야 한다.
⑥ 적절한 폐기물 용기를 사용해야 하고, 용기의 70% 정도를 채워야 한다.
⑦ 폐기물의 장기간 보관을 금지하고 폐기물이 누출되지 않도록 뚜껑을 밀폐하고, 누출 방지를 위한 장치를 설치해야 한다.
⑧ 비상상황을 대비하여 개인 보호구와 비상샤워기, 세안장치, 소화기 등 응급안전장치를 설비한다.

### (2) 화학폐기물 처리 주의사항

① 화학폐기물은 본래의 인화성, 부식성, 독성 등의 특성을 유지하거나 합성 등으로 새로운 화학물질이 생성되어 유해·위험성이 실험 전보다 더 커질 수 있으므로 발생된 폐기물은 그 성질 및 상태에 따라서 분리 및 수집해야 한다.
② 불가피하게 혼합될 경우, 혼합이 가능한 물질인지 아닌지 확인해야 한다.
③ 혼합 폐액은 과량으로 혼합된 물질을 기준으로 분류하며 폐기물 스티커에 기록한다.
④ 화학물질을 보관하던 용기(유리병, 플라스틱병), 화학물질이 묻어 있는 장갑 및 기자재(초자류)뿐 아니라 실험기자재를 닦은 세척수도 모두 화학폐기물로 처리해야 한다.

### (3) 폐기물 보관표지

① 폐기물 스티커 제작·부착
㉠ 폐기물의 종류에 따라서 색상으로 구분할 수 있도록 제작한다.
㉡ 수집 때부터 폐기물 용기에 부착해 둔다.

② 작성 항목
㉠ 최초 수집일
㉡ 수집자 정보 : 수집자 이름, 실험실, 전화번호 등
㉢ 폐기물 정보
ⓐ 용량 : kg 또는 L
ⓑ 화학물질명 : 포함하고 있는 모든 화학종을 기록하고 대략적인 농도를 퍼센트(%)로 작성
ⓒ 상태 : 가급적 단일 화학종으로 수집
- 수용액 : pH 시험지를 이용하여 대략적인 pH를 기록한다.
- 혼합물질 : 모든 혼합물질의 화학물질명과 농도를 명확히 표기한다.
- 유기용매 : 화학물질명을 명확히 표기한다.

ⓓ 잠재적 위험도 : 폭발성, 독성 등
ⓔ 폐기물 저장소 이동 날짜

㉣ 폐기물 스티커 사용 예

## 3 지정폐기물 처리

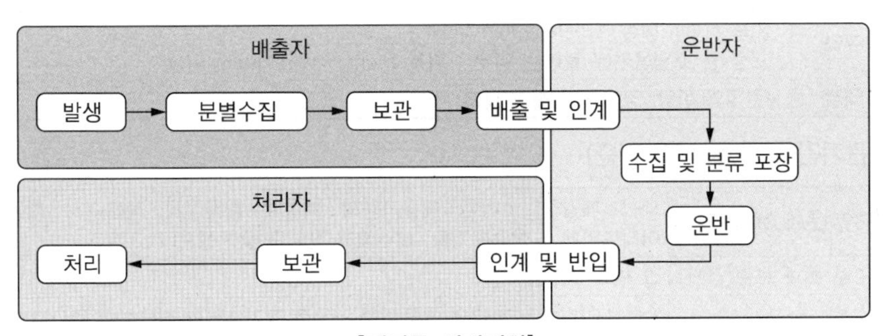


[폐기물 처리절차]

### (1) 수집 및 보관(폐기물관리법 시행규칙 별표 5)

① 주의사항

㉠ 지정폐기물은 종류별로 구분하여 보관한다.

㉡ 지정폐기물에 의하여 부식되거나 파손되지 아니하는 재질로 된 보관시설 또는 보관용기를 사용하여 보관하여야 한다.

| 폐유기용제 | 휘발되지 않도록 밀폐된 용기에 보관 |
|---|---|
| 흩날릴 우려가 있는 폐석면 | 습도 조절 등의 조치 후 고밀도 내수성재질의 포대로 이중포장하거나 견고한 용기에 밀봉하여 흩날리지 않도록 보관 |
| 흩날릴 우려가 없는 폐석면(고형화 폐석면) | 폴리에틸렌, 그 밖에 이와 유사한 재질의 포대로 포장하여 보관 |

② 폐기물 보관창고

㉠ 자체 무게 및 폐기물의 최대량 보관 시의 적재무게에 견딜 수 있어야 한다.

㉡ 물이 스며들지 아니하도록 시멘트, 아스팔트 등의 재료로 바닥을 포장하여야 한다.

㉢ 지붕과 벽면을 갖추어야 한다.

③ 폐기물 보관창고 표지판

| 지정폐기물 보관표지 | |
|---|---|
| ① 폐기물의 종류 : | ② 보관가능용량 : 톤 |
| ③ 관리책임자 : | ④ 보관기간 : ~ (일간) |
| ⑤ 취급 시 주의사항<br>• 보관 시 :<br>• 운반 시 :<br>• 처리 시 : | |
| ⑥ 운반(처리) 예정장소 : | |

| 설치 위치 | • 사람들이 쉽게 볼 수 있는 위치<br>• 드럼 등 보관용기를 사용하여 보관하는 경우 : 용기별 또는 종류별로 폐기물표지판 설치 |
|---|---|
| 규격 | • 가로 60cm 이상 × 세로 40cm 이상<br>• 드럼 등 소형용기에 붙이는 경우 : 가로 15cm × 세로 10cm 이상 |
| 색깔 | 노란색의 바탕, 검은색의 선과 글자 |

④ 보관기간(보관 시작일 기준)

| 45일 초과 보관 금지 | 폐산 · 폐알칼리 · 폐유 · 폐유기용제 · 폐촉매 · 폐흡착제 · 폐흡수제 · 폐농약, 폴리클로리네이티드비페닐 함유폐기물, 폐수처리오니 중 유기성오니 |
|---|---|
| 60일 초과 보관 금지 | 그 밖의 지정폐기물 |
| 1년 기간 내에 보관 가능 | • 천재지변이나 그 밖의 부득이한 사유로 장기보관할 필요성이 있다고 관할 시 · 도지사나 지방환경관서의 장이 인정하는 경우<br>• 1년간 배출하는 지정폐기물의 총량이 3ton 미만인 사업장의 경우 |
| 1년 단위로 보관기간을 연장 가능 | PCB(폴리클로리네이티드비페닐) 함유폐기물을 보관하려는 배출자 및 처리업자 |

### (2) 운반 및 처리

① 폐유기용제의 올바른 처리방법(폐기물관리법 시행규칙 별표 5)

㉠ 기름과 물 분리가 가능한 것은 분리하여 사전 처분한다.

㉡ 액체 상태의 할로겐족 물질은 고온소각증발·농축방법, 분리·증류·추출·여과 방법, 중화·산화·환원·중합·축합의 반응, 응집·침전·여과·탈수의 방법 중 하나로 처분하고 잔재물은 고온소각한다.

㉢ 고체 상태의 할로겐족 물질은 고온소각으로 처분한다.

㉣ 그 외 기타 액체 상태의 폐유기용제는 소각, 증발·농축방법, 분리·증류·추출·여과 방법, 중화·산화·환원·중합·축합의 반응, 응집·침전·여과·탈수의 방법 중 하나로 처분하고 잔재물은 고온소각한다.

② 부식성 물질 올바른 처리방법

㉠ 산성과 알칼리성 폐기물은 다른 폐기물과 섞이지 않도록 따로 분리 보관한다.

㉡ 가능하면 중화한 후, 응집·침전·여과·탈수의 방법으로 처분하거나, 증발·농축의 방법이나 분리·증류·추출·여과 방법으로 정제하여 처분한다.

㉢ 폐산이나 폐알칼리, 폐유기용제 등 다른 폐기물이 혼합된 액체 상태의 폐기물은 소각시설에 지장이 생기지 않도록 중화 등으로 처분하여 소각한 후 매각한다.

③ 폐유의 올바른 처리방법(폐기물관리법 시행규칙 별표 5)

㉠ 액체 상태의 물질은 기름과 물을 분리한 후 기름성분은 소각하고, 남은 물은 「물환경보전법」에서 지정된 수질오염방지시설에서 처리하거나, 증발·농축 방법으로 처리한 후 잔재물은 소각하거나 안정화하여 처분, 응집·침전 방법으로 처리 후 잔재물은 소각, 분리·증류·추출·여과·열분해의 방법으로 정제하여 처분하거나 소각 또는 안정화하여 처분한다.

㉡ 고체 상태의 물질은 소각하거나 안정화하여 처분한다.

④ 발화성 물질의 올바른 처리방법

㉠ 주기율표 1~3족의 금속원소 덩어리가 포함된 폐기물로 물과 작용하여 발열 반응을 일으키거나 가연성가스를 발생시켜 연소 또는 폭발을 일으킨다.

㉡ 반드시 완전히 반응시키거나 산화시켜 고형물질로 폐기하거나 용액으로 만들어 폐기한다.

⑤ 유해물질 함유 폐기물의 올바른 처리방법

㉠ 분진은 고온용융하거나 고형화하여 처분한다.

㉡ 소각재는 지정 폐기물 매립을 할 수 있는 관리형 매립시설에 매립 안정화하여 처분하거나 시멘트·합성고분자 화합물을 이용하여 고형화하여 처분, 혹은 이와 비슷한 방법으로 고형화하여 처분한다.

㉢ 폐촉매는 안정화하여 처분하거나, 시멘트 · 합성고분자 화합물을 이용하여 고형화하여 처분하거나, 지정폐기물을 매립할 수 있는 관리형 매립시설에 매립한다. 가연성 물질을 포함한 폐촉매는 소각할 수 있고, 만약 할로겐족에 해당하는 물질을 포함한 폐촉매를 소각하는 경우에는 고온소각하여 처분한다.

㉣ 폐흡착제 및 폐흡수제는 고온소각 처분대상물질을 흡수하거나 흡착한 것 중 가연성은 고온소각하고, 불연성은 지정폐기물을 매립할 수 있는 관리형 매립시설에 매립한다.

㉤ 일반소각 처분대상물질을 흡수하거나 흡착한 것 중 가연성은 일반소각하고, 불연성은 지정폐기물을 매립할 수 있는 관리형 매립시설에 매립한다.

㉥ 안정화하여 처분하거나, 시멘트 · 합성고분자 화합물을 이용하여 고형화하여 처분, 혹은 이와 비슷한 방법으로 고형화하여 처분한다. 광물유 · 동물유 또는 식물유가 포함된 것은 포함된 기름을 추출하는 등 재활용할 수 있다.

⑥ 산화성 물질의 올바른 처리방법

㉠ 가열, 마찰, 충격 등이 가해질 경우 격렬히 분해되어 반응하는 물질이니 분해를 촉진시킬 수 있는 연소성 물질과 철저히 분리 처리한다.

㉡ 환기 상태가 양호하고 서늘한 장소에서 처리한다.

㉢ 과염소산을 폐기 처리할 때 황산이나 유기화합물들과 혼합하게 되면 폭발이 일어날 수도 있다.

⑦ 독성물질의 올바른 처리방법 : 노출에 대한 감지, 경보장치를 마련하고 냉각, 분리, 흡수, 소각 등의 처리 공정으로 처리한다.

⑧ 과산화물 생성물질의 올바른 처리방법

㉠ 과산화물은 충격, 강한 빛, 열 등에 노출될 경우 폭발할 수 있는 폭발성 화합물이므로 취급, 저장, 폐기 처리에는 각별한 주의가 필요하다.

㉡ 낮은 온도나 실온에서도 산소와 반응하거나 과산화합물을 형성할 수 있으므로 개봉 후 물질에 따라 3개월 또는 6개월 내 폐기 처리하는 것이 안전하다.

⑨ 폭발성 물질의 올바른 처리방법

㉠ 산소나 산화제의 공급 없이 가열, 마찰, 충격에 격렬한 반응을 일으켜 폭발할 수 있으므로 취급에 주의한다.

㉡ 염소산칼륨은 갑작스러운 충격이나 고온가열 시 폭발 위험이 있다.

㉢ 질산은과 암모니아수가 섞인 화학 폐기물을 방치할 경우, 폭발성이 있는 물질을 생성한다.

㉣ 과산화수소와 금속, 금속 산화물, 탄소 가루 등이 혼합되면 폭발 가능성이 있다.

㉤ 질산과 유기물, 황산과 과망간산칼륨 혼합 시 폭발의 위험이 있다.

### (3) 인계

① **인계** : 지정폐기물 배출자는 폐기물의 유해성 정보자료를 작성하고 폐기물 취급자, 수집·운반·처리업자에게 제공해야 한다.

② **폐기물 유해성 정보자료**

㉠ 폐기물의 안정성·유해성

㉡ 폐기물의 물리적·화학적 성상

㉢ 폐기물의 성분 정보

㉣ 취급 시 주의사항

■ 폐기물관리법 시행규칙 [별지 제14호의4서식]

<table>
<tr><td colspan="6">폐기물 유해성 정보자료 확인필</td></tr>
<tr><td colspan="6">※ 뒤쪽의 작성방법을 읽고 작성하시기 바라며, [ ]에는 해당되는 곳에 √표를 합니다.</td></tr>
<tr><td colspan="3">① 관리번호</td><td colspan="3">② 작성일(제공일)</td></tr>
<tr><td rowspan="3">제공자</td><td colspan="2">③ 상호(명칭)</td><td colspan="3">④ 사업자등록번호</td></tr>
<tr><td colspan="2">⑤ 성명(대표자)</td><td colspan="3">⑥ 성명(담당자)</td></tr>
<tr><td colspan="5">⑦ 주소(사업장)<br>(전화번호 : )<br>(팩스번호 : )</td></tr>
<tr><td rowspan="5">폐기물 정보</td><td rowspan="2">⑧ 폐기물</td><td colspan="2">폐기물 종류</td><td colspan="2">폐기물 분류번호 ( – – )</td></tr>
<tr><td colspan="4">[ ]단일 폐기물 [ ]혼합 폐기물</td></tr>
<tr><td>⑨ 포장형태</td><td colspan="4">[ ]용기(재질 : ) [ ]톤백 [ ]차량직접적재 [ ]기타( )</td></tr>
<tr><td>⑩ 발생량(톤/년)</td><td colspan="4"></td></tr>
<tr><td>⑪ 제조공정</td><td colspan="4"></td></tr>
<tr><td rowspan="8">안정성ㆍ반응성</td><td rowspan="8">⑫ 유해특성</td><td>항목</td><td>조사 방법</td><td>유해특성 정보</td><td>비고</td></tr>
<tr><td>폭발성</td><td>[ ]분석 [ ]자료( )</td><td></td><td></td></tr>
<tr><td>인화성</td><td>[ ]분석 [ ]자료( )</td><td></td><td></td></tr>
<tr><td>자연발화성</td><td>[ ]분석 [ ]자료( )</td><td></td><td></td></tr>
<tr><td>금수성</td><td>[ ]분석 [ ]자료( )</td><td></td><td></td></tr>
<tr><td>산화성</td><td>[ ]분석 [ ]자료( )</td><td></td><td></td></tr>
<tr><td>부식성</td><td>[ ]분석 [ ]자료( )</td><td></td><td></td></tr>
<tr><td>기타</td><td>[ ]분석 [ ]자료( )</td><td></td><td></td></tr>
<tr><td rowspan="6">⑬ 물리적ㆍ화학적 성질</td><td>성상 및 색</td><td></td><td>악취</td><td colspan="2"></td></tr>
<tr><td>수분(%)</td><td></td><td>비중</td><td colspan="2"></td></tr>
<tr><td>수소이온농도(pH)</td><td></td><td>끓는점(℃)</td><td colspan="2"></td></tr>
<tr><td>녹는점(℃)</td><td></td><td>발열량</td><td colspan="2"></td></tr>
<tr><td>점도</td><td></td><td>시간에 따른 폐기물의 성상 등의 변화</td><td colspan="2"></td></tr>
<tr><td>기타</td><td colspan="4"></td></tr>
</table>

| 성분정보 | 항목 | 조사 방법 | 주요 성분 | 비고 |
|---|---|---|---|---|
| | ⑭ 유해물질 용출독성 | [ ]분석 [ ]자료( ) | | |
| | ⑮ 유해물질 함량 | [ ]분석 [ ]자료( ) | | |
| | ⑯ 수분 등과 접촉 시 화재·폭발 또는 독성가스 발생 우려 성분 | [ ]분석 [ ]자료( ) | | |

| ⑰ 취급 시 주의사항 | 안전대책 | 보호구 | [ ]마스크 [ ]장갑 [ ]보호안경 [ ]기타( ) |
|---|---|---|---|
| | 저장 및 보관방법 | | |

| ⑱ 사고 발생 시 방제 등 조치방법 | 이상조치 | 응급조치 | |
|---|---|---|---|
| | | 누설대책 | |
| | | 화재시의 조치 | |
| | 약품, 장비 및 방제요령 | | |

| ⑲ 특별 주의사항 | |
|---|---|

| ⑳ 그 외의 정보 | | | |
|---|---|---|---|

# 연구실 내 화학물질 누출 및 폭발 방지 대책

## 1 누출 방지 대책

### (1) 화학물질 누출사고 예방대책

① 화학물질 공통 누출사고 예방대책

㉠ 화학물질을 성상별로 분류하여 보관한다.

㉡ 연구실에 GHS-MSDS를 비치하고 교육한다.

② 독성물질

| 위험성 | 피부, 호흡, 소화 등을 통해 체내에 흡수될 수 있다. |
|---|---|
| 사고예방대책 | • 항상 후드 내에서만 사용하여 흡입을 최소화한다.<br>• 어떠한 반응을 통해서도 독성물질이 부산물로 생성되지 않도록 처리하는 방법을 연구개발활동계획 시에 포함해야 한다. |

③ 산과 염기

| 위험성 | • 약품이 넘어져서 화상을 입을 수 있다.<br>• 해로운 증기를 흡입할 위험성이 있다.<br>• 강산이 급격히 희석되면서 생겨나는 열에 의한 화재 · 폭발 등의 위험성이 있다. |
|---|---|
| 사고예방대책 | • 항상 산은 물에 가하면서 희석한다.<br>• 가능하면 희석된 산 · 염기를 사용하도록 한다.<br>• 강산과 강염기는 공기 중 수분과 반응하여 치명적 증기를 생성시키므로 사용하지 않을 때는 뚜껑을 닫아 놓는다.<br>• 불화수소 : 가스 및 용액이 극한 독성을 나타내며 화상과 같은 즉각적인 증상이 없이 피부에 흡수되므로 취급에 주의한다.<br>• 과염소산 : 강산의 특성을 띠며 유기물 · 무기물 모두와 폭발성 물질을 생성하며 가열 · 화기접촉 · 충격 · 마찰 · 폭발하므로 특히 주의한다. |

④ 유기용제

| 위험성 | • 많은 유기용제가 해로운 증기를 가지고 있고 쉽게 인체에 침투 가능하기 때문에 건강에 해롭다.<br>• 대부분의 용제는 매우 휘발성이 크며 증기는 가연성이다. |
|---|---|
| 사고예방대책 | • 용제 사용 전 화학물질의 위험성 데이터를 참조하여 용제와 관련한 위험, 안전조치, 응급절차 등을 알고 있어야 한다.<br>• 다량의 인화물질을 보관하기 위한 별도의 보관장소를 마련한다.<br>• 아세톤 : 독성과 가연성 증기를 가지므로 적절한 환기시설에서 보호구(보호장갑, 보안경 등)를 착용하고 가연성 액체 저장실에 저장한다.<br>• 메탄올 : 현기증, 신경조직 악화의 원인이 되는 해로운 증기를 가지고 있으므로 사용할 때는 환기시설을 작동시킨 상태에서 후드에서 사용하고 네오프렌 장갑을 착용한다.<br>• 벤젠 : 발암물질로서 적은 양을 오랜 기간에 걸쳐 흡입할 때 만성 중독이 일어날 수 있고, 피부를 통해 침투되기도 하며, 증기는 가연성이므로 가연성 액체와 같이 저장한다.<br>• 에테르 : 고열 · 충격 · 마찰에도 공기 중 산소와 결합하여 불안전한 과산화물을 형성하여 매우 격렬하게 폭발할 수 있고, 완전히 공기를 차단하여 황갈색 유리병에 저장, 암실이나 금속용기에 보관한다. |

⑤ 산화제

| 위험성 | 매우 적은 양으로도 심한 폭발을 일으킬 수 있다. |
|---|---|
| 사고예방대책 | • 보호구(방호복, 안면보호대 등)를 착용하고 취급한다.<br>• 다량의 산화제 취급 시 폭발방지용 방벽 등이 포함된 특별계획을 수립해야 한다. |

## (2) 연구실 화공안전분야 정기점검·특별안전점검 항목(연구실 안전점검 및 정밀안전진단에 관한 지침 별표 3)

| 안전분야 | | 점검항목 | 양호 | 주의 | 불량 | 해당없음 |
|---|---|---|---|---|---|---|
| 화공안전 | | 시약병 경고표지(물질명, GHS, 주의사항, 조제일자, 조제자명 등) 부착 여부 | ☐ | ☐ | ☐ | ☐ |
| | | 폐액용기 성상별 분류 및 안전라벨 부착·표시 여부 | ☐ | ☐ | ☐ | ☐ |
| | | 폐액 보관장소 및 용기 보관상태(관리상태, 보관량 등) 적정성 | ☐ | ☐ | ☐ | ☐ |
| | | 대상 화학물질의 모든 MSDS(GHS) 게시·비치 여부 | ☐ | ☐ | ☐ | ☐ |
| | | 사고대비물질, CMR물질, 특별관리물질 파악 및 관리 여부 | ☐ | NA | ☐ | ☐ |
| | | 화학물질 보관용기(시약병 등) 성상별 분류 보관 여부 | ☐ | ☐ | ☐ | ☐ |
| | | 시약선반 및 시약장의 시약 전도방지 조치 여부 | ☐ | ☐ | NA | ☐ |
| | | 시약 적정기간 보관 및 용기 파손, 부식 등 관리 여부 | ☐ | ☐ | ☐ | ☐ |
| | | 휘발성, 인화성, 독성, 부식성 화학물질 등 취급 화학물질의 특성에 적합한 시약장 확보 여부(전용캐비닛 사용 여부) | ☐ | ☐ | ☐ | ☐ |
| | | 유해화학물질 보관 시약장 잠금장치, 작동성능 유지 등 관리 여부 | ☐ | ☐ | ☐ | ☐ |
| | | 기타 화공안전 분야 위험 요소 | ☐ | ☐ | ☐ | ☐ |
| | 유해화학물질 취급시설 검사항목 | 화학물질 배관의 강도 및 두께 적절성 여부 | ☐ | ☐ | NA | ☐ |
| | | 화학물질 밸브 등의 개폐방향을 색채 또는 기타 방법으로 표시 여부 | ☐ | ☐ | NA | ☐ |
| | | 화학물질 제조·사용설비에 안전장치 설치 여부(과압방지장치 등) | ☐ | ☐ | NA | ☐ |
| | | 화학물질 취급 시 해당 물질의 성질에 맞는 온도, 압력 등 유지 여부 | ☐ | ☐ | NA | ☐ |
| | | 화학물질 가열·건조설비의 경우 간접가열구조 여부(단, 직접 불을 사용하지 않는 구조, 안전한 장소설치, 화재방지설비 설치의 경우 제외) | ☐ | ☐ | NA | ☐ |
| | | 화학물질 취급설비에 정전기 제거 유효성 여부(접지에 의한 방법, 상대습도 70% 이상 하는 방법, 공기 이온화하는 방법) | ☐ | ☐ | NA | ☐ |
| | | 화학물질 취급시설에 피뢰침 설치 여부(단, 취급시설 주위에 안전상 지장 없는 경우 제외) | ☐ | ☐ | NA | ☐ |
| | | 가연성 화학물질 취급시설과 화기취급시설 8m 이상 우회거리 확보 여부(단, 안전조치를 취하고 있는 경우 제외) | ☐ | ☐ | NA | ☐ |
| | | 화학물질 취급 또는 저장설비의 연결부 이상 유무의 주기적 확인(1회/주 이상) | ☐ | ☐ | NA | ☐ |
| | | 소량기준 이상 화학물질을 취급하는 시설에 누출 시 감지·경보할 수 있는 설비 설치 여부(CCTV 등) | ☐ | ☐ | NA | ☐ |
| | | 화학물질 취급 중 비상시 응급장비 및 개인보호구 비치 여부 | ☐ | ☐ | NA | ☐ |

### (3) 가스 누출사고 예방대책

① 가스 누출사고 공통 예방대책

㉠ 가스용기 고정장치를 설치한다.

㉡ 주요 가스 사용 현황 및 정보를 파악한다.

㉢ 상시 가스 누출에 대하여 검사를 실시한다.

㉣ 주기적으로 점검한다(옥외 설치 가스배관 부식 여부, 가스설비 등).

㉤ 주기적으로 가스 누출경보장치를 검·교정한다.

② 가연성가스 누출사고 예방대책 : 통풍이 잘되는 옥외장소에 설치한다.

③ 독성가스 누출사고 예방대책

㉠ 옥외저장소 또는 실린더 캐비닛 내에 설치한다.

㉡ 가스 특성을 고려하여 호흡용 보호구를 비치하고 관리한다.

### (4) 연구실 가스사고 예방 설비기준

① 고압가스 사고예방 설비기준(고압가스 안전관리법 시행규칙 별표 8)

㉠ 고압가스설비에는 그 설비 안의 압력이 최고허용사용압력을 초과하는 경우 즉시 그 압력을 최고허용사용압력 이하로 되돌릴 수 있는 안전장치를 설치하는 등 필요한 조치를 할 것

㉡ 독성가스 및 공기보다 무거운 가연성가스의 저장시설에는 가스가 누출될 경우 이를 신속히 검지하여 효과적으로 대응할 수 있도록 하기 위하여 필요한 조치를 할 것

㉢ 위험성이 높은 고압가스설비(내용적 5,000L 미만의 것은 제외한다)에 부착된 배관에는 긴급 시 가스의 누출을 효과적으로 차단할 수 있는 조치를 할 것

㉣ 가연성가스(암모니아, 브롬화메탄 및 공기 중에서 자기발화하는 가스는 제외한다)의 저장설비 중 전기설비는 그 설치 장소 및 그 가스의 종류에 따라 적절한 방폭성능을 가진 것일 것

㉤ 가연성가스의 가스설비실 및 저장설비실에는 누출된 고압가스가 체류하지 않도록 환기구를 갖추는 등 필요한 조치를 할 것

㉥ 저장탱크 또는 배관에는 그 저장탱크가 부식되는 것을 방지하기 위하여 필요한 조치를 할 것

㉦ 가연성가스 저장설비에는 그 설비에서 발생한 정전기가 점화원으로 되는 것을 방지하기 위하여 필요한 조치를 할 것

② 과압안전장치 설비기준

㉠ 종류 및 선정기준

| 종류 | 선정기준 |
|---|---|
| 안전밸브 | 기체 및 증기의 압력상승을 방지하기 위해 설치 |
| 파열판 | 급격한 압력상승, 독성가스의 누출, 유체의 부식성 또는 반응생성물의 성상 등에 따라 안전밸브를 설치하는 것이 부적당한 경우에 설치 |
| 릴리프밸브 또는 안전밸브 | 펌프 및 배관에서 액체의 압력 상승을 방지하기 위해 설치 |
| 자동압력제어장치 | 안전밸브 · 파열판 · 릴리프밸브와 병행 설치할 수 있고, 고압가스설비 등의 내압이 상용의 압력을 초과한 경우 그 고압가스설비 등으로의 가스 유입량을 줄이는 방법 등으로 그 고압가스설비 등 내의 압력을 자동적으로 제어하기 위해 설치 |

㉡ 설치위치 : 과압안전장치는 고압가스설비 중 압력이 최고허용압력 또는 설계압력을 초과할 우려가 있는 다음의 구역마다 설치한다.

ⓐ 액화가스 저장능력이 300kg 이상이고 용기 집합장치가 설치된 고압가스설비

ⓑ 내 · 외부 요인에 따른 압력 상승이 설계압력을 초과할 우려가 있는 압력용기 등

ⓒ 토출 측의 막힘으로 인한 압력 상승이 설계압력을 초과할 우려가 있는 압축기(다단 압축기의 경우에는 각 단) 또는 펌프의 출구측

ⓓ 배관 내의 액체가 2개 이상의 밸브로 차단되어 외부 열원으로 인한 액체의 열팽창으로 파열이 우려되는 배관

ⓔ 압력 조절 실패, 이상 반응, 밸브의 막힘 등으로 압력상승이 설계압력을 초과할 우려가 있는 고압가스설비 또는 배관 등

㉢ 작동압력 : 고압가스설비 등 내의 내용적의 98%까지 팽창하게 되는 온도에 대응하는 해당 고압가스설비 등 내의 압력에서 작동한다.

③ 가스 누출 검지경보장치

㉠ 설치장소

ⓐ 검출부 설치장소 및 설치개수

| 건축물 안 | 가스가 누출하기 쉬운 설비군의 바닥면 둘레 10m마다 1개 이상의 비율로 설치 |
|---|---|
| 건축물 밖 | 가스가 누출하기 쉬운 설비군(벽, 구조물, 피트 주변)의 바닥면 둘레 20m마다 1개 이상의 비율로 설치 |

ⓑ 검출부 설치 높이 : 가스비중, 주위상황, 가스설비 높이 등 조건에 따라 적절한 높이에 설치한다.

| 가스비중 > 1 | 바닥면에서 30cm 이내의 높이에 설치 |
|---|---|
| 가스비중 < 1 | 천장면에서 30cm 이내의 높이에 설치 |

ⓒ 경보부, 램프 점멸부 설치 위치 : 관계자가 상주하는 곳으로 경보가 울린 후 각종 조치를 하기에 적합한 장소에 설치한다.

㉡ 검지경보기능

ⓐ 경보 농도·지시계 눈금

| 구분 | 경보농도 | 지시계 눈금(명확히 지시하는 범위) |
|---|---|---|
| 가연성가스 | 폭발 하한계의 1/4 이하 | 0~폭발 하한계 값 |
| 독성가스 | TLV-TWA 기준 농도 이하 | 0~TLV-TWA 기준 농도의 3배값(암모니아를 실내에서 사용하는 경우에는 150ppm) |

ⓑ 경보정밀도

| 가연성가스 | 경보농도 설정치에 대하여 ±25% 이하 |
|---|---|
| 독성가스 | 경보농도 설정치에 대하여 ±30% 이하 |

※ 전원의 전압 등 변동이 ±10% 정도일 때에도 저하되지 않아야 한다.

ⓒ 검지에서 발신까지 걸리는 시간

- 경보농도의 1.6배 농도에서 30초 이내
- 단, 검지경보장치의 구조상이나 이론상 30초가 넘게 걸리는 가스(암모니아, 일산화탄소 등)에서는 1분 이내

ⓓ 경보방식

- 접촉연소방식, 격막갈바니전지방식, 반도체방식, 그 밖의 방식으로 검지엘리먼트의 변화를 전기적 신호에 의해 설정한 경보농도에서 자동적으로 울리는 것으로 한다.
- 가연성가스 경보기는 담배연기 등에 경보하지 않아야 한다.
- 독성가스 경보기는 담배연기, 기계세척유 가스, 등유의 증발가스, 배기가스, 탄화수소계 가스 등 잡가스에는 경보하지 않아야 한다.
- 경보는 램프의 점등 또는 점멸과 동시에 경보를 울린다.
- 경보를 발신한 후에는 가스농도가 변화하여도 계속 경보를 울리고, 그 확인 또는 대책을 강구함에 따라 경보가 정지되게 한다.

㉢ 검지경보장치 구조

ⓐ 충분한 강도를 지니며, 취급·정비(검지엘리먼트의 교체 등)가 쉬워야 한다.

ⓑ 가스접촉부는 내식성의 재료 또는 충분한 부식방지 처리를 한 재료를 사용하고 그 외의 부분은 도장이나 도금처리가 양호한 재료로 한다.

ⓒ 가연성가스(암모니아 제외)의 검지경보장치는 방폭성능을 갖는 것이어야 한다.

ⓓ 2개 이상의 검출부에서 검지신호를 수신하는 경우 수신회로는 경보를 울리는 다른 회로가 작동하고 있을 때에도 해당 검지경보장치가 작동하여 경보를 울릴 수 있는 것으로서 경보를 울리는 장소를 식별할 수 있는 것으로 한다.

ⓔ 수신회로가 작동상태에 있는 것을 쉽게 식별할 수 있어야 한다.

④ **긴급차단장치** : 사용시설의 저장설비에 부착된 배관에는 가스 누설 시 안전한 위치에서 조작이 가능한 긴급차단장치를 설치한다.

⑤ **역류방지장치** : 독성가스의 감압설비와 그 가스의 반응설비 간 배관에는 긴급 시 가스가 역류되는 것을 효과적으로 차단할 수 있는 역류방지장치를 설치한다.

⑥ **역화방지장치** : 수소화염, 산소, 아세틸렌화염을 사용하는 시설의 분기되는 배관에는 가스가 역화되는 것을 효과적으로 차단할 수 있는 역화 방지장치를 설치한다.

⑦ **환기설비** : 가연성가스의 저장설비실에는 누출된 가스가 체류하지 않도록 환기설비를 설치하고 환기가 잘되지 않는 곳에는 강제환기시설을 설치한다.

| | |
|---|---|
| **공기보다 가벼운 가연성가스** | 가스의 성질, 처리·저장하는 가스의 양, 설비의 특성, 실내의 넓이 등을 고려하여 충분한 면적을 가진 2방향 이상의 개구부 또는 강제환기시설을 설치하거나 이들을 병설하여 환기를 양호하게 한 구조로 한다. |
| **공기보다 무거운 가연성가스** | 가스의 성질, 처리·저장하는 가스의 양, 설비의 특성, 실내의 넓이 등을 고려하여 충분한 면적을 가진 바닥면에 접한 2방향 이상의 개구부 또는 바닥면 가까이에 흡입구를 갖춘 강제환기시설을 설치하거나 이들을 병설하여 주로 바닥면에 접한 부분의 환기를 양호하게 한 구조로 한다. |

### (5) 연구실 가스안전분야 정기점검·특별안전점검 항목(연구실 안전점검 및 정밀안전진단에 관한 지침 별표 3)

| 점검항목 | 점검방법 | 판단기준 | | | |
|---|---|---|---|---|---|
| | | 양호 | 주의 | 불량 | 해당없음 |
| 용기, 배관, 조정기 및 밸브 등의 가스 누출 확인 | 가연성가스누출검출기, 일산화탄소농도 측정기, 산소농도 측정기를 활용하여 가스 누출 및 산소, 일산화탄소 농도 측정 | 가스누출 없음 | NA | 가스누출 확인 | □ |
| 적정 가스누출감지·경보장치 설치 및 관리 여부(가연성, 독성 등) | 가스누출경보장치 설치 장소 확인<br>• 누출 우려 설비, 가스가 체류하기 쉬운 장소 등<br>• 가스비중에 따른 올바른 설치높이<br>• 연구활동종사자가 상주하는 곳에 가스경보부 설치 | • 설치 및 설치장소 적합<br>• 가스누출경보장치 검교정 확인 | NA | 가스누출경보장치 미설치 | □ |
| 가연성·조연성·독성가스 혼재 보관 여부 | | 분리보관 | NA | 연구실 내 혼재 보관 | 외부 보관 |
| 가스용기 보관 위치 적정 여부(직사광선, 고온주변 등) | | 직사광선, 고온, 화기, 인화성물질과 이격 보관(최소 2m) | NA | 미이격 | 외부 보관 |
| 가스용기 충전기한 경과 여부 | | 충전기한 준수 | 충전기한 미준수 | 충전기한 미준수 및 스커트 훼손 등 상태 심각 | 외부 보관 |
| 미사용 가스용기 보관 여부 | | 없음 | 연구실 내 보관 | NA | □ |

| 점검항목 | 점검방법 | 판단기준 | | | |
|---|---|---|---|---|---|
| | | 양호 | 주의 | 불량 | 해당없음 |
| 가스용기 고정(체인, 스트랩, 보관대 등) 여부 | | 용기별 고정 또는 스트랩 1개당 최대 3개 용기를 2개 지점 이상에 체결하여 관리 | NA | 고정장치 미흡 또는 미고정 | 외부 보관 |
| 가스용기 밸브 보호캡 설치 여부 | | 모든 미사용 용기에 보호캡 설치 | 미설치 | NA | 외부 보관 |
| 가스배관에 명칭, 압력, 흐름방향 등 기입 여부 | | 모든 배관 기입 | 일부 누락 | NA | □ |
| 가스배관 및 부속품 부식 여부 | 육안 확인 및 가연성가스누출검출기로 점검 | 부식 없음 | NA | 부식 심각, 즉시 교체 필요 | □ |
| 미사용 가스배관 방치 및 가스배관 말단부 막음 조치 상태 | | 완료 | NA | 방치 | □ |
| 가스배관 충격방지 보호덮개 설치 여부 | | 충격방지조치 실시 | 충격방지조치 보수 필요 | 배관, 이음새 충격방지조치 보수 필요 | □ |
| LPG 및 도시가스시설에 가스누출 자동차단장치 설치 여부 | | 설치 | NA | 미설치 | 해당가스 미사용 |
| 화염을 사용하는 가연성가스(LPG 및 아세틸렌 등)용기 및 분기관 등에 역화방지장치 부착 여부 | | 설치 | NA | 미설치 | 화기 미사용 |
| 특정고압가스 사용 시 전용가스실린더 캐비닛 설치 여부(특정고압가스 사용 신고 등 확인) | | 한국가스안전공사 인증 전용캐비닛 설치 | NA | 자동캐비닛 미설치 | 특정고압가스 미사용 |
| 독성가스 중화제독 장치 설치 및 작동상태 확인 | | 설치확인 및 유해가스 적정치 이하로 대기방출 | NA | 미설치 | 독성가스 미사용 |
| 고압가스 제조 및 취급 등의 승인 또는 허가 관련 기록 유지·관리 | | 기록관리 | 법령 일부 기록관리 미실시 | 신고·허가 미인지 및 미신고 또는 미허가 | 미취급 |
| 기타 가스안전 분야 위험 요소 | | □ | □ | □ | □ |

## 2 폭발 방지대책

### (1) 폭발특성

① 폭발의 조건

| 물적 조건 | 폭발범위(연소범위)의 농도, 압력 |
|---|---|
| 에너지 조건 | 발화온도, 발화에너지, 충격감도 |

② 폭발의 종류

| 물리적 폭발 | 기체나 액체의 팽창, 상변화 등의 물리현상의 압력발생의 원인이 되어 폭발 발생 |
|---|---|
| 화학적 폭발 | 물체의 연소, 분해, 중합 등의 화학반응으로 인한 압력 상승으로 폭발 발생 |

③ 화학적 폭발의 종류

| 가스 폭발 | 가연성가스와 지연성가스와의 혼합기체에서 발생하며 폭발범위 내에 있고 점화원이 존재하였을 때 가스폭발 발생<br>예 프로판, LNG, 증기운폭발(vapor cloud explosion) |
|---|---|
| 분해 폭발 | 분해에 의해 생성된 가스가 열팽창되고 이때 생기는 압력상승과 이 압력의 방출에 의해 일어나는 폭발 현상(가스 폭발의 특수한 경우)<br>예 분해할 때 발열하는 물질(에틸렌, 산화에틸렌, 아세틸렌, 과산화물) |
| 분진 폭발 | • 가연성 고체의 분진이 공기 중에 부유하고 있을 때에 어떤 착화원에 의해 폭발하는 현상<br>• 단위용적당 발열량이 커서 가스폭발보다 역학적 파괴효과가 큼<br>• 분진폭발 조건 : 가연성분진, 지연성가스(공기), 점화원, 밀폐된 공간<br>• 분진폭발 예방방법 : 불활성가스로 완전히 치환, 산소농도 약 5% 이하로 유지 또는 점화원 제거<br>예 먼지, 플라스틱 분말, 금속분(Al, Mg, Zn, Ti 등) |
| 분무 폭발 | • 고압의 유압설비 일부가 파손되어 내부의 가연성 액체가 공기 중에 분출되고 이것의 미세한 방울이 공기 중에 부유하고 있을 때 착화에너지가 주어지면 발생<br>• 유사한 것은 박막폭광(압력유, 윤활유가 공기 중에 분무될 때 발생) |

## (2) 가스 폭발 형태 및 방지대책

① 증기운 폭발(UVCE : Unconfined Vapor Cloud Explosion)

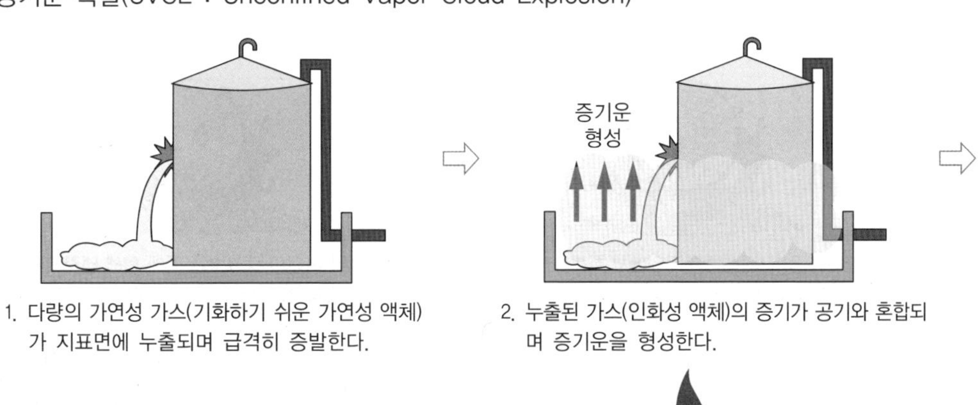


1. 다량의 가연성 가스(기화하기 쉬운 가연성 액체)가 지표면에 누출되며 급격히 증발한다.
2. 누출된 가스(인화성 액체)의 증기가 공기와 혼합되며 증기운을 형성한다.

3. 외부의 점화원에 의해 연소가 시작된다.
4. 폭연에서 폭굉 과정을 거쳐 화구(fire ball)로 발전하여 폭발한다.

㉠ 특징

ⓐ 다량의 가연성가스나 인화성 액체가 외부로 누출될 경우 해당 가스 또는 인화성 액체의 증기가 대기 중에 공기와 혼합하여 폭발성을 가진 증기운을 형성하고, 이때 점화원에 의해 점화할 경우 화구를 형성하며 폭발하는 형태

ⓑ 증기운 폭발이 발생하면 주로 폭발로 인한 피해보다 화재에 의한 재해 형태를 보인다.

ⓒ 가연성 증기가 난류 형태로 발생한 경우 공기와의 혼합이 더욱 잘되어 폭발의 충격이 더욱 커진다.

ⓓ 증기운의 크기가 커질수록 표면적이 넓어져 착화 확률이 높아진다.

ⓔ 증기운 폭발의 충격파는 최대 약 1atm 정도이며, 폭발 효율이 낮다.

㉡ 방지대책

ⓐ 가연성 가스/인화성 액체의 누출이 발생하지 않도록 지속적으로 관리한다.

ⓑ 가연성 가스/인화성 액체의 재고를 최소화한다.

ⓒ 가스누설감지기 또는 인화성 액체의 누액 감지기 등을 설치하여 초기 누출 시 대응할 수 있도록 한다.

ⓓ 긴급차단장치를 설치하여 누출이 감지되면 즉시 공급이 차단되도록 한다.

② 비등액체팽창증기폭발(BLEVE : Boiling Liquid Expanding Vapor Explosion)

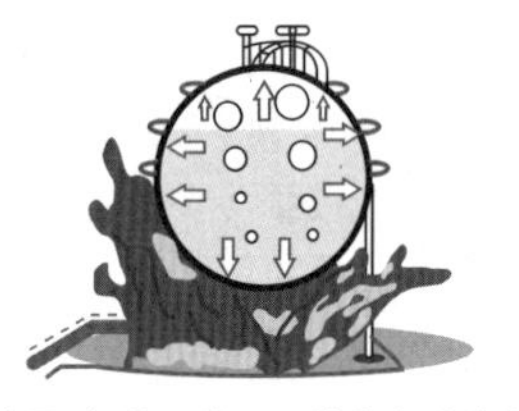

1. 액체가 들어 있는 탱크 주위에서 화재가 발생하고, 화재열에 의해 탱크벽이 가열된다.

2. 탱크 액위 아래의 탱크벽은 액에 의해 냉각되지만, 액체 온도는 계속 상승하여 탱크 내부의 압력이 증가한다.

3. 탱크 내부 압력이 탱크 설계압력을 초과하면 용기의 일부분이 파열되고, 이로 인해 급속히 압력강하가 일어나면서 과열된 액체가 폭발적으로 증발한다.
폭발적 증발로 인해 액체의 체적이 약 200배 이상으로 팽창하고, 이 팽창력으로 액체가 외부로 폭발적으로 분출된다.

4. 액체 분출과 동시에 탱크파편이 비산하고 점화원의 존재로 분출된 증기운이 착화된다. 이로써 폭발적 연소와 함께 화구(fire ball)를 형성하고 폭발한다.

㉠ 특징 : 저장탱크 내의 가연성 액체/액화가스가 끓으면서 기화한 증기의 팽창한 압력에 의해 탱크 일부가 터져 나가고 폭발하는 현상

㉡ 방지대책

ⓐ 탱크 내부의 온도가 상승하지 않도록 한다.

- 저장탱크의 보유 공지를 기준보다 넓게 유지한다.
- 벽면이 가열되지 않도록 탱크 외벽을 식혀 준다.

ⓑ 내부에 상승된 압력을 빠르게 감소시켜 주어야 한다.

- 안전밸브, 파열판 또는 폭압방산공을 설치

ⓒ 탱크가 화염에 직접 가열되는 것을 피한다.

- 방유제 내부에 경사도를 유지하여 누출된 유류가 가급적 탱크 벽면으로부터 먼 방향으로 흘러가게 한다.
- 저장탱크를 지면 아래로 매설한다.
- 지상에 설치하는 경우 주요 시설물 사이에 콘크리트 차단벽을 설치하여 저장탱크가 열에 직접 노출되는 것을 피한다.

### (3) 폭발 방지 대책

**① 화학물질/가스 화재·폭발사고 예방대책**

㉠ 화학물질을 성상별로 분류하여 보관한다.

㉡ 연구실에 GHS-MSDS 비치하고 교육한다.

㉢ 폭발 대비 대피소를 지정한다.

㉣ 다량의 인화물질을 보관하기 위한 별도의 보관 장소를 마련한다.

**② 화재·폭발 방지대책** : 연소의 3요소를 제거한다.

※ 연소의 3요소 : 가연물, 산소공급원, 점화원

㉠ 가연물 관리

ⓐ 환기를 실시하여 가연성가스, 증기 및 분진이 폭발범위 내로 축적되지 않도록 한다.

ⓑ 실험 시작 전 연구실 주변 가연물을 제거하거나, 용기나 배관의 내용물 배출 표식을 통해 가연물 퍼지 상태를 확인하거나, 용접 불꽃 비산 방지를 위한 각종 개구부 차단 여부를 확인한다.

ⓒ 독성, 가연성가스 퍼지 후 가스 잔류 여부를 확인하여 가스 분진의 누출 여부를 측정한다.

ⓓ 반응 내용물 제거할 때 가연성가스·분진 제거 후 공기로 치환하고, 잔존물 이송할 때 철제 호스를 사용하면 접지하고, 스파크가 일어나지 않는 재질의 방폭 공구를 사용한다.

ⓔ 산소와 점화원은 제거가 불가능하므로 가연물에 대한 격리, 제거, 방호가 중요하다.

㉡ 산소공급원 관리 : 불활성가스 봉입 또는 공기·산소의 혼입을 차단한다.

㉢ 점화원 관리

ⓐ 연구실 내 불꽃, 기계 및 전기적인 점화원을 제거하거나 억제한다.

ⓑ 점화원(화염, 고열물 및 고온 표면, 충격 및 마찰, 단열압축, 자연발화, 화학반응, 전기, 정전기, 광선 및 방사선 등)을 관리한다.

ⓒ 가연성 물질, 인화성 물질 근처에 화기작업을 금지하고 안전점검 및 화기작업 허가를 철저히 한다.

③ 폭발방지 방법

㉠ 전기설비 방폭화 : 위험장소에 따라 방폭구조가 달라지며, 위험성가스와 증기분진이 체류하는 장소의 조명, 모터, 제어반, 기타 전기설비의 점화원을 관리한다.

㉡ 정전기 제거 : 정전기 발생 제어, 축적 방지, 적정습도 유지, 공기 이온화를 통해 정전기를 제거한다.

㉢ 가스농도 검지 : 가연성가스가 누설하여 체류하는 위험장소에서는 폭발 위험성이 크므로 가스농도를 검지한다(비눗물 테스트, 가스농도측정기·분석기 이용).

④ 폭발방지 안전장치

㉠ 압력방출장치

ⓐ 역할 : 방호할 장치의 일부분에 그 장치보다 내압이 작은 부분을 구비한다.

ⓑ 설치 위치 : 미연소 가연물이 분출하여 장치 외부에서 폭발이 지속될 우려가 있는 장소에 설치한다.

ⓒ 종류

<table>
<tr><td rowspan="4">안전밸브</td><td colspan="2">• 기계적 하중에 의해 밸브가 막혀 있고 장치 내 설정압력 도달 시 내부 압력을 방출하는 기구<br>• 일정 압력 이하가 되면 자동 복원되어 내용물 방출 정지<br>• 방출량이 적어 급격한 압력 상승이나 폭발압력 방출에는 부적합</td></tr>
<tr><td>safety valve</td><td>스팀, 공기, 가스에 이용되며 압력증가에 따라 순간적으로 개방</td></tr>
<tr><td>relief valve</td><td>액체에 이용되며 압력증가에 따라 서서히 개방</td></tr>
<tr><td>safety-relief valve</td><td>가스, 증기, 액체에 이용되며 압력증가에 따라 중간속도로 개방</td></tr>
<tr><td rowspan="2">파열판<br>(rupture disk)</td><td colspan="2">• 금속 박판을 사용하여 구성<br>• 평판형보다 돔(dome)형이 규격화되어 있고 신뢰성 높음<br>• 비정상반응에서 가스 발생속도의 추정이 가능하려면 이에 상당하는 배출량의 구경을 갖는 파열판을 설치</td></tr>
<tr><td colspan="2">파열판을 설치하여야 하는 경우<br>• 반응폭주 등 급격한 압력 상승의 우려가 있는 경우<br>• 운전 중 안전밸브에 이상물질이 누적되어 안전밸브의 기능을 저하시킬 우려가 있는 경우<br>• 화학물질의 부식성이 강하여 안전밸브 재질의 선정에 문제가 있는 경우<br>• 독성물질의 누출로 인해 주위 작업환경을 오염시킬 우려가 있는 경우 등</td></tr>
<tr><td>가용합금<br>안전밸브</td><td colspan="2">• 가용합금 : 200℃ 이하의 융점을 갖는 금속<br>• 화재온도 상승 시 금속이 용해하여 저장물을 방출하는 안전장치<br>• 폭발에 의한 순간적 고온에는 작동하지 않으므로 폭발 방출에는 부적합</td></tr>
<tr><td>폭압 방산공<br>(폭발 vent,<br>폭발문)</td><td colspan="2">• 덕트, 건조기, 방, 건물 등의 일부에 설계 강도보다 낮은 부분을 만들어 폭발압력을 방출<br>• 다른 압력방출장치에 비해 방출량이 크므로 특히 폭발 방호에 적합<br>• 구멍이 생긴 후 복원성이 없어서 회분식 장치에 이용</td></tr>
</table>

㉡ 폭발억제장치

- 밀폐장치 내의 폭발에 대해서 초기에 검출하여 연소억제제를 살포하여 화염을 소멸시키고 폭발성장을 정지하도록 하는 장치이다.
- 방호장치 내부에서 폭발을 종료하여 화염이나 미연소물질 분출, 폭발음 발생 등의 외부 영향이 없다.
- 폭발 검출기구, 억제제와 살포기구, 제어기구로 구성되어 있고, 작동이 빠르고 신뢰성이 요구되는 안전장치이다.

## (4) 폭발위험장소 및 방폭구조

### ① 폭발위험장소

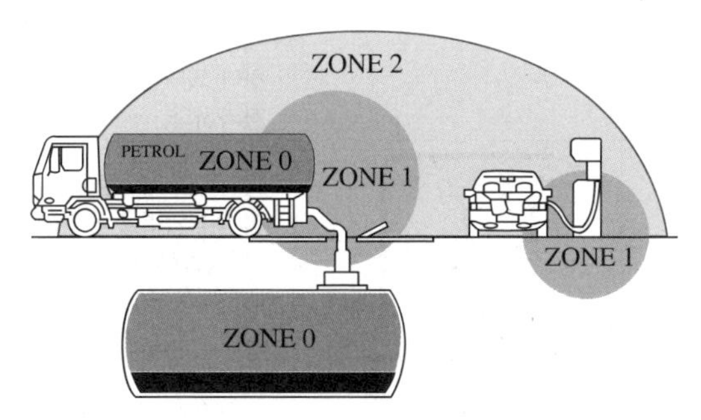


㉠ 제0종 위험장소(zone 0) : 통상 상태에서의 지속적인 위험 분위기

ⓐ 정상 상태에서 폭발성가스·증기가 폭발 가능한 농도로 계속해서 존재하는 지역이다.

예 인화성·가연성 액체의 용기 또는 탱크 내부의 액면 상부의 공간, 피트, 설비 내부 등

㉡ 제1종 위험장소(zone 1) : 통상 상태에서의 간헐적 위험 분위기

ⓐ 정상 상태(상용 상태)에서 폭발 분위기가 생성될 가능성이 있는 장소이다.

ⓑ 운전·유지·보수·누설 등으로 폭발성 가스·증기가 자주 위험수준 이상으로 존재할 수 있다.

ⓒ 설비 일부 고장 시 가연성 물질의 방출과 전기 계통의 고장이 동시에 발생되기 쉽다.

ⓓ 환기가 불충분한 장소에 설치된 배관 계통으로 배관이 쉽게 누설되는 구조인 곳이다.

ⓔ 주변보다 지역이 낮아 인화성 가스나 증기가 체류할 수 있는 부분이다.

예 안전밸브 벤트 주위, 환기가 불충분한 컴프레서·펌프실 등

㉢ 제2종 위험장소(zone 2) : 이상 상태에서의 위험 분위기

ⓐ 이상 상태에서 폭발성 분위기가 단시간 동안 존재할 수 있는 장소이다(이상 상태 : 통상적인 상태에서 벗어난 고장, 기능상실, 오작동 등의 상태).

ⓑ 사고로 인해 용기나 시스템이 파손되는 경우 혹은 설비의 부적절한 운전의 경우에만 위험물 유출이 우려되는 지역이다.

ⓒ 제1종 위험장소에 인접한 지역으로 깨끗한 공기가 적절하게 순환되지 않거나, 양압 설비 고장에 대비한 효과적인 보호가 없을 경우, 이들 지역으로부터 위험한 증기나 가스가 때때로 유입될 수 있는 지역이다.

② 방폭구조

| 종류 | 기호 | 그림 | 특징 |
|---|---|---|---|
| 내압방폭구조 | d | 점화원 | • 용기 내부에서 폭발성 가스·증기가 폭발하였을 때 용기가 그 압력에 견디며, 접합면·개구부 등을 통해서 외부의 폭발성 가스·증기에 인화되지 않도록 한 구조이다.<br>• 접합면에 패킹 대신 금속면을 사용하여 방폭 성능이 좋으나, 무겁고 비싸다.<br>• 내부폭발에 의해 내부기기가 손상될 수 있다.<br>• 일반적으로 큰 전류를 사용하는 전기기기의 방폭구조에 적합하다.<br>• 개별기기 보호방식으로 전기기기 성능을 유지하기에는 적합하나 외부 전선의 보호는 불가능하여 제0종 장소에서 사용은 불가하다. |
| 압력방폭구조 | p |  | • 용기 내부에 보호가스(신선한 공기, 불연성 가스 등)를 압입하여 내부압력을 유지함으로써 폭발성 가스·증기가 용기 내부로 침입하지 못하도록 한 구조이다.<br>• 내압방폭구조보다 방폭 성능이 우수한 반면, 보호기체 공급설비, 자동경보장치 등 부대설비로 인해 가격이 고가이다. |
| 유입방폭구조 | o |  | • 전기불꽃, 아크 또는 고온이 발생하는 부분을 기름 속에 넣고, 기름 면 위에 존재하는 폭발성 가스 또는 증기에 인화되지 않도록 한 구조이다.<br>• 가연성 가스의 폭발등급에 관계없이 사용하여 적용범위가 넓은 반면, 기름 양 유지 및 기름 면의 온도상승을 억제해야 한다. |
| 몰드(캡슐)방폭구조 | m |  | • 폭발성 가스·증기에 점화시킬 수 있는 전기불꽃이나 고온 발생부분을 콤파운드로 밀폐시킨 구조 등을 말한다.<br>• 유지보수가 필요 없는 기기를 영구적으로 보호하는 방법에 효과가 매우 크다.<br>• 충격, 진동 등 기계적 보호효과도 매우 크다. |
| 비점화방폭구조 | n |  | • 정상동작 상태에서는 주변의 폭발성 가스/증기에 점화시키지 않고, 점화시킬 수 있는 고장이 유발되지 않도록 한 구조이다.<br>• 제2종 장소 전용 방폭기구로 이용된다. |
| 안전증방폭구조 | e |  | • 정상운전 중에 폭발성 가스·증기에 점화원이 될 전기불꽃, 아크 또는 고온 부분 등의 발생을 방지하기 위하여 기계적, 전기적 구조상 또는 온도상승에 대해서 특히 안전도를 증가시킨 구조이다.<br>• 구조가 튼튼하고 내부고장이 없으므로 비교적 안전성이 높은 반면, 불꽃 발생 시 방폭 성능이 보장이 안 된다.<br>• 모터나 2종 지역에 사용 가능한 등기구에 많이 사용되는 구조이다. |

| 종류 | 기호 | 그림 | 특징 |
|---|---|---|---|
| 본질안전방폭<br>구조 | ia/ib | 비위험지역 위험지역 점화원 | • 정상 시 및 사고 시(단선, 단락, 지락 등)에 발생하는 전기불꽃, 아크 또는 고온에 의하여 폭발성 가스·증기에 점화되지 않는 것이 점화시험 등으로 확인된 구조이다.<br>• 경제적이며 소형, 무정전 작업이 가능한 반면, 설비가 복잡하고 케이블 허용길이가 제한된다.<br>• 점화능력이 발생되지 못하도록 특수고장을 고려한 Ex ia와 기계설계 시 안전요소를 고려한 Ex ib 2가지로 구분한다. |
| 충전방폭구조 | q | | 점화원이 될 수 있는 전기불꽃, 아크 또는 고온부분을 용기 내부의 적정한 위치에 고정시키고 그 주위를 충전물질로 충전하여 내부 점화원이 폭발성 가스·증기와 접촉하는 것을 차단·밀폐하는 구조이다. |
| 특수방폭구조 | s | 점화원 | • 폭발성 가스·증기에 점화되는 것을 방지하거나 위험분위기로 인화되는 것을 방지할 수 있는 것이 시험 등에 의해 확인된 구조이다.<br>• 특수 사용조건 변경 시에는 보호방식에 대한 완벽한 보장이 불가능하므로, 제0종·제1종 장소에서는 사용할 수 없다.<br>• 용기 내부에 모래 등의 입자를 채우는 충전방폭구조, 또는 협극방폭구조 등이 있다. |

③ 방폭 전기기기 선정

㉠ 방폭 전기기기 성능 표시

| 방폭구조 | 폭발등급 | | 온도등급 |
|---|---|---|---|
| Ex d | Ⅱ | C | T6 |

| 분류 | 기호 |
|---|---|
| 내압 | d |
| 압력 | p |
| 안전증 | e |
| 유입 | o |
| 본질안전 | ia, ib |
| 특수 | s |

| 온도등급 | 전기기기 최대표면온도 | 가연성 가스 발화도 |
|---|---|---|
| T1 | 300℃ 초과 450℃ 이하 | 450℃ 초과 |
| T2 | 200℃ 초과 300℃ 이하 | 300℃ 초과 450℃ 이하 |
| T3 | 135℃ 초과 200℃ 이하 | 200℃ 초과 300℃ 이하 |
| T4 | 100℃ 초과 135℃ 이하 | 135℃ 초과 200℃ 이하 |
| T5 | 85℃ 초과 100℃ 이하 | 100℃ 초과 135℃ 이하 |
| T6 | 85℃ 이하 | 85℃ 초과 100℃ 이하 |

※ 온도등급 : T6의 전기기기가 가장 성능이 좋은 것

예 T3 장소에서 사용할 수 있는 전기기기의 온도등급 : T3, T4, T5, T6

**[가연성 가스의 폭발등급 및 이에 대응하는 내압 방폭구조의 폭발등급]**

| 최대안전틈새 범위(mm) | 0.9 이상 | 0.5 초과 0.9 미만 | 0.5 이하 |
|---|---|---|---|
| 가연성 가스의 폭발등급 | A | B | C |
| 방폭 전기기기의 폭발등급 | ⅡA | ⅡB | ⅡC |

※ 비고 : 최대안전틈새는 내용적이 8L이고 틈새깊이가 25mm인 표준용기 안에서 가스가 폭발할 때 발생한 화염이 용기 밖으로 전파하여 가연성 가스에 점화되지 않는 틈새의 최댓값(안전간격, 화염일주한계)을 말한다.

※ ⅡA, ⅡB, ⅡC는 가스의 종류에 따라 구분한다(ⅡA : 프로판, ⅡB : 에틸렌, ⅡC : 수소 또는 아세틸렌).

**[가연성 가스의 폭발등급 및 이에 대응하는 본질안전 방폭구조의 폭발등급]**

| 최소점화전류비의 범위 | 0.8 초과 | 0.45 이상 0.8 이하 | 0.45 미만 |
|---|---|---|---|
| 가연성 가스의 폭발등급 | A | B | C |
| 방폭 전기기기의 폭발등급 | ⅡA | ⅡB | ⅡC |

※ 비고 : 최소점화전류비는 메탄의 최소점화전류값을 기준으로 한 대상이 되는 가스의 점화전류값의 비를 말한다.

㉡ 선정방법

ⓐ 한국가스안전공사, 산업통상자원부장관이 인정하는 기관 등 법령에 따른 검정기관이 실시하는 성능검정을 받은 것으로 한다.

ⓑ 가연성가스의 위험등급에 따라 적절한 폭발등급, 온도등급의 방폭전기기기를 선정한다.

ⓒ 중요한 저압전기기구의 방폭구조는 방폭구조 표 중의 적절한 것으로 선정한다.

ⓓ 2종류 이상의 가스가 같은 위험장소에 존재하는 경우에는 그중 위험등급이 높은 것을 기준으로 하여 방폭전기기기의 등급을 선정한다.

㉢ 방폭전기기기 설치기준

ⓐ 용기에는 방폭성능을 손상시킬 우려가 있는 유해한 흠, 부식, 균열 또는 기름 등의 누출 부위가 없도록 한다.

ⓑ 방폭전기기기 결합부의 나사류를 외부에서 쉽게 조작함으로써 방폭성능을 손상시킬 우려가 있는 것은 드라이버, 스패너, 플라이어 등의 일반 공구로 조작할 수 없도록 한 자물쇠식 죄임구조로 한다. 다만, 분해·조립의 경우 이외에는 늦출 필요가 없으며, 책임자 이외의 자가 나사를 늦출 우려가 없는 것으로 방폭성능의 보전에 영향이 적은 것은 자물쇠식 죄임을 생략할 수 있다.

ⓒ 방폭전기기기 배선에 사용되는 전선, 케이블, 금속관 공사용 전선관 및 케이블 보호관 등은 방폭전기기기의 성능을 떨어뜨리지 않는 것으로 한다.

ⓓ 방폭전기기기 설치에 사용되는 정션 박스(junction box), 풀 박스(pull box), 접속함 등은 내압방폭구조 또는 안전증방폭구조의 것으로 한다.

ⓔ 방폭전기기기 설비의 부속품은 내압방폭구조 또는 안전증방폭구조의 것으로 한다.

ⓕ 내압방폭구조의 방폭전기기기 본체에 있는 전선 인입구에는 가스의 침입을 확실하게 방지할 수 있는 조치를 하고, 그 외 방폭구조의 방폭전기기기 본체에 있는 전선 인입구에는 전선관로 등을 통해 분진 등의 고형 이물이나 물의 침입을 방지할 수 있는 조치를 한다.

ⓖ 조명기구를 천정이나 벽에 매달 경우에는 바람 등에 의한 진동에 충분히 견디도록 견고하게 설치하고, 매달리는 관의 길이는 가능한 한 짧게 한다.

ⓗ 전선관이나 케이블 등은 접히거나 급격한 각도로 굽혀진 부위가 없도록 한다.

ⓘ 본질안전방폭구조를 구성하는 배선은 본질안전방폭구조 이외의 전기설비배선과 혼촉을 방지하고, 그 배선은 다른 배선과 구별하기 쉽게 한다.

ⓙ 도시가스 공급시설에 설치하는 정압기실 및 구역압력조정기실 개구부와 RTU(Remote Terminal Unit) 박스는 다음 기준에서 정한 거리 이상을 유지한다.

- 지구정압기, 건축물 내 지역정압기 및 공기보다 무거운 가스를 사용하는 지역정압기 : 4.5m
- 공기보다 가벼운 가스를 사용하는 지역정압기 및 구역압력조정기 : 1m

## 3 물질 성상별 안전장비

| 구분 | 내용 |
|---|---|
| 부식성 물질 등 | 인체에 접촉할 경우를 대비하여 비상샤워장치 및 세안장치를 설치하여야 하며, 항상 사용 가능하게 준비가 되어 있어야 한다. |
| 인화성 · 가연성 물질 | 흄후드를 설치하고, 흄후드 내에서 취급한다. |
| 유기화합물 | 증기 발산원을 밀폐한다(증기 누출부에 국소배기장치 설치하여 유증기 발산 최소화). |
| 고독성물질 | • 시약장, 냉장고 등에도 음압을 유지할 수 있도록 한다.<br>• 환기설비를 설치하여 증기가 연구실 내부로 유입되지 않도록 한다. |

PART 02

# 과목별 빈칸완성 문제

**각 문제의 빈칸에 올바른 답을 적으시오.**

## 01 GHS-MSDS의 항목

| 1 | 화학제품과 회사에 관한 정보 | 9 | 물리화학적 특성 |
|---|---|---|---|
| 2 | ( ① ) | 10 | ( ⑤ ) |
| 3 | 구성성분의 명칭 및 함유량 | 11 | 독성에 관한 정보 |
| 4 | ( ② ) | 12 | ( ⑥ ) |
| 5 | 폭발 · 화재 시 대처방법 | 13 | ( ⑦ ) |
| 6 | ( ③ ) | 14 | 운송에 필요한 정보 |
| 7 | ( ④ ) | 15 | ( ⑧ ) |
| 8 | 노출방지 및 개인보호구 | 16 | 그 밖의 참고사항 |

정답

① 유해성 · 위험성
② 응급조치 요령
③ 누출 사고 시 대처방법
④ 취급 및 저장방법
⑤ 안정성 및 반응성
⑥ 환경에 미치는 영향
⑦ 폐기 시 주의사항
⑧ 법적 규제현황

## 02 화학물질(가스)의 유해성 · 위험성 분류의 정의

- 인화성 가스 : ( ① )℃, ( ② )kPa에서 공기와 혼합하여 인화되는 범위에 있는 가스와 ( ③ )℃ 이하 공기 중에서 자연발화하는 가스
- 인화성 액체 : ( ④ )kPa에서 인화점이 ( ⑤ )℃ 이하인 액체
- 물반응성 물질 : 물과의 상호작용에 의하여 ( ⑥ )하거나 ( ⑦ ) 가스의 양이 위험한 수준으로 발생하는 고체 · 액체 또는 혼합물
- 산화성 액체 : 그 자체로는 ( ⑧ )하지 않더라도 일반적으로 산소를 발생시켜 다른 물질을 ( ⑧ )시키거나 ( ⑧ )를 촉진하는 액체
- ( ⑨ ) 고체 : 적은 양으로도 공기와 접촉하여 5분 안에 발화할 수 있는 고체
- 급성 독성 : 입 또는 피부를 통하여 1회 또는 ( ⑩ )시간 이내에 수회로 나누어 투여되거나 호흡기를 통하여 ( ⑪ )시간 동안 노출 시 나타나는 유해한 영향
- 피부 부식성 : 피부에 ( ⑫ )적인 손상이 생기는 것

정답

① 20
② 101.3
③ 54
④ 101.3
⑤ 93
⑥ 자연발화
⑦ 인화성
⑧ 연소
⑨ 자연발화성
⑩ 24
⑪ 4
⑫ 비가역

## 03 CMR 물질의 종류 3가지

- 
- 
- 

정답

- 발암성(carcinogenicity) 물질
- 생식세포 변이원성(germ cell mutagenicity) 물질
- 생식독성(reproductive toxicity) 물질

## 04 위험성 · 유해성에 따른 그림문자

| | | | | |
|---|---|---|---|---|
|  ( ① ) |  ( ② ) |  ( ③ ) |  ( ④ ) |  ( ⑤ ) |
|  ( ⑥ ) |  ( ⑦ ) |  ( ⑧ ) |  ( ⑨ ) | |

정답

① 폭발성, 자기반응성, 유기과산화물

② 인화성, 물 반응성, 자기반응성, 자연발화성, 자기발열성, 유기과산화물, 에어로졸

③ 산화성

④ 고압가스

⑤ 금속부식성, 피부부식성, 심한 눈 손상성

⑥ 급성독성

⑦ 호흡기 과민성, 발암성, 생식세포 변이원성, 생식독성, 특정표적 장기독성, 흡인유해성

⑧ 경고, 눈 자극성, 피부 자극성, 피부 과민성, 오존층유해성

⑨ 수생환경 유해성

## 05 NFPA지수 해석

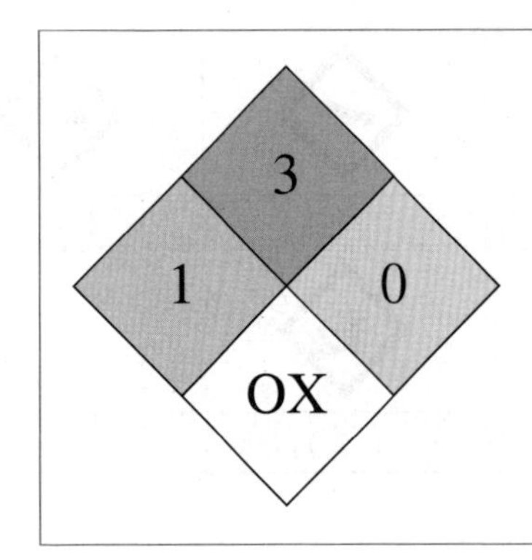


- 1 : ( ① )위험성 - 약간 ( ② )
- 3 : ( ③ )위험성 - 인화점 범위가 ( ④ )℃
- 0 : ( ⑤ )위험성 - ( ⑥ )
- OX : ( ⑦ )위험성 - ( ⑧ )를 의미

**정답**

① 건강　　② 유해함
③ 화재　　④ 22.8~37.8
⑤ 반응　　⑥ 안정함
⑦ 기타　　⑧ 산화제

## 06 절대압력

그림의 압력을 읽고 구한 절대압력은 (　　)MPa이다(소수점 3번째 자리에서 반올림할 것).

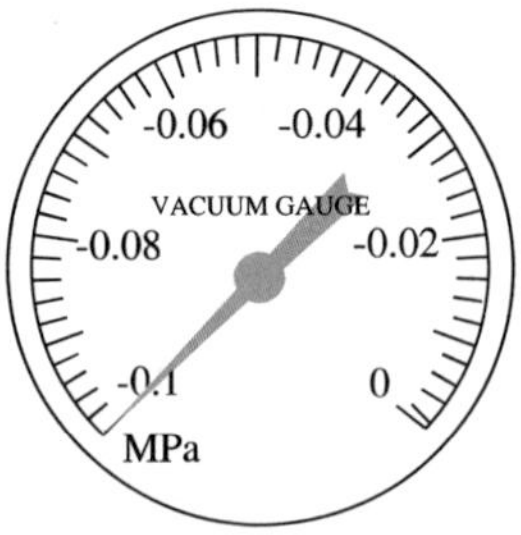

**정답**

0

**해설**

절대압력 = 게이지압력 + 대기압
= −0.1MPa + 0.101325MPa
= 0.001325MPa
≒ 0

## 07 온도

| 212°F의 켈빈온도는 (　　)K이다. |
|---|

정답

373

해설

화씨온도 = 1.8 × 섭씨온도 + 32
212°F = 1.8 × 섭씨온도 + 32
∴ 섭씨온도 = 100℃
켈빈온도 = 섭씨온도 + 273
= 100 + 273
= 373K

## 08 가스비중

| 메탄의 가스비중은 ( ① )이고, 부탄의 가스비중은 ( ② )이다(소수점 3번째 자리에서 반올림할 것). |
|---|

정답

① 0.55
② 2

해설

$$가스비중 = \frac{가스(증기)\ 분자량}{공기\ 분자량(29)}$$

- 메탄($CH_4$)의 가스비중 $= \frac{12 + 1 \times 4}{29}$
  $= 0.55$
- 부탄($C_4H_{10}$)의 가스비중 $= \frac{12 \times 4 + 1 \times 10}{29}$
  $= 2$

## 09 위험물안전관리법에 따른 유별을 달리하는 위험물의 혼재기준

| 위험물의 구분 | 제1류 | 제2류 | 제3류 | 제4류 | 제5류 | 제6류 |
|---|---|---|---|---|---|---|
| 제1류 | | | | | | |
| 제2류 | | | | | | |
| 제3류 | | | | | | |
| 제4류 | | | | | | |
| 제5류 | | | | | | |
| 제6류 | | | | | | |

정답

| 위험물의 구분 | 제1류 | 제2류 | 제3류 | 제4류 | 제5류 | 제6류 |
|---|---|---|---|---|---|---|
| 제1류 | | × | × | × | × | ○ |
| 제2류 | × | | × | ○ | ○ | × |
| 제3류 | × | × | | ○ | × | × |
| 제4류 | × | ○ | ○ | | ○ | × |
| 제5류 | × | ○ | × | ○ | | × |
| 제6류 | ○ | × | × | × | × | |

## 10 연소성에 의한 가스 분류

공기, 질소, 수소, 암모니아, 아르곤, 산소, 일산화탄소, 황화수소, 헬륨, 염소, 아세틸렌, 메탄, 탄산가스

- 가연성 가스 : ( ① )
- 조연성 가스 : ( ② )
- 불연성 가스 : ( ③ )

정답

① 수소, 암모니아, 일산화탄소, 황화수소, 아세틸렌, 메탄

② 공기, 산소, 염소

③ 질소, 아르곤, 헬륨, 탄산가스

## 11 가연성·독성가스 용기 표시색

| 가스 종류 | 수소 | 아세틸렌 | 액화암모니아 | 액화염소 | 액화석유가스 | 그 밖의 가스 |
|---|---|---|---|---|---|---|
| 도색 | ( ① ) | ( ② ) | ( ③ ) | ( ④ ) | ( ⑤ ) | ( ⑥ ) |

정답

① 주황색
② 황색
③ 백색
④ 갈색
⑤ 밝은 회색
⑥ 회색

## 12 연소한계곡선

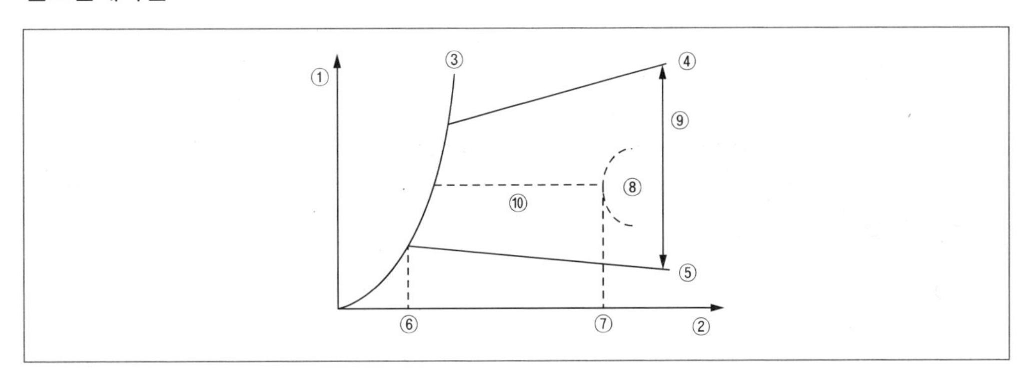


정답

① 농도
② 온도
③ 포화증기압선도
④ UFL(UEL)
⑤ LFL(LEL)
⑥ 인화점
⑦ AIT(자연발화점)
⑧ 자연발화
⑨ 연소범위
⑩ 화학양론 조성비

## 13 최소산소농도(MOC)

| 프로판의 MOC는 (　　)%이다. |
|---|

정답

10.5

해설

프로판의 완전연소 반응식

$C_3H_8 + 5O_2 \rightarrow 3CO_2 + 4H_2O$

프로판의 MOC = LFL(폭발하한계) × $O_2$

= 2.1 × 5

= 10.5

## 14 가스의 위험도

| 메탄의 위험도는 ( ① )이고, 프로판은 ( ② )이고, 아세틸렌은 ( ③ )이다. |
|---|

정답

① 2

② 3.52

③ 31.4

해설

- 메탄($CH_4$)의 $H = \frac{15-5}{5} = 2$
- 프로판($C_3H_8$)의 $H = \frac{9.5-2.1}{2.1} = 3.52$
- 아세틸렌($C_2H_2$)의 $H = \frac{81-2.5}{2.5} = 31.4$

## 15 가스누출에 따른 전체환기 필요환기량 공식

> • 희석을 위한 필요환기량 : ( ① )
> • 화재·폭발 방지를 위한 필요환기량 : ( ② )

정답

① $Q = \dfrac{24.1 \times S \times G \times K \times 10^6}{M \times TLV}$

② $Q = \dfrac{24.1 \times S \times G \times S_f \times 100}{M \times LEL \times B}$

단위기호

- $Q$ : 필요환기량($m^3$/h)
- $S$ : 유해물질의 비중
- $G$ : 유해물질 시간당 사용량(L/h)
- $M$ : 유해물질의 분자량
- $TLV$ : 유해물질의 노출기준(ppm)
- $LEL$ : 폭발하한계(%)
- $K$ : 안전계수(작업장 내 공기혼합 정도)
  $K$ = 1(원활), $K$ = 2(보통), $K$ = 3(불완전)
- $B$ : 온도상수(121℃ 기준)
  $B$ = 1(이하), $B$ = 0.7(초과)
- $S_f$ : 공정안전계수
  $S_f$ = 4(연속공정), $S_f$ = 10~12(회분식공정)

## 16 지정폐기물의 종류

> • 폐합성 고분자화합물(( ① ) 상태 제외) : 폐합성 수지, 폐합성 고무
> • 오니류(수분함량 ( ② )% 미만 또는 고형물함량 ( ③ )% 이상인 것으로 한정) : 폐수처리오니, 공정오니
> • 폐유 : 기름 성분 ( ④ )% 이상 함유

정답

① 고체

② 95

③ 5

④ 5

## 17 가스 누출 검지경보장치

- 건축물 안의 가스가 누출하기 쉬운 설비군의 바닥면 둘레 ( ① )m마다 1개 이상의 비율로 설치한다.
- 건축물 밖의 가스가 누출하기 쉬운 설비군의 바닥면 둘레 ( ② )m마다 1개 이상의 비율로 설치한다.
- 가스비중이 1보다 큰 경우에는 ( ③ )면에서 ( ④ )cm 이내의 높이에 설치한다.
- 가스비중이 1보다 작은 경우에는 ( ⑤ )면에서 ( ⑥ )cm 이내의 높이에 설치한다.

정답

① 10

② 20

③ 바닥

④ 30

⑤ 천장

⑥ 30

## 18 증기운 폭발(UVCE)의 방지대책

- 가연성 가스/인화성 액체의 ( ① )이 발생하지 않도록 지속적으로 관리한다.
- 가연성 가스/인화성 액체의 재고를 ( ② )한다.
- 가스누설감지기 또는 인화성 액체의 ( ③ ) 감지기 등을 설치하여 초기 누출 시 대응할 수 있도록 한다.
- ( ④ )를 설치하여 누출이 감지되면 즉시 공급이 차단되도록 한다.

정답

① 누출

② 최소화

③ 누액

④ 긴급차단장치

## 19 비등액체팽창증기폭발(BLEVE)의 방지대책

- 탱크 내부의 온도가 상승하지 않도록 한다.
  - 저장탱크의 보유 공지를 기준보다 ( ① ) 유지한다.
  - 벽면이 가열되지 않도록 탱크 외벽을 식혀 준다.
- 내부에 상승된 압력을 빠르게 감소시켜 주어야 한다.
  - 안전밸브, ( ② ) 또는 폭압방산공을 설치
- 탱크가 ( ③ )에 직접 가열되는 것을 피한다.
  - 방유제 내부에 경사도를 유지하여 누출된 유류가 가급적 탱크 벽면으로부터 먼 방향으로 흘러가게 한다.
  - 저장탱크를 지면 아래로 매설한다.
  - 지상에 설치하는 경우 주요 시설물 사이에 콘크리트 차단벽을 설치하여 저장탱크가 열에 직접 노출되는 것을 피한다.

정답

① 넓게

② 파열판

③ 화염

## 20 방폭구조의 종류와 기호

| 종류 | 내압 | 압력 | 유입 | 몰드 | 비점화 | 안전증 | 본질안전 | 충전 | 특수 |
|---|---|---|---|---|---|---|---|---|---|
| 기호 | ( ① ) | ( ② ) | ( ③ ) | ( ④ ) | ( ⑤ ) | ( ⑥ ) | ( ⑦ ) | ( ⑧ ) | ( ⑨ ) |

정답

① d

② p

③ o

④ m

⑤ n

⑥ e

⑦ ia/ib

⑧ q

⑨ s

교육은 우리 자신의 무지를 점차 발견해 가는 과정이다.

– 윌 듀란트 –

# PART 03

# 연구실 기계 · 물리 안전관리

CHAPTER 01 기계 안전관리 일반

CHAPTER 02 연구실 내 위험기계 · 기구 및 연구장비 안전관리

CHAPTER 03 연구실 내 레이저, 방사선 등 물리적 위험요인에 대한 안전관리

과목별 빈칸완성 문제

# 기계 안전관리 일반

## 1 기계 안전 일반

### (1) 기계 · 기구의 종류

| 구분 | 종류 | 예 |
|---|---|---|
| 공구 | 수공구 | 해머(망치), 정, 렌치(스패너), 드라이버, 쇠톱, 바이스 등 |
| | 동력공구 | 전동드릴(핸드드릴), 핸드그라인더(휴대용연삭기), 금속절단기(고속절단기) 등 |
| 산업용 기계 · 기구 | 공작기계 | 선반, 드릴링 머신, 밀링머신, 연삭기 등 |
| | 금속가공기계 | 프레스, 절단기, 용접기 등 |
| | 제철제강기계 | 압연기, 인발기, 제강로, 열처리로 등 |
| | 전기기계 | 차단기, 발전기, 전동기 등 |
| | 열유체기계 | 보일러, 내연기관, 펌프, 공기압축기, 터빈 등 |
| | 섬유기계 | 제면기, 제사기, 방적기 등 |
| | 목공기계 | 목공선반, 목공용 둥근톱 기계, 기계대패, 띠톱기계 등 |
| | 건설기계 | 불도저, 해머, 포장기계, 준설기 등 |
| | 화학기계 | 저장탱크, 증류탑, 열교환기 등 |
| | 하역운반기계 | 양중기(호이스트, 리프트), 컨베이어, 엘리베이터 등 |
| 연구실 장비 | 안전장비 | 고압증기멸균기, 흄후드, 생물작업대 등 |
| | 실험장비 | 고압증기멸균기, 흄후드, 무균실험대, 실험용 가열판, 연삭기, 오븐, 용접기, 원심분리기, 인두기, 전기로, 절단기, 조직절편기, 초저온용기, 펌프/진공펌프, 혼합기, 반응성 이온 식각장비, 가열/건조기, 공기압축기, 압력용기 등 |
| | 분석장비 | 가스크로마토그래피, 만능재료시험기(UTM) 등 |
| | 광학기기 | 레이저, UV장비 등 |

### (2) 기계 · 기구의 동작 형태와 위험성

| 동작 형태 | 위험성 |
|---|---|
| 회전동작(rotating motion) | 접촉 및 말림, 회전체 자체의 위험성, 고정부와 회전부 사이의 끼임 · 협착 · 트랩 형성 등의 위험성이 있다.<br>예 플라이휠, 팬, 풀리, 축 |
| 횡축동작(rectilineal motion) | 고정부와 운동부 사이에 위험이 형성되며, 작업점과 기계적 결합부 사이에 위험성이 상존한다. |
| 왕복동작(reciprocating motion) | 운동부와 고정부 사이에 위험이 형성되며 운동부 전후, 좌우 등에 적절한 안전조치가 필요하다.<br>예 프레스, 세이퍼 |

### (3) 위험점

① **협착점(squeeze point) = 왕복운동 + 고정부** : 왕복운동을 하는 동작 부분과 움직임이 없는 고정 부분 사이에 형성되는 위험점

예 프레스, 절단기, 성형기, 조형기, 절곡기 등

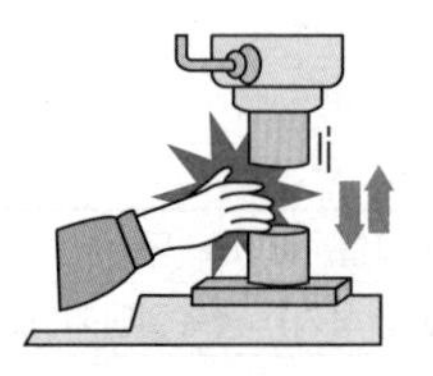  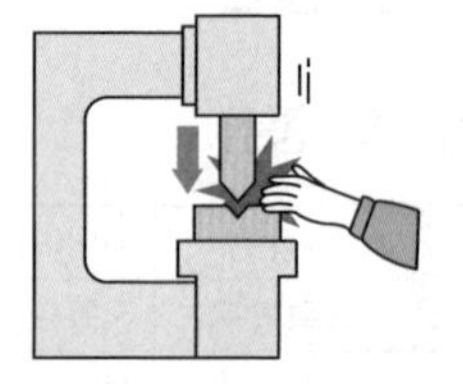

② **끼임점(sheer point) = 회전 또는 직선운동 + 고정부** : 고정 부분과 회전하는 동작 부분이 함께 만드는 위험점

예 연삭숫돌과 작업받침대, 교반기 날개와 하우스(몸체) 사이, 탈수기 회전체와 몸체, 반복왕복운동하는 기계 부분 등

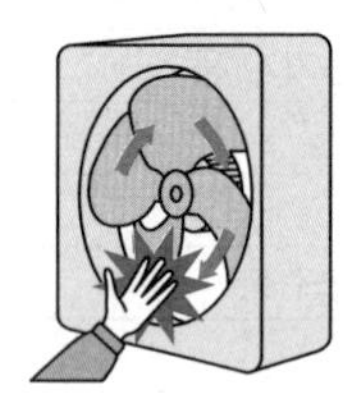  

③ **절단점(cutting point) = 회전운동 자체** : 회전하는 운동 부분 자체의 위험이나 운동하는 기계 부분 자체의 위험에서 초래되는 위험점

예 밀링커터, 둥근톱날, 회전대패날, 목공용 띠톱 등

④ **물림점(nip point) = 회전운동 + 회전운동** : 서로 반대 방향으로 회전하는 2개의 회전체에 말려 들어가는 위험이 존재하는 점

예 롤러기의 두 롤러 사이, 맞닿는 두 기어 사이 등

 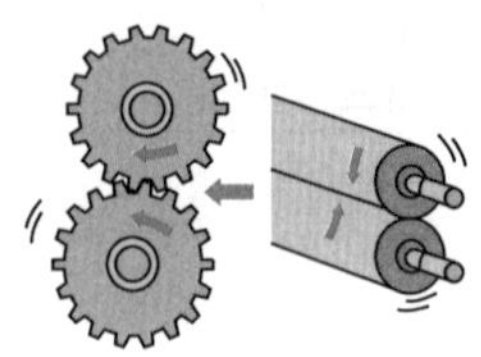 

⑤ **접선 물림점(tangential nip point) = 회전운동 + 접선부** : 회전하는 부분의 접선 방향으로 물려 들어가는 위험이 존재하는 점

㊕ 체인과 체인기어, 기어와 랙, 롤러와 평벨트, V벨트와 V풀리 등

⑥ **회전 말림점(trapping point) = 돌기회전부** : 회전하는 물체에 장갑 및 작업복 등이 말려 들어갈 위험이 있는 점

㊕ 밀링, 드릴, 나사 회전부 등

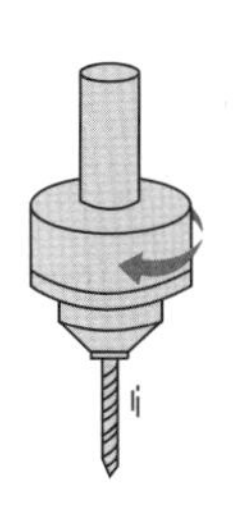

## (4) 사고 체인의 5요소

기계요소에 의해 사람이 어떻게 상해를 입는지에 대한 기준으로 기계의 위험점을 결정

| 1요소 | 함정(trap) | 기계의 운동에 의해 작업자가 끌려가 다칠 수 있는 위험요소<br>㊕ 손과 발 등이 끌려들어 가는 트랩, 닫힘운동이나 이송운동에 의해 손과 발 등이 트랩되는 곳 |
|---|---|---|
| 2요소 | 충격(impact) | 움직이는 기계와 작업자가 충돌하거나, 고정된 기계에 사람이 충돌하여 사고가 일어날 수 있는 위험요소<br>㊕ 운동하는 물체가 사람에 충돌하는 경우, 고정된 물체에 사람이 이동 충돌하는 경우, 사람과 물체가 쌍방 충돌하는 경우 |
| 3요소 | 접촉(contact) | 날카로운 물체, 고·저온, 전류 등에 접촉하여 상해가 일어날 수 있는 위험요소 |
| 4요소 | 얽힘·말림(entanglement) | 작업자가 기계설비에 말려 들어갈 수 있는 위험요소 |
| 5요소 | 튀어나옴(ejection) | 기계요소나 피가공재가 기계로부터 튀어나올 수 있는 위험요소 |

## 2 기계의 안전화

### (1) 기계설비 안전화를 위한 기본원칙 순서

① 위험의 분류 및 결정

② 설계에 의한 위험 제거 또는 감소

③ 방호장치의 사용

④ 안전작업방법의 설정과 실시

### (2) 기계설비의 본질적 안전조건(안전설계 방법)

① 풀 프루프(fool proof) : 인간이 기계 등을 잘못 취급해도 그것이 바로 사고나 재해와 연결되는 일이 없는 기능

| | | |
|---|---|---|
| 가드 | 고정가드 | 열리는 입구부(가드 개구부)에서 가공물, 공구 등은 들어가나 손은 위험영역에 미치지 않게 한다. |
| | 조정가드 | 가공물이나 공구에 맞추어 형상 또는 길이, 크기 등을 조정할 수 있다. |
| | 경고가드 | 신체 부위가 위험영역에 들어가기 전에 경고가 울린다. |
| | 인터록가드 | 기계가 작동 중에는 열리지 않고 열려 있을 시는 기계가 가동되지 않는다. |
| 조작기계 | 양수조작식 | 두 손으로 동시에 조작하지 않으면 기계가 작동하지 않고 손을 떼면 정지 또는 역전복귀한다. |
| | 컨트롤 | 조작기계를 겸한 가드문을 닫으면 기계가 작동하고 열면 정지한다. |
| 록기구 | 인터록 | 기계식, 전기식, 유압공압식 또는 그와 같은 조합에 따라 2개 이상의 부분이 서로 구속하게 된다. |
| | 열쇠식 인터록 | 열쇠의 이용으로 한 쪽을 시건하지 않으면 다른 쪽이 개방되지 않는다. |
| | 키록 | 한 개 또는 다른 몇 개의 열쇠를 가지고 모든 시건을 열지 않으면 기계가 조작되지 않는다. |
| 트립기구 | 접촉식 | 접촉판, 접촉봉 등에 신체의 일부가 위험구역에 접근하면 기계가 정지 또는 역전복귀한다. |
| | 비접촉식 | 광전자식, 정전용량식 등에 의해 신체의 일부가 위험구역에 접근하면 기계가 정지 또는 역전복귀한다. 신체의 일부가 위험구역 내에 들어 있으면 기계는 가동되지 않는다. |
| 오버런기구 | 검출식 | 스위치를 끈 후의 타성운동이나 잔류전하를 검지하여 위험이 있는 때에는 가드를 열지 않는다. |
| | 타이밍식 | 기계식 또는 타이머 등에 의해 스위치를 끄고 일정 시간 후에 이상이 없어도 가드 등을 열지 않는다. |
| 밀어내기 기구 | 자동가드식 | 가드의 가동 부분이 열려 있는 때에 자동적으로 위험지역으로부터 신체를 밀어낸다. |
| | 손쳐내기식, 수인식 | 위험상태가 되기 전에 손을 위험지역으로부터 떨쳐 버리거나 혹은 잡아당겨 되돌린다. |
| 기동방지 기구 | 안전블록 | 기계의 기동을 기계적으로 방해하는 스토퍼 등 통상은 안전 플러그 등과 병용한다. |
| | 안전플러그 | 제어회로 등에 준비하여 접점을 차단하는 것으로 불의의 기동을 방지한다. |
| | 레버록 | 조작 레버를 중립위치에 자동적으로 잠근다. |

② 페일 세이프(fail safe) : 기계나 그 부품에 고장이나 기능 불량이 생겨도 항상 안전하게 작동하는 구조와 그 기능

| | |
|---|---|
| 페일 패시브 (fail passive) | 일반적 기계의 방식으로 성분의 고장 시 기계장치는 정지한다.<br>예 정전 시 승강기 긴급정지 |
| 페일 액티브 (fail active) | 기계 고장 시 기계장치는 경보를 내며 단시간에 역전된다.<br>예 자동차 운전 중 충돌할 위험이 있을 때 차량 내부 경보음 울리고, 물체와 더 가까워졌을 때 완전히 제동된다. |
| 페일 오퍼레이셔널 (fail operational) | 병렬요소로 구성한 것으로 성분의 고장이 있어도 다음 정기점검까지는 운전이 가능하다.<br>예 항공기 엔진 고장 시 보조 엔진으로 운행할 수 있도록 설계한다. |

### (3) 기계설비의 안전조건

① 외형의 안전화

㉠ 가드(guard)의 설치 : 기계의 외형 부분, 돌출 부분, 감전 우려 부분, 운동 부분 등

㉡ 별실 또는 구획된 장소에 격리 : 원동기, 동력전달장치(벨트, 기어, 샤프트, 체인 등)

㉢ 안전색채 사용

| 기계장비 | 색상 |
|---|---|
| 시동 스위치 | 녹색 |
| 급정지 스위치 | 적색 |
| 대형기계 | 밝은 연녹색 |
| 고열기계 | 청록색, 회청색 |
| 증기배관 | 암적색 |
| 가스배관 | 황색 |
| 기름배관 | 암황적색 |

② 기능의 안전화

㉠ 소극적 대책(1차적 대책) : 이상 발생 시 급정지시키거나 방호장치가 작동하도록 한다.

예 • 기계의 이상을 확인하고 급정지시켰다.
- 기계설비에 이상이 있을 때 방호장치가 작동되도록 하였다.
- 기계의 볼트 및 너트가 이완되지 않도록 다시 조립하였다.
- 원활한 작동을 위해 급유를 하였다.

㉡ 적극적 대책(2차적 대책) : 회로를 개선하여 오동작을 방지하거나 별도의 안전한 회로에 의해 정상기능을 회복한다.

예 • 페일 세이프 및 풀 프루프의 기능을 가지는 장치를 적용하였다.
- 사용압력 변동, 전압강하 및 정전, 단락 또는 스위치 고장, 밸브계통의 고장 등으로 발생하는 오작동에 대비하여 적절한 대책을 강구하였다.
- 회로를 개선하여 오동작을 방지하도록 하였다.
- 회로를 별도의 안전한 회로에 의해 정상기능을 찾을 수 있도록 하였다.

③ 구조의 안전화

㉠ 고려사항 : 재료의 결함, 설계상의 결함, 가공의 결함

㉡ 안전율 · 안전여유

ⓐ 정의 및 특징

$$\text{안전율} = \frac{\text{기초강도}}{\text{허용응력}} = \frac{\text{극한강도}}{\text{최대설계응력}} = \frac{\text{파괴하중}}{\text{최대사용하중}} = \frac{\text{파단강도}}{\text{안전하중}}$$

안전여유 = 극한강도 − 허용응력(정격하중)

- 안전율 : 재료가 안전을 유지하는 정도로 항상 1보다 커야 한다.
- 안전율이 클수록 설계에 안전성이 있는 반면 경제성은 떨어지므로, 적절한 범위에서 안전율을 택해야 한다.

ⓑ 응력-변형율 선도(연성재료의 인장시험)

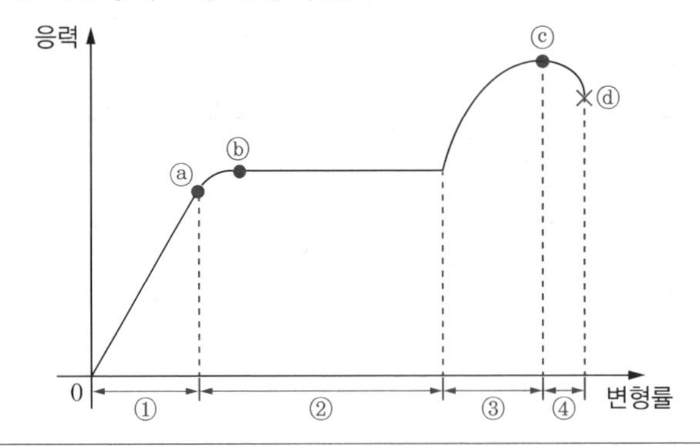


① 선형구간(탄성구간) : 응력과 변형률이 비례하는 구간. 외력에 의해 변형된 재료가 외력을 제거하면 원래 상태로 되돌아가는 성질이 유지되는 구간
② 소성구간 : 응력의 변화 없이 변형률이 빠르게 증가하는 구간. 응력을 제거해도 영구변형이 남는 구간
③ 변형경화구간 : 변형률이 증가하면서 응력이 비선형적으로 증가하는 구간
④ 파괴구간(네킹) : 변형률은 증가하지만 응력은 오히려 감소하여 결국 파단에 이르는 구간
ⓐ 비례한도 : 비례한도 이내에서는 응력을 제거하면 원상태로 돌아감
ⓑ 항복응력(항복점, 탄성한도) : 탄성과 소성의 경계점의 응력. 영구변형이 명확히 나타나는 점
ⓒ 극한응력(극한강도, 인장강도) : 최대응력. 재료가 견딜 수 있는 최대강도
ⓓ 파괴강도(파단점) : 극한강도를 넘어서 결국 파단되는 점

ⓒ 재료의 안전조건

탄성한도 > 허용응력 ≥ 사용응력

- 탄성한도 : 탄성한도 이상이 되면 영구변형이 나타난다.
- 허용응력 : 재료를 사용하는 데 허용할 수 있는 최대 응력이다.
- 사용응력 : 실제적으로 안전한 범위 내에서 사용했을 때 발생하는 응력이다.

ⓓ 기초강도(기준강도) 결정

• 기초강도 : 설계를 위해 기준이 되는 재료강도

| 기초강도 > 허용응력 ≥ 사용응력 |
|---|

| 상황 | 기초강도 |
|---|---|
| 상온에서 연성재료(연강)에 정하중이 작용할 때 | 극한강도 또는 항복점 |
| 상온에서 취성재료(주철)에 정하중이 작용할 때 | 극한강도 |
| 반복하중이 작용할 때 | 피로한도 |
| 고온에서 정하중이 작용할 때 | 크리프강도 |

※ 연성재료 : 파괴 전 큰 영구변형이 있는 재료(강철, 금속, 찰흙 등)
※ 취성재료 : 파괴 전 큰 영구변형이 없는 재료(유리, 콘크리트 등)

ⓔ 안전율 결정인자

| | |
|---|---|
| **하중견적의 정확도 대소** | 관성력, 잔류응력 등이 존재하는 경우에는 부정확성을 보완하기 위해 안전율을 크게 한다. |
| **응력계산의 정확도 대소** | 형상이 복잡하고 응력 작용상태가 복잡한 경우에는 정확한 응력을 계산하기 곤란하므로 안전율을 크게 한다. |
| **재료 및 균질성에 대한 신뢰도** | 연성재료는 취성재료에 비해 결함에 의한 강도손실이 작고 탄성파손 시 바로 파괴되지 않으므로 신뢰도가 높다. 따라서 연성재료는 취성재료보다 안전율을 작게 한다. |
| **응력의 종류와 성질의 상이** | 충격하중은 정하중보다 안전율을 크게 한다. |
| **공작 정도의 양부** | 공작물의 다듬질면, 공작의 정도 등 기계의 수명을 좌우하는 인자이기 때문에 안전율을 고려해야 한다. |
| **불연속 부분의 존재** | 공작물의 불연속 부분에서 응력집중이 발생하므로 안전율을 크게 한다. |
| **사용상에 있어서 예측할 수 없는 변화의 가능성 대소** | 사용수명 중에 생기는 특정 부분의 마모, 온도변화의 가능성이 있어 안전율을 고려하여 설계한다. |

ⓕ 경험적 안전율(Unwin) : 재료의 극한강도를 기준강도로 한 경우의 안전율 평균값

| 재료 | 정하중 | 반복하중 | | 충격하중 |
|---|---|---|---|---|
| | | 편진 | 양진 | |
| 강, 연철 | 3 | 5 | 8 | 12 |
| 주철 | 4 | 6 | 10 | 15 |
| 목재 | 7 | 10 | 15 | 20 |
| 벽돌, 석재 | 20 | 30 | – | – |

ⓖ 수량적 안전율(Cardullo) : 재료의 극한강도를 기준강도로 한 경우의 안전율을 계산

S=A×B×C

| | |
|---|---|
| A<br>(탄성률) | • 하중이 재료의 파단강도 이하까지 적용되게 한 값<br>• 정하중은 인장강도와 항복점의 비<br>• 반복하중은 인장강도와 피로강도의 비 |
| B<br>(충격률) | • 충격의 정도에 대한 값<br>• 하중이 충격적으로 작용하는 경우에 생기는 응력과 같은 하중이 정적으로 작용하는 경우에 생기는 응력의 비<br>• 정하중 : 1<br>• 약한 충격 : 1.25~1.5<br>• 강한 충격 : 2~3 |
| C<br>(여유율) | • 재료 결함, 응력계산의 부정확, 잔류응력, 열응력, 관성력 등의 우연적 추가응력의 여유를 두는 값<br>• 연성재료 : 1.5~2<br>• 취성재료 : 2~3<br>• 목재 : 3~4 |

• 수량적 안전율 계산

| 구분 | A | B | C | S |
|---|---|---|---|---|
| 주철 및 주물 | 2 | 1 | 2 | 4 |
| 연철 및 연강 | 2 | 1 | 1.5 | 3 |
| 니켈강 | 1.5 | 1 | 1.5 | 2.25 |
| 담금질강 | 1.5 | 1 | 2 | 3 |
| 청동 및 황동 | 2 | 1 | 1.5 | 3 |

④ 작업의 안전화

㉠ 의미 : 작업환경과 작업방법을 검토하고 작업위험을 분석하여 안전한 최적의 작업환경을 갖춘다.

㉡ 작업의 안전화를 위한 설계

ⓐ 기계장치의 안전한 배치

ⓑ 급정지 버튼, 급정지 장치 등의 구조와 배치

ⓒ 작업자가 위험 부분에 접근 시 작동하는 검출형 방호장치의 이용

ⓓ 연동장치(interlock)된 방호장치의 이용

ⓔ 작업을 안전화하는 치공구류 이용

㉢ 인간공학적인 안전작업환경 구현

ⓐ 기계에 부착된 조명, 기계에서 발생하는 소음 등을 검토, 개선할 것

ⓑ 기계류 표시와 배치를 적절히 하여 오인이 안 되도록 할 것

ⓒ 작업대나 의자 높이 또는 형태가 적절한 것을 선택할 것

ⓓ 충분한 작업공간을 확보할 것

ⓔ 작업 시 안전한 통로나 계단을 확보할 것

㉣ 방호의 원리

ⓐ 위험 제거

ⓑ 차단(위험 상태의 제거)

ⓒ 덮어씌움(위험 상태의 삭감)

ⓓ 위험 적응

## 3 방호장치

### (1) 개요

① **정의** : 기계·기구에 의한 위험작업, 기타 작업에 의한 위험으로부터 근로자를 보호하기 위하여 일시적 또는 영구적으로 설치하는 기계적 안전장치를 말한다.

② **사용목적**

㉠ 위험부위에 인체의 접촉·접근을 방지

㉡ 재료, 공구 등의 낙하·비래에 의한 위험을 방지

㉢ 방음, 집진

### (2) 일반원칙

① **작업의 편의성** : 방호장치로 인하여 실험이 방해되어서는 안 된다. 실험에 방해가 된다는 것은 불안정한 행동의 원인을 제공하는 결과를 초래한다.

② **작업점 방호** : 방호장치는 사용자를 위험으로부터 보호하기 위한 것이므로 위험한 작업 부분이 완전히 방호되지 않으면 안 된다. 일부분이라도 노출되거나 틈을 주지 않도록 한다.

③ **외관의 안전화** : 구조가 간단하고 신뢰성을 갖추어야 한다. 외관상으로 불안전하게 설치되어 있는 기계의 모습은 사용자에게 심리적인 불안감을 줌으로써 불안전한 행동을 유발하게 되므로 외관상 안전화를 유지한다.

④ **기계 특성과 성능의 보장** : 방호장치는 해당 기계의 특성에 적합하지 않거나 성능이 보장되지 않으면 제 기능을 발휘하지 못한다.

### (3) 방호장치 선정 시 고려사항

① **방호의 정도** : 위험을 예지하는 것인지, 방지하는 것인지 고려한다.

② **적용 범위** : 기계 성능에 따라 적합한 것을 선정한다.

③ **보수성의 난이도** : 점검, 분해, 조립하기 쉬운 구조로 선정한다.

④ **신뢰성** : 가능한 한 구조가 간단하며 방호능력의 신뢰도가 높아야 한다.

⑤ **작업성** : 작업성을 저해하지 않아야 한다.

⑥ **경제성** : 성능대비 가격의 경제성을 확보해야 한다.

### (4) 방호장치의 종류

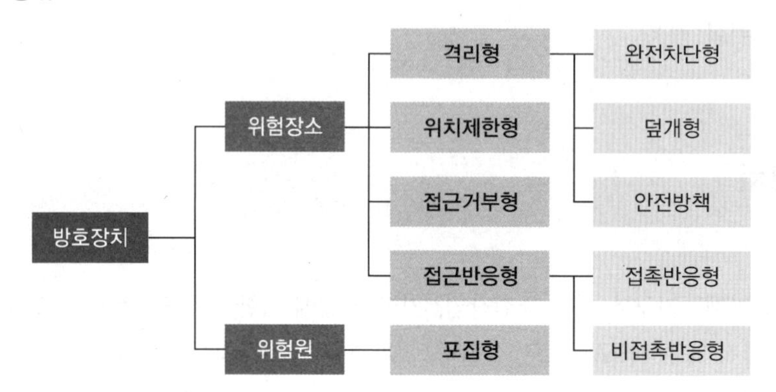


① **격리형 방호장치** : 사용자가 작업점에 접촉되어 재해를 당하지 않도록 기계설비 외부에 차단벽이나 방호망을 설치하여 사용하는 방식이다.

예 방벽, 덮개식, 전자식 각종 방호장치

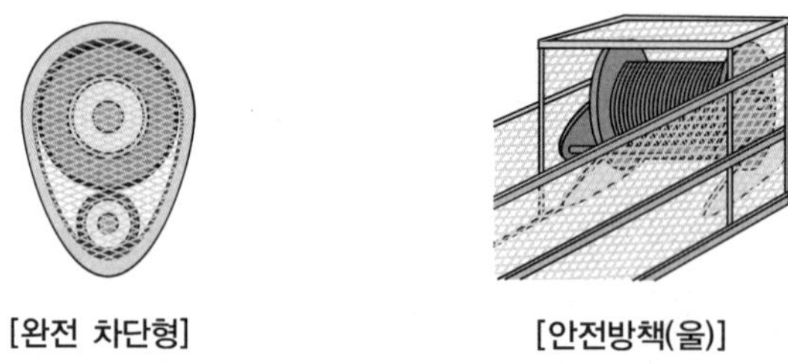

[완전 차단형] [안전방책(울)]

② **위치제한형 방호장치** : 위험점에 접근하지 못하도록 기계의 조작장치를 일정 거리 이상 떨어지게 설치하여 작업자를 방호하는 방법이다.

예 양수조작식 방호장치

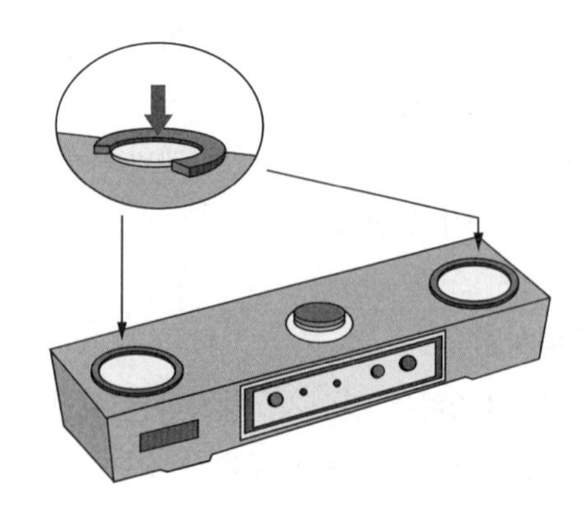

[양수조작식 방호장치]

③ **접근거부형 방호장치** : 사용자의 신체 부위가 위험한계 내로 접근하면 기계의 동작 위치에 설치해 놓은 기구가 접근하는 신체 부위를 강제로 밀어내거나 끌어내어 안전한 위치로 되돌리는 방식이다.

예 손쳐내기식 방호장치, 수인식 방호장치

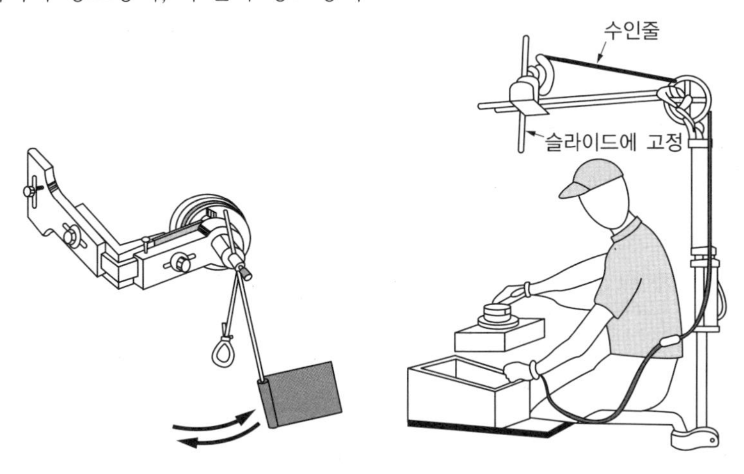


**[손쳐내기식 방호장치]** **[수인식 방호장치]**

④ **접근반응형 방호장치** : 사용자의 신체 부위가 위험한계로 들어오게 되면 센서가 감지하여 작동 중인 기계를 즉시 정지시키는 방식이다.

예 광전자식 방호장치

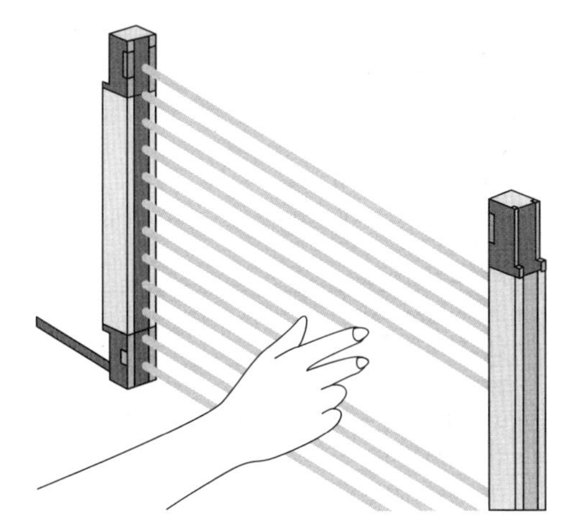

**[광전자식 방호장치]**

⑤ **포집형 방호장치** : 위험원이 비산하거나 튀는 것을 포집하여 사용자로부터 위험원을 차단하는 방식이다.

예 연삭숫돌의 포집장치

## (5) 유해위험기계 · 기구의 방호장치

| 유해위험기계 · 기구 | 방호장치 |
|---|---|
| 프레스, 전단기 | • 방호장치(광전자식, 양수조작식, 가드식, 손쳐내기식, 수인식 안전장치)<br>• 페달의 U자형 덮개<br>• 안전블록<br>• 자동 송급장치<br>• 금형의 안전울 |
| 아세틸렌용접장치,<br>가스집합용접장치 | 역화방지장치(안전기) |
| 폭발위험장소의<br>전기기계 · 기구 | 방폭구조 전기기계 · 기구 |
| 교류아크용접기 | 자동전격방지기 |
| 압력용기(공기압축기 등) | • 압력방출장치<br>• 언로드 밸브 |
| 보일러 | • 압력방출장치<br>• 고저수위 조절장치<br>• 압력제한 스위치(온도제한 스위치) |
| 롤러기 | • 급정지장치<br>• 안내 롤러<br>• 울(가드) |
| 연삭기 | • 덮개<br>• 칩 비산방지장치 |
| 목재가공용 둥근톱 | • 톱날 접촉예방장치(덮개)<br>• 반발예방장치(분할날) |
| 동력식 수동대패기 | 날 접촉예방장치 |
| 복합동작을 할 수 있는<br>산업용 로봇 | • 안전매트<br>• 방호울 |
| 정전 · 활선작업에 필요한<br>절연용 기구 | • 절연용 방호구<br>• 활선 작업용 기구 |
| 추락 등 위험방호에 필요한<br>가설 기자재 | • 비계<br>• 작업발판 등<br>• 안전난간 |
| 리프트 | • 과부하방지장치<br>• 권과방지장치 |
| 크레인 | • 과부하방지장치<br>• 비상정지장치<br>• 권과방지장치 |
| 곤돌라 | • 과부하방지장치<br>• 제동장치<br>• 권과방지장치 |
| 승강기 | • 과부하방지장치<br>• 조속기<br>• 비상정지장치<br>• 완충기<br>• 리밋 스위치<br>• 출입문 인터록 장치 |

## 4 기계분야 안전보호구

### (1) 작업 대상에 따른 안전보호구 선정

① 기계작업으로 인한 상해에 대비한 보호구

| 상해 우려 신체 | 보호구 |
|---|---|
| 손 | 보호장갑 |
| 발 | 안전화, 발덮개 등 |
| 그 외 피부 | 보호복, 앞치마, 토시 등 |

② 흡인 유해성이 있는 물질에 대비한 보호구

| 물질 | 분류 | 보호구 |
|---|---|---|
| 입자상 물질 | • 베릴륨 등과 같이 독성이 강한 물질들을 함유한 분진 등 발생장소<br>• 석면 취급장소 | 특급 방진마스크 |
| | • 금속 흄 등과 같이 열적으로 생기는 분진 등 발생장소<br>• 기계적으로 생기는 분진 등 발생장소 | 1급 방진마스크 |
| | 특급 및 1급 마스크 착용 장소를 제외한 분진 등 발생장소 | 2급 방진마스크 |
| 가스/증기상 물질 | 발생 증기에 따른 필터 착용(유기화합물용, 할로겐용, 황화수소용, 시안화수소용, 아황산용, 암모니아용 등) | 방독마스크 |

③ 입자/용액/증기상 물질의 비산 사고 대비용 보호구

| 물질 | 보호구 |
|---|---|
| 입자상 물질 | 보안경, 통기성 고글 |
| 용액/증기상 물질 | 보안경, 밀폐형 고글, 보안면 |

④ 큰 소음(85dB 이상) 및 초음파 등이 발생하는 실험환경에 대비한 보호구 : 귀마개, 귀덮개

⑤ 압축 혹은 진공상태의 유리가공에 대비한 보호구

㉠ 고글과 보안면

㉡ 내화학성 앞치마

㉢ 내화학성 장갑

㉣ 안전화

㉤ 공학적 제어 시 방폭실드

⑥ 칼, 깨진 유리 등 날카로운 물체에 대비한 보호구

㉠ 절단방지용 장갑

㉡ 안전화

⑦ 원심분리기에 대비한 보호구

㉠ 보안경

㉡ 위험물질 취급 시 위험물에 적합한 개인보호구

⑧ 액화질소 등 저온 물질 사용설비에 대비한 보호구

㉠ 고글과 보안면

㉡ 저온 내열 앞치마

㉢ 초저온 장갑

⑨ 고온물질 · 고온설비에 대비한 보호구

㉠ 보안경, 튈 수 있는 잠재적 위험이 있는 경우 고글이나 보안면(전면 실드)

㉡ 실험복

㉢ 내열장갑(필요한 경우 내화학성 장갑을 내열장갑 안에 착용)

⑩ 선반, 밀링, 톱 등 기계 · 기구 및 수공구에 대비한 보호구

㉠ 보안경, 파편이 비산하거나 입자가 발생되는 경우 보안면(전면 실드)

㉡ 위험성에 적합한 장갑(회전체 취급 시 장갑 착용 금지)

㉢ 청력 보호구

㉣ 호흡용 보호구

㉤ 안전화

⑪ 자외선/적외선/레이저 사용설비에 대비한 보호구

㉠ 자외선 : UV 차단 눈 보호구 또는 보안면, 적절한 UV 차단 장갑

㉡ 적외선 : 적외선(IR)용 적절한 셰이드(shade) 고글

㉢ 레이저 : 적절한 레이저 고글

## 5 안전표지

(1) 안전보건표지(산업안전보건법 시행규칙 별표 6)

## (2) 색상

| 표지 | | 바탕색 | 도형색 | 테두리색 |
|---|---|---|---|---|
| 금지표지 | | 흰색 | 검은색 | 빨간색 |
| 경고표지 | 화학물질 | 무색 | 검은색 | 빨간색(검은색) |
| | 물리적인자 | 노란색 | 검은색 | 검은색 |
| 지시표지 | | 파란색 | 흰색 | – |
| 안내표지 | | 초록색 / 흰색 | 흰색 / 초록색 | – / 초록색 |

※ 레이저광선 경고표지 : 레이저 안전등급 1등급은 제외한다.

# 6 기계 안전수칙

## (1) 연구실 기계 · 기구의 사고 특징

① 기계사고 원인

㉠ 연구실 기계의 안전특성

ⓐ 기계 자체가 실험용, 개발용으로 변형 · 제작되어 안전성이 떨어진다.

ⓑ 기계의 사용방식이 자주 바뀌거나 사용하는 시간이 짧다.

ⓒ 기계의 사용자가 경험과 기술이 부족한 연구활동종사자이다.

ⓓ 기계의 담당자가 자주 바뀌어 기술이 축적되기 어렵다.

ⓔ 연구실 환경이 복잡하여 여러 가지 기계가 한곳에 보관된다.

ⓕ 기계 자체의 결함으로 인해 사고가 발생할 수 있다.

ⓖ 방호장치의 고장, 미설치 등으로 사고가 발생할 수 있다.

ⓗ 보호구를 착용하지 않고 설비를 사용하여 사고가 발생할 수 있다.

㉡ 사고원인(물적 · 인적)

ⓐ 물적원인

- 설비나 시설에 위험이 있는 것 : 방호 불충분, 설계 불량
- 기구에 결함이 있는 것 : 기구가 불량한 것
- 구조물이 안전하지 못한 것 : 불량 비상구 등
- 환경 불량 : 환기 불량, 조명 불량, 정리정돈 불량 등
- 설계(계획) 불량 : 작업계획 불량, 설비배관계획 불량 등
- 작업복, 보호구의 결함 : 작업복, 보호구 등의 불량

ⓑ 인적원인

- 교육적 결함 : 안전교육 결함, 교육 불완전, 표준작업방법 결여
- 작업자의 능력 부족 : 무경험, 미숙련, 무지, 판단 착오
- 규율 미흡 : 규칙이나 작업기준에 불복 등

• 부주의 : 주의산만 등
• 불안전 동작 : 서두름, 중간행동 생략 등
• 정신적 부적당 : 피로하기 쉽다, 성미가 급하다 등
• 육체적 부적당 : 육체적 결함 보유자, 몸이 약하거나 피로가 쉽게 오는 사람 등

② 기계·기구의 위험성

㉠ 기계는 운동하고 있는 작업점을 가지고 있다.
㉡ 기계의 작업점은 큰 힘을 가지고 있다.
㉢ 기계는 동력을 전달하는 부분이 있다.
㉣ 기계의 부품 고장은 반드시 발생한다.

### (2) 안전수칙

① 일반 안전수칙

㉠ 혼자 실험하지 않는다.
㉡ 기계를 작동시킨 채 자리를 비우지 않는다.
㉢ 사용법 및 안전관리 매뉴얼을 숙지한 후 사용한다.
㉣ 보호구를 올바르게 사용한다.
㉤ 기계에 적합한 방호장치가 설치되어 있는지 확인하고, 작동이 유효한지 확인한다.
㉥ 기계에 이상이 없는지 수시로 확인한다.
㉦ 기계, 공구 등을 제조 당시의 목적 외 용도로 사용하도록 해서는 안 된다.
㉧ 피곤할 때는 휴식을 취하며 바른 작업자세로 주기적인 스트레칭을 실시한다.
㉨ 실험 전 안전점검, 실험 후 정리정돈을 실시한다.
㉩ 안전통로를 확보한다.

② 실험 전 안전수칙

㉠ 기계 및 기구의 대표적인 위험원 확인 및 주의·보호조치 실시
㉡ 위험기계의 경우 기계 제작자가 공급하는 안전 매뉴얼을 반드시 확인하고, 기계 작동방법을 숙지한 후 실시
㉢ 기계작업 시 실수 및 오작동에 대한 안전설계 기능(fail safe, fool proof 기능 등)이 있는지, 실수 및 오작동에 대응하여 작동되는지 확인
㉣ 실수로 인한 위험상황 발생 시 적어도 인명피해가 최소화되도록 개인보호구 등 적절한 자기방호조치 실시
㉤ 실험 전 기계의 이상 여부 확인 후 실험 수행
㉥ 개인보호구의 상태 확인 및 적절성 확인

③ 실험 후 안전수칙

㉠ 실험 후 기계·기구의 정리정돈 및 안전점검 실시

㉡ 개인보호구는 기능상 문제가 없는지 보호구 상태 확인 후 재사용 혹은 폐기

㉢ 실험 후 발생되는 폐기물(칼날, 송곳, 톱, 뾰족하거나 날카로운 물건 등)은 위험 제거 및 위험보호조치 실시 후 폐기

㉣ 실험 후 위험요소 및 위험요인 기록 및 환류

㉤ 실험 후 위험요소에 대한 제거 및 보호조치

㉥ 건강검진 실시 기준·대상·종류·주기·주체 등을 확인하고 건강검진 실시

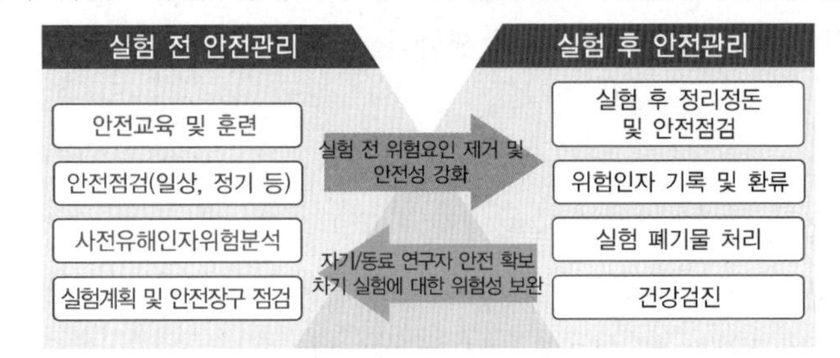


④ 수공구 안전수칙

㉠ 수공구는 사용 전에 깨끗이 청소하고 점검한 후에 사용한다.

㉡ 정, 끌과 같은 기구는 때리는 부분이 버섯 모양처럼 변하면 교체한다.

㉢ 망치 등으로 때려서 사용하는 수공구는 손으로 나사 등을 잡지 말고 고정할 수 있는 도구를 사용한다.

㉣ 자루가 망가지거나 헐거우면 바꾸어 끼우도록 한다.

㉤ 수공구는 사용 후 반드시 전용 보관함에 보관하도록 한다.

㉥ 끝이 예리한 수공구는 덮개나 칼집에 넣어서 보관 및 이동한다.

㉦ 파편이 튈 위험이 있는 실험에는 보안경을 착용한다.

㉧ 각 수공구는 일정한 용도 이외에는 사용하지 않도록 한다.

⑤ 동력공구 안전수칙

㉠ 동력공구는 사용 전에 깨끗이 청소하고 점검한 다음 사용한다.

㉡ 실험에 적합한 동력공구를 사용하고 사용하지 않을 때에는 적당한 상태를 유지한다.

㉢ 전기로 동력공구를 사용할 때에는 누전차단기에 접속하여 사용한다.

㉣ 스파크 등이 발생할 수 있는 실험 시에는 주변의 인화성 물질을 제거한 후 실험을 실시한다.

㉤ 전선의 피복에 손상된 부분이 없는지 사용 전 확인한다.

㉥ 철제 외함 구조로 된 동력공구 사용 시 손으로 잡는 부분은 절연조치를 하고 사용하거나 이중절연구조로 된 동력공구를 사용한다.

㉦ 동력공구를 착용한 채 이동하지 않는다.

㉧ 동력공구 사용자는 보안경, 장갑 등 개인보호구를 반드시 착용한다.

㉨ 동력공구는 사용 후 반드시 지정된 장소에 보관할 수 있도록 한다.
㉩ 사용할 수 없는 동력공구는 꼬리표를 부착하고 수리될 때까지 사용하지 않는다.

⑥ 연구실 기기·장비 안전 취급방법

㉠ 수행하려는 실험의 종류와 어떠한 기계적 강도가 요구되는지를 예상한다.
㉡ 기기·장비의 설치 장소는 진동이 없어야 한다.
㉢ 상대습도 85% 이하의 직사광선이 비치지 않는 곳에 설치해야 한다.
㉣ 강한 자기장, 전기장, 고주파 등이 발생하는 장치가 가까이 있지 않은 곳이 좋다.
㉤ 공급전원은 지정된 전력용량 및 주파수여야 한다.
㉥ 전원변동은 지정전압의 ±10% 내로 주파수 변동이 없어야 한다.
㉦ 접지저항은 10Ω 이하여야 한다.

## 7 기계사고 비상조치요령

### (1) 기계사고 시 일반적 비상조치 방안

|  |  |
|---|---|
| 1단계 | 사고가 발생한 기계기구, 설비 등의 운전을 중지한다. |
| 2단계 | 사고자를 구출한다. |
| 3단계 | 사고자에 대하여 응급처치 및 병원 이송, 경찰서·소방서 등에 신고한다. |
| 4단계 | 기관 관계자에게 통보한다. |
| 5단계 | 폭발이나 화재의 경우 소화 활동을 개시함과 동시에 2차 재해의 확산 방지에 노력하고 현장에서 다른 연구활동종사자를 대피시킨다. |
| 6단계 | 사고 원인조사에 대비하여 현장을 보존한다. |

### (2) 기계사고 대비사항

① 비상연락망을 숙지한다.
② 구급약을 상비해 둔다.
③ 응급 및 소화시설을 정비·관리한다.
⑤ 심폐소생술, 인공호흡 등 인명구조 방법을 숙지하고 훈련한다.
⑥ 연구실책임자, 연구활동종사자, 연구실안전환경관리자 등 직무별 사고대응 매뉴얼에 관해 이해한다.
⑦ 연구실 기계·기구별 사고 발생 시 대처요령에 대해 이해하고 숙지한다.

CHAPTER 02

PART 03 연구실 기계 · 물리 안전관리

# 연구실 내 위험기계 · 기구 및 연구장비 안전관리

## 1 기계 · 기구 · 연구장비별 안전관리

### (1) 연구실 실험 · 분석 · 장비

① 가스크로마토그래피(GC : Gas Chromatography)

㉠ 용도

ⓐ 이동상이 기체인 크로마토그래피이다.

ⓑ 혼합물을 분리하여 성분을 분석하는 장비이다.

㉡ 구조

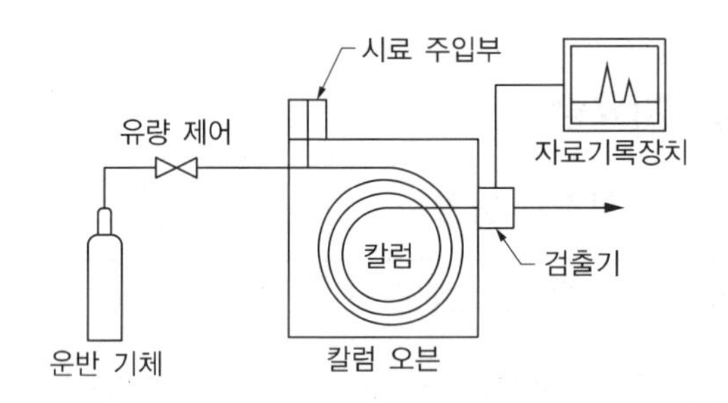


㉢ 안전관리

| 구분 | 내용 |
|---|---|
| 주요 위험요소 | • 감전 : 고전압을 사용하고, 전기 쇼트 위험이 있다.<br>• 고온 : 칼럼 오븐의 고열에 의한 화상 위험이 있다.<br>• 분진 · 흄 : 사용 재료에서 발생한 흄, 단열재의 세라믹 섬유 입자로 인한 호흡기 위험이 있다.<br>• 폭발 : 운반기체로 수소를 사용할 시 폭발 위험이 있다. |
| 안전수칙 | • 압축가스와 가연성 및 독성 화학물질 등을 사용하는 경우에 있어서 해당 MSDS를 참고하여 취급하여야 한다.<br>• 가연성 · 폭발성 가스를 운반기체로 사용하는 경우 가스누출검지기 등을 설치한다.<br>• 가스 공급 등 기기 사용 준비 시에는 가스에 의한 폭발 위험에 대비해 가스 연결 라인, 밸브 등 누출 여부를 확인 후 기기를 작동하여야 한다.<br>• 표준품 또는 시료 주입 시 시료의 누출 위험에 대비해 주입 전까지 시료를 밀봉한다.<br>• 전원 차단 시 고온에 의한 화상 위험에 대비해 장갑 등 개인보호구를 착용한다.<br>• 전원 차단 전에 가스 공급을 차단한다.<br>• 장비 미사용 시 가스를 차단한다. |
| 보호구 | • 보안경 또는 안면보호구 • 실험복<br>• 방진마스크 • 보호장갑 |
| 점검사항 | • 가스배관 · 밸브 등 가스 누출 여부 확인<br>• 미사용 시 가스 공급 차단 여부 확인<br>• 기기 사용 종료 후 냉각 여부 확인<br>• 잔여가스 확인 등 |

② 고압증기멸균기(autoclave)

㉠ 용도 : 고온·고압으로 살균하여 배지·초자기구·실험폐기물의 멸균처리에 사용되는 기기이다.

㉡ 구조

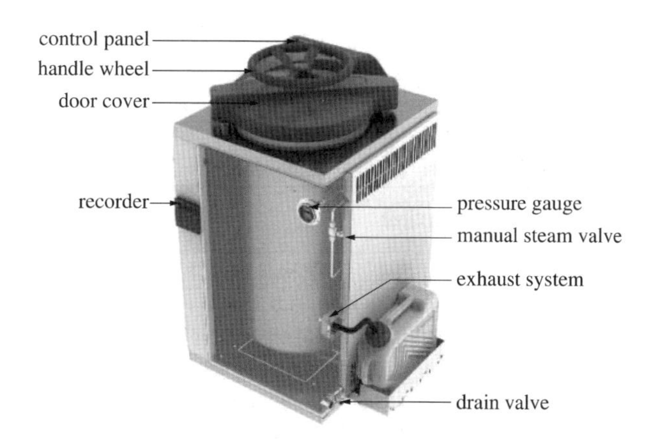


㉢ 안전관리

| 구분 | 내용 |
|---|---|
| 주요 위험요소 | • 고온 : 기기의 상부 접촉 또는 뚜껑(덮개)의 개폐 시 고온에 의한 화상 위험이 있다.<br>• 폭발·화재 : 부적절한 재료 또는 방법 등으로 인한 폭발 또는 화재 위험이 있다.<br>• 흄 : 독성 흄에 노출될 위험이 있다.<br>• 감전 : 고전압을 사용, 제품의 물 등 액체로 인한 쇼트 위험이 있다. |
| 안전수칙 | [사용 전]<br>• 열차폐장치를 설치하거나 '고온표면주의', '접근금지' 등 위험을 알리는 표지를 설치한다.<br>• 고압멸균기 주변에 연소성 물질을 제거한다.<br>• 덮개나 문을 열기 전 오토클레이브가 Off 상태이며 압력이 낮은지 확인한다.<br>• 시험물을 넣기 전, 이전 시험물이 남아 있는지 내부를 확인한다.<br>• 증류수 추가 공급 시 안전온도 이하로 충분히 냉각되었는지 확인하고 보충한다.<br><br>[내용물]<br>• 고온멸균기는 방폭구조가 아니므로 가연성, 폭발성, 인화성 물질을 사용하지 않는다.<br>• 고압멸균기를 화학물질이 묻은 실험복을 세탁하는 데 사용해서는 안 되며 세제 등을 넣을 경우 폭발할 수 있다.<br>• 위험물/폐기물은 열과 압력을 견디는 용기 등에 담아 사용한다.<br>• 멸균봉지의 제한 무게를 초과하지 않아야 하고, 가득 채워서도 안 된다.<br>• 시험물 용기의 뚜껑은 느슨하게 닫아 가압 시 압력을 받지 않게 조치한다.<br><br>[사용 시]<br>• 작동 전 문을 단단히 잠그고, 문이 완전히 닫히지 않으면 작동하지 않는 연동장치를 구비한다.<br>• 방열 장갑, 안전 고글을 반드시 착용하고, 많은 양의 액체를 다룰 때는 튀거나 쏟아질 경우를 대비하여 고무 부츠와 고무 앞치마를 착용한다.<br><br>[사용 종료]<br>• 멸균이 종료되면 문을 열기 전에 압력이 0점(zero)에 간 것을 확인한다.<br>• 주로 작동 중 고온에 의한 화상 및 멸균기의 문을 열 때 고온 증기, 독성 흄 등에 의한 상해사고가 발생할 수 있으므로 사용 후 적정 온도로 냉각되기 전에 문을 열지 않는다.<br>• 문을 완전히 열기 전에 압력과 온도가 충분히 낮아진 후 수동밸브를 열어 남아 있는 증기를 제거한다.<br>• 문을 열고 30초 이상 기다린 후 시험물을 천천히 제거한다. |

| 보호구 | • 보안경 또는 안면보호구<br>• 실험복 | • 내열성 안전장갑<br>• 발가락을 보호할 수 있는 신발 |
|---|---|---|
| 점검사항 | • 전선 코드의 피복 상태 및 콘센트 연결 상태(접지 등) 확인<br>• 내부 및 바스켓의 상태 확인 → 형태 이상 시 수리<br>• 가연성, 폭발성, 인화성 화학물질 사용 여부 확인 → 해당 물질 사용금지<br>• 내부의 증류수 수위 레벨 확인 → 증류수 보충<br>• 문(덮개)의 개스킷 상태 확인 → 교체<br>• 증기 또는 액체의 누출 확인 → 수리<br>• 안전밸브 작동 여부 확인 → 수리<br>• 배출구 막힘 확인 → 청소·수리<br>• 바퀴 등 고정 상태 확인 → 재고정·수리 | |

㉣ 관련 사고원인·재발방지대책

| 관련 사고 | 사용 후 용액이 들어 있는 삼각플라스크를 꺼낼 때 플라스크가 파열되면서 화상 |
|---|---|
| 사고원인 | • 고온의 유리기구 취급 시 개인보호구 미착용<br>• 작업 전 유리기구 등 깨지기 쉬운 기구에 대한 상태 확인 미실시 |
| 재발방지 대책 | • 고온의 유리기구 취급 시 안전장갑 등 개인보호구를 반드시 착용하고 취급한다.<br>• 고압 멸균된 유리기구 등을 멸균 후 바로 차가운 바닥에 놓는 행동은 하지 않는다.<br>• 깨지기 쉬운 유리기구 등은 작업 전 상태를 확인하고 내구성이 확보되는 기구를 사용한다. |

③ UV장비

㉠ 용도 : 박테리아 제거나 형광 생성에 널리 이용되는 기기이다.

㉡ 안전관리

| 주요 위험요소 | • 광원 : 파장에 따라 200nm 이상의 광원은 인체에 심각한 손상 위험이 있다.<br>• 눈·피부 화상 : 낮은 파장이라도 장시간, 반복 노출되면 눈을 상하게 하거나 피부 화상 위험이 있다. | |
|---|---|---|
| 안전수칙 | • 연구실 문에 UV 사용 표지를 부착한다.<br>• 장비 가동 시에는 안전교육을 받은 자만 출입한다.<br>• 작업 시에는 반드시 보호안경을 쓰고 장갑을 착용한다.<br>• 보호의의 손목 끝과 장갑 사이에도 틈이 없도록 한다.<br>• UV 차단이 가능한 보호면을 착용한다.<br>• UV 램프 작동 중 오존이 발생할 수 있으므로 배기장치를 가동한다(0.12ppm 이상의 오존은 인체에 유해).<br>• UV 램프 청소 시 램프의 전원을 차단한다. | |
| 보호구 | • UV 차단 보호안경 또는 보호면<br>• 보호의 | • 적절한 UV 차단 장갑 |
| 점검사항 | • 보호안경, 장갑, 보호의, 보호면 착용 여부<br>• 배기장치 가동 여부<br>• 작업 전 주위에 알림 및 허가자만 출입하도록 표지 부착 여부 | |

④ 무균실험대

㉠ 용도

ⓐ 송풍기와 HEPA 필터(또는 ULPA 필터)를 통과한 청정한 공기를 지속적으로 공급하여 작업공간을 일정한 공기청정도로 유지하고 시료가 오염되지 않도록 보호한다.

ⓑ 멸균을 위해 내부에 UV 램프를 설치하여 사용한다.

ⓒ 주로 생물연구와 반도체 등 청정구역을 요구하는 실험에 사용한다.

㉡ 구조

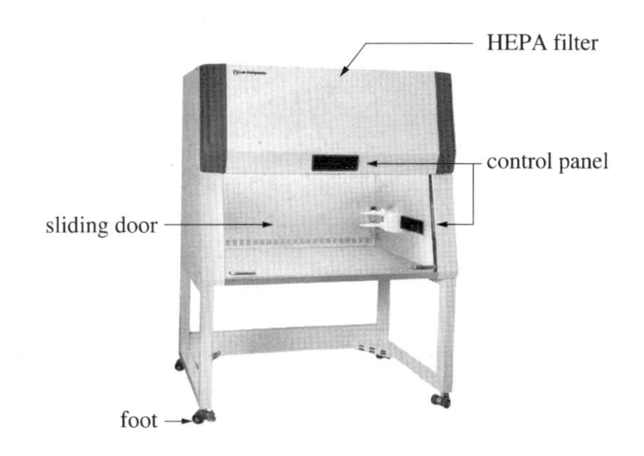


㉢ 안전관리

| 주요 위험요소 | • UV : 내부 살균용 자외선에 의한 눈, 피부의 화상 위험이 있다.<br>• 화재 : 무균실험대 내부의 실험기구 등 살균을 위한 알코올램프 등 화기에 의한 화재 위험이 있다.<br>• 감전 : 누전 또는 전기 쇼트로 인한 감전 위험이 있다. |
|---|---|
| 안전수칙 | [UV 램프]<br>• 무균실험대 사용 전 UV 램프 전원을 반드시 차단하여 눈, 피부 화상 사고를 예방하여야 한다.<br>• 기기의 UV 램프 작동 중에 유리창을 열지 않는다.<br>• UV 램프를 직접 눈으로 바라보지 않는다.<br>• 사용 후 기기 내부 소독을 위한 UV 램프 작동 시 UV 위험 표시를 한다.<br><br>[작업대]<br>• 살균을 위한 가스버너 또는 알코올램프로 인한 화재사고를 조심하여야 한다.<br>• 소독용 알코올 등이 쏟아지거나 흐른 경우 즉시 제거한다.<br>• 기기 사용 후 반드시 가스버너 또는 알코올램프를 소화시킨다.<br>• 무균실험대에서는 절대로 인체감염균, 바이러스, 유해화학물질 등을 사용하지 않아야 한다.<br>• 무균실험대의 적절한 풍속은 0.3~0.6m/s이며, 작업공간의 평균 풍속은 ±20% 범위인 경우 고른 풍속으로 판단한다.<br><br>[전기]<br>• 누전을 방지하기 위해 접지를 한다.<br>• 젖은 손으로 조작부 작동을 금지하여 감전사고를 예방하여야 한다.<br>• 내부 전기 사용 시 허용전류량에 맞도록 사용한다. |
| 보호구 | • 보안경 또는 안면보호구 • 실험복<br>• 보호장갑 |
| 점검사항 | • UV 램프 정상 작동 여부 확인 → 수리 또는 교체<br>• 헤파(HEPA)필터 상태 확인 → 교체 주기에 맞게 교체<br>• 무균실험대 풍속 확인(0.3~0.6m/s) → 팬 또는 필터 교체·수리<br>• 전기 누전 여부 확인 → 접지 미설치 시 접지 실시 |

⑤ 실험용 가열판(hot plate)

㉠ 용도

ⓐ 판 위의 재료 등을 가열하기 위해 전열을 이용하는 장비이다.

ⓑ 물질을 용해시키기 위해 가열하거나 실험방법에 따라 시료의 건조 또는 일정 온도를 유지하는 데 사용한다.

㉡ 구조

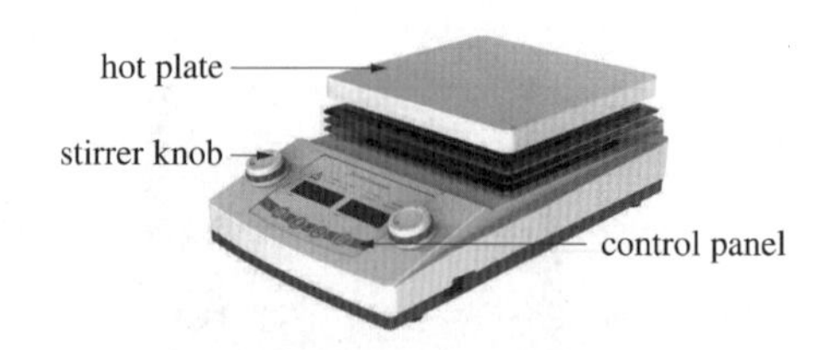


㉢ 안전관리

| | |
|---|---|
| **주요 위험요소** | • 고온 : 가열판의 고열에 의한 화상 위험과 알루미늄 포일 등으로 가열판을 감싸는 경우 과열로 인한 장비 손상 및 화재의 위험이 있다.<br>• 폭발 : 부적절한 재료 또는 방법으로 인한 폭발 또는 발화 위험이 있다.<br>• 감전 : 제품에 물 등 액체로 인한 쇼트 감전 위험이 있다. |
| **안전수칙** | • 실험용 가열판에 고열주의 표시를 한다.<br>• 적정 온도로 사용하고, 사용 후 전원을 차단하여 가열된 상태로 장시간 방치하지 않도록 주의한다.<br>• 작업장 주변에 인화성 물질을 제거한다.<br>• 인화성, 폭발성 재료를 사용하지 않는다.<br>• 가열판에 손가락 등을 접촉하지 않는다.<br>• 전기 코드 등 이상 여부를 확인한다.<br>• 기기 동작 중에 가열판을 이동하지 않는다.<br>• 교반 기능을 사용할 경우 교반속도를 급격히 높이거나 낮추어 고온의 액체 튐이 발생하지 않도록 주의한다.<br>• 화학용액 등 액체가 넘치거나 흐른 경우 고온에 주의하여 즉시 제거하여야 한다.<br>• 사용 직후 가열판에 접촉하지 않아야 한다.<br>• 과열 방지를 위하여 통풍이 잘되는 곳에 설치해야 한다. |
| **보호구** | • 보안경 또는 안면보호구 • 안전장갑<br>• 실험복 |
| **점검사항** | • 전선 코드의 피복 상태 및 콘센트 연결 상태(접지 등) 확인 → 피복 등 수리, 접지 설치, 하나의 콘센트에는 하나의 기기만 연결<br>• 가열판 상태 확인 → 액체가 묻은 경우 즉시 제거<br>• 가연성, 폭발성, 인화성 재료 사용 여부 및 재료의 내열성 확인 → 가연성·폭발성·인화성 재료 사용금지<br>• 가열판 주위의 인화성 물질 보관 여부 확인 → 제거<br>• 적정한 설치(수평, 통풍 등) 상태 확인 → 수평 유지, 통풍<br>• 적정 온도 유지 여부 확인 → 사용 중지, 수리 |

⑥ 연삭기

㉠ 용도

ⓐ 금속 재료의 버(burr) 제거나 공구 연마, 기타 금속 재료의 연마 등을 수행하는 기계이다.

ⓑ 단단하고 미세한 입자를 결합하여 제작한 연삭숫돌을 고속으로 회전시켜 공작물의 원통면이나 평면을 극히 소량씩 가공하는 정밀 가공기계이다.

ⓛ 구조

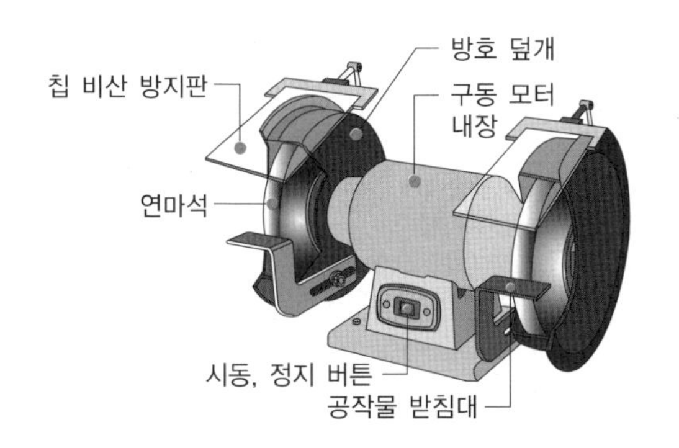


ⓒ 안전관리

<table>
<tr><td>주요 위험요소</td><td colspan="2">• 말림 : 연마석 회전부에 손가락 등 말림 위험이 있다.<br>• 파편 : 파편 비산 또는 파편 접촉에 의한 눈 및 피부 손상 위험이 있다.<br>• 분진 : 분진에 의한 피부 및 호흡기 손상 위험이 있다.<br>• 감전 : 고전압 사용 혹은 젖은 손 작동으로 인한 감전 위험이 있다.</td></tr>
<tr><td>안전수칙</td><td colspan="2">• 숫돌 파괴 시 사고를 예방하기 위해 방호 덮개를 설치한다.<br>• 작업받침대는 견고하게 고정하고 숫돌과의 간격은 3mm 이내로 설치한다.<br>• 전원 케이블의 손상 여부를 확인한다.<br>• 연삭숫돌의 균열 등 손상 여부를 확인한다.<br>• 연삭작업 시 불티가 비산하는 방향을 확인하여 비산방지조치를 실시한다.<br>• 연삭숫돌의 이상을 조치하거나 교체할 때는 반드시 연삭기를 정지한 상태에서 실시한다.<br>• 반드시 귀마개, 보안경, 방진마스크를 착용한 후 작업을 실시한다.<br>• 연삭작업 시 숫돌에 충격이 가지 않도록 주의한다.<br>• 연삭작업 시작 전 1분 정도 덮개를 설치한 상태로 공회전한다.<br>• 연삭기의 회전속도에 상응하는 연삭숫돌을 사용한다.</td></tr>
<tr><td rowspan="4">발생 현상</td><td>자생<br>(dressing)</td><td>연삭이 진행됨에 따라 마모된 입자는 탈락하고 새로운 예리한 날이 생성되며 장시간 좋은 가공면을 유지한다.</td></tr>
<tr><td>눈메꿈<br>(loading)</td><td>숫돌의 표면이나 기공에 칩이 차 있는 상태로 막히는 현상으로, 연삭성이 불량하고 숫돌 입자가 마모되기 쉽고, 연한 재료의 연삭 시 많이 보이는 현상이다.</td></tr>
<tr><td>무딤<br>(glazing)</td><td>마모된 입자가 숫돌에서 탈락되지 않아(자생작용을 일으키지 않아) 연삭성능이 저하되고 공작물이 발열하며 연삭 손실이 생기는 현상이다.</td></tr>
<tr><td>셰딩<br>(shedding)</td><td>과도한 자생작용 발생 시 눈이 탈락하는 현상이다.</td></tr>
<tr><td>보호구</td><td colspan="2">• 보안경 또는 안면보호구 • 귀마개<br>• 방진마스크 • 보호장갑(손에 밀착되는 가죽제품 등)</td></tr>
<tr><td>점검사항</td><td colspan="2">• 방호 덮개 등 방호장치의 설치·상태 확인 → 설치, 수리<br>• 비상정지스위치 부착 및 작동 여부 확인 → 부착, 수리<br>• 감전에 대비한 접지·누전차단기 접속 여부 확인 → 접지 설치<br>• 연마석의 갈라짐, 깨짐의 확인 → 연마석 교체<br>• 연마석의 균형 확인 → 사용설명서에 따라 균형 조정<br>• 연마석과 공작물 받침대 간격 3mm 이내인지 확인 → 조정<br>• 연삭기의 방호 덮개 노출 각도 확인 → 사용설명서에 따라 적절한 덮개 설치</td></tr>
</table>

㉣ 관련 사고원인 · 재발방지대책

| 관련 사고 | 연삭 작업 중 연삭숫돌이 파손되어 파편이 날라와 흉부를 강타하여 사망 |
|---|---|
| 사고원인 | • 측면 덮개가 제거된 상태에서 연마작업 중 숫돌이 파손되며 흉부 강타<br>• 연삭숫돌 사용 전 숫돌의 균열 등 발생 여부에 대한 점검 미실시 |
| 재발방지 대책 | • 숫돌 파손 시 파편 충격에 견딜 수 있는 충분한 강도를 지닌 덮개를 측면을 포함하여 전체적으로 설치하고 기능을 유지한다.<br>• 작업 시작 전 1분 이상, 숫돌 교체 후 3분 이상 공회전을 하여 숫돌의 결함 유무를 확인하는 등 연삭작업의 안전수칙을 준수한다. |

⑦ 오븐

㉠ 용도

ⓐ 시료의 열변성실험 및 열경화실험, 초자기구의 건조, 시료의 수분 제거 등에 사용한다.

ⓑ 진공오븐은 용매의 끓는점을 낮추어 저온에서 쉽게 용매의 증발을 유도하는 용도로 사용한다.

㉡ 구조

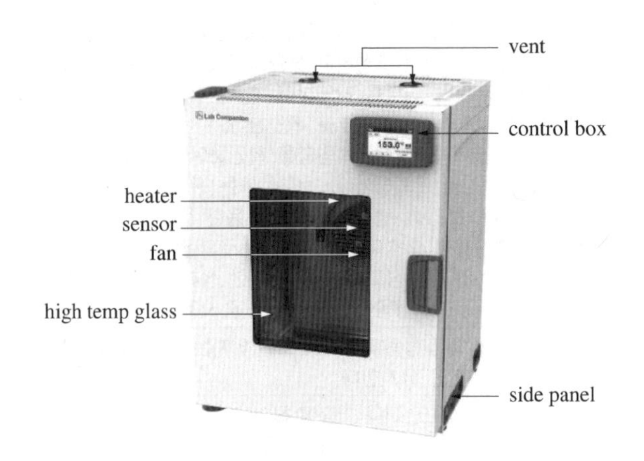


㉢ 안전관리

| 주요 위험요소 | • 고온 : 오븐 내부의 고온에 의한 화재나 화상 위험이 있다.<br>• 폭발 : 부적절한 재료 사용 등으로 인한 폭발 · 발화 위험이 있다.<br>• 감전 : 고전압 또는 제품에 물 등의 액체로 인한 쇼트로 감전 위험이 있다. |
|---|---|
| 안전수칙 | • 반드시 내열 장갑 등 보호구를 착용한다.<br>• 항상 설정온도를 확인하여 과열 등 이상이 발견되면 즉시 전원을 차단하고 수리한다.<br>• 재료 등이 떨어지지 않게 장갑 또는 집게 등을 이용하여 단단히 잡는다.<br>• 가연성, 인화성, 폭발성, 분말시료, 분진 발생 물질을 사용하지 않는다.<br>• 열기로 인한 화상을 방지하기 위해 오븐 문 바로 앞에서 문을 열지 않아야 하고, 문을 천천히 열어 오븐의 열기를 충분히 배출한다. |
| 보호구 | • 보안경 또는 안면보호구 • 내열성 안전장갑<br>• 실험복 • 발가락을 보호할 수 있는 신발 |
| 점검사항 | • 전선 코드의 피복 상태 및 콘센트 연결 상태(접지 등) 확인<br>• 오븐 주위의 가연성, 인화성 물질 보관 여부 확인 → 제거<br>• 적절한 설치(수평, 통풍 상황 등) 상태 확인 → 수평의 통풍이 원활한 장소에 설치<br>• 적정 온도 유지 여부 확인 → 사용 중지, 수리 |

⑧ 용접기

㉠ 용도

ⓐ 둘 또는 그 이상의 금속 재료를 열로 접합하는 기구이다.

ⓑ 두 물질 사이의 원자 간 결합을 이루어 접합한다.

㉡ 구조

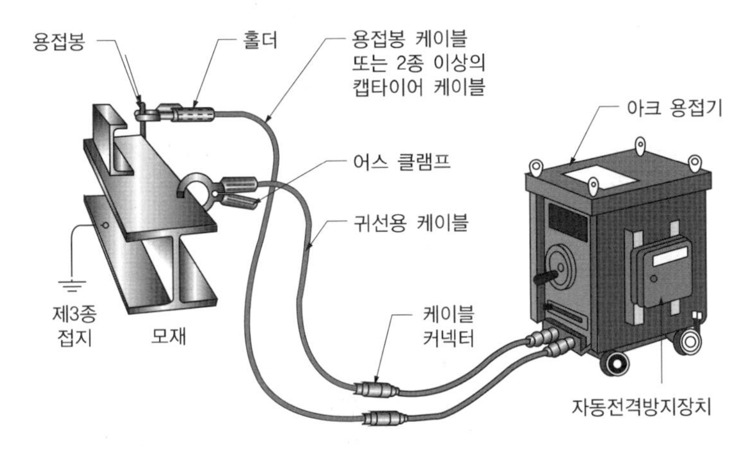


㉢ 안전관리

| | |
|---|---|
| **주요 위험요소** | • 고온·고열 : 용접 부위의 고온 또는 용접 중 불티에 의한 화상 위험이 있다.<br>• 화재 : 고열·불티에 의한 화재·폭발 위험이 있다.<br>• 금속 증기(흄) : 고열에 의한 기체화된 금속증기 흡입 위험이 있다.<br>• 광선 : 용접 시 발생하는 강한 광선으로 눈·피부 상해 위험이 있다.<br>• 소음 : 용접 시 발생하는 강한 소음으로 난청 위험이 있다.<br>• 감전 : 고전압 사용으로 감전 위험이 있다. |
| **안전수칙** | • 작업 전 전기충전부에 자동전격방지기 부착·손상 여부를 점검한다.<br>• 작업 전 용접봉 홀더의 파손 여부를 점검한다.<br>• 작업 전 용접기 외함의 접지를 확인한다.<br>• 작업 전 각종 케이블의 손상 여부를 확인한다.<br>• 작업장 주변 인화성 물질을 제거하고 소화기 등을 비치한다.<br>• 도전성이 높은 장소, 습윤한 장소 등에서는 누전차단기에 접속한다.<br>• 개인보호구(앞치마, 보안경, 보안면, 방진마스크 등)를 착용한다.<br>• 바닥에 불연성 재료의 불티 받이포를 깐다.<br>• 용접 작업을 중지하고 장소를 이탈할 시 용접기의 전원 개폐기를 차단한다. |
| **보호구** | • 차광보안면 또는 안면보호구 • 용접용 앞치마<br>• 용접용 보호장갑 • 방진마스크 |
| **점검사항** | • 자동전격방지기 설치 및 작동 여부<br>• 용접봉 홀더의 절연상태 → 교체·수리<br>• 소화 준비물 비치 여부<br>• 케이블의 용접기와 접속부의 부착·절연 상태<br>• 케이블의 피복 손상 여부<br>• 용접기 본체 등에 접지 여부<br>• 정기적 절연 측정<br>• 주변 가연물 제거<br>• 통풍·환기 상황 → 환기가 잘되는 곳에 설치 또는 국소배기장치 설치<br>• 보호구 착용 여부 등 |

㉣ 관련 사고원인 · 재발방지대책

| 관련 사고 | 감전으로 인한 사망 |
|---|---|
| 사고원인 | • 용접기에 대한 정기점검 미실시<br>• 전기 기계 기구의 접지 미실시<br>• 누전차단기 미설치 |
| 재발방지 대책 | • 정기적으로 절연저항 및 접지저항 등을 측정하여 기준치 이상을 유지하도록 정기점검을 실시한다.<br>• 금속제 외함 외피 및 철대 등에 접지를 실시한다.<br>• 감전방지용 누전차단기를 설치한다. |

⑨ 원심분리기

㉠ 용도 : 축을 중심으로 물질을 회전시켜 원심력을 가하는 장치로, 혼합물을 밀도에 따라 분리할 때 이용한다.

㉡ 구조

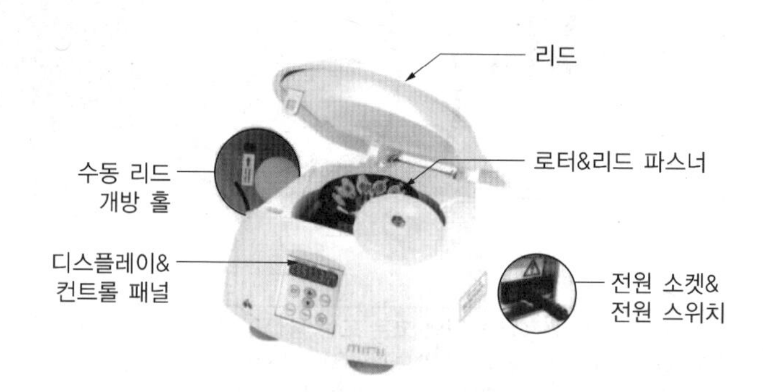


㉢ 안전관리

| 주요 위험요소 | • 끼임 : 덮개 또는 잠금장치 사이에 손가락 등 끼임 위험이 있다.<br>• 충돌 : 로터 등 회전체 충돌 · 접촉에 의한 신체 상해 위험이 있다.<br>• 감전 : 제품에 물 등 액체로 인한 쇼트 또는 젖은 손 작동으로 감전 위험이 있다. |
|---|---|
| 안전수칙 | • 원심분리기로부터 30cm 이내에 위험물질 및 불필요한 신체 접근을 금지한다.<br>• 비상전원 차단 스위치를 연결한다.<br>• 샘플 튜브 등의 뚜껑을 확실히 잠근다.<br>• 로터에 대칭적으로 동일한 무게로 샘플을 설치한다.<br>• 원심기에는 방호장치로 회전체 접촉 예방장치(덮개)를 설치한다.<br>• 로터의 덮개를 확실히 닫는다.<br>• 로터가 설정된 회전속도에 도달할 때까지 확인한다.<br>• 최고 사용 회전수를 초과하여 사용하지 않는다.<br>• 원심분리기가 흔들리면 작동을 정지한 후 로터의 무게 균형을 확인한다.<br>• 원심분리기 사용 후 회전이 완전히 멈춘 것을 확인하고 도어를 연다.<br>• 저온으로 사용 시 냉각된 내부를 접촉하지 않는다.<br>• 샘플 튜브 등이 깨진 경우 즉시 제거한다.<br>• 휘발성 물질은 원심분리를 금지한다.<br>• 감전 예방을 위한 접지를 실시한다. |
| 보호구 | • 보안경 또는 안면보호구 • 보호장갑<br>• 실험복 |

| 점검사항 | • 설치장소의 적정 여부 확인 → 평평한 표면, 열에 노출되지 않는 장소에 설치<br>• 적절한 전원 공급 여부 확인<br>• 회전속도에 적절한 튜브, 병 등의 사용 여부<br>• 도어(문)의 작동 여부 → 수리(도어 없이 절대 사용금지)<br>• 로터 덮개의 잠김 여부 → 수리<br>• 청소 · 유지보수 시 전원 분리 여부 → 분리<br>• 청소 · 유지보수 여부 → 튄 화학물질 · 파편 즉시 제거, 주기적 청소 · 소독 |
|---|---|

⑩ 인두기

㉠ 용도

ⓐ 가열된 인두로 금속(납)을 용해시켜 접합부에 특정 물질을 접착시키는 장비이다.

ⓑ 주로 전자 · 전기분야 연구실에서 회로기판 제작 등에 사용한다.

㉡ 구조

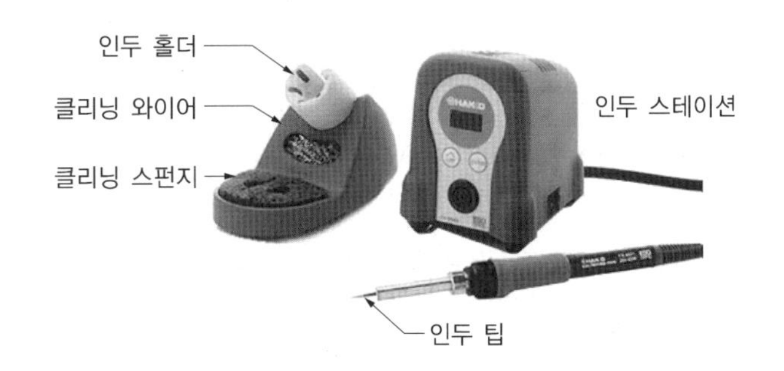


㉢ 안전관리

| 주요 위험요소 | • 고온 : 인두 부위의 고온에 의한 화재 · 화상 위험이 있다.<br>• 금속 증기(흄) : 가열에 의한 기체화된 금속(납) 증기 흡입 위험이 있다.<br>• 감전 : 누전 · 전기 쇼트로 인한 감전 위험이 있다. |
|---|---|
| 안전수칙 | • 인두기 주변의 인화성 물질을 제거한다.<br>• 인두 팁 주변의 금속부에 손가락, 전원 코드 등의 접촉을 금지한다.<br>• 전기 코드 합선 등 전원부의 이상 여부를 확인한다.<br>• 젖은 손으로 사용하지 않는다.<br>• 통풍이 잘되는 곳 또는 국소배기장치 설치장소에서 사용한다.<br>• 인두기 전원을 끄고 전원 코드를 제거한다.<br>• 인두 팁이 충분히 식은 후 수납하거나 부품을 교환한다. |
| 보호구 | • 보안경 또는 안면보호구<br>• 보호장갑<br>• 실험복<br>• 방진마스크 |
| 점검사항 | • 전선 코드의 피복 상태 및 콘센트 연결 상태(접지 등) 확인<br>• 인두기 주위의 인화성 물질 보고나 여부 확인 → 제거<br>• 인두기 작업대의 환기 여부 확인<br>• 인두 팁 관리 여부 → 팁에 산화물 부착 시 제거, 노후 팁은 교체 |

⑪ 전기로

㉠ 용도

ⓐ 전열에 의해 재료를 용해 · 제련하는 노(爐)이다.

ⓑ 일반적으로 1,000℃ 내외의 고온을 유지하는 실험기기이다.

㉡ 구조

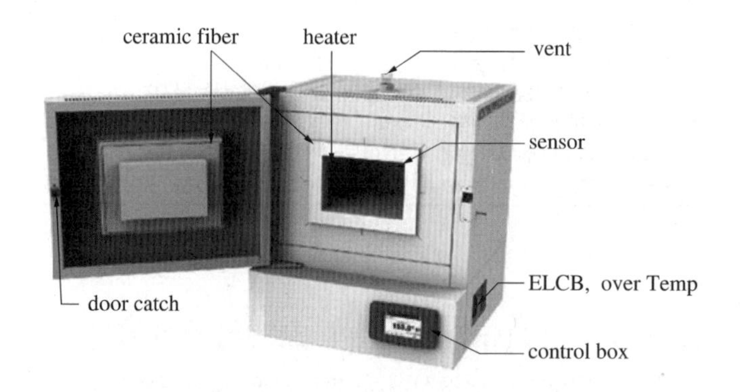


㉢ 안전관리

| | |
|---|---|
| 주요 위험요소 | • 고온 : 전기로 내부 고온에 의한 화재·화상 위험이 있다.<br>• 폭발 : 스파크·부적절한 재료 사용 등으로 폭발·발화 위험이 있다.<br>• 감전 : 고전압, 누전, 전기 쇼트로 인한 감전 위험이 있다. |
| 안전수칙 | • 전기로 주변의 인화성 물질을 제거한다.<br>• 누전을 방지하기 위한 접지를 한다.<br>• 전기로 상부 가스 배출구의 증기·가스가 적절히 배출되도록 배기장치 또는 환기시설을 가동한다.<br>• 전기로에 도가니 등을 넣을 때 집게를 사용한다.<br>• 금속 집게 사용 시 전기 쇼트 방지를 위해 전기로를 접지하거나 일시적으로 전원을 차단한다.<br>• 전기로는 방폭구조가 아니므로 가연성·폭발성·인화성 재료를 사용하지 않는다.<br>• 전기로에서 재료를 꺼낼 시 재료를 충분히 냉각한 후 사용하고, 냉각 중에는 고온주의 표시를 한다. |
| 보호구 | • 보안경 또는 안면보호구 • 내열성 안전장갑<br>• 실험복 • 발가락을 보호할 수 있는 신발 |
| 점검사항 | • 전선 코드의 피복 상태 및 콘센트 연결 상태(접지 등) 확인<br>• 전기로 주위의 인화성 물질 보관 여부 확인 → 제거<br>• 적정한 설치(수평, 통풍 상황 등) 상태 확인 → 수평이고 통풍이 원활한 장소에 설치<br>• 전기로 사용 중 가스 발생 여부 확인 → 배기장치 설치<br>• 적정 온도 유지 여부 확인 → 사용 중지, 수리 |

⑫ 절단기

㉠ 용도

ⓐ 지름이 300~400mm의 절단지석에 전동기를 연결하고, 고속으로 회전시켜 파이프·각종 형강·석고보드 등 재료를 자르는 장비이다.

ⓑ 테이블의 재료 가이드를 이용하거나 손에 들고 실험자가 원하는 너비의 재료를 연속적으로 자를 때 사용한다.

ⓒ 절단 재료 및 용도에 따라 원형톱, 원판형 숫돌 등을 전동기에 연결하여 사용한다.

ⓛ 구조

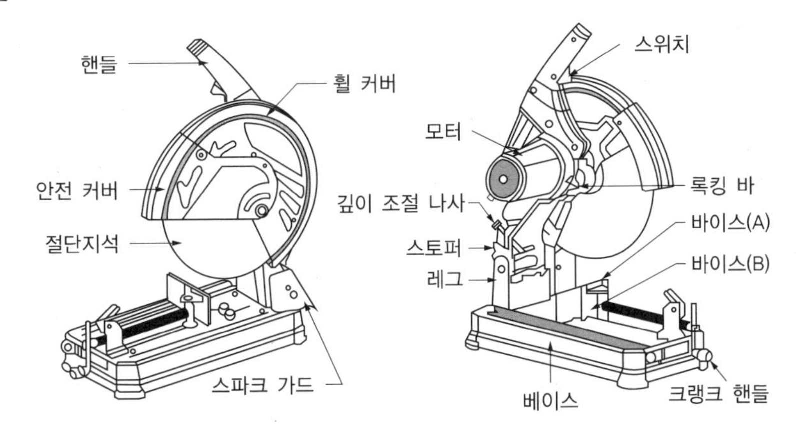


ⓒ 안전관리

| | |
|---|---|
| **주요 위험요소** | • 파편 : 절삭 칩 등 파편 비산 또는 파편 접촉에 의한 눈 및 피부 손상 위험이 있다.<br>• 화재 : 불티 비산에 의한 화재 위험이 있다.<br>• 절단 : 운전 중 손가락, 손, 기타 신체 부분이 지석(톱)에 접촉되어 절단 위험이 있다.<br>• 감전 : 누전·전기 쇼트로 인한 감전 위험이 있다. |
| **안전수칙** | • 톱날, 지석, 가드를 조정하고 단단히 결합한다.<br>• 톱날, 지석 등 설치 시 톱날에 접촉하지 않는다.<br>• 지석에 이가 빠졌거나 균열이 있는 경우 교체한다.<br>• 교체 등 보수 시 전원을 차단한다.<br>• 회전하는 지석에 말릴 수 있는 헐렁한 장갑, 옷 등은 착용하지 않는다.<br>• 회전체가 완전히 멈춘 상태에서 재료를 설치한다.<br>• 방호 덮개를 제거하지 않는다.<br>• 배기장치가 설치되었거나 환기가 잘되는 곳에서 사용한다.<br>• 소음에 의해 난청이 생길 수 있어 귀마개 등 보호구를 착용한다.<br>• 고정 바이스 등을 이용하여 재료를 고정한다.<br>• 절단작업 시작 전 1분 정도 덮개를 설치한 상태로 공회전한다.<br>• 지석이 최대속도에 도달한 후 절단을 시작한다.<br>• 절단기 주변 인화물질을 제거하고 불티 비산 방지막을 설치한다.<br>• 젖은 손으로 조작하지 않아야 하고 접지를 한다.<br>• 절단 후 재료는 충분히 냉각한 후 취급한다. |
| **보호구** | • 보안경 또는 안면보호구<br>• 내열성 안전장갑<br>• 방진마스크<br>• 보호장갑(손에 밀착되는 가죽제품 등)<br>• 발가락을 보호할 수 있는 신발<br>• 청력보호구 |
| **점검사항** | • 휠 커버, 안전커버 등 방호장치 설치 상태 확인 → 설치, 수리<br>• 비상정지 스위치 설치 및 작동 여부 확인 → 설치, 수리<br>• 접지 및 누전차단기 접속 여부 확인 → 설치<br>• 지석(톱)의 깨짐, 조임 여부 등 → 교체, 단단히 결합<br>• 지석의 균형 확인 → 사용설명서에 따라 연마석 균형 조정<br>• 절단 재료 고정장치 상태 확인 → 고정장치 설치 |

㉣ 관련 사고원인·재발방지대책

| 관련 사고 | 사용 중 감전 사망 |
|---|---|
| 사고원인 | • 누전차단기에 접속하지 않고 작업 실시<br>• 절단기 절연 상태 불량 |
| 재발방지 대책 | • 누전차단기에 접속하여 사용한다.<br>• 이중절연구조의 절단기를 사용한다.<br>• 손잡이 부분이 금속일 경우 반드시 절연조치를 실시한다. |

⑬ 조직절편기

㉠ 용도

ⓐ 생물체의 조직, 기관 등을 수 $\mu$m에서 수십 $\mu$m 두께의 박편으로 자르는 장비이다.

ⓑ 현미경으로 관찰하거나 다양한 분석 등을 통하여 조직병리검사 등에 주로 사용한다.

㉡ 구조

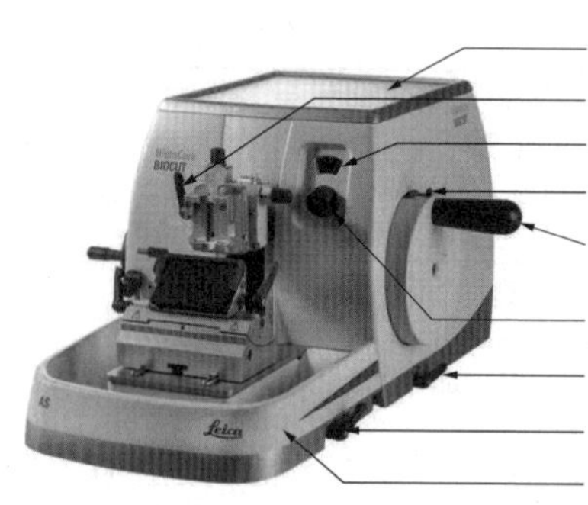


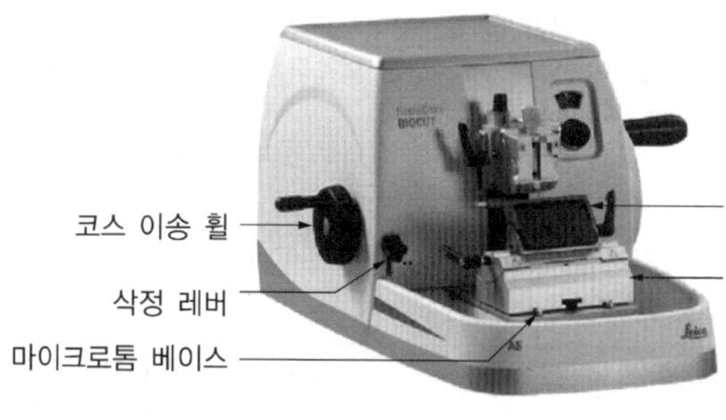

㉢ 안전관리

| | |
|---|---|
| **주요 위험요소** | • 베임 : 나이프/블레이드에 의해 신체 베임 위험이 있다.<br>• 파편 : 부서지기 쉬운 시료의 파편에 의한 눈 등의 상해 위험이 있다.<br>• 미끄러짐 : 파라핀 잔해물에 의한 미끄러져 넘어짐 등으로 인한 신체 상해 위험이 있다.<br>• 저온(동결 조직절편기) : 동결 시료를 다룰 시 저온에 의한 동상 위험이 있다. |
| **안전수칙** | • 시료와 고정 클램프 사이에 손가락이 끼지 않도록 주의한다.<br>• 조직절편기 블레이드의 날카로운 면 접촉을 금지한다.<br>• 시료를 고정한 후 블레이드를 설치한다.<br>• 절편된 시료는 브러시 등을 이용하여 다룬다.<br>• 절편기 사용 후 블레이드 안전가드로 덮는다.<br>• 사용한 블레이드는 칼날 보관용기 등 적절한 곳에 폐기한다.<br>• 조직절편기 청소 시 핸드휠을 잠근다.<br>• 조직절편기의 세척액으로 아세톤이나 자일렌이 포함된 것을 사용하지 않는다.<br>• 날카로운 공구로 제품 표면을 긁으며 청소하지 않는다.<br>• 부속품을 세척제나 물에 담그지 않는다.<br>• 파라핀 잔해물이 바닥 등에 떨어진 경우 청소하여 미끄럼을 방지한다.<br>• 파라핀 제거 시 자일렌, 알코올성 세정액을 사용하지 않는다. |
| **보호구** | • 보안경 또는 안면보호구<br>• 실험복<br>• 베임 방지 보호장갑<br>• 미끄럼 방지 신발 |
| **점검사항** | • 나이프/블레이드의 적절한 보관 여부 → 전용 케이스 등에 보관<br>• 나이프/블레이드 홀더의 고정 여부 → 고정<br>• 적절한 세척제·공구를 이용한 청소 여부<br>• 파라핀 잔해물 제거 등 청소 여부 |

⑭ 초저온용기

㉠ 용도 : 임계온도가 -50℃ 이하의 산소, 질소, 아르곤, 탄산, 아산화질소, 천연가스 등을 액체 상태로 운반·저장하는 장비이다.

㉡ 구조

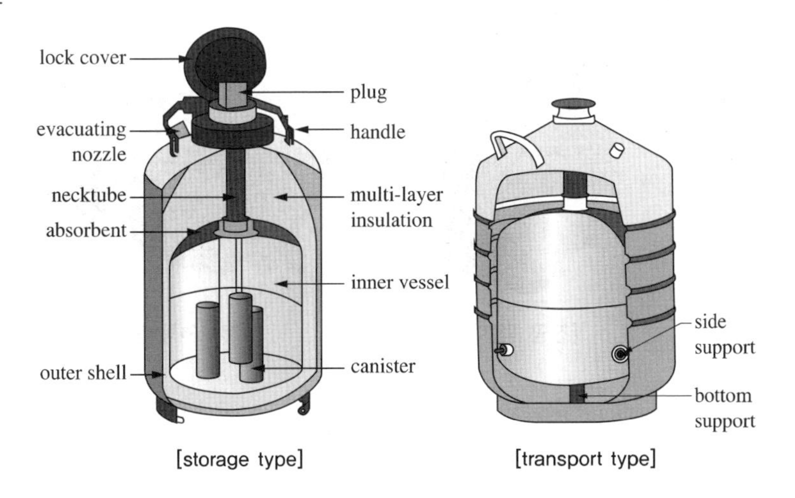


[storage type] [transport type]

㉢ 안전관리

| | |
|---|---|
| 주요 위험요소 | • 화상 : 액체질소 등 액화가스에 의한 피부 등 저온 화상 위험이 있다.<br>• 중량물 : 초저온용기 이동 중 전도에 의한 신체 상해 위험이 있다.<br>• 산소결핍 : 질소 등 누출에 의한 산소결핍 위험이 있다. |
| 안전수칙 | • 저온 화상으로부터 보호할 수 있는 개인보호구를 착용한다.<br>• 밸브, 배관 등 액화가스가 이동하는 부품을 보호구 없이 접촉하지 않는다.<br>• 초저온용기를 기울여 따르는 경우 용기를 단단히 잡고 등을 똑바로 펴고 작업한다.<br>• 초저온용기가 전도되지 않도록 전도 방지조치를 한다.<br>• 용기 보관 중 충격보호장치를 설치한다.<br>• 가스누출감지경보기를 설치한다.<br>• 밀폐된 공간에 보관하지 않는다.<br>• 액화가스의 식별표를 부착한다. |
| 보호구 | • 보안경 또는 안면보호구 • 실험복<br>• 초저온 보호장갑 • 초저온 앞치마<br>• 발가락을 보호할 수 있는 신발 |
| 점검사항 | • 초저온용기의 형태·밸브 이상 여부 확인 → 사용금지 및 교체<br>• 질소 등 가스 누출 여부 확인 → 가스 종류에 따라 적절한 대응 필요(환기 등)<br>• 액화가스 식별표 부착 여부 확인<br>• 초저온용기의 전도 방지 여부 확인 |

⑮ 펌프/진공펌프

㉠ 용도

ⓐ 압력을 이용하여 액체·기체를 빨아올리거나 이동하거나 압력을 조절하는 장비이다.

ⓑ 펌프 : 액체의 압력을 높이기 위한 펌프이다.

ⓒ 진공펌프 : 기체를 감압시키기 위한 펌프이다.

㉡ 구조

[진공 펌프]

[튜브연동 펌프]

ⓒ 안전관리

| | |
|---|---|
| 주요 위험요소 | • 중량물 : 펌프의 이동 또는 사용 중 전도·낙하에 의한 신체 상해 위험이 있다.<br>• 폭발 : 압축장비 또는 진공용기와 함께 사용 시 장비·용기의 폭발 위험이 있다.<br>• 감전 : 전기 쇼트, 젖은 손으로 작동 시 감전 위험이 있다.<br>• 유해물질 : 이물질, 공기 유입 등으로 펌프 파손 시 유해물질 누출 위험이 있다.<br>• 화재 : 장기간 가동 혹은 파손 시 과열로 인해 화재가 발생할 수 있다. |
| 안전수칙 | • 누전을 방지하기 위한 접지를 한다.<br>• 젖은 손으로 전원부 등 작동하지 않는다.<br>• 평평하고 진동이 없는 안전한 곳에 펌프를 설치한다.<br>• 압축·진공 장비의 갈라짐이나 형태 이상 여부를 확인한다.<br>• 연결 호스, 배관 등의 이상 여부를 확인한다.<br>• 펌프의 움직이는 부분(벨트, 축 연결부위)에는 덮개를 설치한다.<br>• 사용 전 시운전을 실시하여 기기가 정상적으로 작동하는지 확인한다.<br>• 초기작동 시 에어코크를 열어 공기를 충분히 빼고 작동하고, 규칙적인 소리가 나는지 확인한다.<br>• 이물질이 들어가지 않도록 전단에 스트레이너를 설치한다.<br>• 압력이 형성되지 않을 때는 회전체 종류에 따라 이물질이 들어갔는지 살펴보고, 모터의 회전 방향을 확인한다.<br>• 오일펌프에서 오일 누유 시 작동을 멈추고 설명서에 따라 조치한다.<br>• 오일펌프는 누유 방지설비를 설치한다.<br>• 펌프오일 보관장소에는 화기 사용을 금지하고, 오일 교환 시에도 화기를 사용하지 않는다. |
| 보호구 | • 보안경 또는 안면보호구<br>• 실험복<br>• 보호장갑<br>• 발가락을 보호할 수 있는 신발 |
| 점검사항 | • 펌프의 형태 및 밸브 등 이상 여부 확인 → 사용금지 및 교체<br>• 펌프에 연결된 장비 또는 배관 등의 이상 여부 확인 → 수리, 교체<br>• 안전한 장소에 펌프 설치 여부 확인<br>• 오일펌프는 펌프 내외부로 오일 누유 여부 확인<br>• 전선 코드 피복 상태 및 콘센트 연결 상태(접지 등) 확인 |

ⓓ 관련 사고원인·재발방지대책

| | |
|---|---|
| 관련 사고 | • 온수 순환탱크 펌프 교체 시 물 대신 부동액을 투입하고 시험가동 중 감전되어 사망<br>• 부동액 누수로 내부 전선이 단락된 후 순환펌프 외함으로 누전되어 감전 |
| 사고원인 | • 금속제 외함에 접지 미실시<br>• 펌프 사용압력 부족 및 부동액 사용으로 고무 패킹 손상 등 부동액 누수에 의한 감전사고 위험 존재<br>• 몸에 물이 젖었을 때 전기기계 취급 금지 미실시<br>• 사용 전 전선·기기 외함의 절연 피복 상태 미점검 |
| 재발방지 대책 | • 순환펌프 금속제 외함에 접지를 실시한다.<br>• 과전류 차단 겸용 누전차단기를 설치한다. |

⑯ 혼합기(mixer)

㉠ 용도 : 회전축에 고정된 날개를 이용하여 내용물을 저어주거나 섞는 장비로 물질 혼합에 사용한다.

㉡ 구조

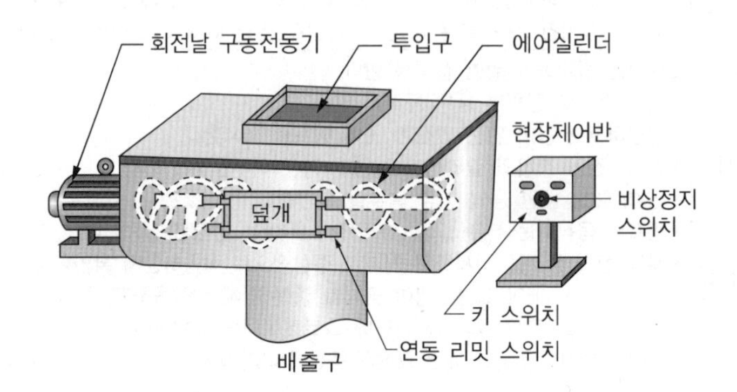


㉢ 안전관리

| | |
|---|---|
| **주요 위험요소** | • 끼임 : 운전 또는 유지·보수 중 회전체에 끼임 위험이 있다.<br>• 감전 : 제품에 물 등 액체로 인한 쇼트 감전 위험이 있다.<br>• 쏟아짐(유해물질 취급 시) : 혼합재료가 튀거나 쏟아짐으로 인한 화학적 화상 또는 물리적 상해 등의 위험이 있다. |
| **안전수칙** | • 액체 재료 사용 시 감전에 주의하고, 전원 코드 등의 이상 여부를 확인한다.<br>• 혼합할 재료가 쏟아지지 않도록 투입 전까지 밀봉한다.<br>• 회전날(임펠러), 스탠드, 기타 부속품의 결합 상태를 점검한다.<br>• 긴 머리는 반드시 묶고 옷소매 등을 여민다.<br>• 혼합기 회전날이 투입구에서 직접 접촉되지 않도록 방호장치 또는 덮개를 설치한다.<br>• 혼합물 회수는 회전날이 완전히 멈춘 후에 한다.<br>• 혼합기 청소 등 작업 시에는 혼합기 전원을 차단한다. |
| **보호구** | • 보안경 또는 안면보호구 • 실험복<br>• 방진마스크 • 보호장갑 |
| **점검사항** | • 방호 덮개 등 방호장치 설치 상태 확인 → 설치, 수리<br>• 비상정지 스위치 부착 및 작동 확인 → 부착, 수리<br>• 접지 및 누전차단기 접속 여부 확인 → 설치<br>• 회전날, 샤프트, 혼합용기 등 이상 여부 확인 → 즉시 수리<br>• 청소 등 유지·보수 시 전원 차단 여부 확인 |

⑰ 흄후드

㉠ 용도 : 화학실험 시 발생하는 유해한 화학물질로부터 연구자의 안전을 보장할 수 있도록 유해가스와 증기를 포집할 목적으로 설치되는 장비이다.

㉡ 구조

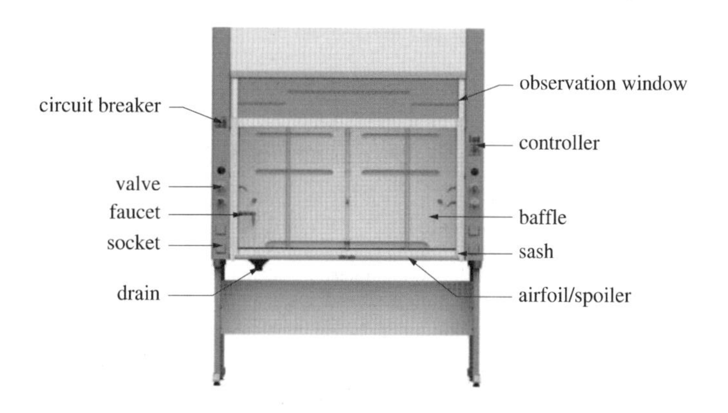


㉢ 안전관리

| 구분 | 내용 |
|---|---|
| 주요 위험요소 | • 감전 : 젖은 손으로 작동 시 감전 위험이 있다.<br>• 흄 : 흄후드의 배기 기능 이상 등으로 인한 흄 흡입 위험이 있다.<br>• 폭발·화재 : 부적절한 재료 사용 및 방법 등으로 인한 폭발·화재 위험이 있다. |
| 안전수칙 | • 흄후드 내부에 사용 재료만 넣고, 기타 화학물질을 보관하지 않는다.<br>• 공기흐름 게이지 확인하여 제어풍속을 0.4m/s 이상 유지한다.<br>• 가능한 새시를 낮은 위치로 유지한다.<br>• 흄후드의 에어포일을 막지 않는다.<br>• 재료는 흄후드 입구에서 최소 15cm 이상 공간을 두고 넣는다.<br>• 공기 흐름을 막지 않도록 흄후드에 얼굴이나 몸을 기대지 않는다.<br>• 흄후드 정면의 움직임을 최소화하여 기류 방해를 억제한다.<br>• 사용 후에는 새시를 닫는다.<br>• 흄후드 내부에 화학물질을 흘린 경우 스필키트(spill kit) 등을 이용하여 제거한다.<br>• 사용 후 잔류가스 배출을 위해 약 20분간 흄후드를 가동한다.<br>• 흄후드는 연구실 내 급기구와 3m 이상의 거리를 둔다.<br>• 반대편 흄후드와 최소 3m 이상 떨어진 위치에 배치한다. |
| 보호구 | • 보안경 또는 안면보호구 • 실험복<br>• 보호마스크 • 보호장갑 |
| 점검사항 | • 흄후드 제어풍속(0.4m/s) 확인 → 수리<br>• 흄후드 내부 공기 흐름 방해요소 여부 확인 → 제거<br>• 흄후드 내 400lx 이상의 조도 유지 → 수리<br>• 사용 후 잔류가스 배출 확인<br>• 흄후드 배치의 적정성 확인<br>• 흄후드 내 스파크 발생 가능성 확인 → 발생 요인(콘센트 등) 제거<br>• 불필요한 물건 방지 여부 확인 → 정리<br>• 근처 소화기 배치 여부 → 4m 이내에 소화기 배치 |

⑱ 반응성 이온 식각장비(reactive ion etching)

㉠ 용도

ⓐ 반도체 제조 공정에 사용하는 장비이다.

ⓑ 기판(웨이퍼)에 식각(에칭)하는 장비이다.

㉡ 구조

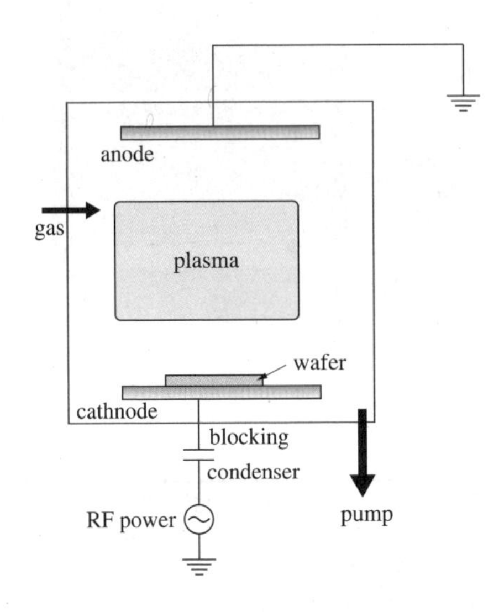


㉢ 안전관리

| | |
|---|---|
| 주요 위험요소 | • 가스 : 염소($Cl_2$), 삼염화붕소($BCl_3$), 염화수소(HCl) 등 독성가스 사용으로 인한 흡입 위험이 있다.<br>• 라디오파 : 지속적인 라디오파 노출에 의한 두통 등 신체 이상 유발 위험이 있다.<br>• 감전 : 고전압 또는 전기 쇼트로 인한 감전 위험이 있다. |
| 안전수칙 | [사용 전]<br>• 주입가스 공급 배관 등의 누출을 확인한다.<br>• 체임버, 주입 가스 공급 배관의 잔여가스를 배출한다.<br>• 해당 가스의 중화제독장치 상태를 점검하고 배기팬의 작동 여부를 확인한다.<br>• 체임버가 고진공 상태인지 확인한다.<br>• 가스 공급 밸브들이 모두 닫혀 있는지 확인한다.<br><br>[사용 시]<br>• 체임버에 기판 삽입 후 체임버 기밀을 확인한다.<br>• 기판 삽입구가 열려 있는 동안은 장비를 작동하지 않는다.<br><br>[사용 후]<br>• 장비 내 주입가스 밸브를 모두 닫아 체임버로의 가스 유입을 차단한다.<br>• 장비 작동이 완전히 정지한 후 기판을 꺼낸다.<br>• 체임버, 주입가스 공급 배관의 잔여가스를 배출한다. |
| 보호구 | • 보안경 또는 안면보호구<br>• 보호마스크<br>• 실험복<br>• 보호장갑 |
| 점검사항 | • 주입가스 공급 배관 등 누출 확인 → 수리<br>• 전선 코드의 피복 상태, 콘센트 연결 상태(접지 등) 확인<br>• 냉각수, 펌프 오일 등 냉각계통 상태에 대한 주기적인 확인 → 보충, 수리, 교체<br>• 체임버의 진공·압력장치 등 상태 확인 → 주기적 청소, 교체, 수리 |

### ⑲ 만능재료시험기(UTM)

㉠ 용도 : 재료의 인장강도, 압축강도 등을 측정할 때 사용한다.

㉡ 구조

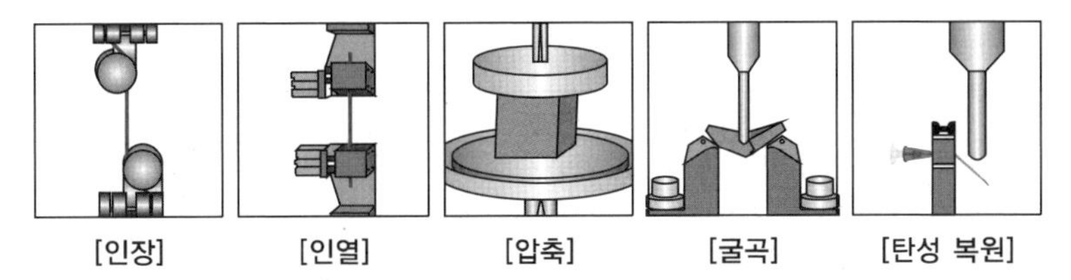

[인장] [인열] [압축] [굴곡] [탄성 복원]

㉢ 안전관리

| | |
|---|---|
| 주요 위험요소 | • 파편 : 시험 시 재료 파손으로 파편이 튈 위험이 있다.<br>• 화상 : 고온 및 저온 실험 시 재료나 장치 표면에 의한 화상 위험이 있다.<br>• 끼임 : 압축 시 장비에 끼여 상해 위험이 있다. |
| 안전수칙 | • 시험 재료의 끊어짐이 발생할 수 있는 부분에 보호면을 이용하거나 스크린을 설치한다.<br>• 기계 근처에 작업자가 있을 경우 컴퓨터로 기계의 작동을 금지한다.<br>• 압축모드로 가동 시 재료가 부서져 파편이 튈 수 있으므로 특별히 주의한다.<br>• 비상정지 버튼은 언제든지 누를 수 있도록 장애물을 제거한다.<br>• 장비 가동 시 연구실 사람들에게 알려 가동 중 접근을 금지시킨다.<br>• 정기적으로 점검하고 교정을 실시한다.<br>• 지정된 용량 범위를 넘기거나, 지정되지 않은 장치로 고정하여 실험하는 것을 금지한다.<br>• 압축가스를 이용하여 시험한 경우에는 가스 공급을 차단하고 잔류가스를 제거한 후에 결합을 해제한다.<br>• 60℃ 이상의 고온이나 0℃ 이하의 저온에서 시험할 때에는 보호의, 보호 장갑 등을 착용한다.<br>• 시험 재료를 장착하거나 제거할 때 그립(grip) 등 고정 부위를 안전하게 장착하고 재료가 완전히 제거되었는지 확인한다. |
| 점검사항 | • 작동 전 장비 주위에 다른 사람이 있는지 확인 여부<br>• 비상정지 버튼은 언제든 사용할 수 있는 위치에 설치되었는지 여부<br>• 시험 전 주위 알림 및 접근금지 요청 실시 여부 |

### ⑳ 가열/건조기

㉠ 용도

ⓐ 가열로 : 가스로, 전기로, 진공로 등 시험 재료의 물리적·화학적 변화를 일으키기 위해 열처리하는 데 사용하는 장비이다.

ⓑ 건조기 : 재료를 건조하는 데 이용하는 건조기 및 장치의 내부에 삽입된 히터이다.

㉡ 안전관리

| | |
|---|---|
| 주요 위험요소 | 화재 : 과열, 휘발성·인화성 시료로 인한 화재 위험이 있다. |
| 안전수칙 | • 사용 전 주위에 인화성 및 가연성 물질이 없는지 확인한다.<br>• 가열/건조기 가동 중 자리를 비우지 않고 수시로 온도를 확인한다.<br>• 가열/건조기의 작동 가능 온도를 숙지한다.<br>• 화재 종류에 따른 적절한 소화기를 구비하여 지정된 위치에 보관하고, 소화기의 위치와 사용법을 숙지한다.<br>• 유체를 가열하는 히터는 유체의 수위가 히터 위치 이하로 떨어지지 않도록 수시로 확인한다. |

| 점검사항 | • 소화기 구비 여부<br>• 주위 인화성 · 가연성 물질 존재 여부<br>• 설계 온도에서의 작동 여부<br>• 시료의 발화점 이내로 운전 여부 |
|---|---|

㉢ 관련 사고원인 · 재발방지대책

| 관련 사고 | 폴리에틸렌 수조 안에 초자기구를 산세척하기 위해 넣고 히터 작동 후 장시간 방치하여 수조가 녹아내림 |
|---|---|
| 사고원인 | 연구활동종사자의 부주의(예정된 중탕시간 초과) |
| 재발방지대책 | • 전열기기 가동 시 연구활동종사자 현장 이탈을 금지한다.<br>• 가능한 한 화재 종류에 따라 적절한 소화기 구비 및 사용법을 숙지한다. |

㉑ 공기압축기

㉠ 용도

ⓐ 외부로부터 동력을 받아 공기를 압축하는 기계이다.

ⓑ 공기를 압축생산하여 높은 기압으로 저장했다가 각 기압 공구에 공급한다.

ⓒ 압축기 본체와 압축공기를 저장해두는 탱크로 구성된다.

㉡ 구조

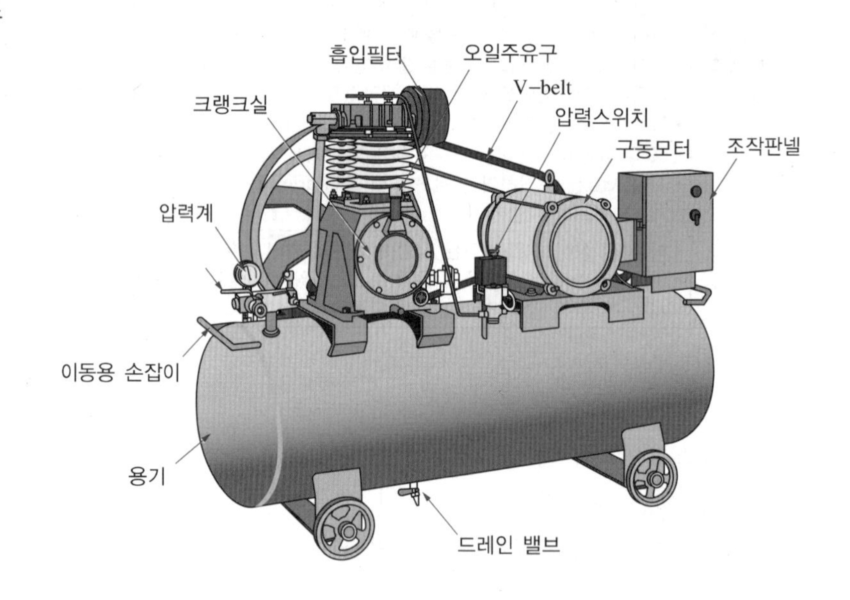

ⓒ 안전관리

| | |
|---|---|
| 주요 위험요소 | • 말림 : 공기압축기 점검 시 V-벨트 등에 신체 접촉으로 인한 말림 위험이 있다.<br>• 파열 : 공기 저장탱크 내부의 압력상승에 의해 파열사고가 발생할 수 있다.<br>• 감전 : 전기 배선, 전원부 충전부 노출, 미접지 등으로 인해 신체 접촉 및 누전 시 감전사고가 발생할 수 있다. |
| 안전수칙 | • 공기압축기는 충분한 안전교육과 작동법을 익힌 자격자만 조작한다.<br>• 압축기가 운전 중일 때는 방호 덮개나 회전부로 접근하는 것을 금지한다.<br>• 작업 시작 전 점검 시 압력게이지, 온도계 등을 점검하여 공기압축기의 정상 작동을 확인한다.<br>• 공기압축기의 점검 및 청소는 반드시 전원을 차단한 후에 실시한다.<br>• 운전 중에는 어떠한 부품도 건드려서는 안 된다.<br>• 공기압축기의 분해는 모든 압축공기를 완전히 배출한 뒤에 해야 한다.<br>• 최대공기압력을 초과한 공기압력으로는 절대로 운전하여서는 안 된다.<br>• 정지할 때는 언로드 밸브를 무부하 상태로 한 후 정지시킨다.<br>• 압력용기에 부식성 유체를 저장하는 경우에는 내면을 내부식 재료로 코팅하고 고온반응용기의 경우에는 용기를 단열재로 보호한다.<br>• 압력용기를 방호벽으로 둘러싸서 관계자 이외에는 출입할 수 없도록 한다.<br>• 액체의 누설은 착화, 폭발 및 중독의 위험성을 갖고 있으므로, 환기를 충분히 하고 소화설비를 비치한다.<br>• 압력용기에 압력계, 온도계를 설치한다. 또한 이상이 있을 때 운전자에게 알릴 수 있도록 경보장치를 설치한다.<br>• 공기압축기를 가동할 때는 작업 시작 전 공기 저장 압력용기의 외관 상태, 드레인 밸브의 조작 및 배수 기능, 압력방출장치의 기능, 언로드 밸브의 기능, 윤활유의 상태, 회전부의 덮개 또는 울 상태, 기타 연결 부위의 이상 유무를 점검한다. |
| 점검사항 | • 동력 전달부에는 방호 덮개가 견고하게 설치되어 있는지 확인<br>• 압력계는 외관 손상 유무, 정상 작동 상태 확인<br>• 안전밸브의 안전인증품 사용 여부 확인<br>• 주기적으로 드레인 밸브를 개방하여 공기탱크 내의 물을 배출했는지 여부 확인<br>• 전기충전부 방호 및 외함 접지, 전선의 연결, 피복 상태 확인<br>• 명판(최고사용압력 등의 표시) 부착 여부 확인<br>• 정비・수리・청소 등의 작업 시 전원 차단, 조작금지 표지 부착 상태 확인 |

ⓡ 관련 사고원인・재발방지대책

| | |
|---|---|
| 관련 사고 | 공기압축기 수리 시 벨트에 손가락 끼임 |
| 사고원인 | 수리・점검작업 시 전원 차단 미실시 |
| 재발방지 대책 | • 수리・점검 시 반드시 전원 차단 및 작동 여부 확인 후 작업한다.<br>• 전원 스위치에 잠금장치 또는 조작금지 꼬리표 등 추가적인 조치를 실시한다. |

㉒ 압력용기

ⓖ 용도

ⓐ 내압 또는 진공압을 받으며 유체를 취급하는 용기이다.

ⓑ 질소, 공기 저장탱크 등 사용압력이 $0.2kg/cm^2$ 이상이 되는 용기이다.

ⓛ 구조

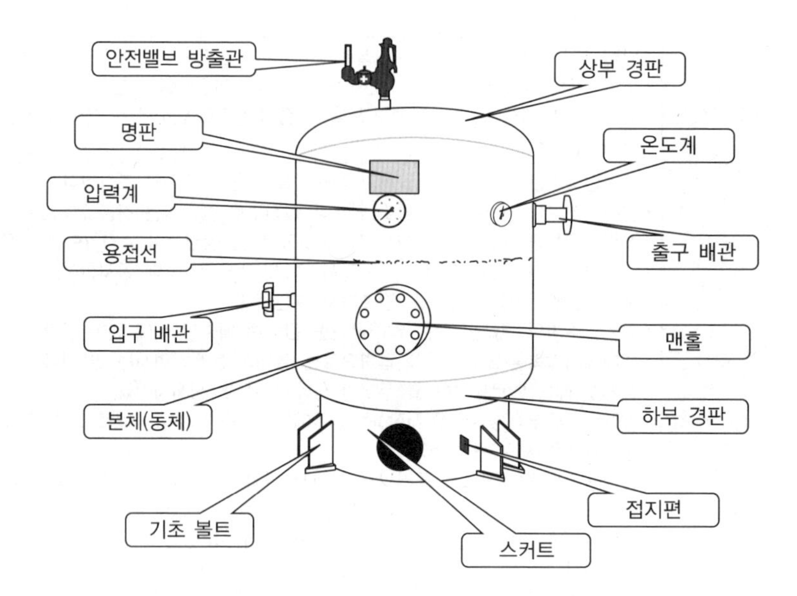


ⓒ 안전관리

| | |
|---|---|
| **주요 위험요소** | • 파손 : 갑작스러운 압력상승이나 하강으로 인한 용기 파손 위험이 있다.<br>• 파열 : 탱크 내부압력 상승에 의한 파열사고 발생 위험이 있다.<br>• 감전 : 전기 배선, 전원부의 충전부 노출이나 미접지로 인한 신체 접촉 및 누전 시 감전사고 발생 위험이 있다. |
| **안전수칙** | • 압력용기에는 안전밸브 또는 파열판을 설치한다.<br>• 압력용기 및 안전밸브는 안전인증품을 사용한다.<br>• 안전밸브 작동 설정 압력은 압력용기의 설계압력보다 낮게 설정한다.<br>• 안전밸브는 용기 본체 또는 그 본체 배관에 밸브축을 수직으로 설정한다.<br>• 안전밸브 전·후단에 차단밸브를 설치하면 안 된다.<br>• 안전밸브가 작동하여 증기 발생이나 유체 유출 시를 대비한 방호장치와 안전구역을 확보한다. |
| **점검사항** | • 사용압력에 따른 압력용기의두께의 적정성 확인<br>• 압력계, 안전밸브 설치 유무<br>• 안전밸브 설정압력이 용기 설계압력보다 낮은지 여부<br>• 압력용기, 압력계, 안전밸브의 손상·작동 상태 확인<br>• 명판(최고사용압력, 사용 유체 등의 표시) 부착 여부 |

ⓔ 관련 사고원인·재발방지대책

| | |
|---|---|
| **관련 사고** | 이산화탄소를 고압장치에 주입하던 중 장치 폭발로 머리에 파편을 맞고 사망 |
| **사고원인** | 고압력 장치가 고압을 견디지 못하고 폭발 |
| **재발방지 대책** | • 고압 작동 기계는 반드시 낮은 압력부터 서서히 단계별로 압력을 올리며 오작동, 누설 여부에 대한 테스트를 실시한다.<br>• 반드시 안전검사시험에 통과한 장치만 사용한다.<br>• 가능한 한 원거리 작동이 가능하도록 설계하고, 폭발·파편에 의한 피해를 최소화하기 위한 방호판을 설치한다. |

### (2) 공작/가공기계

① 3D 프린터

㉠ 용도

ⓐ 3차원으로 특정 물건을 제작하는 프린터이다.

ⓑ 입체적으로 만들어진 설계도를 통해 3차원 공간 안에 실제 사물을 이에 따라 제작한다.

㉡ 구조

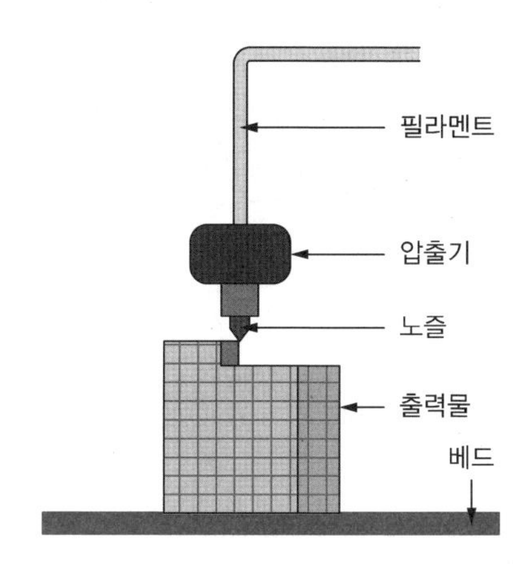


㉢ 안전관리

| | |
|---|---|
| 주요 위험요소 | • 고온 : 고온으로 압축된 물질에 신체 접촉으로 인한 화상 위험이 있다.<br>• 흄 : 가공 중 유해화학물질 흄 흡입으로 건강 장해 위험이 있다.<br>• 감전·화재 : 접지 불량에 의한 감전, 화재 위험이 있다.<br>• 끼임 : 안전문의 불량에 의한 손 끼임 위험이 있다. |
| 안전수칙 | • 전체 환기시설을 설치한다.<br>• 전선 피복의 손상 유무를 확인한다.<br>• 바닥에 방치된 전선 등에 의한 넘어짐을 방지하는 조치를 실시한다.<br>• 실험 전 안전문 연동장치의 작동 상태를 확인한다.<br>• 작업장 주변의 재료, 부품 등은 작업 후 정리정돈한다.<br>• 작업 전 유해성 기체 발생 여부를 확인한다.<br>• 움직이는 프린터에 부딪히거나 끼임을 주의한다. |
| 점검 사항 | • 통풍되는 곳에 설치 여부<br>• 방독마스크 착용 여부<br>• 적정한 온·습도 관리 여부<br>• 평평한 곳에 넘어지지 않도록 고정되어 설치되었는지 여부 |

② 선반

㉠ 용도 : 공작물을 주축에 고정하여 회전하고 있는 동안 바이트에 이송을 주어 외경 절삭, 보링, 절단, 단면 절삭, 나사 절삭 등의 가공을 하는 공작기계이다.

㉡ 구조

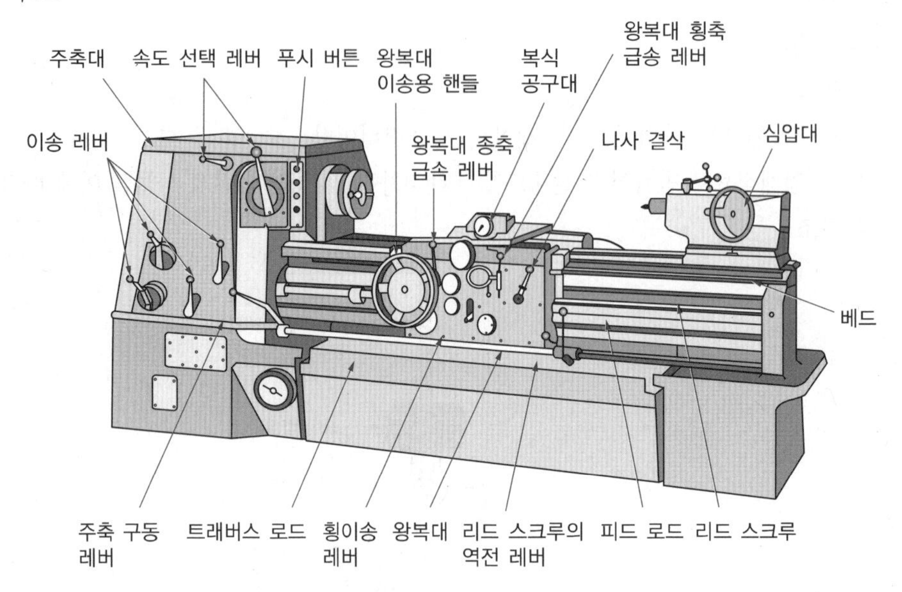


㉢ 안전관리

| | |
|---|---|
| **주요 위험요소** | • 말림 : 기계 회전부에 신체 또는 옷자락이 말릴 위험이 있다.<br>• 칩 : 기계 가동 중 발생하는 칩이 비산되어 연구활동종사자가 맞을 위험이 있다.<br>• 감전 : 본체 절연파괴 등으로 누전 발생 시 신체 접촉에 의한 감전 위험이 있다.<br>• 미스트 : 절삭유 미스트에 의한 건강 장해 발생 위험이 있다.<br>• 근골격계 질환 : 반복동작과 장시간 서 있는 자세로 근골격계 질환 발생 위험이 있다. |
| **안전수칙** | • 칩 비산방지장치를 설치한다.<br>• 작동 전 기계의 모든 상태를 점검한다.<br>• 선반의 기어박스 위에 작업공구 등이 없도록 정리정돈 후에 작업을 실시한다.<br>• 절삭작업 중에는 보안경을 착용한다.<br>• 바이트는 가급적 짧고 단단히 조인다.<br>• 공작물은 반드시 스위치 차단 후 바이트를 충분히 뗀 다음 설치한다.<br>• 공작물 고정 작업 시 선반 척의 조(jaw)를 완전히 고정한다.<br>• 가공물이나 척에 휘말리지 않도록 작업자는 옷소매를 단정히 한다.<br>• 작업 도중 칩이 많아 처리할 때는 기계를 멈춘 다음에 행한다.<br>• 칩을 제거할 때에는 압축공기를 사용하지 말고 브러시를 사용한다.<br>• 작업 중 공작물의 치수 측정 시에는 기계의 운전을 정지한다.<br>• 긴 물체를 가공할 때에는 반드시 방진구를 사용한다.<br>• 말릴 수 있는 면장갑, 의복은 착용하지 않는다.<br>• 기계 운전 중 백기어(back gear)의 사용을 금한다.<br>• 절삭유, 소음, 칩 등에 의한 사고를 예방하기 위해 개인보호구를 착용한다.<br>• 센터작업을 할 때는 심압센터에 자주 절삭유를 공급하여 열 발생을 막는다. |
| **점검사항** | • 복장 단정 여부<br>• 선반 주변 정리정돈 여부<br>• 공작물이 긴 경우 방진구 및 심압대를 사용하는지 여부<br>• 칩 비산방지장치, 칩브레이커 부착 여부<br>• 비상정지 버튼을 쉽게 조작할 수 있는 위치에 설치, 정상 작동하는지 여부<br>• 본체 외함 접지, 누전차단기 접속 여부<br>• 칩 제거 시 전용 브러시 사용 확인<br>• 정비·수리·청소 등 작업 시 전원 차단 및 조작금지 표지 부착 확인 |

㉣ 관련 사고원인·재발방지대책

| 관련 사고 | 소재 절삭 작업 중 면장갑이 회전체에 말려 신체 끼여 사망 |
|---|---|
| 사고원인 | • 선반 작업 시 말릴 위험이 있는 면장갑 착용<br>• 작업 중 운전 정지 미실시 |
| 재발방지 대책 | • 면장갑을 사용하지 않으며, 손에 밀착되는 장갑을 착용한다.<br>• 수리·정비 등 작업 시에는 반드시 기계 전원을 차단한다. |

③ 밀링머신

㉠ 용도

ⓐ 원판 또는 원통체의 외주면이나 단면에 다수의 절삭날을 갖는 공구를 사용하여 평면, 곡면 등을 절삭하는 데 사용한다.

ⓑ 커터날(엔드밀 등)이 회전하여 바이스 등에 고정한 공작물을 가공한다.

㉡ 구조

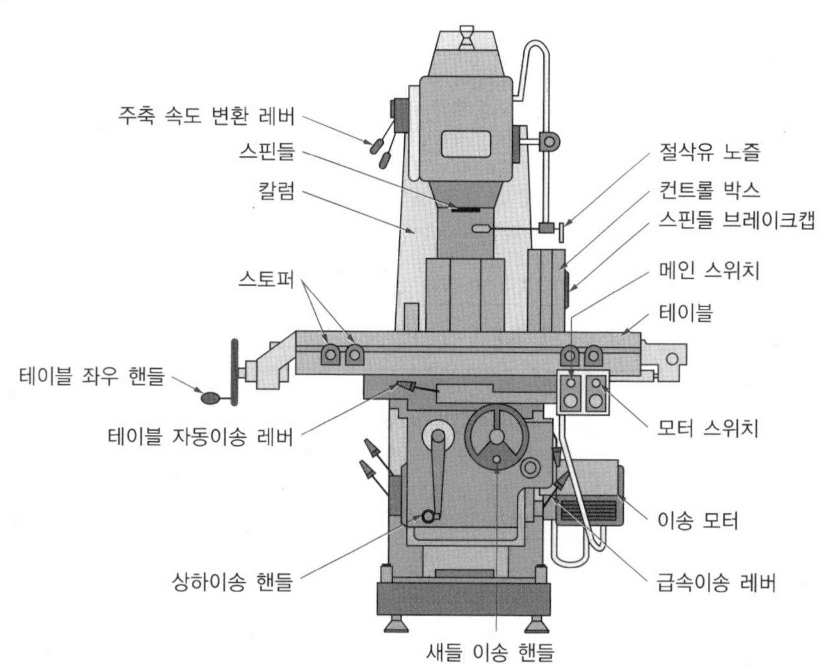


㉢ 안전관리

| 주요 위험요소 | • 말림 : 밀링커터 등 회전부에 손가락 등이 말릴 위험이 있다.<br>• 파편 : 절삭 칩 등 파편 비산 또는 파편 접촉에 의한 눈 및 피부 손상 위험이 있다.<br>• 분진·흄 : 분진, 절삭유의 흄(오일미스트) 등에 의한 피부 및 호흡기 손상 위험이 있다.<br>• 감전 : 고전압을 사용하는 기기로 감전 위험이 있다.<br>• 중량물 : 재료 등 중량물 취급 중 낙하 위험 및 근골격계 질환 발생 위험이 있다.<br>• 기타 위험 : 재료 고정 상태 불량으로 가공 중 재료 이탈에 따른 위험이 있다. |
|---|---|

| | |
|---|---|
| **안전수칙** | • 연동식 방호장치를 설치한다(주축대가 회전하기 전에 방호장치가 먼저 하강하도록 자동으로 전원이 공급・차단되는 구조).<br>• 작업 전 밀링 테이블 위의 공작물을 정리한다.<br>• 공작물 설치 시 절삭공구의 회전이 정지된 후 작업을 실시하고, 공작물을 단단히 고정한다.<br>• 밀링커터 교환 시 너트를 확실히 체결하고, 1분간 공회전하여 커터의 이상 유무를 점검한다.<br>• 장갑은 착용을 금하고 보안경을 착용해야 한다.<br>• 강력절삭을 할 때는 일감을 바이스에 깊게 물린다.<br>• 커터는 될 수 있는 한 칼럼에 가깝게 설치한다.<br>• 상하좌우 이송장치의 핸들은 사용 후 반드시 빼 두어야 한다.<br>• 급속이송은 한 방향으로만 하고, 백래시 제거장치가 동작하지 않고 있음을 확인한 다음 행한다.<br>• 정면 밀링커터 작업 시 날 끝과 동일 높이에서 확인하면서 작업하면 위험하다.<br>• 일감 또는 부속장치 등을 설치하거나 제거할 때는 반드시 기계를 정지시키고 작업한다.<br>• 발생된 칩은 기계를 정지시킨 다음에 브러시 등으로 제거한다.<br>• 일감을 측정할 때는 반드시 절삭공구의 회전을 정지한 후에 한다.<br>• 주축속도를 변속시킬 때는 반드시 주축이 정지한 후에 변환한다.<br>• 절삭유의 주유는 가공 부분에서 분리된 커터 위에서 한다. |
| **보호구** | • 보안경 또는 안면보호구<br>• 청력보호구<br>• 방진마스크<br>• 보호장갑(손에 밀착되는 가죽제품 등)<br>• 발가락을 보호할 수 있는 신발 |
| **점검사항** | • 방호장치 설치 및 상태 확인<br>• 비상정지 스위치 설치・작동 여부 확인<br>• 접지・누전차단기 접속 여부 확인<br>• 밀링커터 교체・유지・보수 시 전원 차단 여부 확인<br>• 밀링머신 주변의 정리정돈 여부 확인<br>• 윤활유나 절삭유 보충<br>• 사용 종료 후 각종 레버 위치 및 전원 차단 확인 |

㉣ 관련 사고원인・재발방지대책

| | |
|---|---|
| **관련 사고** | 가공 작업 중 회전 중인 밀링 날에 작업복 소매가 걸려 오른팔이 끼여 사망 |
| **사고원인** | • 가동 중인 머신 작동범위 내에 출입 방호 덮개 해체하여 사용<br>• 안전수칙 미게시 및 미준수(작업범위 내 출입 시 전원 차단 내용) |
| **재발방지 대책** | • 금형 조정, 확인 작업 시 설비 가동을 중지한다.<br>• 작업안전수칙을 게시 및 준수한다. |

④ 드릴링 머신

㉠ 용도

ⓐ 금속 물질 등의 소형 공작물 가공 시 사용한다.

ⓑ V-Belt로 동력을 전달하여 드릴 날을 회전시켜 구멍을 뚫는 가공기계이다.

㉡ 구조

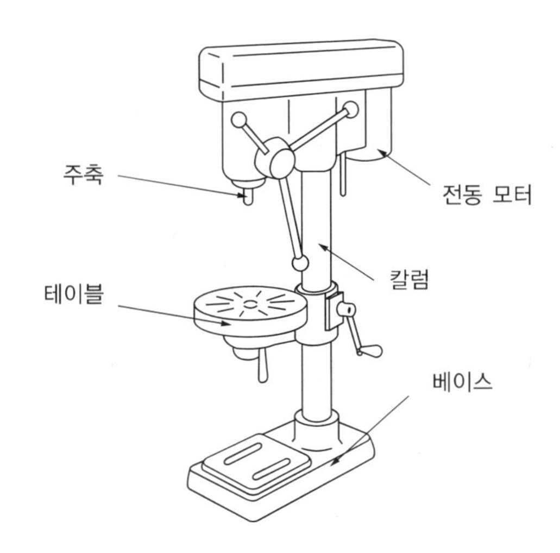


㉢ 안전관리

| | |
|---|---|
| 주요 위험요소 | • 말림 : 면장갑을 착용하고 작업 중 회전 드릴 날에 감여 말릴 위험이 있다.<br>• 눈 상해 : 작업 중 비산되는 칩에 의한 눈 상해 위험이 있다.<br>• 베임 : 칩을 걸레로 제거 중 손가락 베일 위험이 있다.<br>• 파편 : 균열이 심한 드릴 또는 무디어진 날이 파괴되어 그 파편에 맞을 위험이 있다.<br>• 강타 : 공작물을 견고히 고정하지 않아 공작물이 복부를 강타할 위험이 있다. |
| 안전수칙 | • 방호 덮개를 설치하고 뒷면을 180° 개방하여 가공작업 시 발생되는 칩의 배출이 용이하게 설치한다.<br>• 고정대에 가공 위치에 따라 전후로 이동시킬 수 있게 안내 홈을 만들고 바이스를 장착하여 작업을 실시한다.<br>• 잡고 있던 레버가 일정 위치로 복귀 시 리밋 스위치에 의해 전원이 차단되고 드릴날 회전이 정지하는 회전정지장치를 설치한다.<br>• 칩 제거 시 전용 수공구를 사용한다.<br>• 장갑 착용 시 손에 밀착되는 가죽으로 된 재질의 안전장갑을 착용한다.<br>• 칩 비산 시 눈을 보호할 수 있는 보안경을 착용한다. |
| 점검사항 | • 드릴날의 파손 상태 확인<br>• 면장갑, 긴소매 옷 등 착용 금지 확인<br>• 드릴날 방호 덮개 설치 여부<br>• 칩 제거 전용 수공구 사용 여부<br>• 본체 외함 접지, 누전차단기 접속 여부 |

㉣ 관련 사고원인 · 재발방지대책

| | |
|---|---|
| 관련 사고 | 회전하는 드릴날에 공작물을 잡고 있던 면장갑을 착용한 손이 말려 사고 발생 |
| 사고원인 | • 작업 중 면장갑 착용<br>• 공작물 미고정 |
| 재발방지 대책 | • 드릴날 전면에 신체 접근 방지 방호 덮개를 설치한다.<br>• 면장갑 착용을 금지한다.<br>• 공작물은 바이스를 이용하여 테이블에 견고하게 고정한다. |

⑤ 밴드쏘(띠톱)

㉠ 용도 : 띠 모양의 강철판 한쪽 가장자리에 톱니를 내고, 그 양쪽 끝을 접합하여 둥근 고리 모양으로 된 톱으로 띠톱기계에 장착하여 고속으로 회전시켜 금속·목재 등을 절단하는 기계이다.

㉡ 구조

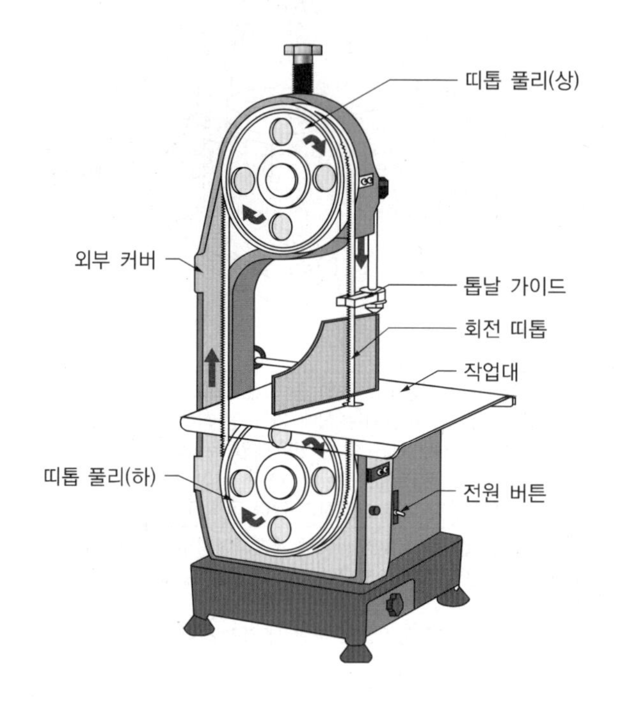


㉢ 안전관리

| 구분 | 내용 |
| --- | --- |
| 주요 위험요소 | • 절단 : 작업에 사용하지 않는 톱날 부위의 노출 혹은 가동 중인 띠톱에 의해 신체 절단 위험이 있다.<br>• 반발 : 절단 작업 중 소재의 반발에 의한 위험이 있다.<br>• 직업성 질환 : 절삭유, 금속 분진, 소음 등에 의한 직업성 질환 발생 위험이 있다. |
| 안전수칙 | • 톱날의 접촉 사고를 예방하기 위해 방호 덮개를 설치한다.<br>• 작업 전 톱날의 이상 유무를 확인한 후 작업을 실시한다.<br>• 가동 중인 톱날 등으로 인해 절단 위험이 있는 곳은 통행을 금지한다.<br>• 띠톱 기계에 접근할 경우 톱날이 완전히 정지한 후 출입한다.<br>• 띠톱날 이상 조치 또는 교체는 반드시 기계의 전원을 차단한 후 실시한다.<br>• 작업 시 발생되는 소음, 분진 등에 의한 건강 장해를 예방하기 위해 귀마개, 보안경 및 방진마스크 등의 개인보호구를 착용한 후 작업을 실시한다.<br>• 절삭유가 바닥에 떨어지거나 흘러내리지 않도록 조치한다.<br>• 비상정지 스위치 정상 작동 여부를 확인한 후 작업을 실시한다. |
| 점검사항 | • 비상정지 버튼 정상 작동 여부<br>• 톱날 방호 덮개 부착 여부<br>• 전원부의 접지선 연결 여부<br>• 조작 패널 스위치명 표기 여부<br>• 톱날의 손상 유무 |

ⓔ 관련 사고원인 · 재발방지대책

| 관련 사고 | 가동 중인 띠톱기계 톱날에 끼여 사망 |
|---|---|
| 사고원인 | • 띠톱 톱날 주변을 이동하다가 가동 중인 톱날에 절단<br>• 위험 범위 내에 접근해야 할 경우 기계를 정지하는 등의 안전수칙 미준수 |
| 재발방지 대책 | • 가동 중 톱날 등으로 인해 절단 위험이 있는 곳은 통행하지 않는다.<br>• 가동 중 주변을 통행하거나 근접 작업 시 기계를 정지시킨 후 수행한다.<br>• 작업에 사용되지 않는 톱날 부위는 노출되지 않도록 방호 덮개를 설치한다. |

⑥ 머시닝센터(CNC 밀링)

㉠ 용도

ⓐ 범용 밀링머신에 CNC 장치(controller)를 장착한 기계이다.

ⓑ 공구 자동교환장치(ATC : Automatic Tool Changer)를 부착하여 여러 공정의 연속적인 작업이 필요한 공작물을 자동으로 공구를 교환해 가면서 가공하는 공작기계이다.

㉡ 안전관리

| 주요 위험요소 | • 끼임 : 가공작업 중 회전하는 절삭공구 접촉에 의해 끼임 위험이 있다.<br>• 날아와 맞음 : 가공작업 중 절삭공구 이탈 또는 공작물 고정·취출 시 날아와 맞을 위험이 있다.<br>• 건강 장해 : 가공작업 중 발생되는 소음, 오일미스트에 의한 건강 장해 위험이 있다. |
|---|---|
| 안전수칙 | • 날아오는 공작물 사고를 예방하기 위해 안전문 및 연동장치(리밋 스위치)를 설치한다.<br>• 분진, 오일미스트 흡입을 예방하기 위해 국소배기장치를 설치한다.<br>• 작업 전 절삭공구의 손상 유무 등 상태를 확인한 후 작업을 실시한다.<br>• 공작물을 고정·취출 시 기계를 정지한다.<br>• 공작물 고정·취출 시 적합한 작업발판을 설치하고 사용한다.<br>• 청소 및 정비작업 시 전원을 차단하고 다른 사람이 조작하지 못하도록 '조작금지' 표지판 등을 부착한다. |
| 점검사항 | • 작업 전 기계 날의 손상 유무, 상태 확인<br>• 안전문, 연동장치 설치 여부<br>• 국소배기장치 정상 작동 여부<br>• 조작 패널 스위치명 표기 여부<br>• 작업 전 안전문 개방 시 운전 정지 확인 여부 |

㉢ 관련 사고원인 · 재발방지대책

| 관련 사고 | 가동 중 절삭공구가 고속으로 회전하는 엔드밀에서 이탈되어 복부 강타로 사망 |
|---|---|
| 사고원인 | • 절삭공구 부분의 검사, 조정작업 시 기계설비의 전원 차단 미실시<br>• 날아오는 공작물에 대비하여 도어는 있었으나 열어 놓음 |
| 재발방지 대책 | • 절삭공구 부분의 검사, 조정작업 시 기계설비의 전원을 차단한다.<br>• 안전문을 반드시 닫은 후 작업을 실시한다. |

⑦ 방전가공기

㉠ 용도

ⓐ 전극과 공작물 사이에 아크를 발생시켜 공작물을 용해하여 구멍 뚫기, 조각, 절단 등을 하는 기계이다.

ⓑ 열처리된 높은 경도의 강재, 초경재, 합금 등을 가공하는 기계이다.

㉡ 안전관리

| | |
|---|---|
| 주요 위험요소 | • 화재 : 방전가공액에 의한 화재 위험이 있다.<br>• 호흡기 질환 : 방전가공액 작업 시 발생하는 미스트·연기 등에 의한 호흡기 질환 위험이 있다.<br>• 미끄러짐 : 비산된 방전가공액에 의한 미끄러짐 위험이 있다.<br>• 근골격계 질환 : 공작물 탈부착 시 근골격계 질환 발생 위험이 있다.<br>• 끼임·추락 : 가동 중 점검·청소·수리·이상 조치 시 끼임 또는 추락 위험이 있다. |
| 안전수칙 | • 방전가공액 수위는 가동부로부터 적정 거리를 유지한다.<br>• 작업발판, 작업장 통로 등에 비산 침전된 가공유를 청소한다.<br>• 감전 위험이 있어 방전 중 작업 탱크 내에 손을 넣는 행동을 금지한다.<br>• 방전가공액의 연소연기 발생 시에는 즉시 가동 정지 후 확인한다.<br>• 방전가공액의 필터를 주기적으로 청소한다.<br>• 금형 자재 등 중량물 탈부착 시 카운터 밸런스 등 중량물을 취급하는 보조설비를 사용한다. |
| 점검사항 | • 훈련받은 자격자에 의한 기계 운전 여부<br>• 시운전 실시로 테이블, 전극 서보 등의 동작 상태 확인 여부<br>• 방전가공액 상태, 양, 수위 확인 여부<br>• 전극이 노출된 상태의 전원 차단 여부 |

㉢ 관련 사고원인·재발방지대책

| | |
|---|---|
| 관련 사고 | 방전가공액(등유) 수위가 전극 위치에 위치한 상태로 가공하다가 가공액 수면에 형성된 가공액 증기가 전극의 스파크에 착화되어 화재 발생 |
| 사고원인 | • 방전가공 중 낮아지는 수위에 따라 방전가공액을 적정 수위만큼 미보충<br>• 방전가공기 주변에 소화설비 미비치 |
| 재발방지 대책 | • 방전가공액의 수위는 가공 부위로부터 최소 50mm 이상 유지한다.<br>• 이동식 소화기를 비치하여 화재 발생 시 즉시 진화할 수 있도록 준비를 철저히 한다. |

⑧ 프레스

㉠ 용도 : 2개 이상의 서로 대응하는 공구(금형, 전단날 등)를 사용하여 그 공구 사이에 금속 또는 비금속 등의 가공재를 놓고, 공구가 가공재를 강한 힘으로 압축시켜 압축, 전단, 천공, 굽힘, 드로잉 등 가공·성형을 하는 장비이다.

㉡ 안전관리

| | |
|---|---|
| 주요 위험요소 | • 끼임 : 운전·유지·보수·금형 부착·해제 중 프레스 압착기 사이에 신체 끼임 위험이 있다.<br>• 파편 : 운전 중 금형 또는 재료 파손에 의한 파편 비산 위험이 있다.<br>• 감전(전력 이용 프레스머신) : 고전압 또는 전기 쇼트로 인한 감전 위험이 있다. |
| 안전수칙 | • 프레스 방호장치를 설치한다.<br>• 금형 교체 시 슬라이드 하강을 방지하기 위해 안전블록을 설치한다.<br>• 풋스위치 사용 시 상부에 덮개를 설치하여 물건의 낙하 등으로 인한 오작동을 예방한다.<br>• 금형 설치 용구는 프레스 구조에 적합한 형태로 한다.<br>• 금형 체결 시 올바른(적합한) 공구를 사용하고 균등하게 체결한다.<br>• 금형의 설치 및 조정은 전원을 끄고 실시한다.<br>• 금형의 하중 중심은 편하중 방지를 위해 원칙적으로 프레스의 하중 중심과 일치하도록 한다. |
| 보호구 | • 보안경 또는 안면보호구<br>• 방진마스크<br>• 실험복<br>• 보호장갑(손에 밀착되는 가죽제품 등) |

| 점검사항 | • 프레스머신의 적절한 설치 여부<br>• 비상정지 스위치 부착 및 작동 여부 확인<br>• 접지, 누전차단기 접속 여부 확인<br>• 방호장치 설치 여부 확인<br>• 동력전달장치, 유압계통 등 가압장치의 이상 여부 확인<br>• 금형 부착 · 해체 · 청소 · 유지 · 보수 시 전원 차단 여부 확인 |
|---|---|

㉢ 관련 사고원인 · 재발방지대책

| 관련 사고 | 금형 수정을 위해 하부 금형에 올라가 상부 금형을 연마하던 중 상부 금형이 하강하여 끼임 |
|---|---|
| 사고원인 | • 안전블록 미사용<br>• 금형 조정 시 운전 정지 미실시 |
| 재발방지 대책 | • 금형의 부착 · 해체 · 조정 시 안전블록을 설치한다.<br>• 프레스의 정비 · 급유 · 검사 · 수리 · 교체 등의 작업 시에 운전 정지 및 기동 방지 위한 기동장치 열쇠 별도 관리 및 표지판 설치 등 방호조치를 실시한다. |

⑨ 전단기

㉠ 용도

ⓐ 유압이나 기계적 힘을 사용하여 금형 사이에 철판을 투입한 후 압력을 가하여 철판을 소성 변형(영구 변형)시키는 기계이다.

ⓑ 상 · 하의 전단날 사이에 금속 또는 비금속 물질을 넣고 전단하는 기계이다.

㉡ 구조

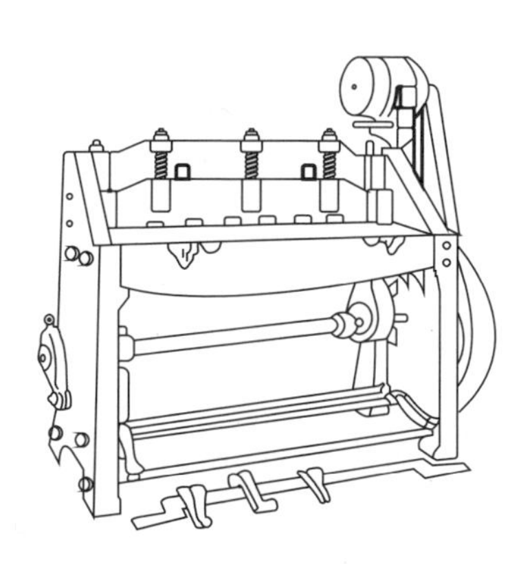

㉢ 안전관리

| 주요 위험요소 | • 끼임 · 절단 : 폭이 좁은 소부품 공급 시나 철판 취출 시 누름판이나 칼날에 끼이거나 절단될 위험, 2인 1조 공동작업 시 연락신호 미비로 슬라이드 불시 하강에 의한 손 절단 위험이 있다.<br>• 근골격계 질환 : 철판 등 중량물의 소재 취급 시 요통 등의 근골격계 질환 발생 위험이 있다. |
|---|---|
| 안전수칙 | • 전단기 전면에 방호울을 설치한다.<br>• 광전자식 방호장치의 설치 및 정상 작동 여부를 작업 전에 확인한다.<br>• 전단기 외함에 접지 여부를 확인한다.<br>• 2인 1조 공동작업 시 연락신호 확립 후 작업한다.<br>• 중량물은 가급적 운반기계를 이용하되 인력운반 시에는 2인이 적절한 자세를 갖추고 작업한다.<br>• 작고 폭이 좁은 소재는 수공구를 사용한다.<br>• 작업용 발판의 보도면이 쉽게 미끄러지거나 넘어지지 않는 상태로 설치한다.<br>• 비상정지장치는 각 제어반 및 비상정지가 필요한 개소에 설치한다. |

| 점검사항 | • 전단날 전면에 방호가드 설치 및 광전자식 방호장치 부착 여부 확인<br>• 배선의 비복 상태 등 점검<br>• 2인 1조 작업 시 신호체계 확립 여부 |
|---|---|

㉣ 관련 사고원인 · 재발방지대책

| 관련 사고 | 제품 절단을 위해 전단기에 제품을 밀어 넣다가 제품과 전단기 누름봉에 손가락이 끼여 골절 |
|---|---|
| 사고원인 | • 광전자식 방호장치 미설치<br>• 전면에 방호울 미설치<br>• 2인 1조 작업 시 신호 불일치 |
| 재발방지 대책 | • 광전자식 방호장치를 설치한다.<br>• 전단기 전단날 전면에 방호울을 설치한다.<br>• 방호울 틈새는 투입하는 가공재 최대 두께 + 4mm 이내로 조정한다.<br>• 풋스위치 사용 시 안전 덮개가 부착된 풋스위치를 사용한다.<br>• 크기가 작고 폭이 좁은 소재는 반드시 수공구를 사용한다.<br>• 2인 1조 작업 시 일정 신호를 정하여 작업을 실시한다. |

⑩ 분쇄기

㉠ 용도 : 절단공구가 달린 한 개 이상의 회전축 또는 플런저의 왕복운동에 의한 충격력을 이용하여 암석이나 금속 또는 플라스틱 등의 물질을 필요한 크기의 작은 덩어리 또는 분체로 부수는 기계이다.

㉡ 구조

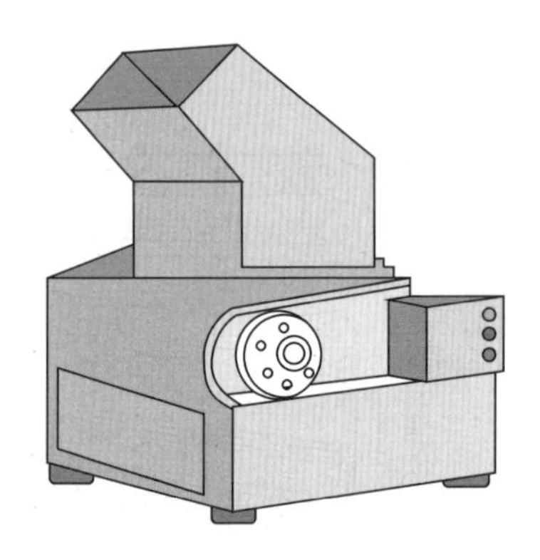

㉢ 안전관리

| 주요 위험요소 | • 끼임 : 분쇄기에 원료 투입 · 내부 보수 · 점검 · 이물질 제거작업 중 회전날에 끼일 위험, 전원 차단 후 수리 등 작업 시 다른 연구활동종사자의 전원 투입에 의해 끼일 위험<br>• 낙상 : 원료 투입, 점검 작업 시 투입부 및 점검구 발판에서 떨어질 위험<br>• 감전 : 모터, 제어반 등 전기 기계 기구의 충전부 접촉 또는 누전에 의한 감전의 위험<br>• 직업성 질환 : 분쇄작업으로 발생하는 분진, 소음으로 인해 직업성 질환이 발생 |
|---|---|
| 안전수칙 | • 분쇄기 칼날부 개구부에 방호 덮개를 설치한다.<br>• 방호 덮개에 리밋 스위치를 설치하여 덮개를 열면 전원이 차단되도록 연동장치를 설치한다.<br>• 운전 시작 전 분쇄기 내부에 이물질이 있는지 확인한다.<br>• 투입된 분쇄물의 완전 투입을 위해 수공구를 사용한다(인력 투입 금지).<br>• 한꺼번에 많은 분쇄물을 투입하지 않는다.<br>• 내부 칼날부 청소 작업 시 전원을 차단하고 수공구를 사용하여 작업한다.<br>• 분쇄작업 중 과부하 발생 시 역회전시켜 분쇄물을 빼낼 수 있도록 자동 · 수동 역회전 장치를 설치한다.<br>• 배출구역 하부는 칼날부에 손이 접촉되지 않도록 조치한다. |

| 보호구 | • 보안경 • 방진마스크<br>• 귀마개 등 |
|---|---|
| 점검사항 | • 원료 투입구에 덮개 설치 여부 및 연동장치 정상 작동 여부<br>• 분쇄기 고소 부위에 적절한 작업발판 및 안전난간 설치 여부<br>• 비상정지 스위치는 돌출형 적색 구조로 적합한 위치에 설치되고 정상 기능을 유지하는지 여부 |

㉣ 관련 사고원인 · 재발방지대책

| 관련 사고 | 분쇄기 내부 청소 중 회전하는 칼날부에 손이 말림 |
|---|---|
| 사고원인 | • 가동 중 청소 작업 실시<br>• 방호장치 기능 무효화(덮개 open) |
| 재발방지 대책 | • 청소 작업 시에는 기계의 운전을 반드시 정지한다.<br>• 설치한 방호장치의 기능을 무효화하지 않는다. |

⑪ 조형기

㉠ 용도 : 수지와 각종 첨가물 등을 배합한 주물사를 미리 가열된 중자(core)용 금형 내로 주입하고 압력을 가하여 일정한 시간만큼 경화시킨 후에 금형을 열어 자동 · 수동으로 중자를 취출하는 설비이다.

㉡ 안전관리

| 주요 위험요소 | • 끼임 : 조형기 금형 개폐 시 금형 사이, 가동 중 점검 등의 조치 시 끼일 위험이 있다.<br>• 난청 : 기계 가동 중 발생하는 소음으로 인한 소음성 난청 위험이 있다.<br>• 화상 : 금형 가열 열원에 접촉하여 화상 위험이 있다. |
|---|---|
| 안전수칙 | • 방호울을 금형 가동부 전면에 설치한다.<br>• 절연 캡을 감전 예방을 위해 금형 가열용 전기히터의 단자부에 설치한다.<br>• LPG가스 누출감지기를 설치한다.<br>• 작업 시 발생되는 분진 등을 배기하는 국소배기장치를 설치한다.<br>• 모든 급유는 조형기 정지 상태에서 수행한다.<br>• 설비 점검 · 청소 등에는 전원을 차단하고 조작반에 '조작금지' 표지를 부착한다. |
| 보호구 | • 귀마개 • 방진마스크 등 |
| 점검사항 | • 시운전 실시로 방호장치, 센서, 리밋 스위치의 정상 작동 확인<br>• 전원 케이블, 히터 단자, LPG 라인의 손상 여부 확인<br>• 가스누출감지기 기능 확인<br>• 유압 라인 누출 여부 확인<br>• 안전도어 정상 작동 여부 |

㉢ 관련 사고원인 · 재발방지대책

| 관련 사고 | 작업 중 금형이 열린 시간 동안 이물질을 제거하려고 상체를 넣은 순간 금형이 닫히며 끼임 |
|---|---|
| 사고원인 | 작업자 접근 감지센서 설치 위치가 낮아 금형 내로 진입된 머리 부분 미감지 |
| 재발방지 대책 | 금형 전면에 접근 감지센서를 신체 접근 가능한 전 구간으로 확대하여 설치한다. |

⑫ 증착장비

㉠ 용도

ⓐ 증발시킨 금속을 대상물에 입히는 장비이다.

ⓑ 금속을 입히려는 반도체나 트랜지스터와 같이 대상물이 너무 작거나 세밀한 작업이 필요할 때 사용한다.

ⓒ 대상물은 주로 전도성이 필요한 비금속 재질이며, 금속을 증발시킬 때 저항가열, 전자광선, 플라즈마를 사용한다.

ⓛ 안전관리

| | |
|---|---|
| 주요 위험요소 | • 흄 : 작업 시 발생되는 독성물질 등의 흄 흡입으로 호흡기 질환 발생 위험<br>• 열·아크 : 고온 열 및 플라즈마 아크 분무에 의한 위험<br>• 소음 : 작업 중 발생하는 소음에 의한 건강 장해 위험<br>• 감전 : 작업 중 누전 등에 의한 감전 위험 |
| 안전수칙 | • 고온 및 고속의 발사체로부터 연구활동종사자를 보호할 수 있는 방호장치를 구비한다.<br>• 흄 노출로부터 연구활동종사자를 보호하도록 국소배기장치 등을 구비한다.<br>• 감전의 위험으로부터 연구활동종사자를 보호할 수 있도록 교육한다.<br>• 귀마개 등 개인보호구를 착용한다. |
| 보호구 | • 귀마개 • 방진마스크 등 |
| 점검사항 | • 증착장비의 안전방호장치 구비 여부<br>• 환기시설 정상 작동 여부<br>• 개인보호구 착용 여부<br>• 고온·고압에 대한 방호조치 여부<br>• 본체 외함 접지 및 누전차단기 접속 여부<br>• 작업장 주변 인화성 물질 제거 여부 |

## 2 연구실 설치·운영기준

### (1) 연구·실험장비 설치·운영기준

| 구분 | 준수사항 | 연구실위험도 | | |
|---|---|---|---|---|
| | | 저위험 | 중위험 | 고위험 |
| 설치기준 | 취급하는 물질에 내화학성을 지닌 실험대 및 선반 설치 | 권장 | 권장 | 필수 |
| | 충격, 지진 등에 대비한 실험대 및 선반 전도방지조치 | 권장 | 필수 | 필수 |
| | 레이저장비 접근 방지장치 설치 | – | 필수 | 필수 |
| | 규격 레이저 경고표지 부착 | – | 필수 | 필수 |
| | 고온장비 및 초저온용기 경고표지 부착 | – | 필수 | 필수 |
| | 불활성 초저온용기 지하실 및 밀폐된 공간에 보관·사용 금지 | – | 필수 | 필수 |
| | 불활성 초저온용기 보관장소 내 산소농도측정기 설치 | – | 필수 | 필수 |
| 운영기준 | 레이저장비 사용 시 보호구 착용 | – | 필수 | 필수 |
| | 고출력 레이저 연구·실험은 취급·운영 교육·훈련을 받은 자에 한해 실시 | – | 권장 | 필수 |

① 설치기준

㉠ 취급하는 물질에 내화학성을 지닌 실험대 및 선반 설치

ⓐ 연구활동에 적합한 내화학성, 내약품성, 내습성, 내연성, 내한성, 내구성 및 강도 등을 확보(특히 염산, 질산, 황산 등 산류에 강한 저항성 요구)한다.

ⓑ 실험대 표면은 화학물질 누출 시 물질이 체류하지 않고 흘러내릴 수 있도록 설계한다.

ⓒ 실험대 위에 콘센트를 사용하는 경우 매입 접지형을 사용하고 누수, 물질 누출 등에 의한 합선을 방지할 수 있는 안전커버를 설치한다.

㉡ 충격, 지진 등에 대비한 실험대 및 선반 전도방지조치

ⓐ 모든 실험대 및 선반은 움직이지 않도록 고정하여야 하며, 수평을 맞추어 휨 현상이 발생하지 않도록 유지한다.

ⓑ 이동이 가능한 실험대, 집기류, 연구장비 등은 움직이지 못하도록 스토퍼, 내진용 받침대 등을 설치한다.

ⓒ 실험대 각 선반은 용기의 하중에 충분히 견딜 수 있는 구조로 설치한다.

㉢ 레이저 장비 접근 방지장치 설치

ⓐ 레이저 장비를 사용하는 연구실은 일반 실험대 및 레이저 장비 작업대를 별도로 분리하여 설치(레이저 광선은 광학 테이블 위에서만 진행되도록)한다.

ⓑ 레이저 장비는 '레이저 제품의 안전성(KS C IEC 60825-1)'에 따라 적합한 접근 방지장치를 설치한다.

ⓒ 레이저 장비를 취급하는 연구실에는 관계자 외 출입 · 접근을 방지한다.

㉣ 규격 레이저 경고표지 부착

ⓐ 레이저 취급 연구실 입구에는 규격 레이저 경고표지를 부착한다.

ⓑ 모든 레이저 장비에는 눈에 가장 잘 띄는 위치에 명판, 페인트, 각인, 라벨 등으로 안전 · 경고를 표시한다.

㉤ 고온장비 및 초저온용기 경고표지 부착 : 연구활동종사자가 쉽게 알아볼 수 있는 위치에 접근 · 접촉을 예방할 수 있는 경고표지를 부착한다.

㉥ 불활성 초저온용기 지하실 및 밀폐된 공간에 보관 · 사용 금지 : 액체질소, 액체아르곤 등 불활성의 초저온가스(이산화탄소 포함) 용기는 지하실 및 밀폐된 공간에 보관 · 사용을 금지한다.

㉦ 불활성 초저온용기 보관장소 내 산소농도측정기 설치

ⓐ 초저온가스를 보관 및 사용하는 연구실 내부에는 바닥으로부터 약 1.5m 위치에 산소농도측정기를 설치한다.

ⓑ 충분한 환기설비를 갖추고, 산소농도가 18% 이하로 떨어질 경우 자동으로 환기설비가 작동할 수 있도록 설비를 구축한다.

② 운영기준

㉠ 레이저 장비 사용 시 보호구 착용 : 레이저 광선으로부터 안구를 적절히 보호할 수 있도록 제작된 보안경을 반드시 비치 · 착용한다.

㉡ 고출력 레이저 연구·실험은 취급·운영 교육·훈련을 받은 자에 한해 실시
ⓐ 고출력 레이저 연구·실험은 레이저 사용과 관련한 작동법 및 안전지침을 완벽히 숙지하고 있는 연구활동종사자에 한하여 실시한다.
ⓑ 연구실책임자는 고출력 레이저 연구·실험을 수행하는 연구활동종사자의 교육·훈련 이수 여부를 확인하고 사용 권한을 부여한다.

### (2) 기계·기구 취급·관리 설치·운영기준

| 구분 | 준수사항 | 연구실위험도 | | |
|---|---|---|---|---|
| | | 저위험 | 중위험 | 고위험 |
| 설치기준 | 기계·기구별 적정 방호장치 설치 | – | 필수 | 필수 |
| 운영기준 | 선반, 밀링장비 등 협착 위험이 높은 장비 취급 시 적합한 복장 착용(긴 머리는 묶고 헐렁한 옷, 불필요 장신구 등 착용 금지 등) | – | 필수 | 필수 |
| | 연구·실험 미실시 시 기계·기구 정지 | – | 필수 | 필수 |

① 설치기준
㉠ 기계·기구별 적정 방호장치 설치
ⓐ 기계·기구류의 작동반경을 고려하여 방호망, 방책, 덮개 등의 방호장치를 설치한다.
ⓑ 연구활동 수행 전, 기계·기구의 상태와 방호장치의 설치 유무를 반드시 확인한다.
ⓒ 방호장치는 임의로 해체 또는 작동이 정지되지 않도록 유지한다.
ⓓ 기계·기구에는 안전기호(적색 : 금지, 노란색 : 경고, 청색 : 지시, 녹색 : 안내) 표시를 부착한다.

② 운영기준
㉠ 선반, 밀링장비 등 협착 위험이 높은 장비 취급 시 적합한 복장 착용
ⓐ 회전기계 취급 시에는 말릴 수 있는 장갑, 풀어 헤친 머리, 장신구 착용 등을 금지한다.
ⓑ 기계·기구를 사용하는 연구활동 수행 시 작업복 및 안전화를 필수 착용한다.
㉡ 연구·실험 미실시 시 기계·기구 정지
ⓐ 연구·실험 목적 외 기계·기구 사용을 금지한다.
ⓑ 연구·실험을 실시하지 않을 경우에는 기계·기구의 전원을 정지한다.

## 3 기계 · 기구 안전점검 및 진단

### (1) 연구실안전법 정기 · 특별안전점검(연구실 안전점검 및 정밀안전진단에 관한 지침 별표 3)

| 안전분야 | 점검항목 | 양호 | 주의 | 불량 | 해당없음 |
|---|---|---|---|---|---|
| 기계안전 | 위험기계 · 기구별 적정 안전방호장치 또는 안전덮개 설치 여부 | □ | NA | □ | □ |
| | 위험기계 · 기구의 법적 안전검사 실시 여부 | □ | NA | □ | □ |
| | 연구기기 또는 장비 관리 여부 | □ | □ | NA | □ |
| | 기계 · 기구 또는 설비별 작업 안전수칙(주의사항, 작동 매뉴얼 등) 부착 여부 | □ | □ | NA | □ |
| | 위험기계 · 기구 주변 울타리 설치 및 안전구획 표시 여부 | □ | NA | □ | □ |
| | 연구실 내 자동화설비 기계 · 기구에 대한 이중 안전장치 마련 여부 | □ | □ | NA | □ |
| | 연구실 내 위험기계 · 기구에 대한 동력차단장치 또는 비상정지장치 설치 여부 | □ | □ | □ | □ |
| | 연구실 내 자체 제작 장비에 대한 안전관리 수칙 · 표지 마련 여부 | □ | □ | NA | □ |
| | 위험기계 · 기구별 법적 안전인증 및 자율안전확인신고 제품 사용 여부 | □ | NA | □ | □ |
| | 기타 기계안전 분야 위험요소 | □ | □ | □ | □ |

### (2) 산업안전보건법 안전검사대상기계 등의 안전검사(산업안전보건법 시행규칙 제126조)

| 안전검사대상기계 | 최초안전검사 | 정기안전검사 |
|---|---|---|
| 크레인(이동식 크레인은 제외), 리프트(이삿짐운반용 리프트는 제외) 및 곤돌라 | 설치가 끝난 날부터 3년 이내에 실시 | 최초안전검사 이후부터 2년마다 실시(건설현장에서 사용하는 것은 최초로 설치한 날부터 6개월마다) |
| 이동식 크레인, 이삿짐운반용 리프트 및 고소작업대 | 「자동차관리법」에 따른 신규등록 이후 3년 이내에 실시 | 최초안전검사 이후부터 2년마다 실시 |
| 프레스, 전단기, 압력용기, 국소배기장치, 원심기, 롤러기, 사출성형기, 컨베이어 및 산업용 로봇 | 설치가 끝난 날부터 3년 이내에 실시 | 최초안전검사 이후부터 2년마다 실시(공정안전보고서를 제출하여 확인을 받은 압력용기는 4년마다) |

### (3) 비파괴검사

① 방사선투과검사(RT : Radiographic Testing)

㉠ 방사선(X선 또는 $\gamma$선)을 투과시켜 투과된 방사선의 농도와 강도를 비교 · 분석하여 결함을 검출하는 방법이다.

㉡ 모든 재료에 적용이 가능하고 내 · 외부 결함을 검출할 수 있다.

② 초음파탐상검사(UT : Ultrasonic Testing)

㉠ 초음파가 음향 임피던스가 다른 경계면에서 굴절 · 반사하는 현상을 이용하여 재료의 결함 또는 불연속을 측정하여 결함부를 분석하는 방법이다.

㉡ 결함의 위치와 크기를 추정할 수 있고 표면 · 내부의 결함을 탐상할 수 있다.

③ 자분탐상검사(MT : Magnetic Particle Testing)

㉠ 검사 대상을 자화시키고 불연속부의 누설자속이 형성되며, 이 부분에 자분을 도포하면 자분이 집속되어 이를 보고 결함부를 찾아내는 방법이다.

㉡ 강자성체만 검사가 가능하고 결함을 육안으로 식별이 가능하다.

④ 침투탐상검사(PT : Penetrating Testing)

㉠ 표면으로 열린 결함을 탐지하여 침투액의 모세관 현상을 이용하여 침투시킨 후 현상액을 도포하여 육안으로 확인하는 방법이다.

㉡ 장비나 방법이 단순하고 제품 크기에 영향을 받지 않는다.

⑤ 와류탐상검사(ET : Electromagnetic Testing)

㉠ 전자유도에 의해 와전류가 발생하며 시험체 표층부에 발생하는 와전류의 변화를 측정하여 결함을 탐지한다.

㉡ 비접촉・고속・자동 탐상이며 각종 도체의 표면 결합을 탐상한다.

⑥ 음향 방출 검사(AE : Acoustic Emission Testing)

㉠ 재료 변형 시에 외부응력이나 내부의 변형과정에서 방출되는 낮은 응력파를 감지하여 공학적으로 이용하는 기술이다.

㉡ 미시 균열의 성장 유무와 회전체 이상을 진단할 수 있다.

⑦ 누설검사(LT : Leak Testing)

㉠ 암모니아, 할로겐, 헬륨 등의 기체나 물 등을 이용, 누설을 확인하여 대상의 기밀성을 평가한다.

㉡ 관통된 불연속만 탐지 가능하다.

⑧ 육안검사(VT : Visual Testing)

㉠ 육안을 이용하여 대상 표면의 결함이나 이상 유무를 검사한다.

㉡ 가장 기본적인 검사법이나 검사의 신뢰성 확보가 어렵다.

⑨ 적외선열화상검사(IRT : Infrared Thermography Testing)

㉠ 시험부 표층부에서 방사되는 적외선을 전기신호로 변환하여 온도 정보로 분포 패턴을 열화상으로 표시하여 결함을 탐지한다.

㉡ 표면 상태에 따라 방사율의 편차가 크기 때문에 편차가 생기지 않도록 배경을 잡아야 한다.

⑩ 중성자투과검사(NRT : Neutron Radiographic Testing)

㉠ 중성자를 투과시켜 방출되는 방사선에 의해 방사선 사진을 얻어 검사한다.

㉡ 방사선 투과가 곤란한(납처럼 비중이 높은 재료) 검사 대상물에 적용한다.

CHAPTER

# 03

PART 03 연구실 기계 · 물리 안전관리

# 연구실 내 레이저, 방사선 등 물리적 위험요인에 대한 안전관리

## 1 물리적 위험요인

### (1) 연구실 내 물리적 유해인자

① 종류 및 정의

| 구분 | 정의 |
|---|---|
| 소음 | 소음성 난청을 유발할 수 있는 85dB(A) 이상의 시끄러운 소리 |
| 진동 | 착암기, 손망치 등의 공구를 사용함으로써 발생하는 백랍병 · 레이노 현상 · 말초순환장애 등의 국소진동 및 차량 등을 이용함으로써 발생하는 관절통 · 디스크 · 소화장애 등의 전신진동 |
| 분진 | 대기 중에 부유하거나 비산강하(飛散降下)하는 미세한 고체상의 입자상 물질 |
| 방사선 | 직접 · 간접으로 공기 또는 세포를 전리하는 능력을 가진 $\alpha$선 · $\beta$선 · $\gamma$선 · X선 · 중성자선 등의 전자선 |
| 이상기압 | 게이지압력이 $cm^2$당 1kg 초과 또는 미만인 기압 |
| 이상기온 | 고열 · 한랭 · 다습으로 인하여 열사병 · 동상 · 피부질환 등을 일으킬 수 있는 기온 |
| 레이저 | 전자기파의 유도방출현상을 통해 빛을 증폭하는 장치 및 시스템 |

※ 전기, 안전검사대상기계 등(산업안전보건법 시행령 제78조) 13종, 조립에 의한 기계 · 기구(설비 및 장비 포함) 등도 물리적 유해인자에 포함

### (2) 물리적 유해인자의 사전유해인자위험분석

① 사전유해인자위험분석의 물리적 유해인자 항목

㉠ 연구실 안전현황분석

**[연구실 안전현황표 작성 예시(연구실 사전유해인자위험분석 실시에 관한 지침 별지 1)]**

| 연구실 유해인자 | | | |
|---|---|---|---|
| 물리적 유해인자 | □ 소음 | □ 진동 | □ 방사선 |
| | ■ 이상기온 | □ 이상기압 | □ 분진 |
| | ■ 전기 | □ 레이저 | □ 위험기계 · 기구 |
| | □ 기타(　　　　　　　　) | | |

㉡ 연구개발활동별 유해인자 위험분석

**[보고서 작성 예시(연구실 사전유해인자위험분석 실시에 관한 지침 별지 2)]**

| 4) 물리적 유해인자 | 기구명 | 유해인자종류 | 크기 | 위험분석 | 필요 보호구 |
|---|---|---|---|---|---|
| | 건조기 | 전기 | – | 인체에 전기가 흘러 일어나는 화상 또는 불구자가 되거나 심한 경우에는 생명을 잃게 됨 | |

ⓒ 연구개발활동안전분석(R&DSA)

**[보고서 작성 예시(연구실 사전유해인자위험분석 실시에 관한 지침 별지 3)]**

| 순서 | 연구·실험 절차 | 위험분석 | 안전계획 | 비상조치계획 |
|---|---|---|---|---|
| 1 | 실험 전 세척된 초자기구를 120℃에서 30분 동안 건조 및 운반 | 초자기구에 잔류한 화학물질에 의해 화재가 날 수 있다. [화학화재·폭발] | 기기에 넣기 전 초자기구에 화학물질이 남아있지 않도록 깨끗이 세척한다. | • 화학물질 화재 발생 시 소화기로 초기진화 실시 및 2차 재해에 대비하여 안전한 지정된 장소로 대피한다.<br>• 연기를 흡인한 경우 곧바로 신선한 공기를 마시게 한다.<br>• 화재 발생 사고 상황신고(위치, 약품 종류 및 양, 부상자 유무 등) : 재난신고(119) |
| | | 전기기기에 감전될 수 있다. [감전] | • 전기기기 사용 시에는 필히 접지한다.<br>• 전원부가 물에 닿지 않도록 주의하며 젖은 손으로 기기를 다루지 않는다. | • 감전사고 발생 시 2차 감전을 방지하기 위해 감전 부상자와 신체접촉 하지 않도록 주의하며 나무 또는 플라스틱 막대를 이용해 부상자를 구호한다.<br>• 부상자의 상태(의식, 호흡, 맥박, 출혈 등)를 살피고 심폐소생술 등 응급처치를 한다.<br>• 감전사고 상황 신고(부상자 유무 등) |
| | | 전기화재가 발생할 수 있다. [전기화재] | • 용량을 초과하는 문어발식 멀티콘센트 사용을 금지한다.<br>• 전열기 근처에 가연물을 방치하지 않는다. | • 전기화재 발생 시 감전 위험이 있으므로 물분사를 금지하며 C급 소화기를 사용하여 초기진화한다.<br>• 연기를 흡입한 경우 곧바로 신선한 공기를 마시게 한다.<br>• 화재 발생 사고 상황 신고(위치, 부상자 유무 등) : 재난신고(119) |
| | | 건조 중 문을 열 경우 120℃의 고온에 의한 화상을 입을 수 있다. [화상] | 온도가 떨어지지 않은 상태에서는 열지 않는다. | 화상을 입은 경우 깨끗한 물에 적신 헝겊으로 상처 부위를 냉각하고 감염방지 응급처치를 한다. : 화상환자 : ○○병원(○○○○, ○○○○) |
| ⋮ | ⋮ | ⋮ | ⋮ | ⋮ |

## 2 레이저(LASER : Light Amplification by Stimulated Emission of Radiation)

### (1) 레이저 안전등급

| 등급 | 노출한계 | 설명 | 비고 |
|---|---|---|---|
| 1 | - | 위험 수준이 매우 낮고 인체에 무해 | |
| 1M | | 렌즈가 있는 광학기기를 통한 레이저빔 관측 시 안구 손상 위험 가능성 있음 | |
| 2 | 최대 1mW<br>(0.25초 이상 노출) | 눈을 깜박(0.25초)여서 위험으로부터 보호 가능 | |
| 2M | | 렌즈가 있는 광학기기를 통한 레이저빔 관측 시 안구 손상 위험 가능성 있음 | |
| 3R | 최대 5mW<br>(가시광선 영역에서 0.35초 이상 노출) | 눈에 레이저빔 노출 시 안구 손상 위험 있음 | 보안경 착용 권고 |
| 3B | 최대 500mW<br>(315nm 이상의 파장에서 0.25초 이상 노출) | 직접 노출 또는 거울 등에 의한 정반사 레이저빔에 노출되어도 안구 손상 위험 있음 | 보안경 착용 필수 |
| 4 | 500mW 초과 | 직간접에 의한 레이저빔에 노출에 안구 손상 및 피부화상 위험 있음 | |

### (2) 주요 위험요소

| 실명 | 레이저가 눈에 조사될 경우 실명될 위험이 있다. |
|---|---|
| 화상 · 화재 | 레이저가 피부에 조사될 경우 화상의 위험이 있고, 레이저 가공 중 불꽃 발생으로 인한 화재의 위험이 있다. |
| 감전 | 누전 또는 전기 쇼트로 인한 감전의 위험이 있다. |

### (3) 레이저 안전관리

① 취급 · 관리

㉠ 레이저의 동작특성을 충분히 숙지하고 안전지침을 따라야 한다.

㉡ 레이저의 위치, 레이저 광선의 경로, 사용하는 광학계의 위치를 숙지해야 한다.

㉢ 레이저 광선이 사용자의 눈높이를 피해 진행하도록 해야 한다.

㉣ 의도되지 않은 반사 및 산란광선이 발생하지 않도록 광학부품을 정렬해야 한다.

㉤ 손이나 손목의 보석류를 제거한다.

㉥ 고전류나 고전압으로 레이저를 동작시키는 경우 전기안전사고에 유의해야 한다.

㉦ 레이저를 취급할 때에는 반드시 차광용 보안경을 착용해야 하고, 보안경을 착용했더라도 레이저 광선을 직접 바라보지 말아야 한다.

㉧ 레이저 장치는 전체를 덮는 것이 바람직하다.

㉨ 레이저 작동 중에는 외부에서 접근금지를 위한 표지 및 작업구역 통제가 필요하다.

㉩ 레이저 가공 중 불꽃 발생 가능성이 있는 경우 주변 인화물질을 제거하고 소화기를 비치해야 한다.

㉠ 레이저 기기 사용 후 반드시 레이저 발생 장치 전원을 차단하고 시스템 셔터를 폐쇄한다.
㉡ 레이저 장비 가동 시에는 안전교육을 받은 자만 출입할 수 있도록 한다.

② 사고 발생 시 비상대응조치
㉠ 레이저는 즉시 동작을 정지시키고 가능한 경우 전원을 차단한다.
㉡ 안구가 레이저 광선에 노출되었거나 레이저에 의한 화상 등의 중상을 입은 경우 119에 전화하여 구급차를 요청한다.
㉢ 화상인 경우 최대한 빠른 응급처치가 선행되어야 한다.
㉣ 사고원인이 조사될 때까지 연구실은 사고 상황을 그대로 유지하여야 한다.

③ 안전점검
㉠ 보호안경 착용 유무
㉡ 손이나 손목의 보석류 제거 확인
㉢ 작업 전 주위에 알림 및 허가자만 출입 가능한 표지 부착 여부 확인
㉣ 레이저 보호창 또는 안전덮개 등 안전방호장치 설치 여부 확인
㉤ 레이저 위치 및 레이저빔 경로, 반사체 등의 위치 확인
㉥ 비상 스위치 설치 및 작동 여부 확인
㉦ 레이저 발생 장치 주변 인화성 물질 사용·비치 여부 확인

## 3 방사선

### (1) 방사선 개요

① **원자력안전법상 방사선의 정의** : 전자파나 입자선 중 직접 또는 간접적으로 공기를 전리(電吏)하는 능력을 가진 것으로서 알파선·중양자선·양자선·베타선 및 그 밖의 중하전입자선, 중성자선, 감마선 및 엑스선, 5만 전자볼트 이상의 에너지를 가진 전자선을 말한다.

② 단위

| Sv(시버트) | 인체가 방사선에 노출되었을 때 인체에 미치는 정도 |
|---|---|
| Gy(그레이) | 어떠한 물질이 방사선 에너지를 흡수한 양 |
| Bq(베크렐) | 방사성물질이 내보내는 방사선의 세기 |

③ 종류

| 이온화 방사선<br>(전리 방사선) | 일반적으로 말하는 방사선으로, 방사선이 가지고 있는 에너지가 커서 방사선이 통과하는 물질을 이온화시키는 방사선이다.<br>예 $\alpha$선, $\beta$선, $\gamma$선, 중성자선, 우주선 등 |
|---|---|
| 비이온화 방사선<br>(비전리 방사선) | 방사선이 가지고 있는 에너지가 작아서 이온화 능력이 없는 방사선이다.<br>예 전파, 마이크로파, 빛, 적외선, 자외선 등 |

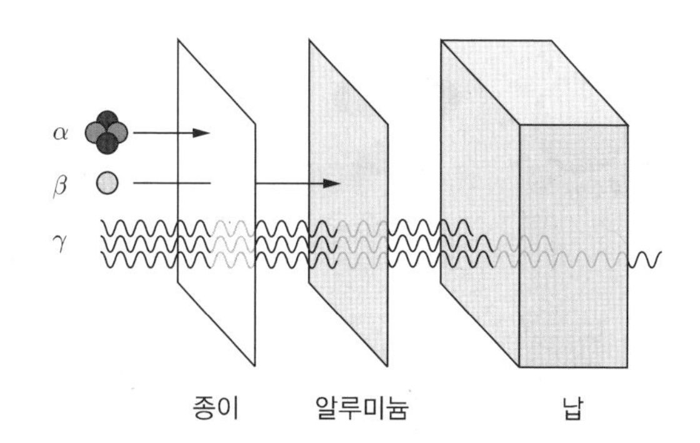


### (2) 방사선 상해 유형(피폭의 종류)

① 외부피폭

㉠ 인체 외부의 방사성물질(먼지, 기체형태 등)에서 나오는 방사선에 노출되어 발생한다.

예 비행기 여행 중 우주방사선 쪼이는 것, 건강검진 중 엑스레이 촬영, 복수 CT 촬영

㉡ 방사선이 몸을 투과하여 지나갈 뿐, 방사능 자체를 몸에 남기지 않기 때문에 주변 사람에게 방사능을 옮기지 않는다.

㉢ 오염이 없으므로 제염이나 격리가 불필요하며 일반 진료가 가능하고, 상태에 따라 방사선 전신피폭 가능성에 대한 진료가 필요할 수도 있다.

㉣ 사고 진압에 관련된 직원 및 일반인들은 치사선량을 포함하여 저선량에서 고선량에 이르는 외부피폭을 받을 수도 있다.

㉤ 국소피폭 및 전신피폭으로 나타난다.

※ 국소피폭의 가장 일반적인 형태 : 비파괴검사자의 밀봉선원에 대한 부적절한 취급이나 일반인이 분실 및 도난 밀봉선원을 소유함으로써 발생하는 방사선 화상

② 외부오염

㉠ 공기 중에 퍼져 있는 방사능이 옷이나 머리카락 등에 묻어 발생한다.

㉡ 오염은 주변 사람과 물건에 방사능을 묻히거나 피폭시킬 수 있다.

㉢ 옷을 갈아입거나 샤워 등 씻어내는 것으로 대부분 제거가 가능하다.

㉣ 베타방출 핵종에 의한 고선량 외부오염은 심각한 방사선 화상을 초래할 수 있다.

③ 내부오염(내부피폭)

㉠ 호흡을 통해 방사능이 몸 안으로 들어와 신체 내부를 오염시켜 발생한다.

예 방사능에 오염된 음식물 섭취, 공기 중에 떠다니는 방사성물질을 흡입, 개방성 상처를 통한 흡수

㉡ 치사선량을 받은 내부오염은 사망에 이를 수도 있다.

㉢ 방사선 피폭 진료와 더불어 제염이 요구된다.

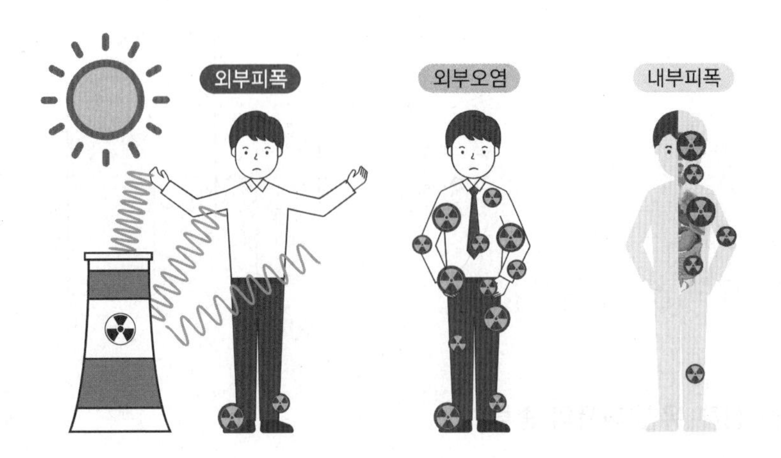


④ 방사선의 영향

㉠ 신체적·유전적 영향

| 신체적 영향 | 급성 | 피부반점, 탈모, 백혈구 감소, 불임 |
|---|---|---|
| | 만성 | 백내장, 태아에 영향, 백혈병, 암 |
| 유전적 영향 | | 대사 이상, 연골 이상 |

㉡ 피폭선량에 따른 증상

| 피폭선량(Sv) | 증상 |
|---|---|
| 0.25 | 임상적 증상 거의 없음 |
| 0.5 | 백혈구(임파구) 일시 감소 |
| 1 | 구역질, 구토, 전신권태, 임파구 현저히 감소 |
| 2 | 5%의 사람이 사망 |
| 4 | 30일간 50%의 사람이 사망 |
| 6 | 14일간 90%의 사람이 사망 |
| 7 | 100%의 사람이 사망 |

## (3) 방사선 사고의 정의

① 전신피폭선량이 0.25Sv 이상인 피폭

② 피부선량이 6Sv 이상인 피폭

③ 다른 조직에 대해서는 외부피폭으로 흡수선량이 0.75Sv 이상인 피폭

④ 최대허용 신체부하량(MPBB)의 50% 이상인 내부오염

⑤ 과실로 인해 ①과 ④에 해당하는 피폭이 발생한 의료상 피폭

### (4) 방사선 대처원칙

① 외부피폭 방어원칙

| | |
|---|---|
| 시간 | • 필요 이상으로 방사선원이나 조사장치 근처에 오래 머무르지 않는다.<br>• 방사선 피폭량은 피폭시간에 비례한다. |
| 거리 | • 가능한 한 방사선원으로부터 먼 거리를 유지해야 한다.<br>• 방사선량률은 선원으로부터 거리 제곱에 반비례하여 감소한다.<br>• 원격조절장비 등을 이용하여 안전한 작업거리를 확보해야 한다. |
| 차폐 | • 선원과 작업자 사이에 차폐체로 몸을 보호한다.<br>• 방사선원과 인체 사이에 방사선의 에너지를 대신 흡수할 수 있는 차폐체를 두어 방사선 피폭의 강도를 감소시킨다.<br>• 차폐체의 재질은 일반적으로 원자번호 및 밀도가 클수록 방사선에 대한 차폐효과가 크며, 차폐체는 선원에 가까이 할수록 크기를 줄일 수 있어 경제적이다.<br>• 차폐체가 두꺼울수록 그 후방에서 사람이 피폭되는 선량이 줄어든다.<br>• 차폐체 : 콘크리트, 납치마, 납벽 등 |

② 내부피폭 방어원칙

| | |
|---|---|
| 격납 | • 방사성 물질 취급을 격납설비 내에서 또는 후드나 글로브박스에서 함으로써 체내 섭취를 줄일 수 있다.<br>• 격납설비의 경계에서 방사성 물질의 누설을 최소화하는 것이 중요하다. |
| 희석 | • 방사성 물질을 완벽히 격납하는 것은 불가능하므로 작업장 내에서 공기오염이나 표면오염이 발생하여 방사성 물질이 인체에 섭취될 수도 있다.<br>• 배기설비를 설치하고 제염작업을 통하여 공기오염과 표면오염을 지속적으로 관리해야 한다.<br>• 외부로 방출되는 유출물은 정화설비를 거쳐 환경 중 방사성 오염을 방지해야 한다. |
| 차단 | • 작업환경의 안전한 준위의 유지가 어려울 때에는 방사성 물질의 섭취경로를 차단한다.<br>• 방사성 물질의 인체 내 섭취경로는 호흡기, 소화기, 피부(상처)이다.<br>• 공기오염도가 높은 방사선 작업장에서 작업을 할 경우 방독면, 마스크를 착용하고 작업하며, 작업장 내에서 음식물 및 음료수를 섭취하거나, 흡연을 해서는 안 된다.<br>• 방호복, 장갑 등을 착용하여 피부나 상처로 방사성 물질이 체내로 유입되는 것을 막아야 한다.<br>• 원칙적으로 상처가 있는 경우 작업을 해서는 안 되며, 부득이한 경우 상처 부위를 밀봉한 후 작업을 수행해야 한다. |

③ 방사능 제염(오염 제거)

㉠ 방사성 물질이 묻은 옷을 벗는다.

㉡ 샤워를 하고 깨끗한 옷으로 갈아입는다.

### (5) 방사선 안전관리

① 안전관리

㉠ 설치

ⓐ 방사성 물질을 밀폐하거나 국소배기장치 등을 설치한다.

ⓑ 차폐물(遮蔽物)을 설치한다.

ⓒ 경보시설을 설치한다.

ⓓ 근로자가 방사성 물질 취급 작업을 하는 경우에 세면・목욕・세탁 및 건조를 위한 시설을 설치하고 필요한 용품과 용구를 갖추어 두어야 한다.

㉡ 취급

ⓐ 방사능 시설을 설치하려면 안전관리책임자를 선임한다.

ⓑ 방사선을 취급하고자 하는 자는 등록을 하고, 취급 허가를 받아야 한다.

ⓒ 방사선 취급지역은 관리구역으로 설정하여 출입을 제한하여야 한다.

ⓓ 방사선 관리구역 출입 시 개인선량계를 착용하여 피폭방사선량을 평가하고 관리한다.

ⓔ 관리구역에 출입한 자에 대하여 피폭방사선량 및 방사성 동위원소에 의한 오염상황을 측정, 기록하고 보관하여야 한다.

ⓕ 방사성 물질 취급에 사용되는 국자, 집게 등의 용구는 다른 용도로 사용해서는 안 되며, 방사성 물질 취급 용구임을 표시한다.

ⓖ 분말 또는 액체상태의 방사성 물질에 오염된 장소에 대하여 그 오염이 퍼지지 않도록 즉시 조치한 후 오염된 지역임을 표시하고 그 오염을 제거한다.

㉢ 폐기

ⓐ 방사성 물질의 폐기물은 방사선이 새지 않는 용기에 넣어 밀봉하고 용기 겉면에 그 사실을 표시한 후 적절하게 처리하여야 한다.

ⓑ 폐기물이 나온 시험번호, 방사성 동위원소, 폐기물의 물리적 형태 등으로 표시된 방사선의 양들을 기록·유지한다.

ⓒ 하수시설이나 일반폐기물 속에 방사성 폐기물을 같이 버려서는 안 된다.

ⓓ 고체 방사성 물질의 폐기물 : 플라스틱 봉지에 넣고 테이프로 봉한 후 방사성 물질 폐기 전용 금속제 통에 넣는다.

ⓔ 액체 방사성 물질의 폐기물 : 수용성과 유기성으로 분리하며, 고체의 경우와 마찬가지로 액체 방사성 물질의 폐기물을 위해 고안된 통을 이용한다.

② 개인선량계의 종류

㉠ 법정선량계

ⓐ 측정값이 공식적으로 인정된다.

ⓑ 작업자가 착용한 선량계를 일정 주기로 회수하여 선량 평가 담당자가 판독한다.

예 필름배지선량계, 열형광선량계, 유리선량계

㉡ 보조선량계

ⓐ 법정선량계 고장 시 선량 평가를 가능하게 도와주는 역할을 한다.

ⓑ 사고감지나 경보 등 여러 기능을 갖추고 있다.

ⓒ 직독식 보조선량계는 바로 선량을 판독할 수 있어 심리적 안정 및 일일 피폭 관리에 중요하다.

예 포켓선량계, 전자(경보)선량계

③ 방사선 선량한도 기준(원자력안전법 시행령 별표 1)

| 구분 | 유효선량한도(단위 : mSv) | 등가선량한도(단위 : mSv) | |
|---|---|---|---|
| | | 수정체 | 손·발 및 피부 |
| 방사선작업종사자 | 연간 50을 넘지 않는 범위에서 5년간 100 | 연간 150 | 연간 500 |
| 수시출입자, 운반종사자 및 교육훈련 등의 목적으로 위원회가 인정한 18세 미만인 사람 | 연간 6 | 연간 15 | 연간 50 |
| 이 외의 사람 | 연간 1 | 연간 15 | 연간 50 |

④ 방사선 발생장치나 기기의 게시내용

| 입자가속장치 | • 장치의 종류<br>• 방사선의 종류와 에너지 |
|---|---|
| 방사성 물질을 내장하고 있는 기기 | • 기기의 종류<br>• 내장하고 있는 방사성 물질에 함유된 방사성 동위원소의 종류와 양(단위 : Bq)<br>• 해당 방사성 물질을 내장한 연월일<br>• 소유자의 성명 또는 명칭 |

## 4 소음

### (1) 소음의 종류 및 기준(안전보건규칙 제512조)

| 소음작업 | 1일 8시간 작업을 기준으로 85dB 이상의 소음이 발생하는 작업 |
|---|---|
| 강렬한 소음작업 | 다음 어느 하나에 해당하는 작업<br>• 90dB 이상의 소음이 1일 8시간 이상 발생하는 작업<br>• 95dB 이상의 소음이 1일 4시간 이상 발생하는 작업<br>• 100dB 이상의 소음이 1일 2시간 이상 발생하는 작업<br>• 105dB 이상의 소음이 1일 1시간 이상 발생하는 작업<br>• 110dB 이상의 소음이 1일 30분 이상 발생하는 작업<br>• 115dB 이상의 소음이 1일 15분 이상 발생하는 작업 |
| 충격소음작업 | 소음이 1초 이상의 간격으로 발생하는 작업으로서 다음의 어느 하나에 해당하는 작업<br>• 120dB을 초과하는 소음이 1일 1만 회 이상 발생하는 작업<br>• 130dB을 초과하는 소음이 1일 1천 회 이상 발생하는 작업<br>• 140dB을 초과하는 소음이 1일 1백 회 이상 발생하는 작업 |

### (2) 음압수준(SPL : Sound Pressure Level)

① 공식

㉠ SPL

$$SPL[dB] = 20 \times \log \frac{P}{P_0}$$

• $P$[N/m$^2$] : 측정하고자 하는 음압
• $P_0$[N/m$^2$] : 기준음압 실효치, $2 \times 10^{-5}$

㉡ 거리에 따른 SPL

$$SPL_1 - SPL_2 = 20 \times \log\frac{r_2}{r_1}$$

- $SPL_1$ : 위치1에서의 dB
- $SPL_2$ : 위치2에서의 dB
- $r_1$ : 음원으로부터 위치1까지의 거리
- $r_2$ : 음원으로부터 위치2까지의 거리($r_2 > r_1$)

㉢ 합성소음도

$$\text{합성}SPL = 10 \times \log(10^{\frac{SPL_1}{10}} + 10^{\frac{SPL_2}{10}} + \cdots + 10^{\frac{SPL_n}{10}})$$

② 데시벨(dB)과 소음의 예

| dB | 30 | 40 | 70 | 80 | 90 | 130 | 140 |
|---|---|---|---|---|---|---|---|
| 예 | 아주 작은 속삭임 | 도서관 | 시끄러운 사무실 | 복잡한 도심의 교통 | 지하철 | 굴착기 소리 | 헬리콥터 소리 |

## (3) 청력손실

① 유형

㉠ 일시적인 청력손실(일시적 역치이동)

㉡ 영구적인 청력손실(영구적 난청)

㉢ 음향성 외상

㉣ 돌발성 소음성 난청 등

② **소음과의 관계** : 청력손실의 정도와 노출된 소음수준은 비례관계이다.

| 강한 소음 | 노출기간에 따라 청력손실도 증가 |
|---|---|
| 약한 소음 | 노출기간과 청력손실 간에 관계 없음 |

## (4) 소음성 난청

① **발생원인** : 청각기관이 85dB 이상의 매우 강한 소리에 지속적으로 노출되어 발생한다.

② **위험성** : 자신이 인지하지 못하는 사이에 발생하며 치료가 안 되어 영구적인 장애를 남기는 질환이다.

③ **특수건강진단 구분 코드** : D1(직업병 유소견자)

④ **특징**

㉠ 내이의 모세포에 작용하는 감각신경성 난청이다.

㉡ 농을 일으키지 않는다.

㉢ 소음에 노출되는 시간이나 강도에 따라 일시적 난청과 영구적 난청이 나타날 수 있다.

㉣ 소음 노출 중단 시 청력손실이 진행되지 않는다.

㉤ 과거의 소음성 난청으로 소음노출에 더 민감하게 반응하지 않는다.
㉥ 지속적인 소음 노출이 단속적인 소음 노출보다 더 위험하다.
㉦ 초기 고음역에서 청력손실이 현저하다.

## 5 그 외의 물리적 유해인자의 안전관리

### (1) 진동

① **진동작업** : 착암기, 동력을 이용한 해머, 체인 톱, 엔진 커터, 동력을 이용한 연삭기, 임팩트 렌치, 그 밖에 진동으로 인하여 건강 장해를 유발할 수 있는 기계나 기구를 사용하는 작업
② **안전관리 대책(감소 대책)**
㉠ 저진동공구를 사용한다.
㉡ 방진구를 설치한다.
㉢ 제진시설을 설치한다.

### (2) 고열작업에 해당하는 장소(안전보건규칙 제559조)

① 용광로・평로・전로 또는 전기로에 의하여 광물 또는 금속을 제련하거나 정련하는 장소
② 용선로 등으로 광물・금속 또는 유리를 용해하는 장소
③ 가열로 등으로 광물・금속 또는 유리를 가열하는 장소
④ 도자기 또는 기와 등을 소성하는 장소
⑤ 광물을 배소 또는 소결하는 장소
⑥ 가열된 금속을 운반・압연 또는 가공하는 장소
⑦ 녹인 금속을 운반 또는 주입하는 장소
⑧ 녹인 유리로 유리제품을 성형하는 장소
⑨ 고무에 황을 넣어 열처리하는 장소
⑩ 열원을 사용하여 물건 등을 건조시키는 장소
⑪ 갱내에서 고열이 발생하는 장소
⑫ 가열된 노를 수리하는 장소
⑬ 그밖에 고용노동부장관이 인정하는 장소

PART 03

# 과목별 빈칸완성 문제

각 문제의 빈칸에 올바른 답을 적으시오.

## 01 기계 · 기구의 동작 형태와 위험성

| | |
|---|---|
| 회전동작(rotating motion) | 고정부와 ( ① ) 사이의 끼임 · 협착 · 트랩 형성 등의 위험성이 있다. |
| 횡축동작(rectilineal motion) | 고정부와 ( ② ) 사이에 위험이 형성되며, ( ③ )과 기계적 결합부 사이에 위험성이 상존한다. |
| 왕복동작(reciprocating motion) | ( ④ )와 고정부 사이에 위험이 형성되며 ( ④ ) 전후, 좌우 등에 적절한 안전조치가 필요하다. |

정답

① 회전부　　② 운동부

③ 작업점　　④ 운동부

## 02 위험점

| | |
|---|---|
| ( ① ) | 왕복운동을 하는 동작 부분과 움직임이 없는 고정 부분 사이에 형성되는 위험점 |
| 회전 말림점 | ( ② ) |
| ( ③ ) | 회전하는 운동 부분 자체의 위험이나 운동하는 기계 부분 자체의 위험에서 초래되는 위험점 |
| ( ④ ) | 고정 부분과 회전하는 동작 부분이 함께 만드는 위험점 |
| 물림점 | ( ⑤ ) |
| ( ⑥ ) | 회전하는 부분의 접선 방향으로 물려 들어가는 위험이 존재하는 점 |

정답

① 협착점

② 회전하는 물체에 장갑 및 작업복 등이 말려 들어갈 위험이 있는 점

③ 절단점

④ 끼임점

⑤ 서로 반대 방향으로 회전하는 2개의 회전체에 말려 들어가는 위험이 존재하는 점

⑥ 접선 물림점

## 03 사고 체인의 5요소

| | |
|---|---|
| ( ① ) | 작업자가 기계설비에 말려 들어갈 수 있는 위험요소 |
| 함정(trap) | ( ② ) |
| ( ③ ) | 기계요소나 피가공재가 기계로부터 튀어나올 수 있는 위험요소 |
| 접촉(contact) | ( ④ ) |
| ( ⑤ ) | 움직이는 기계와 작업자가 충돌하거나, 고정된 기계에 사람이 충돌하여 사고가 일어날 수 있는 위험요소 |

정답

① 얽힘・말림(entanglement)

② 기계의 운동에 의해 작업자가 끌려가 다칠 수 있는 위험요소

③ 튀어나옴(ejection)

④ 날카로운 물체, 고・저온, 전류 등에 접촉하여 상해가 일어날 수 있는 위험요소

⑤ 충격(impact)

## 04 기계설비 안전화를 위한 기본원칙 순서

- 위험의 ( ① ) 및 결정
- ( ② )에 의한 위험 제거 또는 감소
- ( ③ )의 사용
- ( ④ )방법의 설정과 실시

정답

① 분류

② 설계

③ 방호장치

④ 안전작업

## 05 풀 프루프(fool proof)의 종류

| | | |
|---|---|---|
| 가드 | ( ① ) | 열리는 입구부(가드 개구부)에서 가공물, 공구 등은 들어가나 손은 위험영역에 미치지 않게 한다. |
| | ( ② ) | 가공물이나 공구에 맞추어 형상 또는 길이, 크기 등을 조정할 수 있다. |
| | ( ③ ) | 신체 부위가 위험영역에 들어가기 전에 경고가 울린다. |
| | ( ④ ) | 기계가 작동 중에는 열리지 않고 열려 있을 시는 기계가 가동되지 않는다. |
| 조작기계 | ( ⑤ ) | 두 손으로 동시에 조작하지 않으면 기계가 작동하지 않고 손을 떼면 정지 또는 역전복귀한다. |
| | ( ⑥ ) | 조작기계를 겸한 가드문을 닫으면 기계가 작동하고 열면 정지한다. |
| 록기구 | ( ⑦ ) | 기계식, 전기식, 유압공압식 또는 그와 같은 조합에 따라 2개 이상의 부분이 서로 구속하게 된다. |
| | ( ⑧ ) | 열쇠의 이용으로 한 쪽을 시건하지 않으면 다른 쪽이 개방되지 않는다. |
| | ( ⑨ ) | 한 개 또는 다른 몇 개의 열쇠를 가지고 모든 시건을 열지 않으면 기계가 조작되지 않는다. |
| 트립기구 | ( ⑩ ) | 접촉판, 접촉봉 등에 신체의 일부가 위험구역에 접근하면 기계가 정지 또는 역전복귀한다. |
| | ( ⑪ ) | 광전자식, 정전용량식 등에 의해 신체의 일부가 위험구역에 접근하면 기계가 정지 또는 역전복귀한다. 신체의 일부가 위험구역 내에 들어 있으면 기계는 가동되지 않는다. |
| 오버런기구 | ( ⑫ ) | 스위치를 끈 후의 타성운동이나 잔류전하를 검지하여 위험이 있는 때에는 가드를 열지 않는다. |
| | ( ⑬ ) | 기계식 또는 타이머 등에 의해 스위치를 끄고 일정 시간 후에 이상이 없어도 가드 등을 열지 않는다. |
| 밀어내기 기구 | ( ⑭ ) | 가드의 가동 부분이 열려 있는 때에 자동적으로 위험지역으로부터 신체를 밀어낸다. |
| | ( ⑮ ) | 위험상태가 되기 전에 손을 위험지역으로부터 떨쳐 버리거나 혹은 잡아당겨 되돌린다. |
| 기동방지 기구 | ( ⑯ ) | 기계의 기동을 기계적으로 방해하는 스토퍼 등 통상은 안전 플러그 등과 병용한다. |
| | ( ⑰ ) | 제어회로 등에 준비하여 접점을 차단하는 것으로 불의의 기동을 방지한다. |
| | ( ⑱ ) | 조작 레버를 중립위치에 자동적으로 잠근다. |

정답

① 고정가드
② 조정가드
③ 경고가드
④ 인터록가드
⑤ 양수조작식
⑥ 컨트롤
⑦ 인터록
⑧ 열쇠식 인터록
⑨ 키록
⑩ 접촉식
⑪ 비접촉식
⑫ 검출식
⑬ 타이밍식
⑭ 자동가드식
⑮ 손쳐내기식, 수인식
⑯ 안전블록
⑰ 안전플러그
⑱ 레버록

## 06 페일 세이프(fail safe)의 종류

| | |
|---|---|
| ( ① ) | 일반적 기계의 방식으로 성분의 고장 시 기계장치는 정지한다. |
| ( ② ) | 기계 고장 시 기계장치는 경보를 내며 단시간에 역전된다. |
| ( ③ ) | 병렬요소로 구성한 것으로 성분의 고장이 있어도 다음 정기점검까지는 운전이 가능하다. |

정답

① 페일 패시브(fail passive)

② 페일 액티브(fail active)

③ 페일 오퍼레이셔널(fail operational)

## 07 기계장비의 안전색채

| 기계장비 | 색상 |
|---|---|
| 시동 스위치 | ( ① ) |
| 급정지 스위치 | ( ② ) |
| 대형기계 | ( ③ ) |
| 고열기계 | ( ④ ) |
| 증기배관 | ( ⑤ ) |
| 가스배관 | ( ⑥ ) |
| 기름배관 | ( ⑦ ) |

정답

① 녹색

② 적색

③ 밝은 연녹색

④ 청록색, 회청색

⑤ 암적색

⑥ 황색

⑦ 암황적색

## 08 기계설비 기능의 안전화

> • 기계의 볼트 및 너트가 이완되지 않도록 다시 조립하는 것은 ( ① ) 대책이다.
> • 페일 세이프 및 풀 프루프의 기능을 가지는 장치를 적용하는 것은 ( ② ) 대책이다.
> • 원활한 작동을 위해 급유를 하는 것은 ( ③ ) 대책이다.
> • 회로를 별도의 안전한 회로에 의해 정상기능을 찾을 수 있도록 하는 것은 ( ④ ) 대책이다.

정답

① 1차적(소극적)

② 2차적(적극적)

③ 1차적(소극적)

④ 2차적(적극적)

## 09 안전율과 안전여유의 정의

> 안전율 = $\frac{(\ ①\ )}{(\ ②\ )}$
>
> 안전여유 = ( ③ ) − ( ④ )

정답

① 기초강도

② 허용응력

③ 극한강도

④ 허용응력

## 10 재료의 안전을 위한 기초강도, 허용응력, 사용응력 간의 대소 비교

> (　　　　　　　　　　　　)

정답

기초강도 > 허용응력 ≥ 사용응력

## 11 기초강도(기준강도)의 결정

| 상황 | 기초강도 |
|---|---|
| 상온에서 연성재료(연강)에 정하중이 작용할 때 | ( ① ) |
| 상온에서 취성재료(주철)에 정하중이 작용할 때 | ( ② ) |
| 반복하중이 작용할 때 | ( ③ ) |
| 고온에서 정하중이 작용할 때 | ( ④ ) |

정답

① 항복점

② 극한강도

③ 피로한도

④ 크리프강도

## 12 안전율 결정인자

- ( ① )견적의 정확도 대소
- ( ② )계산의 정확도 대소
- 재료 및 ( ③ )에 대한 신뢰도
- ( ④ )의 종류와 성질의 상이
- ( ⑤ ) 정도의 양부
- ( ⑥ )의 존재
- 사용상에 있어서 예측할 수 없는 변화의 가능성 대소

정답

① 하중

② 응력

③ 균질성

④ 응력

⑤ 공작

⑥ 불연속 부분

## 13 작업의 안전화를 위한 설계

- ( ① )의 안전한 배치
- ( ② ) 버튼, ( ② ) 장치 등의 구조와 배치
- 작업자가 위험 부분에 접근 시 작동하는 ( ③ )의 이용
- ( ④ )된 방호장치의 이용
- 작업을 안전화하는 ( ⑤ ) 이용

정답

① 기계장치
② 급정지
③ 검출형 방호장치
④ 연동장치(interlock)
⑤ 치공구류

## 14 방호장치의 일반원칙

- 작업의 ( ① )
- ( ② ) 방호
- ( ③ )의 안전화
- 기계 특성과 ( ④ )의 보장

정답

① 편의성
② 작업점
③ 외관
④ 성능

## 15 방호장치 선정 시 고려사항

( ① )의 정도, ( ② ) 범위, ( ③ )의 난이도, 신뢰성, ( ④ ), 경제성

정답

① 방호
② 적용
③ 보수성
④ 작업성

## 16 방호장치의 종류

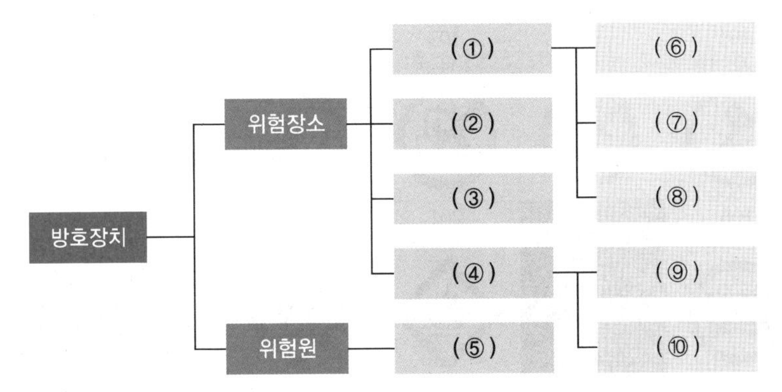


정답

① 격리형
② 위치제한형
③ 접근거부형
④ 접근반응형
⑤ 포집형
⑥ 완전차단형
⑦ 덮개형
⑧ 안전방책
⑨ 접촉반응형
⑩ 비접촉반응형

## 17 유해위험기계·기구의 방호장치

| 유해위험기계·기구 | 방호장치 |
|---|---|
| 아세틸렌용접장치, 가스집합용접장치 | ( ① ) |
| 폭발위험장소의 전기기계·기구 | ( ② ) |
| 교류아크용접기 | ( ③ ) |
| 연삭기 | ( ④ ) |
| 동력식 수동대패기 | ( ⑤ ) |

정답

① 역화방지장치(안전기)
② 방폭구조 전기기계·기구
③ 자동전격방지기
④ 덮개, 칩 비산방지장치
⑤ 날 접촉예방장치

## 18 안전보건표지 해석

| 1. 금지표지 | 101 ( ① ) | 102 ( ② ) | 103 ( ③ ) | 104 ( ④ ) | 105 ( ⑤ ) | 106 ( ⑥ ) |
|---|---|---|---|---|---|---|
| 107 ( ⑦ ) | 108 ( ⑧ ) | 2. 경고표지 | 201 ( ⑨ ) | 202 ( ⑩ ) | 203 ( ⑪ ) | 204 ( ⑫ ) |
| 205 ( ⑬ ) | 206 ( ⑭ ) | 207 ( ⑮ ) | 208 ( ⑯ ) | 209 ( ⑰ ) | 210 ( ⑱ ) | 211 ( ⑲ ) |
| 212 ( ⑳ ) | 213 ( ㉑ ) | 214 ( ㉒ ) | 215 ( ㉓ ) | 3. 지시표지 | 301 ( ㉔ ) | 302 ( ㉕ ) |
| 303 ( ㉖ ) | 304 ( ㉗ ) | 305 ( ㉘ ) | 306 ( ㉙ ) | 307 ( ㉚ ) | 308 ( ㉛ ) | 309 ( ㉜ ) |
| 4. 안내표지 | 401 ( ㉝ ) | 402 ( ㉞ ) | 403 ( ㉟ ) | 404 ( ㊱ ) | 405 ( ㊲ ) 비상용 기구 | 406 ( ㊳ ) |

정답

① 출입금지
② 보행금지
③ 차량통행금지
④ 사용금지
⑤ 탑승금지
⑥ 금연
⑦ 화기금지
⑧ 물체이동금지
⑨ 인화성물질 경고
⑩ 산화성물질 경고
⑪ 폭발성물질 경고
⑫ 급성독성물질 경고
⑬ 부식성물질 경고
⑭ 방사성물질 경고
⑮ 고압전기 경고
⑯ 매달린 물체 경고
⑰ 낙하물 경고
⑱ 고온 경고
⑲ 저온 경고
⑳ 몸균형 상실 경고
㉑ 레이저광선 경고
㉒ 발암형・변이원성・생식독성・전신독성・호흡기과민성 물질 경고
㉓ 위험장소 경고
㉔ 보안경 착용
㉕ 방독마스크 착용
㉖ 방진마스크 착용
㉗ 보안면 착용
㉘ 안전모 착용
㉙ 귀마개 착용
㉚ 안전화 착용
㉛ 안전장갑 착용
㉜ 안전복 착용
㉝ 녹십자표지
㉞ 응급구호표지
㉟ 들것
㊱ 세안장치
㊲ 비상용기구
㊳ 비상구

## 19 기계사고의 원인

- 물적원인
  - 설비나 시설에 위험이 있는 것
  - 기구에 ( ① )이 있는 것
  - ( ② )이 안전하지 못한 것
  - ( ③ ) 불량
  - 설계(계획) 불량
  - 작업복, ( ④ )의 결함
- 인적원인
  - ( ⑤ ) 결함
  - 작업자의 능력 부족
  - ( ⑥ ) 미흡
  - 부주의
  - ( ⑦ ) 동작
  - 정신적 부적당
  - 육체적 부적당

정답

① 결함

② 구조물

③ 환경

④ 보호구

⑤ 교육적

⑥ 규율

⑦ 불안전

## 20 산업안전보건법 안전검사대상기계 등의 안전검사 주기

산업안전보건법에 따른 흄후드의 최초안전검사는 설치가 끝난 날부터 ( ① )년 이내에 실시해야 하며, 정기안전검사는 최초안전검사 이후부터 ( ② )년마다 실시하여야 한다.

정답

① 3

② 2

## 21 레이저 안전등급

| 등급 | 노출한계 | 보안경 착용<br>(-/권고/필수) |
|---|---|---|
| 1/1M | ( ① ) | ( ⑥ ) |
| 2/2M | ( ② ) | ( ⑦ ) |
| 3R | ( ③ ) | ( ⑧ ) |
| 3B | ( ④ ) | ( ⑨ ) |
| 4 | ( ⑤ ) | ( ⑩ ) |

정답

① -

② 최대 1mW(0.25초 이상 노출)

③ 최대 5mW(가시광선 영역에서 0.35초 이상 노출)

④ 최대 500mW(315nm 이상의 파장에서 0.25초 이상 노출)

⑤ 500mW 초과

⑥ -

⑦ -

⑧ 권고

⑨ 필수

⑩ 필수

## 22 방사선 대처원칙

- 외부피폭 방어원칙 : ( ① ), ( ② ), ( ③ )
- 내부피폭 방어원칙 : ( ④ ), ( ⑤ ), ( ⑥ )

정답

① 시간

② 거리

③ 차폐

④ 격납

⑤ 희석

⑥ 차단

## 23 방사선 선량한도 기준

| 구분 | 유효선량한도 | 등가선량한도 | |
|---|---|---|---|
| | | 수정체 | 손・발 및 피부 |
| 방사선작업종사자 | ( ① ) | ( ② ) | ( ③ ) |
| 수시출입자, 운반종사자 및 교육훈련 등의 목적으로 위원회가 인정한 18세 미만인 사람 | ( ④ ) | ( ⑤ ) | ( ⑥ ) |
| 이 외의 사람 | ( ⑦ ) | ( ⑧ ) | ( ⑨ ) |

정답

① 연간 50mSv를 넘지 않는 범위에서 5년간 100mSv

② 연간 150mSv

③ 연간 500mSv

④ 연간 6mSv

⑤ 연간 15mSv

⑥ 연간 50mSv

⑦ 연간 1mSv

⑧ 연간 15mSv

⑨ 연간 50mSv

## 24 소음의 종류 및 기준

| 소음작업 | 1일 8시간 작업을 기준으로 ( ① )dB 이상의 소음이 발생하는 작업 |
|---|---|
| 강렬한 소음작업 | 다음의 어느 하나에 해당하는 작업<br>• ( ② )dB 이상의 소음이 1일 8시간 이상 발생하는 작업<br>• 105dB 이상의 소음이 1일 ( ③ )시간 이상 발생하는 작업<br>• ( ④ )dB 이상의 소음이 1일 15분 이상 발생하는 작업 |
| 충격소음작업 | 130dB을 초과하는 소음이 1일 ( ⑤ ) 회 이상 발생하는 작업 |

정답

① 85

② 90

③ 1

④ 115

⑤ 1천

## 25 진동 감소 대책

- ( ① )공구를 사용한다.
- ( ② )를 설치한다.
- ( ③ )을 설치한다.

정답

① 저진동
② 방진구
③ 제진시설

교육이란 사람이 학교에서 배운 것을 잊어버린 후에 남은 것을 말한다.

– 알버트 아인슈타인 –

# PART 04

# 연구실 생물 안전관리


CHAPTER 01 생물(유전자변형생물체 포함) 안전관리 일반

CHAPTER 02 연구실 내 생물체 관련 폐기물 안전관리

CHAPTER 03 연구실 내 생물체 누출 및 감염 방지 대책

CHAPTER 04 생물 시설(설비) 설치 · 운영 및 관리

과목별 빈칸완성 문제

# 생물(유전자변형생물체 포함) 안전관리 일반

## 1 생물 안전 일반

### (1) 관련 법·제도

| 분류 | 해당 법률 | 약칭 |
|---|---|---|
| 연구실 안전 | 연구실 안전환경 조성에 관한 법률 | 연구실안전법 |
| | 교육시설 등의 안전 및 유지관리 등에 관한 법률 | – |
| 생물 안전 및 보안 | 유전자변형생물체의 국가 간 이동 등에 관한 법률 | 유전자변형생물체법, LMO법 |
| | 생명공학육성법 | – |
| | 감염병의 예방 및 관리에 관한 법률 | 감염병예방법 |
| | 화학무기·생물무기의 금지와 특정화학물질·생물작용제 등의 제조·수출입 규제 등에 관한 법률 | 생화학무기법 |
| | 국민보호와 공공안전을 위한 테러방지법 | 테러방지법 |
| | 가축전염병 예방법 | – |
| | 수산생물질병 관리법 | 수산생물질병법 |
| | 식물방역법 | – |
| 사업장 | 산업안전보건법 | – |
| 사업장, 공중이용시설 등 | 중대재해 처벌 등에 관한 법률 | 중대재해처벌법 |
| 생명윤리 | 생명윤리 및 안전에 관한 법률 | 생명윤리법 |
| 동물윤리 | 동물보호법 | – |
| | 실험동물에 관한 법률 | 실험동물법 |
| 생명자원 | 생명연구자원의 확보·관리 및 활용에 관한 법률 | 생명연구자원법 |
| | 병원체자원의 수집·관리 및 활용 촉진에 관한 법률 | 병원체자원법 |
| | 농업생명자원의 보존·관리 및 이용에 관한 법률 | 농업생명자원법 |
| | 해양수산생명자원의 확보·관리 및 이용 등에 관한 법률 | 해양생명자원법 |
| | 생물다양성 보전 및 이용에 관한 법률 | 생물다양성법 |
| 폐기물 | 폐기물관리법 | – |

### (2) 생물 안전

① **정의** : 연구실에서 병원성 미생물 및 감염성 물질 등 생물체를 취급함으로써 초래될 가능성이 있는 위험으로부터 연구활동종사자와 국민의 건강을 보호하기 위하여 적절한 지식과 기술 등의 제반 규정 및 지침 등 제도 마련 및 안전장비·시설 등의 물리적 장치 등을 갖추는 포괄적 행위를 의미한다.

② **목표** : 생물재해를 방지하여 연구활동종사자 및 국민의 건강을 보장하고 안전한 환경을 유지한다.

③ 범위

㉠ 병원체(pathogen)와 비병원체(non-pathogen)에 따라 기준을 달리 적용해야 한다.

㉡ 취급하는 생물체의 위험 특성과 실험환경의 다양성에 따라 시설・장비・운영 등의 분야별로 선택, 적용하는 기준이 다양하다.

④ 생물재해 : 병원체로 인하여 발생할 수 있는 사고 및 피해로 발생하는 실험실 감염과 확산 등이 있다.

### (3) 생물체 위험군(RG : Risk Group, 유전자재조합실험지침 제5조)

① 생물체의 위험군 분류

| | |
|---|---|
| 제1위험군(RG1) | 건강한 성인에게는 질병을 일으키지 않는 것으로 알려진 생물체 |
| 제2위험군(RG2) | 사람에게 감염되었을 경우 증세가 심각하지 않고 예방 또는 치료가 비교적 용이한 질병을 일으킬 수 있는 생물체 |
| 제3위험군(RG3) | 사람에게 감염되었을 경우 증세가 심각하거나 치명적일 수도 있으나 예방 또는 치료가 가능한 질병을 일으킬 수 있는 생물체 |
| 제4위험군(RG4) | 사람에게 감염되었을 경우 증세가 매우 심각하거나 치명적이며 예방 또는 치료가 어려운 질병을 일으킬 수 있는 생물체 |

② 생물체의 위험군 분류 시 주요 고려사항

㉠ 해당 생물체의 병원성

㉡ 해당 생물체의 전파방식 및 숙주범위

㉢ 해당 생물체로 인한 질병에 대한 효과적인 예방 및 치료 조치

㉣ 인체에 대한 감염량 등 기타 요인

### (4) 연구시설 생물안전등급(BL : Biosafety Level)

① 생물안전등급(유전자변형생물체법 시행령 별표 1)

| 등급 | 대상 | 허가/신고 | 밀폐 정도 |
|---|---|---|---|
| 1등급 | 건강한 성인에게는 질병을 일으키지 아니하는 것으로 알려진 유전자변형생물체와 환경에 대한 위해를 일으키지 아니하는 것으로 알려진 유전자변형생물체를 개발하거나 이를 이용하는 실험을 실시하는 시설 | 신고 | 기본적인 실험실 |
| 2등급 | 사람에게 발병하더라도 치료가 용이한 질병을 일으킬 수 있는 유전자변형생물체와 환경에 방출되더라도 위해가 경미하고 치유가 용이한 유전자변형생물체를 개발하거나 이를 이용하는 실험을 실시하는 시설 | | |
| 3등급 | 사람에게 발병하였을 경우 증세가 심각할 수 있으나 치료가 가능한 유전자변형생물체와 환경에 방출되었을 경우 위해가 상당할 수 있으나 치유가 가능한 유전자변형생물체를 개발하거나 이를 이용하는 실험을 실시하는 시설 | 허가 | 밀폐 실험실 |
| 4등급 | 사람에게 발병하였을 경우 증세가 치명적이며 치료가 어려운 유전자변형생물체와 환경에 방출되었을 경우 위해가 막대하고 치유가 곤란한 유전자변형생물체를 개발하거나 이를 이용하는 실험을 실시하는 시설 | | 최고 등급의 밀폐 실험실 |

② 안전관리등급 결정 시 고려사항

※ 생물체 위험군만으로 연구시설의 안전관리등급을 결정할 수 없다.

㉠ 유전자변형생물체(LMO)를 만들 때 사용된 수용·공여생물체의 유래와 특성, 독소생산 및 알레르기 유발, 유해물질 생산 가능성, 병원성 등 위해 정도

㉡ 운반체(vector)의 종류와 기원, 기능 및 숙주범위와 전달방식

㉢ 도입유전자의 기능과 조절인자 및 발현 정도, 유전적 안전성

㉣ 도입유전자로 인해 발현된 유전자산물의 특성과 기능

㉤ 도입유전자에 의해 새롭게 부여되는 특성, 증식능력의 변화

㉥ 실험방법과 규모 등

③ 안전관리등급 상·하향 조건

| | |
|---|---|
| **등급 상향** | • 대량배양 및 고농도<br>• 에어로졸 발생<br>• 병원체 취급 실험(동물 접종실험 등)<br>• 날카로운 도구 사용<br>• 신규성 실험 등 |
| **등급 하향** | • 인정 숙주-벡터계 사용<br>• 등급별 안전관리에 적합한 연구시설 확보<br>• 적합한 생물안전장비<br>• 병원체의 불활성화 |

④ **안전관리등급의 활용** : 등급에 따라 연구시설의 밀폐수준, 안전조치 준수사항, 폐기물 처리방법 등을 결정한다.

### (5) 생물학적 위험요소(biological hazards)

① 종류

| | |
|---|---|
| **병원체 요소** | 미생물이 가지는 병원성, 병독성, 감염량·감염성(전파방법 및 감염경로), 숙주의 범위, 환경 내 병원체 안전성, 미생물 위험군 정보와 유전자 재조합에 의한 변이 특성, 항생제 내성, 역학적 유행주, 해외 유입성 등 |
| **연구활동종사자 요소** | 연구활동종사자의 면역·건강상태, 백신접종 여부, 기저질환 유무, 알레르기성, 바람직하지 못한 실험습관, 생물안전교육 이수 여부 등 |
| **실험환경 요소** | 병원체의 농도·양, 노출 빈도·기간, 에어로졸 발생실험, 대량배양실험, 유전자재조합실험, 병원체 접종 동물실험 등 위해가능성 포함 여부, 현재 확보한 물리적 밀폐 연구시설의 안전등급, 실험기기, 안전장비, 안전·응급조치 등 |

② 위해수준 증가·감소 요소

| | |
|---|---|
| 증가 요소 | • 에어로졸 발생실험<br>• 대량배양실험<br>• 실험동물 감염실험<br>• 실험실-획득 감염 병원체 이용<br>• 미지 또는 해외 유입 병원체 취급<br>• 새로운 실험방법·장비 사용<br>• 주사침 또는 칼 등 날카로운 도구 사용 등 |
| 감소 요소 | 위험요인 취급 시 신체 노출을 최소화하기 위한 개인보호구 착용 등 |

**참고**

**에어로졸**

- 정의 : 직경이 5$\mu$m 이하로서 공기에 부유하는 작은 고체 또는 액체 입자를 말한다.
- 위험성
  - 균질화기, 동결건조기, 초음파 파쇄기, 원심분리기, 진탕배양기, 전기영동 등을 이용한 많은 실험과정에서 인체에 해로운 에어로졸이 발생할 수 있다.
  - 장시간 오랫동안 공중에 남아 넓은 거리에 퍼져 쉽게 흡입이 이루어진다.
  - 실험 중 발생한 감염성 물질로 구성된 에어로졸은 실험실 획득 감염의 가장 큰 원인이 된다.
- 안전관리
  - 에어로졸이 대량으로 발생하기 쉬운 기기를 사용할 때는 파손에 안전한 플라스틱 용기 등을 사용하고 에어로졸이 외부로 누출되지 않도록 뚜껑이 있는 장치를 사용하도록 한다.
  - 공기로 감염성 물질의 부유가 가능한 경우 개인보호장비를 착용하거나 생물안전작업대와 같은 물리적 밀폐가 가능한 실험장비 내에서 작업하도록 한다.

## (6) 생물 보안

① 정의

㉠ 감염병의 전파, 격리가 필요한 유해동물, 외래종이나 유전자변형생물체의 유입 등에 의한 위해를 최소화하기 위한 일련의 선제적 조치 및 대책이다.

㉡ 연구실에서 생물학적 물질의 도난이나 의도적인 유출을 막고 잠재적 위험성이 있는 생물학적 물질이 잘못 사용되는 상황을 사전 방지한다는 협의의 생물 보안 개념도 포함된다.

② 생물 보안의 주요요소

㉠ 물리적 보안

㉡ 기계적 보안

㉢ 인적 보안

㉣ 정보 보안

㉤ 물질통제 보안

㉥ 이동 보안

㉦ 프로그램 관리 보안

## 2 생물안전확보 기본요소(중요요소)

| | |
|---|---|
| 연구실의 체계적인 위해성 평가 능력 확보 | • 취급하는 미생물 및 감염성 물질 등이 갖는 위해 정도 등을 고려하여 생물체 위험군(risk group) 및 연구실의 생물안전등급을 정한다.<br>• 수행하고자 하는 실험에 대한 적절한 생물안전수준을 결정하기 위해 고려해야 할 사항은 취급하는 미생물 및 감염성물질 등에 의해 발생할 수 있는 잠재적 위해성이다.<br>• 일반적으로 미생물은 사람에 대한 위해도에 따라 4가지 위험군(risk group)으로 분류한다. |
| 취급 생물체에 적합한 물리적 밀폐 확보 | • 실험 대상 생물체의 특성 및 실험 내용에 따른 설치·운영기준에 맞게 설치된 실험시설을 이용한다.<br>• 생물안전등급(biosafety level)은 4가지(1~4등급)로 분류한다.<br>• 연구실 안전등급별 준수사항과 안전기술, 안전장비와 연구실 설비를 조합하여 준수하도록 규정한다. |
| 적절한 생물안전관리 및 운영을 위한 방안 확보·이행 | • 기관생물안전위원회 구성하고 생물안전관리책임자 임명한다.<br>• 기관생물안전관리규정 등을 마련한다. |

### (1) 생물학적 위해성 평가(biological risk assessment)

① 정의

㉠ 위해(risk) : 위험요소(hazard)에 노출되거나 위험요소로 인하여 손상(harm)이나 건강의 악영향을 일으킬 수 있는 기회 또는 가능성을 의미한다.

㉡ 생물학적 위해성 평가

ⓐ 잠재적인 인체감염 위험이 있는 병원체를 취급하는 연구실에서 실험과 관련된 병원체 등 위험요소를 바탕으로 실험의 위해가 어느 정도인지를 추정하고 평가하는 과정이다.

ⓑ 위해성 평가 결과는 해당 실험의 위해 감소 관리를 위한 연구시설의 밀폐수준, 개인보호장비, 생물안전장비 및 안전수칙 등을 결정하는 주요 인자가 된다.

② 실시자 : 연구책임자(PI)

전문적인 판단이 중요하므로 사용을 고려하는 생물체의 특성과 사용할 장비 및 절차, 사용될 수 있는 동물 모델, 이용할 밀폐 장비 및 시설 등을 가장 잘 알고 있는 사람이 수행해야 한다.

③ 실시시기

| | |
|---|---|
| 연구 전 | 연구시설에서 연구를 수행하기 전에 반드시 실시한다. |
| 수시 | 연구수행 중 위해성 평가 항목에 변화(새로운 병원체·시약·실험종사자·장비 도입 등)가 생기면 그에 따라 위해도도 변하므로 재평가를 실시한다. |
| 정기 | 연구에 변화가 없어도 정기적으로 실시한다. |

④ **평가 절차** : 위험요소 확인 → 노출평가 → 용량반응평가 → 위해특성 → 위해성 판단

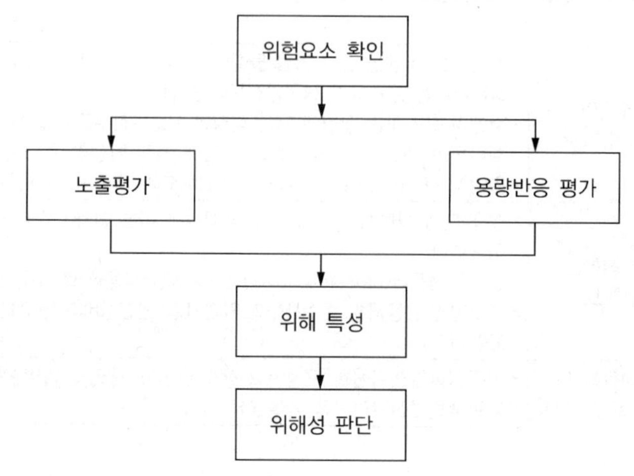


㉠ 위험요소 확인 – 정성평가

ⓐ 실험을 수행하는 과정에 어떠한 위험요소가 있는지를 확인하는 과정

ⓑ 병원체 및 유전자변형생물체의 정보, 실험 절차, 연구시설 밀폐수준과 실험종사자의 건강상태 및 실험습관 등의 실제적인 상호 관련성을 포함하여 위험요소의 특성을 기술

㉡ 노출평가 – 정량평가

ⓐ 실험종사자가 병원체에 실질적으로 노출된 양 또는 예상치에 대한 정성적, 정량적 평가를 하는 과정

ⓑ 병원체 또는 독소의 농도, 노출량, 빈도 및 기간, 숙주의 면역 수준 및 병원체에 대한 감수성, 발생하는 위해 등 얻어진 정보를 이용하여 병원체 또는 독소의 위해가능성 및 수준을 정성적, 정량적으로 평가

㉢ 용량반응 평가 – 정량평가 : 사람이 특정 용량의 유해물질에 노출되었을 때 유해한 영향이 발생할 확률을 추정하는 과정으로 정량적으로 평가

㉣ 위해 특성 – 정량평가

ⓐ 단계별 정보를 통합하여 위해 발생 가능성과 건강에 미치는 심각성을 정성적으로 또는 정량적으로 위해 추정하는 과정

ⓑ 위해 추정을 통하여 결과적으로 해당 실험의 위해 정도를 낮음, 중간, 높음, 매우 높음으로 평가

㉤ 위해성 판단 : 위해성 평가 과정을 토대로 추정된 최종 위해신뢰도에 따라 복합적인 정책, 관리적 결정을 내리는 과정

㉥ 평가결과 : 발생 가능한 위해를 제거하거나 최소화할 수 있는 위해 관리와 연계되어 적합한 연구시설 밀폐등급 결정 및 연구실 생물안전관리를 수립하는 데 활용

⑤ 위해성 평가 심의(기관생물안전위원회)

㉠ 심의절차(유전자재조합실험지침 제9조)

ⓐ 기관승인실험을 수행하고자 하는 시험·연구책임자는 유전자재조합실험승인신청서와 함께 위해성 평가서와 연구계획서를 첨부하여 해당 기관장에게 제출하여야 한다.

ⓑ 기관장은 승인신청이 있을 때에는 기관생물안전위원회의 의견을 들어 제출자료를 심사하고, 승인 여부를 결정하여 시험·연구책임자에게 서면으로 통보한다.

ⓒ 실험승인을 받은 시험·연구책임자가 승인사항을 변경하고자 하는 경우에는 변경 신청서와 승인사항 변경에 따른 위해성 평가서, 변경된 연구계획서를 제출하고, 생물안전위원회의 심의 절차를 따라야 한다.

㉡ 심의

ⓐ 유전자재조합실험 등이 수반되는 실험의 위해성 평가 심사 및 승인 기능을 가진다.

ⓑ 해당 심사는 유전자변형생물체(LMO)의 개발 및 이용실험인 경우에 해당하나, 병원성 미생물을 취급하는 실험에 대해서도 심의 대상에 포함할 것을 권장한다.

ⓒ 위험요소의 특성에 따라 연구책임자 및 시험·연구종사자가 LMO를 제작하고 취급하는 과정에서 발생할 수 있는 위해성을 단계적으로 판단하고, 유전자재조합실험의 물리적 밀폐수준을 결정한다. 이후 실험생물체의 특성에 따라 추가적인 밀폐 조치가 필요한지 검토하고 최종 밀폐수준을 결정한다.

⑥ 위해성 관리

㉠ 위해성 분석 및 위해성 심사에 의해 위해요소를 판단하고 이러한 판단을 통해 관리과업을 도출하여 이행하는 통합적 과정이다.

㉡ 위해성 관리체계는 위해성 분석, 위해성 평가, 위해성 관리가 상호작용하며, 이해관계자 및 관련자들 간의 긴밀한 위해성 정보교류를 통해 발생 가능한 문제들이 유발하는 위해범위에 대한 대응과 그 수준을 사전에 평가하고, 그에 따른 대응과업을 발굴하여 이행하는 것을 원칙으로 한다.

⑦ 위해성 평가(위해수준)에 따른 실험 분류

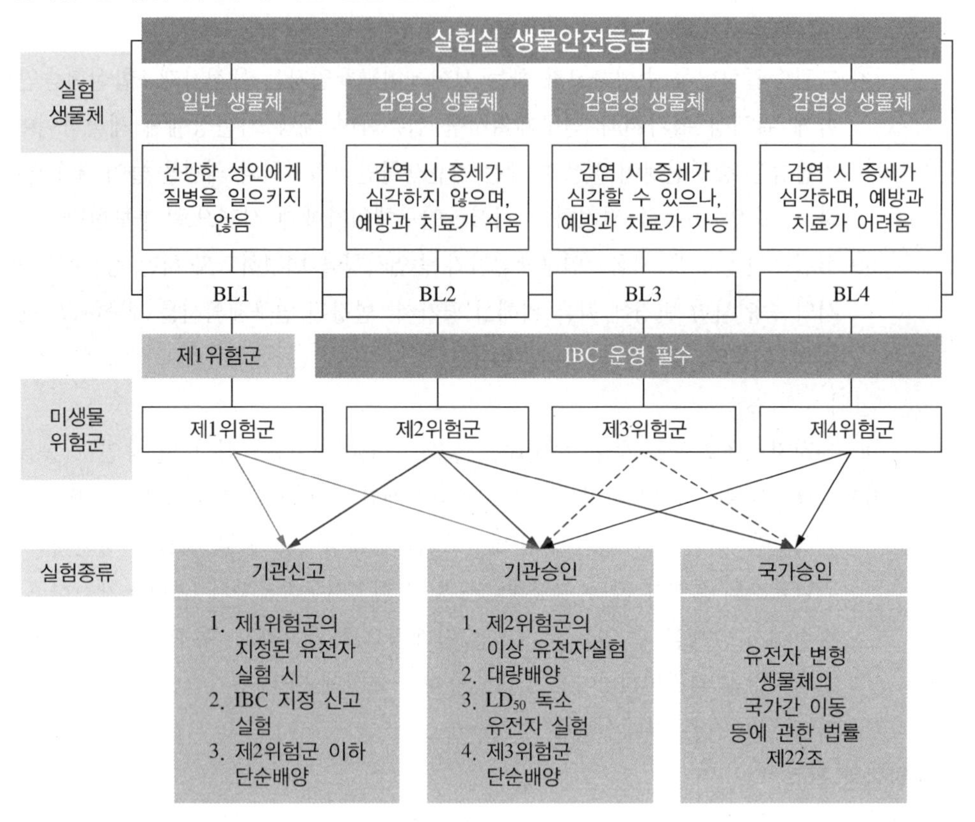


㉠ 면제 실험(유전자재조합실험지침 제11조) : IBC(기관생물안전위원회)의 승인 없이 실험 진행

ⓐ 대상

- *Escherichia coli* K12 숙주-벡터계를 사용하고 제1위험군에 해당하는 생물체만을 공여체로 사용하는 실험
- *Saccharomyces cerevisiae* 숙주-벡터계를 사용하고 제1위험군에 해당하는 생물체만을 공여체로 사용하는 실험
- *Bacillus subtilis*(또는 *licheniformis*) 숙주-벡터계를 사용하고 제1위험군에 해당하는 생물체만을 공여체로 사용하는 실험

㉡ 기관신고 실험(유전자재조합실험지침 제10조) : 연구계획서 제출

ⓐ 대상

- 제1위험군의 생물체를 숙주-벡터계 및 DNA 공여체로 이용하는 실험
- 기타 기관생물안전위원회에서 신고대상으로 정한 실험

ⓒ 기관승인 실험(유전자재조합실험지침 제9조) : 연구계획서 및 위해성 평가서 제출

ⓐ 대상

- 제2위험군 이상의 생물체를 숙주-벡터계 또는 DNA 공여체로 이용하는 실험
- 대량배양을 포함하는 실험
- 척추동물에 대하여 몸무게 1kg당 50% 치사독소량(LD50)이 0.1$\mu$g 이상 100$\mu$g 이하인 단백성 독소를 생산할 수 있는 유전자를 이용하는 실험

ⓓ 국가승인 실험(유전자재조합실험지침 제8조) : 기관생물안전위원회의 기관승인을 얻은 후 과학기술정보통신부, 질병관리청, 산업통상자원부 등 관계 중앙행정기관에 승인을 신청한다.

ⓐ 대상

- 종명(種名)이 명시되지 아니하고 인체위해성 여부가 밝혀지지 아니한 미생물을 이용하여 개발·실험하는 경우
- 척추동물에 대하여 몸무게 1kg당 50% 치사독소량이 100ng 미만인 단백성 독소를 생산할 능력을 가진 유전자를 이용하여 개발·실험하는 경우
- 자연적으로 발생하지 아니하는 방식으로 생물체에 약제내성 유전자를 의도적으로 전달하는 방식을 이용하여 개발·실험하는 경우
- 국민보건상 국가관리가 필요한 병원성 미생물의 유전자를 직접 이용하거나 해당 병원 미생물의 유전자를 합성하여 개발·실험하는 경우
- 포장시험(圃場試驗) 등 환경방출과 관련한 실험을 하는 경우
- 그 밖에 국가책임기관의 장이 바이오안전성위원회의 심의를 거쳐 위해가능성이 크다고 인정하여 고시한 유전자변형생물체를 개발·실험하는 경우

ⓑ 국가승인 실험 심사 3단계

|  |  |
|---|---|
| 1단계 | • 실험시설의 설치에 대한 신고 및 허가 여부를 확인<br>• 동물실험을 수행할 경우 동물실험윤리위원회(IACUC)로부터 시설·실험에 대하여 승인을 받았는지를 확인<br>• 시험·연구기관의 생물안전위원회(IBC)의 승인을 획득하였는지 확인<br>• 연구내용에 따라 생명윤리심의위원회(IRB)의 승인 필요 |
| 2단계 | 연구활동종사자, 실험시설, 실험장비에 대한 안전성 확인 |
| 3단계 | LMO 개발 및 이용 과정에 대한 안전성을 생물학적 위해성 평가의 원칙에 따라 단계적이며 복합적으로 평가 |

ⓜ 실험대상에 따른 위원회와의 관계

| 일반세균·식물 | IBC |
|---|---|
| 동물·어류·인체 및 세포조직 | IBC, IACUC, IRB |

## (2) 밀폐(containment)

### ① 개요

㉠ 정의 : 미생물 및 감염성 물질 등을 취급 보존하는 실험환경에서 이들을 안전하게 관리하는 방법을 확립하는 데 있어 기본적인 개념이다.

㉡ 목적 : 연구활동종사자, 행정 직원, 지원 직원(시설관리 용역 등) 등 기타 관계자 그리고 연구실과 외부 환경 등이 잠재적 위해 인자 등에 노출되는 것을 줄이거나 차단하는 것이다.

### ② 물리적 밀폐

㉠ 핵심 3요소 : 다음의 세 요소는 상호 보완적이기 때문에 단계별 밀폐수준에 따라 적합하게 조합하여 적용된다.

안전시설 + 안전장비 + 안전한 실험절차 및 생물안전 준수사항

㉡ 구분

ⓐ 일차적 밀폐(primary containment)

- 시험·연구종사자와 실험환경이 감염성·병원성 미생물에 노출되는 것을 방지한다.
- 정확한 미생물학적 기술의 확립과 적절한 안전장비를 사용하는 것이 중요하다.

예 생물안전작업대

ⓑ 이차적 밀폐(secondary containment)

- 실험실 외부환경이 감염성·병원성 미생물에 오염되는 것을 방지한다.
- 연구시설의 올바른 설계·설치, 시설 관리·운영하기 위한 수칙 등을 마련하고 준수하는 것이 중요하다.

※ 감염성 에어로졸의 노출에 의한 감염 위험성이 클 경우 미생물이 외부환경으로 방출되는 것을 방지하기 위해 높은 수준의 일차밀폐와 더불어 여러 단계의 이차밀폐가 요구된다.

### ③ 생물학적 밀폐

㉠ 정의(유전자재조합실험지침 제7조) : 유전자변형생물체의 환경 내 전파·확산 방지 및 실험의 안전 확보를 위하여 특수한 배양조건 이외에는 생존하기 어려운 숙주와 실험용 숙주 이외의 생물체로는 전달성이 매우 낮은 벡터를 조합시킨 숙주-벡터계를 이용하는 조치

㉡ 숙주-벡터계

| 숙주-벡터계 | 숙주 | 벡터 |
|---|---|---|
| EK계 | 대장균 K12균주(*Escherichia coli* K12) | 비접합성 플라스미드 또는 박테리오파지 및 유도체 |
| BS계 | 고초균(*Bacillus subtilis*) | 접합에 의한 전달성을 갖지 않는 플라스미드 또는 박테리오파지 |
| SC계 | 효모(*Saccharomyces cerevisiae*) | 그 플라스미드, 미토콘드리아 또는 이들의 유도체 |

ⓐ 숙주 : 유전자재조합실험에서 유전자재조합분자 또는 유전물질이 도입되는 세포

ⓑ 벡터 : 숙주에 유전자를 운반하는 DNA

ⓒ 공여체 : 벡터에 삽입하려고 하는 DNA 또는 그 DNA가 유래된 생물체

### (3) 생물안전관리방안

① 생물안전사항 준수

㉠ 일반 미생물연구실에서 밀폐를 확보하기 위해 가장 중요한 요소는 표준 미생물연구실의 생물안전수칙 및 안전기술(실험법 등)을 엄격히 준수하는 것이다.

㉡ 병원성 미생물 또는 감염성 물질을 취급하는 연구활동종사자는 그 위험성에 대하여 충분히 숙지하고 있어야 한다.

㉢ 생물체를 안전하게 취급하기 위한 준수사항 및 실험기법 등에 대해 교육·훈련을 받아야 하며, 연구실책임자는 연구활동종사자들에게 적절한 교육·훈련을 제공하여야 한다.

㉣ 미생물 및 의과학 연구실을 갖추고 있는 기관에서는 발생할 수 있는 생물학적 위해요인을 사전에 규명하고 이러한 위해요인에 연구활동종사자 및 연구실 등이 노출되는 것을 최소화하거나 위해요인을 제거하기 위해 고안된 수칙과 절차를 규정하는 '생물안전관리규정'을 제정하여 운영하는 것이 바람직하다.

㉤ 특별한 병원성 미생물이나 실험절차를 관리하는 데 표준 연구실 생물안전수칙만으로는 충분하지 않을 경우, 연구실책임자의 판단에 따라 생물안전심의, 표준작업절차서(SOP : Standard Operating Procedure) 등 이에 대한 부수적인 준수사항을 제시하고 이행하도록 한다.

② 생물안전관리규정

㉠ 작성 대상 : BL2 이상 연구시설 보유 기관(BL1은 작성 권고)

㉡ 포함사항

ⓐ 생물안전관리 조직체계 및 그 직무에 관한 사항

ⓑ 연구(실) 또는 연구시설 책임자 및 운영자의 지정

ⓒ 기관생물안전위원회의 구성과 운영에 관한 사항

ⓓ 연구(실) 또는 연구시설의 안정적 운영에 관한 사항

ⓔ 기본적으로 준수해야 할 연구실 생물안전수칙

ⓕ 연구실 폐기물 처리절차 및 준수사항

ⓖ 실험자의 건강 및 의료 모니터링에 관한 사항

ⓗ 생물안전교육 및 관리에 관한 사항

ⓘ 응급상황 발생 시 대응방안 및 절차

③ 생물안전지침

㉠ 작성 대상 : BL2 이상 연구시설 보유 기관

㉡ 포함사항

ⓐ 기관 내 LMO 연구절차

ⓑ LMO 연구시설 생물안전점검

ⓒ 생물안전사고관리 등

㉢ 규정과 지침의 비교

| 구분 | 규정 | 지침 |
|---|---|---|
| 의미 | • 반드시 이행해야 하는 조항을 정함<br>• 강제성 있음 | • 안전관리 실무에 적용할 수 있는 구체적이고 세부적인 방법과 절차<br>• 규정의 세부사항(행동절차 등) 마련<br>• 강제성 없음(규정 위임사항은 강제성 있음) |
| 마련 | • 규정심의위원회가 규정(안) 마련<br>• 조직의 장이 승인 · 공포 | • 생물 관련 부서 · 종사자가 마련<br>• 조직의 장이 승인(선택적) |
| 구성 | 조항으로 구성 | 해설 형태 |

## 3 생물안전조직

### (1) 시험 · 연구기관장

① 역할

㉠ 기관생물안전위원회의 구성 · 운영 및 생물안전관리책임자의 임명

㉡ 생물안전관리자 지정

㉢ 자체 생물안전관리규정의 제 · 개정

㉣ 연구시설의 설치 · 운영에 대한 관리 및 감독

㉤ 기관 내에서 수행되는 유전자재조합실험에 대한 관리 및 감독

㉥ 시험 · 연구종사자에 대한 생물안전교육 · 훈련 및 건강관리 실시

㉦ 기타 유전자재조합실험의 생물 안전 확보에 관한 사항

㉧ 윤리적 문제 발생의 사전방지에 필요한 조치 강구

### (2) 기관생물안전위원회(IBC : Institutional Biosafety Committee)

① **구성** : 위원장 1인, 생물안전관리책임자 1인, 외부위원 1인을 포함한 5인 이상의 내 · 외부위원

② **자문사항**

㉠ 유전자재조합실험의 위해성 평가 심사 및 승인에 관한 사항

㉡ 생물안전교육 · 훈련 및 건강관리에 관한 사항

㉢ 생물안전관리규정의 제 · 개정에 관한 사항

㉣ 기타 기관 내 생물 안전 확보에 관한 사항

③ **회의주기** : 연 1회 이상 소집

④ **자체적으로 구성할 수 없는 타당한 사유가 있는 경우(규모 등)** : 기관생물안전위원회의 업무를 외부 기관생물안전위원회에 위탁 가능

### (3) 생물안전관리책임자(IBO : Institutional Biosafety Officer)

① 임명 : 기관장

② 역할(고위험병원체 취급시설 및 안전관리에 관한 고시 제9조) : 다음의 사항에 관하여 기관의 장을 보좌한다.

㉠ 기관생물안전위원회 운영에 관한 사항

㉡ 기관 내 생물안전준수사항 이행 감독에 관한 사항

㉢ 기관 내 생물안전교육·훈련 이행에 관한 사항

㉣ 실험실 생물안전사고 조사 및 보고에 관한 사항

㉤ 생물 안전에 관한 국내·외 정보수집 및 제공에 관한 사항

㉥ 생물안전관리자 지정에 관한 사항

㉦ 기타 기관 내 생물 안전 확보에 관한 사항

③ 자격요건

| 학력 | 전공 | 학위 | 실무경력* | 생물안전교육 |
|---|---|---|---|---|
| 대학 이상 | 생물학, 수의학, 의학 등 보건 관련 학과 | 석사 이상 | – | 8시간 이상 이수(3등급 이상 연구시설 보유 기관은 20시간 이상 이수) |
| 전문대학 이상 | | 전문학사 이상 | 2년 이상 | |
| | 이공계 학과 | 전문학사 이상 | 4년 이상 | |

* 실무경력 : 연구실 안전관리 업무에 한정

### (4) 생물안전관리자(Divisional Biosafety Officer)

① 지정 : 기관장, 생물안전관리책임자

② 역할 : 생물안전관리책임자 업무사항(생물안전관리자 지정 제외)에 관하여 생물안전관리책임자를 보좌하고 관련 행정 및 실무를 담당한다.

③ 자격요건

| 학력 | 자격증 | 실무경력 | 생물안전교육 |
|---|---|---|---|
| 생물안전관리책임자 자격요건에 해당하거나 다음의 요건을 충족한 사람 | | | |
| – | 기사(안전관리 분야) 이상 | – | 8시간 이상 이수(3등급 이상 연구시설 보유 기관은 20시간 이상 이수) |
| – | 산업기사(안전관리 분야) | 1년 이상 | |
| – | 「엔지니어링산업진흥법」의 건축설비, 전기공사, 공조냉동, TAB 등 분야의 중급기술자 이상의 자격 | – | |
| 고등기술학교 | – | 6년 이상 | |

### (5) 고위험병원체 취급시설 설치·운영 책임자

① 임명 : 기관장

② 역할(고위험병원체 취급시설 및 안전관리에 관한 고시 제9조) : 다음의 사항에 관하여 기관의 장을 보좌한다.

㉠ 고위험병원체 취급시설 유지보수 관리
㉡ 고위험병원체 취급시설 설치·운영 상태 확인 및 관리
㉢ 고위험병원체 취급시설 출입통제 및 보안 관리
㉣ 고위험병원체 취급시설 설비 관련 기록사항에 대한 관리
㉤ 고위험병원체 취급시설 안전관리에 필요한 사항

### (6) 고위험병원체 전담관리자(관리책임자, 실무관리자) 및 취급자

① 임명 : 기관장
② 역할(고위험병원체 취급시설 및 안전관리에 관한 고시 제9조) : 다음의 사항에 관하여 기관의 장을 보좌한다.
㉠ 법률에 의거한 고위험병원체 반입허가 및 인수, 분리, 이동, 보존현황 등 신고절차 이행
㉡ 고위험병원체 취급 및 보존지역 지정, 지정구역 내 출입 허가 및 제한 조치
㉢ 고위험병원체 취급 및 보존장비의 보안관리
㉣ 고위험병원체 관리대장 및 사용내역대장 기록사항에 대한 확인
㉤ 사고에 대한 응급조치 및 비상대처방안 마련
㉥ 안전교육 및 안전점검 등 고위험병원체 안전관리에 필요한 사항
③ 전담관리자 자격요건

| 학력 | 전공 | 실무경력 |
|---|---|---|
| 전문대학 이상 졸업 | 보건의료 또는 생물 관련 분야 | - |
| 전문대학 이상 졸업 | 보건의료 또는 생물 관련 분야 외 | 2년 이상 |
| 고등학교·고등기술학교 졸업 | - | 4년 이상 |

※ 전담관리자는 지정교육(8시간, 6개월 이내)을 이수했을 것

④ 고위험병원체 취급자 자격요건

| 학력 | 전공 | 실무경력 |
|---|---|---|
| 전문대학 이상 졸업 | 보건의료 또는 생물 관련 분야 | - |
| 전문대학 이상 졸업 | 보건의료 또는 생물 관련 분야 외 | 2년 이상 |
| 고등학교·고등기술학교 졸업 | - | 4년 이상 |

### (7) 의료관리자

① 역할
㉠ 기관 내 생물 안전에 대한 의료 자문
㉡ 기관 내 생물안전사고에 대한 응급처치 및 자문
※ 기관 내 의료관리자를 둘 수 없을 시 지역사회 병·의원과 연계하여 자문을 제공할 수 있는 의료관계자를 선임 및 연계된 병·의원과의 합동비상대응훈련 등을 통한 실질적인 대응능력·조치역량을 강화하는 프로그램의 운영을 권장

### (8) 시험 · 연구책임자(PI : Principal Investigator)

① 역할 : 시험 · 연구책임자는 생물안전관리규정을 숙지하고 생물안전사고의 발생을 방지하기 위한 지식 및 기술을 갖추어야 하며 다음의 임무를 수행한다.

㉠ 해당 유전자재조합실험의 위해성 평가

㉡ 해당 유전자재조합실험의 관리 · 감독

㉢ 시험 · 연구종사자에 대한 생물안전교육 · 훈련

㉣ 유전자변형생물체의 취급관리에 관한 사항의 준수

㉤ 기타 해당 유전자재조합실험의 생물 안전 확보에 관한 사항

### (9) 시험 · 연구종사자

① 역할

㉠ 생물안전교육 · 훈련 이수

㉡ 생물안전관리규정 준수

㉢ 자기 건강에 이상을 느낀 경우, 또는 중증 혹은 장기간의 병에 걸린 경우 시험 · 연구책임자 또는 시험 · 연구기관장에게 보고

㉣ 기타 해당 유전자재조합실험의 위해성에 따른 생물 안전 준수사항의 이행

### (10) 생물안전등급(BL)에 따른 안전조직 · 규정

| 구분 | BL1 | BL2 | BL3 | BL4 |
|---|---|---|---|---|
| 기관생물안전위원회 구성 | 권장 | **필수** | **필수** | **필수** |
| 생물안전관리책임자 임명 | **필수** | **필수** | **필수** | **필수** |
| 생물안전관리자 지정 | 권장 | 권장 | **필수** | **필수** |
| 생물안전관리규정 마련 | 권장 | **필수** | **필수** | **필수** |
| 생물안전지침 마련 | 권장 | **필수** | **필수** | **필수** |

### (11) 교육 · 훈련

① 교육대상 및 이수시간

| 대상 | 교육구분 | BL1~2 | BL3~4 |
|---|---|---|---|
| 생물안전관리책임자, 생물안전관리자 | 지정교육 | 8시간 | 20시간 |
| | 보수교육 | 매년 4시간 | |
| 고위험병원체 취급시설 설치 · 운영 책임자 | 지정교육 | 8시간 | 20시간 |
| | 보수교육 | 매년 4시간 | |
| 고위험병원체 전담관리자 | 지정교육 | 8시간 | |
| | 보수교육 | 매년 4시간 | |
| 연구시설 사용자 | 보수교육 | 매년 2시간 | |

② 교육 · 훈련 내용

㉠ 생물체의 위험군에 따른 안전한 취급기술

㉡ 물리적 밀폐 및 생물학적 밀폐에 관한 사항

㉢ 해당 유전자재조합실험의 위해성 평가에 관한 사항

㉣ 생물안전사고 발생 시 비상조치에 관한 사항

㉤ 생물안전관리규정 내용 및 준수사항

## 4 신고 · 허가 · 승인

(1) LMO 연구시설 신고(BL1~2)

① 신고

㉠ 제출서류

ⓐ 연구시설 설치 · 운영신고서

ⓑ 연구시설 설치 · 운영 점검 결과서

ⓒ 연구시설의 설계도서(평면도) 또는 그 사본

ⓓ 사업자등록증 사본

ⓔ 건축물대상 또는 임대차계약서(임대 시)

ⓕ 폐기물위탁처리계약서 또는 폐기물처리시설 설계도서

ⓖ (2등급 연구시설인 경우) 기관 자체 생물안전관리규정 및 생물안전지침

㉡ 신고 관할 기관

| LMO 연구시설 | 신고 관할 기관 |
|---|---|
| 대학, 연구기관, 기업(연), 병원 등 | 과학기술정보통신부 |
| 농림축산식품부 소속 국공립연구기관, 도 농업기술원, 시군 농업기술센터, 도축산위생연구소 | 농림축산식품부(농촌진흥청, 농림축산검역본부) |
| 산업통상자원부 소속 국공립연구기관 | 산업통상자원부 |
| 보건복지부 소관 국공립연구기관, 보건의료기관, 시 · 도 보건환경연구원 | 질병관리청 |
| 환경부 소속 국공립연구기관 | 환경부 |
| 해양수산부 소속 국공립연구기관 | 해양수산부(국립수산과학원) |
| 식품의약품안전처 소속 식품의약품안전평가원, 지방식품의약품안전청 | 식품의약품안전처 |

② 변경신고

㉠ 변경신고 대상

ⓐ 신고한 기관의 변경신고

• 대표자 변경

• 생물안전관리책임자 변경
• 설치·운영책임자 변경
• 규모, 시설 종류, 안전관리등급 변경

ⓑ 허가받은 기관의 변경신고

• 연구시설을 설치·운영하는 자의 주소 및 연락처 변경
• 연구시설을 설치·운영하는 자(법인)의 명칭, 주소 및 연락처와 그 대표자의 성명, 주소 및 연락처 변경
• 연구책임자와 생물안전관리책임자의 성명, 주소 및 연락처 변경

ⓛ 제출서류

ⓐ 설치·운영 신고사항 변경신고서

ⓑ 연구시설 설치·운영 점검 결과서

ⓒ 변경사유서 또는 변경사유가 명시되어 있는 기관 내부공문

ⓓ 변경 관련 문서

| 규모 변경 시 | 건축물대장 또는 평면도 |
|---|---|
| 기관정보 변경 시 | 사업자등록증 |
| 생물안전관리책임자 변경 시 | 생물안전관리책임자 교육이수증 |
| 등급 변경 시 | 기관 자체 생물안전관리규정, 생물안전지침 |

③ 폐쇄신고 시 제출서류

㉠ 연구시설 폐쇄신고서

ⓛ 폐쇄사유서 또는 폐쇄사유가 명시되어 있는 기관 내부공문

ⓒ 2등급 연구시설을 폐쇄하는 경우 : 폐기물 처리에 관한 내용이 포함된 폐쇄계획서 및 결과서 등을 심의한 기관생물안전위원회 서류

ⓔ 시설 폐쇄 시 : 폐기물 관리대장 등 폐기처리 증빙자료

ⓜ 시설 이전 시 : 유전자변형생물체 취급·관리대장

### (2) LMO 연구시설 허가(BL3~4)

① 허가

㉠ 연구시설에 따른 허가관청

| 환경위해성 관련 연구시설 | 과학기술정보통신부 |
|---|---|
| 인체위해성 관련 연구시설 | 보건복지부 |

ⓛ 제출서류

ⓐ 허가신청서

ⓑ 연구시설의 설계도서 또는 그 사본

ⓒ 연구시설의 범위와 그 소유 또는 사용에 관한 권리를 증명하는 서류

ⓓ 위해방지시설의 기본설계도서 또는 그 사본

ⓔ 허가기준(설비, 기술능력, 인력, 안전관리규정, 운영 안전관리기준)을 갖추었음을 증명하는 서류

② 변경허가 시 제출서류

㉠ 허가사항 변경신청서

㉡ 연구시설 설치·운영 허가사항의 변경사유 및 변경내용을 증명하는 서류

### (3) LMO 연구시설의 종류

| 종류 | 기준 |
|---|---|
| 일반 연구시설 | 세포, 미생물 등 일반적인 유전자 변형실험 공간 |
| 대량배양 연구시설 | 10L 이상의 배양용량을 포함하는 유전자 변형실험 공간 |
| 동물이용 연구시설 | 유전자변형동물을 사육하는 공간 |
| 곤충이용 연구시설 | LM곤충을 사육 또는 해부 등의 실험을 하는 공간 |
| 어류이용 연구시설 | LM어류를 사육하는 사육실과 해부 등의 실험을 하는 공간 |
| 식물이용 연구시설 | 물 또는 토양을 이용하여 유전자변형식물을 배양하는 공간 |
| 격리포장시설 | LMO 개발·실험(환경방출실험)을 위해 마련된 외부격리포장시설, 토경온실 또는 외부격리사육시설 |

※ LMO 연구시설을 신고·허가 후 연구시설의 등급 및 종류에 따라 설치·운영기준을 지켜야 한다.

### (4) LMO의 수입·수출

① 수입

㉠ 수입신고(과학기술정보통신부)

ⓐ 대상 : 시험·연구용으로 사용하거나 박람회·전시회에 출품하기 위하여 수입하는 유전자변형생물체

ⓑ 제출서류

- 시험·연구용 등의 유전자변형생물체 수입신고서
- 시험·연구용 유전자변형생물체 운반계획서
- 시험·연구용 유전자변형생물체 활용계획서
- 수입계약서

㉡ 수입승인(질병관리청) 대상

ⓐ 종명까지 명시되어 있지 아니하고 인체병원성 여부가 밝혀지지 아니한 미생물을 이용하여 얻어진 유전자변형생물체

ⓑ 척추동물에 대하여 몸무게 1kg당 50% 치사독소량(특정한 시간 내에 실험동물군 중 50%를 죽일 수 있는 단백성 독소의 접종량)이 100ng 미만인 단백성 독소를 생산할 능력을 가진 유전자변형생물체

ⓒ 의도적으로 도입된 약제내성 유전자를 가진 유전자변형미생물

ⓓ 국민보건상 국가관리가 필요한 병원성미생물의 유전자를 직접 이용하거나 해당 병원미생물의 합성된 유전자를 이용하여 얻어진 유전자변형생물체

② 수출(유전자변형생물체법 제20조, 제21조)

㉠ 수출통보(관계 중앙행정기관의 장) : 유전자변형생물체를 수출하려는 자

㉡ 경유신고(관계 중앙행정기관의 장) : 유전자변형생물체를 국내의 항구, 공항 또는 대통령령으로 정하는 장소에서 하역한 후 다른 국가로 수출하려는 자

## 5 생물체와 국가관리

### (1) 고위험병원체

① 정의(감염병예방법 제2조) : 생물테러의 목적으로 이용되거나 사고 등에 의하여 외부에 유출될 경우 국민 건강에 심각한 위험을 초래할 수 있는 감염병병원체

② 국가관리

㉠ 생물안전위원회를 운영하며, 「감염병예방법」에서 정하는 학력·경력 기준을 충족하는 고위험병원체 전담관리자를 두어야 한다.

㉡ 적절한 밀폐시설을 갖추며, 생물안전 및 생물보안을 함께 확보하고 유지·관리한다.

㉢ 고위험병원체를 이용하는 유전자재조합실험을 실시하고자 하는 경우에는 반드시 실험 전에 「유전자변형생물체법」에 의거하여 질병관리청의 실험 승인을 획득해야 한다.

㉣ 고위험병원체의 분리 시 중앙행정기관에 지체 없이 신고해야 하며, 보유현황 신고 및 폐기 등의 변동사항을 신고해야 하며, 분양·이동 시 사전신고해야 한다.

㉤ 고위험병원체를 반입하려는 경우 적절한 안전조치계획, 취급시설 설치·운영 요건을 갖추고 허가를 받아야 한다.

### (2) 생물테러감염병병원체

① 정의

㉠ 생물테러감염병(감염병예방법 제2조) : 고의 또는 테러 등을 목적으로 이용된 병원체에 의하여 발생된 감염병 중 질병관리청장이 고시하는 감염병

㉡ 생물테러감염병병원체(감염병예방법 제23조의3) : 생물테러감염병을 일으키는 병원체 중 보건복지부령으로 정하는 병원체

| 세균 | 페스트균(*Yersinia pestis*), 탄저균(*Bacillus anthracis*), 보툴리눔균(*Clostridium botulinum*), 야토균(*Francisella tularensis*) |
|---|---|
| 바이러스 | 에볼라 바이러스(Ebola virus), 라싸 바이러스(Lassa virus), 마버그 바이러스(Marbug virus), 두창 바이러스(Variola virus) |

② 국가관리

㉠ 생물테러감염병병원체를 보유하고자 하는 자는 사전에 질병관리청장의 허가를 받아야 한다.

㉡ 감염병의사환자로부터 분리한 후 보유하는 경우 등 대통령령으로 정하는 부득이한 사정으로 사전에 허가를 받을 수 없는 경우에는 보유 즉시 허가를 받아야 한다.

㉢ 국내 반입허가를 받은 경우에는 허가를 받은 것으로 본다.

㉣ 허가사항을 변경하고자 하는 경우에는 질병관리청장의 변경허가를 받아야 한다.

㉤ 고위험병원체 취급자의 변경 등 대통령령으로 정하는 경미한 사항을 변경하려는 경우에는 질병관리청장에게 변경신고를 하여야 한다.

### (3) 생물작용제

① 정의(생화학무기법 제2조)

| 생물작용제 | 자연적으로 존재하거나 유전자를 변형하여 만들어져 인간이나 동식물에 사망, 고사(枯死), 질병, 일시적 무능화나 영구적 상해를 일으키는 미생물 또는 바이러스 |
|---|---|
| 독소 | 생물체가 만드는 물질 중 인간이나 동식물에 사망, 고사, 질병, 일시적 무능화나 영구적 상해를 일으키는 것 |

② 국가관리

㉠ 「화학무기・생물무기의 금지와 특정화학물질・생물작용제 등의 제조・수출입 규제 등에 관한 법률」에서 생물작용제(인체감염성 병원체, 동물전염성 병원체, 식물병원체) 및 독소 67종을 규정한다.

㉡ 산업통상자원부장관은 생물작용제 등(생물작용제 또는 독소를 배양・추출・합성하거나 독소를 생성하는 생물체 또는 생물작용제의 유전자를 변형하는 것)을 제조 신고한 자에게 생물작용제 등의 보안 유지를 위한 보호구역의 설정 등을 포함하는 보안관리계획을 작성・제출하고 이를 실행하도록 권고할 수 있다.

# 연구실 내 생물체 관련 폐기물 안전관리

## 1 의료폐기물

### (1) 폐기물의 분류

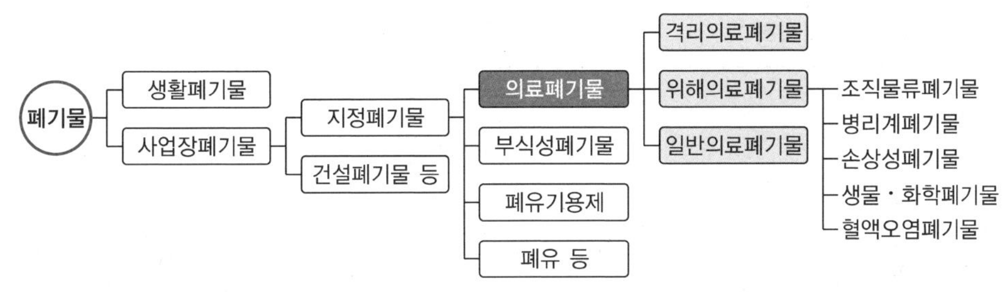


① 의료폐기물의 정의(폐기물관리법 제2조) : 보건 · 의료기관, 동물병원, 시험 · 검사기관 등에서 배출되는 폐기물 중 인체에 감염 등 위해를 줄 우려가 있는 폐기물과 인체 조직 등 적출물(摘出物), 실험동물의 사체 등 보건 · 환경보호상 특별한 관리가 필요하다고 인정되는 폐기물

② 의료폐기물의 분류

| 격리의료폐기물 | • 감염병으로부터 타인을 보호하기 위하여 격리된 사람에 대한 의료행위에서 발생한 일체의 폐기물<br>• 격리대상이 아닌 사람에 대한 의료행위에서 발생한 폐기물은 격리의료폐기물이 아님 | |
|---|---|---|
| 위해의료폐기물 | 조직물류폐기물 | 인체 또는 동물의 조직 · 장기 · 기관 · 신체의 일부, 동물의 사체, 혈액 · 고름 및 혈액생성물(혈청, 혈장, 혈액제제), 채혈진단에 사용된 혈액이 담긴 검사튜브 · 용기 |
| | 병리계폐기물 | 시험 · 검사 등에 사용된 배양액, 배양용기, 보관균주, 폐시험관, 슬라이드, 커버글라스, 폐배지, 폐장갑 |
| | 손상성폐기물 | 주삿바늘, 봉합바늘, 수술용 칼날, 한방침, 치과용침, 파손된 유리재질의 시험기구 |
| | 생물 · 화학폐기물 | 폐백신, 폐항암제, 폐화학치료제 |
| | 혈액오염폐기물 | 폐혈액백, 혈액투석 시 사용된 폐기물, 그 밖에 혈액이 유출될 정도로 포함되어 있어 특별한 관리가 필요한 폐기물 |
| 일반의료폐기물 | • 혈액 · 체액분비물 · 배설물이 함유되어 있는 탈지면, 붕대, 거즈, 일회용 기저귀, 생리대, 일회용주사기, 수액세트 등<br>• 체액, 분비물, 배설물만 있는 경우 일반의료폐기물 액상으로 처리<br>• 기관에서 발생하는 인체, 환경 등에 질병을 일으키거나 감염가능성이 있는 감염성 물질에 대해서는 소독 및 멸균을 실시하여 오염원을 제거한 후 「폐기물관리법」에 따라 폐기하는 것을 권장 | |

### (2) 의료폐기물 전용용기(폐기물관리법 시행규칙 별표 5)

① 전용용기 종류

| 전용용기 | 봉투형 용기 | 합성수지류 재질 |
|---|---|---|
| | 상자형 용기 | 골판지류 재질 |
| | | 합성수지류 재질 |

※ 전용용기는 환경부장관이 지정한 기관·단체(한국환경공단, 한국화학융합시험연구원, 한국건설생활환경시험연구원 등)가 환경부장관이 정하여 고시하는 검사기준에 따라 검사한 용기만을 사용한다.

② 전용용기 표시사항

이 폐기물은 감염의 위험성이 있으므로 주의하여 취급하시기 바랍니다.

| 배출자 | ○○○ | 종류 및 성질과 상태 | 병리계폐기물 |
|---|---|---|---|
| 사용개시 연월일 | 2024.○○.○○. | 수거자 | ○○○○ |

※ 사용개시 연월일은 의료폐기물을 전용용기에 최초로 넣은 날을 적어야 한다.

③ 전용용기 안전관리

㉠ 한 번 사용한 전용용기는 다시 사용하여서는 아니 된다.

㉡ 의료폐기물은 발생한 때부터 전용용기에 넣어 내용물이 새어 나오지 않도록 보관한다.

㉢ 의료폐기물의 투입이 끝난 전용용기는 밀폐 포장한다.

㉣ 봉투형 용기에는 그 용량의 75% 미만으로 의료폐기물을 넣어야 한다.

㉤ 의료폐기물을 넣은 봉투형 용기를 이동할 때에는 반드시 뚜껑이 있고 견고한 전용 운반구를 사용하여야 하며, 사용한 전용 운반구는 「감염병의 예방 및 관리에 관한 법률 시행규칙」에 따른 약물소독의 방법으로 소독하여야 한다.

㉥ 격리의료폐기물을 넣은 전용용기는 용기 밀폐 전에 용기의 내부를, 보관시설 외부로 반출하기 전에 용기의 외부를 각각 약물소독한다.

㉦ 봉투형 용기에 담은 의료폐기물의 처리를 위탁하는 경우에는 상자형 용기에 다시 담아 위탁하여야 하며, 상자형 용기의 사용개시 연월일은 봉투형 용기를 상자형 용기에 최초로 담은 날을 적을 수 있다.

㉧ 골판지류 상자형 용기의 내부에는 봉투형 용기 또는 내부 주머니를 붙이거나 넣어서 사용하여야 한다.

㉨ 재활용하는 태반은 발생한 때부터 흰색의 투명한 내부 주머니에 1개씩 포장하여 합성수지류 상자형 용기에 넣어 보관하며, 내부 주머니에는 의료기관명, 중량(g), 발생일 및 담당의사의 이름을 적어야 한다.

## (3) 의료폐기물 보관기준

| 의료폐기물 종류 | | 전용용기 | 도형색상 | 보관시설 | 보관기간 |
|---|---|---|---|---|---|
| 격리 | | 상자형 합성수지류 | 붉은색 | • 조직물류와 같은 성상 : 전용보관시설(4℃ 이하)<br>• 그 외 : 전용보관시설(4℃ 이하) 또는 전용보관창고 | 7일 |
| 위해 | 조직물류 | 상자형 합성수지류 | 노란색 | • 전용보관시설(4℃ 이하)<br>• 치아 및 방부제에 담긴 폐기물은 밀폐된 전용보관창고 | 15일<br>(치아 : 60일) |
| | 조직물류<br>(재활용하는 태반) | 상자형 합성수지류 | 녹색 | 전용보관시설(4℃ 이하) | 15일 |
| | 손상성 | 상자형 합성수지류 | 노란색 | 전용보관시설(4℃ 이하) 또는 전용보관창고 | 30일 |
| | 병리계 | • 봉투형<br>• 상자형 골판지류 | • 검정색(봉투형)<br>• 노란색(상자형) | | 15일 |
| | 생물화학 | | | | |
| | 혈액오염 | | | | |
| 일반 | | | | | |

## (4) 의료폐기물의 혼합보관

### ① 혼합 가능한 성상의 의료폐기물

| 골판지류 용기 | 고상(병리계, 생물·화학, 혈액오염, 일반 의료폐기물)의 경우 혼합보관이 가능 |
|---|---|
| 봉투형 용기 | • 고상(병리계, 생물·화학, 혈액오염, 일반 의료폐기물)의 경우 혼합보관이 가능<br>• 위탁처리 시 골판지류(또는 합성수지류) 상자형 용기에 담아 배출 |
| 합성수지류 용기 | • 액상(병리계, 생물·화학, 혈액오염)의 경우 혼합보관이 가능<br>• 격리, 조직물류, 손상성, 액상폐기물은 서로 간 또는 다른 폐기물과의 혼합 금지<br>• 수술실과 같이 조직물류, 손상성류(수술용 칼, 주삿바늘 등), 일반의료(탈지면, 거즈 등) 등이 함께 발생할 경우는 혼합보관 허용 |
| 소형 골판지류 용기 | 대형 골판지류 용기에 담아 배출이 가능 |
| 대형 골판지류 용기 | 동일한 성상의 폐기물이 담긴 합성수지류 용기들을 담아 배출하는 경우에 한하여 허용 |
| 소형 합성수지 용기 | • 대형 합성수지 용기에 담아 배출 가능<br>• 단, 처리업체에서 시각적으로 볼 수 없어 별도 분리가 어려운 경우는 혼합 금지 |
| 치아 | 상온 혹은 냉장보관 및 합성수지류 또는 골판지류 용기에 다른 의료폐기물과 혼합 보관 가능 |

### ② 혼합보관 시 용기 표기사항

㉠ 의료폐기물 종류는 양이 가장 많은 것으로 표기하며 보관기간, 보관방법 등에 있어 엄격한 기준을 적용한다.

㉡ 사용개시일은 혼합된 것 중 가장 빠른 것으로 표기한다.

㉢ 보관방법은 상온이 아닌 냉장보관이다.

㉣ 용기는 골판지가 아닌 합성수지류를 사용한다.

㉤ 위해의료폐기물, 일반의료폐기물 혼합보관에 따른 용기 도형 색상은 새로 제작할 경우 노란색으로 하고, 이미 구입한 용기는 그대로 사용한다.

### (5) 의료폐기물 보관시설(폐기물관리법 시행규칙 별표 5)

① 보관시설 표지판(배출자용)

| 의료폐기물 보관표지 | |
|---|---|
| ① 폐기물 종류 : | ② 총보관량 : 킬로그램 |
| ③ 보관기간 : | ④ 관리책임자 : |
| ⑤ 취급 시 주의사항<br>• 보관 시 :<br>• 운반 시 : | |
| ⑥ 운반장소 : | |

㉠ 설치장소 : 보관창고와 냉장시설의 출입구 또는 출입문에 각각 부착

㉡ 규격 : 가로 60cm 이상, 세로 40cm 이상(냉장시설은 가로 30cm 이상, 세로 20cm 이상)

㉢ 색깔 : 흰색 바탕, 녹색 선·글자

② 보관시설(보관창고) 세부기준

㉠ 바닥, 안벽 : 타일·콘크리트 등 물에 견디는 성질의 자재로 세척이 쉽게 설치한다.

㉡ 냉장시설 : 내부온도를 측정하는 온도계를 부착하고, 4℃ 이하로 유지한다.

㉢ 소독장비 : 소독장비(소독약품, 분무기 등)와 이를 보관하는 시설을 갖춘다.

㉣ 구조 : 보관창고, 냉장시설은 의료폐기물이 밖에서 보이지 않는 구조로 되어 있어야 한다.

㉤ 출입제한 : 외부인의 출입을 제한한다.

㉥ 청결 : 보관창고, 보관장소, 냉장시설은 주 1회 이상 약물소독하고, 항상 청결을 유지한다.

## 2 폐기물 안전관리 지침

### (1) 실험폐기물 처리 규정

① 필요성 : 유전자변형생물체 또는 고위험병원체를 취급하는 생물 안전 1등급 이상의 연구시설을 보유한 기관은 실험폐기물 처리에 대한 규정을 마련해야 한다.

② 실험폐기물 처리 관련 규정

㉠ 「폐기물관리법」에 따라 폐기물을 구분하고 성상별(멸균, 비멸균, 손상, 액상 등)로 전용용기에 폐기해야 한다.

㉡ 폐기물 종류별로 기간 내에 폐기할 수 있도록 기관 실험폐기물 처리 규정을 마련해야 한다.

㉢ 폐기 기록서를 구비해야 한다.

㉣ 폐기물 위탁 수거처리 확인서를 보관해야 한다.

### (2) 생물안전등급별 폐기물 처리규정(유전자재조합실험지침 별표 3)

| 생물안전등급 | 폐기물 처리규정 |
|---|---|
| BL1 | 폐기물·실험폐수 : 고압증기멸균 또는 화학약품처리 등 생물학적 활성을 제거할 수 있는 설비에서 처리 |
| BL2 | • BL1 기준에 아래 내용 추가<br>• 폐기물 처리 시 배출되는 공기 : 헤파필터를 통해 배기할 것을 권장 |
| BL3 | • BL1 기준에 아래 내용 추가<br>• 폐기물 처리 시 배출되는 공기 : 헤파필터를 통해 배기<br>• 실험폐수 : 별도의 폐수탱크를 설치하고, 압력기준(고압증기멸균 방식 : 최대 사용압력의 1.5배, 화학약품처리 방식 : 수압 70kPa 이상)에서 10분 이상 견딜 수 있는지 확인 |
| BL4 | • BL3 기준에 아래 내용 추가<br>• 실험폐수 : 고압증기멸균을 이용하는 생물학적 활성을 제거할 수 있는 설비를 설치<br>• 폐기물 처리 시 배출되는 공기 : 2단의 헤파필터를 통해 배기 |

## 3 생물체 관련 폐기물 처리(세척, 소독, 멸균)

### (1) 세척(cleaning)의 중요성

① 물과 세정제 혹은 효소로 물품의 표면에 붙어 있는 오물(토양, 유기물, 기타 이물질)을 제거하여 효과적인 소독·멸균이 가능하게 한다.

② 소독·멸균 대상품에 부착된 물질들은 소독·멸균의 효과를 저하시킬 수 있기 때문에 기계적인 마찰, 세제, 효소 등을 사용하여 충분히 이물질 등을 제거한 후에 소독·멸균 등을 실시한다.

### (2) 소독(disinfection)

① 의미

㉠ 미생물의 생활력을 파괴시키거나 약화시켜 감염 및 증식력을 없애는 조작이다.

㉡ 미생물의 영양세포를 사멸시킬 수 있으나 아포는 파괴하지 못한다.

② 종류

| 자연적인 소독 | • 자외선 멸균법 : 자외선을 이용한 소독이나 살균법<br>• 여과멸균법 : 여과기로 걸러서 균을 제거시키는 방법<br>• 방사선 멸균법 : 방사선 방출물질을 조사시켜 세균을 사멸하는 방법 | |
|---|---|---|
| 물리적인 소독 | 건열 | • 화염멸균법 : 물체를 직접 건열하여 미생물을 태워죽이는 방법(아포까지 제거)<br>• 건열멸균법 : 건열멸균기를 이용하여 미생물을 산화시켜 미생물이나 아포 등을 멸균하는 방법(170℃ 1~2시간 건열)<br>• 소각법 |
| | 습열 | • 자비멸균법 : 물을 끓인 후 10~30분간 처리하는 방법<br>• 고온증기멸균법 : 고압증기 멸균기를 이용하여 120℃에서 20분 이상 멸균하는 방법(미생물·아포까지 제거) |

| 화학적인 소독 | 소독제 | • 연구실에서 주로 사용하는 소독방법<br>• 소독제는 가격이 싸고 소독효과가 높지만, 인간 및 환경 위해가능성 때문에 저장, 취급 등에 주의하고 제조사의 사용설명서와 MSDS를 숙지해야 한다. |
|---|---|---|
| | 살생물제 | • 미생물의 성장을 억제하거나 물리화학적 변화를 만들어냄으로써 활성을 잃게 하거나, 또는 사멸하게 하는 작용기전을 가진다.<br>• 살생물제의 효과는 활성물질과 미생물의 특정 표적 간의 상호작용에서 나타난다. |

③ 소독수준

| 낮은 수준의 소독 | 세균, 바이러스, 일부 진균을 죽이지만, 결핵균이나 세균 아포 등과 같이 내성이 있는 미생물은 죽이지 못한다. |
|---|---|
| 중간 수준의 소독 | 결핵균, 진균을 불활성화시키지만, 세균 아포를 죽일 수 있는 능력은 없다. |
| 높은 수준의 소독 | 노출시간이 충분하면 세균 아포까지 죽일 수 있으며 모든 미생물을 파괴할 수 있는 소독능이다. |

④ 소독제 선정 시 고려사항

㉠ 병원체의 성상을 확인하고 통상적인 경우 광범위 소독제를 선정한다.

㉡ 피소독물에 최소한의 손상을 입히면서 가장 효과적인 소독제를 선정한다.

㉢ 소독방법(훈증, 침지, 살포 및 분무)을 고려한다.

㉣ 오염의 정도에 따라 소독액의 농도 및 적용시간을 조정한다.

㉤ 피소독물에의 침투 가능 여부를 고려한다.

㉥ 소독액의 사용온도 및 습도를 고려한다.

㉦ 소독약은 단일약제로 사용하는 것이 효과적이다.

⑤ 소독제의 종류 및 특성

| 소독제 | 장점 | 단점 | 실험실 사용 범위 | 상용 농도 | 반응 시간 | 세균 | | | 바이러스 | 비고 |
|---|---|---|---|---|---|---|---|---|---|---|
| | | | | | | 영양 세균 | 결핵균 | 아포 | | |
| 알코올 (alcohol) | 낮은 독성, 부식성 없음. 잔류물 적고, 반응속도가 빠름 | 증발속도가 빨라 접촉시간 단축. 가연성, 고무·플라스틱 손상 가능 | 피부소독, 작업대 표면, 클린벤치 소독 등 | 70~95% | 10~30 min | +++ | ++++ | – | ++ | • ethanol : 70~80%<br>• iso-propanol : 60~95% |
| 석탄산 화합물 (phenolics) | 유기물에 비교적 안정적 | 자극성 냄새, 부식성이 있음 | 실험장비 및 기구 소독, 실험실 바닥, 기타 표면 등 | 0.5~3% | 10~30 min | +++ | ++ | + | ++ | 아포, 바이러스에 대한 효과가 제한적임 |
| 염소계 화합물 (액상의 경우) (chlorine compounds) | 넓은 소독범위, 저렴한 가격, 저온에서도 살균효과가 있음 | 피부, 금속에 부식성, 빛·열에 약하며 유기물에 의해 불활성화됨 | 폐수처리, 표면, 기기 소독, 비상 유출사고 발생 시 등 | 4~5% | 10~60 min | +++ | ++ | ++ | ++ | 유기물에 의해 중화되어 효과 감소 |
| 요오드 (iodine) | 넓은 소독범위, 활성 pH 범위가 넓음 | 아포에 대한 가변적 소독효과, 유기물에 의해 소독력 감소 | 표면소독, 기기소독 등 | 75~100 ppm | 10~30 min | +++ | ++ | −/+ | + | 아포에 효과가 없거나 약함 |

| 소독제 | 장점 | 단점 | 실험실 사용 범위 | 상용 농도 | 반응 시간 | 세균 | | | 바이러스 | 비고 |
|---|---|---|---|---|---|---|---|---|---|---|
| | | | | | | 영양세균 | 결핵균 | 아포 | | |
| 제4가 암모늄(quaternary ammonium compounds) | 계면활성제와 함께 소독효과를 나타내고 비교적 안정적임 | 아포에 효과가 없음, 바이러스에 제한적 효과 | 표면소독, 벽, 바닥소독 등 | 0.5~1.5% | 10~30 min | +++ | − | − | + | 경수에 의해 효과감소, 10~30분 반응 |
| 글루타알데히드(glutaraldehyde) | 넓은 소독범위, 유기물에 안정적, 금속 부식성이 없음 | 온도, pH에 영향을 받음. 가격이 비싸고 자극성 냄새 | 표면소독, 기기, 장비, 유리제품 소독 등 | 2% | | ++++ | +++ | ++++ | ++ | 반응속도가 느림(침투속도). 부식성이 없음 |
| 산화에틸렌(ethylene oxide) | 넓은 소독범위, 열 또는 습기가 필요하지 않음 | 가연성, 돌연변이성, 잠재적 암유발 가능성 | 가스멸균 | 50~1,200 mg/L | 1~12h (gas상) | ++++ | +++++ | ++++ | ++ | 가스멸균 시 사용, 인체접촉 : 화학적 화상 유발 |
| 과산화수소(hydrogen peroxide) | 빠른 반응속도, 잔류물이 없음, 독성이 낮고 친환경적임 | 폭발 가능성(고농도), 일부 금속에 부식 유발 | 표면소독, 기기 및 장비 소독 등 | 3~30% | 10~60 min | ++++ | ++++ | ++ | ++++ | 6%, 30분 처리 : 아포사멸 가능 |

※ 소독 효과 : ++++(highly effective) > +++ > ++ > + > − (ineffective)

⑥ 살균소독에 대한 미생물의 저항성

㉠ 소독제에 대한 미생물의 저항성

ⓐ 소독제에 대한 미생물의 저항성은 미생물의 종류에 따라 다양하다.

ⓑ 세균 아포가 가장 강력한 내성을 보이며 지질 바이러스가 가장 쉽게 파괴된다.

ⓒ 영양형 세균, 진균, 지질 바이러스 등은 낮은 수준의 소독제에도 쉽게 사멸되며, 결핵균이나 세균의 아포는 높은 수준의 소독제에 장기간 노출되어야 사멸이 가능하다.

**[소독과 멸균에 대한 미생물의 내성 수준]**

| 미생물 | 필요한 소독수준 | 내성 |
|---|---|---|
| 프리온 | 프리온 소독방법 | 높음 |
| 세균 아포 | 멸균 | ↓ |
| Coccidia | | |
| 항상균 | 높은 수준의 소독 | |
| 비지질, 소형바이러스 | 중간 수준의 소독 | |
| 진균 | | |
| 영양형 세균 | 낮은 수준의 소독 | |
| 지질, 중형 바이러스 | | 낮음 |

㉡ 고유 저항성(instinct resistance, inherent feature)

ⓐ 미생물의 고유한 특성(미생물의 구조, 형태 등의 특성, 균속, 균종 등)에 따라 갖게 되는 소독제에 대한 고유 저항성을 의미한다.

ⓑ 그람음성 세균은 그람양성 세균보다 소독제에 대한 저항성이 강하며, 아포의 경우 외막 등의 구조적 특성 때문에 영양세포보다 강한 저항성을 갖게 된다.

㉢ 획득 저항성(acquired resistance, develop over time) : 미생물이 환경, 소독제 등에 노출되는 시간이 경과함에 따라 발생할 수 있는 미생물의 염색체 유전자 변이 또는 치사농도보다 낮은 농도의 소독제를 지속적으로 사용하는 과정에서 획득되는 내성을 의미한다.

### (3) 멸균(sterilization)

① 의미

㉠ 모든 형태의 생물, 특히 미생물을 파괴하거나 제거하는 물리적·화학적 행위 또는 처리 과정을 의미한다.

㉡ 멸균방법의 선택은 멸균 여부를 확인할 수 있는지, 내부까지 멸균될 수 있는지, 물품의 화학적·물리적 변화가 있을지, 멸균 후 인체나 환경에 유해한 독성이 있는지, 경제성 등을 고려하여 선택한다.

② 종류

㉠ 습식멸균

ⓐ 고압증기멸균기를 이용하여 121℃의 고온에서 15분간 처리하는 것

ⓑ 환경독성이 없고 전체 과정의 관리·감시가 쉬움

ⓒ 영양세포, 바이러스, 내생포자까지 멸균 가능

ⓓ 많은 연구실에서 사용

㉡ 건열멸균

ⓐ 160℃ 또는 그 이상의 온도에서 2~4시간 동안 처리하는 것

ⓑ 포자를 포함한 모든 미생물 생체를 사멸

ⓒ 일반적으로 고열에 강한 재질의 기구, 피펫, 페트리 접시, 시험관, 유동 파라핀 등을 소독할 때 사용하는 방법

㉢ 가스멸균

ⓐ 하이젝스 백에 밀봉하고 산화에틸렌으로 30°C, 8시간 처리하여 1일 이상 둔 다음 가스를 방출

ⓑ 가열에 의해 변형·변질되기 쉬운 기구(플라스틱, 고무, 일회용품 등)의 멸균방법

ⓒ 모든 종류의 미생물을 죽일 수 있고 고온·고습·고압을 필요로 하지 않으며, 기구나 물품에 손상을 주지 않음

ⓓ 멸균시간이 길고 고가의 유지비용이 필요

③ **멸균 여부 확인** : 적어도 두 가지 이상의 방법을 함께 사용하여 확인한다.

㉠ 기계적·물리적 확인 : 멸균과 정상 압력, 시간, 온도 등의 측정 기록 확인

㉡ 화학적 확인 : 멸균 과정 중의 변수의 변화에 반응하는 화학적 표지 확인

㉢ 생물학적 확인 : 멸균 후 생물학적 표지인자의 증식 여부 확인

④ 멸균 시 주의사항

㉠ 멸균 전에 반드시 모든 재사용 물품을 철저히 세척해야 한다.

㉡ 멸균할 물품은 완전히 건조시켜야 한다.

㉢ 물품 포장지는 멸균제가 침투 및 제거가 용이해야 하며, 저장 시 미생물이나 먼지, 습기에 저항력이 있고 유독성이 없어야 한다.

㉣ 멸균물품은 탱크 내 용적의 60~70%만 채우며 가능한 한 같은 재료들을 함께 멸균해야 한다.

㉤ 기관에서 발생하는 인체, 환경 등에 질병을 일으키거나 감염가능성이 있는 감염성 물질에 대해서는 소독 및 멸균을 실시하여 오염원을 제거한 후 폐기물관리법에 따라 폐기한다.

### (4) 세척 · 소독 · 멸균 효과에 영향을 미치는 요소

① 세척 : 물, 세제, 온도

② 소독 · 멸균

㉠ 유기물의 양, 혈액, 우유, 사료, 동물 분비물 등 : 유기물이 있는 경우 소독액 입자가 유기물에 흡착된 후 불활성화되므로 효율이 낮아지게 된다.

㉡ 표면 윤곽 : 표면이 거칠거나 틈이 있으면 소독이 충분히 될 수 없다.

㉢ 소독제 농도 : 모든 종류의 소독제가 고농도일 때 미생물을 빨리 죽이거나 소독효과가 높은 것은 아니며 대상물의 조직, 표면 등의 손상을 일으킬 수도 있다.

㉣ 시간 및 온도

ⓐ 적정 온도 및 시간은 소독제의 효과를 증대시킬 수 있으나, 고온 또는 장시간 처리할 경우 소독제 증발 및 소독효과 감소의 원인이 된다.

ⓑ 일반적인 소독제는 10℃ 상승 시마다 소독효과가 약 2~3배 상승하므로 미온수가 가장 적당하다.

㉤ 상대습도 : 포름알데히드의 경우 70% 이상의 상대습도가 필요하다(70~90% 습도 시 가장 효과적).

㉥ 물의 경도 및 세균의 부착능

# 연구실 내 생물체 누출 및 감염 방지 대책

## 1 생물안전사고

### (1) 사고의 유형 및 예방대책

① 연구실 내 감염성 물질 유출 사고

㉠ 병원성 미생물 및 감염성 물질을 취급하던 중 사람에게 직접 노출되거나 흡입·섭취될 수 있고, 병원체를 접종한 실험동물에 물리거나 감염성 물질이 유출되는 등의 사고는 언제나 발생 가능하다.

㉡ 연구활동종사자 개인 또는 동료가 감염될 수 있고 감염물질의 지역사회로의 전파로 이어질 수 있으므로 유출사고를 미연에 방지해야 하며, 사고 발생 시 적절한 대응으로 감염과 확산을 방지해야 한다.

② 주사기 바늘 찔림 및 날카로운 물건에 베임 사고

㉠ 국내 생물 분야 연구실 사고 중 가장 발생 빈도가 높은 사고이다.

㉡ 대부분 연구활동이나 실험실습 과정 중 연구자의 부주의가 원인이 되어 발생한다.

㉢ 주사기나 날카로운 물건 사용을 최소화한다.

㉣ 여러 개의 날카로운 기구를 사용할 때는 트레이 위의 공간을 분리하고, 기구의 날카로운 방향은 조작자의 반대 방향으로 향하게 한다.

㉤ 주사기 사용 시 다른 사람에게 주의를 시키고, 일정 거리를 유지한다.

㉥ 가능한 한 주사기에 캡을 다시 씌우지 않도록 하며, 캡이 바늘에 자동으로 씌워지는 제품을 사용한다.

㉦ 손상성폐기물 전용용기에 폐기하고 손상성의료폐기물 용기는 70% 이상 차지 않도록 한다.

㉧ 주사기를 재사용해서는 안 되며, 주사기 바늘을 손으로 접촉하지 않고 폐기할 수 있는 수거장치를 사용한다.

③ 동물 교상(물림) : 실험동물을 다룰 때 취급자가 숙련되지 않은 사람이거나 주의사항을 미숙지하고 부주의해서 동물에 물리는 경우가 발생할 수 있다. 병원체 접종실험을 하는 실험동물은 물론 일반 실험동물이라도 이에 대한 응급처치가 반드시 필요하다.

④ 세균, 바이러스 등에 의한 감염-실험실 획득감염(laboratory-acquired infections, 실험 관련 활동 과정에서 획득한 감염)

㉠ 세균 및 바이러스를 취급하는 연구활동종사자에게 실험실 획득감염이 일어날 수 있다.

㉡ 감염성 물질을 취급하던 중 연구활동종사자의 신체가 직접 노출되거나 흡입, 섭취, 병원체를 접종한 실험동물에 물림으로써 일어날 수 있으며, 국내외에서 많은 사례가 보고되고 있다.

㉢ 실험실 획득감염을 예방하기 위해서는 생물 안전 확보에 적절한 시설과 장비, 개인보호구를 구비하고 실험을 수행하는 것이 중요하며, 무엇보다 연구활동종사자가 생물안전수칙을 지키는 것이 가장 중요하다.

⑤ 화상

㉠ 연구실 내에서는 화재 및 폭발사고뿐 아니라 이상온도 접촉 등으로 인한 화상 피해가 많이 발생한다.

㉡ 생물 분야 연구실 역시 액체질소로 인한 동상, 고압증기멸균기의 부적절한 취급 등으로 화상 등 유사사례가 보고되고 있다.

㉢ 사고 예방을 위해 적절한 보호구(질소 취급 시 방한장갑 착용, 고온 물체 취급 시 내열장갑 착용 등)를 착용하는 등 사고에 대한 경각심을 가지고 안전 확보를 위해 노력해야 한다.

### (2) 사고유형에 따른 대응조치

① **찔린 상처, 베인 상처, 찰과상** : 상처를 입은 자는 보호복을 벗고 손과 해당 부위를 씻은 다음, 적절한 피부소독제를 바르고 필요하면 병원에 가서 치료를 받는다. 상처의 원인과 관련 미생물을 보고하고 의료 기록을 작성한다.

② **감염 가능성이 있는 물질의 섭취** : 보호복을 벗고 의사의 진찰을 받는다. 섭취한 물질과 사고 발생 상황을 보고하고 의료 기록을 작성한다.

③ **감염 가능성이 있는 물질의 유출**

㉠ 종이타월이나 소독제가 포함된 흡수물질 등으로 유출물을 천천히 덮어 에어로졸 발생 및 유출 부위 확산을 방지한다.

㉡ 유출 지역에 있는 사람들에게 사고 사실을 알려 연구활동종사자 등이 즉시 사고구역을 벗어나게 하고, 연구실책임자와 안전관리담당자(연구실안전환경관리자, 생물안전관리책임자 등)에게 즉시 보고하고 지시에 따른다.

㉢ 사고 시 발생한 에어로졸이 가라앉도록 20분 정도 방치한 후 개인보호구를 착용하고 사고지역으로 들어간다.

㉣ 장갑을 끼고 핀셋을 이용하여 깨진 유리조각 등을 집고, 날카로운 기기 등은 손상성의료폐기물 전용용기에 넣는다.

㉤ 유출된 모든 구역의 미생물을 비활성화시킬 수 있는 소독제로 처리하고 20분 이상 그대로 둔다.

㉥ 종이타월 및 흡수물질 등은 의료폐기물 전용용기에 넣고 소독제를 사용하여 유출된 모든 구역을 닦는다.

㉦ 청소가 끝난 후 처리작업에 사용했던 기구 등은 의료폐기물 전용용기에 넣어 처리하거나 재사용할 경우 소독 및 세척한다.

ⓞ 장갑, 작업복 등 오염된 개인보호구는 의료폐기물 전용용기에 넣어 처리하고, 노출된 신체 부위를 비누와 물을 사용하여 세척하고 필요한 경우 소독 및 샤워 등으로 오염을 제거한다.

④ **깨진 용기와 엎질러진 감염성 물질** : 감염성 물질에 오염된 깨진 용기와 엎질러진 감염성 물질을 천이나 종이타월로 덮은 후 그 위에 소독제를 가하고 일정 시간 방치한다. 그 후 적절한 방법으로 폐기한다. 기록서 서식이나 기타 인쇄물이 오염되면 정보를 다른 곳에 옮기고 원본은 오염폐기물 용기에 버린다.

⑤ **밀봉 가능한 버킷이 없는 원심분리기에서 감염 가능성이 있는 물질이 들어 있는 튜브의 파손** : 원심분리기가 작동 중인 상황에서 튜브의 파손이 발생하거나 파손이 의심되는 경우, 모터를 끄고 기계를 닫아 30분 정도 침전되기를 기다린 후 적절한 방법으로 처리한다. 안전관리담당자에게 보고한다.

⑥ **밀봉 가능 버킷(안전 컵) 내부에서 발생한 튜브 파손** : 모든 밀봉 상태인 원심분리기 버킷은 생물안전작업대에서 물질을 넣거나 빼야 한다. 안전 컵 내부에서 파손이 발생한 것으로 의심되는 경우, 안전 컵을 느슨하게 풀고 버킷을 고압증기멸균한다. 또는 안전 컵을 화학적으로 소독한다.

⑦ **실험동물에 물렸을 경우**

㉠ 우선 상처 부위를 압박하여 약간의 피를 짜낸 다음 70% 알코올 및 기타 소독제(povidone-iodine 등)를 이용하여 소독을 실시한다.

㉡ 래트(rat)에 물린 경우에는 rat bite fever 등을 조기에 예방하기 위해 고초균(Bacillus subtilis)에 효력이 있는 항생제를 투여한다.

㉢ 고양이에 물리거나 할퀴었을 때 원인 불명의 피부질환 발생 우려가 있으므로 즉시 70% 알코올 또는 기타 소독제(povidone-iodine 등)를 이용하여 소독한다.

㉣ 개에 물린 경우에는 70% 알코올 또는 기타 소독제(povidone-iodine 등)를 이용하여 소독한 후, 동물의 광견병 예방접종 여부를 확인한다.

㉤ 광견병 예방접종 여부가 불확실한 개의 경우에는 시설관리자에게 광견병 항독소를 일단 투여한 후, 개를 15일간 관찰하여 광견병 증상을 나타내는 경우 개는 안락사시키며 사육관리자 등 관련 출입 인원에 대해 광견병 백신을 추가로 투여한다.

### (3) 신체손상 시 응급처치 순서

① **감염성 물질 등이 안면부에 접촉되었을 때**

㉠ 눈에 물질이 튀거나 들어간 경우 즉시 세안기나 눈 세척제를 사용하여 15분 이상 세척하고 눈을 비비거나 압박하지 않도록 주의한다.

㉡ 눈 세척제 사용 시 연구실 내 일정 장소에서 사용하고 세척에 사용된 티슈 등은 의료폐기물로 처리한다. 사용 후 소독제로 주위를 소독하고 정리한다.

㉢ 필요한 경우 비상샤워기 또는 샤워실을 이용하여 전신을 세척한다.

㉣ 비상샤워장치를 사용할 경우 주위를 통제하고 접근을 금지한다. 사용 후 소독제(락스 등)로 주위를 소독하고 정리한다.

㉤ 발생 사고에 대해 연구실책임자에게 즉시 보고하고 필요한 조치를 받는다.

㉥ 연구실책임자는 안전관리담당자 및 의료관리자에게 보고하고 적절한 의료조치를 받도록 한다.

② 감염성 물질 등이 안면부를 제외한 신체에 접촉되었을 때

㉠ 장갑 또는 실험복 등 착용하고 있던 개인보호구를 신속히 탈의한다.

㉡ 즉시 흐르는 물로 세척 또는 샤워를 한다.

㉢ 오염 부위를 소독한다.

㉣ 발생 사고에 대해 연구실책임자에게 즉시 보고하고 필요한 조치를 받는다.

㉤ 연구실책임자는 안전관리담당자 또는 의료관리자에게 보고하고 적절한 의료조치를 받도록 한다.

③ 감염성 물질 등을 섭취한 경우

㉠ 장갑 또는 실험복 등 착용하고 있던 개인보호구를 신속히 탈의한다.

㉡ 발생 사고에 대해 연구실책임자에게 즉시 보고한다.

㉢ 연구실책임자는 안전관리담당자 또는 의료관리자에게 보고하고 적절한 의료조치를 받도록 한다.

㉣ 연구실책임자는 섭취한 물질과 사고사항을 상세히 기록하여 치료에 도움이 될 수 있도록 관련자들에게 전달한다.

④ 주사기에 찔렸을 경우

㉠ 신속히 찔린 부위의 보호구를 벗고 15분 이상 충분히 흐르는 물 또는 생리식염수로 세척한다.

㉡ 발생 사고에 대해 연구실책임자에게 즉시 보고하고 필요한 조치를 받는다.

㉢ 연구실책임자는 안전관리담당자 또는 의료관리자에게 보고하고 적절한 의료조치를 받도록 한다.

⑤ 기타물질 또는 실험 중 부상을 당했을 경우

㉠ 발생한 사고에 대하여 연구실책임자 및 의료관리자에게 즉시 보고하여 필요한 조치를 받는다.

㉡ 연구실책임자는 안전관리담당자 또는 의료관리자에게 보고하고 취급하였던 감염성 물질을 고려한 적절한 의학적 조치 등을 하도록 한다.

## 2 비상대응절차 수립 및 사후처리

### (1) 비상대응절차

① 비상대응 시나리오 마련(비상계획 수립 시 가장 우선적으로 수립)
② 비상대응인원들에 대한 역할과 책임을 규정
③ 비상지휘체계 및 보고체계를 마련
④ 비상대응계획 수립 시 유관기관(의료, 소방, 경찰)들과 협의
⑤ 비상대응을 위한 의료기관 지정(병원, 격리시설 등)
⑥ 훈련을 정기적으로 실시한 후 수립된 비상대응계획에 대한 평가를 실시하고 필요시 대응계획을 개정
⑦ 비상대응장비 및 개인보호구에 대한 목록화(위치, 개수 등)
⑧ 비상탈출경로, 피난장소, 사고 후 제독에 대한 사항 명확화
⑨ 피해구역 진입인원 규명
⑩ 비상연락망을 수립하고 신속한 정보공유를 위해 무전기, 핸드폰 등 통신장비 사전 확보
⑪ 재난 시 실험동물 관리 혹은 도태방안 마련

### (2) 사고 보고

① 모든 사고는 연구실책임자와 안전관리 담당부서에 보고하고 기록으로 남겨야 한다.
② 모든 사고는 안전관리담당자에 의해 조사되어야 한다.
③ 사고보고 및 조사는 연구활동종사자에게 책임을 묻고 비난하기 위한 것이 아니라 동종 혹은 유사한 사고를 막기 위한 것에 목적이 있다.
④ 경미한 사고라도 조사를 통해 조처가 취해질 때 큰 사고를 막을 수 있다.
⑤ 유해물질에 의한 장기적 노출도 같은 요령으로 안전관리 부서에 제출해야 한다.
⑥ 보험과 책임성의 문제도 초기 사고 기록이 존재한다면 효과적으로 처리될 수 있다.
⑦ 고위험병원체 취급기관은 고위험병원체 취급 중 사고로 피해가 발생한 경우에는 기관 자체의 사고대응 매뉴얼에 따라 응급처치 및 비상조치를 이행하고 그 결과를 '고위험병원체 생물안전 사고보고서'에 작성하여 피해가 발생한 일로부터 30일 이내에 질병관리청장에게 제출하여야 한다(고위험병원체 취급시설 및 안전관리에 관한 고시 제18조).

## 3 비상대응 장비 · 장구

### (1) 눈세척기(eye shower)

① 눈 세척기 : 실험 중 감염성 물질 및 화학물질이 연구활동종사자의 눈에 튀었을 때는 즉시 눈을 씻을 수 있는 장비로 비상샤워시설과 함께 응급상황 시 사용할 수 있는 장비를 말한다.

② 설치위치

㉠ 강산이나 강염기를 취급하는 곳에는 바로 옆에, 그 외의 경우에는 10초 이내에 도달할 수 있는 위치에 설치한다.

㉡ 연구활동종사자들이 눈의 오염이나 부상으로 시력이 저하되거나 잃은 상황에서도 쉽게 이용할 수 있도록 접근 중 방해물이 없는 장소에 설치한다.

㉢ 확실히 알아볼 수 있는 표시와 함께 설치한다.

③ 취급 · 관리

㉠ 연구활동종사자는 비상샤워기 및 눈 세척장비의 위치와 사용법을 숙지한다.

㉡ 분기별 1회 이상의 정기적인 장비점검을 통해 응급상황에 즉각 대처할 수 있도록 한다.

㉢ 눈 세척 시 부식성 화학물질이 눈에 남아 있지 않도록 최소 15분에서 30분간 충분히 세척하고 안전담당자에게 보고한 뒤 의학적인 치료를 받을 수 있도록 한다.

### (2) 유출 처리 키트

① 정의

㉠ 연구실 내 용기 파손, 연구활동종사자의 부주의 등으로 발생할 수 있는 감염물질 유출사고에 신속히 대처할 수 있도록 처리물품 및 약제 등을 함께 마련해 놓은 키트를 말한다.

㉡ 처리대상물질, 용도, 처리 규모에 따라서 생물학적 유출 처리 키트(biological spill kit), 화학물질 유출 처리 키트(chemical spill kit), 범용 유출 처리 키트(universal spill kit) 등이 있다.

② 구성품

| 구분 | 구성품 |
|---|---|
| 개인보호구 | 일회용 실험복, 장갑, 앞치마, 고글, 마스크, 신발덮개 등 |
| 유출확산 방지도구 | 확산 방지 쿠션 또는 가드(guard), 고형제(리퀴드형 유출물질의 겔(gel)화), 흡습지 |
| 청소도구 | 소형 빗자루, 쓰레받기, 핀셋 등 |
| 그 외(부가물품) | 소독제, 중화제, 손소독제, biohazard bag, 손상성 폐기물 용기 등 |

③ 구비 위치 : 취급하는 유해물질 및 병원체를 고려하여 적절한 유출 처리 키트를 연구활동종사자가 쉽고 빠르게 이용할 수 있도록 눈에 잘 띄고 사용하기 편리한 곳에 비치한다.

④ 사용절차 : 사고 전파 → 보호구 착용 → 주변 확산방지 → 오염 부위 소독 → 보호구 탈의 및 폐기물 폐기 → 손 소독

### (3) 실험동물 탈출방지 장치

① 설치 이유 : 감염된 실험동물 또는 유전자변형생물체를 보유한 실험동물이 사육실 밖 또는 동물실험시설 밖으로 탈출하게 되면 그 감염원이 유출되어 지역사회의 감염병이 발생할 수 있으며, 다른 동물과 접촉(교미 등) 시 유전적 오염으로 인해 신종생물체가 발생할 우려가 있으므로 탈출 방지장치를 설치한다.

② 탈출방지턱 · 끈끈이 · 기밀문

㉠ 동물실험시설

ⓐ 실험동물이 사육실 밖으로 탈출할 수 없도록 개별 환기 사육장비에서 실험동물을 사육한다.

ⓑ 모든 사육실 출입구에는 실험동물 탈출방지턱 또는 끈끈이 등을 설치하여야 한다.

㉡ 동물실험구역과 일반구역 사이 : 동물실험구역과 일반구역 사이의 출입문에도 탈출방지턱, 끈끈이 또는 기밀문을 설치하여 동물이 시설 외부로 탈출하지 않도록 한다.

③ 실험동물이 탈출 시

㉠ 즉시 안락사 처리 후 고온고압증기멸균하여 사체를 폐기하고 시설관리자에게 보고해야 한다(사육동물 및 연구 특성에 따라 적용 조건이 다를 수 있음).

㉡ 시설관리자는 실험동물이 탈출한 호실과 해당 실험과제, 사용 병원체, 유전자재조합생물체 적용 여부 등을 확인하여야 한다.

### (4) 탈출동물 포획장비

① 포획작업 : 사육실 밖 또는 케이지 밖에 나와 있는 실험동물은 발견 즉시 포획한다.

② 장비

㉠ 보호구 : 포획 시 반드시 장갑을 착용하고 필요시 보안경 등도 착용한다.

㉡ 포획장비 : 포획망, 포획틀, 미끼용 먹이, 서치랜턴을 사용하며 경우에 따라 마취총, 블로파이프(입으로 부는 화살총) 등을 사용한다.

CHAPTER 04



# 생물 시설(설비) 설치 · 운영 및 관리

## 1 생물 안전 관련 장비 및 개인보호구

### (1) 생물안전작업대(BSC : BioSafety Cabinet)

① 개요

㉠ 병원성 미생물 및 감염성물질을 다루는 연구실에서 취급물질, 연구활동종사자 및 연구환경을 안전하게 보호하기 위해 사용하는 1차적 밀폐장치로 물리적 밀폐능이 있는 대표적인 실험장비이다.

㉡ 실험작업 시 에어로졸 발생이나 튀김으로 인한 노출로부터 보호될 수 있으며, 이는 실험실 획득 감염과 취급물질의 교차 오염을 예방할 수 있다.

② **원리** : 생물안전작업대는 내부에 장착된 고효율 미세공기 정화필터인 헤파필터(high efficiency particulate air filter)를 통해 유입된 공기를 처리하여, 공기흐름의 방향을 안쪽으로, 위에서 아래로 일정하게 유지함으로써 등급에 따라 연구활동종사자, 연구 환경, 그리고 취급물질 등을 안전하게 보호할 수 있게 한다.

③ 무균작업대(clean bench, laminar flow cabinet)와의 비교

㉠ 무균작업대 : 작업공간의 무균적 유지를 목적으로 하며 작업자와 환경을 보호하지 못한다(보호대상 : 취급물질).

㉡ 생물안전작업대 : 취급물질은 물론 작업자와 환경을 보호할 수 있다(Class Ⅰ 제외).

④ **생물안전작업대의 등급** : 취급하는 미생물의 위험군, 에어로졸 발생 여부, 대량배양 등 실험내용, 위해성 평가결과를 고려하여 적절한 생물안전작업대를 구비해야 한다.

| 구분 | 특성 | 보호대상 |
|---|---|---|
| Class Ⅰ | • 여과 배기, 작업대 전면부 개방<br>• 최소 유입풍속 유지<br>• 위험도가 낮은 일반 미생물실험 수행(단, 취급물질 오염의 가능성 존재) | • 연구활동종사자<br>• 작업환경 |
| Class Ⅱ | • 여과 급 · 배기, 작업대 전면부 개방<br>• 최소 유입풍속 및 하방향풍속 유지<br>• 병원체 및 감염성 시료 처리에 사용<br>• 의과학 실험실에서 가장 일반적으로 사용<br>• 구조, 기류속도, 흐름양상, 배기시스템에 따라 Type A1, A2, B1, B2로 구분<br>• 제2 · 3위험군 취급 시 적합 | • 연구활동종사자<br>• 작업환경<br>• 취급물질 |

| 구분 | 특성 | 보호대상 |
|---|---|---|
| Class Ⅲ | • 최대 안전 밀폐환경 제공(완전밀폐, 최대수준의 취급물질 · 취급자 · 환경 보호를 제공)<br>• 물리적으로 작업대 내부와 외부를 완전히 구분<br>• 내부로 유입 · 배출되는 공기를 헤파필터로 처리<br>• 최소 120Pa의 음압상태를 유지<br>• 작업대 포트에 설치된 장갑을 이용<br>• 시료 · 장비는 멸균 후 내부로 반입<br>• 양문형고압증기멸균기와 연결 가능<br>• 제3 · 4위험군(위험성이 높은 병원체 또는 감염성 검체 등)을 취급할 경우에 사용 | • 연구활동종사자<br>• 작업환경<br>• 취급물질 |

⑤ 생물안전작업대 종류별 기류 특성

| 구분 | | 전면개방을 통한 최소 평균 유입속도(m/s) | 공기패턴 |
|---|---|---|---|
| Class Ⅰ | | 0.36 | 배기 100% |
| Class Ⅱ | A1 | 0.38~0.51 | 재순환 70%, 배기 30% |
| | A2 | 0.51 | 재순환 70%, 배기 30% |
| | B1 | 0.51 | 재순환 30%, 배기 70% |
| | B2 | 0.51 | 배기 100% |
| Class Ⅲ | | - | 배기 100% |

⑥ 생물안전작업대의 구조

⊕ Positive pressure　　HEPA filter　　Room air

⊖ Negative pressure　　HEPA fibered air　　Contaminated air

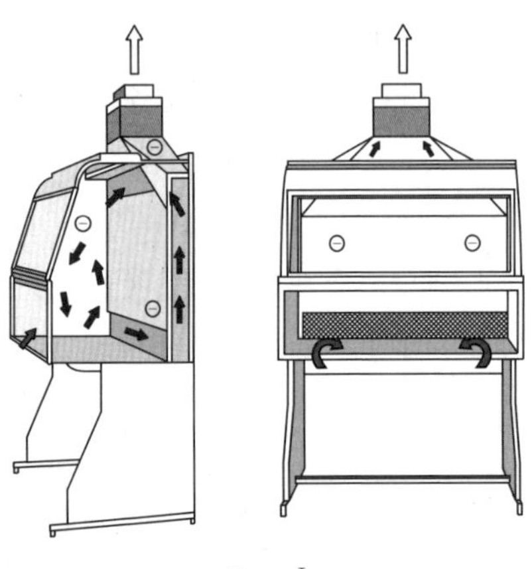

Class Ⅰ

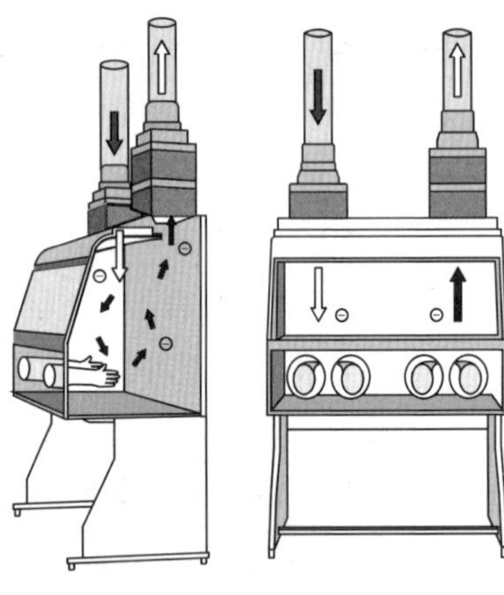

ClassⅢ

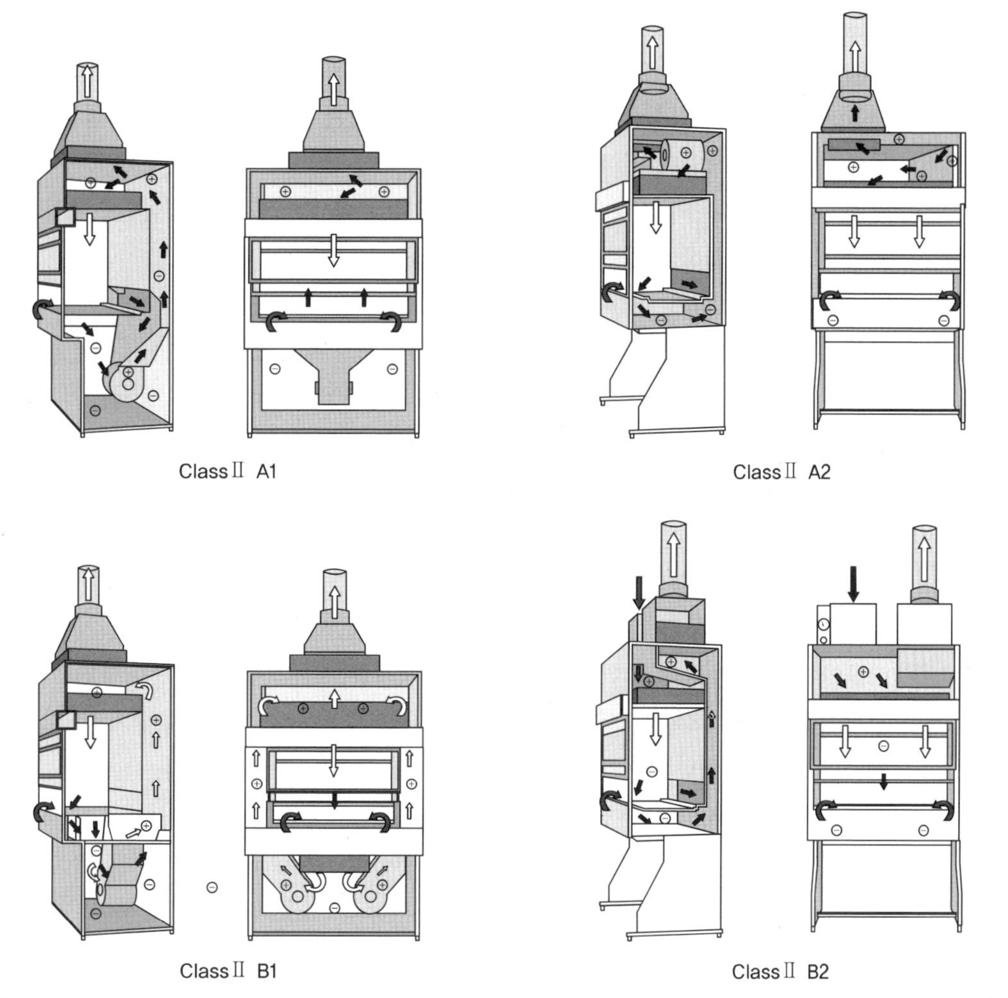


⑦ 설치 · 배치

㉠ 다른 BSC나 화학적 흄후드 같은 작업기구들이 위치한 반대편에 바로 위치하지 않도록 한다.

㉡ 개방된 전면을 통해 BSC로 흐르는 기류의 속도는 약 0.45m/s를 유지한다.

㉢ 프리온을 취급하는 밀폐구역의 헤파필터는 bag-in/bag-out 능력이 있어야 하며, 필터를 안전하게 제거하기 위한 절차를 보유해야 한다.

㉣ 하드덕트가 있는 BSC는 배관의 말단에 배기 송풍기를 가지고 있어야 한다.

⑧ 취급 주의사항

㉠ 생물안전작업대는 취급 미생물 및 감염성 물질에 따라 적절한 등급을 선택하여 공인된 규격을 통과한 제품을 구매(예 KSJ0012, EN12469, NSF49 등)하고, 생물안전작업대의 성능 및 규격을 보증할 수 있는 인증서 및 성적서 등을 구매업체로부터 제공받아 검토 · 보관한다.

㉡ 생물안전작업대는 항상 청결한 상태로 유지한다.

㉢ 생물안전작업대에서 작업하기 전·후에 손을 닦고 작업 시에는 실험복과 장갑을 착용한다.

㉣ 생물안전작업대의 일정한 공기 흐름을 방해할 수 있는 물체들(검사지, 실험 노트, 휴대폰 등)은 생물안전작업대 안에 두지 않는다.

㉤ 피펫, 실험기기 등의 저장을 최소화하고 실험에 필요한 물품만 생물안전작업대 내부에 미리 배치하여 물품 이동으로 인한 오염 발생을 최소화한다.

㉥ BSC 전면 도어를 열 때 셔터 레벨 이상으로 열지 않는다.

㉦ 생물안전작업대 내에서 실험하는 작업자는 팔을 크고 빠르게 움직이는 행위를 하지 말아야 하며, 작업대 내에서 실험 중인 작업자의 동료들은 작업자 뒤로 빠르게 움직이거나 달리는 등의 행위들은 하지 말아야 한다(연구실 문을 열 때 생기는 기류, 환기 시스템, 에어컨 등에서 나오는 기류는 방향 등에 따라 생물안전작업대의 공기 흐름에 영향을 줄 수 있다).

㉧ 생물안전관리자 및 연구(실)책임자 등은 일정 기간을 두고 생물안전작업대의 공기 흐름 및 헤파필터 효율 등에 대한 점검을 실시한다.

㉨ 3·4등급 연구시설은 매년 1회 이상 설비·장비의 적절성에 대한 자체평가를 실시한다.

㉩ 생물안전대 내부 표면을 70% 에탄올 등의 적절한 소독제에 적신 종이타월로 소독하고, 실험기구, 피펫, 소독제, 폐기물 용기 등 필요한 물품들도 작업대에 넣기 전 소독제로 잘 닦는다. 필요시 UV 램프를 이용하여 추가적으로 멸균을 실시한다.

㉪ 사용 전 최소 5분간 내부공기를 순환시킨다.

㉫ 작업대 내 팔을 넣어 에어커튼의 안정화를 위해 약 1분 정도 기다린 후 작업을 시작한다.

㉬ 작업 후 적합한 소독제로 작업 내부 청소를 실시하고, 최대 10분 이상 내부 공기를 순환시키며 UV 멸균을 실시한다.

㉭ 작업은 청정구역에서 오염구역 순으로 진행한다.

㉮ 폐기물은 밀폐포장 후 포장지 외부 표면을 소독하여 배출한다.

⑨ 유지·관리방법

㉠ 유입 풍속(최소 0.5m/s) : 내부공기가 외부로 유출되지 않도록 하는 유입풍속을 확인한다.

㉡ 하방향 풍속(평균 ±0.08m/s) : 안전한 공기 차단막 및 층류의 형성 여부를 확인한다.

### (2) 고압증기멸균기(autoclave)

① 개요

㉠ 연구실 등에서 널리 사용되는 습열멸균법으로, 일반적으로 121℃에서 15분간 처리하여 생물학적 활성을 제거하는 방식이다.

㉡ 정확하고 올바른 실험과 미생물 등을 포함한 감염성물질들을 취급하면서 발생하는 의료폐기물을 안전하게 처리하기 위해 사용한다.

② 사용 시 주의사항

㉠ 고압증기멸균기의 작동 여부를 확인하기 위한 화학적·생물학적 지표인자(indicator)를 사용한다.

㉡ 멸균이 진행되는 동안 내용물을 안전하게 담은 상태로 유지할 수 있는 적절한 용기를 선택한다.

㉢ 멸균을 실시할 때마다 각 조건에 맞는 효과적인 멸균시간을 선택한다.

㉣ 고압증기멸균기 사용일지를 작성 및 관리한다.

㉤ 고압증기멸균기의 작동방법에 대한 교육을 실시한다.

㉥ 멸균할 물품들은 증기의 침투 및 자유순환을 원활히 할 수 있는 방식으로 배열되어야만 한다.

㉦ 고전력을 이용하기 때문에 별도의 콘센트를 이용한다.

㉧ 건조한 상태에서 사용하지 않도록 하며, 사용이 끝난 후 압력과 온도가 낮아진 후 멸균된 물건을 꺼낸다.

㉨ 뚜껑이나 마개 등으로 튜브 등 멸균용기를 꽉 막아 놓지 않도록 한다.

㉩ 주기적으로 멸균기의 상태를 점검하고 증류수를 교체해 주며, 반드시 1차 증류수 이상의 물을 사용하여 멸균을 실시해야 한다.

㉪ 휘발성 물질은 고압증기멸균기를 사용할 수 없다(폭발의 위험이 있다).

㉫ 고압증기멸균기를 이용하기 전에 MSDS를 확인하여 고압증기멸균기 사용 가능 여부를 확인해야 한다.

㉬ 멸균 종료 후 고압증기멸균기 뚜껑을 열기 전 반드시 압력계를 확인해야 한다. 압력이 완전히 떨어진 것을 확인한 후에 뚜껑을 열어야 한다.

㉭ 용액 멸균 시 끓어 넘침을 방지하기 위해 용액 부피보다 2~3배 이상의 큰 용기를 사용해야 한다.

㉮ 멸균기 뚜껑 잠금, 고무 패킹 마모 및 밀봉 상태, 기계 마모도 등을 확인해야 한다.

③ 멸균 지표인자

㉠ 화학적 지표인자 : 멸균 수행 여부는 확인할 수 있으나 실제 멸균시간 동안 사멸되었는지 증명하지 못하며 그 종류는 다음과 같다.

ⓐ 화학적 색깔 변화 지표인자

- 고압증기가 작동하기 시작하여 121℃의 적정 온도에서 수 분간 노출되면 색깔이 변한다.
- 멸균기 내의 열 침투에 대해 빠른 시간 내에 시각적으로 관찰이 가능하며 일반적으로 멸균대상의 중앙부위에 위치하도록 배치하여 사용한다.

- 멸균기의 온도가 121℃에 이르렀는지 확인시켜줄 뿐 실제로 미생물이 멸균시간 동안에 사멸되었다는 것을 증명하지는 못한다.

ⓑ 테이프 지표인자
- 열감지능이 있는 화학적 지표인자가 종이테이프에 부착되어 있다.
- 일반적으로 사용되는 것은 대각선 줄이 들어 있거나 sterile이라는 글씨가 들어 있다.
- 테이프가 고압증기멸균기 내에서 멸균하기 위해 설정한 온도에 수 분간 노출되면 줄/글씨가 나타나게 되는데, 이것으로 멸균기의 온도가 121℃에 이르렀는지 확인시켜줄 뿐 실제로 미생물이 멸균시간 동안 사멸되었다는 것을 증명하지는 못한다.
- 테이프 지표인자는 고압멸균기를 사용하는 모든 물건에 사용할 수 있고 고압멸균기용 통, 봉투 또는 개별 용기 등의 외부 표면에 부착하여 사용한다.

㉡ 생물학적 지표인자 : 생물학적 지표인자는 고압증기멸균기의 미생물을 사멸시키는 기능이 적절한지를 가늠하기 위해 만들어졌다(멸균기능 측정).

ⓐ 구성 : 앰플(121℃에서 15분 이상 처리 시 사멸되는 아포, 지표염색약)

ⓑ 사용 : 멸균기에 앰플을 넣고 멸균처리 → 55~56℃에서 3일 이상 배양 → 멸균 여부 확인

ⓒ 멸균 확인 : 앰플 속 염색약의 혼탁도·색 등의 변화 없음

ⓓ 상용화된 생물학적 지표인자 : Geobacillus stearothermophilus 아포

## (3) 원심분리기

① 개요

㉠ 원심력을 이용한 침전현상을 통해 성분, 비중이 다른 물질을 분리·정제·농축하는 장비이다.

㉡ 안전 컵/로터의 잘못된 이용 또는 튜브의 파손에 따른 감염성 에어로졸 또는 에어로졸화된 독소의 방출과 같은 에어로졸 발생 위해성이 있다.

② 취급 주의사항

㉠ 설명서를 완전히 숙지한 후 사용한다.

㉡ 장비는 사용자가 불편하지 않은 높이로 설치한다.

㉢ 원심분리기 좌·우·뒤쪽에 약 30cm 이상의 공간을 두어 설치한다.

㉣ 원심분리관 및 용기는 견고하고 두꺼운 재질로 제조된 것을 사용하며 원심분리할 때는 항상 뚜껑을 단단히 잠근다.

㉤ 버킷 채로 균형을 맞추어 사용하여야 하며, 동일한 무게의 버킷 내 원심관의 위치가 대각선 방향으로 서로 대칭되도록 조정하여야 하고, 로터에 직접 넣을 경우 제조사에서 제공하는 지침에 따라 그 양을 조절한다.

ⓗ 사용하고자 하는 원심관이 홀수일 경우 증류수나 70% 알코올을 빈 원심분리관에 넣어 무게 조절용 원심분리관으로 사용한다.

ⓢ 최고속도 도달 전 진동・소음 발생 시에는 즉시 운전을 중지하고 샘플 균형을 다시 조정한다.

③ 감염성물질・독소 취급 시 주의사항

㉠ 반드시 버켓(버킷)에 뚜껑이 있는 장비를 사용한다.

㉡ 컵/로터의 외부표면에 오염이 있으면 즉시 제거한다.

㉢ 로터의 손상이나 폭발을 막기 위해 로터의 밸런스 조정을 포함하여 제조사의 지시에 따라 장비를 사용한다.

㉣ 원심분리기에 사용하기 적절한 플라스틱 튜브(외장 스크류캡과 함께 사용하는 두꺼운 내벽 형태의 플라스틱 튜브)를 선택한다.

㉤ 원심분리 동안 에어로졸의 방출을 막기 위해 밀봉된 원심분리기 컵/로터를 사용하며, 정기적으로 컵/로터 밀봉의 무결성 검사를 실시한다.

㉥ 에어로졸 발생이 우려될 경우 생물안전작업대 안에서 실시한다.

㉦ 버켓에 시료를 넣을 때와 꺼낼 때에는 반드시 생물안전작업대 안에서 수행한다.

㉧ 컵/로터를 열기 전에 에어로졸을 가라앉히기 위한 충분한 시간을 둔다.

㉨ 원심분리가 끝난 후에도 생물안전작업대를 최소 10분간 가동시키며 생물안전작업대 내부를 소독한다.

㉩ 사용한 후에는 로터, 버켓 및 원심분리기 내부를 알코올 솜 등을 사용하여 오염을 제거하는 등 청소한다.

㉪ Class Ⅱ 생물안전작업대 내에서는 원심분리기를 사용하지 않는다.

## (4) 생물안전등급에 따른 실험실 수준 및 안전장비

| 위험군 분류 | 생물안전등급 | 실험실 수준 | 안전장비 |
|---|---|---|---|
| 1 | BL1 | 일반 실험실 | open bench |
| 2 | BL2 | BL1 + 보호복, 생물재해 표지 | open bench + BSC |
| 3 | BL3 | BL2 + 특수 보호복, 사용통제, 음압 및 공기 제어 | BSC + 실험을 위한 모든 기초 장비 |
| 4 | BL4 | BL3 + air lock, 퇴실 시 오염제거 샤워, 폐기물 특별관리 | ClassⅢ BSC, 양압복, 양문형 고압멸균기, 여과 공기 |

## (5) 개인보호구

① 생물 연구활동 관련 개인보호구 사용 시 주의사항

㉠ 개인보호구를 선택할 때에는 취급하는 미생물 및 위해물질의 감염경로 및 신체 노출부위를 고려한다(흡입, 섭취, 주사 또는 주입, 흡수 등).

㉡ 개인보호구는 연구활동종사자가 항상 착용하기 쉬운 곳, 접근이 용이한 곳에 보관·관리하며 깨지거나 오염된 개인보호구는 반드시 폐기한다.

㉢ 연구실책임자 및 안전관리 담당자(연구실안전환경관리자 및 생물안전관리책임자 등)는 해당 연구실에서 진행하는 실험에 맞는 개인보호구를 선택·비치하고 올바른 사용 및 관리를 위해 연구활동종사자들에게 교육한다.

㉣ 개인보호구는 미생물 및 감염성물질을 취급하거나 실험을 수행하기 전에 착용하고 실험종료 후 신속히 탈의한다.

㉤ 개인보호구를 착용한 상태로 일반구역(복도, 출입문 등)의 출입을 삼가고, 비오염 물품, 공용장비(실험에 사용하지 않은 원심분리기, 배양기 등)를 만지는 등의 행위로 오염을 확산시키지 않도록 한다.

② 생물 연구활동 관련 개인보호구 종류

| 연구활동 | 보호구 |
|---|---|
| 감염성 또는 잠재적 감염성이 있는 혈액, 세포, 조직 등 취급 | • 보안경 또는 고글<br>• 일회용 장갑<br>• 수술용 마스크 또는 방진마스크 |
| 감염성 또는 잠재적 감염성이 있으며 물릴 우려가 있는 동물 취급 | • 보안경 또는 고글<br>• 일회용 장갑<br>• 수술용 마스크 또는 방진마스크<br>• 잘림 방지 장갑<br>• 방진모<br>• 신발덮개 |
| 제1위험군(RG 1) 취급 | • 보안경 또는 고글<br>• 일회용 장갑 |
| 제2위험군(RG 2) 취급 | • 보안경 또는 고글<br>• 일회용 장갑<br>• 호흡보호구 |

③ 생물 안전 1·2등급시설의 연구실 복장 및 착·탈의 순서

㉠ 올바른 연구실 복장

| 머리 | 얼굴 | 손 | 몸 | 발 |
|---|---|---|---|---|
| 단정 | • 마스크<br>• 호흡보호구(필요할 시) | 실험장갑 | • 긴 소매 실험복<br>• 긴 하의 | 앞이 막힌 신발 |

㉡ 착·탈의 순서

| 착의순서 | | 탈의순서 |
|---|---|---|
| 1 | 긴 소매 실험복 | 4 |
| 2 | 마스크, 호흡보호구(필요시) | 3 |
| 3 | 고글/보안면 | 2 |
| 4 | 실험장갑 | 1 |

## 2 생물연구시설(일반 연구시설) 설치 · 운영 기준(고위험병원체 취급시설 및 안전관리에 관한 고시)

### (1) 설치기준

| 준수사항 | | 안전관리등급 | | | |
|---|---|---|---|---|---|
| | | 1 | 2 | 3 | 4 |
| 실험실 위치 및 접근 | 실험실(실험구역) : 일반구역과 구분(분리) | 권장 | 필수 | 필수 | 필수 |
| | 주 출입구 잠금장치 설치(카드, 지문인식시스템, 보안시스템 등) | 권장 | 필수 | 필수 | 필수 |
| | 실험실 출입 전 개인의류 및 실험복 보관장소 설치 | 권장 | 권장 | 필수 | 필수 |
| | 실험실 출입 : 현관, 전실 등을 경유하도록 설치 | – | 권장 | 필수 | 필수 |
| | 기자재, 장비 등 반출 · 입을 위한 문 또는 구역 설치 | – | 권장 | 필수 | 필수 |
| | 구역 내 문 상호열림 방지장치 설치(수동조작 가능) | – | – | 필수 | 필수 |
| | 출입문 : 공기팽창 또는 압축밀봉이 가능한 문 설치 | – | – | 권장 | 필수 |
| | 공조기기실은 밀폐구역과 인접하여 설치 | – | – | 권장 | 필수 |
| | 밀폐시설 : 콘크리트 벽에 둘러싸인 별도의 실험전용건물(4등급 취급시설은 내진설계 반영) | – | – | 권장 | 필수 |
| | 취급시설 유지보수에 필요한 공간 마련 | – | – | 필수 | 필수 |
| 실험 구역 | 밀폐구역 내부 : 화학적 살균, 훈증소독이 가능한 재질 사용 | – | 권장 | 필수 | 필수 |
| | 밀폐구역 내부 벽체는 콘크리트 등 밀폐를 보장하는 재질 사용 | – | – | 필수 | 필수 |
| | 밀폐구역 내의 이음새 : 시설의 완전밀폐가 가능한 비경화성 밀봉제 사용 | – | – | 필수 | 필수 |
| | 외부에서 공급되는 진공펌프라인 설치 시 헤파필터 장착 | – | – | 필수 | 필수 |
| | 내부벽: 설계 시 설정 압력의 1.25배 압력에 뒤틀림이나 손상이 없도록 설치 | – | – | – | 필수 |
| 공기 조절 | 밀폐구역 내부 공기 : 상시 음압 유지 및 재순환 방지 | – | – | 필수 | 필수 |
| | 외부와 최대 음압구역간의 압력차 : −24.5Pa 이상 유지(실간차압 설정범위 ±30% 변동허용) | – | – | 필수 | 필수 |
| | 시설 환기 : 시간당 최소 10회 이상(4등급 취급시설은 최소 20회 이상) | – | – | 필수 | 필수 |
| | 배기시스템과 연동되는 급기시스템 설치 | – | – | 필수 | 필수 |
| | 급기 덕트에 헤파필터 설치 | – | – | 권장 | 필수 |
| | 배기 덕트에 헤파필터 설치(4등급 취급시설은 2단의 헤파필터 설치) | – | – | 필수 | 필수 |
| | 예비용 배기필터박스 설치 | – | – | 권장 | 필수 |
| | 급배기 덕트에 역류방지댐퍼(BDD : Back draft damper) 설치 | – | – | 필수 | 필수 |
| | 배기 헤파필터 전단 부분은 기밀형 댐퍼 설치(4등급 취급시설은 버블타이트형 댐퍼 또는 동급 이상의 댐퍼 설치) | – | – | 필수 | 필수 |
| | 배기 헤파필터 전단 부분의 덕트 및 배기 헤파필터 박스 : 3등급 취급시설은 1,000Pa 이상 압력 30분간 견딤(누기율 10% 이내), 4등급 취급시설은 2,500Pa 이상 압력 30분간 견딤(누기율 1% 이내) | – | – | 필수 | 필수 |
| 실험자 안전 보호 | 실험구역 또는 실험실 내부에 손 소독기 및 눈 세척기(슈트형 4등급 취급시설은 눈 세척기 제외) 설치 | – | 권장 | 필수 | 필수 |
| | 밀폐구역 내 비상샤워시설 설치(슈트형 4등급 취급시설은 제외) | – | – | 필수 | 필수 |
| | 오염 실험복 탈의용 화학적 샤워장치 설치 | – | – | – | 필수 |
| | 양압복 및 압축공기 호흡장치 설치(캐비닛형 4등급 취급시설은 제외) | – | – | – | 필수 |

| 준수사항 | | 안전관리등급 | | | |
|---|---|---|---|---|---|
| | | 1 | 2 | 3 | 4 |
| 실험 장비 | 고압증기멸균기 설치(3, 4등급 취급시설은 양문형 고압증기멸균기 설치) | 필수 | 필수 | 필수 | 필수 |
| | 생물안전작업대 설치 | – | 필수 | 필수 | 필수 |
| | 에어로졸의 외부 유출 방지능이 있는 원심분리기 사용 | – | 권장 | 필수 | 필수 |
| 폐기물 처리 | 폐기물 : 고압증기멸균 또는 화학약품처리 등 생물학적 활성을 제거할 수 있는 설비 설치 | 필수 | 필수 | 필수 | 필수 |
| | 실험폐수 : 고압증기멸균 또는 화학약품처리 등 생물학적 활성을 제거할 수 있는 설비 설치(4등급 취급시설은 고압증기멸균 설비 설치) | 필수 | 필수 | 필수 | 필수 |
| | 폐수탱크 설치 및 압력기준(고압증기멸균 방식 : 최대 사용압력의 1.5배, 화학약품처리 방식; 수압 70kPa)에서 10분 이상 견딤 | – | – | 필수 | 필수 |
| | 헤파필터에 의한 배기(4등급 취급시설은 2단의 헤파필터 처리) | – | 권장 | 필수 | 필수 |
| 기타 설비 | 시설 외부와 연결되는 통신시설 및 시설 내부 모니터링 장치 설치 | 권장 | 권장 | 필수 | 필수 |
| | 배관의 역류 방지장치 설치 | – | 권장 | 필수 | 필수 |
| | 헤파필터 박스의 제독 및 테스트용 노즐 설치 | – | – | 필수 | 필수 |
| | 관찰 가능한 내부압력 측정계기 및 경보장치 설치 | – | – | 필수 | 필수 |
| | 정전대비 공조용 및 필수 설비에 대한 예비 전원 공급 설비 설치 | – | – | 필수 | 필수 |

## (2) 운영기준

| 준 수 사 항 | | 안전관리등급 | | | |
|---|---|---|---|---|---|
| | | 1 | 2 | 3 | 4 |
| 실험 구역 출입 | 실험실 출입문은 항상 닫아두며 승인받은 자만 출입 | 권장 | 필수 | 필수 | 필수 |
| | 출입대장 비치 및 기록 | – | 권장 | 필수 | 필수 |
| | 전용 실험복 등 개인보호구 비치 및 사용 | 권장 | 필수 | 필수 | 필수 |
| | 출입문 앞에 생물안전표지(고위험병원체명, 안전관리등급, 시설관리자의 이름과 연락처 등)를 부착 | 필수 | 필수 | 필수 | 필수 |
| 실험 구역 내 활동 | 지정된 구역에서만 실험을 수행하고, 실험 종료 후 또는 퇴실 시 손 씻기 | 필수 | 필수 | 필수 | 필수 |
| | 실험구역에서 실험복을 착용하고 일반구역으로 이동 시에 실험복 탈의 | 권장 | 필수 | 필수 | 필수 |
| | 실험 시 기계식 피펫 사용 | 필수 | 필수 | 필수 | 필수 |
| | 실험 시 에어로졸 발생 최소화 | 권장 | 필수 | 필수 | 필수 |
| | 실험구역에서 음식 섭취, 식품 보존, 흡연, 화장 행위 금지 | 필수 | 필수 | 필수 | 필수 |
| | 실험구역 내 식물, 동물, 옷 등 실험과 관련 없는 물품의 반입 금지 | 권장 | 필수 | 필수 | 필수 |
| | 감염성 물질 운반 시 견고한 밀폐용기에 담아 이동 | 권장 | 필수 | 필수 | 필수 |
| | 외부에서 유입 가능한 생물체(곤충, 설치류 등)에 대한 관리방안 마련 및 운영 | 필수 | 필수 | 필수 | 필수 |
| | 실험 종료 후 실험대 소독(실험 중 오염 발생 시 즉시 소독) | 필수 | 필수 | 필수 | 필수 |
| | 퇴실 시 샤워로 오염 제거 | – | – | 권장 | 필수 |
| | 주삿바늘 등 날카로운 도구에 대한 관리방안 마련 | 필수 | 필수 | 필수 | 필수 |

| 준 수 사 항 | | 안전관리등급 | | | |
|---|---|---|---|---|---|
| | | 1 | 2 | 3 | 4 |
| 생물 안전 확보 | 고위험병원체 취급 및 보존 장비(생물안전작업대, 원심분리기, 냉장고, 냉동고 등), 취급 및 보존구역 출입문 : '생물위해(biohazard)' 표시 등 부착 | 필수 | 필수 | 필수 | 필수 |
| | 생물안전위원회 구성 | 권장 | 필수 | 필수 | 필수 |
| | 고위험병원체 전담관리자 및 생물안전관리책임자 임명 | 필수 | 필수 | 필수 | 필수 |
| | 생물안전관리자 지정 | 권장 | 권장 | 필수 | 필수 |
| | 생물안전교육 이수 및 기관 내 생물안전교육 실시 | 필수 | 필수 | 필수 | 필수 |
| | 고위험병원체 관리·운영에 관한 기록의 작성 및 보관 | 필수 | 필수 | 필수 | 필수 |
| | 실험 감염사고에 대한 기록 작성, 보고 및 보관 | 필수 | 필수 | 필수 | 필수 |
| | 생물안전관리규정 마련 및 적용 | 권장 | 필수 | 필수 | 필수 |
| | 절차를 포함한 기관생물안전지침 마련 및 적용(3, 4등급 취급시설은 시설운영사항 포함) | 권장 | 필수 | 필수 | 필수 |
| | 감염성 물질이 들어 있는 물건 개봉 : 생물안전작업대 등 기타 물리적 밀폐장비에서 수행 | – | 필수 | 필수 | 필수 |
| | 고위험병원체 취급자에 대한 정상 혈청 채취 및 보관(필요시 정기적인 혈청 채취 및 건강검진 실시) | – | 필수 | 필수 | 필수 |
| | 취급 병원체에 대한 백신이 있는 경우 접종 | – | 권장 | 필수 | 필수 |
| | 비상시 행동요령을 포함한 비상대응체계 마련(3·4등급 취급시설은 의료체계 내용 포함) | 필수 | 필수 | 필수 | 필수 |
| 폐기물 처리 | 처리 전 폐기물 : 별도의 안전 장소 또는 용기에 보관 | 필수 | 필수 | 필수 | 필수 |
| | 폐기물은 생물학적 활성을 제거하여 처리 | 필수 | 필수 | 필수 | 필수 |
| | 실험폐기물 처리에 대한 규정 마련 | 필수 | 필수 | 필수 | 필수 |

① 생물표지

㉠ 생물안전표지 : 출입문 앞에 부착한다.

**유전자변형생물체연구시설**

| | |
|---|---|
| 시 설 번 호 | |
| 안 전 관 리 등 급 | |
| L M O 명 칭 | |
| 운 영 책 임 자 | |
| 연 락 처 | |

㉡ 생물위해표시 : LMO 보관장소(냉장고, 냉동고 등)에 부착한다.

㉢ LMO 용기 · 포장 · 수입송장 표시

<table>
<tr><th colspan="2">LMO법 제24조에 의한 표시사항</th></tr>
<tr><td>
</td><td>• 명칭 : OOOO<br>• 종류 : 미생물<br>• 용도 및 특성 : 시험 · 연구용/독소단백질 생성</td></tr>
<tr><td colspan="2">(LMO의 안전한 취급을 위한 주의사항)<br>• 외부인 및 환경에 노출되지 않도록 유의할 것<br>• 취급 시 안전보호구 착용<br>• 관계자 외 취급금지<br>(취급 LMO 종류에 따라 유의사항 추가 기입)<br>(LMO의 수출자 및 수입자 연락처)<br>• 수출자 : (기관명) A사 (주 소) 3800 OOO OOOOO BOO<br>(담당자) OOO (연락처) 000-0000-0000<br>• 수입자 : (기관명) B사 (주 소) 서울특별시 OO구 OOO로 1<br>(담당자) OOO (연락처) 000-0000-0000<br>(유전자변형생물체에 해당하는 사실)<br>(환경방출로 사용되는 LMO 해당 여부)<br>• 해당없음(시험 · 연구용으로 LMO 연구시설 내에서 사용됨)</td></tr>
</table>

② 고위험병원체 취급기관의 자체 안전점검(고위험병원체 취급시설 및 안전관리에 관한 고시 제16조)

㉠ 실시주기 : 연 2회(상반기, 하반기)

㉡ 점검내용

ⓐ 안전관리등급별 안전관리 준수사항의 이행 여부

ⓑ 기관별 사고대응 매뉴얼의 현행화(지역사회 내 경찰, 소방, 유사시 대비 지정 의료기관 등이 포함된 비상연락망 등)

③ LMO 관리대장 2종

㉠ 시험 · 연구용 등의 유전자변형생물체 취급 · 관리대장

㉡ 유전자변형생물체 연구시설 관리 · 운영대장

▌유전자변형생물체의 국가 간 이동 등에 관한 통합고시 [별지 제2-7호서식]

# 시험 · 연구용 등의 유전자변형생물체 취급 · 관리대장

| 일자 | LMO정보 | | | | 수입정보 | | 국내 · 외 이동시 취급정보 (운반, 수출, 분양 등) | | | 보관정보 | | 수량정보 | | | 비고 | 서명 | |
|---|---|---|---|---|---|---|---|---|---|---|---|---|---|---|---|---|---|
| 연월일 | 명칭 | 숙주 생물체 | 삽입 유전자 | 공여 생물체 | 매도자 정보 | 수입신고 번호 | 취급 유형 | 출발지점 (기관명 및 시설번호) | 도착지점 (기관명 및 시설번호) | 보관장소 (시설번호) | 시설등급 | 입고량 | 사용량 | 보관량 | | 취급자 | 책임자 (부서장) |
| | | | | | | | | | | | | | | | | | |
| | | | | | | | | | | | | | | | | | |
| | | | | | | | | | | | | | | | | | |
| | | | | | | | | | | | | | | | | | |
| | | | | | | | | | | | | | | | | | |

※ 기재방법

1. LMO 정보 : 관리하고자 하는 유전자변형생물체의 명칭 숙주생물체, 삽입 유전자 및 공여생물체 정보를 기재합니다.
2. 수입정보 : 수입을 하는 매도자명(수입 대행 기관 또는 소속기관의 기관명, 또는 매도자 성명)과 과학기술정보통신부에서 부여한 수입신고번호를 기재합니다.
3. 국내 · 외 이동 시 취급정보
   ① 취급유형 - 유전자변형생물체 이동에 대한 유형(운반, 수출, 분양 등) 정보를 기입합니다.
   ② 출발지점(시설번호) / 도착지점(시설번호) : 유전자변형생물체의 이동 전 · 후 기관명 및 시설번호를 기재합니다(단, 해외 시설의 경우 기관명 및 담당자명 등 기재).
4. 보관정보 : 유전자변형생물체를 장기보관(냉동 보관 또는 액체질소 보관 등)할 경우에만 보관장소(시설번호) 및 시설등급을 기재합니다.
5. 수량정보 : 작성자가 소속되어 있는 시설을 기준으로 유전자변형생물체의 입고량(수입, 구매 등)/사용량(수출, 분양, 이동 등)/보관량을 기재합니다.
6. 비고 : 입 · 출고 및 보관량 변동 사유 등 부가적인 설명을 기재합니다.
7. 작성항목 중 해당되는 사항만 선택하여 기재합니다.

210㎜×297㎜(일반용지 60g/$m^2$)

▌유전자변형생물체의 국가 간 이동 등에 관한 통합고시 [별지 제9-11호서식]

# 유전자변형생물체 연구시설 관리·운영대장

| 허가(신고)번호 | 연구시설 설치·운영책임자명 |
|---|---|
| 상호(법인명) | 연구시설 소재지 |
| 대표자 성명 | 연구시설 안전관리등급 |
| ※ 작성방법 : 예 'O', 아니오 'X', 해당없음 '–' | 연도 : 20 |

| 점검항목 | | 월.일 | 월.일 | 월.일 | 월.일 | 월.일 |
|---|---|---|---|---|---|---|
| 공통 점검 사항 | 지정된 구역에서만 실험 수행하고, 실험 종료 후 또는 퇴실 시 손 씻기 | | | | | |
| | 실험 시 기계식 피펫 사용 | | | | | |
| | 실험구역에서 음식 섭취, 식품 보존, 흡연, 화장 행위 금지 | | | | | |
| | 유전자변형생물체 관리·운영에 관한 기록의 작성 및 보관 | | | | | |
| | 실험실 출입문은 항상 닫아두며 승인받은 자만 출입 | | | | | |
| | 실험구역에서 실험복을 착용하고 일반구역으로 이동 시에 실험복 탈의 | | | | | |
| | 실험 시 에어로졸 발생 최소화 | | | | | |
| | 실험 종료 후 실험대 소독(실험 중 오염 발생 시 즉시 소독) | | | | | |
| | 처리 전 오염 폐기물 : 별도의 안전 장소 또는 용기에 보관 | | | | | |
| | 모든 폐기물은 생물학적 활성을 제거하여 처리 | | | | | |
| | 승인받지 않은 자의 출입 시 출입대장 비치 및 기록 | | | | | |
| | 전용 실험복 등 보호구 비치 및 사용 | | | | | |
| | 식물, 동물, 옷 등 실험과 관련 없는 물품의 반입 금지 | | | | | |
| | 감염성 물질 운반 시 견고한 밀폐용기에 담아 이동 | | | | | |
| | 실험 감염 사고 발생 시 기록 작성, 보고 및 보관 | | | | | |
| | 감염성 물질이 들어 있는 물건 개봉 : 생물안전작업대 등 기타 물리적 밀폐장치에서 수행 | | | | | |
| | 퇴실 시 실험복 탈의 및 샤워로 오염 제거 | | | | | |
| **대량배양, 동물이용, 식물이용 연구시설 등의 경우 다음의 항목을 추가** | | | | | | |
| 대량 배양 연구 시설 | 대량배양실험이 진행 중인 배양장치 등에 각 등급에 맞는 표시 부착 | | | | | |
| | 배양장치, 배양액, 오염된 장치 및 기기와 대량배양실험에 관계된 생물에서 유래하는 모든 폐기물 및 폐액은 대량배양실험 종료 후 및 폐기 전에 불활성화 | | | | | |
| | 배양실험 진행 중일 경우, 매일 1회 이상 배양용기의 밀폐도 확인 | | | | | |
| | 배양장치에 접종, 시료 채취 및 이동 시 오염 발생 주의(오염 발생하는 경우 즉시 소독) | | | | | |
| | 생물안전작업대 및 기타 장치의 제균용 필터 등은 교환직전 및 정기검사 시 멸균 | | | | | |
| | 실험실 내에서 대량배양 실험복을 착용, 퇴실 시 탈의 및 샤워로 오염제거 | | | | | |

| | | | | | | |
|---|---|---|---|---|---|---|
| 동물 이용 연구 시설 | 유전자변형동물이 식별 가능토록 표시 : 태어난 지 72시간 내에 표시 | | | | | |
| | 실험동물의 사용 및 방출에 대한 사항 기록 관리 및 유지 | | | | | |
| | 동물 반입 시, 전용용기에 담아 반입 | | | | | |
| | 일회용 또는 일체형 주사기 사용(사용 후 전용 분리 용기에 넣어 멸균 후 폐기), 생물학적 활성을 제거하여 폐기 | | | | | |
| | 배양물, 조직, 체액 등 오염 폐기물 또는 잠재적 감염성 물질 : 뚜껑이 있는 밀폐 용기에 보관 | | | | | |
| | 사용된 동물케이지 및 사육용 부자재는 사용 후 소독(3, 4등급 연구시설의 경우 훈증 또는 고압 열처리) | | | | | |
| | 동물 운반 시 견고한 밀폐 용기에 담아 이동(중/대동물 제외) | | | | | |
| 식물 이용 연구 시설 | 온실 운영(온실 설비 및 환경관리, 유전자변형식물 불활성화 및 입식 현황 등)에 관한 기록 | | | | | |
| | 온실바닥과 작업대의 주기적인 오염 제거 | | | | | |
| | 전용 실험복 비치 및 사용 | | | | | |
| | 밀폐온실 출입 시, 탈의실, 샤워실, 에어락 장치 통과 | | | | | |
| 곤충 이용 연구 시설 | 유전자변형곤충이 식별 가능토록 표시 : 유전자변형 유발 또는 확인 즉시 표시(개체식별 표식이 불가할 경우, 배양용기 또는 케이지에 표기) | | | | | |
| | 곤충의 사용 및 반출에 대한 사항 기록 관리 및 유지 | | | | | |
| | 곤충 반입 시 전용 용기에 담아 반입 | | | | | |
| | 곤충 운반 시 견고한 밀폐용기에 담아 이동 | | | | | |
| | 배양물, 조직, 체액 등 오염 폐기물 또는 잠재적 감염성 물질 : 뚜껑이 있는 밀폐용기에 보관 | | | | | |
| | 사용된 케이지 및 사육용 부자재는 사용 후 소독(3, 4등급 연구시설의 경우 훈증 또는 고압증기멸균) | | | | | |
| 어류 이용 연구 시설 | 유전자변형어류가 식별 가능토록 표시 : 유전자변형 유발 또는 확인 즉시 표시 | | | | | |
| | 어류의 사용 및 반출에 대한 사항 기록 관리 및 유지 | | | | | |
| | 실험어류 반입 및 이동 시 밀폐용기 이용 | | | | | |
| | 배양물, 조직, 체액 등 오염 폐기물 또는 잠재적 감염성 물질 : 뚜껑이 있는 밀폐 용기에 보관 | | | | | |
| | 일회용 또는 일체형 주사기 사용(사용 후 전용 분리 용기에 넣어 멸균 후 폐기), 생물학적 활성을 제거하여 폐기 | | | | | |
| | 환수 등 사육 수조 관리 시 방수 가능 보호장갑 착용 | | | | | |
| | 실험어류 뜰채 등 사육용 부자재는 사용 후 소독 | | | | | |
| 비고 | | | | | | |

점검자 소속 : 성명 : (인)

확인자 성명 : (인)

※ 기재방법

연구시설의 종류 및 안전관리 등급에 따라 과학기술정보통신부장관 및 보건복지부장관이 관계 중앙행정기관의 장과 협의하여 공동으로 고시하는 연구시설의 설치・운영 기준을 점검합니다.

210㎜×297㎜(일반용지 60g/m$^2$(재활용품)

PART 04

# 과목별 빈칸완성 문제

각 문제의 빈칸에 올바른 답을 적으시오.

## 01 생물체 위험군의 분류

| | |
|---|---|
| ( ① ) | 사람에게 감염되었을 경우 증세가 심각하거나 치명적일 수도 있으나 예방 또는 치료가 가능한 질병을 일으킬 수 있는 생물체 |
| ( ② ) | 사람에게 감염되었을 경우 증세가 매우 심각하거나 치명적이며 예방 또는 치료가 어려운 질병을 일으킬 수 있는 생물체 |
| ( ③ ) | 사람에게 감염되었을 경우 증세가 심각하지 않고 예방 또는 치료가 비교적 용이한 질병을 일으킬 수 있는 생물체 |
| ( ④ ) | 건강한 성인에게는 질병을 일으키지 않는 것으로 알려진 생물체 |

정답

① 제3위험군(RG3)
② 제4위험군(RG4)
③ 제2위험군(RG2)
④ 제1위험군(RG1)

## 02 생물체의 위험군 분류 시 주요 고려사항

- 해당 생물체의 ( ① )
- 해당 생물체의 ( ② ) 및 숙주범위
- 해당 생물체로 인한 질병에 대한 효과적인 ( ③ ) 및 치료 조치
- 인체에 대한 ( ④ ) 등 기타 요인

정답

① 병원성
② 전파방식
③ 예방
④ 감염량

## 03 연구시설 생물안전등급의 분류

| 등급 | 허가/신고 | 밀폐 정도 |
|---|---|---|
| 1등급 | ( ① ) | ( ⑤ ) |
| 2등급 | ( ② ) | ( ⑥ ) |
| 3등급 | ( ③ ) | ( ⑦ ) |
| 4등급 | ( ④ ) | ( ⑧ ) |

정답

① 신고

② 신고

③ 허가

④ 허가

⑤ 기본적인 실험실

⑥ 기본적인 실험실

⑦ 밀폐 실험실

⑧ 최고 등급의 밀폐 실험실

## 04 연구시설 안전관리등급 결정 시 고려사항

- 유전자변형생물체(LMO)를 만들 때 사용된 수용·공여생물체의 유래와 특성, 독소생산 및 알레르기 유발, 유해물질 생산 가능성, 병원성 등 ( ① )
- ( ② )의 종류와 기원, 기능 및 숙주범위와 전달방식
- ( ③ )의 기능과 조절인자 및 발현 정도, 유전적 안전성
- ( ③ )로 인해 발현된 유전자산물의 특성과 기능
- ( ③ )에 의해 새롭게 부여되는 특성, 증식능력의 변화
- ( ④ )과 규모 등

정답

① 위해 정도

② 운반체

③ 도입유전자

④ 실험방법

## 05 연구시설 안전관리등급 상·하향 조건

| | |
|---|---|
| 등급 상향 | • ( ① ) 및 고농도<br>• ( ② ) 발생<br>• ( ③ ) 취급 실험(동물 접종실험 등)<br>• ( ④ ) 도구 사용<br>• 신규성 실험 등 |
| 등급 하향 | • 인정 ( ⑤ ) 사용<br>• 등급별 안전관리에 적합한 연구시설 확보<br>• 적합한 ( ⑥ )장비<br>• 병원체의 ( ⑦ ) |

정답

① 대량배양

② 에어로졸

③ 병원체

④ 날카로운

⑤ 숙주-벡터계

⑥ 생물안전

⑦ 불활성화

## 06 생물학적 위해수준 증가·감소 요소

| | |
|---|---|
| 증가 요소 | • ( ① ) 발생실험<br>• ( ② )실험<br>• 실험동물 ( ③ )실험<br>• ( ④ ) 감염 병원체 이용<br>• 미지 또는 해외 유입 병원체 취급<br>• 새로운 실험방법·장비 사용<br>• 주사침 또는 칼 등 날카로운 도구 사용 등 |
| 감소 요소 | 위험요인 취급 시 신체 노출을 최소화하기 위한 ( ⑤ ) 착용 등 |

정답

① 에어로졸

② 대량배양

③ 감염

④ 실험실-획득

⑤ 개인보호구

## 07 에어로졸

- 정의 : 직경이 ( ① ) 이하로서 공기에 부유하는 작은 고체 또는 액체 입자를 말한다.
- 안전관리
  - 에어로졸이 대량으로 발생하기 쉬운 기기를 사용할 때는 파손에 안전한 ( ② ) 용기 등을 사용하고 에어로졸이 외부로 누출되지 않도록 ( ③ )이 있는 장치를 사용하도록 한다.
  - 공기로 감염성 물질의 부유가 가능한 경우 ( ④ )를 착용하거나 ( ⑤ )와 같은 물리적 밀폐가 가능한 실험장비 내에서 작업하도록 한다.

정답

① $5\mu m$

② 플라스틱

③ 뚜껑

④ 개인보호장비

⑤ 생물안전작업대

## 08 생물 보안의 주요요소 7가지

- 
- 
- 
- 
- 
- 
- 

정답

- 물리적 보안
- 기계적 보안
- 인적 보안
- 정보 보안
- 물질통제 보안
- 이동 보안
- 프로그램 관리 보안

## 09 생물안전확보 기본요소 3가지

| • <br>• <br>• |
|---|

정답

- 연구실의 체계적인 위해성 평가 능력 확보
- 취급 생물체에 적합한 물리적 밀폐 확보
- 적절한 생물안전관리 및 운영을 위한 방안 확보·이행

## 10 생물학적 위해성 평가 절차

| (　　) → (　　) → (　　) → (　　) → (　　) |
|---|

정답

위험요소 확인 → 노출평가 → 용량반응평가 → 위해특성 → 위해성 판단

## 11 위해수준에 따른 실험 분류(①~③은 순서 무관)

| 종류 | 대상 |
| --- | --- |
| 면제 실험 | •( ① ) 숙주-벡터계를 사용하고 제1위험군에 해당하는 생물체만을 공여체로 사용하는 실험<br>•( ② ) 숙주-벡터계를 사용하고 제1위험군에 해당하는 생물체만을 공여체로 사용하는 실험<br>•( ③ ) 숙주-벡터계를 사용하고 제1위험군에 해당하는 생물체만을 공여체로 사용하는 실험 |
| 기관신고 실험 | • 제( ④ )의 생물체를 숙주-벡터계 및 DNA 공여체로 이용하는 실험<br>• 기타 기관생물안전위원회에서 신고대상으로 정한 실험 |
| 기관승인 실험 | • 제( ⑤ ) 이상의 생물체를 숙주-벡터계 또는 DNA 공여체로 이용하는 실험<br>•( ⑥ )을 포함하는 실험<br>• 척추동물에 대하여 몸무게 1kg당 50% 치사독소량(LD50)이 ( ⑦ )인 단백성 독소를 생산할 수 있는 유전자를 이용하는 실험 |
| 국가승인 실험 | • 종명(種名)이 명시되지 아니하고 ( ⑧ ) 여부가 밝혀지지 아니한 미생물을 이용하여 개발·실험하는 경우<br>• 척추동물에 대하여 몸무게 1kg당 50% 치사독소량이 ( ⑨ )인 단백성 독소를 생산할 능력을 가진 유전자를 이용하여 개발·실험하는 경우<br>• 자연적으로 발생하지 아니하는 방식으로 생물체에 ( ⑩ )를 의도적으로 전달하는 방식을 이용하여 개발·실험하는 경우<br>• 국민보건상 국가관리가 필요힌 병원성미생물의 유전자를 직접 이용하거나 해당 병원미생물의 유전자를 합성하여 개발·실험하는 경우<br>•( ⑪ ) 등 환경방출과 관련한 실험을 하는 경우<br>• 그 밖에 국가책임기관의 장이 바이오안전성위원회의 심의를 거쳐 위해가능성이 크다고 인정하여 고시한 유전자변형생물체를 개발·실험하는 경우 |

정답

① EK계
② SC계
③ BS계
④ 1위험군
⑤ 2위험군
⑥ 대량배양
⑦ 0.1$\mu g$ 이상 100$\mu g$ 이하
⑧ 인체위해성
⑨ 100ng 미만
⑩ 약제내성 유전자
⑪ 포장시험

## 12 국가승인 실험 심사 3단계

| | |
|---|---|
| 1단계 | • 실험시설의 설치에 대한 ( ① ) 및 허가 여부를 확인<br>• 동물실험을 수행할 경우 ( ② )로부터 시설·실험에 대하여 승인을 받았는지를 확인<br>• 시험·연구기관의 ( ③ )의 승인을 획득하였는지 확인<br>• 연구내용에 따라 ( ④ )의 승인 필요 |
| 2단계 | 연구활동종사자, ( ⑤ ), 실험장비에 대한 안전성 확인 |
| 3단계 | LMO 개발 및 이용 과정에 대한 안전성을 생물학적 위해성 평가의 원칙에 따라 단계적이며 복합적으로 평가 |

정답

① 신고

② 동물실험윤리위원회(IACUC)

③ 생물안전위원회(IBC)

④ 생명윤리심의위원회(IRB)

⑤ 실험시설

## 13 물리적 밀폐의 핵심 3요소

•

•

•

정답

• 안전시설

• 안전장비

• 안전한 실험절차 및 생물안전 준수사항

## 14 생물안전등급에 따른 안전조직·규정의 필수/권장사항

| 구분 | BL1 | BL2 | BL3 | BL4 |
|---|---|---|---|---|
| 기관생물안전위원회 구성 | | | | |
| 생물안전관리책임자 임명 | | | | |
| 생물안전관리자 지정 | | | | |
| 생물안전관리규정 마련 | | | | |
| 생물안전지침 마련 | | | | |

정답

| 구분 | BL1 | BL2 | BL3 | BL4 |
|---|---|---|---|---|
| 기관생물안전위원회 구성 | 권장 | **필수** | **필수** | **필수** |
| 생물안전관리책임자 임명 | **필수** | **필수** | **필수** | **필수** |
| 생물안전관리자 지정 | 권장 | 권장 | **필수** | **필수** |
| 생물안전관리규정 마련 | 권장 | **필수** | **필수** | **필수** |
| 생물안전지침 마련 | 권장 | **필수** | **필수** | **필수** |

## 15 생물안전조직 교육·훈련 시간 기준

| 대상 | 교육구분 | BL1~2 | BL3~4 |
|---|---|---|---|
| 생물안전관리책임자, 생물안전관리자 | 지정교육 | ( ① ) | ( ② ) |
| | 보수교육 | ( ③ ) | |
| 고위험병원체 취급시설 설치·운영 책임자 | 지정교육 | ( ④ ) | ( ⑤ ) |
| | 보수교육 | ( ⑥ ) | |
| 고위험병원체 전담관리자 | 지정교육 | ( ⑦ ) | |
| | 보수교육 | ( ⑧ ) | |
| 연구시설 사용자 | 보수교육 | ( ⑨ ) | |

정답

① 8시간

② 20시간

③ 매년 4시간

④ 8시간

⑤ 20시간

⑥ 매년 4시간

⑦ 8시간

⑧ 매년 4시간

⑨ 매년 2시간

## 16 연구시설에 따른 허가관청

| 환경위해성 관련 연구시설 | ( ① ) |
|---|---|
| 인체위해성 관련 연구시설 | ( ② ) |

정답

① 과학기술정보통신부

② 보건복지부

## 17 LMO 연구시설의 종류 7가지

| | |
|---|---|
| • | • |
| • | • |
| • | • |
| • | |

정답

- 일반 연구시설
- 대량배양 연구시설
- 동물이용 연구시설
- 곤충이용 연구시설
- 어류이용 연구시설
- 식물이용 연구시설
- 격리포장시설

## 18 LMO의 수입

| 수입신고 대상 LMO는 ( )이다. |
|---|

정답

시험・연구용으로 사용하거나 박람회・전시회에 출품하기 위하여 수입하는 유전자변형생물체

## 19 의료폐기물의 분류

<table>
<tr><td>( ① )</td><td colspan="2">• 감염병으로부터 타인을 보호하기 위하여 격리된 사람에 대한 의료행위에서 발생한 일체의 폐기물<br>• 격리대상이 아닌 사람에 대한 의료행위에서 발생한 폐기물은 격리의료폐기물이 아님</td></tr>
<tr><td rowspan="5">( ② )</td><td>( ④ )</td><td>인체 또는 동물의 조직・장기・기관・신체의 일부, 동물의 사체, 혈액・고름 및 혈액생성물(혈청, 혈장, 혈액제제), 채혈진단에 사용된 혈액이 담긴 검사튜브・용기</td></tr>
<tr><td>( ⑤ )</td><td>시험・검사 등에 사용된 배양액, 배양용기, 보관균주, 폐시험관, 슬라이드, 커버글라스, 폐배지, 폐장갑</td></tr>
<tr><td>( ⑥ )</td><td>주삿바늘, 봉합바늘, 수술용 칼날, 한방침, 치과용침, 파손된 유리재질의 시험기구</td></tr>
<tr><td>( ⑦ )</td><td>폐백신, 폐항암제, 폐화학치료제</td></tr>
<tr><td>( ⑧ )</td><td>폐혈액백, 혈액투석 시 사용된 폐기물, 그 밖에 혈액이 유출될 정도로 포함되어 있어 특별한 관리가 필요한 폐기물</td></tr>
<tr><td>( ③ )</td><td colspan="2">• 혈액・체액분비물・배설물이 함유되어 있는 탈지면, 붕대, 거즈, 일회용 기저귀, 생리대, 일회용주사기, 수액세트 등<br>• 체액, 분비물, 배설물만 있는 경우 일반의료폐기물 액상으로 처리<br>• 기관에서 발생하는 인체, 환경 등에 질병을 일으키거나 감염가능성이 있는 감염성 물질에 대해서는 소독 및 멸균을 실시하여 오염원을 제거한 후 「폐기물관리법」에 따라 폐기하는 것을 권장</td></tr>
</table>

정답

① 격리의료폐기물
② 위해의료폐기물
③ 일반의료폐기물
④ 조직물류폐기물
⑤ 병리계폐기물
⑥ 손상성폐기물
⑦ 생물・화학폐기물
⑧ 혈액오염폐기물

## 20 의료폐기물의 보관기준

<table>
<tr><th colspan="2">의료폐기물 종류</th><th>전용용기</th><th>도형색상</th><th>보관시설</th><th>보관기간</th></tr>
<tr><td colspan="2">격리</td><td>상자형 합성수지류</td><td>( ① )</td><td>• 조직물류와 같은 성상 : 전용보관시설(4℃ 이하)<br>• 그 외 : 전용보관시설(4℃ 이하) 또는 전용보관창고</td><td>( ⑥ )</td></tr>
<tr><td rowspan="6">위해</td><td>조직물류</td><td>상자형 합성수지류</td><td>( ② )</td><td>• 전용보관시설(4℃ 이하)<br>• 치아 및 방부제에 담긴 폐기물은 밀폐된 전용보관창고</td><td>( ⑦ )</td></tr>
<tr><td>조직물류<br>(재활용하는 태반)</td><td>상자형 합성수지류</td><td>( ③ )</td><td>전용보관시설(4℃ 이하)</td><td>( ⑧ )</td></tr>
<tr><td>손상성</td><td>상자형 합성수지류</td><td>( ④ )</td><td rowspan="5">전용보관시설(4℃ 이하) 또는 전용보관창고</td><td>( ⑨ )</td></tr>
<tr><td>병리계</td><td rowspan="4">• 봉투형<br>• 상자형 골판지류</td><td rowspan="4">( ⑤ )</td><td rowspan="4">( ⑩ )</td></tr>
<tr><td>생물화학</td></tr>
<tr><td>혈액오염</td></tr>
<tr><td colspan="2">일반</td></tr>
</table>

정답

① 붉은색

② 노란색

③ 녹색

④ 노란색

⑤ • 검정색(봉투형)
  • 노란색(상자형)

⑥ 7일

⑦ 15일(치아 : 60일)

⑧ 15일

⑨ 30일

⑩ 15일

## 21 안전등급별 폐기물 처리규정

| 생물안전등급 | 폐기물 처리규정 |
|---|---|
| BL1 | 폐기물·실험폐수 : ( ① ) 또는 ( ② ) 등 생물학적 활성을 제거할 수 있는 설비에서 처리 |
| BL2 | • BL1 기준에 아래 내용 추가<br>• 폐기물 처리 시 배출되는 공기 : ( ③ )를 통해 배기할 것을 권장 |
| BL3 | • BL1 기준에 아래 내용 추가<br>• 폐기물 처리 시 배출되는 공기 : ( ③ )를 통해 배기<br>• 실험폐수 : 별도의 ( ④ )를 설치하고, 압력기준(( ① ) 방식 : 최대 사용압력의 1.5배, ( ② ) 방식 : 수압 70kPa 이상)에서 10분 이상 견딜 수 있는지 확인 |
| BL4 | • BL3 기준에 아래 내용 추가<br>• 실험폐수 : ( ① )을 이용하는 생물학적 활성을 제거할 수 있는 설비를 설치<br>• 폐기물 처리 시 배출되는 공기 : 2단의 ( ③ )를 통해 배기 |

정답

① 고압증기멸균

② 화학약품처리

③ 헤파필터

④ 폐수탱크

## 22 소독·멸균 효과에 영향을 미치는 요소 6가지

•
•
•
•
•
•

정답

• 유기물의 양, 혈액, 우유, 사료, 동물 분비물 등
• 표면 윤곽
• 소독제 농도
• 시간 및 온도
• 상대습도
• 물의 경도 및 세균의 부착능

## 23 생물안전작업대 종류별 기류 최소 평균 유입속도

| 구분 | | 전면개방을 통한 최소 평균 유입속도(m/s) |
|---|---|---|
| Class Ⅰ | | ( ① ) |
| Class Ⅱ | A1 | ( ② ) |
| | A2 | ( ③ ) |
| | B1 | ( ④ ) |
| | B2 | ( ⑤ ) |
| Class Ⅲ | | ( ⑥ ) |

정답

① 0.36

② 0.38~0.51

③ 0.51

④ 0.51

⑤ 0.51

⑥ -

## 24 생물안전작업대의 풍속 관리

- 유입 풍속(최소 ( ① )) : 내부공기가 외부로 유출되지 않도록 하는 유입풍속을 확인한다.
- 하방향 풍속(평균 ±( ② )) : 안전한 공기 차단막 및 층류의 형성 여부를 확인한다.

정답

① 0.5m/s

② 0.08m/s

## 25 고압증기멸균기 지표인자 3가지

- 
- 
- 

정답

- 화학적 색깔 변화 지표인자
- 테이프 지표인자
- 생물학적 지표인자

## 26 LMO 관리대장 2종

- 
- 

정답

- 시험 · 연구용 등의 유전자변형생물체 취급 · 관리대장
- 유전자변형생물체 연구시설 관리 · 운영대장

우리 인생의 가장 큰 영광은 결코 넘어지지 않는 데 있는 것이 아니라

넘어질 때마다 일어서는 데 있다.

- 넬슨 만델라 -

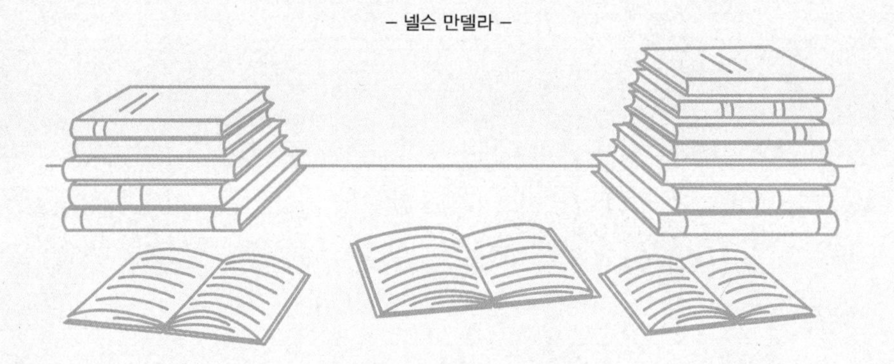

# PART 05

# 연구실 전기 · 소방 안전관리

CHAPTER 01 소방 안전관리

CHAPTER 02 전기 안전관리

CHAPTER 03 화재 · 감전 · 정전기 안전대책

과목별 빈칸완성 문제

# 소방 안전관리

## 1 연소

### (1) 연소 관련 정의

|  |  |
|---|---|
| 연소 | 물질이 빛이나 열 또는 불꽃을 내면서 빠르게 산소와 결합하는 반응으로 가연물이 공기 중의 산소 또는 산화제와 반응하여 열과 빛을 발생하면서 산화하는 현상 |
| 인화점(flash point) | 가연성 증기가 발생하고 이 증기가 대기 중에서 연소범위 내로 산소와 혼합될 수 있는 최저온도 |
| 연소점(fire point) | 가연성 액체(고체)를 공기 중에서 가열하였을 때, 점화한 불에서 발열하여 계속적으로 연소하는 액체(고체)의 최저온도 |
| 발화점<br>(착화점, auto ignition point) | 별도의 점화원이 존재하지 않는 상태에서 온도가 상승하여 스스로 연소를 개시하여 화염이 발생하는 최저온도 |
| 연소범위(폭발범위) | 공기와 혼합되어 연소(폭발)가 가능한 가연성 가스의 농도 범위 |
| 한계산소농도(최소산소농도) | 가연성 혼합가스 내에 화염이 전파될 수 있는 최소한의 산소농도 |
| 증기비중 | 증기의 밀도를 표준상태(0℃, 1atm) 공기의 밀도와 비교한 값 |

① 가연물의 인화점

| 가연물 | 인화점(℃) | 가연물 | 인화점(℃) |
|---|---|---|---|
| 아세트알데하이드 | −37.7 | 메틸알코올 | 11 |
| 이황화탄소 | −30 | 에틸알코올 | 13 |
| 휘발유 | −43~−20 | 등유 | 30~60 |
| 아세톤 | −18 | 중유 | 60~150 |
| 톨루엔 | 4.5 | 글리세린 | 160 |

② 가연물의 발화점

| 가연물 | 발화점(℃) | 가연물 | 발화점(℃) |
|---|---|---|---|
| 황린 | 34 | 에틸알코올 | 363 |
| 셀룰로이드 | 180 | 부탄 | 365 |
| 등유 | 245 | 중유 | 400 |
| 휘발유 | 257 | 목재 | 400~450 |
| 석탄 | 350 | 프로판 | 423 |

③ 가연물의 연소범위

| 가스 | 폭발범위(vol%) | 가스 | 폭발범위(vol%) |
|---|---|---|---|
| 메탄 | 5~15 | 수소 | 4~75 |
| 프로판 | 2.1~9.5 | 암모니아 | 15~28 |
| 부탄 | 1.8~8.4 | 황화수소 | 4.3~45 |
| 아세틸렌 | 2.5~81 | 시안화수소 | 6~41 |
| 산화에틸렌 | 3~80 | 일산화탄소 | 12.5~74 |

④ 한계산소농도(MOC)

| $MOC = LFL \times O_2$ | • MOC(%) : 최소산소농도<br>• LFL(%) : 폭발하한계<br>• $O_2$ : 가연물 1mol 기준의 완전연소반응식에서의 산소의 계수 |
|---|---|

※ MOC는 작을수록 위험하다.

**참고**

**가연물 1mol 기준의 완전연소반응식에서의 산소의 계수 $\left(n+\frac{m}{4}\right)$ 구하는 방법**

탄화수소의 완전연소반응식

$$C_nH_m + \left(n+\frac{m}{4}\right)O_2 \rightarrow nCO_2 + \frac{m}{2}H_2O$$

⑤ 증기비중

$$\text{증기비중} = \frac{\text{증기 분자량}}{\text{공기 분자량(29)}}$$

## (2) 연소 구성요소

| 구분 | 내용 |
|---|---|
| 연소의 4요소 | 연소의 4요소: [연소의 3요소: 가연물, 산소공급원, 점화원] + 연쇄반응 |
| 가연물<br>(가연성 물질) | • 불에 잘 타거나 또는 그러한 성질을 가지고 있는 물질<br>• 이연성 물질(쉽게 불에 탈 수 있는 물질)<br>• 환원성 물질(산화반응(연소반응)을 하는 물질)<br>예 목재, 종이, 기름, 페인트, 알코올, 인화성 가스, 가연성 가스 등 |
| 가연물의 조건 | • 열전도율이 작다.<br>• 발열량이 크다.<br>• 표면적이 넓다.<br>• 산소와 친화력이 좋다.<br>• 활성화에너지가 작다. |
| 가연물이 될 수 없는 물질 | • 산소와 더 이상 반응하지 않는 물질 : $CO_2$, $H_2O$, $Al_2O_3$ 등<br>• 산소와 반응은 하나 흡열반응을 하는 물질 : 질소와 질소산화물, 불활성 기체(18족 원소)인 He, Ne, Ar, Kr, Xe, Rn 등 |
| 산소공급원 | 일반적으로 산소의 농도가 높을수록 연소는 잘 일어난다.<br>예 산소, 공기(공기의 21vol%가 산소), 조연성 가스(자신은 연소하지 않고 가연물의 연소를 돕는 가스), 제1류 위험물(산화성 고체), 제6류 위험물(산화성 액체), 제5류 위험물(자기반응성 물질 : 분자 내에 가연물과 산소를 함유) |
| 점화원 | 가연물이 연소를 시작할 때 필요한 열에너지 또는 불씨 등<br>예 물리적 점화원, 전기적 점화원, 화학적 점화원 |

| 최소점화에너지<br>(minimum ignition energy) | $E=\frac{1}{2}CV^2$ | • $E$(J) : 최소점화에너지<br>• $C$(F) : 콘덴서 용량<br>• $V$(V) : 전압 | |
|---|---|---|---|
| | 점화원 | 위험성 | 관리방안 |
| 물리적 점화원 | 마찰열 | 기계 설비의 윤활상태가 나빠지거나 브레이크를 건 상태로 운행시킬 때 발생한 마찰열이 화재를 발생시킨다. | • 마찰부위에 윤활 조치를 충분히 한다.<br>• 불필요한 마찰을 줄인다.<br>• 발열부위의 냉각을 유지한다.<br>• 마찰열 발생 지점 주위에 가연물을 두지 않는다. |
| | 기계적 스파크 | 그라인더・절삭・드릴링 작업, 망치 떨어뜨렸을 때, 동력계통 설비가 마찰되었을 때 스파크가 일어날 수 있고 가연성 혼합기 등의 점화원으로 작용할 수 있다. | • 가연성 연료・공기 혼합기의 발생을 억제한다(가연성 연료 누출방지, 혼합비율을 연소범위 외 상태로 유지).<br>• 충격 시 스파크가 발생하지 않는 공구로 대체(고무, 가죽, 나무)한다.<br>• 스파크 발생 작업 시 가연물을 제거한다. |
| | 단열압축 | 연구실에서 가연성 기체와 산소를 함께 넣고 가압하다가 단열압축에 의해 연소폭발 하는 사례가 종종 발생한다. | • 압력탱크 내 가연성 연료–공기 혼합기의 발생을 억제한다(가연성 연료를 담지 않음. 산소 또는 공기를 차단하여 산소와 혼합을 막음).<br>• 온도나 압력이 높아지면 연소범위가 더 넓어지기 때문에 연소범위 외 상태로 유지 시 주의해야 한다.<br>• 용기 내 이상압력 발생을 억제한다. |
| 전기적 점화원 | 합선(단락) | 합선 시 아크와 줄열이 짧은 시간에 높은 에너지로 발생하는데, 이때 먼지, 가연성 연료–공기 혼합기 등이 있으면 화재를 일으킬 수 있다. | • 선간・도체 간 절연상태를 점검한다.<br>• 전선의 꺾임이나 눌림, 하중, 장력, 열, 자외선 등 절연파괴의 환경을 제거한다.<br>• 방폭구조를 적용한다.<br>• 전기회로상 청결을 유지하고 가연물을 격리하여 관리한다. |
| | 누전 | 누설된 전류가 누전경로를 형성하고 이로 인해 경로 중 전기적으로 취약한 개소에서 발열하여 화재로 진행될 수 있고, 인체가 접촉된 경우에는 감전사고가 발생할 수 있다. | • 누전차단기를 설치한다.<br>• 도체의 절연피복・절연체의 손상을 방지한다.<br>• 가연물 관리 방폭구조를 적용한다.<br>• 전기회로상 청결을 유지하고 가연물을 관리한다. |
| | 반단선 | 반단선으로 도체의 단면적이 감소하여 저항이 증가하므로 국소적인 과대한 줄열이 발생하고, 절단부위에선 아크가 발생하여 주변 먼지 등에 착화되어 화재가 발생할 수 있다. | • 배선의 운동부를 수시로 점검한다.<br>• 코드 스토퍼를 적용한다.<br>• 운동부의 완만한 운동반경을 유지한다.<br>• 방폭구조를 적용한다.<br>• 전기회로상 청결을 유지하고 가연물을 격리하여 관리한다. |
| | 불완전접촉(접속) | 불완전접촉으로 저항발생으로 줄열이 발생하여 화재에 이른다. | • 완전히 접촉시킨다.<br>• 고유저항이 낮은 재료를 사용한다.<br>• 진동을 억제한다.<br>• 사용 중 발열 여부를 점검한다.<br>• 방폭구조를 적용한다.<br>• 전기회로상 청결을 유지하고 가연물을 격리하여 관리한다. |

| | 점화원 | 위험성 | 관리방안 |
|---|---|---|---|
| 전기적 점화원 | 과전류 | 과전압 · 과부하 · 합선으로 과전류가 발생할 수 있다. | • 과부하차단기를 사용한다.<br>• 허용전류 내 전류를 사용한다.<br>• 서지보호장치를 적용한다.<br>• 방화구조를 적용한다.<br>• 전기회로상 청결을 유지하고 가연물을 격리하여 관리한다. |
| | 트래킹현상 | 절연체에 습기·도전성 이물질이 축적되어 누설전류가 발생하고 이에 흐르는 전기의 미소방전에 의해 유기절연체가 탄화될 수 있다. | • 과전류차단기를 설치한다.<br>• 절연체 표면의 청결을 유지한다.<br>• 누수 및 습기를 수시로 점검한다.<br>• 무기질 절연재료를 사용한다.<br>• 방폭구조를 사용한다. |
| | 정전기 방전 | 정전압의 상승은 주변에 전계를 형성하고 아크로 순간 방전될 수 있다. | • 제전 대책을 강구한다.<br>• 접지, 본딩을 유지한다.<br>• 습도를 유지한다.<br>• 가연물을 관리한다.<br>• 방폭구조를 사용한다. |
| 화학적 점화원 | 화학적 반응열 | 화학반응은 순간 발화하는 경우와 몇 년에 이르는 기간 동안 반응이 지속되어 화재가 발생하는 경우도 있다. | • 화학물질을 분리보관한다.<br>• 주변 가연물과 충분한 거리를 유지한다.<br>• 반응 폭주 예방대책을 세운다. |
| | 자연발화 | 자연발화로 인한 화재는 수시간 내에서부터 수개월 이상에 이르기까지 반응상태 등에 따라 다양할 수 있다. | • 공기 유통으로 열을 분산한다.<br>• 저장실의 온도는 낮게 유지한다.<br>• 가연물을 관리한다.<br>• 습도가 높은 곳을 피한다. |
| 연쇄반응 | • 활성라디칼에 의해 활성화에너지가 낮아지고 지속적인 연소반응 발생<br>• 가연성 물질과 산소 분자가 점화에너지를 받으면 불안정한 과도기적 물질로 나누어지면서 라디칼을 생성<br>• 한 개의 라디칼이 주변의 분자를 공격하면 두 개의 라디칼이 만들어지면서 라디칼의 수가 급격히 증가하며 연쇄반응 발생 | | |

## (3) 연소의 형태

### ① 기체의 연소

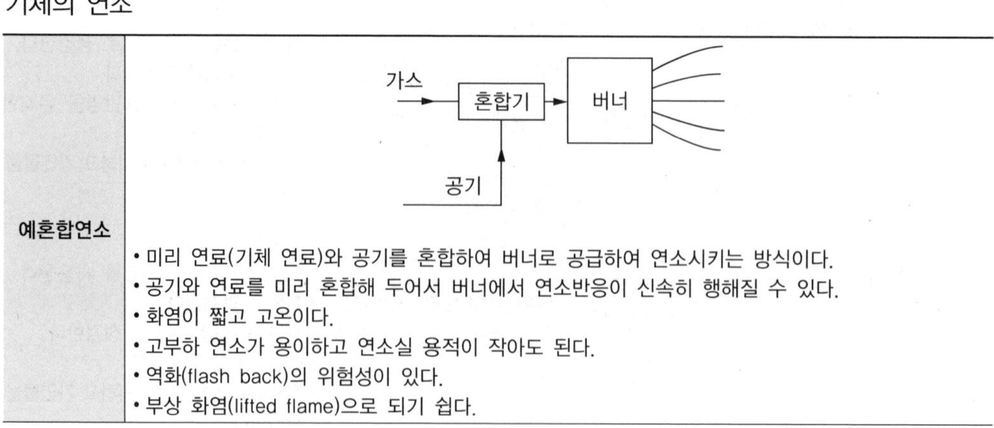


| 예혼합연소 | • 미리 연료(기체 연료)와 공기를 혼합하여 버너로 공급하여 연소시키는 방식이다.<br>• 공기와 연료를 미리 혼합해 두어서 버너에서 연소반응이 신속히 행해질 수 있다.<br>• 화염이 짧고 고온이다.<br>• 고부하 연소가 용이하고 연소실 용적이 작아도 된다.<br>• 역화(flash back)의 위험성이 있다.<br>• 부상 화염(lifted flame)으로 되기 쉽다. |
|---|---|

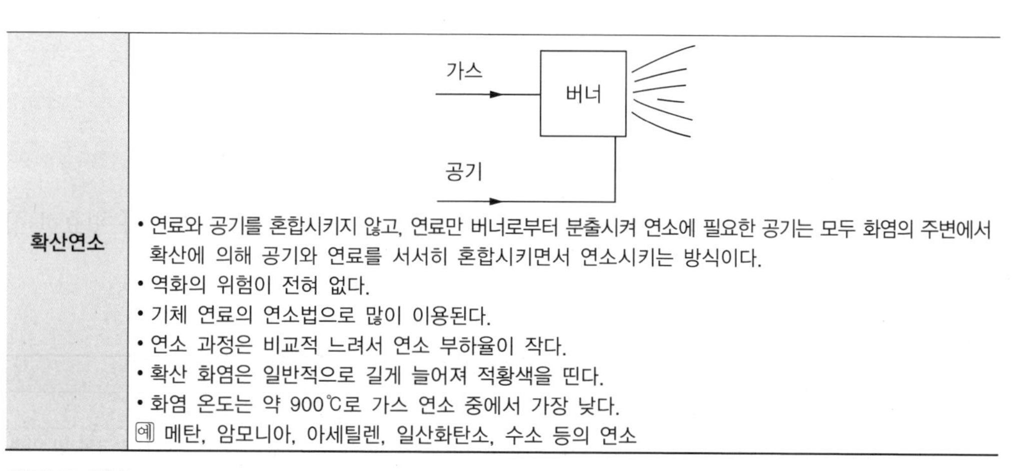


| | |
|---|---|
| **확산연소** | • 연료와 공기를 혼합시키지 않고, 연료만 버너로부터 분출시켜 연소에 필요한 공기는 모두 화염의 주변에서 확산에 의해 공기와 연료를 서서히 혼합시키면서 연소시키는 방식이다.<br>• 역화의 위험이 전혀 없다.<br>• 기체 연료의 연소법으로 많이 이용된다.<br>• 연소 과정은 비교적 느려서 연소 부하율이 작다.<br>• 확산 화염은 일반적으로 길게 늘어져 적황색을 띤다.<br>• 화염 온도는 약 900℃로 가스 연소 중에서 가장 낮다.<br>예 메탄, 암모니아, 아세틸렌, 일산화탄소, 수소 등의 연소 |

② 액체의 연소

| | |
|---|---|
| **증발연소** | 가연성 물질을 가열했을 때 열분해를 일으키지 않고 액체 표면에서 그대로 증발한 가연성 증기가 공기와 혼합해서 연소하는 것<br>예 휘발유, 등유, 경유, 아세톤 등 가연성 액체의 연소 |
| **분해연소** | 점도가 높고 비휘발성인 액체가 고온에서 열분해에 의해 가스로 분해되고, 그 분해되어 발생한 가스가 공기와 혼합하여 연소하는 현상<br>예 중유, 아스팔트 등 |
| **분무연소(액적연소)** | 버너 등을 사용하여 연료유를 기계적으로 무수히 작은 오일 방울로 미립화(분무)하여 증발 표면적을 증가시킨 채 연소시키는 것<br>예 등유, 경유, 벙커C유 |

③ 고체의 연소

| | |
|---|---|
| **증발연소** | 가연성 물질(고체)을 가열했을 때 열분해를 일으키지 않고 액체로, 액체에서 기체로 상태가 변하여 그 기체가 연소하는 현상<br>예 왁스, 파라핀, 나프탈렌 등 |
| **분해연소** | • 가연성 물질(고체)의 열분해에 의해 발생한 가연성 가스가 공기와 혼합하여 연소하는 현상<br>• 가연성 물질(고체)이 연소할 때 일정한 온도가 되면 열분해되며, 휘발분(가연성 가스)을 방출하는데, 이 가연성 가스가 공기 중의 산소와 화합하여 연소<br>예 목재, 석탄, 종이, 플라스틱, 고무 등 |
| **표면연소(무연연소)** | • 가연성 고체가 그 표면에서 산소와 발열반응을 일으켜 타는 연소형식<br>• 기체의 연소에 특유한 불길은 수반하지 않음<br>• 열분해에 의한 가연성 가스를 발생하지 않고 그 물질 자체가 연소하는 현상<br>예 숯, 코크스, 목탄, 금속분 |
| **자기연소(내부연소)** | • 외부의 산소 공급 없이 분자 내에 포함하고 있는 산소를 이용하여 연소하는 형태<br>• 제5류 위험물의 연소<br>예 질산에스테르류, 니트로셀룰로오스, 트리니트로톨루엔 등 |

## 2 화재

### (1) 정의

① 통제를 벗어난 광적인 연소 확대현상이다.

② 사람의 의도에 반하여 발생하거나 고의로 발생시킨 연소현상으로 소화가 필요한 상황이다.

### (2) 화재의 분류(가연물에 따른 분류)

| 구분 | 화재 종류 | 표시색 | 가연물 |
|---|---|---|---|
| A급 화재 | 일반화재 | 백색 | 나무, 섬유, 종이, 고무, 플라스틱류와 같은 일반 가연물 |
| B급 화재 | 유류화재 | 황색 | 인화성 액체, 가연성 액체, 석유, 타르, 유성도료, 솔벤트, 래커, 알코올 및 인화성 가스와 같은 유류 |
| C급 화재 | 전기화재 | 청색 | 전류가 흐르고 있는 전기기기, 배선 |
| D급 화재 | 금속화재 | 무색 | 철분, 알루미늄분, 아연분, 안티몬분, 마그네슘분, 칼륨, 나트륨, 알킬알루미늄, 알킬리튬, 알칼리금속, 알칼리토금속 등과 같은 가연성 금속 |
| K급 화재 | 주방화재<br>(식용유화재) | – | 가연성 조리재료(식물성, 동물성 유지)를 포함한 조리기구 |

※ 화재 표시 의미 : A(Ash : 재가 남는 화재), B(Barrel : 기름통, 페인트통 화재), C(Current : 전류에 의한 화재), D(Dynamite : 금속성분에 의한 화재), K(Kitchen : 주방화재)

### (3) 화재 분류별 안전관리

① A급 화재(Class A Fires)

| 특징 | 가연물이 타고 나서 재가 남는다. |
|---|---|
| 발생원인 | 연소기 및 화기 사용 부주의, 담뱃불, 불장난, 방화, 전기 등 다양한 점화원이 존재한다. |
| 예방대책 | 열원의 취급주의, 가연물을 열원으로부터 격리·보호 등 |
| 소화방법 | 소화수에 의한 냉각소화, 포(foam) 및 분말(제3종)소화기를 이용한 질식소화가 유리하다. |

② B급 화재(Class B Fires)

| 특징 | 가연물이 타고 나서 재가 남지 않는다. |
|---|---|
| 발생원인 | A급 화재에 비해 발열량이 커서 A급 화재의 점화원뿐만 아니라 정전기, 스파크 등 낮은 에너지를 가지는 점화원에서도 착화한다. |
| 예방대책 | 환기나 통풍시설 작동, 방폭대책 강구, 가연물을 점화원으로부터 격리 및 보호, 저장시설의 지정 |
| 소화방법 | 포나 분말소화기를 이용, $CO_2$ 등 불활성 가스 등으로 질식소화가 유리하다. |

③ C급 화재(Class C Fires)

| 발생원인 | 절연피복 손상, 아크, 접촉저항 증가, 합선, 누전, 트래킹, 반단선 등 전기적인 발열에 의해 발화 가능 |
|---|---|
| 예방대책 | 전기기기의 규격품 사용, 퓨즈 차단기 등 안전장치 적용, 과열부 사전 검색 및 차단, 접속부 접촉상태 확인 및 보수·점검 등 |
| 소화방법 | 분말소화기 사용, $CO_2$ 등 불활성 기체를 통한 질식소화를 한다. |

④ D급 화재(Class D Fires)

| | |
|---|---|
| 특징 | 금속물질에 의한 고온(약 1,500℃ 이상) 화재이다. |
| 발생원인 | 위험물의 수분 노출, 작업공정의 열발생, 처리 · 반응제어 과실, 공기 중 방치 등 |
| 예방대책 | 금속가공 시 분진 생성을 억제, 기계 · 공구 발생열 냉각, 환기시설 작동, 자연발화성 금속의 저장용기 · 저장액 보관, 수분접촉 금지, 분진에 대한 폭발 방지대책 강구 |
| 소화방법 | 가연물의 제거 및 분리, 금속화재용 소화약제(dry powder)를 이용한 질식소화를 한다. |

⑤ K급 화재(Class K Fires)

| | |
|---|---|
| 특징 | • 식용기름의 비점이 발화점과 비슷하거나 더 높다.<br>• 유면상의 화염을 제거해도 유온이 발화점 이상이어서 금방 재발화되기 때문에 일반 유류화재와 달리 유온을 50℃ 정도까지 냉각해야 한다. |
| 발생원인 | 식용기름을 조리 중 과열 또는 방치에 의해 화재 발생 |
| 예방대책 | 조리기구 과열방지장치 장착, 조리 음식 방치 금지, 적절한 기름 온도 유지, 조리기구 근처 가연물을 제거, 조리시설 상방에 자동소화기 설치 |
| 소화방법 | K급 소화기(제1종 분말소화약제)를 이용한다. |

## (4) 실내화재

### ① 단계별 화재 양상(성상)

㉠ 초기

ⓐ 외관 : 창 등의 개구부에서 하얀 연기가 나옴

ⓑ 연소상황 : 실내 가구 등 일부가 독립적으로 연소

㉡ 성장기

ⓐ 외관 : 개구부에서 세력이 강한 검은 연기가 분출

ⓑ 연소상황 : 가구에서 천장면까지 화재 확대, 실내 전체에 화염이 확산되는 최성기의 전초단계

ⓒ 연소위험 : 근접한 동으로 연소가 확산될 수 있음

ⓓ 화재현상 : 플래시오버 발생 가능(최성기 직전)

㉢ 최성기

ⓐ 외관 : 연기가 적어지고 화염의 분출이 강하며 유리가 파손됨

ⓑ 연소상황 : 실내 전체에 화염이 충만하며 연소가 최고조에 달함

ⓒ 연소위험 : 강렬한 복사열로 인해 인접 건물로 연소가 확산될 수 있음

㉣ 감쇠기(감퇴기)

ⓐ 외관 : 검은 연기는 흰색으로 변하고 지붕, 벽체, 대들보, 기둥 등이 타서 무너짐

ⓑ 연소상황 : 화세가 쇠퇴

ⓒ 연소위험 : 연소확산의 위험은 없으나 벽체 낙하 등의 위험은 존재

ⓓ 화재현상 : 백드래프트 발생 가능

② 실내화재의 현상

| | |
|---|---|
| 훈소<br>(smoldering) | • 작열연소(glowing combustion)의 한 종류<br>• 유염착화에 이르기에 온도가 낮거나 산소가 부족한 상황 때문에 화염 없이 가연물 표면에서 작열하며 소극적으로 연소되는 현상 |
| 플래시오버<br>(flash over) | • 화재 초기단계에서 연소물로부터 가연성 가스가 천장 부근에 모이고, 그것이 일시에 인화해서 폭발적으로 방 전체에 불꽃이 도는 현상<br>• 최성기로 진행되기 전에 열 방출량이 급격하게 증가하는 단계에 발생<br>• 환기가 부족하지 않은 구획실에서 화재가 발생하였을 때, 미연소가연물이 화염으로부터 멀리 떨어져 있더라도 천장으로부터 축적된 고온의 열기층이 하강함에 따라 그 복사열에 의해 가연물이 열분해 되고, 이때 발생한 가연성 가스 농도가 지속적으로 증가하여 연소범위 내에 도달하면 착화되어 화염에 덮이게 되는 현상<br>• 최초 화재 발생부터 플래시오버까지 일반적으로 약 5~10분가량 소요(구획실의 크기, 층고, 가연물량, 가연물 높이, 개구부의 크기, 내장재 및 가구 등의 난연 정도 등에 따라 발생 소요시간은 다름) |
| 백드래프트<br>(back draft) | • 연소에 필요한 산소가 부족하여 훈소상태에 있는 실내에 갑자기 산소가 다량 공급될 때 연소가스가 순간적으로 발화하는 현상<br>• 화염이 폭풍을 동반하여 산소가 유입된 곳으로 분출<br>• 일반적으로 감쇠기에 발생<br>• 음속에 가까운 연소속도를 보이며 충격파의 생성으로 구조물 파괴 가능 |

[플래시오버와 백드래프트의 비교]

| 구분 | 플래시오버 | 백드래프트 |
|---|---|---|
| 개념 | 화재 초기 단계에서 연소물로부터 가연성 가스가 천장 부근에 모이고, 그것이 일시에 인화해서 폭발적으로 방 전체가 불꽃이 도는 현상 | 연소에 필요한 산소가 부족하여 훈소상태에 있는 실내에 산소가 갑자기 다량 공급될 때 연소가스가 순간적으로 발화하는 현상으로, 화염이 폭풍을 동반하여 산소가 유입된 곳으로 분출 |
| 현상 발생 전 온도 | 인화점 미만 | 이미 인화점 이상 |
| 현상 발생 전 산소농도 | 연소에 필요한 산소가 충분 | 연소에 필요한 산소가 불충분 |
| 발생원인 | 온도상승(인화점 초과) | 외부(신선한) 공기의 유입 |
| 연소속도 | 빠르게 연소하여 종종 압력파를 생성하지만 충격파는 생성되지 않음 | 음속에 가까운 연소속도를 보이며 충격파의 생성으로 구조물을 파괴할 수 있음 |
| 발생단계 | • 일반적 : 성장기 마지막<br>• 최성기 시작점 경계 | • 일반적 : 감쇠기<br>• 예외적 : 성장기 |
| 악화요인 | 열(복사열) | 산소 |
| 핵심 | 중기상태 복사열의 바운스로 인한 전실 화재 확대 | 산소유입, 화학적 CO가스 폭발 |

### (5) 연소생성물

① 연소생성물 : 연소가스, 연기, 화염, 열

② 연소물질에 따른 연소생성물(연소가스)

| 연소물질 | 연소가스 |
|---|---|
| 탄화수소류 등 | 일산화탄소 및 탄산가스 |
| 셀룰로이드, 폴리우레탄 등 | 질소산화물 |
| 질소 성분을 갖고 있는 모사, 비단, 피혁 등 | 시안화수소 |
| 나무, 종이, 동물털, 고무 등 | 아황산가스 |
| PVC, 방염수지, 플루오린화수지, 플루오린화수소 등의 할로겐화물 | HF, HCl, HBr, 포스겐 등 |
| 멜라민, 나일론, 요소수지 등 | 암모니아 |
| 폴리스티렌(스티로폼) 등 | 벤젠 |

③ 연소가스의 특징

| 연소가스 | 허용농도(ppm) | 특징 |
|---|---|---|
| 포스겐($COCl_2$) | 0.1 | • 폴리염화비닐(PVC) 등 염소함유물질이 고온연소할 때 발생<br>• 인명살상용 독가스<br>• 일산화탄소와 염소가 반응하여 생성하기도 함 |
| 염화수소(HCl) | 5 | • 폴리염화비닐(PVC) 등 염소함유물질 연소 시 발생<br>• 호흡기 장애로 폐혈관계에 손상을 가져옴 |
| 이산화황($SO_2$) | 5 | • 동물 털, 고무 등 유황함유물질이 연소 시 발생<br>• 무색의 자극성 냄새를 가진 유독성 기체<br>• 눈, 호흡기 등의 점막을 상하게 하고 질식사의 우려가 있음 |
| 시안화수소(HCN) | 10 | • 플라스틱, 동물 털, 인조견 등 질소함유물질의 불완전연소 시 발생<br>• 청산가리, 맹독성 가스<br>• 0.3%의 농도에서 즉시 사망 |
| 황화수소($H_2S$) | 10 | • 고무 등 유황함유물의 불완전 연소 시 발생<br>• 계란 썩은 냄새를 가진 독성 가스<br>• 누출 시 공기보다 무거워 바닥면으로 쌓임<br>• 후각이 금세 마비되어 냄새만으로 위험 수준을 알기 힘듦 |
| 암모니아($NH_3$) | 25 | • 나일론, 나무, 멜라닌수지 등 질소함유물이 연소할 때 발생<br>• 냉동시설의 냉매로도 이용되어 냉동창고 화재 시 누출 가능<br>• 유독성, 강한 자극성을 가진 무색의 기체<br>• 눈, 코, 목, 폐에 강한 자극성 |
| 일산화탄소(CO) | 50 | • 무색·무취·무미의 환원성이 강한 가스<br>• 상온에서 염소와 작용하여 유독성 가스인 포스겐($COCl_2$)을 생성<br>• 인체 내의 헤모글로빈과 결합하여 산소의 운반기능을 약화시켜 질식<br>• 마취·독성가스로 화재중독사의 가장 주된 원인물질 |
| 이산화탄소($CO_2$) | 5,000 | • 무색·무미의 기체<br>• 공기보다 무거움<br>• 가스 자체는 독성이 거의 없으나 다량 존재 시 사람의 호흡 속도를 증가시켜 유해 가스의 흡입을 증가시킴 |

## (6) 연기

<table>
<tr><th>정의</th><td colspan="3">기체 중 완전 연소가 되지 않는 가연물이 고체 미립자가 되어 떠돌아다니는 상태</td></tr>
<tr><th>성질</th><td colspan="3">• 다량의 유독가스를 함유<br>• 화재로 인한 연기는 고열이고, 유동 확산이 빠르며, 광선을 흡수하며 천장 부근 상층에서부터 축적되어 하층까지 이루어짐</td></tr>
<tr><th>확산</th><td colspan="3">• 연기는 공기의 유동에 따라서 자연스럽게 함께 이동<br>• 연기는 뜨거운 공기에 의해 열분해한 여러 가지 가스가 섞여있기 때문에 통상의 공기보다 비중이 가벼워 천장으로 상승하거나, 개방된 창문을 통해서 상공으로 분출<br>• 방화문이 불완전할 때는 화재가 발생한 개소에서 계단이 연기의 통로가 되어 위층으로 올라감<br>• 연기는 매끄러운 부분보다는 거친 부분에 부착 및 축적이 용이<br>• 연기의 이동속도(통상적인 수치)<br>– 수평방향 : 0.5~1m/s<br>– 수직방향 : 2~3m/s<br>– 계단실 내 수직이동속도 : 3~5m/s</td></tr>
<tr><th>연기 유동에 영향을 미치는 요인</th><td colspan="3">• 굴뚝효과(연돌효과, stack effect)<br>• 외부에서의 풍력<br>• 부력(밀도차, 비중차)<br>• 공기 팽창<br>• 피스톤 효과<br>• 공조 설비(HVAC system)</td></tr>
<tr><th>위험성</th><td colspan="3">• 시계(視界)를 차단하여 신속한 피난이나 초기 진화를 방해하는 원인이 됨<br>• 화재로 인해 발생하는 가스는 독성이 강한 것들(시안화수소, 일산화탄소 등)이 포함되어 흡입 시 호흡기 계통 등에 장해를 줌<br>• 인간의 정신적인 긴장과 패닉을 유발함<br>• 화재 시 사망자의 사망원인 대부분이 연기로 인한 중독・질식임</td></tr>
<tr><th rowspan="3">농도</th><th rowspan="2">절대농도</th><td colspan="2">연기입자농도(입자농도법)[개/$cm^3$]</td></tr>
<tr><td colspan="2">연기중량농도(중량농도법) [$mg/m^3$]</td></tr>
<tr><th>상대농도</th><td>연기 감광계수<br>(Lambert–Beer 법칙을 응용)</td><td>$$C_s[m^{-1}] = \frac{1}{L}\ln\left(\frac{I_0}{I}\right)$$<br>여기서, $C_s$ : 감광계수($m^{-1}$)<br>$L$ : 연기층의 두께(m)<br>$I_0$ : 연기가 없을 때 빛의 세기, 연기층의 입사광 세기(lx)<br>$I$ : 연기가 있을 때 빛의 세기, 연기층의 투과광 세기(lx)<br>• 빛이 연기층을 통과하면서 흡수・산란되어 빛의 세기가 감소하는 정도를 측정하여 연기농도의 척도로 사용하는 감광계수를 구함<br>• 감광계수가 클수록 빛의 감쇄가 많이 일어나 빛이 적게 투과됨<br>• 연기의 농도가 진하면 감광계수는 커지고, 가시거리는 짧아짐</td></tr>
</table>

<table>
<tr><td rowspan="8">가시거리</td><td colspan="3">• 건물에서 사람이 목표물을 식별할 수 있는 거리<br>• 화재 시 안전한 피난을 위해 중요<br>• 가시거리에 영향을 주는 요소 : 연기농도, 피난자의 시력, 피난로의 빛의 세기</td></tr>
<tr><th>감광계수($m^{-1}$)</th><th>가시거리(m)</th><th>상황</th></tr>
<tr><td>0.1</td><td>20~30</td><td>• 화재 초기 단계의 적은 연기 농도<br>• 연기감지기가 작동할 때의 농도<br>• 건물 내부에 익숙하지 못한 사람이 피난에 지장을 느낄 정도의 농도(미숙지자의 피난한계농도)</td></tr>
<tr><td>0.3</td><td>5</td><td>건물 내부에 익숙한 사람이 피난에 지장을 느낄 정도의 농도(숙지자의 피난한계농도)</td></tr>
<tr><td>0.5</td><td>3</td><td>어두운 것을 느낄 정도의 농도</td></tr>
<tr><td>1</td><td>1~2</td><td>앞이 거의 보이지 않을 정도의 농도</td></tr>
<tr><td>10</td><td>0.2~0.5</td><td>• 화재 최성기 때의 농도<br>• 암흑상태로 유도등이 보이지 않을 정도의 농도</td></tr>
<tr><td>30</td><td>–</td><td>출화실에서 연기가 분출할 때의 농도</td></tr>
<tr><td>안전대책<br>(연기제어)</td><td colspan="3">• 구획(방연) : 공간을 불연성 재료의 벽・바닥으로 구획하여 연기의 침입과 확산을 방지한다.<br>• 가압(차연) : 피난경로(복도, 계단 등)를 가압하여 연기 유입을 차단한다.<br>• 배연 : 연기를 직접 실외로 배출한다.<br>• 축연 : 공간의 상부를 충분히 크게 하여 비교적 긴 연기 하강시간을 확보하여 연기를 축적한다.<br>• 희석 : 연기 농도를 피난・소화활동에 지장이 없는 수준으로 유지한다.<br>• 연기강하방지 : 배연구를 상부에 설치하고 급기구를 하부에 설치하여 연기 강하를 방지하고 청결층을 확보한다.</td></tr>
</table>

## 3 소화

### (1) 소화의 원리

연소의 반대 개념으로, 연소의 4요소인 가연물, 산소공급원, 점화원, 연쇄반응 중 하나 이상 또는 전부를 제거할 시 소화가 이루어진다.

| 연소의 4요소 | 소화의 종류 |
|---|---|
| 가연물 | 제거소화 |
| 산소공급원 | 질식소화 |
| 점화원(열) | 냉각소화 |
| 연쇄반응 | 억제소화(부촉매소화) |

### (2) 소화의 종류

<table>
<tr><td>제거소화</td><td>• 가연물을 제거해서 소화하는 방법<br>• 연소반응을 하는 연소물이나 화원을 제거하여 연소 반응을 중지<br>예 – 양초의 가연물(화염)을 불어서 날려 보낸다.<br>– 유류탱크 화재 시 질소폭탄으로 폭풍을 일으켜 증기를 날려 보내며, 옥외소화전을 사용해서 탱크 외벽에 주수한다.<br>– 유류탱크 화재 시 탱크 밑으로 기름을 빼내어 탈 수 있는 물질을 제거한다.<br>– 전원차단 및 전기공급을 중지한다.<br>– 진행방향의 나무를 잘라 제거하거나 맞불로 제거한다.<br>– 가스화재 시 가스 밸브를 차단하여 가스의 흐름을 차단한다.<br>– 화재 시 창고 등에서 물건을 빼내어 신속하게 옮긴다.</td></tr>
<tr><td>질식소화</td><td>• 산소 공급을 차단하여 연소를 중지시키는 방법<br>• 공기 중 산소 농도를 15% 이하로 억제하여 소화시키는 방법<br>예 – 가연물이 들어 있는 용기를 밀폐하여 소화한다.<br>– 수건, 담요, 이불 등을 덮어서 소화한다.<br>– 비중이 공기의 1.5배 정도로 무거운 소화약제로 가연물의 구석구석까지 침투・피복하여 소화한다.<br>– 불활성 물질을 첨가하여 연소범위를 좁혀 소화한다.</td></tr>
<tr><td>냉각소화</td><td>• 연소물을 냉각하면 착화 온도 이하가 되어서 연소할 수 없도록 하는 소화방법<br>• 냉각소화는 물이 가장 보편적으로 사용되는데 물은 잠열이 커서 화점에서 물을 수증기로 변화시켜 많은 열을 빼앗아 착화 온도 이하로 낮춤<br>예 – 물 등의 액체를 뿌려 소화한다.<br>– $CO_2$ 등 기체에 의한 방법 등으로 냉각하여 소화한다.</td></tr>
<tr><td>억제소화<br>(부촉매소화)</td><td>• 주로 화염이 발생하는 연소반응을 주도하는 라디칼을 제거하기 위해 연소반응을 중단시키는 방법<br>• 가연물 내 활성화된 수소기와 수산화기에 부촉매 소화제(분말, 할로겐 등)를 반응시켜서 더 이상 연소생성물($CO$, $CO_2$, $H_2O$ 등)의 생성을 억제시키는 방법<br>예 할로겐화합물, 분말소화약제, 강화액 소화약제를 사용하여 소화한다.</td></tr>
</table>

### (3) 소화약제

① 소화약제의 조건

㉠ 소화성능이 뛰어나며, 연소의 4요소 중 한 가지 이상을 제거할 수 있어야 한다.

㉡ 독성이 없어 인체에 무해하며, 환경에 대한 오염이 적어야 한다.

㉢ 저장에 안정적이며, 가격이 저렴하여 경제적이어야 한다.

② 소화약제의 종류

㉠ 물

<table>
<tr><td>특성</td><td colspan="4">• 침투성이 있고 적외선을 흡수하며 쉽게 구할 수 있어 주로 A급 화재에 사용<br>• 냉각효과 : 비열과 증발잠열이 높아 냉각효과가 있음<br>• 질식효과 : 물을 무상으로 분무 시 질식효과가 있음</td></tr>
<tr><td>소화효과</td><td colspan="2">• 냉각효과<br>• 유화효과</td><td colspan="2">• 질식효과<br>• 희석효과</td></tr>
<tr><td>적응화재</td><td colspan="4">일반화재(무상주수 시 유류・전기화재에도 사용)</td></tr>
<tr><td rowspan="4">주수형태</td><td>주수방법</td><td>적응화재</td><td>주소화효과</td><td>소화설비</td></tr>
<tr><td>봉상주수(긴 봉 모양)</td><td>A급</td><td>냉각, 타격, 파괴</td><td>옥・내외 소화설비</td></tr>
<tr><td>적상주수(물방울 모양)</td><td>A급</td><td>냉각, 질식</td><td>스프링클러설비</td></tr>
<tr><td>무상주수(안개 모양)</td><td>A・B・C급</td><td>질식, 냉각, 유화</td><td>미분무・물분무설비</td></tr>
</table>

ⓛ 강화액 소화약제

| | |
|---|---|
| 특성 | • 소화 성능을 높이기 위해 물에 탄산포타슘(또는 인산암모늄) 등을 첨가<br>• 약 −30～−20℃에서도 동결되지 않기 때문에 한랭지역 화재 시 사용<br>• A급 화재 발생 시 봉상주수, B・C급 화재 시 무상주수 방법을 이용 |
| 소화효과 | • 냉각효과 • 부촉매효과<br>• 질식효과 |
| 적응화재 | 일반화재, 유류화재 등(무상주수 시 변전실 화재에 적응 가능) |

ⓒ 포(foam) 소화약제

<table>
<tr><td>특성</td><td colspan="2">• 화원에 다량의 포(거품)를 방사하여 화원의 표면을 덮어 공기 공급을 차단하고, 포의 수분이 증발하면서 냉각함<br>• 기계포는 팽창비가 커서 가연성(인화성) 액체의 화재인 옥외 등 대규모 유류탱크 화재에 적합하며 재착화 위험성이 작음<br>• 포는 주로 물로 구성되어 있기 때문에 변전실, 금수성 물질, 인화성 액화가스 등에는 사용이 제한</td></tr>
<tr><td>소화효과</td><td colspan="2">• 질식효과 • 냉각효과<br>• 열의 이동 차단효과</td></tr>
<tr><td>적응화재</td><td colspan="2">일반화재, 유류화재</td></tr>
<tr><td rowspan="2">종류</td><td>화학포</td><td>• $6NaHCO_3 + Al_2(SO_4)_3 \cdot 18H_2O \rightarrow 3Na_2SO_4 + 2Al(OH)_3 + 6CO_2 + 18H_2O$<br>• 화학반응에 의해 발생한 이산화탄소 가스의 압력에 의하여 발포</td></tr>
<tr><td>기계포</td><td>약 90% 이상의 물과 포소화약제(계면활성제 등)를 기계적으로 교반시키면서 공기를 혼합하여 거품을 발포</td></tr>
</table>

ⓔ 이산화탄소 소화약제

| | |
|---|---|
| 특성 | • 상온에서 기체 상태로 존재하는 불활성 가스로 질식성을 갖고 있기 때문에 가연물의 연소에 필요한 산소 공급을 차단<br>• 액화 이산화탄소는 기화되면서 주위로부터 많은 열을 흡수하는 냉각작용이 있음<br>• 이산화탄소를 연소하는 면에 방사하면 가스의 질식작용에 의하여 소화되며 동시에 드라이아이스에 의한 냉각효과가 있기 때문에 유류화재에 적합하며, 이산화탄소는 전기에 대하여 절연성이 우수하기 때문에 전기화재에도 적합 |
| 소화효과 | • 질식효과 • 냉각효과<br>• 피복효과 |
| 적응화재 | 전기화재, 통신실화재, 유류화재 등 |
| 농도계산 | 이산화탄소의 이론적 최소소화농도<br>$CO_2 = \frac{21 - O_2}{21} \times 100$<br>• $CO_2$(%) : 약제 방출 후 이산화탄소 농도<br>• $O_2$(%) : 약제 방출 후 산소농도 |

ⓜ 할론 소화약제

| | |
|---|---|
| 특성 | • 메탄, 에탄에 전기음성도가 강한 할로겐족 원소(F, Cl, Br, I)를 치환하여 얻은 소화약제<br>• 할로겐 원자의 억제 작용으로 연소 연쇄반응을 억제하며 질식작용과 냉각작용도 할 수 있는 우수한 화학적 소화약제<br>• 약제 중 독성이 강하고 오존층 파괴 문제 등의 이유로 현재 사용하지 않음 |
| 소화효과 | • 억제효과 • 질식효과<br>• 냉각효과 |
| 적응화재 | 전기화재, 통신실화재, 유류화재 등 |

<table>
<tr><td rowspan="5">명명법</td><td colspan="7">• 탄소를 맨 앞에 두고 할로겐 원소를 주기율표 순서(F → Cl → Br → I)의 원자수만큼 해당하는 숫자를 부여<br>• 맨 끝의 숫자가 0일 경우에는 생략</td></tr>
<tr><td>Halon No.</td><td>C</td><td>F</td><td>Cl</td><td>Br</td><td>분자식</td><td>특징</td></tr>
<tr><td>1301</td><td>1</td><td>3</td><td>0</td><td>1</td><td>$CF_3Br$</td><td>할론 중에서 소화효과가 가장 크고 독성이 가장 적음</td></tr>
<tr><td>1211</td><td>1</td><td>2</td><td>1</td><td>1</td><td>$CF_2ClBr$</td><td>• 증기압이 낮아 낮은 온도에도 쉽게 액화시켜 저장할 수 있음<br>• A · B · C급의 소화기에 사용</td></tr>
<tr><td>2402</td><td>2</td><td>4</td><td>0</td><td>2</td><td>$C_2F_4Br_2$</td><td>• 상온, 상압에서 액체로 존재<br>• 사람 없는 옥외 시설물 등에 국한되어 사용(독성 있음)</td></tr>
<tr><td>소화효과</td><td colspan="7">Halon 1301 > 1211 > 2402</td></tr>
</table>

### ㉥ 할로겐화합물 및 불활성기체 소화약제

<table>
<tr><td>특성</td><td colspan="2">• 할로겐화합물(할론소화약제 제외) 및 불활성 기체로서 비전도성이며 휘발성이 있거나 증발 후 잔여물을 남기지 않는 소화약제<br>• 할론 소화약제를 대신하여 만든 오존층을 보호하기 위한 친환경 소화약제<br>• 할론 소화약제와 소화효과가 유사하나 오존파괴지수(ODP), 지구온난화지수(GWP), 독성이 낮은 장점을 보유<br>• 전기실, 발전실, 전산실 등에 설치</td></tr>
<tr><td>적응화재</td><td colspan="2">유류화재, 전기화재, 지하층, 무창층 사용 가능</td></tr>
<tr><td rowspan="2">소화효과</td><td>할로겐화합물 계열</td><td>• 질식효과 • 냉각효과<br>• 부촉매효과</td></tr>
<tr><td>불활성 기체 계열</td><td>• 질식효과 • 냉각효과</td></tr>
<tr><td rowspan="2">명명법</td><td rowspan="2">할로겐화합물 계열</td><td>C H F B Br<br>Br: Br 또는 I의 원자수 (없으면 생략)<br>B: B 또는 I<br>F: F의 원자수<br>H: H의 원자수 + 1<br>C: C의 원자수 − 1(0이면 생략)<br>※ 부족한 원소는 Cl로 채움</td></tr>
<tr><td>• HFC−227 ($CF_3CHFCF_3$)<br>• HFC−125 ($CHF_2CF_3$)<br>• HFC−23 ($CHF_3$)<br>• HFC−236 ($CF_3CH_2CF_3$)<br>• HCFC−124 ($CHClFCF_3$)<br>• FIC−13I1 ($CF_3I$)<br>• FC−3−1−10 ($C_4F_{10}$)<br>※ 참고<br>− HCFC : Hydro Chloro Fluoro Carbons<br>− HFC : Hydro Fluoro Carbons<br>− FIC : Fluoro Iodo Carbons<br>− FC : Fluoro Carbons</td></tr>
</table>

| 명명법 | 불활성 기체 계열 | □□□ (첫째: $N_2$의 농도(%), 둘째: Ar의 농도(%), 셋째: $CO_2$의 농도(%)(생략 가능))<br>※ 첫째 자리 반올림 |
|---|---|---|
| | | • IG-01 (Ar)<br>• IG-100 ($N_2$)<br>• IG-55 ($N_2$ 50%, Ar 50%)<br>• IG-541 ($N_2$ 52%, Ar 40%, $CO_2$ 8%) : 반올림 |

ⓢ 분말 소화약제

| 특성 | • 4가지 종류의 분말이 있으며 무독성임<br>• 물과 같은 유동성이 없기 때문에 주로 유류화재에 사용되며, 전기적인 전도성이 없어 전기화재에서도 사용<br>• 빠른 소화성능을 이용하여 분출되는 가스나 일반화재를 포함한 화염화재에서도 사용<br>• 특히 제3종 분말은 메타인산의 방진효과 때문에 A급 화재에도 적용가능 | | | |
|---|---|---|---|---|
| 소화효과 | • 질식효과<br>• 냉각효과<br>• 부촉매효과 | | | |
| 적응화재 | 유류화재, 전기화재(제3종 분말은 A・B・C급 화재에 적합) | | | |
| 종류 | | 주성분 | 적응화재 | 착색 |
| | 제1종 분말 | 탄산수소나트륨($NaHCO_3$) | B, C, K | 백색 |
| | 제2종 분말 | 탄산수소칼륨($KHCO_3$) | B, C | 보라색 |
| | 제3종 분말 | 제1인산암모늄($NH_4H_2PO_4$) | A, B, C | 담홍색 |
| | 제4종 분말 | 탄산수소칼륨+요소의 반응 생성물($KHCO_3$+$(NH_2)_2CO$) | B, C | 회색 |

## 4 위험물

### (1) 정의(위험물안전관리법 제2조)

① **위험물** : 인화성 또는 발화성 등의 성질을 가지는 물질(위험물안전관리법 시행령 별표 1에 따른 위험물)을 말한다.

② **지정수량** : 위험물의 종류별로 위험성을 고려하여 대통령령(위험물안전관리법 시행령 별표 1)이 정하는 수량으로서 위험물제조소 등의 설치허가 등에 있어서 최저의 기준이 되는 수량을 말한다.

### (2) 위험물의 종류(위험물안전관리법 시행령 별표 1)

① **제1류 위험물 : 산화성 고체**

㉠ 산화력의 잠재적인 위험성 또는 충격에 대한 민감성을 판단하기 위하여 소방청장이 정하여 고시하는 시험에서 고시로 정하는 성질과 상태를 나타내는 고체

㉡ 위험물 및 지정수량

| 품명 | 지정수량 |
|---|---|
| ㉠ 아염소산염류 | 50kg |
| ㉡ 염소산염류 | 50kg |
| ㉢ 과염소산염류 | 50kg |
| ㉣ 무기과산화물 | 50kg |
| ㉤ 브로민산염류 | 300kg |
| ㉥ 질산염류 | 300kg |
| ㉦ 아이오딘산염류 | 300kg |
| ㉧ 과망가니즈산염류 | 1,000kg |
| ㉨ 다이크로뮴산염류 | 1,000kg |

② 제2류 위험물 : 가연성 고체

㉠ 화염에 의한 발화의 위험성 또는 인화의 위험성을 판단하기 위하여 고시로 정하는 시험에서 고시로 정하는 성질과 상태를 나타내는 고체

㉡ 위험물 및 지정수량

| 품명 | 지정수량 |
|---|---|
| ㉠ 황화인 | 100kg |
| ㉡ 적린 | 100kg |
| ㉢ 황 | 100kg |
| ㉣ 철분 | 500kg |
| ㉤ 금속분 | 500kg |
| ㉥ 마그네슘 | 500kg |
| ㉦ 인화성 고체 | 1,000kg |

[비고]
- 황 : 순도가 60wt% 이상인 유황
- 철분 : 철의 분말로서 53$\mu m$의 표준체를 통과하는 것이 50wt% 미만인 것은 제외
- 금속분 : 알칼리금속・알칼리토류금속・철 및 마그네슘 외의 금속의 분말로서, 구리분・니켈분 및 150$\mu m$의 체를 통과하는 것이 50wt% 미만인 것은 제외
- 마그네슘 : 2mm의 체를 통과하지 아니하는 덩어리 상태의 것과 지름 2mm 이상의 막대 모양의 것은 제외
- 인화성 고체 : 고형알코올 그 밖에 1기압에서 인화점이 40℃ 미만인 고체

③ 제3류 위험물 : 자연발화성 물질 및 금수성 물질

㉠ 공기 중에서 발화의 위험성이 있거나 물과 접촉하여 발화하거나 가연성 가스를 발생하는 위험성이 있는 고체 또는 액체

㉡ 위험물 및 지정수량

| 품명 | 지정수량 |
|---|---|
| ㉠ 칼륨 | 10kg |
| ㉡ 나트륨 | 10kg |
| ㉢ 알킬알루미늄 | 10kg |
| ㉣ 알킬리튬 | 10kg |
| ㉤ 황린 | 20kg |

| 품명 | 지정수량 |
|---|---|
| ㉥ 알칼리금속(칼륨 및 나트륨을 제외한다) 및 알칼리토금속 | 50kg |
| ㉦ 유기금속화합물(알킬알루미늄 및 알킬리튬을 제외한다) | 50kg |
| ㉧ 금속의 수소화물 | 300kg |
| ㉨ 금속의 인화물 | 300kg |
| ㉩ 칼슘 또는 알루미늄의 탄화물 | 300kg |

④ 제4류 위험물 : 인화성 액체

㉠ 인화의 위험성이 있는 액체(제3석유류, 제4석유류 및 동식물유류의 경우 1기압, 20℃에서 액체인 것만 해당)

㉡ 위험물 및 지정수량

| 품명 | | 지정수량 |
|---|---|---|
| ㉠ 특수인화물 | | 50L |
| ㉡ 제1석유류 | 비수용성액체 | 200L |
| | 수용성액체 | 400L |
| ㉢ 알코올류 | | 400L |
| ㉣ 제2석유류 | 비수용성액체 | 1,000L |
| | 수용성액체 | 2,000L |
| ㉤ 제3석유류 | 비수용성액체 | 2,000L |
| | 수용성액체 | 4,000L |
| ㉥ 제4석유류 | | 6,000L |
| ㉦ 동식물유류 | | 10,000L |

[비고]

• 특수인화물 : 1기압에서 발화점이 100℃ 이하인 것 또는 인화점이 영하 20℃ 이하이고 비점이 40℃ 이하인 것
예 이황화탄소, 디에틸에테르

• 제1석유류 : 1기압에서 인화점이 21℃ 미만인 것
예 아세톤, 휘발유

• 알코올류 : 1분자를 구성하는 탄소원자의 수가 1개부터 3개까지인 포화1가 알코올(변성알코올 포함)
※ 알코올류에 해당하지 않는 것
  – 1분자를 구성하는 탄소원자의 수가 1개 내지 3개의 포화1가 알코올의 함유량이 60wt% 미만인 수용액
  – 가연성 액체량이 60wt% 미만이고 인화점 및 연소점이 에틸알코올 60wt% 수용액의 인화점 및 연소점을 초과하는 것

• 제2석유류 : 1기압에서 인화점이 21℃ 이상 70℃ 미만인 것. 다만, 도료류 그 밖의 물품에 있어서 가연성 액체량이 40wt% 이하이면서 인화점이 40℃ 이상인 동시에 연소점이 60℃ 이상인 것은 제외
예 등유, 경유

• 제3석유류 : 1기압에서 인화점이 70℃ 이상 200℃ 미만인 것. 다만, 도료류 그 밖의 물품은 가연성 액체량이 40wt% 이하인 것은 제외
예 중유, 크레오소트유

• 제4석유류 : 1기압에서 인화점이 200℃ 이상 250℃ 미만의 것. 다만, 도료류 그 밖의 물품은 가연성 액체량이 40wt% 이하인 것은 제외
예 기어유, 실린더유

• 동식물유류 : 동물의 지육 등 또는 식물의 종자나 과육으로부터 추출한 것으로서 1기압에서 인화점이 250℃ 미만인 것

⑤ 제5류 위험물 : 자기반응성 물질

㉠ 폭발의 위험성 또는 가열분해의 격렬함을 판단하기 위하여 고시로 정하는 시험에서 고시로 정하는 성질과 상태를 나타내는 고체 또는 액체

㉡ 위험물 및 지정수량

| 품명 | 지정수량 |
|---|---|
| ㉠ 유기과산화물 | 제1종 : 10kg<br>제2종 : 100kg |
| ㉡ 질산에스터류 | |
| ㉢ 나이트로화합물 | |
| ㉣ 나이트로소화합물 | |
| ㉤ 아조화합물 | |
| ㉥ 다이아조화합물 | |
| ㉦ 하이드라진 유도체 | |
| ㉧ 하이드록실아민 | |
| ㉨ 하이드록실아민염류 | |

⑥ 제6류 위험물 : 산화성 액체

㉠ 산화력의 잠재적인 위험성을 판단하기 위하여 고시로 정하는 시험에서 고시로 정하는 성질과 상태를 나타내는 액체

㉡ 위험물 및 지정수량

| 품명 | 지정수량 |
|---|---|
| ㉠ 과염소산 | 300kg |
| ㉡ 과산화수소 | 300kg |
| ㉢ 질산 | 300kg |

## (3) 유별 특징

### ① 제1류 위험물(산화성 고체)

| 구분 | 내용 |
|---|---|
| 성질 | • 대부분 무색 결정 또는 백색분말<br>• 대부분 물에 녹음(수용성)<br>• 비중은 1보다 큼<br>• 불연성이며 산소를 많이 함유하고 있는 강산화제<br>• 반응성이 풍부하여 열·타격·충격·마찰 및 다른 약품과의 접촉으로 분해하여 많은 산소를 방출하여 다른 가연물의 연소를 돕는 조연성 물질 |
| 위험성 | • 가열 또는 제6류 위험물(산화성 액체)과 혼합 시 산화성이 증대<br>• 유기물과 혼합하면 폭발의 위험이 있음<br>• 열분해 시 산소 방출<br>• 무기과산화물은 물과 반응하여 산소를 방출하며 심하게 발열 |
| 저장·취급 방법 | • 가열·마찰·충격 등의 요인을 피해야 함<br>• 제2류 위험물(가연물, 환원물)과의 접촉을 피해야 함<br>• 강산류와의 접촉을 피해야 함<br>• 조해성(공기의 수분을 흡수하여 스스로 녹는 성질)이 있는 물질은 습기나 수분과의 접촉에 주의하며 용기는 밀폐하여 저장<br>• 화재 위험이 있는 곳으로부터 멀리 위치 |

<table>
<tr><td rowspan="2">소화방법</td><td>제1류 위험물</td><td>물에 의한 냉각소화</td></tr>
<tr><td>알칼리금속의 과산화물</td><td>마른 모래, 팽창질석, 팽창진주암, 탄산수소염류 분말약제</td></tr>
</table>

### ② 제2류 위험물(가연성 고체)

<table>
<tr><td>성질</td><td colspan="2">• 비교적 낮은 온도에서 착화되기 쉬운 가연물<br>• 비중은 1보다 크고 물에 녹지 않음<br>• 대단히 연소속도가 빠른 고체(강력한 환원제)<br>• 연소 시 유독가스를 발생하는 것도 있고 연소열이 크고 연소온도가 높음<br>• 철분, 금속분, 마그네슘은 물과 산의 접촉으로 발열</td></tr>
<tr><td>위험성</td><td colspan="2">• 착화온도가 낮아 저온에서 발화가 용이<br>• 연소속도가 빠르고 연소 시 다량의 빛과 열을 발생(연소열 큼)<br>• 가열·충격·마찰에 의해 발화·폭발 위험이 있음<br>• 금속분은 산, 할로겐원소, 황화수소와 접촉 시 발열·발화</td></tr>
<tr><td>저장·취급<br>방법</td><td colspan="2">• 점화원으로부터 멀리하고 불티, 불꽃, 고온체와의 접촉을 피해야 함<br>• 산화제(제1류, 제6류)와의 접촉을 피해야 함<br>• 철분, 마그네슘, 금속분은 산·물과의 접촉을 피해야 함</td></tr>
<tr><td rowspan="2">소화방법</td><td>제2류 위험물</td><td>물에 의한 냉각소화</td></tr>
<tr><td>철분, 금속분, 마그네슘</td><td>마른 모래, 팽창질석, 팽창진주암, 탄산수소염류 분말약제</td></tr>
</table>

### ③ 제3류 위험물(자연발화성 물질 및 금수성 물질)

| 구분 | 내용 |
|---|---|
| 성질 | • 대부분 무기화합물이며, 일부(알킬알루미늄, 알킬리튬, 유기금속화합물)는 유기화합물<br>• 대부분 고체이고 일부는 액체<br>• 황린을 제외하고 금수성 물질<br>• 지정수량 10kg(칼륨, 나트륨, 알킬알루미늄, 알킬리튬)은 물보다 가볍고 나머지는 물보다 무거움 |
| 위험성 | • 가열, 강산화성 물질 또는 강산류와 접촉에 의해 위험성이 증가<br>• 일부는 물과 접촉에 의해 발화<br>• 자연발화성 물질은 물·공기와 접촉하면 폭발적으로 연소하여 가연성 가스를 발생<br>• 금수성 물질은 물과 반응하여 가연성 가스[$H_2$(수소), $C_2H_2$(아세틸렌), $PH_3$(포스핀)]를 발생 |
| 저장·취급<br>방법 | • 저장용기는 공기, 수분과의 접촉을 피해야 함<br>• 가연성 가스가 발생하는 자연발화성 물질은 불티, 불꽃, 고온체와 접근을 피해야 함<br>• 칼륨, 나트륨, 알칼리금속 : 산소가 포함되지 않은 석유류(등유, 경유, 유동파라핀)에 표면이 노출되지 않도록 저장<br>• 화재 시 소화가 어려우므로, 희석제를 혼합하거나 소량으로 분리하여 저장<br>• 자연발화를 방지(통풍, 저장실온도 낮춤, 습도 낮춤, 정촉매 접촉 금지) |
| 소화방법 | • 물에 의한 주수소화는 절대 금지(단, 황린은 주수소화 가능)<br>• 소화약제 : 마른 모래, 팽창질석, 팽창진주암, 탄산수소염류 분말약제 |

### ④ 제4류 위험물(인화성 액체)

| 구분 | 내용 |
|---|---|
| 성질 | • 대단히 인화하기 쉬움<br>• 연소범위의 하한이 낮아서, 공기 중 소량 누설되어도 연소 가능<br>• 증기는 공기보다 무거움(단, 시안화수소는 공기보다 가벼움)<br>• 대부분 물보다 가볍고 물에 녹지 않음 |
| 위험성 | • 인화위험이 높으므로 화기의 접근을 피해야 함<br>• 증기는 공기와 약간만 혼합되어도 연소함<br>• 발화점과 연소범위의 하한이 낮음<br>• 전기 부도체이므로 정전기 축적이 쉬워 정전기 발생에 주의 필요 |

| 저장·취급 방법 | • 화기·점화원으로부터 멀리 저장<br>• 정전기의 발생에 주의하여 저장·취급<br>• 증기 및 액체의 누설에 주의하여 밀폐용기에 저장<br>• 증기의 축적을 방지하기 위해 통풍이 잘되는 곳에 보관<br>• 증기는 높은 곳으로 배출<br>• 인화점 이상 가열하여 취급하지 말 것 |
|---|---|
| 소화방법 | • 봉상주수 소화 절대 금지(유증기 발생 및 연소면 확대 우려)<br>• 포, 불활성 가스(이산화탄소), 할로겐 화합물, 분말소화약제로 질식소화<br>• 물에 의한 분무소화(질식소화)도 효과적<br>• 수용성 위험물은 알코올형 포소화약제를 사용 |

### ⑤ 제5류 위험물(자기반응성 물질)

| 성질 | • 산소를 함유하고 있어 외부로부터 산소의 공급 없이도 가열·충격 등에 의해 연소폭발을 일으킬 수 있는 자기연소를 일으킴<br>• 연소속도가 대단히 빠르고 폭발적<br>• 물에 녹지 않고 물과의 반응 위험성이 크지 않음<br>• 비중이 1보다 큼<br>• 모두 가연성 물질이며 연소 시 다량의 가스 발생<br>• 시간의 경과에 따라 자연발화의 위험성이 있음<br>• 대부분이 유기화합물(하이드라진유도체 제외)이므로 가열, 충격, 마찰 등으로 폭발의 위험이 있음<br>• 대부분이 질소를 함유한 유기질소화합물(유기과산화물 제외) |
|---|---|
| 위험성 | • 외부의 산소공급 없이도 자기연소하므로 연소속도가 빠르고 폭발적<br>• 강산화제, 강산류와 혼합한 것은 발화를 촉진시키고 위험성도 증가<br>• 아조화합물, 다이아조화합물, 하이드라진유도체는 고농도인 경우 충격에 민감하여 연소 시 순간적인 폭발로 이어짐<br>• 나이트로화합물은 화기, 가열, 충격, 마찰에 민감하여 폭발위험이 있음 |
| 저장·취급 방법 | • 점화원 엄금<br>• 가열, 충격, 마찰, 타격 등을 피해야 함<br>• 강산화제, 강산류, 기타 물질이 혼입되지 않도록 해야 함<br>• 화재 발생 시 소화가 곤란하므로 소분하여 저장 |
| 소화방법 | • 화재 초기 또는 소형화재 시 다량의 물로 주수소화(이 외에는 소화가 어려움)<br>• 소화가 어려울 시 가연물이 다 연소할 때까지 화재의 확산을 막아야 함<br>• 물질 자체가 산소를 함유하고 있으므로 질식소화는 효과적이지 않음 |

### ⑥ 제6류 위험물(산화성 액체)

| 성질 | • 부식성 및 유독성이 강한 강산화제<br>• 산소를 많이 포함하여 다른 가연물의 연소를 도움<br>• 비중이 1보다 크며, 물에 잘 녹음<br>• 가연물 및 분해를 촉진하는 약품과 접촉하면 분해 폭발<br>• 물과 접촉 시 발열<br>• 과산화수소를 제외하고 강산성 물질 |
|---|---|
| 위험성 | • 자신은 불연성 물질이지만 산화성이 커 다른 물질의 연소를 도움<br>• 강환원제, 일반 가연물과 혼합한 것은 접촉발화하거나 가열 등에 의해 위험한 상태가 됨<br>• 과산화수소를 제외하고 물과 접촉하면 심하게 발열 |
| 저장·취급 방법 | • 물·가연물·유기물·제1류위험물과 접촉을 피해야 함<br>• 내산성 저장용기를 사용 |
| 소화방법 | • 주수소화<br>• 마른모래, 포소화기 사용 |

### (4) 유별을 달리하는 위험물의 혼재기준(위험물안전관리법 시행규칙 별표 19)

| 위험물의 구분 | 제1류 | 제2류 | 제3류 | 제4류 | 제5류 | 제6류 |
|---|---|---|---|---|---|---|
| 제1류 |  | × | × | × | × | ○ |
| 제2류 | × |  | × | ○ | ○ | × |
| 제3류 | × | × |  | ○ | × | × |
| 제4류 | × | ○ | ○ |  | ○ | × |
| 제5류 | × | ○ | × | ○ |  | × |
| 제6류 | ○ | × | × | × | × |  |

※ 비고
- "X" 표시는 혼재할 수 없음을 표시한다.
- "O" 표시는 혼재할 수 있음을 표시한다.
- 이 표는 지정수량의 1/10 이하의 위험물에 대하여는 적용하지 아니한다.

### (5) 위험물의 분리보관(위험물안전관리법 시행규칙 별표 18)

옥내저장소·옥외저장소에서 유별이 다른 위험물을 서로 1m 이상의 간격을 두고 함께 저장할 수 있는 경우

① 제1류 위험물(알칼리금속의 과산화물 또는 이를 함유한 것을 제외한다)과 제5류 위험물을 저장하는 경우

② 제1류 위험물과 제6류 위험물을 저장하는 경우

③ 제1류 위험물과 제3류 위험물 중 자연발화성 물질(황린 또는 이를 함유한 것에 한한다)을 저장하는 경우

④ 제2류 위험물 중 인화성 고체와 제4류 위험물을 저장하는 경우

⑤ 제3류 위험물 중 알킬알루미늄 등과 제4류 위험물(알킬알루미늄 또는 알킬리튬을 함유한 것에 한한다)을 저장하는 경우

⑥ 제4류 위험물 중 유기과산화물 또는 이를 함유하는 것과 제5류 위험물 중 유기과산화물 또는 이를 함유한 것을 저장하는 경우

## 5 소방시설

### (1) 소방시설의 종류(소방시설 설치 및 관리에 관한 법률 시행령 별표 1)

| | |
|---|---|
| 소화설비 | 물 또는 그 밖의 소화약제를 사용하는 기계·기구 또는 설비<br>예 소화기구(소화기, 간이소화용구, 자동확산소화기), 자동소화장치, 옥내소화전설비, 스프링클러설비등, 물분무등소화설비, 옥외소화전설비 |
| 경보설비 | 화재발생 사실을 통보하는 기계·기구 또는 설비<br>예 단독경보형 감지기, 비상경보설비, 자동화재탐지설비, 시각경보기, 화재알림설비, 비상방송설비, 자동화재속보설비, 통합감시시설, 누전경보기, 가스누설경보기 |
| 피난구조설비 | 화재가 발생할 경우 피난하기 위하여 사용하는 기구·설비<br>예 피난기구(피난사다리, 구조대, 완강기, 간이완강기 등), 인명구조기구(방열복·방화복, 공기호흡기, 인공소생기, 유도등(피난유도선, 피난구유도등, 통로유도등, 객석유도등, 유도표지), 비상조명등 및 휴대용비상조명등 |
| 소화용수설비 | 화재를 진압하는 데 필요한 물을 공급하거나 저장하는 설비<br>예 상수도소화용수설비, 소화수조·저수조, 그 밖의 소화용수설비 |
| 소화활동설비 | 화재를 진압하거나 인명구조활동을 위하여 사용하는 설비<br>예 제연설비, 연결송수관설비, 연결살수설비, 비상콘센트설비, 무선통신보조설비, 연소방지설비 |

### (2) 소화설비

① 소화기(소화기구 및 자동소화장치의 화재안전성능기준) : 소화약제를 압력에 따라 방사하는 기구로서 사람이 수동조작하여 소화하는 것

㉠ 능력단위에 따른 분류

| | |
|---|---|
| 소형소화기 | • 능력단위가 1단위 이상이고 대형소화기의 능력단위 미만인 소화기<br>• 방호대상물의 각 부분으로부터 하나의 소형 수동식소화기까지의 보행거리가 20m 이하가 되도록 설치 |
| 대형소화기 | • 화재 시 사람이 운반할 수 있도록 운반대와 바퀴가 설치되어 있고 능력단위가 A급 10단위 이상, B급 20단위 이상인 소화기<br>• 방호대상물의 각 부분으로부터 하나의 대형 수동식소화기까지의 보행거리가 30m 이하가 되도록 설치 |

㉡ 약제에 따른 분류

| 종류 | 구조 | 특징 |
|---|---|---|
| 분말소화기 | 안전핀, 압력계, 레버, 호스, 축압용 가스, 사이폰관, 노즐, 분말약제<br>정상(녹색), 재충전(노랑), 과충전(빨강) | • 대중적으로 사용되는 소화기<br>• 가압된 가스(질소)를 이용하여 분출<br>• 방사 후 분말이 남아 소화대상이 훼손될 우려가 있음<br>• 장기보관 시 약제가 굳을 수 있음<br>• 개봉하여 사용 후 재사용 불가능<br>• 충전압력(녹색 범위) : 0.7~0.98MPa |

| 종류 | 구조 | 특징 |
|---|---|---|
| 이산화탄소 소화기 | 안전핀, 위 레버, 안전변, 밑 레버, 손잡이, 호스, 노즐, 용기, 폰, 사이펀관 | • 이산화탄소가 고압으로 압축되어 액상으로 충전되어 있음<br>• 방출되며 드라이아이스로 변하면서 이산화탄소가스로 화재면을 덮어 공기를 차단<br>• 레버식 밸브(대형소화기는 핸들식)의 개폐에 의해 방사되므로 방사를 중지할 수 있음<br>• 밸브 본체에는 일정 압력에서 작동하는 안전밸브가 장치되어 있음<br>• 방출 시 노즐을 잡으면 동상 우려가 있어 반드시 손잡이를 잡아야 함 |
| 할론소화기 | 밸브, 손잡이, 호스, 사이폰관, 용기, 폰 | • 소화 후 약제 잔재물이 남지 않는 장점이 있으나 독성 등으로 인해 사용 안 함<br>• Halon1211, 2404 : 지시압력계가 있음<br>• Halon1301 : 지시압력계가 없고, 고압가스 자체의 압력으로 방사 |
| 포소화기 | 안전 커버, 안전 밸브, 누름쇠, 캡, 커터, 봉판, 황산알루미늄 용액, 탄산수소나트륨 용액, 호스, 노즐 | • 밀봉된 내통 용기를 뚫은 후 뒤집어서 격리된 두 용액(탄산수소나트륨, 황산알루미늄)을 혼합하여 사용<br>• 약제에 의한 부식 가능성이 높음 |

㉢ 사용방법

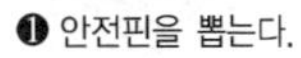
❶ 안전핀을 뽑는다.

❷ 노즐을 잡고 불 쪽을 향한다.

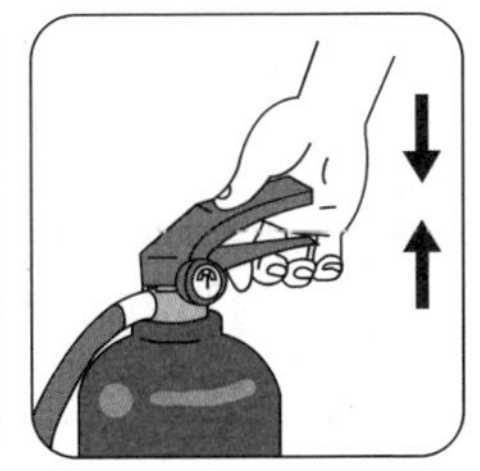

❸ 손잡이를 움켜쥔다.

❹ 분말을 골고루 쏜다.

㉣ 소화기구 설치기준

ⓐ 특정소방대상물의 설치 장소에 따라 적합한 종류의 것으로 한다.

ⓑ 특정소방대상물에 따라 능력단위를 기준 이상으로 한다.

ⓒ 보일러실, 교육연구시설, 발전실, 변전실, 전산기기실 등 부속 용도별로 사용되는 부분에 대해 소화기구 및 자동소화장치의 능력단위를 추가하여 설치한다.

ⓓ 각 층이 2 이상의 거실로 구획된 경우에는 각 층마다 설치하는 것 외에 바닥면적 33m$^2$ 이상으로 구획된 각 거실(각 세대)에도 배치한다.

ⓔ 능력단위 2 이상이 되도록 소화기를 설치해야 할 대상에는 간이소화용구의 능력단위가 전체 능력단위의 2분의 1을 초과하지 않도록 한다.

ⓕ 소화기구는 바닥으로부터 높이 1.5m 이하의 곳에 비치하고 "소화기", "투척용소화용구", "소화용 모래", "소화질석"이라고 표시한 표지를 보기 쉬운 곳에 부착한다.

ⓜ 점검방법

| 구분 | 점검사항 | 비고 |
|---|---|---|
| 소화기 적응성 | 소화기는 화재의 종류에 따라 적응성 있는 소화기를 사용 | • A 일반화재<br>• B 유류화재<br>• C 전기화재<br>• K 주방화재 |
| 본체 용기 | 본체 용기가 변형, 손상 또는 부식된 경우 교체(가압식 소화기는 사용상 주의) | |
| 누름쇠·레버 등의 조작 장치 | 손잡이의 누름쇠가 변형되거나 파손되면 사용 시 손잡이를 눌러도 소화약제가 방출되지 않을 수 있음 | |
| 호스·혼·노즐 | 호스가 찢어지거나 노즐·혼이 파손되거나 탈락되면, 찢어진 부분이나 파손된 부분으로 소화약제가 새어 화점으로 약제를 방출할 수 없음 | |
| 지시 압력계 | 지시압력계 지침이 녹색범위에 있어야 정상(노란색(황색) 부분은 압력이 부족한 것으로 재충전이 필요하며, 적색 부분에 있으면 과압(압력이 높음) 상태를 나타냄) | |
| 안전핀 | 안전핀의 탈락 여부, 안전핀이 변형되어 있지 않은지 점검 | |

| 구분 | 점검사항 | 비고 |
|---|---|---|
| 자동확산소화기 점검방법 | 소화기의 지시압력계 상태를 확인, 지시압력계 지침이 녹색 범위 내에 있어야 적합 | |

② 옥내소화전설비 : 건물 내부에 설치하는 수계용 소방 설비로, 소방대 도착 전 미리 화재를 진압하는 설비이다.

㉠ 설치기준

| | |
|---|---|
| **소화전함** | • 함 표면에 "소화전"이라고 표시한 표지 부착<br>• 함 표면에 사용요령(외국어 병기)을 기재한 표지판을 부착 |
| **방수구** | • 층마다 바닥으로부터 1.5m 높이 이하에 설치<br>• 소방대상물의 각 부분으로부터 방수구까지 수평거리는 25m 이하 |
| **표시등** | • 함 상부에 위치<br>• 부착면으로부터 15° 이상, 10m 이내의 어느 곳에서도 쉽게 식별 가능한 적색등 |
| **호스** | • 구경 40mm 이상의 것(호스릴 옥내소화전 설비는 25mm 이상)<br>• 물이 유효하게 뿌려질 수 있는 길이로 설치 |
| **관창(노즐)** | • 직사형 : 봉상으로 방수<br>• 방사형 : 봉상 및 분무 상태로 방사 |
| **수조** | 한 층에 설치된 옥내소화전 최대 설치개수(5개 이상인 경우 5)×2.6m$^3$ 이상 |

㉡ 사용방법

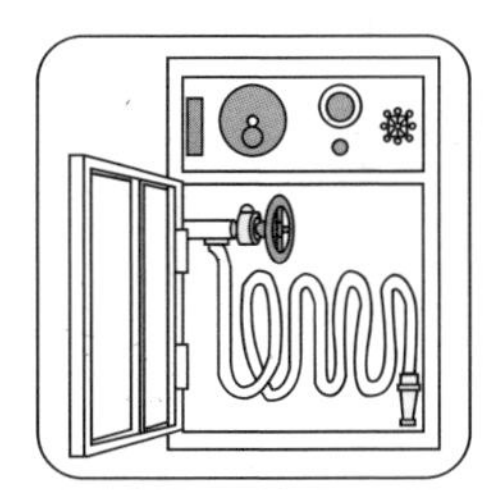
❶ 문을 연다.

❷ 호스를 빼고 노즐을 잡는다.

❸ 밸브를 돌린다.

❹ 불을 향해 쏜다.

㉢ 점검방법

| 구분 | 점검사항 |
|---|---|
| 방수압력 측정 | • 옥내소화전 2개(고층건물은 최대 5개)를 동시에 개방하여 방수압력 측정<br>• 노즐 선단으로부터 노즐구경의 2의 1(2분의 1) 떨어진 위치에서 측정<br>• 직사형 관창 이용<br>• 봉상주수 상태에서 직각으로 측정<br>• 방수시간 3분<br>• 방사거리 8m 이상<br>• 방수압력 0.17MPa 이상<br>• 최상층 소화전 개방 시 소화펌프 자동 기동 및 기동표시등 확인 |
| 제어반 점검 | • 펌프 운전선택 스위치의 자동위치 확인<br>• 위치표시등, 기동표시등의 색상과 상태 정상 여부 확인 |

| 구분 | 점검사항 |
| --- | --- |
| 소화전함 점검 | • 함 외부의 "소화전" 표시 확인<br>• 함 표면의 사용요령 부착 상태 확인<br>• 함 주변 장애물 제거<br>• 결합부의 누수 여부 및 밸브 개폐조작 용이 여부 확인<br>• 호스 체결 여부 및 정리 상태 확인 |

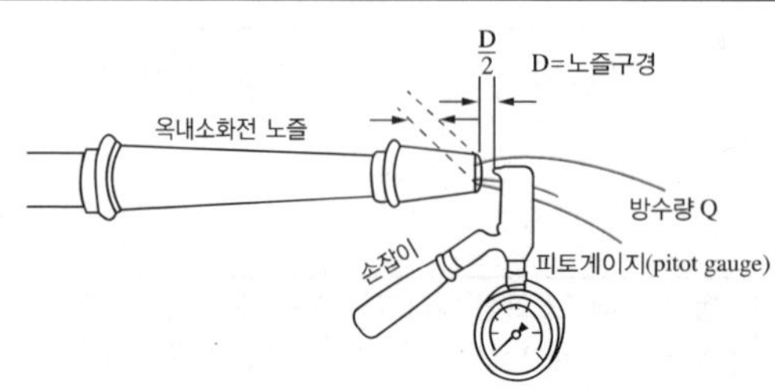


### (3) 경보설비 – 자동화재탐지설비

① **개요** : 건축물 내에 발생한 화재 초기단계에서 발생하는 열 또는 연기 또는 불꽃 등을 자동적으로 감지하여 건물 내 관계자에게 발화장소를 알리고 동시에 경보를 내보내는 설비

② **구성장치** : 감지기, 수신기, 발신기, 음향장치

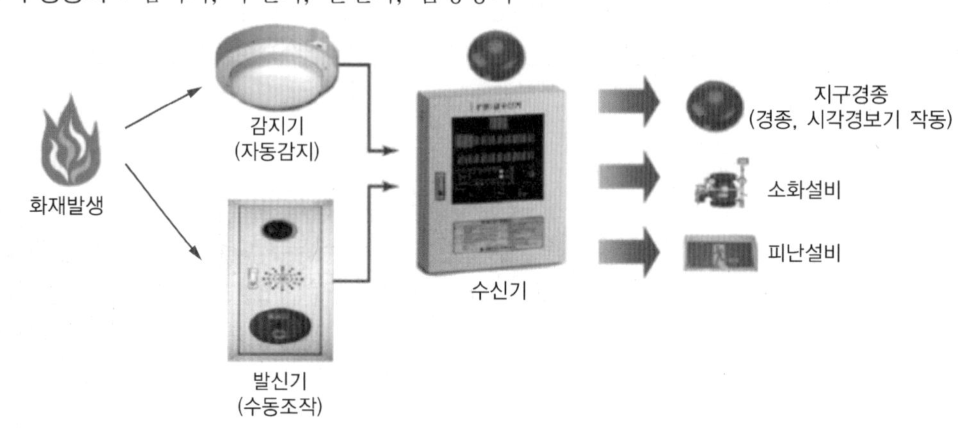


㉠ 감지기

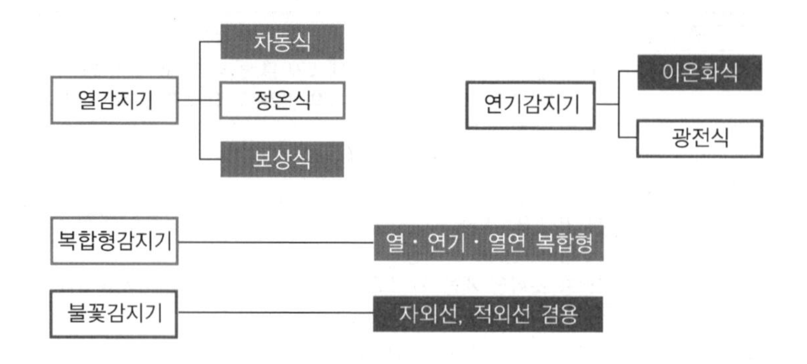

ⓐ 열감지기

| | |
|---|---|
| **차동식 스포트형 감지기**<br> | • 주위 온도가 일정 상승률 이상 되었을 때 열 효과에 의해 작동<br>• 주로 거실, 사무실 등에 설치<br>• 화재 시 발생된 열에 의해 공기실 내 공기가 팽창하여 공기 압력에 의해 다이어프램이 밀어 올려져 접점이 붙으면서 동작되며, 이때 작동표시등이 점등<br>• 평상시 난방등에 의해 서서히 온도가 올라가는 경우 리크 구멍으로 공기가 빠져나가 비화재보를 방지 |
| **정온식 스포트형 감지기**<br>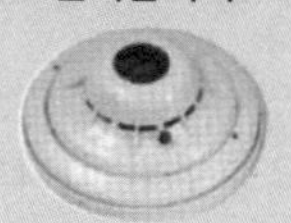 | • 주위 온도가 일정 온도 이상 되었을 때 작동<br>• 주로 보일러실, 주방 등에 설치<br>• 바이메탈 활곡 : 일정 온도에 도달하면 바이메탈이 활곡 모양으로 휘면서 폐회로 시켜 신호를 보냄<br>• 금속팽창 : 팽창계수가 큰 외부 금속판과 팽창계수가 작은 내부 금속판을 조합하여 열에 대한 선팽창의 차에 의해 접점을 붙게 하여 신호를 보냄<br>• 액체(기체) 팽창 : 일정 온도 이상 시 반전판 내 액체가 기화되면서 팽창하여 접점을 폐회로시켜 신호를 보냄 |

※ 스포트형 감지기 : 바닥면과 수직으로 부착하거나 경사지게 부착 시 최소 45° 이내로 부착하여 열·연기가 감지기 내부에서 일정 시간 동안 머무를 수 있도록 해야 함

ⓑ 연기감지기

| | |
|---|---|
| **이온화식 연기감지기**<br> | • 주로 계단, 복도 등에 설치<br>• 공기 중의 이온화 현상에 의해 발생되는 이온전류가 화재 시 발생되는 연기에 의해 그 양이 감소하는 것을 검출하여 화재 신호로 변환 |
| **광전식 연기감지기**<br> | • 주로 계단, 복도 등에 설치<br>• 화재 시 연기 입자 침입에 의해 발광소자에 비추는 빛이 산란되어 산란광 일부가 수광소자에 비추게 되어 수광량 변화를 검출하여 수신기에 화재 신호를 보냄 |

ⓒ 불꽃감지기

| | |
|---|---|
| **자외선 불꽃감지기** | • 불꽃에서 방사되는 자외선의 변화가 일정량 이상으로 될 때 작동<br>• 일반적으로 0.18~0.26$\mu$m 파장을 검출하여 화재 신호 발신 |
| **적외선 불꽃감지기** | • 불꽃에서 방사되는 적외선의 변화가 일정량 이상으로 될 때 작동<br>• 일반적으로 2.5~2.8$\mu$m, 4.2~4.5$\mu$m 파장을 검출해서 화재 신호 발신 |

ⓓ 단독경보형 감지기

| | |
|---|---|
| **단독경보형 감지기**<br> | • 감지기 자체에 건전지와 음향장치가 내장<br>• 화재 시 열에 의해 감지된 화재신호를 신속하게 실내 안에서 경보하여 인명 대피를 유도<br>• 별도의 수신기가 필요 없고, 내장된 음향장치에 의해 단독으로 화재 발생 상황을 알림<br>• 각 실마다 설치하되, 바닥면적이 150$m^2$을 초과하면 150$m^2$마다 1개 이상 설치<br>• 최상층의 계단실 천장에 설치<br>• 건전지가 주전원이므로 건전지를 교환 |

㉡ 발신기

ⓐ 구조

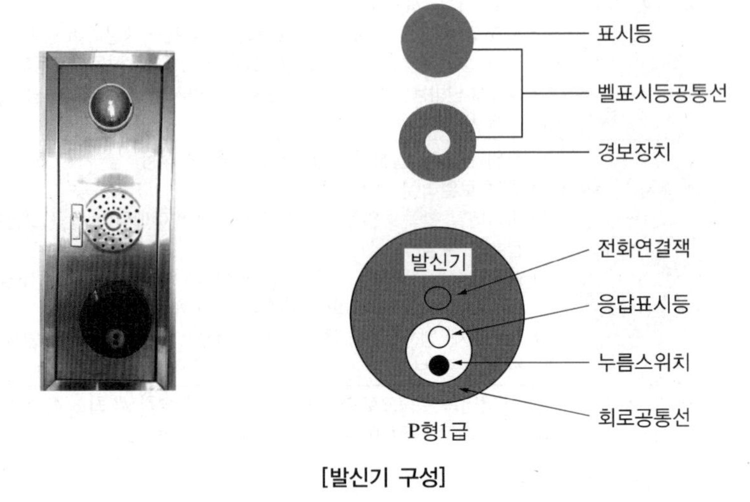


**[발신기 구성]**

ⓑ 설치기준(자동화재탐지설비 및 시각경보장치의 화재안전기술기준)

- 조작이 쉬운 장소에 설치하고, 스위치는 바닥으로부터 0.8m 이상 1.5m 이하의 높이에 설치한다.
- 특정소방대상물의 층마다 설치하되, 해당 층의 각 부분으로부터 하나의 발신기까지의 수평거리가 25m 이하가 되도록 설치한다(단, 복도 또는 별도로 구획된 실로서 보행거리가 40m 이상일 경우에는 추가로 설치).
- 발신기의 위치를 표시하는 표시등은 함의 상부에 설치하되, 그 불빛은 부착면으로부터 15° 이상의 범위 안에서 부착지점으로부터 10m 이내의 어느 곳에서도 쉽게 식별할 수 있는 적색등으로 한다.

ⓒ 동작원리

| | |
|---|---|
| **동작** | 발신기 스위치 누름 → 수신기 동작(화재표시등, 지구표시등, 발신기표시등, 경보장치 동작) → 응답표시등 점등 |
| **복구** | 발신기 스위치 원위치로 복구 → 수신기 복구스위치 누름 → 응답표시등 소등, 수신기 동작표시등 소등 |

ⓒ 수신기

ⓐ 종류별 특징

| | |
|---|---|
| P형 수신기 | • 일반적으로 사용하는 수신기이다.<br>• 감지기/발신기에서 발신한 화재 신호는 직접 또는 중계기를 거쳐 공통의 신호로 수신하고 표시방법은 지구별로 되어 있다.<br>• 적색의 화재등과 화재 발생 장소를 각각 자동적으로 표시한다.<br>• 주음향장치, 지구음향장치를 자동적으로 명동한다. |
| R형 수신기 | • 감지기, 발신기로부터 온 신호를 중계기를 통해 각 회선마다 고유 신호로 수신한다.<br>• 사용신호방식은 주로 시분할 방식을 이용한 다중통신방식이다.<br>• P형 수신기보다 많은 선로를 절약할 수 있다.<br>• 초고층빌딩 등 회선수가 매우 많은 대상물에 설치한다. |
| GP형 수신기 | P형 수신기 기능과 가스누설경보기의 수신부 기능을 겸한 것이다. |
| GR형 수신기 | R형 수신기 기능과 가스누설경보기의 수신부 기능을 겸한 것이다. |

ⓑ 설치기준(자동화재탐지설비 및 시각경보장치의 화재안전기술기준)

- 수위실 등 상시 사람이 근무하는 장소에 설치한다(상시 근무장소가 없는 경우 관계인이 쉽게 접근하고 관리가 용이한 장소에 설치).
- 수신기 설치장소에는 경계구역 일람도를 비치한다.
- 수신기 음향기구는 그 음량 및 음색이 다른 기기의 소음 등과 명확히 구별될 수 있어야 한다.
- 수신기는 감지기·중계기 또는 발신기가 작동하는 경계구역을 표시할 수 있는 것으로 한다.
- 화재·가스·전기 등에 대한 종합방재반을 설치한 경우에는 해당 조작반에 수신기의 작동과 연동하여 감지기·중계기·발신기가 작동하는 경계구역을 표시할 수 있는 것으로 설치한다.
- 하나의 경계구역은 하나의 표시등 또는 하나의 문자로 표시한다.
- 수신기 조작 스위치는 바닥으로부터 높이가 0.8m 이상 1.5m 이하인 장소에 설치한다.
- 하나의 특정소방대상물에 2 이상의 수신기를 설치하는 경우에는 수신기를 상호 간 연동하여 화재발생상황을 각 수신기마다 확인할 수 있도록 한다.

ⓓ 음향장치

| | |
|---|---|
| 주음향장치 | 수신기 내부 또는 직근에 설치 |
| 지구음향장치 | 각 경계구역 내 발신기함에 설치 |
| 설치기준 | • 주음향장치는 수신기의 내부 또는 그 직근에 설치<br>• 지구음향장치는 특정소방대상물의 층마다 설치하되, 해당 특정소방대상물의 각 부분으로부터 하나의 음향장치까지의 수평거리가 25m 이하가 되도록 하고, 해당 층의 각 부분에 유효하게 경보를 발할 수 있도록 설치<br>• 음향장치는 정격전압의 80% 전압에서 음향을 발할 수 있는 것으로 음량은 부착된 음향장치의 중심으로부터 1m 떨어진 위치에서 90dB 이상이 되는 것으로 할 것 |

③ 비화재보의 원인과 대책

| 비화재보의 주요원인 | 대책 |
|---|---|
| 주방에 비적응성 감지기가 설치된 경우 | 정온식 감지기로 교체 |
| 천장형 온풍기에 밀접하게 설치된 경우 | 기류 흐름 방향 외 이격 설치 |
| 장마철 공기 중 습도 증가에 의한 감지기 오동작 | 복구 스위치 누름 또는 동작된 감지기 복구 |
| 청소 불량에 의한 감지기 오동작 | 내부 먼지 제거 |
| 건축물 누수로 인한 감지기 오동작 | 누수 부분 방수 처리 및 감지기 교체 |
| 담배 연기로 인한 연기감지기 오작동 | 흡연구역에 환풍기 등 설치 |
| 발신기를 장난으로 눌러 발신기 동작 | 입주자 소방안전 교육을 통한 계몽 |

④ 고장 진단 및 보수

㉠ 상용전원 OFF

ⓐ 전원 스위치 ON 확인

ⓑ 퓨즈 단자에 상용전원용 퓨즈 확인

ⓒ 정전 확인

ⓓ 수신기 전원 공급용 차단기 ON 확인

㉡ 예비 전원 불량(예비 전원감시등 점등)

ⓐ 예비 전원 전압 확인 후 불량 시 교체

ⓑ 퓨즈 단자에 예비 전원용 퓨즈 확인

ⓒ 예비 전원 연결 커넥터 확인

㉢ 경종 미동작

ⓐ 경종정지스위치가 눌러진 상태인지 확인

ⓑ 퓨즈 단자에 경종용 퓨즈 확인

ⓒ 경종 자체 결함인지 확인(공통선과 지구경종 단자전압 24V인 경우 경종 결함)

ⓓ 경종선 단선 여부 확인

㉣ 계전기(릴레이) 불량 : 기계식계전기는 동작 소리로 확인 가능

### (4) 피난구조설비

① 구조대

㉠ 정의 : 2층 이상의 층에 설치하고 비상 시 건물의 창, 발코니 등에서 지상까지 포대를 사용하여 그 포대 속을 활강하는 피난기구

㉡ 종류 및 사용방법

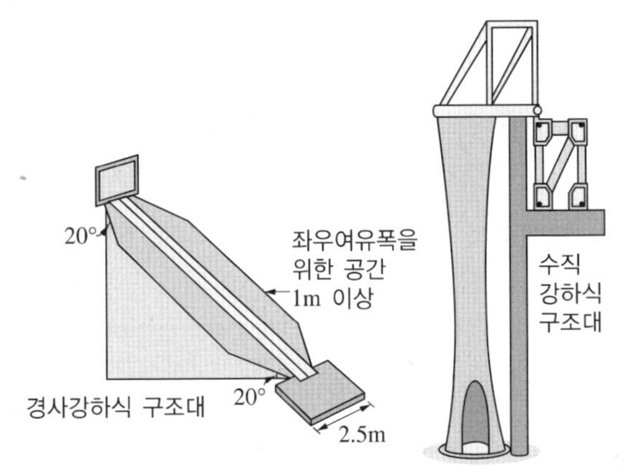


ⓐ 경사강하식

- 구조대의 커버를 들어 올린다.
- 창밖의 장애물을 확인한 후 유도선을 먼저 내리고 활강포를 천천히 내린다.
- 입구틀을 세우고 고정시킨다.
- 지상에서 하부지지대를 고리 등에 견고하게 고정하거나 구조인원이 보조한다.
- 발판 위에 올라가 로프를 잡고 입구에 발부터 집어넣는다.
- 붙잡고 있는 로프를 놓으면 자동으로 몸이 아래로 내려간다.
- 두 다리를 벌려 속도를 조절하면서 밑으로 내려간다.
- 감속하기 위해 팔과 다리를 벌리고, 가속하기 위해서는 팔다리를 몸 쪽으로 붙인다.
- 사람이 내려올 때 출구 양옆에서 손잡이를 들어 올려준다.
- 지상에 도달하면 신속히 구조대에서 탈출한다.

ⓑ 수직강하식

- 구조대의 덮개를 제거한다.
- 구조대의 안전벨트를 제거한다.
- 활강포와 로프를 지상으로 천천히 내려준다.
- 입구틀을 세워서 고정한 후 중간 발판을 세워준다.
- 중간 발판에 올라 입구틀 상단을 손으로 잡고 양발을 입구에 넣고 지상으로 천천히 내려간다(수직구조대는 지상에서 하부지지대를 고정할 필요가 없음).
- 지상에 도달하면 신속히 구조대에서 탈출한다.

② 완강기

㉠ 종류

ⓐ 완강기

- 사용자의 몸무게에 따라 자동적으로 내려올 수 있는 기구
- 조절기, 조속기의 연결부, 로프, 연결금속구, 벨트로 구성
- 3층 이상 10층 이하에 설치

ⓑ 간이완강기

- 지지대 또는 단단한 물체에 걸어서 사용자의 몸무게에 의해 자동적으로 내려올 수 있는 기구
- 사용자가 교대하여 연속적으로 사용할 수 없는 일회용의 것

㉡ 사용방법

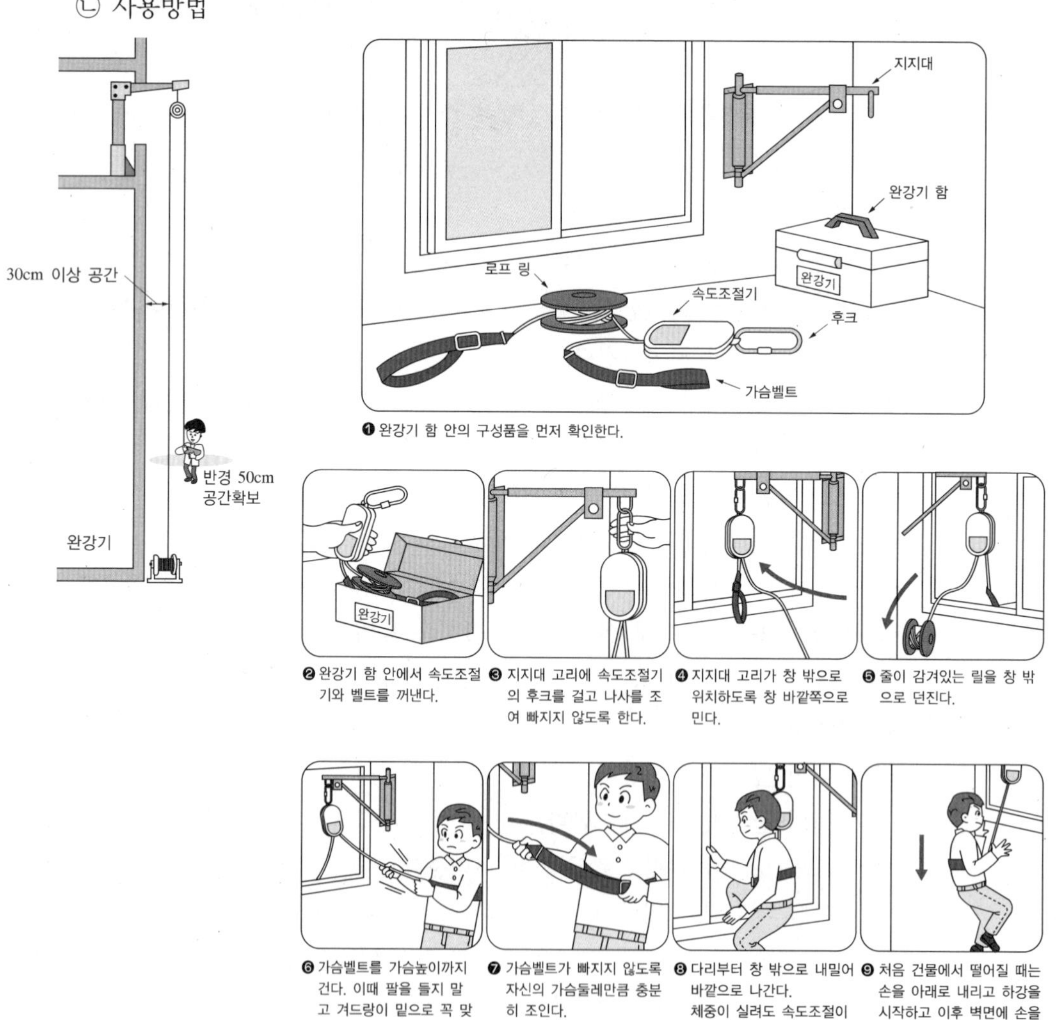


❶ 완강기 함 안의 구성품을 먼저 확인한다.

❷ 완강기 함 안에서 속도조절기와 벨트를 꺼낸다.

❸ 지지대 고리에 속도조절기의 후크를 걸고 나사를 조여 빠지지 않도록 한다.

❹ 지지대 고리가 창 밖으로 위치하도록 창 바깥쪽으로 민다.

❺ 줄이 감겨있는 릴을 창 밖으로 던진다.

❻ 가슴벨트를 가슴높이까지 건다. 이때 팔을 들지 말고 겨드랑이 밑으로 꼭 맞도록 끼운다.

❼ 가슴벨트가 빠지지 않도록 자신의 가슴둘레만큼 충분히 조인다.

❽ 다리부터 창 밖으로 내밀어 바깥으로 나간다. 체중이 실려도 속도조절이 되어 추락하지 않는다.

❾ 처음 건물에서 떨어질 때는 손을 아래로 내리고 하강을 시작하고 이후 벽면에 손을 지지하면서 안전하게 내려간다.

③ 유도등(유도등 및 유도표지의 화재안전기술기준)

㉠ 개념 : 화재 시에 피난을 유도하기 위한 등으로서 정상상태에서는 상용전원에 따라 켜지고 상용전원이 정전되는 경우에는 비상전원으로 자동전환되어 켜지는 등

㉡ 종류 : 피난구유도등, 통로유도등(복도통로유도등, 거실통로유도등, 계단통로유도등), 객석유도등

㉢ 복도통로유도등 설치기준

ⓐ 설치위치

- 복도에 설치할 것
- 구부러진 모퉁이 및 보행거리 20m마다 설치할 것
- 바닥으로부터 높이 1m 이하의 위치에 설치할 것
- 바닥에 설치하는 통로유도등은 하중에 따라 파괴되지 않는 강도의 것으로 할 것

ⓑ 설치제외

- 구부러지지 아니한 복도 또는 통로로서 길이가 30m 미만인 복도 또는 통로
- 보행거리가 20m 미만이고 그 복도 또는 통로와 연결된 출입구 또는 그 부속실의 출입구에 피난구유도등이 설치된 복도 또는 통로

㉣ 거실통로유도등의 설치기준

ⓐ 거실의 통로에 설치할 것. 다만, 거실의 통로가 벽체 등으로 구획된 경우에는 복도통로유도등을 설치할 것

ⓑ 구부러진 모퉁이 및 보행거리 20m마다 설치할 것

ⓒ 바닥으로부터 높이 1.5m 이상의 위치에 설치할 것. 다만, 거실통로에 기둥이 설치된 경우에는 기둥 부분의 바닥으로부터 높이 1.5m 이하의 위치에 설치할 수 있다.

㉤ 계단통로유도등의 설치기준

ⓐ 각 층의 경사로 참 또는 계단참마다(1개 층에 경사로 참 또는 계단참이 2 이상 있는 경우에는 2개의 계단참마다) 설치할 것

ⓑ 바닥으로부터 높이 1m 이하의 위치에 설치할 것

ⓒ 통행에 지장이 없도록 설치할 것

ⓓ 주위에 이와 유사한 등화광고물·게시물 등을 설치하지 않을 것

### (5) 소화활동설비

#### ① 제연설비

㉠ 개요

ⓐ 화재로 인한 유독가스가 들어오지 못하도록 차단, 배출하고 유입된 매연을 희석시키는 등의 제어방식을 통해 실내 공기를 청정하게 유지시켜 피난상의 안전을 도모하는 소방시설

ⓑ 연기의 이동 및 확산을 제한하기 위하여 사용하는 설비

㉡ 제연방법

ⓐ 희석(dilution) : 외부로부터 신선한 공기를 대량 불어넣어 연기의 양을 일정 농도 이하로 낮추는 것

ⓑ 배기(exhaust) : 건물 내의 압력차에 의해 연기를 외부로 배출시키는 것

ⓒ 차단(confinement) : 연기가 일정한 장소 내로 들어오지 못하도록 하는 것

㉢ 제연방식

ⓐ 자연제연 방식 : 화재 시 발생한 열기류의 부력 또는 외부 바람의 흡출효과에 의하여 실 상부에 설치된 전용의 배연구로부터 연기를 옥외로 배출하는 방식

ⓑ 기계제연 방식

- 화재 시 발생한 연기를 송풍기나 배풍기를 이용하여 강제로 배출하는 방식
- 제1종 : 급기(송풍기)+배기(배풍기)
- 제2종 : 급기(송풍기)
- 제3종 : 배기(배출기)

ⓒ 스모크타워 제연 방식 : 제연 전용 샤프트를 설치하여 난방 등에 의한 소방대상물 내·외의 온도 차이나 화재에 의한 온도상승에서 생기는 부력 등을 루프 모니터 등의 외풍에 의한 흡인력을 통기력으로 제연하는 방식으로서 고층빌딩에 적합

ⓓ 밀폐제연 : 화재 발생 시 밀폐하여 연기의 유출 및 공기 등의 유입을 차단시켜 제연하는 방식

# 전기 안전관리

## 1 전기 기본 개념

### (1) 전기 관련 물리량

① 개념

| 용어 | 단위 | 개념 |
|---|---|---|
| 전류(I) | A(암페어) | 전자의 이동(흐름) |
| 전압(V) | V(볼트) | 전위의 차 |
| 저항(R) | Ω(옴) | 전류의 흐름을 방해하는 것 |
| 리액턴스(X) | Ω(옴) | 교류회로에서의 저항 이외에 전류를 방해하는 저항 성분 |
| 임피던스(Z) | Ω(옴) | 교류회로에서의 저항과 리액턴스의 벡터합 |
| 전력(P) | W(와트), J/s | 단위 시간당 사용한 전력량 |
| 전력량(W) | J(줄), W · h, kWh | 일정 시간 동안 사용한 전력량 |

② 공식

| | |
|---|---|
| 전압 | V = IR (직류) = IZ (교류) |
| 전력 | • 역률이 1일 경우 : $P = V \cdot I = I^2R = V^2/R = W/t$<br>• 역률이 1이 아닌 경우 : $P = V \cdot I \cdot \cos\theta$<br>※ 역률 : 전체 전력에 대한 유효전력의 비율, $\cos\theta$ |
| 전력량 | $W = Pt = I^2Rt = V^2 \cdot t/R$ |
| 임피던스 | $Z = R + jX = \sqrt{R^2 + X^2}$<br>※ j : 허수부(벡터값을 나타내기 위한 계수) |

### (2) 전기 방식

① 간선 · 분기회로

㉠ 간선 : 전기기기에 직접 연결되지 않고, 전력만 전달해 주는 선로

㉡ 분기회로 : 사용하고자 하는 전기기기(전등, 에어컨 등)에 전력을 공급해주는 선로

② 단상·3상

㉠ 단상(single phase) : 1개의 교류전원이 전압 크기와 방향이 시간에 따라 변하는 파형을 가지는 형태

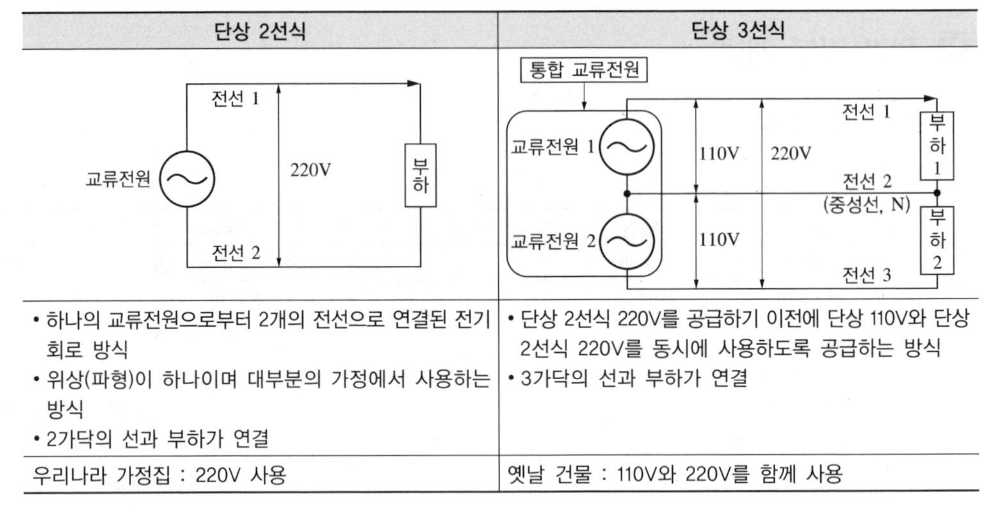


| 단상 2선식 | 단상 3선식 |
|---|---|
| • 하나의 교류전원으로부터 2개의 전선으로 연결된 전기 회로 방식<br>• 위상(파형)이 하나이며 대부분의 가정에서 사용하는 방식<br>• 2가닥의 선과 부하가 연결 | • 단상 2선식 220V를 공급하기 이전에 단상 110V와 단상 2선식 220V를 동시에 사용하도록 공급하는 방식<br>• 3가닥의 선과 부하가 연결 |
| 우리나라 가정집 : 220V 사용 | 옛날 건물 : 110V와 220V를 함께 사용 |

㉡ 3상(three phase)

ⓐ 3개의 교류전원이 크기와 방향이 시간에 따라 변하는 3개의 파형을 가지는 형태

ⓑ 3개의 전압(L1상, L2상, L3상)은 각각 120°의 위상차를 가진다.

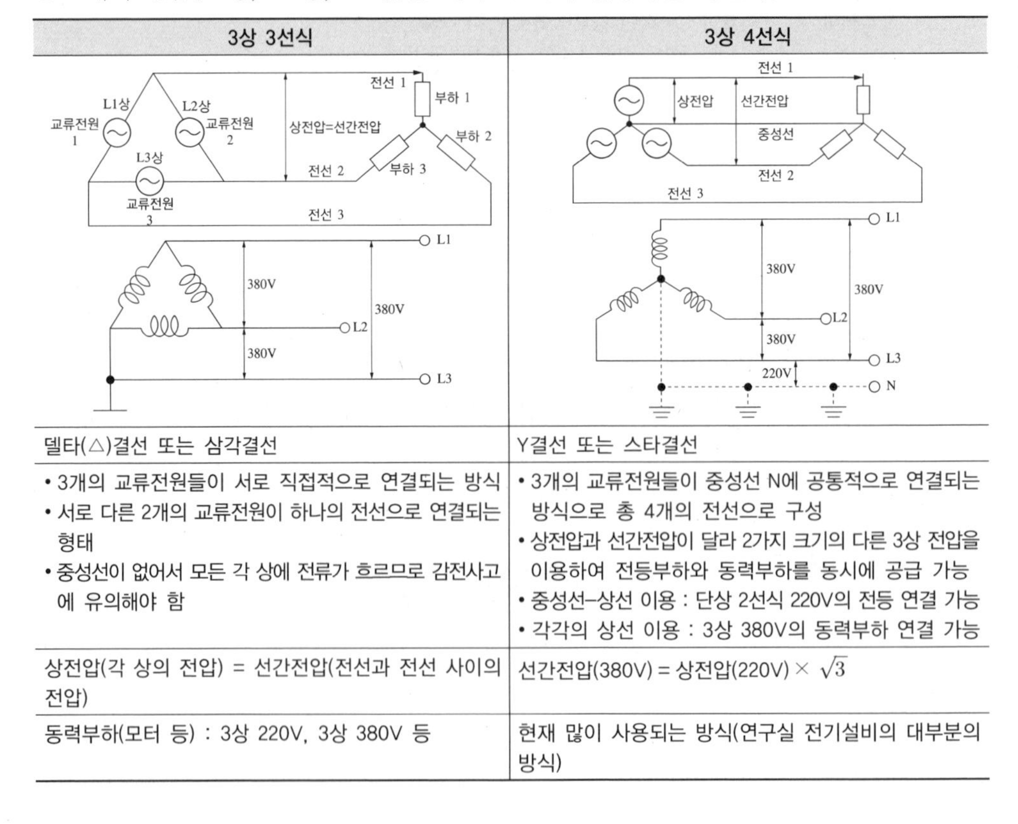


| 3상 3선식 | 3상 4선식 |
|---|---|
| 델타(△)결선 또는 삼각결선 | Y결선 또는 스타결선 |
| • 3개의 교류전원들이 서로 직접적으로 연결되는 방식<br>• 서로 다른 2개의 교류전원이 하나의 전선으로 연결되는 형태<br>• 중성선이 없어서 모든 각 상에 전류가 흐르므로 감전사고에 유의해야 함 | • 3개의 교류전원들이 중성선 N에 공통적으로 연결되는 방식으로 총 4개의 전선으로 구성<br>• 상전압과 선간전압이 달라 2가지 크기의 다른 3상 전압을 이용하여 전등부하와 동력부하를 동시에 공급 가능<br>• 중성선-상선 이용 : 단상 2선식 220V의 전등 연결 가능<br>• 각각의 상선 이용 : 3상 380V의 동력부하 연결 가능 |
| 상전압(각 상의 전압) = 선간전압(전선과 전선 사이의 전압) | 선간전압(380V) = 상전압(220V) × $\sqrt{3}$ |
| 동력부하(모터 등) : 3상 220V, 3상 380V 등 | 현재 많이 사용되는 방식(연구실 전기설비의 대부분의 방식) |

> 참고
>
> **옥내배선 안전기준(한국전기설비규정)**
> - 전선의 식별
>   - L1 : 갈색
>   - L2 : 흑색
>   - L3 : 회색
>   - N : 청색
>   - 보호도체 : 녹색-노란색
> - 저압옥내배선 전선 굵기
>   - 사용 전선 : 단면적 2.5mm$^2$ 이상의 연동선 또는 이와 동등 이상의 강도 및 굵기
>   - 중성선 : 다음의 경우 최소한 선도체의 단면적 이상이어야 한다.
>     ㉮ 2선식 단상회로
>     ㉯ 선도체의 단면적이 구리선 16mm$^2$, 알루미늄선 25mm$^2$ 이하인 다상 회로

## 2 사고전류의 종류

### (1) 지락사고(누전)

① **지락** : 전류가 본래 회로대로 흐르지 않고 대지와 직접 연결되어 대지로 흐르는 상태

② **발생원인** : 배선 피복의 노후화에 따른 열화 및 외부 손상 등에 의해 도체 부분이 대지와 접촉하는 경우, 높이가 높은 건설장비와 전선로가 접촉하는 경우 등

③ 1선 지락사고(누설전류, 누전)

㉠ 연구실에서 많이 발생하는 사고전류이며 선로에서 가장 많이 발생하는 고장 전류

㉡ 단상 또는 3상 선로 중에서 임의의 한 개의 선로가 사람·나무 등에 접촉되어 대지와 연결(접지)되어 흐르는 전류

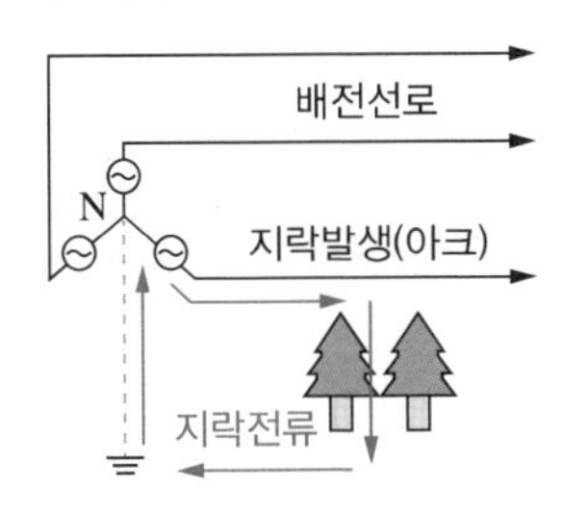

[나무에 의한 1선 지락전류 발생]

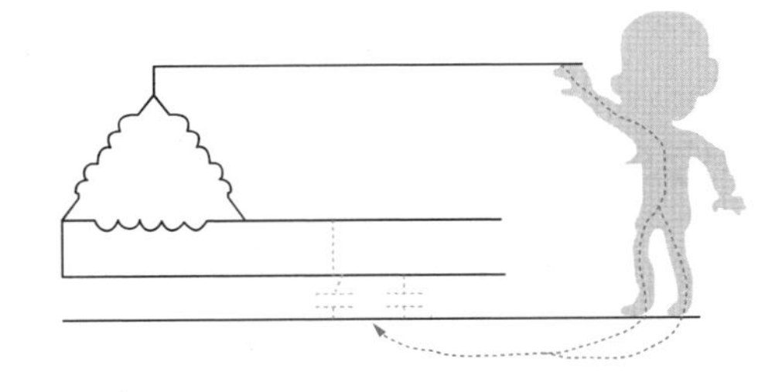
[사람에 의한 1선 지락전류 발생]

### (2) 단락사고(합선, 쇼트)

① **단락** : 전선의 절연피복이 손상되는 등으로 두 전선이 이어져 전류가 의도하지 않은 매우 낮은(0Ω에 가까운) 임피던스를 갖는 회로를 만드는 것으로 순간적으로 대전류가 흐르게 되는 현상

② 발생원인 : 외력(중량물 압박, 스테이플 고정 등)으로 인한 절연피복 파손, 전선의 국부적 발열로 인한 절연열화, 외부열에 의한 절연파괴 등

③ 선간 단락사고

㉠ 연구실에서 가장 많이 발생하는 단락사고

㉡ 전류 3선 중 두 개의 선이 단락(합선)되어 흐르는 전류

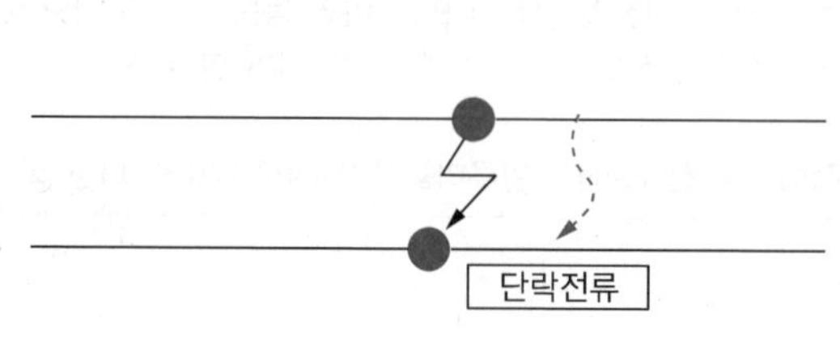


[선간 단락전류 예시]

### (3) 과부하 전류

① 과부하 전류 : 정격전류(전기기기), 허용전류(전선)를 초과한 상태가 지속되어 흐르는 전류

② 발생원인 : 문어발식 멀티콘센트 사용, 연구실에서 부하의 변동 등

### (4) 서지(surge)

① 서지 : 전기 회로에서 전류나 전압이 순간적으로 크게 증가하는 충격성 높은 펄스

② 번개 치는 날 전기가 끊어지고 전화가 불통되거나 연구실의 예민한 반도체가 파괴되는 주요 원인

## 3 분기회로와 보호장치

### (1) 누전차단기(ELCB : Earth Leakage Circuit Breaker)

① 누전차단기 : 누전이 발생될 때 그 이상현상을 감지하여 전원을 자동적으로 차단시키는 지락차단장치

② 설치목적

㉠ 인체에 대한 감전사고 방지

㉡ 누전에 의한 화재 방지

㉢ 아크에 의한 전기기계기구의 손상 방지

㉣ 다른 계통으로의 사고 확대 방지

③ 누전차단기의 종류

㉠ 보호목적에 따른 분류

| | |
|---|---|
| 지락보호 전용 | • 단독으로 사용할 수 없고 과전류보호차단기(MCCB) 또는 과전류보호개폐기(CKS)와 함께 사용해야 함<br>• 과전류, 단락전류 트립장치가 없음<br>• 시험 버튼 : 녹색 |
| 지락보호 및 과부하보호 겸용 | • 단독 사용 가능 |
| 지락보호, 과부하보호 및 단락보호 겸용 | • 시험 버튼 : 적색(또는 노란색) |

㉡ 동작시간에 따른 분류

| | |
|---|---|
| 고속형 | • 정격감도전류에서 동작시간이 0.1초 이내<br>• 감전보호형은 동작시간이 0.03초 이내 |
| 시연형 | • 정격감도전류에서 동작시간이 0.1초 초과 2초 이내<br>• 동작 시한 임의 조정 가능하고 보안상 즉시 차단해서는 안 되는 시설물에 사용 |
| 반한시형 | • 정격감도전류에서 동작시간이 0.2초 초과 2초 이내<br>• 정격감도전류 1.4배에서 동작시간이 0.1초 초과 0.5초 이내<br>• 정격감도전류 4.4배에서 동작시간이 0.05초 이내<br>• 지락전류에 비례하여 동작, 접촉전압의 상승을 억제하는 것이 주목적 |

㉢ 감도에 따른 분류

| | |
|---|---|
| 고감도형 | 정격감도전류가 30mA 이하, 인체 감전보호 목적 |
| 중감도형 | 정격감도전류가 50~1,000mA, 누전 화재 예방이 목적 |
| 저감도형 | 정격감도전류가 3,000mA 이상, 거의 사용하지 않음 |

※ 인체감전보호형 : 정격감도전류 30mA 이하, 동작시간 0.03초 이내

④ 구성요소 : 영상변류기, 누출검출부, 트립 코일, 차단장치, 시험 버튼

※ 영상변류기 : 누전차단기의 일종으로 영상전류를 검출하기 위해 설치하는 변류기

⑤ 동작원리

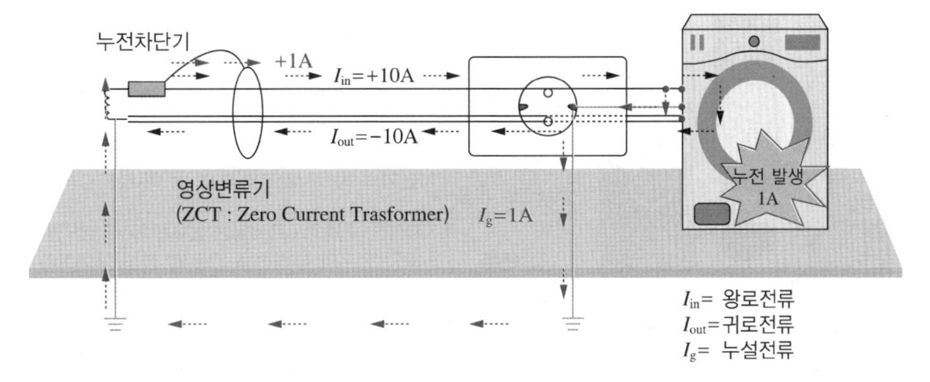

| | |
|---|---|
| **정상 상태** | $+10A(I_{in}) -10A(I_{out}) = 0A$ |
| | 영상변류기 안에 통과하는 왕로전류와 귀로전류에 의한 자속의 합은 서로 상쇄되어 0이 되므로 영상변류기의 2차측(부하측)에는 누설전류의 출력이 발생하지 않음 |
| **누전사고 발생 (차단기 2차측)** | $+10A(I_{in}) -9A(I_{out}) = 1A$ → 차단기 작동 |
| | • 누설전류($I_g$)가 대지를 거쳐 전원으로 되돌아감<br>• 영상변류기를 통과하는 왕로전류와 귀로전류의 합에는 누설전류만큼의 차이가 생김<br>• 영상변류기 철심 중에 누설전류에 상당하는 자속이 발생, 영상변류기 2차 측에는 누설전류의 출력이 발생<br>• 이 출력값의 차이에 의해 누전차단기 작동 |

⑥ 설치환경 조건(안전보건규칙 제304조)

㉠ 의무설치 대상

ⓐ 대지전압이 150V를 초과하는 이동형 또는 휴대형 전기기계 · 기구

ⓑ 물 등 도전성이 높은 액체가 있는 습윤장소에서 사용하는 저압(1,500V 이하 직류전압이나 1,000V 이하의 교류전압을 말한다)용 전기기계 · 기구

ⓒ 철판 · 철골 위 등 도전성이 높은 장소에서 사용하는 이동형 또는 휴대형 전기기계 · 기구

ⓓ 임시배선의 전로가 설치되는 장소에서 사용하는 이동형 또는 휴대형 전기기계 · 기구

㉡ 비적용대상

ⓐ 「전기용품 및 생활용품 안전관리법」이 적용되는 이중절연 또는 이와 같은 수준 이상으로 보호되는 구조로 된 전기기계 · 기구

ⓑ 절연대 위 등과 같이 감전위험이 없는 장소에서 사용하는 전기기계 · 기구

ⓒ 비접지방식의 전로

⑦ 누전차단기 명판 해석

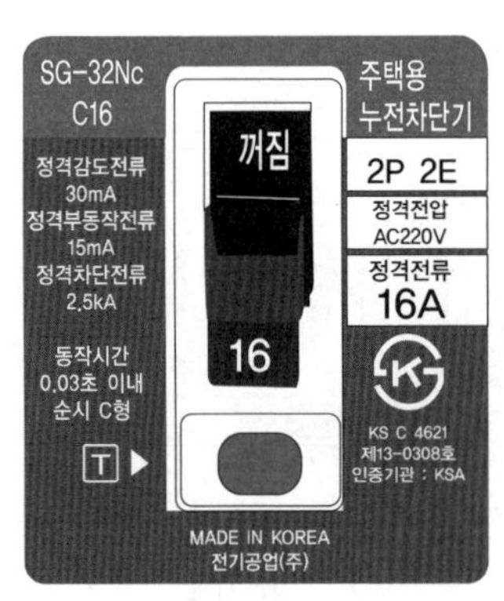


| | |
|---|---|
| **정격감도전류 (30mA)** | 누전 : 새어 나가는 전류가 30mA를 넘으면 전기가 차단된다. |
| **정격부동작전류 (15mA)** | 15mA 이하의 누설전류가 발생하면 차단기가 동작하지 않는다. |
| **정격차단전류 (2.5kA)** | 과전류, 합선, 단락 : 순간 흐르는 전류의 최대치가 2.5kA를 넘으면 전기가 차단된다. |
| **동작시간 (0.03초 이내)** | 차단기의 동작시간으로 0.03초 이내는 감전보호형이다. |
| **정격전류 (16A)** | • 과전류 : 지속적으로 흐르는 전류가 16A를 넘으면 전기가 차단된다.<br>• 해당 전로의 부하전류 값들의 합 이상이어야 한다.<br>• 전선의 허용전류보다 작은 값이어야 한다(전선이 녹기 전에 차단기가 작동해야 한다). |

### (2) 배선용차단기(MCCB : Mold Case Circuit Breaker)

① 설치목적 : 과부하, 단락, 합선 등의 이상 현상이 발생된 경우에 회로를 차단하고 보호

② 특성

㉠ 전류가 비정상적으로 흐를 때 자동적으로 회로를 끊어 전선 및 기계 기구를 보호하고, 복구 완료 후 수동으로 재투입한다.

㉡ 분기회로용으로 사용 시 부분 회로 개폐기 기능과 자동차단기의 두 가지 역할을 겸한다.

㉢ 누전에 의한 고장전류는 차단하지 못한다(누전차단기와의 차이점).

③ 누전차단기와의 비교

| 구분 | 누전차단기 | 배선용차단기 |
|---|---|---|
| 목적 | 누전 차단(인체 보호) | 과부하 차단(회로 보호) |
| 용도 | • 과전류 차단<br>• 선로분리<br>• 모선보호<br>• 기기보호 작용<br>• 누전감지 | • 과전류 차단<br>• 선로분리<br>• 모선보호<br>• 기기보호 작용 |
| 동작 시험(테스트) 버튼 | 있음 | 없는 것도 있음 |
| 사용 기준 | 교류 600V 이하의 저압전로 | 교류 600V 이하, 직류 250V 이하의 저압 옥내전로 |

### (3) 예비전원설비

① 설치

㉠ 정전에 의한 기계·설비의 갑작스러운 정지로 인하여 화재·폭발 등 재해가 발생할 우려가 있는 경우에 해당 기계·설비에 비상전원을 접속하여 정전 시 비상전력이 공급되도록 하여야 한다.

㉡ 비상전원의 용량은 연결된 부하를 각각의 필요에 따라 충분히 가동할 수 있어야 한다.

② 비상전원설비의 종류

㉠ 비상발전기(emergency generator)

ⓐ 상용전원의 공급이 정지되었을 경우 비상전원을 필요로 하는 중요 기계·설비에 대하여 전원을 공급하기 위한 발전장치

ⓑ 디젤 엔진형, 가솔린 엔진형, 가스터빈 엔진형, 스팀터빈 엔진형, 연료전지 발전설비 등

㉡ 비상전원수전설비

ⓐ 화재 시 상용전원이 공급되는 시점까지만 비상전원으로 적용이 가능한 설비

ⓑ 상용전원의 안전성과 내화성능을 향상시킨 설비

㉢ 축전지 설비(battery system)

ⓐ 전기에너지를 화학에너지로 바꾸어 모아 두었다가 필요한 때에 전기에너지를 사용하는 전지(2차전지)

ⓑ 축전지, 충전장치, 기타 장치로 구성

㉣ 전기저장장치(ESS : Energy Storage System) : 전력을 전력계통(grid, 발전소・변전소・송전소 등)에 저장했다가 전력이 가장 필요한 시기에 공급하여 에너지 효율을 높이는 시스템

㉤ 무정전 전원공급장치(UPS : Uninterruptible Power Supply) : 축전지설비, 컨버터(교류/직류 변환장치), 인버터(직류/교류 변환장치)와 제한된 시간 동안에 전원을 확보할 수 있도록 설계된 제어회로로 구성된 설비

## 4 접지

<table>
<tr><th>접지</th><td colspan="3">• 전로의 중성점 또는 기기 외함 등을 접지극에 접지선으로 대지와 연결하는 것<br>• 전기, 통신, 설비 등과 같은 접지대상물을 대지와 낮은 저항으로 전기적으로 접속하는 것</td></tr>
<tr><th>목적 및 필요성</th><td colspan="3">• 누전되고 있는 기기에 접촉되었을 때 감전방지<br>• 낙뢰로부터 전기기기의 손상 방지<br>• 지락사고 시 보호계전기 신속 동작 등</td></tr>
<tr><th>구성요소</th><td colspan="3">접지극, 접지도체, 보호도체, 기타 설비</td></tr>
<tr><th rowspan="3">접지시스템 구분</th><th>계통접지</th><td colspan="2">전력계통의 이상 현상에 대비하여 중성점(저압측 1단자 접지포함)을 대지에 접속하는 것</td></tr>
<tr><th>보호접지(외함접지)</th><td colspan="2">고장 발생 시 감전보호를 목적으로 기기의 한 점 또는 여러 점을 접지하는 것으로, 평상시 전류가 흐르지 않는 전기설비・기계・외함 등을 접지하는 것</td></tr>
<tr><th>피뢰시스템접지</th><td colspan="2">수뢰부에 인입된 뇌전류를 대지로 전도하기 위해 대지와 수뢰부 시스템을 연결하는 것</td></tr>
<tr><th>시설의 종류</th><td> 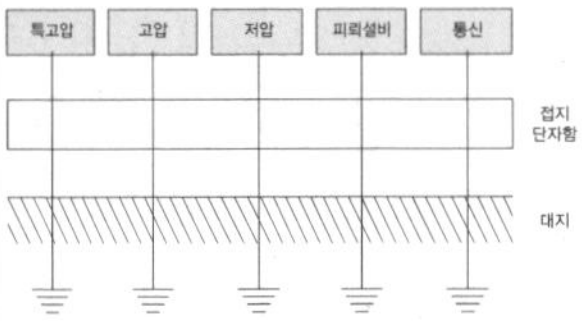특고압 고압 저압 피뢰설비 통신<br>접지단자함<br>대지<br>단독접지</td><td> 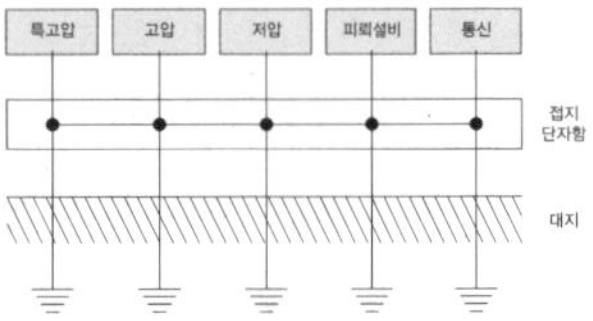특고압 고압 저압 피뢰설비 통신<br>접지단자함<br>대지<br>공통접지</td><td>특고압 고압 저압 피뢰설비 통신<br>접지단자함<br>대지<br>통합접지</td></tr>
</table>

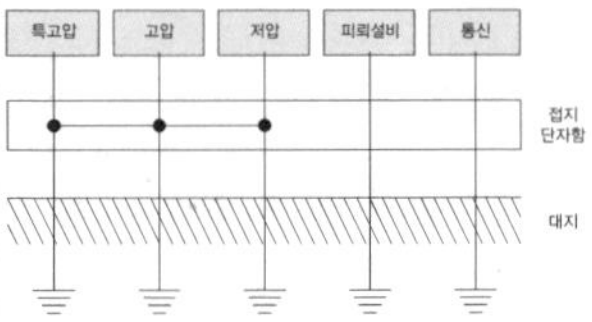

### (1) 등전위본딩

① 정의 : 건축물의 공간에서 금속도체 상호 간의 접속으로 전위를 같게 하는 것

② 종류

㉠ 감전보호용 등전위본딩 : 감전방지, 화재방지, 접촉전압 저감

㉡ 피뢰용 등전위본딩 : 뇌 과전압 보호, 화재방지

㉢ 정보기기의 등전위본딩 : 기능 보장, 전위의 기준점 확보

## (2) 연구실에서의 접지

① 기기(보호)접지

㉠ 기기의 외함에 흐르는 누설전류가 외함이나 철대를 통해서 대지로 흐르도록 하는 접지

㉡ 전기기구의 노후화 등으로 절연상태가 열화되어 누전이 발생하고, 외함으로 흘러들어 외함에 전압이 걸릴 때 인체가 접촉하면 감전사고가 발생할 수 있어 기기접지를 실시하여 기기 외함에 누전되는 전압을 낮추어 줌

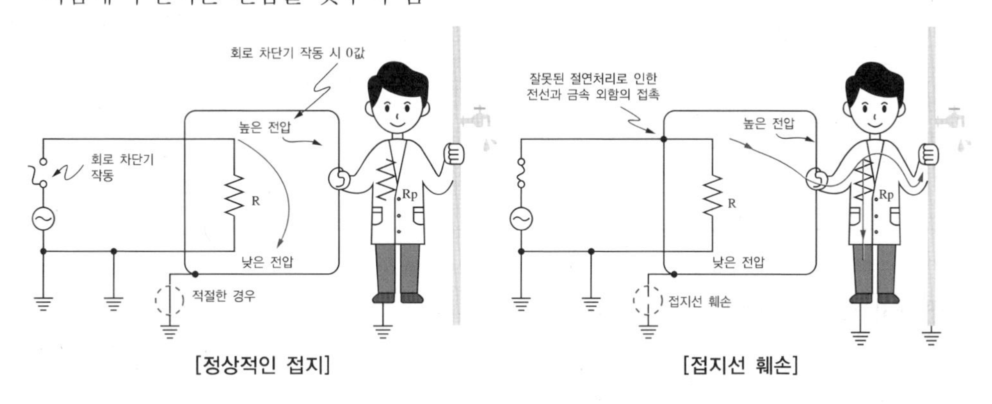


[정상적인 접지]　　　　[접지선 훼손]

② **콘센트 접지** : 콘센트 및 연장 코드에 접지하여 누설전류를 축적하지 않고 흘려보내 누전차단기가 작동하도록 함

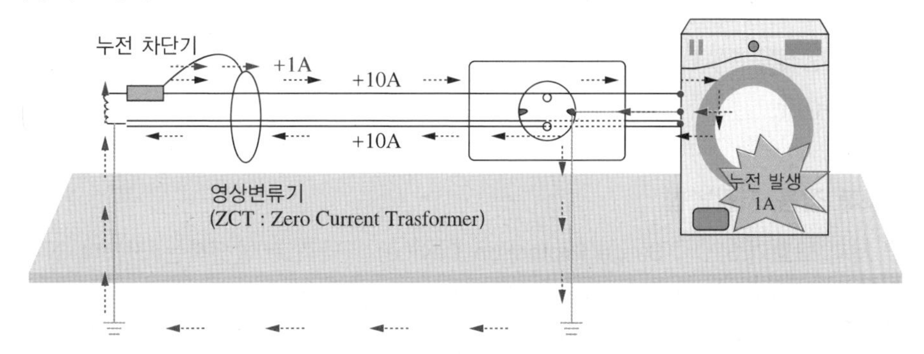


[콘센트 및 연장코드에 접지된 경우]

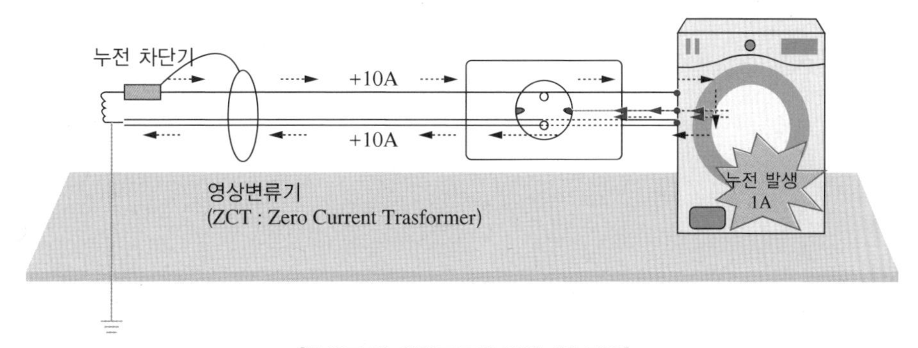


[콘센트 및 연장코드에 비접지된 경우]

## 5 전자파

### (1) 전자파(잡음)의 종류

<table>
<tr><td>자연잡음<br>(natural noise)</td><td colspan="2">대기 잡음과 같이 지구 내에서 발생하는 잡음(terrestrial noise)과 태양 잡음, 우주 잡음(은하계, 항성, 성운 등과 같이 태양계를 제외한 우주 공간으로부터 발생된 잡음)처럼 지구 외에서 발생하는 잡음(extra-terrestrial noise)<br>예 낙뢰에 의해 발생하는 잡음, 대기 잡음, 태양 잡음, 우주 잡음</td></tr>
<tr><td>고유잡음<br>(intrinsic noise)</td><td colspan="2">열 잡음(thermal noise), 산탄 잡음(shot noise)과 같은 물리적 시스템 내에서 임의의 변동으로 발생하는 잡음</td></tr>
<tr><td rowspan="3">인공잡음<br>(man-made noise)</td><td colspan="2">인간이 만든 전기를 사용하는 모든 전기·전자 장비나 시스템 등에서 발생하는 잡음<br>예 전동력 응용 기기·고전압 기기·전기접점 기기·반도체 응용 제어기 등에서 발생하는 잡음, 전기전자 제품·무선통신 및 방송 시스템 등 고주파 이용에서 발생하는 부차적인 잡음</td></tr>
<tr><td>복사성 전자파 잡음</td><td>공간을 통해 전달되는 잡음</td></tr>
<tr><td>전도성 전자파 잡음</td><td>도전성 매질을 통해 전달되는 잡음</td></tr>
</table>

### (2) 전자파 잡음의 영향

① **낙뢰로 발생하는 전자파 잡음** : 전력선 등에 유기되어 장비에 피해를 준다.

② **태양 흑점 폭발 등으로 발생하는 지자기 폭풍(geomagnetic storm)** : 통신 및 항법 시스템 등에 영향을 주는데 특히 전력망의 변압기 코일을 가열하여 전력 공급이 중단될 수 있다.

③ **모터, 스위치, 컴퓨터, 디지털 장비, 무선 송신기 등 전기·전자회로 등 장비와 시스템에서 발생하는 인공잡음** : 무선서비스 품질을 낮추거나 주변 장비에 영향을 주어 장비에 고장이나 오작동을 일으킨다.

### (3) 전자파 잡음 저감방법

① **서지 보호기(SPD : Surge Protection Device)** : 낙뢰로 발생하는 전자파 잡음 저감

② **금속성 재질의 차폐 구조물** : 복사성 전자파 잡음 저감

③ **필터 혹은 접지** : 전도성 전자파 잡음 저감

## 6 전기 안전작업

### (1) 정전 작업 시 안전조치

① 작업 착수 전 반드시 다음의 사항을 포함하여 '정전 작업 요령'을 작성한다.

㉠ 책임자의 임명, 정전범위 및 절연보호구, 작업 시작 전 점검 등 작업 시작 전에 필요한 사항

㉡ 개폐기 관리 및 표지판 부착에 관한 사항

㉢ 점검 또는 시운전을 위한 일시운전에 관한 사항

㉣ 교대근무 시 근무인계에 필요한 사항

㉤ 전로 또는 설비의 정전순서

㉥ 정전 확인 순서

㉦ 단락접지 실시

㉧ 전원 재투입 순서

② 노출된 충전부 또는 그 부근에서 작업함으로써 감전될 우려가 있는 경우에는 작업에 들어가기 전에 다음 절차에 따라 해당 전로를 차단한다.

㉠ 전기기기 등에 공급되는 모든 전원을 관련 도면, 배선도 등으로 확인할 것

㉡ 전원을 차단한 후 각 단로기 등을 개방하고 확인할 것

㉢ 차단장치나 단로기 등에 잠금장치 및 꼬리표를 부착할 것

㉣ 개로된 전로에서 유도전압 또는 전기에너지가 축적되어 근로자에게 전기위험을 끼칠 수 있는 전기기기 등은 접촉하기 전에 잔류전하를 완전히 방전시킬 것

㉤ 검전기를 이용하여 작업 대상 기기가 충전되었는지를 확인할 것

㉥ 전기기기 등이 다른 노출 충전부와의 접촉, 유도 또는 예비동력원의 역송전 등으로 전압이 발생할 우려가 있는 경우에는 충분한 용량을 가진 단락 접지기구를 이용하여 접지할 것

### (2) 재충전 시 안전조치

① 작업기구, 단락 접지기구 등을 제거하고 전기기기 등이 안전하게 통전될 수 있는지를 확인한다.

② 모든 작업자가 작업이 완료된 전기기기 등에서 떨어져 있는지를 확인한다.

③ 잠금장치와 꼬리표는 설치한 근로자가 직접 철거한다.

④ 모든 이상 유무를 확인한 후 전기기기 등의 전원을 투입한다.

### (3) 전압선 작업 시 안전조치

① 사전에 전기안전 교육훈련을 실시한다(교육 미실시자는 작업 참여 불가).

② 연구활동종사자를 교육훈련의 정도, 실무 수련도 등에 따라 일반 전기수리작업, 저압 전압선작업, 고압 전압선작업 등에 분리배치한다.

③ 충전 부분에서 작업 시 절연용 보호구를 착용한다.

예 절연용 보호구 : 안전모, 절연재킷, 절연장갑, 절연바지, 절연장화

④ 전압선작업 시 충전 부분의 절연피복 여부와 관계없이 신체행동범위 내에 있는 방호대상물에 대해 완전히 방호해야 한다.

⑤ 큰 물질 취급을 위해 큰 동작을 하거나, 길이가 긴 도전성 물건 취급 시 전선로 상태를 확인하여 충전 부분으로부터 충분히 격리 후 작업을 진행한다.

⑥ 600V 이하의 저압 전압선작업에서도 노출된 충전부에 접촉하지 않도록 안전조치를 취한다.

⑦ 7~8월에는 물로 인한 감전사고가 많이 발생하므로 감전사고에 대비한다.

㉠ 누전차단기를 설치한다.

㉡ 전기기기 점검·정비 시 전원을 차단한 후 실시한다.

㉢ 절연장갑, 절연장화 등 개인보호구를 반드시 착용한다.

㉣ 젖은 기기는 건조 후 이상이 없을 경우 사용하고 손이나 발이 젖었으면 잘 말린 후 전기기기를 사용한다.

㉤ 늘어진 전선에 접근하거나 만지지 않는다.

### (4) 안전점검

① 일상점검(연구실 안전점검 및 정밀안전진단에 관한 지침 별표 2)

| 구분 | 점검 내용 | 점검 결과 | | |
|---|---|---|---|---|
| | | 양호 | 불량 | 미해당 |
| 전기안전 | 사용하지 않는 전기기구의 전원투입 상태 확인 및 무분별한 문어발식 콘센트 사용 여부 | | | |
| | 접지형 콘센트를 사용, 전기배선의 절연피복 손상 및 배선정리 상태 | | | |
| | 기기의 외함접지 또는 정전기 장애방지를 위한 접지 실시상태 | | | |
| | 전기 분전반 주변 이물질 적재금지 상태 여부 | | | |

② 정기점검(연구실 안전점검 및 정밀안전진단에 관한 지침 별표 3)

| 안전분야 | | 점검 항목 | 양호 | 주의 | 불량 | 해당없음 |
|---|---|---|---|---|---|---|
| 전기안전 | A | 대용량기기(정격 소비 전력 3kW 이상)의 단독회로 구성 여부 | ☐ | NA | ☐ | ☐ |
| | | 전기 기계·기구 등의 전기충전부 감전방지 조치(폐쇄형 외함구조, 방호망, 절연덮개 등) 여부 | ☐ | ☐ | ☐ | ☐ |
| | | 과전류 또는 누전에 따른 재해를 방지하기 위한 과전류차단장치 및 누전차단기 설치·관리 여부 | ☐ | ☐ | ☐ | ☐ |
| | | 절연피복이 손상되거나 노후된 배선(이동전선 포함) 사용 여부 | ☐ | ☐ | ☐ | ☐ |

| 안전분야 | 점검 항목 | | 양호 | 주의 | 불량 | 해당 없음 |
|---|---|---|---|---|---|---|
| 전기안전 | B | 바닥에 있는 (이동)전선 몰드처리 여부 | □ | □ | □ | □ |
| | | 접지형 콘센트 및 정격전류 초과 사용(문어발식 콘센트 등) 여부 | □ | □ | NA | □ |
| | | 전기기계·기구의 적합한 곳(금속제 외함, 충전될 우려가 있는 비충전금속체 등)에 접지 실시 여부 | □ | NA | □ | □ |
| | | 전기기계·기구(전선, 충전부 포함)의 열화, 노후 및 손상 여부 | □ | □ | □ | □ |
| | | 분전반 내 각 회로별 명칭(또는 내부도면) 기재 여부 | □ | □ | □ | □ |
| | | 분전반 적정 관리여부(도어개폐, 적치물, 경고표지 부착 등) | □ | □ | □ | □ |
| | | 개수대 등 수분발생지역 주변 방수조치(방우형 콘센트 설치 등) 여부 | □ | □ | □ | □ |
| | | 연구실 내 불필요 전열기 비치 및 사용 여부 | □ | □ | □ | □ |
| | | 콘센트 등 방폭을 위한 적절한 설치 또는 방폭전기설비 설치 적정성 | □ | □ | □ | □ |
| | | 기타 전기안전 분야 위험 요소 | □ | □ | □ | □ |

③ 절연저항 측정(절연성능)

㉠ 사용전압이 저압인 전로의 전선 상호 간 및 전로와 대지 사이의 절연저항은 개폐기 또는 전류차단기로 구분할 수 있는 전로마다 다음 표에서 정한 값 이상이어야 한다.

㉡ 누전이 발생했거나 상간 단락이 생기는 등 절연이 깨진 경우에는 낮은 절연저항값이 측정된다.

| 전로의 사용전압(V) | DC 시험전압(V) | 절연저항(MΩ) |
|---|---|---|
| SELV 및 PELV | 250 | 0.5 |
| FELV, 500V 이하 | 500 | 1.0 |
| 500V 초과 | 1,000 | 1.0 |

ⓐ ELV(Extra-Low Voltage) : 특별저압, 2차 전압이 AC 50V, DC 120V 이하로 인체에 위험을 초래하지 않을 정도의 저압

ⓑ SELV(Separated Extra-Low Voltage) : 분리 초 저전압, 1차와 2차가 전기적으로 절연된 회로, 비접지회로 구성

ⓒ PELV(Protected Extra-Low Voltage) : 보호 초 저전압, 1차와 2차가 전기적으로 절연된 회로, 접지회로 구성

ⓓ FELV(Functional Extra-Low Voltage) : 기능 초 저전압, 1차와 2차가 전기적으로 절연되지 않은 회로

④ 절연내력 측정(내전압시험)

㉠ 절연내력 : 절연파괴 전압을 절연 재료의 두께로 나눈 값(단위 : kV/mm)

㉡ 절연파괴 전압 : 절연체에 가하는 전압을 순차적으로 높여 어느 전압에 도달하게 되면 갑자기 큰 전류가 흐르게 되는데 이때의 전압

# 03 화재 · 감전 · 정전기 안전대책

## 1 화재

### (1) 발생화재별 소화방법

| | |
|---|---|
| 일반화재 | 옥내소화전, 제3종 분말소화기 등을 활용하여 소화한다. |
| 유류 · 가스화재 | • 분말소화기, 이산화탄소소화기, 할론소화기, 할로겐화합물 및 불활성기체소화기 등을 이용하여 신속하게 소화한다.<br>• 물을 사용할 시 연소 확대 우려가 매우 높아 주의가 필요하다. |
| 전기화재 | • 이산화탄소소화기, 할로겐화합물소화기, 할로겐화합물 및 불활성기체소화기 등을 이용하여 신속하게 소화한다.<br>• 물을 사용할 시 감전의 우려가 높아 주의가 필요하다. |
| 금속화재 | 팽창질석, 팽창진주암, 건조사 등을 이용하여 소화한다. |
| 주방화재 | 유류 · 가스화재 소화방법과 유사하다. |

### (2) 연구실 주요 발생 화재

① 연구실별 화재 위험요인

㉠ 전기실험실

ⓐ 분전반 앞 물건 적재

ⓑ 실험기계 및 전원 플러그와 콘센트의 접지 미실시

ⓒ 환기팬의 분진

ⓓ 차단기 충전부 노출

ⓔ 전선 · 콘센트 미인증 물품의 사용

ⓕ 실험기기의 플러그와 콘센트의 접속 상태 불량

ⓖ 바닥에 전선 방치 등

㉡ 가스 취급 실험실

ⓐ 실험실 내부에 가스를 보관하여 사용

ⓑ 가스 성상별(가연성, 조연성, 독성) 구분 보관 미비

ⓒ 전도 방지 조치 미비

ⓓ 가스 탐지 설치 위치의 부적합

ⓔ 가스용기 충전기한 초과

ⓕ 가스누설경보장치 미설치 등

㉢ 화학 실험실

ⓐ 독성물질 시건 미비

ⓑ 성상별 분리 보관 미비

ⓒ 흄후드 사용 및 관리 미비

ⓓ MSDS 관리 미비

ⓔ 폐액 등 분리 보관 미비

ⓕ 세안기·샤워기 미설치 등

㉣ 폐액·폐기물 보관 장소

ⓐ 보관장소의 부적정(직사광선이 없고, 통풍이 원활하고, 주변에 화기 취급이 없는 장소여야 함)

ⓑ 게시판 미부착(금연, 화기엄금, 폐기물 보관 표지 등)

ⓒ 폐기물 특성·성상에 따른 분리 보관 미비

ⓓ 유독성 가스 등 배출 설비 미비

ⓔ 밀폐되지 않은 상태로 보관

ⓕ 보관 용량 초과 등

② 연구실 주요 발생 화재

㉠ 전기화재

㉡ 유류화재

㉢ 가스화재

### (3) 전기화재의 발생원인 및 예방대책

① 발생원인

㉠ 누전

ⓐ 누전화재 발생 메커니즘

- 누전차단기의 접지선이 파손 → 누전차단기 미작동 → 누전경로 속 전류집중으로 저항이 비교적 큰 개소에 과열되어 출화 → 누전에 의한 화재 발생
- 누전이 차단기의 설치 위치보다 전단에서 발생하였을 때 → 누전차단기 미작동 → 누전경로 속 전류집중으로 저항이 비교적 큰 개소에 과열되어 출화 → 누전에 의한 화재 발생
- 비접지 측 전선로의 절연이 파괴되어 접지된 금속부재(금속 조영재, 전기기기의 금속 케이스, 금속관, 안테나 지선 등) 또는 유기재의 흑연화 부분을 경유하여 누전 → 누전경로 속 전류집중으로 저항이 비교적 큰 개소에 과열되어 출화 → 누전에 의한 화재 발생

ⓑ 누전화재의 3요소

- 누전점 : 전류가 누설되어 유입된 곳
- 출화점(발화점) : 누설전류의 전로에 있어서 발열, 발화한 곳
- 접지점 : 누설전류가 대지로 흘러든 곳

㉡ 과부하(과전류)

ⓐ 발생원인 : 전기설비에 허용된 전류 및 정격전압 · 전류 · 시간 등의 값을 초과하여 발생

ⓑ 화재 발생 메커니즘

- 사용부하의 총합이 전선의 허용전류를 넘음 → 과부하 → 화재 발생
- 다이오드, 반도체, 코일, 콘덴서 등 전기부품의 전기적 파괴 → 임피던스 감소 → 전류 증가 → 다른 부품의 정격을 초과 → 과부하 → 화재 발생
- 전동기 회전 방해 발생 → 기계적 과부하 발생 → 화재 발생
- 전선에 정격을 넘은 전류 흘러옴 → 전기적 과부하 발생 → 화재 발생

㉢ 접촉 불량

ⓐ 화재 발생 메커니즘 : 진동에 의한 접속 단자부 나사의 느슨함, 접촉면의 부식, 개폐기의 접촉부 및 플러그의 변형 등 → 접촉 불량 발생 → 접촉저항 증가 → 줄열 증가, 접촉부에 국부적 발열, 2차적 산화피막 형성 → 접촉부의 온도상승 → 접촉 가연물 발화

ⓑ 접촉저항 증가 원인 : 접촉면적의 감소, 접촉압력의 저하, 산화피막의 형성

㉣ 단락(합선, 쇼트)

ⓐ 개념 : 전선의 절연피복이 손상되어 두 전선 심이 직접 접촉하거나 못, 철심 등의 금속을 매개로 두 전선이 이어진 경우

ⓑ 화재 발생 메커니즘 : 절연피복 손상 → 전기저항이 작아진 상태 또는 전혀 없는 상태 → 순간적으로 대전류가 흐름 → 고열 발생 → 전선의 용융, 인접한 가연물에 착화 → 화재 발생

ⓒ 전선 절연피복 손상 원인

- 외력으로 인한 절연피복 파손 : 스테이플 고정, 중량물에 의한 압박 등으로 절연피복의 손상 및 열화에 의해 절연파괴
- 국부 발열에 의한 절연열화 진행 : 비틀린 접속부분 및 빈번한 굴곡에 의해 생긴 반단선 등의 접촉 불량으로 전선이 국부적으로 발열하여 절연열화
- 외부 열에 의한 절연파괴

㉤ 과열

ⓐ 발생원인 : 전선에 전류가 흐르면 줄의 법칙에 의해 열이 발생하는데, 안전 허용전류 범위 내에서는 발열과 방열이 평형을 이루고 있으나 평형이 깨지면서 과열 발생

• 전기기구의 과열
  – 전열기구의 취급 불량
  – 통전된 채로 방치
  – 보수 불량
• 전기배선의 과열
  – 전기배선의 허용전류를 넘은 전동기나 콘센트의 과부하
  – 접속 불량에서 발생하는 접촉저항 증가
  – 불완전 접촉에서 발생하는 스파크
• 전동기의 과열
  – 먼지, 분진 등의 부착으로 생기는 통풍냉각의 방해
  – 과부하에서의 운전 · 규정전압 이하에서의 장시간 운전
  – 단락 · 누설에 의한 과전류
  – 장기 사용 또는 기계적 손상에 의한 코일의 절연저하
  – 베어링의 급유 불충분으로 인한 마찰
• 전등의 과열 : 전등에 종이, 천, 셀룰로이드, 곡분 등의 가연물이 장시간 근접 · 접촉

ⓑ 발생장소 : 전기기구, 전기배선, 전동기, 전등 등을 설계된 정상동작 상태의 온도 이상으로 온도상승을 일으키거나, 피가열체를 위험온도 이상으로 가열하는 곳에서 발생

㉥ 절연파괴와 열화

ⓐ 정의
• 절연열화 : 전기기기나 재료에 전기나 열이 통하지 않도록 하는 기능이 점차 약해지는 현상
• 절연파괴 : 절연체에 가해지는 전압의 크기가 어느 정도 이상에 달했을 때, 그 절연저항이 곧 열화하여 비교적 큰 전류를 통하게 되는 현상

ⓑ 절연체의 열화와 파괴 초래 원인
• 기계적 성질의 저하
• 취급 불량으로 발생하는 절연피복의 손상
• 이상(비정상)전압으로 인한 손상
• 허용전류를 넘는 전류에서 발생하는 과열
• 시간의 경과에 따른 절연물의 열화

ⓒ 사고 발생 메커니즘 : 절연체의 열화 → 절연저항 떨어짐 → 고온 상태에서 공기의 유통이 나쁜 곳에서 가열 → 절연파괴 → 단락, 누전 및 주위 가연물의 착화 → 감전, 화재 · 폭발

ⓢ 반단선

ⓐ 개념 : 전선이 절연피복 내부에서 단선되어 불시로 접속되는 상태 또는 완전히 단선되지 않을 정도로 심선의 일부가 끊어져 있는 상태

ⓑ 화재 발생 메커니즘 : 기구를 사용할 때 코드의 반복적인 구부림에 의해 심선이 끊어짐 → 반단선 발생 → 절연피복 내부에서 단선과 이어짐을 되풀이 → 심선이 이착할 때마다 불꽃 발생 → 절연피복을 녹이고 출화 → 전선 주위의 먼지, 가연성 물질에 착화 → 화재 발생

② **전기화재 방지대책**

㉠ 전기배선기구

ⓐ 취급 주의사항

- 코드는 가급적 짧게 사용하고, 연장 시 반드시 코드 커넥터 활용
- 코드 고정(못, 스테이플) 사용 금지
- 사용 전선의 적정 굵기 사용, 문어발식 배선 사용 금지

ⓑ 단락 및 혼촉방지

- 고정 기기에는 고정배선을, 이동전선은 가공으로 시설·튼튼한 보호관 속에 시설
- 전선 인출부에 부싱(bushing)을 설치하여 손상 방지
- 전선의 구부림을 줄이도록 스프링 삽입
- 규격전선 사용, 비닐 코드를 옥내배선으로 사용 금지
- 전원 스위치 차단 후 점검·보수

ⓒ 누전 방지

- 배선기기의 충전부 및 절연물과 다른 금속체를 이격 조치
- 습윤장소는 전기시설을 위해 방습 조치
- 절연 효력을 위해 전선 접속부에 접속기구 또는 테이프를 사용
- 누전경보기·차단기를 설치
- 미사용 시 전원 차단
- 배선피복 손상의 유무, 배선과 건조재와의 거리, 접지배선 등을 정기점검
- 절연저항을 정기적으로 측정

ⓓ 과전류가 배선기기를 통해 흐르는 것 방지

- 적정용량의 퓨즈 또는 배선용 차단기 사용
- 문어발식 배선 사용 금지
- 접촉 불량 정기점검 실시
- 고장·누전 전기기기 사용 금지
- 접촉 불량 방지

• 접속부나 배선기구 조임 부분을 철저히 시공
• 전기설비 발열부를 철저하게 점검

ⓛ 전기기기

ⓐ 전동기

• 사용 장소, 전동기의 형식
  - 인화성 가스, 먼지 등 가연물이 있는 곳 : 방폭형, 방진형의 것을 선정
  - 물방울이 떨어질 위험이 있는 장소 : 방적형을 채용하고 전동기실(상자)을 설치
  - 개방형을 임시로 사용하거나 보호장치를 떼고 시운전을 하는 것은 아주 위험
• 외피 · 철대의 접지
  - 정기적으로 접지선의 접속 상태와 접지저항을 점검
  - 인화 또는 폭발위험이 큰 곳은 2개소 이상 접지
• 과열의 방지
  - 청소 실시
  - 통풍 철저
  - 적정 퓨즈 · 과부하 보호장치의 사용
  - 급유 등에 주의
  - 정기적으로 절연저항을 시험
  - 온도계를 사용하여 과열 여부 수시 점검

ⓑ 전열기

• 고정 전열기(전기로, 건조기, 적외선 건조장치 등)
  - 가열부 주위에 가연성 물질 방치 금지
  - 정기적으로 기구 내부 청소
  - 전열기의 낙하 방지
  - 열원과의 거리 확보
  - 접속부 부근의 배선에 대한 피복의 손상 및 과열 주의
  - 온도의 이상 상승 시 자동적으로 전원을 차단하는 장치 설치
• 이동 전열기
  - 열판의 밑 부분에 차열판이 있는 것을 사용
  - 인조석, 석면, 벽돌 등의 단열성 불연재료로 받침대 제작
  - 주위 0.3~0.5m, 상방으로 1.0~1.5m 이내에 가연성 물질의 접근 방지
  - 충분한 용량의 배선, 코드 사용으로 과열 방지
  - 본래 용도 외의 목적으로 사용 금지
  - 일반화기와 동일한 수준의 세심한 주의 및 조직적 관리 필요

• 전등

- 글로브 및 금속제 가드를 이용하여 전등 보호
- 위험물 보관소에서는 조명설비 수를 줄이거나 설치를 금지
- 방폭형 조명 설치
- 절연성능이 우수한 소켓, 캡타이어 코드 사용
- 전원 공급을 위해 사용된 코드의 접속 부분 노출 금지

• 임시전등

- 전구의 노출된 금속 부분에 근로자가 쉽게 접촉되지 않는 구조의 보호망 부착
- 보호망의 재료는 쉽게 파손되거나 변형되지 아니하는 것으로 선정

㉢ 방폭(Page. 123 참고)

ⓐ 방폭 : 위험물의 폭발을 예방하거나 또는 폭발에 의한 피해를 방지하는 것

ⓑ 위험장소별 방폭선정 기준

| 등급 | 방폭구조 | |
|---|---|---|
| zone 0 | Ex ia(본질안전) | |
| zone 1 | • zone 0 방폭기기<br>• Ex ib(본질안전)<br>• Ex d(내압)<br>• Ex p(압력) | • Ex o(유입)<br>• Ex q(충전)<br>• Ex e(안전증)<br>• Ex m(몰드) |
| zone 2 | • zone 0 방폭기기<br>• zone 1 방폭기기<br>• Ex n(비점화) | |

ⓒ 방폭구조의 종류

| 종류 | 기호 | 특징 |
|---|---|---|
| 내압방폭구조 | d | 용기 내부에서 폭발성가스의 폭발이 발생하여도 기기가 그 폭발압력에 견디며, 기기 주위의 폭발성 가스에도 인화 파급하지 않도록 되어 있는 구조 |
| 압력방폭구조 | p | 용기 내부에 보호가스를 압입하여 내부압력을 유지하여 폭발성 가스 또는 증기가 용기 내부로 침입하지 못하도록 한 구조 |
| 유입방폭구조 | o | 전기불꽃, 아크, 고온이 발생하는 부분을 기름 속에 넣고, 기름면 위에 존재하는 폭발성 가스에 인화될 우려가 없도록 한 구조 |
| 안전증방폭구조 | e | 정상적인 운전 중에 불꽃, 아크 또는 과열이 생겨서는 안 될 부분에 대하여 이를 방지하거나 온도상승을 제한하기 위해 전기기기의 안전도를 증가시킨 구조 |
| 본질안전방폭구조 | ia, ib | 위험한 장소에서 사용되는 전기회로에서 정상 시 및 사고 시에 발생하는 전기불꽃 또는 열이 폭발성 가스에 점화되지 않는 것이 점화시험 등에 의해 확인된 구조 |

ⓓ 방폭전기기기 성능표시

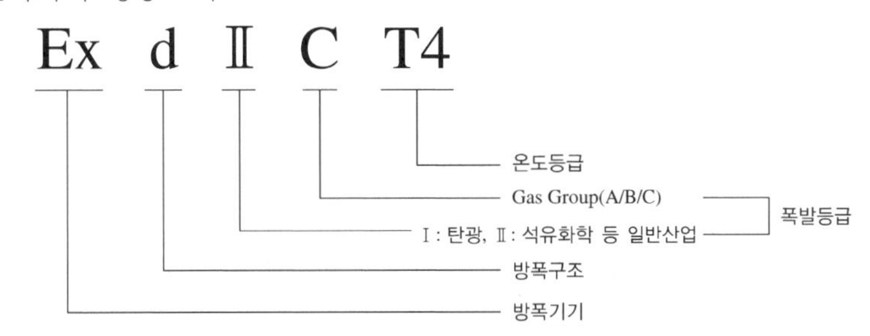


ⓔ 방폭전기기기 선정 시 고려사항

- 방폭기기가 설치될 지역의 방폭지역등급을 분류한다.
- 방폭구조의 종류를 선정한다.
- 가스의 발화온도를 측정한다.
- 내압방폭구조인 경우 최대안전틈새를 측정한다.
- 본질안전방폭구조의 경우 최소점화전류비를 측정한다.
- 압력방폭구조, 유입방폭구조, 안전증방폭구조의 경우 최고표면온도를 측정한다.
- 방폭전기기기가 설치될 장소의 환경조건(주변 온도, 표고 또는 상대습도, 먼지, 부식성 가스 또는 습기 등)을 조사한다.

③ 가스폭발 위험장소의 전기설비 설치방법(고려사항)

㉠ 위험한 점화성 불꽃 방호

| | |
|---|---|
| **충전부의 위험** | 폭발분위기에서 불꽃 발생을 방지하기 위하여 본질안전부품 이외의 모든 노출 충전부와 그 어떠한 형태의 접촉도 있어서는 안 된다. |
| **외부 노출 도전부로부터의 위험** | • 외함 또는 용기의 지락전류를 제한하고(크기 또는 시간), 등전위본딩 도체의 전위상승 억제조치를 하여야 한다.<br>• IT 계통 : 중성점이 접지되지 않거나 고저항으로 접지된 IT계통을 사용하는 경우 1차 지락사고를 검지하기 위한 절연감시장치를 설치하여야 한다. |
| **등전위** | • 폭발위험장소 내의 모든 설비는 등전위시켜야 한다.<br>• TN, TT 및 IT 계통에서 노출된 모든 기타 도전부는 등전위본딩 계통에 접속하여야 한다.<br>• 본딩 계통은 접지선, 금속전선관, 금속케이블 시스, 강선외장 및 구조물의 금속부 등을 포함하되(중성선은 제외), 이들의 접속은 저절로 풀리지 않도록 하여야 한다. |
| **뇌방호(피뢰)** | 전기설비의 설계 시에는 각 단계에서 뇌 영향을 안전 한계 이내로 줄이기 위한 적절한 조치를 하여야 한다. |
| **전자기파 방사** | 전기설비의 설계에서 전자기 복사의 영향을 안전한 수준으로 줄이기 위한 조치를 하여야 한다. |
| **금속부의 전식방지** | • 폭발위험장소 내에 설치된 전식방지 금속부는 비록 낮은 음(−)전위이지만 위험한 전위로 간주하여야 한다.<br>• 전식방지를 위하여 특별히 설계되지 않았다면, 0종 장소의 금속부에는 전식방지설비를 하여서는 안 된다. 예를 들면 전선관, 트랙 등에 필요로 하는 절연부품은 전식방지를 위하여 가능한 한 폭발위험장소 외부에 설치하는 것이 좋다.<br>• 전식방지에 관한 IEC 기준이 없기 때문에 국가 또는 기타 단체 기준을 참조한다. |

㉡ 전기방호

ⓐ 전기회로 및 설비는 단락사고 및 지락사고 시의 위험한 영향과 과부하로부터 보호되어야 한다.

ⓑ 보호장치는 고장 조건하에서 자동 재잠금이 되지 않아야 한다.

㉢ 전원의 긴급차단 및 분리(전원의 긴급차단, 전로 분리)

| 구분 | 내용 |
|---|---|
| 전원 차단 | • 정상가동 또는 비상대응을 위하여 적절한 위치에 폭발위험장소에 대한 전기 공급을 차단하는 장치를 설치한다.<br>• 추가적인 위험을 방지하기 위하여 지속적으로 작동되어야 하는 전기기기는 스위치 차단회로와는 별도의 전로에 연결한다(일반적인 개폐장치에 설치된 스위치 차단장치는 보통 전원차단 시설로서 충분하다).<br>• 스위치를 끄면 중성선을 포함한 모든 회로 전원공급장치 도체의 분리를 고려하여야 한다.<br>• 스위치 차단에 적합한 지점은 현장 배전, 현장 인력 및 현장 운영의 성격과 관련하여 평가하여야 한다. |
| 전기적 분리 | • 전기 작업을 안전하게 수행할 수 있도록 중성선뿐만 아니라 모든 충전부를 분리할 수 있는 수단을 강구한다.<br>• 모든 충전부가 하나의 장치에 의하여 분리되지 아니하는 경우에는 나머지 충전부를 분리할 수 있는 확실한 수단을 강구한다.<br>• 가능한 한 모든 관련 도체에 대하여 동시에 작동되도록 구성된 안전장치를 채택한다.<br>• 전기적 분리 방법에는 퓨즈 및 중성선 연결 등이 있다.<br>• 분리장치에 의하여 제어되는 회로 또는 회로 그룹이 즉시 식별될 수 있도록 각 분리장치의 가까운 곳에 안내 표시를 부착한다.<br>• 가스 폭발분위기가 지속되는 상태에서 보호되지 아니한 충전부가 노출되어 있는 경우에는 전기기기에 전원이 재공급되는 것을 방지하기 위한 효과적인 수단 또는 절차를 수립한다. |

㉣ 배선 계통

| 구분 | 내용 |
|---|---|
| 알루미늄 도체 | • 도체 재료로 알루미늄을 사용할 때, 본질안전설비를 제외하고는 최소 16mm² 이상의 단면적을 갖고 적합한 접속을 하는 경우에만 허용한다.<br>• 연결부는 요구되는 연면거리 및 절연공간거리가 알루미늄 도체를 연결하는 데 필요한 추가 수단에 의해 감소되지 않도록 하여야 한다.<br>• 최소 연면거리 및 절연공간거리는 전압 수준 및(또는) 방폭구조의 요구사항에 따라 결정될 수 있다.<br>• 전해부식에 대한 예방조치를 고려하여야 한다. |
| 손상 방지 | • 케이블 시스템과 부속설비는 가능한 한 기계적 손상, 부식, 화학적 작용(예를 들면 용매), 열과 자외선 방사 등의 영향을 받지 않는 위치에 설치하여야 한다.<br>• 이러한 노출이 불가피하다면 보호 전선관의 설치와 같은 보호대책을 수립하거나 적절한 케이블(예를 들면 기계적 손상 최소화, 외장, 스크린, 이음매 없는 알루미늄 외장, 광물질 절연 금속 외장, 또는 반강외장 케이블의 사용 가능)을 선정하여야 한다.<br>• 진동 또는 지속적인 휨이 발생하는 장소에 케이블을 설치하는 경우에는 진동 또는 지속적인 휨에 견딜 수 있도록 설계하여야 한다.<br>• 케이블이 영하 5℃ 이하인 곳에 설치된다면 외장이나 절연물의 손상을 방지하기 위하여 예방조치를 하여야 한다.<br>• 케이블이 기기에 고정된다면 케이블의 손상을 방지하기 위하여 곡률반경은 제조자의 데이터를 따르거나 최소 8배 이상의 곡률반경을 유지하여야 하고 케이블의 굴곡은 케이블 선으로부터 최소 25mm 이상 떨어져 있어야 한다. |
| 비외장 단심 도체 | 단심 또는 다심의 비외장 케이블은 전선관 내에 넣어 시공하여야 하나, 3가닥 이상의 케이블이 삽입되는 경우에는 절연층을 포함한 케이블의 전체 단면적이 전선관 전체 단면적의 40%를 넘어서는 안 된다. |
| 케이블 표면온도 | 케이블의 표면온도는 설치 온도등급을 초과하지 않아야 한다. |
| 사용하지 않는 심선 | 다심 케이블의 개별로 사용하지 않은 심선의 폭발위험장소 종단은 방폭구조에 적합한 단자에 의해 접지되거나 적절하게 절연되어야 한다. 테이프만으로 절연되는 것은 허용되지 않는다. |

| 인화성 물질의 통과 및 체류 | • 케이블 배선용으로 트렁킹, 덕트, 파이프 또는 트렌치를 사용하는 경우에는 인화성 가스, 증기 또는 액체가 이들을 통하여 다른 장소로 이동하는 것을 방지하고 인화성 가스, 증기 또는 액체가 이들 내부에 체류하는 것을 방지하기 위한 예방조치를 강구한다.<br>• 이러한 예방조치 방법 중 하나는 트렁킹, 덕트 또는 파이프를 밀봉하는 것이며, 트렌치의 경우에는 배기 또는 모래 충전법을 사용할 수 있다. 특히 전선관 및 케이블에 차압이 존재하는 경우에는 액체 또는 가스의 이동이 방지되도록 반드시 밀봉한다. |
|---|---|
| 벽 개구부 | 서로 다른 폭발위험장소 사이 및 폭발위험장소와 비폭발위험장소 사이의 케이블 및 배관 벽의 개구부는 예를 들어 모래 밀봉 또는 모르타르 밀봉으로 관련 장소 분류를 유지하여야 한다. |
| 연선의 말단 | 다심 연선, 특히 미세 연선을 사용하는 경우에는 연선 말단의 가닥이 분리되지 아니하도록 조치한다. 이 경우 납땜만을 사용해서는 아니 되며, 케이블 러그 또는 심선 엔드 슬리브를 사용하거나 단자의 특수 구조에 의하여 연선 말단의 가닥이 분리되지 않도록 한다. |
| 가공선로 | • 폭발위험장소에 전력 또는 통신 서비스를 제공하기 위하여 비절연 도체를 가공배선으로 사용하는 경우에는 배선 말단이 비폭발위험장소에서 끝나도록 하고, 케이블 또는 전선관을 통하여 폭발위험장소로 이어지게 한다.<br>• 절연되지 않은 도체를 폭발위험장소 상부에 설치해서는 아니 된다. |

### (4) 유류화재의 발생원인 및 예방대책

① 주요 원인

㉠ 석유난로에 불을 끄지 않고 주유할 때

㉡ 주유 중 새어 나온 유류의 유증기가 공기와 적당히 혼합된 상태에서 불씨가 닿을 경우

㉢ 유류 기구 사용 도중 이동할 때

㉣ 불을 켜 놓고 장시간 자리를 비울 때

㉤ 난로 가까이에 불에 타기 쉬운 물건을 놓았을 때

② 예방대책

㉠ 유류는 다른 물질과 함께 저장하지 않고, 유류저장소는 환기가 잘되도록 해야 한다.

㉡ 급유 중 흘린 기름은 반드시 닦아내고 난로 주변에는 소화기나 모래 등을 준비한다.

㉢ 석유난로, 버너 등은 사용 도중 넘어지지 않도록 고정시킨다.

㉣ 석유난로 주변은 늘 깨끗이 하고 불이 붙어 있는 상태로 이동하거나 주유해서는 안 된다.

㉤ 휘발유 또는 시너는 휘발성이 극히 강해 낮은 온도에서도 조그마한 불씨와 접촉하게 되면 순식간에 인화하여 화재를 일으키기 때문에 절대로 담뱃불이나 불씨를 접촉해서는 안 된다.

㉥ 열기구 가까이에 가연성 물질을 놓아서는 안 되며, 한 방향으로 열기가 나가도록 되어 있는 열기구 가연물이 그 방향으로부터 적어도 1m 이상은 떨어져 있도록 해야 한다.

㉦ 실내에서 페인트, 시너 등으로 도색작업을 할 경우에는 창문을 완전히 열어 충분히 환기시킨다.

### (5) 가스화재의 발생원인 및 예방대책

① 주요 원인

㉠ 실내 가스용기에서 누설 발생

㉡ 점화 미확인으로 누설 폭발

㉢ 환기불량에 의한 질식사

㉣ 가스 사용 중 장기간 자리 이탈

㉤ 성냥불로 누설 확인 중 폭발

㉥ 호스 접속 불량 방치

㉦ 조정기 분해 오조작

㉧ 콕 조작 미숙

㉨ 인화성 물질(연탄 등)을 동시 사용

② 예방대책

㉠ 사용 전

ⓐ 가스 불을 켜기 전 새는 곳이 없는지 냄새를 맡아 확인한다.

ⓑ 창문을 열어 실내를 환기한다.

ⓒ 가스레인지 주위에는 가연물을 가까이 두지 않는다.

㉡ 사용 중

ⓐ 점화용 손잡이를 천천히 돌려 점화시키고 불이 붙어 있는지 꼭 확인한다.

ⓑ 사용 중에는 자리를 뜨지 않는다.

ⓒ 가스 연소 시에는 파란 불꽃이 되도록 공기 조절기를 조절하여 사용한다.

㉢ 사용 후

ⓐ 콕과 중간밸브를 반드시 잠근다.

ⓑ 장기간 연구실을 비울 때는 용기밸브(실린더)나 메인밸브(도시가스)까지 차단한다.

ⓒ 가스용기는 자주 이동하지 말고 한곳에 고정하여 사용한다.

㉣ 평상시

ⓐ 연소 시 불구멍이 막히지 않도록 항상 깨끗이 청소한다.

ⓑ 호스와 이음새 부분에서 혹시 가스가 새지 않는지 비눗물이나 점검액 등으로 수시로 누설 여부를 확인한다.

ⓒ LPG 용기는 직사광선을 피해 보관한다.

ⓓ 휴대용 가스레인지를 사용할 경우 그릇의 바닥이 삼발이보다 넓은 것을 사용하지 않고, 다 쓰고 난 캔은 반드시 구멍을 뚫어 잔류 가스를 제거하고 버린다.

ⓜ 가스 누설 시

ⓐ 가스 누설 발견 즉시 콕과 중간밸브, 용기밸브를 잠근다.

ⓑ 주변의 불씨를 없애고 전기기구는 조작하지 않는다.

ⓒ 창문과 출입문 등을 열어 환기시키고 빗자루나 방석, 부채 등으로 쓸어낸다.

## (6) 화재 발생 시 행동 요령

### ① 행동 요령

㉠ 상황 전파

ⓐ "불이야!"라고 외치며 주위에 신속하게 화재 사실을 알린다.

ⓑ 비상벨이나 방송 등을 활용하여 모든 사람에게 전파한다.

㉡ 초기진화 주력 : 화재가 크지 않다고 판단되면 소화기나 옥내소화전으로 초기진화에 주력한다(단, 벽이나 천장으로 번졌을 경우는 신속히 대피한다).

ⓐ 전기화재 : 개폐기를 내려서 전기의 흐름을 차단한다.

ⓑ 유류화재 : 젖은 모포, 담요로 화재 면을 덮어 일시에 질식소화한다.

ⓒ 가스화재 : 신속하게 가스용기밸브를 잠그고 불로부터 멀리 옮겨 놓아 폭발을 방지한다.

㉢ 신속 대피

ⓐ 건물 외부로 신속히 대피한다.

ⓑ 계단을 이용하여 마당으로 나가고, 아래로 이동할 수 없을 경우 옥상으로 대피한다.

ⓒ 엘리베이터를 절대 이용하지 말고 계단을 통해 안전하게 대피한다.

㉣ 119 신고 : 화재가 발생한 위치를 정확히 설명하고, 무슨 종류의 화재인지 화재 정보를 알려준다.

㉤ 대피 후 인원 확인 : 안전한 곳으로 대피한 후 인원을 확인한다.

### ② 대피 요령

㉠ 대피 유도

ⓐ 화재가 발생한 연구실을 탈출할 때는 문을 반드시 닫고 나와야 하며 탈출하면서 열린 문이 있으면 닫는다.

ⓑ 연기가 가득한 장소를 지날 때에는 최대한 낮은 자세로 대피한다(맑은 공기는 바닥에서 30~60cm 사이에 떠 있다).

ⓒ 닫힌 문을 열 때는 손등으로 문의 온도를 확인하고 뜨거우면 절대로 열지 말고 다른 통로를 이용한다.

ⓓ 탈출 후에는 다시 건물 안으로 들어가지 않는다.

ⓔ 밖으로 대피 실패 시 밖으로 통하는 창문이 있는 방에서 구조를 기다린다. 이때, 연기가 들어오지 못하도록 문틈을 커튼 등으로 막고 옷에 물을 적셔 입과 코를 막고 숨을 쉰다.

ⓛ 대피 방법

ⓐ 입과 코를 막는다.

ⓑ 자세를 낮춘다.

ⓒ 한 손으로 벽을 짚는다.

ⓓ 한 방향으로 대피한다.

ⓒ 대피 주의사항

ⓐ 엘리베이터를 사용하지 않고 계단으로 피난한다.

ⓑ 지상으로 피난이 어려우면 옥상으로 대피한다.

ⓒ 출입문이 뜨겁고 연기가 들어오면 문을 열지 않는다.

ⓓ 대피할 때 화재 경보기를 눌러 이웃에 알리고 출입문을 닫는다.

ⓔ 함부로 뛰어내리거나 다른 건물로 건너뛰지 않는다.

ⓕ 대피 시 막다른 골목은 피한다.

ⓡ 건물 내 고립 시 주의사항

ⓐ 화기나 연기가 없는 창문을 통해 소리를 질러 주변에 알린다.

ⓑ 가연물에는 물을 뿌려 불길의 확산을 저지한다.

ⓒ 연기가 들어오지 못하게 타월 등에 물을 적셔 문틈을 막는다.

ⓓ 타월 등에 물을 적셔 입과 코를 막고 짧게 호흡한다.

ⓔ 반드시 구조된다는 신념으로 기다린다.

ⓕ 부득이하게 대피 시 물을 적신 담요 등을 뒤집어쓰고 대피한다.

## 2 감전사고

### (1) 감전특성

① 통전전류

| 통전전류 | 도체를 통해 흐르는 전류 |
|---|---|
| 인체통전전류 | 감전이 되어 인체에 회로를 형성하여 흐르는 전류 |
| 인체 저항 | 인체가 전기 회로를 형성하면 인체의 신체조건 및 환경에 따라 저항값이 달라 통전에 영향 |
| 인체 저항값 | • 피부 저항 : 약 2,500Ω<br>• 내부조직 저항 : 약 300Ω<br>• 전체 저항 : 약 5,000Ω<br>• 피부에 땀이 있을 때 : 건조 시보다 1/20~1/12으로 저항 감소<br>• 물에 젖어 있을 때 : 건조 시보다 1/25로 저항 감소 |

② 통전전류와 인체반응

| 구분 | | 내용 |
|---|---|---|
| 최소감지 전류 | | • 인체에 전압을 인가하여 통전전류의 값을 서서히 증가시켜 일정한 값에 도달하면 고통을 느끼지 않고 짜릿하게 전기가 흐르는 것을 감지하는데, 이때의 전류값을 말한다.<br>• 건강한 성인 남자의 최소감지 전류 : 교류에서 상용주파수 60Hz, 약 1mA 정도 |
| 고통한계 전류 | 가수전류<br>(AC : 이탈전류)<br>(DC : 해방전류) | • 자력으로 충전부에서 이탈할 수 있는 전류<br>• 성인 남자 : 60Hz에서 9mA 이하<br>• 성인 여자 : 60Hz에서 6mA 이하 |
| | 불수전류 | • 자력으로 충전부에서 이탈하는 것이 불가능한 전류<br>• 성인 남자 : 60Hz에서 20~50mA |
| 심실세동 전류 | | • 전류의 일부가 심장부로 흘러 심장의 기능이 장애를 받게 될 때의 전류<br>• 심실세동 상태가 되면 전류를 제거해도 자연적으로는 건강을 회복하지 못하고, 그대로 방치할 시 수 분 내에 사망한다.<br>• 성인 남자 : 60Hz에서 50mA 이상 |

③ 관련 공식

㉠ Dalziel의 식 : 심실세동 전류와 통전시간의 관계식

$$I=\frac{165}{\sqrt{T}}\times 10^{-3}\left(\frac{1}{120}\sim 5초\right)$$

• $I$ : 1,000명 중 5명 정도가 심실세동을 일으키는 전륫값(A)
• $T$ : 통전시간(s)

㉡ 심실세동을 일으키는 전기에너지

$$W=I^2RT=\left(\frac{165}{\sqrt{T}}\times 10^{-3}\right)^2\times RT$$

• $W$ : 전기에너지(J)
• $I$ : 심실세동 전류(A)
• $R$ : 인체의 저항($\Omega$)
• $T$ : 통전시간(s)
• 1J = 0.24cal

## (2) 감전피해의 위험도를 결정하는 요인

### ① 통전전류의 크기

㉠ 통전전류와 전류지속시간에 따른 인체의 영향

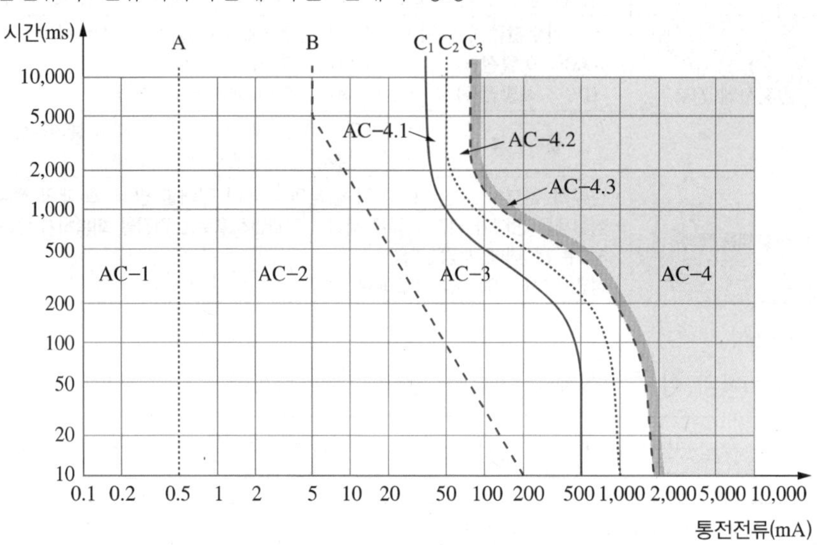


[통전전류값에 대한 인체의 영향, 교류 15~100Hz(IEC)]

| 영역 | 생리학적 영향 |
|---|---|
| AC-1 | 감지는 가능하나 놀라는 반응은 없음 |
| AC-2 | • 감지 및 비자의적 근육수축이 있을 수 있음<br>• 통상 유해한 생리학적 영향은 없음<br>• 인체감전보호형 누전차단기 : 정격감도전류 30mA, 동작시간 30ms |
| AC-3 | • 강한 비자의적 근육수축과 호흡곤란<br>• 회복 가능한 심장기능 장애, 국부마비 가능<br>• 전류 증가에 따라 영향은 증가하며 통상 인체기관의 손상은 없음 |
| AC-4 | • 심장마비, 호흡정지, 화상, 다른 세포의 손상과 같은 병리·생리학적 영향이 있을 수 있음<br>• AC-4.1 : 심실세동 확률 약 5%까지 증가<br>• AC-4.2 : 심실세동 확률 약 50%까지 증가<br>• AC-4.3 : 심실세동 확률 50% 초과 |

㉡ 옴의 법칙과 통전전류

ⓐ 접촉전압에 비례

• 인체 내부저항은 거의 일정하므로 통전전류는 접촉전압에 비례한다.

• 전기기기 접지, 자동전격방지기 설치 → V(심실세동 전압) 감소

ⓑ 접촉저항에 반비례

• 접촉 당시의 인체 저항(피부의 습도 등)의 영향을 받는다.

• 절연, 충전부 방호, 젖은 손 조작 금지 → R(인체 저항) 증가

② 통전경로 : 통전전류가 심장과 가까이 흐를수록 위험성이 높아진다.

| 통전경로 | Kill of Heart(위험도) |
|---|---|
| 왼손 → 가슴 | 1.5 |
| 오른손 → 가슴 | 1.3 |
| 왼손 → 한발 또는 양발 | 1.0 |
| 양손 → 양발 | 1.0 |
| 오른손 → 한발 또는 양발 | 0.8 |
| 왼손 → 등 | 0.7 |
| 한손 또는 양손 → 앉아 있는 자리 | 0.7 |
| 왼손 → 오른손 | 0.4 |
| 오른손 → 등 | 0.3 |

③ 통전시간

㉠ 같은 크기의 전류에서는 통전시간이 길수록 더 위험하다.

㉡ 감전시간을 짧게 하여 심실세동 에너지를 줄여야 한다($W = I^2RT$).

㉢ 누전차단기를 사용하여 통전시간을 감소시킬 수 있다.

④ 전원의 종류 : 직류보다 교류가 더 위험하다.

| 구분 | 저압 | 고압 | 특고압 |
|---|---|---|---|
| 직류(DC) | 1,500V 이하 | 1,500V 초과 7,000V 이하 | 7,000V 초과 |
| 교류(AC) | 1,000V 이하 | 1,000V 초과 7,000V 이하 | 7,000V 초과 |

⑤ 주파수 및 파형 : 주파수가 높을수록 전격의 위험이 크다.

### (3) 감전 메커니즘

① 직접접촉에 의한 감전

[전압선과 중성선 접촉] [인체의 단락회로]

- 감전전류의 흐름 : 전압선 → 인체 → 중성선
- 인체 저항 이상의 전류로 심실세동 및 사망에 이르는 심각한 인명피해 발생

예 교류 아크용접기에 맨손 접촉에 의한 감전사고

- 감전전류의 흐름 : 전압선 → 인체(손 → 발 또는 손 → 손) → 대지 → 접지 측 전로
- 전체 저항 = 인체 저항 + 지면접촉 저항 + 대지 저항

㉮ 전기작업이나 일반 작업 중에 발생하는 대부분의 감전사고

② 간접접촉에 의한 감전

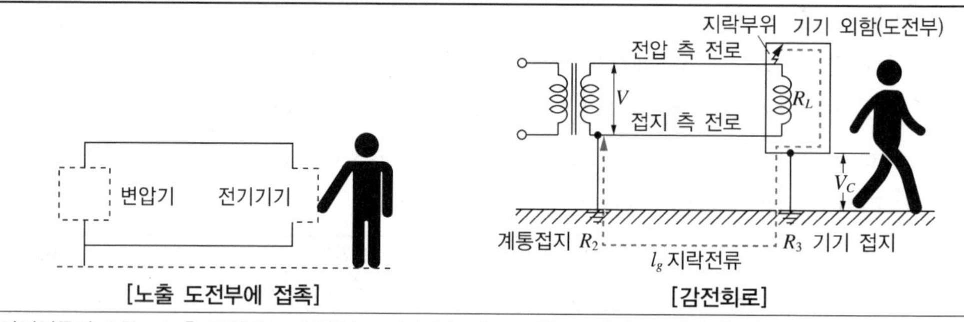


- 감전전류의 흐름 : 노출 도전부 → 인체(손 → 발 또는 손 → 손) → 대지 → 접지 측 전로
- 전체 저항 = 누전기기 저항 + 인체 저항 + 지면접촉 저항 + 대지 저항

### (4) 접촉전압

고장전류가 유입된 접지시스템 부근의 구조물에 인체 접촉 시 구조물의 전위와 인체가 서 있는 지점의 대지표면 사이에 전위차가 발생한다.

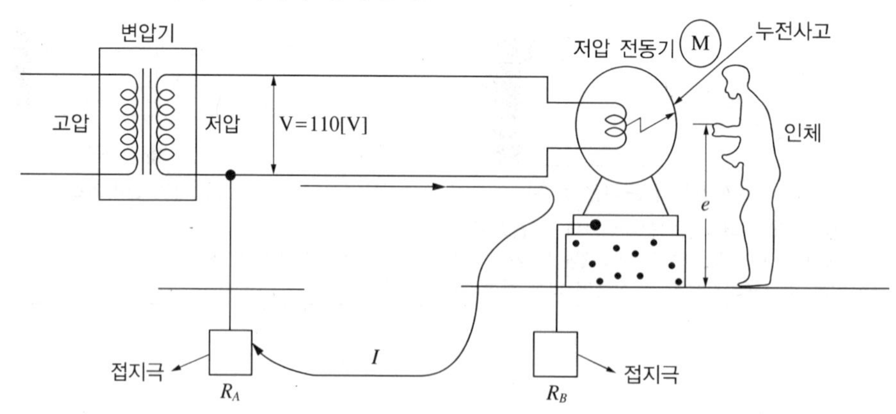

① 인체가 접촉하지 않은 경우

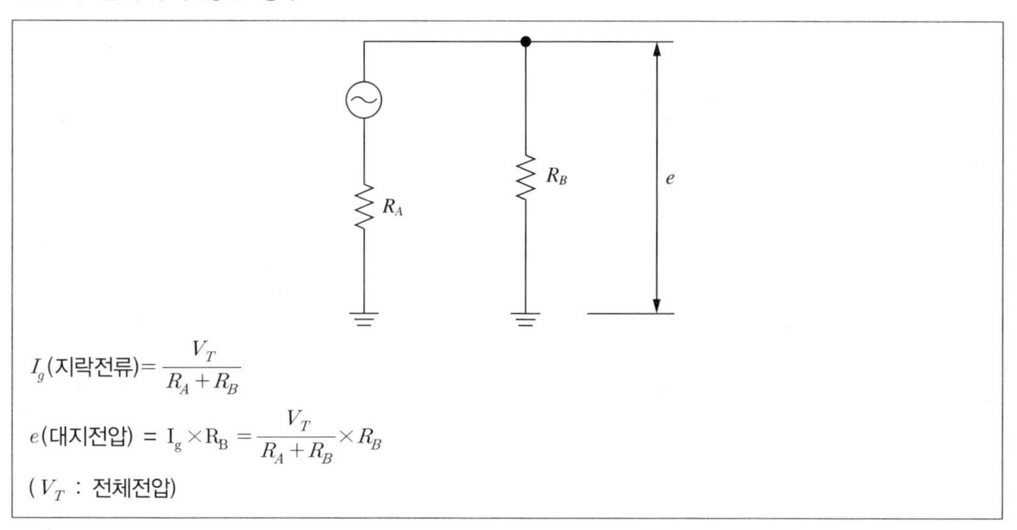


$I_g$(지락전류)$=\dfrac{V_T}{R_A+R_B}$

$e$(대지전압) $=I_g\times R_B=\dfrac{V_T}{R_A+R_B}\times R_B$

( $V_T$ : 전체전압)

② 인체가 접촉한 경우

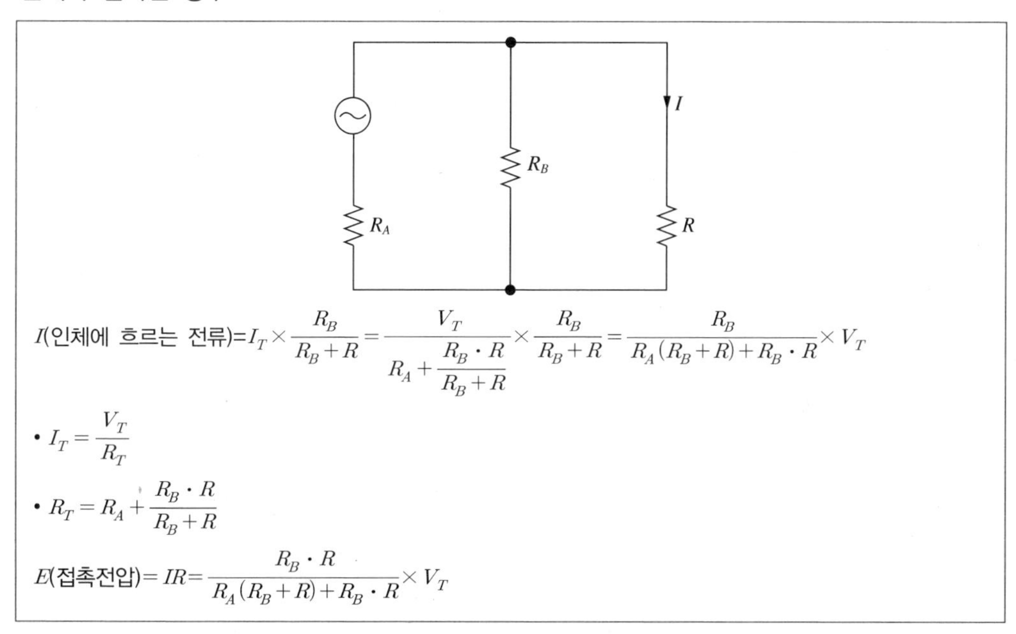


$I$(인체에 흐르는 전류)$=I_T\times\dfrac{R_B}{R_B+R}=\dfrac{V_T}{R_A+\dfrac{R_B\cdot R}{R_B+R}}\times\dfrac{R_B}{R_B+R}=\dfrac{R_B}{R_A(R_B+R)+R_B\cdot R}\times V_T$

- $I_T=\dfrac{V_T}{R_T}$
- $R_T=R_A+\dfrac{R_B\cdot R}{R_B+R}$

$E$(접촉전압)$=IR=\dfrac{R_B\cdot R}{R_A(R_B+R)+R_B\cdot R}\times V_T$

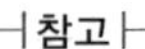


• 저항의 직렬연결

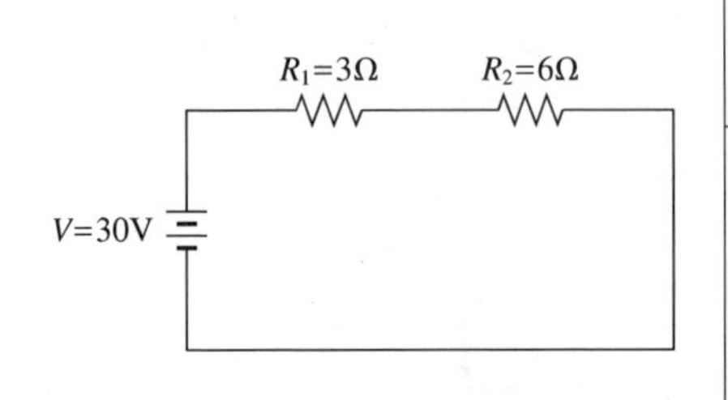


직렬의 합성저항

$R=\sum_{i=1}^{n} R_i$

전체 저항 $R=R_1+R_2=3\Omega+6\Omega=9\Omega$

전체 전압

$V=30\text{V}=V_1+V_2=I_1R_1+I_2R_2$

$=(3.33\text{A})(3\Omega)+(3.33\text{A})(6\Omega)=30\text{V}$

전체 전류 $I=I_1=I_2=\dfrac{V}{R}=\dfrac{30\text{V}}{9\Omega}=3.33\text{A}$

• 저항의 병렬연결

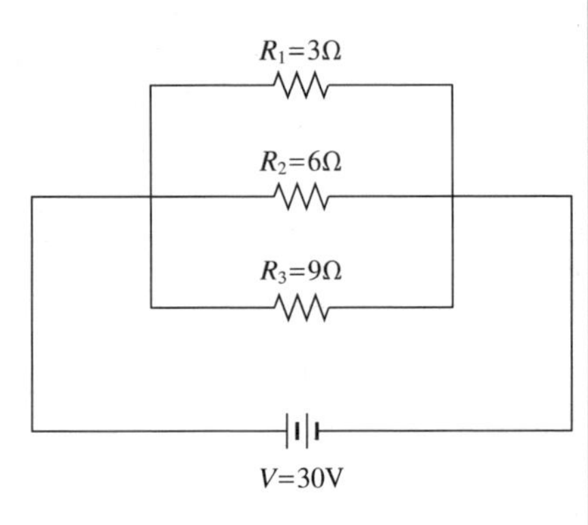


병렬의 합성저항

$R=\sum_{i=1}^{n}\dfrac{1}{\dfrac{1}{R_i}}$

전체저항 $R=\dfrac{1}{\dfrac{1}{R_1}+\dfrac{1}{R_2}+\dfrac{1}{R_3}}=\dfrac{1}{\dfrac{1}{3}+\dfrac{1}{6}+\dfrac{1}{9}}=1.6364\Omega$

전체전압 $V=30\text{V}=V_1=V_2=V_3$

전체전류 $I=\dfrac{30\text{V}}{1.6364\Omega}=18.33\text{A}=I_1+I_2+I_3$

$=\dfrac{V_1}{R_1}+\dfrac{V_2}{R_2}+\dfrac{V_3}{R_3}=\dfrac{30\text{V}}{3\Omega}+\dfrac{30\text{V}}{6\Omega}+\dfrac{30\text{V}}{9\Omega}$

$=18.33\text{A}$

### (5) 감전사고의 방지

① 직접 접촉에 의한 감전사고 방지

㉠ 충전부가 노출되지 않도록 폐쇄형 외함이 있는 구조로 설치한다.

㉡ 충전부에 충분한 절연효과가 있는 방호망이나 절연덮개를 설치한다.

㉢ 충전부는 내구성이 있는 절연물로 완전히 덮어 감싼다.

㉣ 안전전압 이하의 기기를 사용한다(우리나라의 안전전압 : 30V).

㉤ 격리된 장소 · 출입을 금지하는 장소 등 설치장소를 제한한다.

② 간접접촉에 의한 감전사고 방지

㉠ 누전차단기를 설치한다.

㉡ 보호(기기)접지를 실시한다.

㉢ 안전전압 이하의 기기를 사용한다(우리나라의 안전전압 : 30V).

㉣ 이중절연구조를 채택한다.

③ 충전부 감전사고 방지(안전보건규칙 제301조)

㉠ 충전부가 노출되지 않도록 폐쇄형 외함(外函)이 있는 구조로 한다.

㉡ 충전부에 충분한 절연효과가 있는 방호망이나 절연덮개를 설치한다.

㉢ 충전부는 내구성이 있는 절연물로 완전히 덮어 감싼다.

㉣ 격리된 장소로서 관계 근로자가 아닌 사람이 접근할 우려가 없는 장소에 설치한다.

㉤ 출입이 금지되는 장소에 충전부를 설치하고, 위험표시 등의 방법으로 방호를 강화한다.

④ 분전반 감전사고 방지

㉠ 충전부 감전사고 방지(③) 수칙을 준수한다.

㉡ 분전반 각 회로별로 명판을 부착하여야 한다.

㉢ 분전반 앞 장애물이 없도록 하며, 문을 견고하게 고정시켜야 한다.

⑤ 전기배선 감전사고 방지

㉠ 절연피복의 손상이나 노화로 인한 감전 위험을 방지하기 위하여 필요한 조치를 하여야 한다.

㉡ 전선을 서로 접속하는 경우에는 해당 전선의 절연성능 이상으로 절연될 수 있는 것으로 충분히 피복하거나 적합한 접속기구를 사용하여야 한다.

㉢ 습윤한 장소에서 근로자가 작업 중에나 통행하면서 이동전선 및 이에 부속하는 접속기구에 접촉할 우려가 있는 경우에는 충분한 절연효과가 있는 것을 사용하여야 한다.

㉣ 통로바닥에 전선 또는 이동전선 등을 설치하여 사용해서는 아니 된다.

㉤ 안전전압 이하의 기기를 사용한다.

㉥ 보호접지를 설치한다.

⑥ 전기기계기구

㉠ 감전사고 방지를 위한 기본 수칙을 준수한다.

㉡ 노출 도전부에 접지를 한다.

㉢ 해당 전로에 정격에 적합하고 감도가 양호하며 확실하게 작동하는 감전방지용 누전차단기를 설치한다.

㉣ 임시전등이나 이동전선 등에 보호망을 부착하여 파손 및 감전을 막는다.

㉤ 이중절연구조를 채택한다.

### (6) 감전사고 응급조치

① 감전 환자 발생 시 구조자는 먼저 현장이 안전한지를 반드시 확인한다.

② 안전하다고 판단되면 감전자를 현장에서 대피시키도록 한다.

③ 감전사고로 쓰러진 상태로 발견하였을 경우 이송 시 경추 및 척추 손상을 예방하기 위해 고정시키고 이송하도록 한다.

④ 환자의 호흡, 움직임 등을 관찰하고 심정지 상태라고 판단되면 즉시 심폐소생술을 시행하도록 한다.

⑤ 환자가 의식이 저하되거나 통증 호소, 골절 가능성, 화상 등이 관찰될 경우 즉시 119에 연락을 시도하고 함부로 물이나 음료, 음식 등을 먹이지 않도록 한다.

## 3 정전기 재해

### (1) 정전기

① 개념 : 전하가 정지 상태에 있어 흐르지 않고 머물러 있는 전기

② 발생원인

㉠ 2개의 다른 극성 물체가 접촉했다가 분리될 때 발생한다.

㉡ 2개의 물체가 접촉하면 그 계면에 전하의 이동이 발생하고, 전하가 상대적으로 나란히 늘어선 전기이중층이 형성된다. 그 후 물체가 분리되어 전기이중층의 전하분리가 일어나면 두 물체에 각각 극성이 다른 등량의 전하가 발생한다.

③ 정전기 발생에 영향을 주는 요인

㉠ 물체의 재질 : 물체의 재질에 따라 대전 정도가 달라진다. 대전 서열에서 서로 떨어져 있는 물체일수록 정전기 발생이 용이하고 대전량이 많다.

㉡ 물체의 표면 : 표면이 오염, 부식되고 거칠수록 정전기 발생이 용이하다.

㉢ 그 전 대전 이력 : 정전기 최초 대전 시 정전기 발생 크기가 가장 크다.

㉣ 접촉면적, 압력 : 물체 간의 접촉면적과 압력이 클수록 정전기가 많이 발생한다.

㉤ 분리속도 : 분리속도가 크면 발생된 전하의 재결합이 적게 일어나서 정전기의 발생량이 많아진다.

### (2) 정전기 대전

① 개념 : 물체에 남아 있는 정전기를 가지며 전기를 띠는 현상

② 대전 발생

㉠ 두 물체의 접촉으로 인한 접촉면에서 전기이중층이 형성되었다가 분리되고, 분리에 의한 전위상승과 분리된 전하의 소멸 3단계로 이루어지는데, 이 3단계 과정이 연속적으로 일어날 때 대전현상이 발생한다.

㉡ 대전되는 물체의 절연저항이 클 때 정전기가 대지로 흘러나가기 어렵지만 영구 대전되는 것은 아니며 어느 정도 시간이 흐르면 정전기의 대전은 0이 된다.

③ 종류

㉠ 마찰대전 : 고체·액체류 또는 분체류의 경우, 두 물질 사이의 마찰에 의한 접촉과 분리과정이 계속되면 이에 따른 기계적 에너지에 의해 자유전기가 방출·흡입되어 정전기가 발생한다.

㉡ 박리대전 : 서로 밀착되어 있던 두 물체가 떨어질 때 전하의 분리가 일어나서 정전기가 발생하는 현상이다. 접촉면적, 접촉면의 밀착력, 박리속도 등에 따라 변화하며 정전기 발생량이 가장 많다. 옷을 벗거나 박리할 경우 발생하는 정전기가 이에 속한다.

㉢ 유동대전 : 액체류가 배관 등을 흐르면서 고체와 접촉하면 액체류의 유동 때문에 정전기가 발생한다. 파이프 속을 절연이 높은 액체가 흐를 때 전하의 이동이 일어나며 액체가 (+)로 대전하면 파이프는 (-)로 대전하게 된다. 이 유동대전은 유속이 빠를수록 커지며, 흐름의 상태와 파이프의 재질과도 관계가 있다.

㉣ 분출대전 : 분체류, 액체류, 기체류 등이 단면적이 작은 분출구를 통해 공기 중으로 분출될 때 분출물질 입자들 간의 상호충돌 및 분출물질과 분출과의 마찰에 의해 정전기가 발생한다. 액체가 분사할 때 순수한 가스 자체는 대전현상을 나타내지 않지만 가스 내에 먼지나 미립자 등이 혼입되면 분출 시 대전이 일어난다.

㉤ 충돌대전 : 분체류 등의 입자 상호 간이나 입자와 고체의 충돌에 의해 빠른 접촉 분리가 일어나면서 정전기가 발생한다.

㉥ 파괴대전 : 고체나 분체류와 같은 물체가 파괴되었을 때 전하분리 또는 부전하의 균형이 깨지면서 정전기가 발생한다.

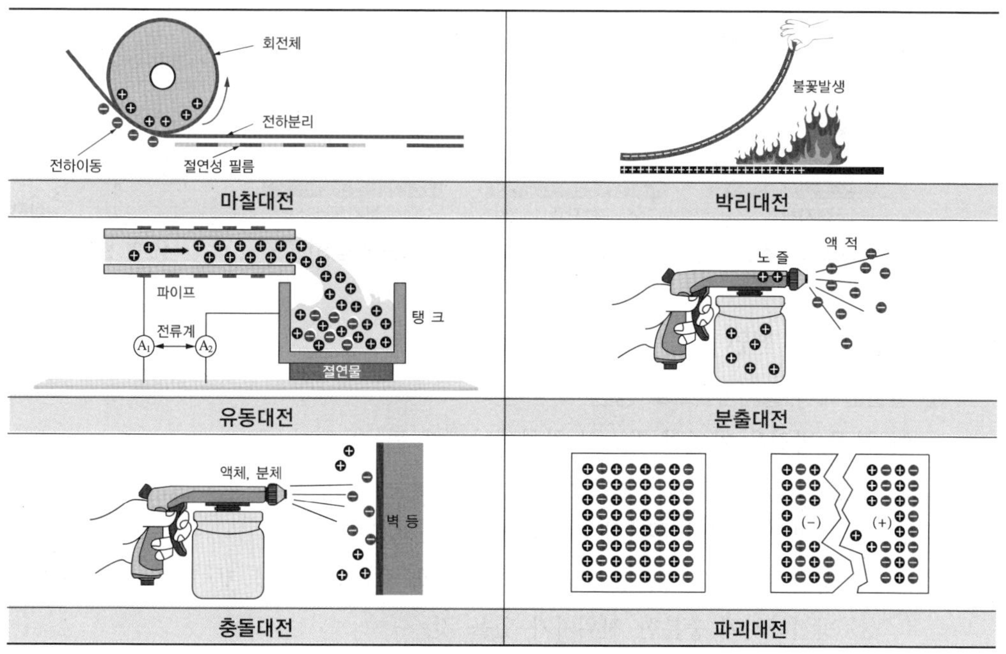


[정전기 대전의 종류]

### (3) 정전기 방전

① 개념 : 정전기를 띠고 있는 물체가 전기를 잃는 현상

② 종류

㉠ 코로나 방전 : 대전된 부도체와 대전물체나 방전물체의 뾰족한 끝부분에서 전기장이 강해져 미약한 발광이 일어나는 현상으로, 방전 에너지의 밀도가 낮아 재해의 원인이 되는 확률이 비교적 적다. 이처럼 낮은 방전에너지로 인해 수소 등 일부 가연성 가스를 제외하고는 발화원이 되지 않는다.

㉡ 브러시 방전(스트리머 방전) : 코로나 방전보다 진전되어 수지상 발광과 펄스상의 파괴음을 동반하는 방전이다. 브러시 방전은 대전량을 많이 가진 부도체와 평평한 형상을 갖는 금속과의 기상 공간에서 발생하기 쉽다.

㉢ 불꽃 방전 : 평면 전극 간에 전압을 인가할 경우 양극 간의 전위 경도가 균일해지는데, 이때 인가전압이 한도를 초과하면 그 공간 내의 공기 절연성이 파괴되어 강한 빛과 파괴음의 불꽃 방전이 발생한다. 불꽃 방전은 대전 물체에 축적된 정전에너지의 대부분이 공기 중에서 소비되기 때문에 착화능력이 높고 거의 모든 가스·증기와 가연성 분진의 착화원이 된다.

㉣ 연면 방전 : 공기 중에 놓인 절연체 표면의 전계강도가 클 때 접지체가 접근 시 절연체 표면을 따라서 발생하는 방전을 말한다. 연면 방전은 불꽃 방전과 마찬가지로 방전에너지가 높아 재해나 장해의 원인이 된다.

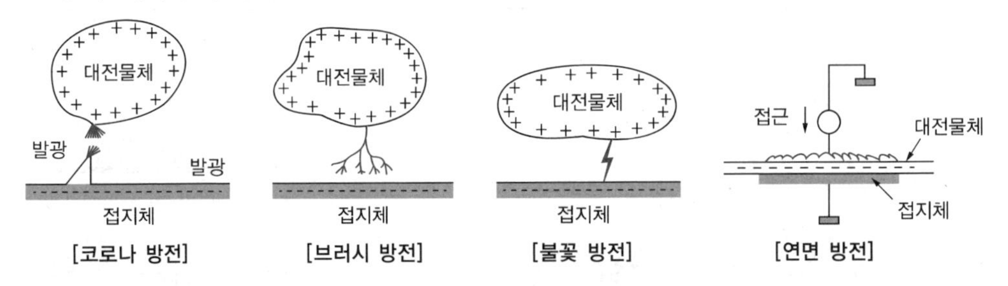


[코로나 방전] [브러시 방전] [불꽃 방전] [연면 방전]

### (4) 정전기 재해의 원인

① 절연물에서 접지금속으로 방전

㉠ 불꽃 방전은 가연성 가스의 착화에너지가 될 수 있다.

㉡ 정전기로 인해 화재·폭발이 일어날 수 있는 조건

ⓐ 가연성 물질이 폭발한계 이내일 것

ⓑ 정전에너지가 가연성 물질의 최소 착화에너지 이상일 것

ⓒ 방전하기에 충분한 전위차가 있을 것

㉢ 정전기의 최소 착화에너지

| $E=\frac{1}{2}CV^2$ | • $E$ : 정전기(착화)에너지(J)<br>• $C$ : 정전용량(F)<br>• $V$ : 대전전위(V) |
|---|---|

② 절연된 도체(인체)로부터의 방전

㉠ 인체는 도체로 봐도 되지만 절연성이 높은 신발을 신고 있을 때는 인체에 대전된다.

㉡ 대전된 정전기가 방전되면서 불꽃이 발생하여 사고가 나는 경우와 절연된 용기가 대전하여 그것이 방전되어 화재폭발이 되는 경우가 있다.

③ 혼합가스 및 분진 폭발

㉠ 가연성 가스가 일정농도에서 공기와 혼합되고 그 장소에 열원이 있을 때 폭발(폭연 또는 폭굉)이 일어날 수 있다.

㉡ 주로 가연성 가스의 최소 착화에너지는 0.2mJ 내외로 매우 작아 정전기가 착화원이 될 수 있어 폭발에 주의해야 한다.

④ 정전기에 의한 인체의 전격

㉠ 도어에 손을 댈 때 전격을 받는 것은 도어에 대전되어 있던 정전기가 인체와의 접촉으로 방전이 발생하여 신체에 영향을 준 것이다.

㉡ 정전기에 의한 전격이 직접 원인이 되어 사망에 이르는 경우는 없으나 근육의 급격한 수축에 의한 어깨 탈구 등 신체적 손상을 받을 수 있다.

㉢ 전격을 받고 쇼크로 신체의 균형을 잃어 높은 곳에서 추락, 전도 또는 기계 접촉으로 2차 재해를 일으킬 수 있다.

㉣ 전격에 의한 불쾌·공포감 등으로 작업 능률 저하가 발생할 수도 있다.

### (5) 정전기 재해 예방대책

① 정전기 발생을 억제·제거하는 방법

㉠ 접촉면을 줄인다.

㉡ 분리속도를 낮춘다.

㉢ 유사한 유전(절연)계수를 이용한다.

㉣ 표면저항률을 낮춘다.

㉤ 공기 중의 습도를 높인다.

② 도체의 정전기 대전(축적) 방지 방법

㉠ 접지 : 물체에 발생된 1MΩ 이하의 정전기를 대지로 누설하여 완화시키는 방법이다.

㉡ 본딩 : 전기적으로 절연된 2개 이상의 도체를 전기적으로 접속하여 발생한 정전기를 완화시키는 방법이다.

③ 부도체의 정전기 대전(축적) 방지방법

㉠ 가습 : 습도가 증가하면 전기 저항치가 저하되므로, 습도 70% 이상을 유지한다.

㉡ 대전방지제 사용 : 부도체의 도전성을 향상시켜 저항치를 낮추고 대전을 방지하는 물질을 사용한다.

㉢ 제전기 사용 : 제전기에서 생성된 이온 중 대전물체와 역극성의 이온이 대전물체의 방향으로 이동해서 그 이온과 대전물체의 전하와 재결합하여 중화가 이루어져 정전기를 완화한다.

④ 인체의 대전 방지방법

㉠ 정전화(대전방지화) 착용

ⓐ 일반 신발 바닥 저항이 1,012Ω 정도인데, 정전화 바닥 저항은 105~108Ω 정도이다.

ⓑ 특별고압 전압선 근접 작업이나 특별고압선로 부근의 건설 공사 시 정전유도에 의한 전격을 방지하기 위해 사용한다.

㉡ 제전복(안전복) 착용

ⓐ 도전성 안전복은 직경 50μm 실의 도전성 섬유(ECF)로 1~5cm 간격으로 짜서 만든다.

ⓑ 그 표면에 도전성 물질을 코팅하여 길이 1cm에 대해 100~1,000Ω 정도의 저항을 갖도록 하였다.

ⓒ 일반섬유보다 훨씬 작은 대전 전위를 가져 인체로의 정전기 대전 방지에 효과적이다.

㉢ 손목접지기구(wrist strap) 착용 : 인체 접지기구로 도전성 밴드에 1MΩ 의 저항이 직렬로 삽입되어 인체에 대전 시 대지로 정전기를 흘려보낸다.

PART

05

PART 05 연구실 전기 · 소방 안전관리

# 과목별 빈칸완성 문제

각 문제의 빈칸에 올바른 답을 적으시오.

## 01 연소의 4요소

- 
- 
- 
- 

정답

- 가연물
- 산소공급원
- 점화원
- 연쇄반응

## 02 최소점화에너지(minimum ignition energy)

최소점화에너지 공식 :

정답

$$E = \frac{1}{2}CV^2$$

- $E$ : 최소점화에너지(J)
- $C$ : 콘덴서 용량(F)
- $V$ : 전압(V)

## 03 점화원의 종류

| 물리적 점화원 | 마찰열, 기계적 스파크, ( ① ) |
|---|---|
| 전기적 점화원 | 합선, 누전, 반단선, ( ② )접촉, 과전류, 트래킹현상, 정전기 ( ③ ) |
| 화학적 점화원 | 화학적 반응열, ( ④ ) |

정답

① 단열압축
② 불완전
③ 방전
④ 자연발화

## 04 연소의 형태

| 기체의 연소(2가지) | ( ① ) |
|---|---|
| 액체의 연소(3가지) | ( ② ) |
| 고체의 연소(4가지) | ( ③ ) |

정답

① 예혼합연소, 확산연소
② 증발연소, 분해연소, 분무연소(액적연소)
③ 증발연소, 분해연소, 표면연소(무연연소), 자기연소(내부연소)

## 05 화재의 분류

| 구분 | 화재 종류 | 표시색 |
|---|---|---|
| A급 화재 | ( ① ) | ( ⑥ ) |
| B급 화재 | ( ② ) | ( ⑦ ) |
| C급 화재 | ( ③ ) | ( ⑧ ) |
| D급 화재 | ( ④ ) | ( ⑨ ) |
| K급 화재 | ( ⑤ ) | ( ⑩ ) |

**정답**

① 일반화재
② 유류화재
③ 전기화재
④ 금속화재
⑤ 주방화재(식용유화재)
⑥ 백색
⑦ 황색
⑧ 청색
⑨ 무색
⑩ –

## 06 실내화재의 현상

• 플래시오버
- 화재 초기단계에서 연소불로부터의 ( ① )가 천장 부근에 모이고, 그것이 일시에 인화해서 폭발적으로 방 전체에 불꽃이 도는 현상
- ( ② )로 진행되기 전에 열 방출량이 급격하게 증가하는 단계에 발생

• 백드래프트
- 연소에 필요한 ( ③ )가 부족하여 ( ④ )상태에 있는 실내에 갑자기 ( ③ )가 다량 공급될 때 연소가스가 순간적으로 발화하는 현상
- 일반적으로 ( ⑤ )에 발생

**정답**

① 가연성 가스
② 최성기
③ 산소
④ 훈소
⑤ 감쇠기

## 07 연기의 이동속도

- 수평방향 : ( ① )
- 수직방향 : ( ② )
- 계단실 내 수직이동속도 : ( ③ )

정답

① 0.5~1m/s

② 2~3m/s

③ 3~5m/s

## 08 연기 유동에 영향을 미치는 요인 6가지

- 
- 
- 
- 
- 
- 

정답

- 굴뚝효과(연돌효과, stack effect)
- 외부에서의 풍력
- 부력(밀도차, 비중차)
- 공기 팽창
- 피스톤 효과
- 공조 설비(HVAC system)

## 09 연기의 농도 - 감광계수법

Lambert-Beer법칙을 응용한 공식 :

정답

$$C_s = \frac{1}{L} ln\left(\frac{I_0}{I}\right)$$

- $C_s$ : 감광계수($m^{-1}$)
- $L$ : 연기층의 두께(m)
- $I_0$: 연기가 없을 때 빛의 세기, 연기층의 입사광 세기(lx)
- $I$: 연기가 있을 때 빛의 세기, 연기층의 투과광 세기(lx)

## 10 연기제어기법 6가지

- 
- 
- 
- 
- 
- 

정답

- 구획(방연)
- 가압(차연)
- 배연
- 축연
- 희석
- 연기강하방지

## 11 소화약제의 사용

| 소화약제 종류 | 적응화재(□급 화재) |
|---|---|
| 물 | ( ① ) |
| 강화액 소화약제 | ( ② ) |
| 포 소화약제 | ( ③ ) |
| 이산화탄소 소화약제 | ( ④ ) |
| 할론 소화약제 | ( ⑤ ) |
| 할로겐화합물 및 불활성기체 소화약제 | ( ⑥ ) |
| 분말 소화약제 | ( ⑦ ) |

정답

① A급(단, 무상주수 시 A・B・C급)
② A급(단, 무상주수 시 A・B・C급)
③ A급, B급
④ B급, C급
⑤ B급, C급
⑥ B급, C급
⑦ B급, C급(단, 제3종 분말은 A・B・C급 화재에 적합)

## 12 위험물의 종류

| 유별 | 성질 |
|---|---|
| 제1류 위험물 | ( ① ) |
| 제2류 위험물 | ( ② ) |
| 제3류 위험물 | ( ③ ) |
| 제4류 위험물 | ( ④ ) |
| 제5류 위험물 | ( ⑤ ) |
| 제6류 위험물 | ( ⑥ ) |

정답

① 산화성 고체
② 가연성 고체
③ 자연발화성 물질 및 금수성 물질
④ 인화성 액체
⑤ 자기반응성 물질
⑥ 산화성 액체

## 13 약제에 따른 소화기 분류 및 특징

| 약제 | 특징 |
|---|---|
| 분말 | • 대중적으로 사용되는 소화기<br>• 개봉하여 사용 후 ( ① ) 불가능<br>• 충전압력(녹색 범위) : ( ② )MPa |
| 이산화탄소 | • 방출되며 ( ③ )로 변하면서 이산화탄소가스로 화재면을 덮어 공기를 차단<br>• 방출 시 노즐을 잡으면 동상 우려가 있어 반드시 ( ④ )를 잡아야 함 |
| 할론 | • 소화 후 약제 잔재물이 남지 않는 장점이 있으나 ( ⑤ ) 등으로 인해 사용 안 함<br>• Halon( ⑥ ) : 지시압력계가 없고, 고압가스 자체의 압력으로 방사 |
| 포 | • 밀봉된 내통 용기를 뚫은 후 뒤집어서 격리된 두 용액(( ⑦ ), ( ⑧ ))을 혼합하여 사용<br>• 약제에 의한 부식 가능성이 높음 |

정답

① 재사용

② 0.7~0.98

③ 드라이아이스

④ 손잡이

⑤ 독성

⑥ 1301

⑦ 탄산수소나트륨

⑧ 황산알루미늄

## 14 자동화재탐지설비 구성장치 4가지

•
•
•
•

정답

• 감지기
• 수신기
• 발신기
• 음향장치

## 15 전선의 식별색

| L1 | L2 | L3 | N | 보호도체 |
|---|---|---|---|---|
| ( ① ) | ( ② ) | ( ③ ) | ( ④ ) | ( ⑤ ) |

정답

① 갈색
② 흑색
③ 회색
④ 청색
⑤ 녹색-노란색

## 16 인체감전보호형 누전차단기의 정격감도전류, 동작시간 기준

인체감전보호형 : 정격감도전류 ( ① ), 동작시간 ( ② )

정답

① 30mA 이하
② 0.03초 이내

## 17 통전전류

| | |
|---|---|
| ( ① ) | 자력으로 충전부에서 이탈할 수 있는 전류 |
| ( ② ) | 자력으로 충전부에서 이탈하는 것이 불가능한 전류 |
| ( ③ ) | 인체에 전압을 인가하여 통전전류의 값을 서서히 증가시켜 일정한 값에 도달하면 고통을 느끼지 않고 짜릿하게 전기가 흐르는 것을 감지하는데, 이때의 전륫값 |
| ( ④ ) | 전류의 일부가 심장부로 흘러 심장의 기능이 장애를 받게 될 때의 전류 |

정답

① 가수전류
② 불수전류
③ 최소감지 전류
④ 심실세동 전류

## 18 정전기 대전 종류 6가지

- 
- 
- 
- 
- 
- 

정답

- 마찰대전
- 유동대전
- 충돌대전
- 박리대전
- 분출대전
- 파괴대전

## 19 정전기 방전 종류 4가지

- 
- 
- 
- 

정답

- 코로나 방전
- 불꽃 방전
- 브러시 방전
- 연면 방전

## 20 인체의 대전 방지방법(착용품) 3가지

- 
- 
- 

정답

- 정전화(대전방지화)
- 손목접지기구
- 제전복(안전복)

얼마나 많은 사람들이 책 한권을 읽음으로써

인생에 새로운 전기를 맞이했던가.

– 헨리 데이비드 소로 –

# PART 06

# 연구활동종사자 보건 · 위생관리 및 인간공학적 안전관리

CHAPTER 01 보건 · 위생관리 및 연구활동종사자 질환 예방 · 관리

CHAPTER 02 안전보호구 및 연구환경 관리

CHAPTER 03 환기시설(설비) 설치 · 운영 및 관리

과목별 빈칸완성 문제

# 보건 · 위생관리 및 연구활동 종사자 질환 예방 · 관리

## 1 물질안전보건자료(MSDS)

### (1) 항목 및 순서(화학물질의 분류 · 표시 및 물질안전보건자료에 관한 기준 별표 4)

| 1 | 화학제품과 회사에 관한 정보 | 9 | 물리화학적 특성 |
|---|---|---|---|
| 2 | 유해성 · 위험성 | 10 | 안정성 및 반응성 |
| 3 | 구성성분의 명칭 및 함유량 | 11 | 독성에 관한 정보 |
| 4 | 응급조치 요령 | 12 | 환경에 미치는 영향 |
| 5 | 폭발 · 화재 시 대처방법 | 13 | 폐기 시 주의사항 |
| 6 | 누출 사고 시 대처방법 | 14 | 운송에 필요한 정보 |
| 7 | 취급 및 저장방법 | 15 | 법적 규제 현황 |
| 8 | 노출 방지 및 개인보호구 | 16 | 그 밖의 참고사항 |

### (2) 작성원칙(화학물질의 분류 · 표시 및 물질안전보건자료에 관한 기준 제11조)

① 물질안전보건자료를 작성할 때에는 취급근로자의 건강보호 목적에 맞도록 성실하게 작성하여야 한다.

② 물질안전보건자료는 국내 사용자를 위해 작성 · 제공되므로 한글로 작성하는 것이 원칙이다.

㉠ 화학물질명, 외국기관명 등의 고유명사는 영어로 표기할 수 있다.

㉡ 실험실에서 시험 · 연구 목적으로 사용하는 시약으로서 MSDS가 외국어로 작성된 경우는 한국어로 번역하지 않을 수 있다.

③ 외국어로 되어 있는 물질안전보건자료를 번역하는 경우에는 자료의 신뢰성이 확보될 수 있도록 최초 작성기관명 및 시기를 함께 기재하여야 하며, 다른 형태의 관련 자료를 활용하여 물질안전보건자료를 작성하는 경우에는 참고문헌의 출처를 기재하여야 한다.

④ MSDS 항목 입력값은 해당 국가의 우수실험실기준(GLP) 및 국제공인시험기관 인정(KOLAS)에 따라 수행한 시험결과를 우선적으로 고려하여야 한다.

⑤ MSDS의 16개 항목을 빠짐없이 작성한다.

※ 부득이하게 작성 불가 시 "자료 없음" 또는 "해당 없음"을 기재하며, 공란은 없어야 한다.

⑥ 화학물질 개별성분과 더불어 혼합물 전체 관련 정보를 정확히 기재한다.

※ 구성성분의 함유량 기재 시 함유량의 ±5%P(퍼센트포인트) 내에서 범위(하한값~상한값)로 함유량을 대신하여 표시할 수 있다.

⑦ 물질안전보건자료 작성에 필요한 용어, 작성에 필요한 기술지침은 한국산업안전보건공단이 정할 수 있다.

⑧ 물질안전보건자료의 작성단위는 「계량에 관한 법률」이 정하는 바에 의한다.

## 2 경고표지

### (1) 경고표지 작성항목

[경고표지 작성 예시(화학물질의 분류 · 표시 및 물질안전보건자료에 관한 기준 별표 3)]

**벤젠(CAS No.71-43-2)**

**신호어**
- 위험

**유해 · 위험 문구**
- 고인화성 액체 및 증기
- 삼키면 유해함
- 삼켜서 기도로 유입되면 치명적일 수 있음
- 피부에 자극을 일으킴
- 눈에 심한 자극을 일으킴
- 유전적인 결함을 일으킬 수 있음
- 암을 일으킬 수 있음
- 장기간 또는 반복노출 되면 신체 중(중추신경계, 조혈계)에 손상을 일으킴
- 장기적인 영향에 의해 수생생물에게 유해함

**예방조치 문구**

예방 | • 열, 스파크, 화염, 고열로부터 멀리한다. – 금연
• 보호장갑, 보호의, 보안경을 착용한다.

대응 | • 피부(또는 머리카락)에 묻으면 오염된 모든 의복은 벗거나 제거한다.
• 피부를 물로 씻는다. / 샤워한다.

저장 | 환기가 잘되는 곳에 보관하고, 저온으로 유지한다.

폐기 | (관련 법규에 명시된 내용에 따라) 내용물 · 용기를 폐기한다.

※ 그 외 예방조치 문구는 MSDS를 참고

**공급자 정보**

XX상사, 서울시 OO구 OO대로 OO(02-0000-0000)

① **명칭** : 제품명 혹은 유해화학물질명과 CAS No.

② **그림문자** : 해당되는 그림문자가 5개 이상일 경우 4개의 그림문자만을 표시할 수 있다.

※ 단, 다음 중 2종의 그림문자가 동시에 해당되는 경우에는 우선순위인 그림문자만을 표시한다.

③ **신호어** : 유해 · 위험의 정도에 따라 위험 또는 경고를 표시(둘 다 해당 시 "위험"만 표시)한다.

④ **유해 · 위험 문구** : 해당되는 것을 모두 표시하되 중복되는 문구는 생략 · 조합하여 표시한다.

예 H2XX : 물리적 위험성 코드, H3XX : 건강 유해성 코드, H4XX : 환경 유해성 코드

⑤ **예방조치 문구** : 해당되는 것을 모두 표시하되 중복되는 문구는 생략 · 조합하여 표시한다.

예 P2XX : 예방코드, P3XX : 대응코드, P4XX : 저장코드, P5XX : 폐기코드

※ 예방조치 문구가 7개 이상일 경우 6개만 표시(예방 · 대응 · 저장 · 폐기 각 1개 이상 포함) 및 나머지 사항은 MSDS를 참고하도록 기재한다.

⑥ **공급자 정보** : 제품 제조자명 또는 공급자명과 전화번호 등을 작성

### (2) 경고표지 그림문자

| 그림문자 | 유해성 분류기준 | 그림문자 | 유해성 분류기준 |
|---|---|---|---|
|  | • 폭발성, 자기반응성, 유기과산화물<br>• 가열, 마찰, 충격 또는 다른 화학물질과의 접촉 등으로 인해 폭발이나 격렬한 반응을 일으킬 수 있음<br>• 가열, 마찰, 충격을 주지 않도록 주의 |  | • 산화성<br>• 반응성이 높아 가열, 충격, 마찰 등에 의해 분해하여 산소를 방출하고 가연물과 혼합하여 연소 및 폭발할 수 있음<br>• 가열, 마찰, 충격을 주지 않도록 주의 |
|  | • 인화성(가스, 액체, 고체, 에어로졸), 물 반응성, 자기반응성, 자연발화성(액체, 고체), 자기발열성<br>• 인화점 이하로 온도와 기온을 유지하도록 주의 |  | • 고압가스(압축, 액화, 냉동 액화, 용해 가스 등)<br>• 가스 폭발, 인화, 중독, 질식, 동상 등의 위험이 있음 |
|  | • 급성독성<br>• 피부와 호흡기, 소화기로 노출될 수 있음<br>• 취급 시 보호장갑, 호흡기 보호구 등을 착용 |  | • 호흡기 과민성, 발암성, 생식세포 변이원성, 생식독성, 특정 표적장기 독성, 흡인유해성<br>• 호흡기로 흡입할 때 건강장해 위험 있음<br>• 취급 시 호흡기 보호구 착용 |
|  | • 부식성 물질(금속, 피부)<br>• 피부에 닿으면 피부 부식과 눈 손상을 유발할 수 있음<br>• 취급 시 보호장갑, 안면보호구 등을 착용 |  | • 수생환경유해성<br>• 인체유해성은 적으나, 물고기와 식물 등에 유해성이 있음 |

## 3 NFPA 704

※ Page. 80 참고

## 4 작업환경측정

### (1) 유해위험요인

① 물리적 유해인자

㉠ 개념 : 인체에 에너지로 흡수되어 건강장해를 초래하는 물리적 특성으로 이루어진 유해인자이다.

㉡ 종류 : 소음, 진동, 고열, 이온화방사선($\alpha$선, $\beta$선, $\gamma$선, X선 등), 비이온화방사선(자외선, 가시광선, 적외선, 라디오파 등), 온열, 이상기압 등

② 화학적 유해인자

㉠ 개념

ⓐ 물질의 형태로 호흡기, 소화기, 피부를 통해 인체에 흡수되고 잠재적으로 건강에 영향을 끼치는 요인이 될 수 있는 유해인자이다.

ⓑ 연구활동 시 가장 흔한 유해인자로, 먼지와 같은 것도 포함한다.

㉡ 종류

ⓐ 가스상 물질 : 가스, 증기 등

ⓑ 입자상 물질 : 먼지, 흄, 미스트, 금속, 유기용제 등

㉢ 입자상 물질의 크기에 따른 분류

| 분류 | 평균 입경($\mu$m) | 특징 |
|---|---|---|
| 흡입성 입자상 물질(IPM) | 100 | 호흡기 어느 부위(비강, 인후두, 기관 등 호흡기의 기도 부위)에 침착하더라도 독성을 유발하는 분진 |
| 흉곽성 입자상 물질(TPM) | 10 | 가스 교환 부위, 기관지, 폐포 등에 침착하여 독성을 나타내는 분진 |
| 호흡성 입자상 물질(RPM) | 4 | 가스 교환 부위, 즉 폐포에 침착할 때 유해한 분진 |

㉣ 입자상 물질의 축적·제거기전

<table>
<tr><td rowspan="4">축적기전</td><td>관성충돌</td><td>입자가 공기 흐름으로 순행하다가 비강, 인후두 부위 등 공기 흐름이 변환되는 부위에 부딪혀 침착</td></tr>
<tr><td>중력침강</td><td>폐의 심층부에서 공기 흐름이 느려져 중력에 의해 자연스럽게 낙하</td></tr>
<tr><td>차단</td><td>지름에 비해 길이가 긴 석면섬유 등은 기도의 표면을 스치게 되어 침착</td></tr>
<tr><td>확산</td><td>비강에서 폐포에 이르기까지 입자들이 기체 유선을 따라 운동하지 않고 기체분자들과 충돌하여 무질서한 운동을 하다가 주위 세포 표면에 침착</td></tr>
<tr><td rowspan="2">제거기전</td><td>점액섬모운동</td><td>폐포로 이동하는 중 입자상 물질이 제거</td></tr>
<tr><td>대식세포에 의한 정화</td><td>면역 담당 세포인 대식세포가 방출하는 효소의 용해작용으로 입자상 물질이 제거</td></tr>
</table>

※ 입자상 물질은 전체 환기로 적용 시 완전제거가 불가능하여, 전체 환기 시 바닥에 침강된 입자상 물질이 2차 분진을 발생시킬 수 있기 때문에 국소배기 방식이 적합하다.

③ 생물학적 유해인자(바이오에어로졸)

㉠ 개념 : 생물체나 그 부산물이 작용하여 흡입, 섭취 또는 피부를 통해 건강상 장해를 유발하는 유해인자이다.

㉡ 종류 : 바이러스, 세균 및 세균포자 또는 세균의 세포 조각들, 곰팡이 또는 곰팡이 포자, 진드기, 독소 리케차, 원생동물 등

④ 인간공학적 유해인자

㉠ 개념 : 반복적인 작업, 부적합한 자세, 무리한 힘 등으로 손, 팔, 어깨, 허리 등을 손상(근골계질환)시키는 인자이다.

㉡ 인간공학적 유해인자로 인한 건강장해 : 요통, 내상과염, 손목터널증후군 등

⑤ 사회심리적 유해인자(직무 스트레스)

㉠ 개념 : 과중하고 복잡한 업무 등으로 정신건강은 물론 신체적 건강에도 영향을 주는 인자이다.

㉡ 종류 : 시간적 압박, 복잡한 대인관계, 업무처리속도, 부적절한 작업환경, 고용불안 등

### (2) 유해인자의 개선대책

|  |  |
|---|---|
| 본질적 대책 | • 대치(대체) : 공정의 변경, 시설의 변경, 유해물질의 대치<br>• 격리(밀폐) : 저장물질의 격리, 시설의 격리, 공정의 격리, 작업자의 격리 |
| ⇩ | |
| 공학적 대책 | 안전장치, 방호문, 국소배기장치 등 |
| ⇩ | |
| 관리적 대책 | 매뉴얼 작성, 출입금지, 노출 관리, 교육·훈련 등 |
| ⇩ | |
| 개인보호구 사용 | 개인보호구 착용(관리적 대책까지 취하더라도 유해인자 제거·감소 불가 시에 실시) |

### (3) 작업환경측정

① 대상(산업안전보건법 시행규칙 제186조)

㉠ 작업환경측정 대상 사업장 : 작업환경측정 대상 유해인자에 노출되는 근로자가 있는 작업장

㉡ 작업환경측정 예외 사업장

ⓐ 관리대상 유해물질의 허용소비량을 초과하지 않는 작업장(해당 물질에 대한 작업환경측정만 예외)

ⓑ 안전보건규칙에 따른 분진작업의 적용 제외 작업장(분진에 대한 작업환경측정만 예외)

ⓒ 안전보건규칙에 따른 임시작업 및 단시간작업을 하는 작업장(단, 허가대상유해물질, 특별관리물질을 취급하는 임시·단시간 작업의 경우에는 작업환경측정 대상임)

> **참고**
>
> **안전보건규칙 제420조**
> - 임시작업 : 일시적으로 하는 작업 중 월 24시간 미만인 작업(단, 월 10시간 이상 24시간 미만인 작업이 매월 행하여지는 작업은 임시작업이 아님)
> - 단시간작업 : 관리대상 유해물질을 취급하는 시간이 1일 1시간 미만인 작업(단, 1일 1시간 미만인 작업이 매일 수행되는 경우는 단시간 작업이 아님)

② 실시시기(산업안전보건법 시행규칙 제190조)

㉠ 최초, 작업장·작업공정 등 변경사항 발생 시 : 그날로부터 30일 이내

㉡ 정기실시 : 반기에 1회 이상(간격 3개월 이상)

㉢ 기준 초과 시 정기실시 : 3개월에 1회 이상(간격 45일 이상)

> **기준 초과**
> - 허가대상유해물질, 특별관리물질의 노출기준 초과
> - 허가대상유해물질, 특별관리물질 외의 물질의 노출기준 2배 초과

㉣ 2회 연속 기준 미만의 정기실시 : 연 1회 이상(간격 6개월 이상)

**2회 연속 기준 미만(허가대상유해물질, 특별관리물질은 적용 예외)**
- 변경사항 없고, 최근 2회 연속 모든 인자의 노출기준 미만
- 변경사항 없고, 최근 2회 연속 소음이 85dB 미만

③ 절차

| | |
|---|---|
| 1. 예비조사 | 작업환경측정기관에 위탁 시 해당 기관에 공정별 작업내용, 화학물질의 사용실태 및 물질안전보건자료 등 작업환경측정에 필요한 정보를 제공해야 함 |
| 2. 작업환경측정 | • 작업이 정상적으로 이루어져 작업시간과 유해인자에 대한 근로자의 노출 정도를 정확히 평가할 수 있을 때 실시<br>• 모든 측정은 개인 시료채취 방법으로 실시<br>• 개인 시료채취 방법이 곤란한 경우에는 지역 시료채취 방법으로 실시(결과표에 사유 분명히 기재) |
| 3. 결과보고 및 알림 | • 시료채취를 마친 날로부터 30일 이내에 관할 지방고용노동관서의 장에게 결과를 보고<br>• 작업장의 근로자에게 알림(게시판 부착, 사보 게재, 집합교육 등) |
| 4. 노출기준 초과 시 조치 | • 시료채취를 마친 날부터 60일 이내에 해당 작업공정의 개선을 증명할 수 있는 서류 또는 개선 계획을 관할 지방고용노동관서의 장에게 제출<br>• 노출기준을 초과한 작업공정의 시설·설비의 설치·개선 또는 건강진단의 실시 등 적절한 조치를 실시 |
| 5. 서류 보존 | 5년(허가대상유해물질, 특별관리물질 : 30년) |

④ 청력보존프로그램

| | |
|---|---|
| 대상 | • 작업환경 측정 결과 소음의 노출기준(1일 8시간 기준 90dB)을 초과하는 사업장<br>• 소음으로 인하여 근로자에게 건강장해가 발생한 사업장(특수건강진단 : 소음성 난청 D1) |
| 포함 내용 | • 노출평가, 노출기준 초과에 따른 공학적 대책<br>• 청력보호구의 지급과 착용<br>• 소음의 유해성과 예방에 관한 교육<br>• 정기적 청력검사<br>• 기록, 관리사항 등 |
| 개선대책 내용 | • 공학적 대책 : 대상 공정의 시설·설비에 대한 차음 또는 흡음 조치<br>• 행정적 대책 : 청력손실노동자 업무(부서) 전환, 근무 시간 단축 또는 순환 근무<br>• 관리적 대책 : 청력 보호구 지급 및 착용 관리, 작업방법 개선 |

## (4) 노출기준

① **시간가중평균노출기준(TWA)** : 1일 8시간 작업을 기준으로 하여 주 40시간 동안의 평균 노출농도(거의 모든 근로자가 1일 8시간 또는 주 40시간의 작업 동안 나쁜 영향을 받지 않고 노출될 수 있는 농도)

$$TWA = \frac{C_1T_1 + C_2T_2 + \cdots + C_nT_n}{8}$$

- $C$ : 유해인자 측정치[ppm, mg/m$^3$ 또는 개/cm$^3$]
- $T$ : 유해인자 발생시간[h]

$$\text{보정노출기준} = \text{노출기준} \times \frac{8}{h}$$

- $h$(시간) : 1일 기준 노출시간

② 단시간노출기준(STEL) : 1회 15분간의 시간가중평균노출값(노출농도가 STEL 이하이지만 TWA 초과할 시 관리방법 : 1회 노출 지속시간 15분 미만, 1일 4회 이하로 발생, 각 노출의 간격은 60분 이상이어야 함)

③ 최고노출기준(C) : 1일 작업시간 동안 잠시라도 노출되어서는 아니 되는 기준(노출기준 앞에 "C"를 붙여 표기)

④ 노출기준 사용상 유의사항(화학물질 및 물리적 인자의 노출기준 제3조, 제6조)

㉠ 노출기준은 1일 8시간 작업을 기준으로 하여 제정된 것이므로 근로시간, 작업의 강도, 온열조건, 이상기압 등이 노출기준 적용에 영향을 미칠 수 있다.

㉡ 유해인자에 대한 감수성은 개인에 따라 차이가 있고, 노출기준 이하의 작업환경에서도 직업성 질병에 이환되는 경우가 있으므로 노출기준은 직업병 진단에 사용하거나 노출기준 이하의 작업환경이라는 이유로 직업성 질병의 이환을 부정하는 근거나 반증자료로 사용하지 않아야 한다.

㉢ 노출기준은 대기오염의 평가·관리상의 지표로 사용하여서는 안 된다.

㉣ 2종 이상의 유해인자가 혼재하는 경우에는 혼재 노출기준 계산값이 1을 초과하지 않아야 한다.

| | |
|---|---|
| $\frac{C_1}{T_1}+\frac{C_2}{T_2}+\cdots+\frac{C_n}{T_n}<1$ | • $C$ : 유해인자별 측정치<br>• $T$ : 유해인자별 노출기준 |

## 5 사전유해인자위험분석

※ Page. 24 참고

## 6 안전점검 및 진단

※ Page. 13~23 참고

## 7 연구활동종사자 질환 예방 · 관리

### (1) 발암물질 분류

① 고용노동부 고시에 의한 분류(화학물질의 분류·표시 및 물질안전보건자료에 관한 기준 별표 1)

| | |
|---|---|
| 1A | 사람에게 충분한 발암성 증거가 있는 물질 |
| 1B | 시험동물에서 발암성 증거가 충분히 있거나, 시험동물과 사람 모두에서 제한된 발암성 증거가 있는 물질 |
| 2 | 사람이나 동물에서 제한된 증거가 있지만, 구분1로 분류하기에는 증거가 충분하지 않은 물질 |

② IARC(국제암연구기관)의 분류

| | | |
|---|---|---|
| group 1 | **인체 발암성 물질** | 인체에 대한 발암성을 확인한 물질 |
| group 2A | **인체 발암성 추정 물질** | 실험동물에 대한 발암성 근거는 충분하나, 인체에 대한 근거는 제한적인 물질 |
| group 2B | **인체 발암성 가능 물질** | 실험동물에 대한 발암성 근거가 충분하지 못하고, 사람에 대한 근거도 제한적인 물질 |
| group 3 | **인체 발암성 비분류 물질** | 자료의 불충분으로 인체 발암물질로 분류되지 않은 물질 |
| group 4 | **인체 비발암성 추정 물질** | 인체에 발암성이 없는 물질 |

③ ACGIH(미국 산업위생전문가협의회)의 분류

| | |
|---|---|
| A1 | 인체에 대한 발암성을 확인한 물질 |
| A2 | 인체에 대한 발암성이 의심되는 물질 |
| A3 | 동물실험 결과 발암성이 확인되었으나 인체에서는 발암성이 확인되지 않은 물질 |
| A4 | 자료 불충분으로 인체 발암물질로 분류되지 않은 물질 |
| A5 | 인체에 발암성이 있다고 의심되지 않는 물질 |

④ 유해인자별 발암물질 분류

| 물질 | 발암물질 분류 | | | 표적장기 |
|---|---|---|---|---|
| | 고용노동부고시 | IARC | ACGIH | |
| 벤젠 | 1A | 1 | A1 | 조혈기(백혈병, 림프종) |
| 벤지딘 | 1A | 1 | A1 | 방광염 |
| 포름알데히드 | 1A | 1, 2A | A2 | 비인두, 조혈기(1), 비강, 부비동(2A) |
| 크롬 | 1A | 1 | A1 | 폐 |
| 석면 | 1A | 1 | A1 | 폐, 중피종 |
| 황산 | 1A | 2A | A3 | 후두 |
| 아크릴아미드 | 1B | 2A | A3 | 유방, 갑상선 |
| 납 | 1B | 2A | A3 | 폐, 소화기 |
| 사염화탄소 | 1B | 2B | A2 | 간암 |
| 가솔린 | 1B | 2B | A3 | 비강, 유방 |

### (2) 질환 예방 · 관리

① 임산부

㉠ 「근로기준법상」 임산부에게 금지된 업무(근로기준법 시행령 별표 4)

ⓐ 피폭방사선량이 선량한도를 초과하는 원자력 및 방사선 관련 업무

ⓑ 유해물질을 취급하는 업무(납, 수은, 크롬, 비소, 황린, 불소(불화수소산), 염소(산), 시안화수소(시안산), 2-브로모프로판, 아닐린, 수산화칼륨, 페놀, 에틸렌글리콜모노메틸에테르, 에틸렌글리콜모노에틸에테르, 에틸렌글리콜모노에틸에테르 아세테이트, 염화비닐, 벤젠 등)

ⓒ 병원체로 인하여 오염될 우려가 큰 업무(사이토메갈로바이러스, B형 간염 바이러스 등)

ⓓ 신체를 심하게 펴거나 굽히면서 해야 하는 업무 또는 신체를 지속적으로 쭈그려야 하거나 앞으로 구부린 채 해야 하는 업무

ⓔ 중량물을 취급하는 업무(연속작업에 있어서는 5kg 이상, 단속작업에 있어서는 10kg 이상의 중량물)

㉡ 주의사항

ⓐ 임신 중에는 태반을 통과하여 태아에 영향을 주는 물질, 태아 및 생식 독성, 심혈관계 영향을 주는 물질 등은 가급적 취급하지 말아야 한다.

ⓑ 야간 근무를 하지 않는 것이 바람직하다.

② 청각장애(난청)

㉠ 주의해야 할 화학물질 : 1-부틸알코올, 스티렌, 톨루엔

㉡ 주의사항

ⓐ 소음이 있는 연구실 종사자는 매년 청력검사를 한다.

ⓑ 소음 발생 실험을 할 때는 청력보호구(귀마개 등)를 착용한다.

③ 간질환

㉠ 간 독성 물질 : 디메틸폼아마이드, 1,4-디옥산, $\alpha$-디클로로벤젠, 메틸시클로헥사놀, 벤젠, 사염화탄소, 이소프로필알코올, 트리클로로메탄, 피리딘

㉡ 주의사항

ⓐ 적절한 호흡기 보호구를 사용한다.

ⓑ 디메틸폼아마이드를 취급하는 경우에는 실험시작 1개월 내에 다시 건강검진을 하여 간기능을 확인해야 한다

ⓒ 연구실 근무 중 피로감이 심해지거나, 소변이 갈색으로 변하거나, 황달이 나타나는 경우 즉시 병원에 방문하여 간기능 검사를 해야 한다.

### (3) 건강검진

※ Page. 33 참고

## 8 근골격계질환

### (1) 개요

① 정의

㉠ 반복적이고 누적되는 특정한 일 또는 동작과 연관되어 신체 일부를 무리하게 사용하면서 나타나는 질환으로 신경, 근육, 인대, 관절 등에 문제가 생겨 통증과 이상감각, 마비 등의 증상이 나타나는 질환들을 총칭하여 말한다.

㉡ 외부의 스트레스에 의하며 오랜 시간을 두고 반복적인 작업이 누적되어 질병이 발생하기 때문에 누적외상병 또는 누적손상장애라 불리기도 하며, 반복성 작업에 기인하여 발생하므로 RTS(Repetitive Trauma Syndrome)로도 알려져 있다.

② 발생원인

㉠ 반복된 동작 또는 자극(압박, 진동 등)

㉡ 잘못된, 부자연스러운 작업자세

㉢ 무리한 힘의 사용(중량물 취급, 수공구 취급)

㉣ 접촉 스트레스(작업대 모서리, 키보드, 공구 등으로 손목, 팔 등이 지속적으로 충격을 받음)

㉤ 진동공구 취급작업

㉥ 기타 요인(부족한 휴식시간, 극심한 저온·고온, 스트레스, 너무 밝거나 어두운 조명 등)

③ 특징

㉠ 발생 시 경제적 피해가 크므로 예방이 최우선 목표이다.

㉡ 자각증상으로 시작되고 집단적으로 환자가 발생한다.

㉢ 증상이 나타난 후 조치하지 않으면 근육 및 관절 부위의 장애, 신경·혈관장애 등 단일 형태 또는 복합적인 질병으로 악화되는 경향이 있다.

㉣ 단순 반복작업이나 움직임이 없는 정적인 작업에 종사하는 사람에게 많이 발병한다.

㉤ 업무상 유해인자와 비업무적인 요인에 의한 질환이 구별이 잘 안 된다.

㉥ 근골격계질환에 영향을 주는 작업요인이 모호하다(작업환경 측정평가의 객관성 결여).

### (2) 부담작업(근골격계부담작업의 범위 및 유해요인조사 방법에 관한 고시 제3조)

| 번호 | 내용 | 작업 예시 |
|---|---|---|
| 제1호 | 하루 4시간 이상 집중적으로 자료입력 등을 위한 키보드/마우스 조작 작업 | 컴퓨터 프로그래머 |
| 제2호 | 하루 총 2시간 이상 목, 어깨, 팔꿈치, 손목 또는 손을 사용하여 같은 동작을 반복하는 작업 | 컨베이어 라인 작업, 전화상담원 |
| 제3호 | 하루 총 2시간 이상 머리 위에 손이 있거나, 팔꿈치가 어깨 위 또는 몸 뒤쪽에 위치한 상태의 작업 | 천장 페인트 작업자 |
| 제4호 | 하루 총 2시간 이상 목이나 허리를 구부리거나 트는 상태에서 자세를 바꾸기 어려운 작업 | |
| 제5호 | 하루 총 2시간 이상 쪼그리고 앉거나 무릎을 굽힌 자세의 작업 | |
| 제6호 | 하루 총 2시간 이상 1kg 이상의 물건을 손가락으로 옮기거나 손가락에 2kg에 상응하는 힘을 가하는 작업 | |
| 제7호 | 하루 총 2시간 이상 4.5kg 이상의 물건을 한 손으로 들거나 동일한 힘으로 쥐는 작업 | |
| 제8호 | 하루 10회 이상 25kg 이상을 드는 작업 | 요양사, 용역 작업 |
| 제9호 | 하루 25회 이상 10kg 이상의 물건을 무릎 아래에서 또는 어깨 위에서 들거나, 팔을 뻗은 상태에서 드는 작업 | 택배 상하차 작업 |
| 제10호 | 하루 총 2시간 이상, 분당 2회 이상 4.5kg 이상의 물체를 드는 작업 | |
| 제11호 | 하루 총 2시간 이상 시간당 10회 이상 손 또는 무릎을 사용하여 반복적으로 충격을 가하는 작업 | |

※ 단, 2개월 이내에 종료되는 1회성 작업이나 연간 총 작업일수가 60일을 초과하지 않는 작업은 제외한다.

### (3) 유해요인 조사

① 개요

㉠ 근골격계 부담작업이 있는 공정·부서·라인·팀 등 사업장 내 전체 작업을 대상으로 유해요인을 찾아 제거하거나 감소하는 데 목적을 둔다.

㉡ 유해요인 조사결과는 근골격계질환의 이환을 부정하는 근거 또는 반증 자료로 사용할 수 없다.

② 근골격계질환 발생요인

㉠ 작업장 요인 : 부적절한 작업공구, 의자, 책상, 키보드, 모니터 등

㉡ 환경 요인 : 조명, 온도, 습도, 진동 등

㉢ 작업자 요인 : 나이, 신체조건, 경력, 작업습관, 과거병력, 가사노동 등

㉣ 작업 요인 : 작업자세, 반복성 등

③ 조사시기(안전보건규칙 제657조)

㉠ 최초조사 : 신설되는 사업장에서 신설일부터 1년 이내에 실시

㉡ 정기조사 : 3년마다 실시

㉢ 수시조사

ⓐ 「산업안전보건법」에 따른 임시건강진단 등에서 근골격계질환자가 발생하였거나 근로자가 근골격계질환으로 「산업재해보상보험법 시행령」 별표 3에 따라 업무상 질병으로 인정받은 경우

ⓑ 근골격계 부담작업에 해당하는 새로운 작업·설비를 도입한 경우

ⓒ 근골격계 부담작업에 해당하는 작업공정·업무량 등 작업환경을 변경한 경우

④ 유해요인 조사자(자격제한 없음)

㉠ 직접 실시 : 사업주 또는 안전보건관리책임자

㉡ 외부 위탁 : 관리감독자, 안전담당자, 안전관리자(안전관리대행기관 포함), 보건관리자(보건관리대행기관 포함), 외부 전문기관, 외부 전문가

⑤ 유해요인 조사방법

㉠ 근골격계 부담작업 전체에 대한 전수조사가 원칙이다.

㉡ 동일한 작업형태, 작업조건의 근골격계 부담작업 존재 시 일부 작업에 대해서만 단계적 유해요인 조사를 수행할 수 있다.

㉢ 유해요인 기본조사(조사표 양식 사용)와 근골격계질환 증상조사(조사표 양식 사용)를 실시하고 필요시 정밀평가(평가도구 사용)를 추가한다.

㉣ 조사결과 작업환경 개선이 필요한 경우 개선 우선순위 결정 및 개선대책 수립·실시 등의 절차를 추진한다.

⑥ 조사 내용

㉠ 유해요인 기본조사

ⓐ 작업장 상황 조사 : 작업공정, 작업설비, 작업량, 작업속도, 업무 변화 등

ⓑ 작업조건 조사 : 부담작업, 작업부하, 작업빈도 등

ⓒ 유해요인 평가 : 부담작업, 유해요인, 발생원인 등

㉡ 근골격계질환의 징후 및 증상 설문조사

ⓐ 방법 : 유해요인 조사 대상 작업의 근로자 개인별 증상조사표 작성

ⓑ 목적 : 각 신체 부위별 통증에 대한 자각증상을 조사하여 증상호소율이 높은 작업이나 부서·라인 등을 선별하기 위함

ⓒ 특징 : 사업장의 전사적인 특성 파악에 활용(개인의 증상·징후를 판단하는 기준 아님)

㉢ 정밀평가(작업부하분석·평가도구)

ⓐ NIOSH Lifting Equation(NLE)

- 중량물 취급작업의 분석(미국산업안전보건원)
- 반복적인 작업 등에는 평가가 어려움

- 권장무게한계(RWL : Recommended Weight Limit) : 건강한 작업자가 특정한 들기 작업에서 실제 작업시간 동안 허리에 무리를 주지 않고 요통의 위험 없이 들 수 있는 무게의 한계

| RWL = LC × HM × VM × DM × AM × FM × CM | • LC : Load constant<br>• VM : 수직계수<br>• AM : 비대칭계수<br>• CM : 커플링계수 | • HM : 수평계수<br>• DM : 거리계수<br>• FM : 작업빈도계수 |
|---|---|---|

- 들기지수(LI : Lifting Index) : 특정 작업에서의 육체적 스트레스의 상대적인 양으로, 작을수록 좋고 1보다 크면 요통 발생위험이 높다.

$$LI = \frac{작업물\ 무게}{RWL}$$

ⓑ OWAS(Ovako Working-posture Analysis System)
- 부자연스러운 힘(취하기 어려운 자세)과 중량물의 사용에 대해 평가
- 작업을 비디오로 촬영하여 신체 부위별로 기록하여 코드화하여 분석
- 작업자세(허리, 상지, 하지), 작업물 4가지 항목을 평가
- 작업자세를 너무 단순화하여 세밀한 분석은 어려움
- 움직임이 적으면서 반복적인 작업, 정밀한 작업자세, 유지자세 피로도는 평가가 어려움

ⓒ RULA(Rapid Upper Limb Assessment)
- 상지평가기법으로 어깨, 손목, 목에 초점을 맞추어서 작업자세로 인한 작업부하를 쉽고 빠르게 평가
- 특별한 장비 필요 없이 현장에서 관찰을 통해 작업자세를 분석
- 상지(상완, 전완, 손목)와 체간(목, 몸통, 다리)의 자세 및 반복성과 힘도 평가
- 상지에 초점을 둔 평가방법으로, 전신 작업자세 분석에는 한계

ⓓ REBA(Rapid Entire Body Assessment)
- 몸 전체 자세를 분석하여 RULA의 단점을 보완
- 다양한 자세에서 이루어지는 작업에 대해 신체에 대한 부담 정도를 평가
- 반복성, 정적작업, 힘, 작업자세, 연속작업 시간 등이 고려되어 평가
- 간호사 등과 같이 예측하기 힘든 다양한 자세의 작업을 분석하기 위해 개발

ⓔ QEC(Quick Exposure Checklist)
- 근골격계질환을 유발하는 작업장 위험요소(작업시간, 부적절한 자세, 무리한 힘, 반복동작)를 평가하는 데 초점
- 분석자의 분석결과와 작업자의 설문 결과가 조합되어 평가
- 허리, 어깨/팔, 손/손목, 목 부분으로서 상지 질환을 평가하는 척도로 사용
- 작업자의 주관적 평가과정이 포함

ⓕ SI(Strain Index)

- 생리학, 생체역학, 상지질환에 대한 병리학을 기초로 한 정량적 평가 기법
- 상지 말단(손, 손목, 팔꿈치)을 주로 사용하는 작업에 대한 자세와 노동량을 측정하는 도구
- 비디오 테이프에 녹화하여 분석
- 평가방법이 다소 복잡하고 상지 말단에 국한되어 평가하는 것이 단점

ⓖ 인간공학적 위험요인 체크리스트 : 상지, 허리 · 하지, 인력운반 평가표를 작성하여 평가

⑦ **사후조치**

㉠ 사업주는 작업환경 개선의 우선순위에 따른 적절한 개선계획을 수립한다.

㉡ 외부의 전문기관이나 전문가의 지도 · 조언을 통해 작업환경 개선계획의 타당성을 검토하거나 개선계획을 수립할 수 있다.

㉢ 사업주는 근로자에게 다음의 근골격계 부담작업 사항을 알려야 한다(안전보건규칙 제661조).

ⓐ 유해요인조사 및 조사방법, 조사결과

ⓑ 근골격계부담작업의 유해요인

ⓒ 근골격계질환의 징후와 증상

ⓓ 근골격계질환 발생 시 대처요령

ⓔ 올바른 작업자세와 작업도구, 작업시설의 올바른 사용방법

ⓕ 그 밖에 근골격계질환 예방에 필요한 사항

⑧ **예방관리프로그램(안전보건규칙 제662조)**

㉠ 개요

ⓐ 유해요인 조사, 작업환경 개선, 의학적 관리, 교육 · 훈련, 평가에 관한 사항 등이 포함된 근골격계질환을 예방관리하기 위한 종합적인 계획이다.

ⓑ 사업주는 근골격계질환 예방관리프로그램을 작성 · 시행할 경우에 노사협의를 거쳐야 한다.

ⓒ 분야별 전문가로부터 필요한 지도 · 조언을 받을 수 있다(인간공학 · 산업의학 · 산업위생 · 산업간호 등의 전문가).

㉡ 근골격계질환 예방관리프로그램 수립 대상

ⓐ 근골격계질환을 업무상 질병으로 인정받은 근로자가 5명 또는 연간 10명 이상 발생한 사업장으로서 발생 비율이 그 사업장 근로자 수의 10% 이상인 경우

ⓑ 근골격계질환 예방과 관련하여 노사 간 이견이 지속되는 사업장으로서 고용노동부장관이 명령한 경우

⑨ 문서 기록 · 보존

㉠ 유해요인 조사표, 근골격계질환 증상조사표 : 5년 보존

㉡ 시설 · 설비 관련 개선계획 · 결과보고서 : 해당 시설 · 설비가 작업장 내에 존재하는 동안 보존

**[유해요인조사표(근골격계부담작업의 범위 및 유해요인조사 방법에 관한 고시 별지 1)]**

[별지 제1호 서식]

## 유해요인조사표(제4조 관련)

가. 조사 개요

| 조사 일시 | | 조 사 자 | |
|---|---|---|---|
| 부 서 명 | | | |
| 작업공정명 | | | |
| 작 업 명 | | | |

나. 작업장 상황 조사

| | | |
|---|---|---|
| 작업 설비 | □ 변화 없음 | □ 변화 있음(언제부터 ) |
| 작 업 량 | □ 변화 없음 | □ 줄음(언제부터 )<br>□ 늘어남(언제부터 )<br>□ 기타( ) |
| 작업 속도 | □ 변화 없음 | □ 줄음(언제부터 )<br>□ 늘어남(언제부터 )<br>□ 기타( ) |
| 업무 변화 | □ 변화 없음 | □ 줄음(언제부터 )<br>□ 늘어남(언제부터 )<br>□ 기타( ) |

다. 작업조건 조사(인간공학적인 측면을 고려한 조사)

1단계 : 작업별 주요 작업내용(유해요인 조사자)

| 작 업 명 : |
|---|
| 작업내용(단위작업명) : |
| 1) |
| 2) |
| 3) |

2단계 : 작업별 작업부하 및 작업빈도(근로자 면담)

| 작업부하(A) | 점수 | 작업빈도(B) | 점수 |
|---|---|---|---|
| 매우 쉬움 | 1 | 3개월마다(연 2~3회) | 1 |
| 쉬움 | 2 | 가끔(하루 또는 주 2~3일에 1회) | 2 |
| 약간 힘듦 | 3 | 자주(1일 4시간) | 3 |
| 힘듦 | 4 | 계속(1일 4시간 이상) | 4 |
| 매우 힘듦 | 5 | 초과근무 시간(1일 8시간 이상) | 5 |

| 단위작업명 | 부담작업(호) | 작업부하(A) | 작업빈도(B) | 총점수(A×B) |
|---|---|---|---|---|
| 1) | | | | |
| 2) | | | | |
| 3) | | | | |
| | | | | |
| | | | | |
| | | | | |

3단계 : 유해요인평가

| 작 업 명 | 의자포장 및 운반 | 근로자명 | 홍길동 |
|---|---|---|---|

| 포장상자에 의자 넣기 | 포장된 상자 수레 당기기 |
|---|---|
| 사진 또는 그림 | 사진 또는 그림 |

작업별로 관찰된 유해요인에 대한 원인분석(*<작성방법> 유해요인 설명을 참조)

| 단위작업명 | 포장상자에 의자 넣기 | 부담작업(호) | 2, 3, 9 |
|---|---|---|---|
| 유해요인 | 발생 원인 | | 비고 |
| 반복동작(2호) | 의자를 포장상자에 넣기 위해 어깨를 반복적으로 들어 올림 | | |
| 부자연스런 자세(3호) | 어깨를 들어 올려 뻗침 | | |
| 과도한 힘(9호) | 12kg 의자를 들어 올림 | | |
| | | | |
| | | | |
| | | | |

| 단위작업명 | 포장된 상자 수레 당기기 | 부담작업(호) | 3, 6 |
|---|---|---|---|
| 유해요인 | 발생 원인 | | 비고 |
| 부자연스런 자세(3호) | 포장상자를 잡기 위해 어깨를 뻗침 | | |
| 과도한 힘(6호) | 포장상자의 끈을 손가락으로 잡아당김 | | |
| | | | |
| | | | |
| | | | |
| | | | |

## 작성방법

**가. 조사 개요**

- 작업공정명에는 해당 작업의 포괄적인 공정명을 적고(예, 도장공정, 포장공정 등), 작업명에는 해당 작업의 보다 구체적인 작업명을 적습니다(예, 자동차휠 공급작업, 의자포장 및 공급작업 등)

**나. 작업장 상황 조사**

- 근로자와의 면담 및 작업관찰을 통해 작업설비, 작업량, 작업속도 등을 적습니다.
- 이전 유해요인 조사일을 기준으로 작업설비, 작업량, 작업속도, 업무형태의 변화 유무를 체크하고, 변화가 있을 경우 언제부터/얼마나 변화가 있었는지를 구체적으로 적습니다.

**다. 작업조건 조사** (앞장의 작성예시를 참고하여 아래의 방법으로 작성)

- (1단계) 가. 조사개요에 기재한 작업명을 적고, 작업내용은 단위작업으로 구분이 가능한 경우 각각의 단위작업 내용을 적습니다(예, 포장상자에 의자넣기, 포장된 상자를 운반수레로 당기기, 운반수레 밀기 등)
- (2단계) 단위작업명에는 해당 작업 시 수행하는 세분화된 작업명(내용)을 적고, 해당 부담작업을 수행하는 근로자와의 면담을 통해 근로자가 자각하고 있는 작업의 부하를 5단계로 구분하여 점수를 적습니다. 작업빈도도 5단계로 구분하여 해당 점수를 적고, 총점수는 작업부하와 작업빈도의 곱으로 계산합니다.
- (3단계) 작업 또는 단위작업을 가장 잘 설명하는 대표사진 또는 그림을 표시합니다. '유해요인'은 아래의 유해요인 설명을 참고하여 반복성, 부자연스런 자세, 과도한 힘, 접촉스트레스, 진동, 기타로 구분하여 적고, '발생 원인'은 해당 유해요인별로 그 유해요인이 나타나는 원인을 적습니다.

**<유해요인 설명>**

| 유해요인 | 설 명 |
|---|---|
| 반복동작 | 같은 근육, 힘줄 또는 관절을 사용하여 동일한 유형의 동작을 되풀이해서 수행함 |
| 부자연스런, 부적절한 자세 | 반복적이거나 지속적으로 팔을 뻗음, 비틂, 구부림, 머리 위 작업, 무릎을 꿇음, 쪼그림, 고정 자세를 유지함, 손가락으로 집기 등 |
| 과도한 힘 | 작업을 수행하기 위해 근육을 과도하게 사용함 |
| 접촉스트레스 | 작업대 모서리, 키보드, 작업공구, 가위사용 등으로 인해 손목, 손바닥, 팔 등이 지속적으로 눌리거나 손바닥 또는 무릎 등을 사용하여 반복적으로 물체에 압력을 가함으로써 해당 신체부위가 충격을 받게 되는 것 |
| 진 동 | 지속적이거나 높은 강도의 손-팔 또는 몸 전체의 진동 |
| 기타요인 | 극심한 저온 또는 고온, 너무 밝거나 어두운 조명 등 |

[근골격계질환 증상조사표(근골격계부담작업의 범위 및 유해요인조사 방법에 관한 고시 별지 2)]

[별지 제2호 서식]

# 근골격계질환 증상조사표(제4조 관련)

I. 아래 사항을 직접 기입해 주시기 바랍니다.

| 성 명 | | 연 령 | 만 ______세 |
|---|---|---|---|
| 성 별 | □ 남 □ 여 | 현 직장경력 | ____년 ____개월째 근무 중 |
| 작업부서 | ________부 ________라인<br>________작업(수행작업) | 결혼여부 | □ 기혼 □ 미혼 |
| 현재하고 있는 작업(구체적으로) | 작 업 내 용 : ________<br>작 업 기 간 : ______년 ________개월째 하고 있음 | | |
| 1일 근무시간 | ______시간 근무 중 휴식시간(식사시간 제외) ____분씩 ____회 휴식 | | |
| 현작업을 하기 전에 했던 작업 | 작 업 내 용 : ________<br>작 업 기 간 : ______년 ________개월 동안 했음 | | |

1. 규칙적인(한번에 30분 이상, 1주일에 적어도 2~3회 이상) 여가 및 취미활동을 하고 계시는 곳에 표시(∨)하여 주십시오.
   □ 게임 등 컴퓨터 관련 활동 □ 피아노, 트럼펫 등 악기연주 □ 뜨개질, 붓글씨 등
   □ 테니스, 축구, 농구, 골프 등 스포츠 활동 □ 해당사항 없음

2. 귀하의 하루 평균 가사노동시간(밥하기, 빨래하기, 청소하기, 2살 미만의 아이 돌보기 등)은 얼마나 됩니까?
   □ 거의 하지 않는다 □ 1시간 미만 □ 1~2시간 미만 □ 2~3시간 미만 □ 3시간 이상

3. 귀하는 의사로부터 다음과 같은 질병에 대해 진단을 받은 적이 있습니까?(해당 질병에 체크)
   (보기 : □ 류머티스 관절염 □ 당뇨병 □ 루프스병 □ 통풍 □ 알코올중독)
   □ 아니오 □ 예('예'인 경우 현재상태는? □ 완치 □ 치료나 관찰 중)

4. 과거에 운동 중 혹은 사고(교통사고, 넘어짐, 추락 등)로 인해 손/손가락/손목, 팔/팔꿈치, 어깨, 목, 허리, 다리/발 부위를 다친 적인 있습니까?
   □ 아니오 □ 예
   ('예'인 경우 상해 부위는 ? □손/손가락/손목 □팔/팔꿈치 □어깨 □목 □허리 □다리/발)

5. 현재 하시는 일의 육체적 부담 정도는 어느 정도라고 생각 합니까?
   □ 전혀 힘들지 않음 □ 견딜만 함 □ 약간 힘듦 □ 힘듦 □ 매우 힘듦

II. **지난 1년 동안** 손/손가락/손목, 팔/팔꿈치, 어깨, 목, 허리, 다리/발 중 어느 한 부위에서라도 귀하의 작업과 관련하여 통증이나 불편함(통증, 쑤시는 느낌, 뻣뻣함, 화끈거리는 느낌, 무감각 혹은 찌릿찌릿함 등)을 느끼신 적이 있습니까?

□ 아니오(수고하셨습니다. 설문을 다 마치셨습니다.)

□ 예("예"라고 답하신 분은 아래 표의 **통증부위**에 체크(∨)하고, 해당 통증부위의 **세로줄**로 내려가며 해당사항에 체크(∨)해 주십시오)

| 통증 부위 | 목<br>( ) | 어깨<br>( ) | 팔/팔꿈치<br>( ) | 손/손목/손가락<br>( ) | 허리<br>( ) | 다리/발<br>( ) |
|---|---|---|---|---|---|---|
| 1. 통증의 구체적 부위는? | | □ 오른쪽<br>□ 왼쪽<br>□ 양쪽 모두 | □ 오른쪽<br>□ 왼쪽<br>□ 양쪽 모두 | □ 오른쪽<br>□ 왼쪽<br>□ 양쪽 모두 | | □ 오른쪽<br>□ 왼쪽<br>□ 양쪽 모두 |
| 2. 한번 아프기 시작하면 통증 기간은 얼마 동안 지속됩니까? | □ 1일 미만<br>□ 1일~1주일 미만<br>□ 1주일~1달 미만<br>□ 1달~6개월 미만<br>□ 6개월 이상 | □ 1일 미만<br>□ 1일~1주일 미만<br>□ 1주일~1달 미만<br>□ 1달~6개월 미만<br>□ 6개월 이상 | □ 1일 미만<br>□ 1일~1주일 미만<br>□ 1주일~1달 미만<br>□ 1달~6개월 미만<br>□ 6개월 이상 | □ 1일 미만<br>□ 1일~1주일 미만<br>□ 1주일~1달 미만<br>□ 1달~6개월 미만<br>□ 6개월 이상 | □ 1일 미만<br>□ 1일~1주일 미만<br>□ 1주일~1달 미만<br>□ 1달~6개월 미만<br>□ 6개월 이상 | □ 1일 미만<br>□ 1일~1주일 미만<br>□ 1주일~1달 미만<br>□ 1달~6개월 미만<br>□ 6개월 이상 |
| 3. 그때의 아픈 정도는 어느 정도 입니까? (보기 참조) | □ 약한 통증<br>□ 중간 통증<br>□ 심한 통증<br>□ 매우 심한 통증 | □ 약한 통증<br>□ 중간 통증<br>□ 심한 통증<br>□ 매우 심한 통증 | □ 약한 통증<br>□ 중간 통증<br>□ 심한 통증<br>□ 매우 심한 통증 | □ 약한 통증<br>□ 중간 통증<br>□ 심한 통증<br>□ 매우 심한 통증 | □ 약한 통증<br>□ 중간 통증<br>□ 심한 통증<br>□ 매우 심한 통증 | □ 약한 통증<br>□ 중간 통증<br>□ 심한 통증<br>□ 매우 심한 통증 |
| | 〈보기〉 | **약한 통증** : 약간 불편한 정도이나 작업에 열중할 때는 못 느낀다<br>**중간 통증** : 작업 중 통증이 있으나 귀가 후 휴식을 취하면 괜찮다<br>**심한 통증** : 작업 중 통증이 비교적 심하고 귀가 후에도 통증이 계속된다<br>**매우 심한 통증** : 통증 때문에 작업은 물론 일상생활을 하기가 어렵다 | | | | |
| 4. 지난 1년 동안 이러한 증상을 얼마나 자주 경험하셨습니까? | □ 6개월에 1번<br>□ 2~3달에 1번<br>□ 1달에 1번<br>□ 1주일에 1번<br>□ 매일 | □ 6개월에 1번<br>□ 2~3달에 1번<br>□ 1달에 1번<br>□ 1주일에 1번<br>□ 매일 | □ 6개월에 1번<br>□ 2~3달에 1번<br>□ 1달에 1번<br>□ 1주일에 1번<br>□ 매일 | □ 6개월에 1번<br>□ 2~3달에 1번<br>□ 1달에 1번<br>□ 1주일에 1번<br>□ 매일 | □ 6개월에 1번<br>□ 2~3달에 1번<br>□ 1달에 1번<br>□ 1주일에 1번<br>□ 매일 | □ 6개월에 1번<br>□ 2~3달에 1번<br>□ 1달에 1번<br>□ 1주일에 1번<br>□ 매일 |
| 5. 지난 1주일 동안에도 이러한 증상이 있었습니까? | □ 아니오<br>□ 예 | □ 아니오<br>□ 예 | □ 아니오<br>□ 예 | □ 아니오<br>□ 예 | □ 아니오<br>□ 예 | □ 아니오<br>□ 예 |
| 6. 지난 1년 동안 이러한 통증으로 인해 어떤 일이 있었습니까? | □ 병원·한의원 치료<br>□ 약국치료<br>□ 병가, 산재<br>□ 작업 전환<br>□ 해당사항 없음<br>기타 ( ) | □ 병원·한의원 치료<br>□ 약국치료<br>□ 병가, 산재<br>□ 작업 전환<br>□ 해당사항 없음<br>기타 ( ) | □ 병원·한의원 치료<br>□ 약국치료<br>□ 병가, 산재<br>□ 작업 전환<br>□ 해당사항 없음<br>기타 ( ) | □ 병원·한의원 치료<br>□ 약국치료<br>□ 병가, 산재<br>□ 작업 전환<br>□ 해당사항 없음<br>기타 ( ) | □ 병원·한의원 치료<br>□ 약국치료<br>□ 병가, 산재<br>□ 작업 전환<br>□ 해당사항 없음<br>기타 ( ) | □ 병원·한의원 치료<br>□ 약국치료<br>□ 병가, 산재<br>□ 작업 전환<br>□ 해당사항 없음<br>기타 ( ) |

**유의사항**

- 부담작업을 수행하는 근로자가 직접 읽어보고 문항을 체크합니다.
- 증상조사표를 작성할 경우 증상을 과대 또는 과소 평가 해서는 안됩니다.
- 증상조사 결과는 근골격계질환의 이환을 부정 또는 입증하는 근거나 반증자료로 활용할 수 없습니다.

## 9 직무 스트레스

### (1) 개요

① **정의** : 직무요건이 근로자의 능력이나 자원, 욕구와 일치하지 않을 때 생기는 유해한 신체적 또는 정서적 반응

② 직무 스트레스가 주는 영향

건강상의 많은 문제를 일으키고 사고를 발생시킬 수 있는 위험인자로 작용한다.

㉠ 극심한 스트레스 상황에 노출되거나 성격적 요인으로 신체에 구조적·기능적 손상이 발생한다(심혈관계, 위장관계, 호흡기계, 생식기계, 내분비계, 신경계, 근육계, 피부계).

㉡ 육체적·심리적 변화 외에도 흡연, 알코올 및 카페인 음용의 증가, 신경안정제, 수면제 등의 약물 남용, 대인관계 기피, 자기학대 및 비하, 수면장애 등의 행동 변화가 발생한다.

㉢ 업무수행 능력이 저하되고 생산성이 떨어지며 일에 대한 책임감을 상실하고 결근하거나 퇴직, 사고를 일으킬 위험이 커진다.

㉣ 심할 경우 자살과 같은 극단적이고 병리적인 행동으로 발전할 수 있다.

③ 직무 스트레스의 발생원인

㉠ 가장 큰 원인은 업무의 불균형이다.

㉡ 직무와 직접·간접적으로 연관된 스트레스 원인으로부터 야기되는 경우가 많다.

㉢ 직업 등에 따라 다른 양상을 보이지만 업무량이 높거나 노력에 비해 보상이 적절하지 않은 것 등이 주된 원인이다.

| 요인 | 예 |
|---|---|
| 환경 요인 | • 사회, 경제, 정치 및 기술적인 변화로 인한 불확실성 등<br>• 경기침체, 정리해고, 노동법, IT기술의 발전 등(고용과 관련되어 근로자에게 위협이 될 수 있음) |
| 조직 요인 | 조직구조나 분위기, 근로조건, 역할갈등 및 모호성 등 |
| 직무 요인 | 장시간의 근로시간, 물리적으로 유해·쾌적하지 않은 작업환경 등(소음, 진동, 조명, 온열, 환기, 위험한 상황) |
| 인간적 요인 | 상사나 동료, 부하 직원과의 상호관계에서 오는 갈등이나 불만 등 |

④ 스트레스에 대한 인간의 반응(Selye의 일반적응증후군)

| 1단계 | 경고 반응 | 두통, 발열, 피로감, 근육통, 식욕감퇴, 허탈감 등의 현상이 나타난다. |
|---|---|---|
| 2단계 | 신체 저항 반응 | 호르몬 분비로 인하여 저항력이 높아지는 저항 반응과 긴장, 걱정 등의 현상이 수반된다. |
| 3단계 | 소진 반응 | 생체 적응 능력이 상실되고 질병으로 이환되기도 한다. |

### (2) 직무 스트레스 관리

① 스트레스 인지

㉠ 직장 내 인간관계 : 상사나 부하와의 대립, 직장 내 괴롭힘 등

㉡ 직장 내 업무 관련 : 장시간 노동이나 인사이동, 문제 발생 등에 따른 업무의 질과 양의 변화 등

㉢ 기타 : 금전 문제, 주거환경이나 생활의 변화, 가족·친구의 죽음이나 자신 이외의 문제, 사고나 재해, 자신의 문제 등

② 스트레스 관리

㉠ 스트레스를 받고 있다는 사실을 인지하고 나에게 맞는 스트레스 대처방법을 실천한다.

㉡ 스트레스 이완방법을 익히고 스트레스를 받을 때 활용한다.

㉢ 규칙적인 생활을 하고 잠을 충분히 잔다.

㉣ 친한 사람들과 교류한다.

㉤ 긴장을 풀고 많이 웃는다.

㉥ 최대한 편안한 환경으로 만든다.

㉦ 일상에서 벗어나 자연을 즐기고 취미를 갖는다.

㉧ 적당한 운동을 하고 술이나 담배에 의존하지 않는다.

③ 스트레스에 의한 건강장해 예방조치 사항

㉠ 작업환경·작업내용·근로시간 등 직무 스트레스 요인에 대하여 평가하고 근로시간 단축, 장·단기 순환작업 등의 개선대책을 마련하여 시행한다.

㉡ 작업량·작업일정 등 작업계획 수립 시 해당 근로자의 의견을 반영한다.

㉢ 작업과 휴식을 적절하게 배분하는 등 근로시간과 관련된 근로조건을 개선한다.

㉣ 근로시간 외의 근로자 활동에 대한 복지 차원의 지원에 최선을 다한다.

㉤ 건강진단 결과, 상담자료 등을 참고하여 적절하게 근로자를 배치하고 직무 스트레스 요인, 건강문제 발생 가능성 및 대비책 등에 대하여 해당 근로자에게 충분히 설명한다.

㉥ 뇌혈관 및 심장질환 발병위험도를 평가하여 금연, 고혈압 관리 등 건강증진 프로그램을 시행한다.

## 10 작업생리

### (1) 대사작용

① 근육의 구조 및 활동

㉠ 골격근 : 신체에서 가장 큰 조직으로 40%를 차지한다.

㉡ 근육이 수축하려면 에너지가 필요하다.

㉢ 탄수화물 : 근육의 기본 에너지원으로 간에서 글리코젠으로 전환되어 저장된다.

㉣ 혈액으로부터 흡수한 포도당과 간 또는 근육에 저장된 글리코젠이 분해되어 생성된 포도당은 ATP 합성을 위한 에너지원으로 쓰인다.

㉤ 포도당은 대사(호흡)를 통해 ATP를 합성하고, ATP를 소모하며 근육의 수축이 일어나고 신체가 움직인다.

② 대사

㉠ 대사 : 음식물을 섭취하여 기계적인 일과 열로 전환하는 화학적 과정

| 호기성대사 | 산소가 필요한 대사 | 열, 에너지 + 이산화탄소 + 물 배출 |
|---|---|---|
| 무기성대사 | 산소가 필요하지 않은 대사 | 열, 에너지 + 이산화탄소 + 물 + 젖산 배출 |

㉡ 기초대사율 : 남자 1.2kcal/min, 여자 1kcal/min

③ 에너지 소비량

㉠ 산소소비량 계산

$$산소소비량(L/min) = \frac{(21 \times V_1) - (O_2 \times V_2)}{100}$$

- $V_1$ : 흡기량(L/min)
- $V_2$ : 배기량(L/min)
- $O_2$ : 배기 시 산소농도(%)

$$V_1 = \frac{V_2 \times (100 - O_2 - CO_2)}{79}$$

$CO_2$ : 배기 시 이산화탄소농도(%)

[산소소비량의 측정원리]

| 구분 | 흡기 | 배기 |
|---|---|---|
| $O_2$ | 21% | $O_2$% |
| $CO_2$ | 0% | $CO_2$% |
| $N_2$ | 79% | $N_2\% = 100 - O_2\% - CO_2\%$ |

㉡ 에너지 소비량(에너지가) 계산

$$에너지소비량(kcal/min) = 산소소비량 \times \frac{5kcal}{1L}$$

※ 사람은 산소 1L를 소비할 때 5kcal의 에너지를 태운다(산소 1L = 5kcal).

㉢ 에너지 소비율 작업강도

ⓐ 매우 가벼운 작업 : 2.5kcal/min 이하

ⓑ 보통 작업 : 5~7.5kcal/min

ⓒ 힘든 작업 : 10~12.5kcal/min

ⓓ 견디기 힘든 작업 : 12.5kcal/min 이상

### (2) 작업능력과 휴식시간

① 작업능력

㉠ 특성

ⓐ 활동하고 있는 근육에 산소를 전달해 주는 심장이나 폐의 최대 역량에 의해 결정된다.

ⓑ 작업의 지속시간이 증가함에 따라 급속히 감소한다.

㉡ 최대 신체작업능력(MPWC : Maximum Physical Work Capacity)

ⓐ 단시간 동안의 최대 에너지 소비능력

ⓑ 건강한 남성 : 15kcal/min, 건강한 여성 : 10.5kcal/min

② 피로와 휴식시간

㉠ 개요

ⓐ 작업의 에너지요구량이 작업자 MPWC의 40%를 초과하면 작업 종료시점에 전신피로를 경험한다.

ⓑ 전신피로를 줄이기 위해서는 작업 방법・설비를 재설계하는 공학적 대책을 제공해야 한다.

㉡ Murrel의 권장평균에너지량 : 작업시간 동안 소비한 에너지의 총량과 특정 작업의 평균 소모 에너지의 총량의 합은 같다.

㉢ 휴식시간

| | |
|---|---|
| $R = T \times \frac{E-S}{E-1.5}$ | • $R$ : 휴식시간(min)<br>• $T$ : 총 작업시간(min)<br>• $E$ : 작업 중 에너지소비량<br>• $S$ : 표준 에너지소비량(남자 : 5kcal/min, 여자 : 3.5kcal/min)<br>• 1.5 : 휴식 중 에너지소비량(1.5kcal/min) |

# 안전보호구 및 연구환경 관리

## 1 안전보호구

### (1) 개인보호구 선정방법(연구실안전법 시행규칙 별표 1)

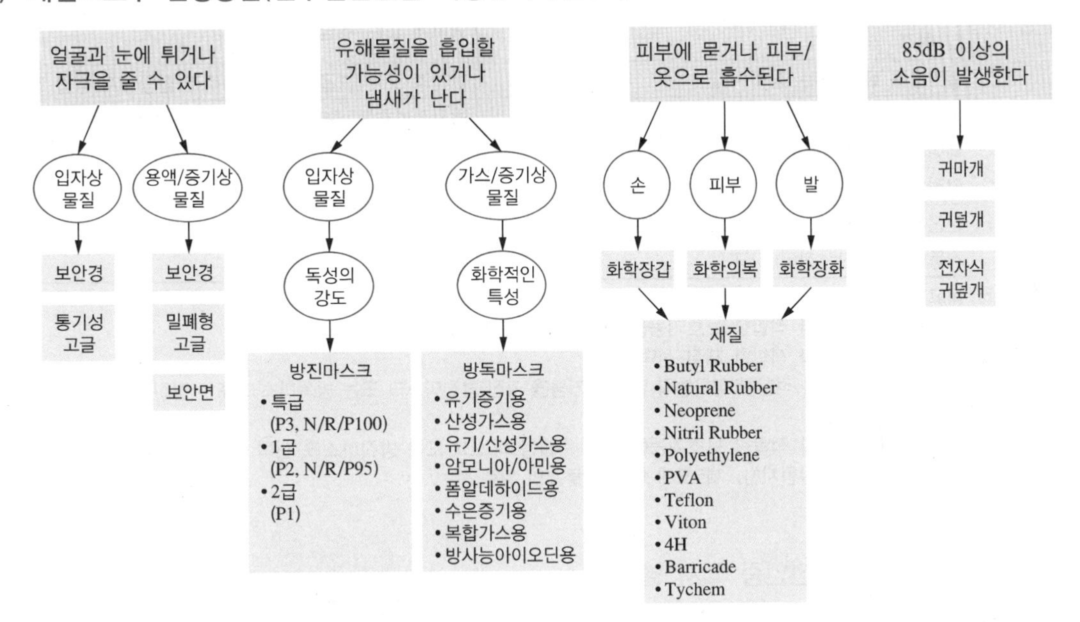


① 화학 · 가스

| 연구활동 | 보호구 |
|---|---|
| 다량의 유기용제 및 부식성 액체 및 맹독성 물질 취급 | 보안경 또는 고글1), 내화학성 장갑2), 내화학성 앞치마2), 호흡보호구3) |
| 인화성 유기화합물 및 화재 · 폭발 가능성 있는 물질 취급 | 보안경 또는 고글1), 보안면, 내화학성 장갑2), 방진마스크, 방염복 |
| 독성가스 및 발암물질, 생식독성물질 취급 | 보안경 또는 고글1), 내화학성 장갑2), 호흡보호구3) |

② 생물

| 연구활동 | 보호구 |
|---|---|
| 감염성 또는 잠재적 감염성이 있는 혈액, 세포, 조직 등 취급 | 보안경 또는 고글1), 일회용 장갑2), 수술용 마스크 또는 방진마스크4) |
| 감염성 또는 잠재적 감염성이 있으며 물릴 우려가 있는 동물 취급 | 보안경 또는 고글1), 일회용 장갑2), 수술용 마스크 또는 방진마스크4), 잘림방지 장갑, 방진모, 신발덮개 |
| 제1위험군5)에 해당하는 바이러스, 세균 등 감염성 물질 취급 | 보안경 또는 고글1), 일회용 장갑2) |
| 제2위험군5)에 해당하는 바이러스, 세균 등 감염성 물질 취급 | 보안경 또는 고글1), 일회용 장갑2), 호흡보호구3) |

③ 물리(기계, 방사선, 레이저 등)

| 연구활동 | 보호구 |
|---|---|
| 고온의 액체, 장비, 화기 취급 | 보안경 또는 고글[1], 내열장갑 |
| 액체질소 등 초저온 액체 취급 | 보안경 또는 고글[1], 방한장갑 |
| 낙하 또는 전도 가능성 있는 중량물 취급 | 보호장갑[2], 안전모, 안전화 |
| 압력 또는 진공 장치 취급 | 보안경 또는 고글[1], 보호장갑[2], 안전모, (필요에 따라 보안면 착용) |
| 큰 소음(85dB 이상)이 발생하는 기계 또는 초음파기기 취급 및 환경 | 귀마개 또는 귀덮개 |
| 날카로운 물건 또는 장비 취급 | 보안경 또는 고글[1], (필요에 따라 잘림방지 장갑 착용) |
| 방사성 물질 취급 | 방사선보호복, 보안경 또는 고글[1], 보호장갑[2] |
| 레이저 및 자외선(UV) 취급 | 보안경 또는 고글[1], 보호장갑[2], (필요에 따라 방염복 착용) |
| 감전위험이 있는 전기기계·기구 또는 전로 취급 | 절연보호복, 보호장갑[2], 절연화 |
| 분진·미스트·흄 등이 발생하는 환경 또는 나노 물질 취급 | 고글, 보호장갑[2], 방진마스크 |
| 진동이 발생하는 장비 취급 | 방진장갑 |

비고

1) 취급물질에 따라 적합한 보호기능을 가진 보안경 또는 고글 선택
2) 취급물질에 따라 적합한 재질 선택
3) 취급물질에 따라 적합한 정화능력 및 보호기능을 가진 방진마스크 또는 방독마스크 또는 방진·방독 겸용 마스크 등 선택
4) 취급물질에 따라 적합한 보호기능을 가진 수술용 마스크 또는 방진마스크 선택
5) 「유전자재조합실험지침」 제5조에 따른 생물체의 위험군

## (2) 안전모(보호구 안전인증 고시 별표 1)

| 종류(기호) | 사용 구분 | 비고 |
|---|---|---|
| AB | 물체의 낙하 또는 비래 및 추락에 의한 위험을 방지 또는 경감시키기 위한 것 | |
| AE | 물체의 낙하 또는 비래에 의한 위험을 방지 또는 경감하고, 머리부위 감전에 의한 위험을 방지하기 위한 것 | 내전압성 |
| ABE | 물체의 낙하 또는 비래 및 추락에 의한 위험을 방지 또는 경감하고, 머리부위 감전에 의한 위험을 방지하기 위한 것 | 내전압성 |

※ 내전압성 : 7,000V 이하의 전압에 견디는 것

## (3) 안면보호구

### ① 보안경(sfety glasses)

㉠ 차광보안경(안전인증대상 보안경, 보호구 안전인증고시 별표 10)

| 종류 | 사용장소 |
|---|---|
| 자외선용 | 자외선이 발생하는 장소 |
| 적외선용 | 적외선이 발생하는 장소 |
| 복합용 | 자외선 및 적외선이 발생하는 장소 |
| 용접용 | 산소용접작업 등과 같이 자외선, 적외선, 강렬한 가시광선이 발생하는 장소 |

※ 차광보안경의 성능 : 차광번호 숫자가 클수록 차광능력이 좋다.

㉡ 일반 보안경

| 종류 | 사용장소 |
|---|---|
| 유리 보안경 | 비산물로부터 눈을 보호하기 위한 것으로 렌즈의 재질이 유리인 것 |
| 플라스틱 보안경 | 비산물로부터 눈을 보호하기 위한 것으로 렌즈의 재질이 플라스틱인 것 |
| 도수렌즈 보안경 | 비산물로부터 눈을 보호하기 위한 것으로 도수가 있는 것 |

② **고글(goggle)**

㉠ 유해성이 높은 분진이나 액체로부터 눈을 보호하기 위해 사용한다.

㉡ 유해물질의 성상에 따라 통풍구가 없거나, 기체만 통과 가능한 통풍구가 있거나 액체까지 통과하는 통풍구가 있는 고글 중에서 선택한다.

㉢ 유해성이 높은 분진·분말, 가스 등으로부터 눈을 보호하기 위해서는 조절 가능한 머리끈이 있고 고무 처리가 되어 안면에 밀착력이 높은 고글을 착용해야 한다.

㉣ 안경 위에 착용 가능하며 내화학성을 지녀야 한다.

㉤ 탈의 시 오염되지 않은 부분을 장갑 끼지 않은 손으로 잡고 그대로 앞으로 빼야 한다.

③ **보안면(face shield)**

㉠ 안면 전체를 보호하기 위해 사용해야 하는 상황에 착용한다.

㉡ 생물 실험용 보안면은 일회용으로 사용하고 작업 후 폐기한다.

㉢ 탈의 시 오염되지 않은 부분을 장갑 끼지 않은 손으로 잡고 그대로 앞으로 빼야 한다.

예
- 다량의 위험한 유해성 물질이나 기타 파편이 튐으로 인한 위해가 발생할 우려가 있을 때
- 고압멸균기에서 가열된 액체를 꺼낼 때
- 액체질소를 취급할 때
- 반응성이 매우 크거나 고농도의 부식성 화학물질을 다룰 때
- 진공 및 가압을 이용하는 유리 기구를 다룰 때

## (4) 청력보호구

① **착용장소** : 소음이 85dB을 초과하는 장소

② **종류**

㉠ 일회용 귀마개(폼형 귀마개) : 소음이 지속적으로 발생하여 장시간 동안 착용해야 하는 경우나 높은 차음률이 필요할 때 착용한다.

㉡ 재사용 귀마개 : 실리콘이나 고무 재질로 만들어 세척이 가능하므로 소음이 간헐적으로 발생하여 자주 쓰고 벗고 하는 경우에 착용한다.

㉢ 귀덮개 : 귀에 질병이 있어 귀마개를 착용할 수 없는 경우 또는 일관된 차음효과를 필요로 할 때 착용한다.

### (5) 호흡용 보호구

① 기능별 분류

| 분류 | 공기정화식 | | 공기공급식 | |
|---|---|---|---|---|
| 종류 | 비전동식 | 전동식 | 송기식 | 자급식 |
| 안면부 등의 형태 | 전면형, 반면형, 1/4형 | 전면형, 반면형 | 전면형, 반면형, 페이스실드, 후드 | 전면형 |
| 보호구 | 방진마스크, 방독마스크, 방진·방독 겸용마스크 | 전동팬 부착 방진마스크, 방독마스크, 방진·방독 겸용마스크 | 송기마스크, 호스마스크 | 공기호흡기(개방식), 산소호흡기(폐쇄식) |

㉠ 공기정화식 : 오염공기를 여과재 또는 정화통을 통과시켜 오염물질을 제거하는 방식

ⓐ 비전동식 : 별도의 송풍장치 없이 오염공기가 여과재·정화통을 통과한 뒤 정화된 공기가 안면부로 가도록 고안된 형태

ⓑ 전동식 : 송풍장치를 사용하여 오염공기가 여과재·정화통을 통과한 뒤 정화된 공기가 안면부로 가도록 고안된 형태

㉡ 공기공급식 : 보호구 안면부에 연결된 관을 통하여 신선한 공기를 공급하는 방식

ⓐ 송기식 : 공기호스 등으로 호흡용 공기를 공급할 수 있도록 설계된 형태

ⓑ 자급식 : 사용자의 몸에 지닌 압력공기실린더, 압력산소실린더 또는 산소발생장치가 작동하여 호흡용 공기가 공급되도록 한 형태

② 사용장소별 분류

㉠ 방진마스크

ⓐ 착용장소

- 분진, 미스트, 흄 등의 입자상 오염물질이 발생하는 연구실에서 착용한다.
- 산소농도가 18% 이상인 장소에서 사용해야 한다.
- 가스나 증기 상태의 유해물질이 존재하는 곳에서는 절대 착용해서는 안 된다.
- 배기밸브가 없는 안면부여과식 마스크는 특급 및 1급 장소에서 착용해서는 안 된다.

ⓑ 등급(보호구 안전인증 고시 별표 4)

| 등급 | 사용장소 |
|---|---|
| 특급 | • 베릴륨(Be) 등과 같이 독성이 강한 물질들을 함유한 분진 등 발생장소<br>• 석면 취급장소 |
| 1급 | • 특급마스크 착용장소를 제외한 분진 등 발생장소<br>• 금속 흄 등과 같이 열적으로 생기는 분진 등 발생장소<br>• 기계적으로 생기는 분진 등 발생장소(규소 등은 제외) |
| 2급 | 특급 및 1급 마스크 착용장소를 제외한 분진 등 발생장소 |

㉡ 방독마스크

ⓐ 착용장소

- 가스 및 증기의 오염물질이 발생하는 연구실에서 착용한다.

- 황산, 염산, 질산 등의 산성 물질이 발생하는 연구실, 각종 복합 유기용제 등이 존재하는 연구실 및 고온에 의해서 증기가 발생하는 연구실 등에서 착용한다.
- 산소농도가 18% 이상인 장소에서 사용하여야 한다.
- 고농도 연구실이나 밀폐공간 등에서는 절대 사용해서는 안 된다.

ⓑ 방독마스크(필터)의 종류(보호구 안전인증 고시 별표 5)

| 종류 | 표시색 |
|---|---|
| 유기화합물용 | 갈색 |
| 할로겐용 | 회색 |
| 황화수소용 | |
| 시안화수소용 | |
| 아황산용 | 노란색 |
| 암모니아용 | 녹색 |
| 복합용 | 해당 가스 모두 표시 |
| 겸용 | 백색과 해당 가스 모두 표시 |

ⓒ 주의사항
- 정화통의 종류에 따라 사용한도시간(파괴시간)이 있으므로 마스크 사용 시간을 기록한다.
- 마스크 착용 중 가스 냄새가 나거나 숨쉬기가 답답하다고 느낄 때는 즉시 사용을 중지하고 새로운 정화통으로 교환해야 한다.
- 정화통은 사용자가 쉽게 이용할 수 있는 곳에 보관한다.

㉢ 호흡보호구 성능·관리

ⓐ 재료
- 안면에 밀착하는 부분은 피부에 장해를 주지 않아야 한다.
- 여과재는 여과성능이 우수하고 인체에 장해를 주지 않아야 한다.
- 마스크에 사용하는 금속부품은 내식성을 갖거나 부식방지를 위한 조치가 되어 있어야 한다.
- 충격을 받을 수 있는 부품은 마찰 스파크를 발생하여 가스혼합물을 점화시킬 수 있는 알루미늄, 마그네슘, 티타늄 또는 이의 합금을 사용하지 않아야 한다.

ⓑ 구조
- 착용 시 안면부가 안면에 밀착되어 공기가 새지 않도록 한다.
- 흡기밸브는 미약한 호흡에 확실하고 예민하게 작동하도록 한다.
- 배기밸브는 방진마스크 내·외부의 압력이 같을 때 항상 닫혀 있도록 한다. 또한 덮개 등으로 보호하여 외부의 힘에 의하여 손상되지 않도록 한다.
- 연결관은 신축성이 좋고 여러 모양의 구부러진 상태에도 통기에 지장이 없어야 한다.
- 머리끈은 적당한 길이 및 탄성력을 갖고 길이를 쉽게 조절할 수 있어야 한다.

ⓒ 착용·관리

- 사용자의 얼굴에 적합한 마스크를 선정하고, 올바르게 착용하였는지 확인하기 위한 밀착도 검사(fit test)를 실시하고 착용하여야 한다.
- 착용 시 코, 입, 뺨 위로 잘 배치하여 호흡기를 덮도록 하고, 연결 끈은 귀 위와 목덜미로 위치되게 묶고 코 부분의 클립을 눌러 코에 밀착시켜야 한다.
- 필터의 유효기간을 확인하고 정기적인 교체가 필요하다.
- 필터 교체일 또는 교체 예정일을 표기해야 한다(보관함 전면에 유효기간 및 수량 표기).

③ 호흡용 보호구 선정절차

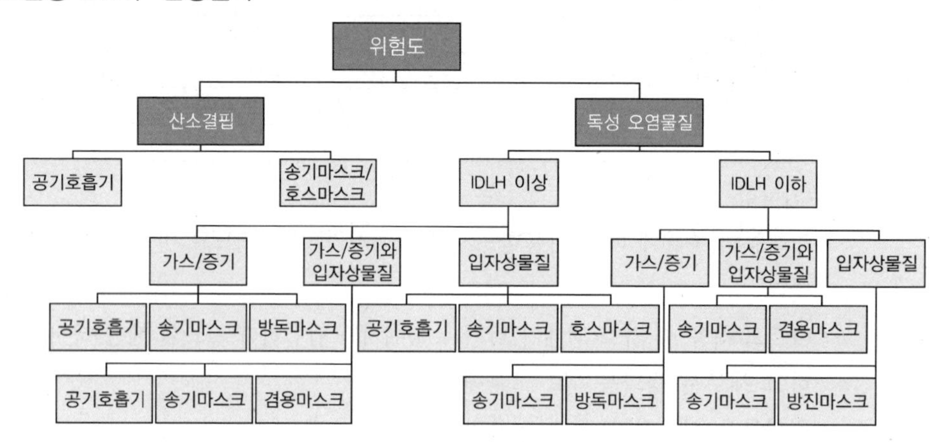


※ IDLH(immediately dangerous to life or health) : 생명 또는 건강에 즉각적인 위험을 초래할 수 있는 농도

## (6) 안전장갑

### ① 재질에 따른 분류

㉠ 1회용 장갑 : 연구실에서 가장 일반적으로 사용하는 장갑

| | |
|---|---|
| **폴리글로브(poly glove)** | • 가벼운 작업에 적합하다.<br>• 물기 있는 작업이나 마찰, 열, 화학물질에 취약하다. |
| **니트릴글로브(nitrile glove)** | • 기름 성분에 잘 견딘다.<br>• 높은 온도에 잘 견딘다. |
| **라텍스글로브(latex glove)** | 탄력성이 제일 좋고 편하다. |

㉡ 재사용 장갑

| | |
|---|---|
| **액체질소 글로브(cryogenic glove)** | 액체질소 자체를 다루거나 액체질소 탱크의 시료를 취급할 때 또는 초저온냉동고 시료를 취급할 때 사용한다. |
| **클로로프렌 혹은 네오프렌글로브 (chloroprene, neoprene glove)** | 화학물질이나 기름, 산, 염기, 세제, 알코올이나 용매를 많이 다루는 화학 관련 산업 분야에서 많이 사용한다. |
| **테플론글로브(teflon glove)** | 내열 및 방수성이 우수하고, 초강산의 용제 취급 시 착용한다. |
| **방사선동위원소용 장갑** | 납이 포함된 장갑과 납이 없는 장갑 등이 있다. |

② 사용장소에 따른 분류

㉠ 화학물질용 안전장갑

ⓐ 유기용제와 산·알칼리성 화학물질 접촉 위험에서 손을 보호하고 내수성·내화학성을 겸한다.

ⓑ 화학물질용 안전장갑은 1~6의 성능 수준(class)이 있고, 숫자가 클수록 보호시간이 길고 성능이 우수하다.

㉡ 내전압용 절연장갑

ⓐ 고압감전을 방지하고 방수를 겸한다.

ⓑ 등급이 커질수록 두꺼워 절연성이 높다.

ⓒ 내전압용 절연장갑 등급(보호구 안전인증 고시 별표 3)

| 등급 | 00등급 | 0등급 | 1등급 | 2등급 | 3등급 | 4등급 |
|---|---|---|---|---|---|---|
| 장갑 색상 | 갈색 | 빨간색 | 흰색 | 노란색 | 녹색 | 등색 |
| 최대사용전압(교류, V) | 500 | 1,000 | 7,500 | 17,000 | 26,500 | 36,000 |

## (7) 보호복

① 일반 실험복

㉠ 일반적인 실험 시 착용하고 일상복과 분리하여 보관한다.

㉡ 평상복을 모두 덮을 수 있는 긴소매의 것으로 선택한다.

㉢ 세탁은 연구기관 내에서 직접 세탁 혹은 위탁 세탁을 해야 한다.

㉣ 사무실, 화장실 등 일반 구역에는 실험복을 탈의하고 출입한다.

② 화학물질용 보호복

㉠ 착용장소 : 화학물질 취급 실험실, 동물·특정 생물실험실 등

㉡ 형식(보호구 안전인증 고시 별표 8의2)

| 형식 | | 형식 구분 기준 |
|---|---|---|
| 1형식 | 1a형식 | 보호복 내부에 개방형 공기호흡기와 같은 대기와 독립적인 호흡용 공기가 공급되는 가스 차단 보호복 |
| | 1a형식(긴급용) | 긴급용 1a형식 보호복 |
| | 1b형식 | 보호복 외부에 개방형 공기호흡기와 같은 호흡용 공기가 공급되는 가스 차단 보호복 |
| | 1b형식(긴급용) | 긴급용 1b 형식 보호복 |
| | 1c형식 | 공기 라인과 같은 양압의 호흡용 공기가 공급되는 가스 차단 보호복 |
| 2형식 | | 공기 라인과 같은 양압의 호흡용 공기가 공급되는 가스 비차단 보호복 |
| 3형식 | | 액체 차단 성능을 갖는 보호복. 만일 후드, 장갑, 부츠, 안면창(visor) 및 호흡용 보호구가 연결되는 경우에도 액체 차단 성능을 가져야 한다. |
| 4형식 | | 분무 차단 성능을 갖는 보호복. 만일 후드, 장갑, 부츠, 안면창 및 호흡용 보호구가 연결되는 경우에도 분무 차단 성능을 가져야 한다. |
| 5형식 | | 분진 등과 같은 에어로졸에 대한 차단 성능을 갖는 보호복 |
| 6형식 | | 미스트에 대한 차단 성능을 갖는 보호복 |

③ 앞치마

㉠ 특별한 화학물질, 생물체, 방사성동위원소 또는 액체질소 등을 취급할 때 추가적으로 신체를 보호하거나 방수 등을 하기 위하여 필요시 실험복 위에 착용한다.

㉡ 차단되어야 하는 물질에 따라 소재와 종류를 구분하여 선택한다.

④ 방열복

㉠ 착용장소 : 화상, 열 피로 등의 방지가 필요한 고열작업장소

㉡ 종류 : 방열상의, 방열하의, 방열일체복, 방열장갑, 방열두건

## (8) 안전대

① 벨트식, 그네식

② 추락으로 인한 충격을 분산시킬 수 있는 그네식 안전대가 신체보호 효과가 뛰어나다.

③ 작업 종류에 맞는 형태의 안전대를 선택하되, 추락방지를 위한 죔줄은 등 부위의 D링에 연결한다.

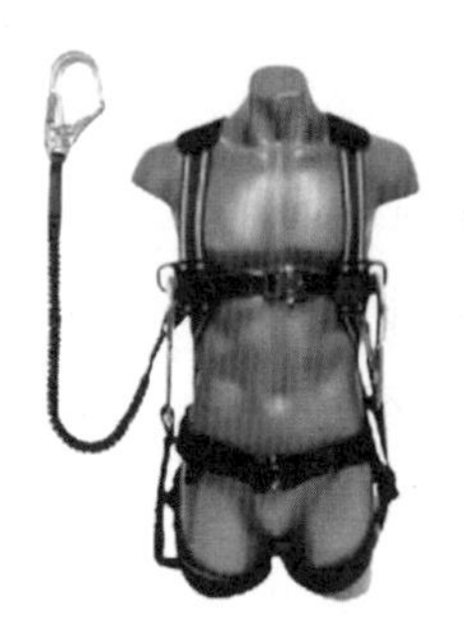

[일반적인 고소작업]

[건설현장]

[맨홀 작업]

## (9) 안전화

① 연구실 안전화

㉠ 연구실에서는 앞이 막히고 발등이 덮이면서 구멍이 없는 신발을 착용해야 한다.

㉡ 구멍이 뚫린 신발, 슬리퍼, 샌들, 천으로 된 신발 등은 유해물질이나 날카로운 물체에 노출될 가능성이 많으므로 착용해서는 안 된다.

② 종류

㉠ 가죽제 안전화 : 물체의 낙하, 충격 또는 날카로운 물체에 의한 찔림 위험으로부터 발을 보호하기 위한 것

㉡ 고무제 안전화 : 물체의 낙하, 충격 또는 날카로운 물체에 의한 찔림 위험으로부터 발을 보호하고 내수성을 겸한 것

ⓒ 정전기 안전화 : 물체의 낙하, 충격 또는 날카로운 물체에 의한 찔림 위험으로부터 발을 보호하고 정전기의 인체대전을 방지하기 위한 것

ⓓ 발등안전화 : 물체의 낙하, 충격 또는 날카로운 물체에 의한 찔림 위험으로부터 발 및 발등을 보호하기 위한 것

ⓔ 절연화 : 물체의 낙하, 충격 또는 날카로운 물체에 의한 찔림 위험으로부터 발을 보호하고 저압의 전기에 의한 감전을 방지하기 위한 것

ⓕ 절연장화 : 고압에 의한 감전을 방지 및 방수를 겸한 것

ⓖ 화학물질용 안전화 : 물체의 낙하, 충격 또는 날카로운 물체에 의한 찔림 위험으로부터 발을 보호하고 화학물질로부터 유해위험을 방지하기 위한 것

### (10) 개인보호구 사용 · 관리

① 착 · 탈의

ⓐ 착용 : 실험복 → 호흡보호구 → 고글 → 장갑

ⓑ 탈의 : 장갑 → 고글 → 호흡보호구 → 실험복

② 개인보호구 사용 시 주의사항

ⓐ 청결하고 깨끗하게 관리하여 사용자가 착용했을 때 불쾌함이 없어야 한다.

ⓑ 다른 사용자들과 공유하지 아니하여야 한다.

ⓒ 사용 후 지정된 보관함에 청결하게 배치하여 다른 유해물질에 노출되지 않도록 한다.

ⓓ 장갑 착용 시 실험복을 장갑 목 부분 아래로 넣어 틈이 생기지 않도록 한다.

ⓔ 개인보호구 보관장소는 명확하게 표기되어 있어야 한다.

ⓕ 구체적인 제조사 안내에 따라 개인보호구의 용도를 표기해 놓아야 한다.

ⓖ 용도를 정확하게 표기하는 스티커와 로고가 부착되어야 한다.

③ 관리 · 유지

ⓐ 모든 개인보호구는 사용 전 육안점검을 통해 파손 여부를 확인해야 한다.

ⓑ 개인보호구가 파손됐을 경우 보호구를 교체하거나 폐기해야 한다.

ⓒ 개인보호구는 제조사의 안내에 따라 보관해야 한다.

ⓓ 개인보호구는 쉽게 파손되지 않는 자리에 배치해두어야 한다.

ⓔ 개인보호구는 연구활동종사자, 방문자들이 쉽게 찾을 수 있는 장소에 배치해야 한다.

④ 점검

| 개인보호구 종류 | | 점검 시점 | 주의사항 |
|---|---|---|---|
| 실험복 | 내화학 보호복 | 사용 전, 후의 정기적인 육안점검 | • 주기적인 확인 필요<br>– 제조사의 사용 시간 가이드를 참조해야 함<br>– 위험한 물질(생물, 농약 포함)에 의한 오염, 손상되거나 변색되었을 경우 |
| | 특수기능성 보호복 | 사용 전, 후의 정기적인 육안점검 | • 주기적인 확인 필요<br>– 제조사의 사용 시간 가이드를 참조해야 함<br>– 위험한 물질(생물, 농약 포함)에 의한 오염, 물리적 손상(낡거나 찢긴 부분), 열에 의한 손상(탄화, 탄 구멍, 변색, 부서지거나 변형된 부분)<br>• 방화복에 대한 지속적인 평가 |
| 눈 및 안면 보호구 | 보안경, 고글, 보안면 | – | • 주기적인 육안검사를 통해 렌즈 부분의 흠집, 깨짐, 거품, 선줄, 물질 자국이 없는지 검토<br>• 검토 중에는 빛이 잘 보이는 곳에서 진행하면서 검사 중에도 보호구를 착용하고 검토<br>• 자동 용접 기계를 활용해 렌즈 검토 진행 |
| 안전하고 보호 가능한 신발 | | 사용 전, 후의 육안점검 | 뚫림, 변형 등의 손상이 있으면 즉시 교체 |
| 절연 장갑 | | 사용 전 육안점검 | 장갑의 입구 부분을 막고 공기를 주입한 뒤 구멍이 있는지 확인하고, 구멍이 발견되면 폐기 |

## 2 연구실 설치 · 운영기준(연구실 설치운영에 관한 기준 별표 1)

### (1) 주요 구조부 설치기준

| 구분 | | 준수사항 | 연구실위험도 | | |
|---|---|---|---|---|---|
| | | | 저위험 | 중위험 | 고위험 |
| 공간분리 | 설치 | 연구 · 실험공간과 사무공간 분리 | 권장 | 권장 | 필수 |
| 벽 및 바닥 | 설치 | 기밀성 있는 재질, 구조로 천장, 벽 및 바닥 설치 | 권장 | 권장 | 필수 |
| | | 바닥면 내 안전구획 표시 | 권장 | 필수 | 필수 |
| 출입통로 | 설치 | 출입구에 비상대피표지(유도등 또는 출입구 · 비상구 표지) 부착 | 필수 | 필수 | 필수 |
| | | 사람 및 연구장비 · 기자재 출입이 용이하도록 주 출입통로 적정 폭, 간격 확보 | 필수 | 필수 | 필수 |
| 조명 | 설치 | 연구활동 및 취급물질에 따른 적정 조도값 이상의 조명장치 설치 | 권장 | 필수 | 필수 |

① **공간 분리** : 연구공간과 사무공간은 별도의 통로나 방호벽으로 구분

② **벽 및 바닥**

㉠ 천장 높이 : 2.7m 이상 권장

㉡ 벽 및 바닥 : 기밀성 있고 내구성이 좋으며 청소가 쉬운 재질로 하며 안전구획 표시

③ **출입통로** : 비상대피 표지(유도등, 비상구 등), 적정 폭(90cm 이상) 확보

④ **조명** : 일반연구실은 최소 300lx, 정밀작업 수행 연구실 최소 600lx 이상

## (2) 안전설비 · 안전장비 설치 · 운영기준

### ① 안전설비 설치 · 운영기준

| 구분 | | 준수사항 | 연구실위험도 | | |
|---|---|---|---|---|---|
| | | | 저위험 | 중위험 | 고위험 |
| 환기설비 | 설치 | 기계적인 환기설비 설치 | 권장 | 권장 | 필수 |
| | | 국소배기설비 배출공기에 대한 건물 내 재유입 방지 조치 | 권장 | 권장 | 필수 |
| | 운영 | 주기적인 환기설비 작동 상태(배기팬 훼손 상태 등) 점검 | 권장 | 권장 | 필수 |
| 가스설비 | 설치 | 조연성 가스와 가연성 가스 분리보관 | – | 필수 | 필수 |
| | | 가스용기 전도방지장치 설치 | – | 필수 | 필수 |
| | | 취급 가스에 대한 경계, 식별, 위험표지 부착 | – | 필수 | 필수 |
| | | 가스누출검지경보장치 설치 | – | 필수 | 필수 |
| | 운영 | 사용 중인 가스용기와 사용 완료된 가스용기 분리보관 | – | 필수 | 필수 |
| | | 가스배관 내 가스의 종류 및 방향 표시 | – | 필수 | 필수 |
| | | 주기적인 가스누출검지경보장치 성능 점검 | – | 필수 | 필수 |
| 전기설비 | 설치 | 분전반 접근 및 개폐를 위한 공간 확보 | 권장 | 필수 | 필수 |
| | | 분전반 분기회로에 각 장치에 공급하는 설비목록 표기 | 권장 | 필수 | 필수 |
| | | 고전압장비 단독회로 구성 | 권장 | 필수 | 필수 |
| | | 전기기기 및 배선 등의 모든 충전부 노출방지 조치 | 권장 | 필수 | 필수 |
| | 운영 | 콘센트, 전선의 허용전류 이내 사용 | 필수 | 필수 | 필수 |
| 소방설비 | 설치 | 화재감지기 및 경보장치 설치 | 필수 | 필수 | 필수 |
| | | 취급 물질로 인해 발생할 수 있는 화재유형에 적합한 소화기 비치 | 필수 | 필수 | 필수 |
| | | 연구실 내부 또는 출입문, 근접 복도 벽 등에 피난안내도 부착 | 필수 | 필수 | 필수 |
| | 운영 | 주기적인 소화기 충전 상태, 손상 여부, 압력저하, 설치불량 등 점검 | 필수 | 필수 | 필수 |

### ② 안전장비 설치 · 운영기준

| 구분 | | 준수사항 | 연구실위험도 | | |
|---|---|---|---|---|---|
| | | | 저위험 | 중위험 | 고위험 |
| 긴급 세척장비 | 설치 | 연구실 및 인접 장소에 긴급세척장비(비상샤워장비 및 세안장비) 설치 | – | 필수 | 필수 |
| | | 긴급세척장비 안내표지 부착 | – | 필수 | 필수 |
| | 운영 | 주기적인 긴급세척장비 작동기능 점검 | – | 필수 | 필수 |
| 시약장[1] | 설치 | 강제배기장치 또는 필터 등이 장착된 시약장 설치 | – | 권장 | 필수 |
| | | 충격, 지진 등에 대비한 시약장 전도방지조치 | – | 필수 | 필수 |
| | 운영 | 시약장 내 물질 물성이나 특성별로 구분 저장(상호 반응물질과 함께 저장 금지) | – | 필수 | 필수 |
| | | 시약장 내 모든 물질 명칭, 경고표지 부착 | – | 필수 | 필수 |
| | | 시약장 내 물질의 유통기한 경과 및 변색 여부 확인 · 점검 | – | 필수 | 필수 |
| | | 시약장별 저장 물질 관리대장 작성 · 보관 | – | 권장 | 필수 |

| 구분 | | 준수사항 | 연구실위험도 | | |
|---|---|---|---|---|---|
| | | | 저위험 | 중위험 | 고위험 |
| 국소배기 장비 등[2] | 설치 | 흄후드 등의 국소배기장비 설치 | – | 필수 | 필수 |
| | | 적합한 유형, 성능의 생물안전작업대 설치 | – | 권장 | 필수 |
| | 운영 | 흄, 가스, 미스트 등의 유해인자가 발생되거나 병원성 미생물 및 감염성 물질 등 생물학적 위험 가능성이 있는 연구개발 활동은 적정 국소배기장비 안에서 실시 | – | 필수 | 필수 |
| | | 주기적인 흄후드 성능(제어풍속) 점검 | – | 필수 | 필수 |
| | | 흄후드 내 청결 상태 유지 | – | 필수 | 필수 |
| | | 생물안전작업대 내 UV램프 및 헤파필터 점검 | – | 필수 | 필수 |
| 폐기물 저장장비 | 설치 | 「폐기물관리법」에 적합한 폐기물 보관 장비·용기 비치 | – | 필수 | 필수 |
| | | 폐기물 종류별 보관표지 부착 | – | 필수 | 필수 |
| | 운영 | 폐액 종류, 성상별 분리 보관 | – | 필수 | 필수 |
| | | 연구실 내 폐기물 보관 최소화 및 주기적인 배출·처리 | – | 필수 | 필수 |

1) 연구실 내 화학물질 등 보관 시 적용
2) 연구실 내 화학물질, 생물체 등 취급 시 적용

### ③ 그 밖의 연구실 설치·운영기준

| 구분 | | 준수사항 | 연구실위험도 | | |
|---|---|---|---|---|---|
| | | | 저위험 | 중위험 | 고위험 |
| 연구·실험 장비* | 설치 | 취급하는 물질에 내화학성을 지닌 실험대 및 선반 설치 | 권장 | 권장 | 필수 |
| | | 충격, 지진 등에 대비한 실험대 및 선반 전도방지 조치 | 권장 | 필수 | 필수 |
| | | 레이저장비 접근 방지장치 설치 | – | 필수 | 필수 |
| | | 규격 레이저 경고표지 부착 | – | 필수 | 필수 |
| | | 고온장비 및 초저온용기 경고표지 부착 장비 | – | 필수 | 필수 |
| | | 불활성 초저온용기의 지하실 및 밀폐된 공간에 보관·사용 금지 | – | 필수 | 필수 |
| | | 불활성 초저온용기 보관장소 내 산소농도측정기 설치 | – | 필수 | 필수 |
| | 운영 | 레이저장비 사용 시 보호구 착용 | – | 필수 | 필수 |
| | | 고출력 레이저 연구·실험은 취급·운영 교육·훈련을 받은 자에 한해 실시 | – | 권장 | 필수 |
| 일반적 연구실 안전수칙 | 운영 | 연구실 내 음식물 섭취 및 흡연 금지 | 필수 | 필수 | 필수 |
| | | 연구실 내 취침 금지(침대 등 취침도구 반입 금지) | 필수 | 필수 | 필수 |
| | | 연구실 내 부적절한 복장 착용 금지(반바지, 슬리퍼 등) | 권장 | 필수 | 필수 |
| 화학물질 취급·관리 | 운영 | 취급하는 물질에 대한 물질안전보건자료(MSDS) 게시·비치 | – | 필수 | 필수 |
| | | 성상(유해 특성)이 다른 화학물질 혼재보관 금지 | – | 필수 | 필수 |
| | | 화학물질과 식료품 혼용 취급·보관 금지 | – | 필수 | 필수 |
| | | 유해화학물질 주변 열, 스파크, 불꽃 등의 점화원 제거 | – | 필수 | 필수 |
| | | 연구실 외 화학물질 반출 금지 | – | 필수 | 필수 |
| | | 화학물질 운반 시 트레이, 버킷 등에 담아 운반 | – | 필수 | 필수 |
| | | 취급물질별로 적합한 방제약품 및 방제장비, 응급조치 장비 구비 | – | 필수 | 필수 |
| 기계·기구 취급·관리 | 설치 | 기계·기구별 적정 방호장치 설치 | – | 필수 | 필수 |
| | 운영 | 선반, 밀링장비 등 협착 위험이 높은 장비 취급 시 적합한 복장 착용(긴 머리는 묶고 헐렁한 옷, 불필요 장신구 등 착용 금지 등) | – | 필수 | 필수 |
| | | 연구·실험 미실시 시 기계·기구 정지 | – | 필수 | 필수 |

| 구분 | | 준수사항 | 연구실위험도 | | |
|---|---|---|---|---|---|
| | | | 저위험 | 중위험 | 고위험 |
| 생물체 취급·관리 | 설치 | 출입구 잠금장치(카드, 지문인식, 보안시스템 등) 설치 | – | 권장 | 필수 |
| | | 출입문 앞 생물안전표지 부착 | – | 필수 | 필수 |
| | | 고압증기멸균기 설치 | – | 권장 | 필수 |
| | | 에어로졸의 외부 유출 방지기능이 있는 원심분리기 설치 | – | 권장 | 필수 |
| | 운영 | 출입대장 비치 및 기록 | – | 권장 | 필수 |
| | | 연구·실험 시 기계식 피펫 사용 | – | 필수 | 필수 |
| | | 연구·실험 폐기물은 생물학적 활성을 제거한 후 처리 | – | 필수 | 필수 |

* 연구실 내 해당 연구·실험장비 사용 시 적용

## 3 안전정보표지

### (1) 부착위치

① 출입문, 연구실 건물 현관, 연구실 밀집 층의 중앙복도 : 출입자에게 경고

② 실험장비, 기기, 기구 보관함 : 장비·물질별 특성에 따른 경고

③ 화학물질 용기(소분용기, 반제품용기 포함) : 물질 경고표지 부착

### (2) 안전정보표지의 종류

① 금지표지

| 표지 내용 | 용어 및 의미 | 표지 내용 | 용어 및 의미 |
|---|---|---|---|
|  | 금연 |  | 화기엄금 |

② 물질경고표지

| 표지 내용 | 용어 및 의미 | 표지 내용 | 용어 및 의미 | 표지 내용 | 용어 및 의미 |
|---|---|---|---|---|---|
|  | 인화물질 경고 |  | 유전자변형물질 |  | 방사능 위험 |
|  | 부식성물질 경고 |  | 유해물질 경고 |  | 위험장소, 기구 경고 |
|  | 발암성, 변이원성, 생식독성물질 경고 |  | 폭발성물질 경고 |  | 고압전기 위험 |

| 표지 내용 | 용어 및 의미 | 표지 내용 | 용어 및 의미 | 표지 내용 | 용어 및 의미 |
|---|---|---|---|---|---|
| | 경고 | | 접지 표지 | | 유해광선 위험 |
| | 수생환경유해성 | | 방사능 폐기물 | – | – |

③ 상태경고표지

| 표지 내용 | 용어 및 의미 | 표지 내용 | 용어 및 의미 | 표지 내용 | 용어 및 의미 |
|---|---|---|---|---|---|
| | 고온 경고 | | 소음 발생 | | 고압가스 |
| | 저온 경고 | | 자기장발생장 | | 누출 경보 |
| | 전파발생지역 | – | – | – | – |

④ 착용지시표지

| 표지 내용 | 용어 및 의미 | 표지 내용 | 용어 및 의미 | 표지 내용 | 용어 및 의미 |
|---|---|---|---|---|---|
| | 보안경 착용 | | 안전복 착용 | | 안전화 착용 |
| | 방독마스크 착용 | | 안전장갑 착용 | | 보안면 착용 |
| | 방진마스크 착용 | – | – | – | – |

⑤ 안내표지

| 표지 내용 | 용어 및 의미 | 표지 내용 | 용어 및 의미 | 표지 내용 | 용어 및 의미 |
|---|---|---|---|---|---|
|  | 응급구호 표지 | 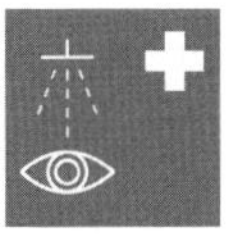 | 세안장치 |  | 좌, 우 비상구 |
|  | 들것 |  | 비상구 |  | 대피소 |

⑥ 소방기기표지

| 표지 내용 | 용어 및 의미 | 표지 내용 | 용어 및 의미 |
|---|---|---|---|
|  | 소화기 |  SOS | 비상경보기 |
|  | 소방호스 |  SOS | 비상전화 |

# 환기시설(설비) 설치 · 운영 및 관리

## 1 전체환기

### (1) 종류

| 구분 | 내용 |
|---|---|
| 자연환기 | • 작업장의 창 등을 통하여 작업장 내외의 바람, 온도, 기압 차에 의한 대류작용으로 행해지는 환기로, 설치비 및 유지보수비가 적다.<br>• 에너지비용을 최소화할 수 있어서 냉방비 절감효과가 크다.<br>• 소음 발생이 적다.<br>• 외부 기상조건과 내부 조건에 따라 환기량이 일정하지 않아 제한적이다.<br>• 환기량 예측 자료를 구하기 힘들다. |
| 강제환기 | • 기계적인 힘을 이용하여 강제적으로 환기하는 방식이다.<br>• 기상변화 등과 관계없이 작업환경을 일정하게 유지할 수 있다.<br>• 환기량을 기계적으로 결정하므로 정확한 예측이 가능하다.<br>• 소음 발생이 크고 설치 및 유지보수비가 많이 소요된다. |

### (2) 적용조건

① 유해물질의 발생량이 적고 독성이 비교적 낮은 경우
② 동일한 작업장에 다수의 오염원이 분산되어 있는 경우
③ 소량의 유해물질이 시간에 따라 균일하게 발생할 경우
④ 유해물질이 가스나 증기로 폭발 위험이 있는 경우
⑤ 배출원이 이동성인 경우
⑥ 오염원이 작업자가 작업하는 장소로부터 멀리 떨어져 있는 경우
⑦ 국소배기장치로 불가능할 경우

### (3) 설치 시 유의사항

① 배풍기만을 설치하여 열, 수증기 및 오염물질을 희석 · 환기하고자 할 때는 희석공기의 원활한 환기를 위하여 배기구를 설치해야 한다.
② 배풍기만을 설치하여 열, 수증기 및 유해물질을 희석 · 환기하고자 할 때는 발생원 가까운 곳에 배풍기를 설치하고, 근로자의 후위에 적절한 형태 · 크기의 급기구나 급기시설을 설치하여야 하며, 배풍기 작동 시에는 급기구를 개방하거나 급기시설을 가동하여야 한다.
③ 외부 공기의 유입을 위하여 설치하는 배풍기나 급기구에는 외부로부터 열, 수증기 및 유해물질의 유입을 막기 위한 필터나 흡착설비 등을 설치해야 한다.
④ 작업장 외부로 배출된 공기가 당해 작업장 또는 인접한 다른 작업장으로 재유입되지 않도록 필요한 조치를 하여야 한다.

### (4) 필요환기량 산정

① 희석을 위한 필요환기량

$$Q = \frac{24.1 \times S \times G \times K \times 10^6}{M \times TLV}$$

② 화재·폭발 방지를 위한 필요환기량

$$Q = \frac{24.1 \times S \times G \times S_f \times 100}{M \times LEL \times B}$$

③ 단위기호

Q : 필요환기량($m^3$/h)
S : 유해물질의 비중
G : 유해물질 시간당 사용량(L/h)
M : 유해물질의 분자량
TLV : 유해물질의 노출기준(ppm)
LEL : 폭발하한계(%)
K : 안전계수(작업장 내 공기혼합 정도)
K = 1(원활), K = 2(보통), K = 3(불완전)
B : 온도상수
B = 1(121℃ 이하), B = 0.7(121℃ 초과)
$S_f$ : 공정안전계수
$S_f$ = 4(연속공정), $S_f$ = 10~12(회분식공정)

### (5) ACH(1시간당 공기 교환횟수)

$$ACH = \frac{\text{필요환기량}(m^3/h)}{\text{실험실용적}(m^3)}$$

## 2 국소배기장치

### (1) 적용조건

① 유해물질의 독성이 강하고 발생량이 많은 경우
② 높은 증기압의 유기용제를 취급하는 경우
③ 작업자의 작업 위치가 유해물질 발생원에 가까이 근접해 있는 경우
④ 발생 주기가 균일하지 않은 경우
⑤ 발생원이 고정된 경우
⑥ 법적 의무설치 사항인 경우

## (2) 설계 순서

| | |
|---|---|
| 1. 후드 형식 선정 | 작업형태, 공정, 유해물질 비산방향 등을 고려하여 후드의 형식, 모양, 배기방향, 설치 위치 등을 결정한다. |
| 2. 제어풍속 결정 | 유해물질의 비산거리, 방향을 고려하여 제어풍속을 결정한다. |
| 3. 필요 송풍량 계산 | 후드 개구부 면적과 제어속도로 필요 송풍량을 계산한다. |
| 4. 반송속도 결정 | 후드로 흡인한 오염물질을 덕트 내에 퇴적시키지 않고 이송하기 위한 기류의 최저속도를 결정한다. |
| 5. 덕트 직경 산출 | 필요 송풍량을 반송속도로 나누어 덕트의 직경을 산출한다. |
| 6. 덕트의 배치와 설치장소 선정 | 덕트 길이, 연결 부위, 곡관의 수, 형태 등을 고려하여 덕트 배치와 설치장소를 선정한다. |
| 7. 공기정화장치 선정 | 유해물질에 적절한 공기정화장치를 선정하고 압력손실을 계산한다. |
| 8. 총 압력손실 계산 | 후드 정압, 덕트·공기정화장치 등의 총 압력손실을 계산한다. |
| 9. 송풍기 선정 | 총 압력손실과 총 배기량을 통해 송풍기의 풍량, 풍압, 소요동력을 결정하고 적절한 송풍기를 선정한다. |

## (3) 설치 순서

후드 → 덕트 → 공기정화장치 → 배풍기(송풍기) → 배기구

## (4) 후드

### ① 형식 및 종류

| | |
|---|---|
| 포위식(부스식) | • 유해물질을 전부 혹은 부분적으로 포위한다.<br>• 종류 : 포위형, 장갑부착상자형, 드래프트 체임버형, 건축부스형 |
| 외부식 | • 유해물질을 포위하지 않고 가까운 위치에 설치한다.<br>• 종류 : 슬로트형, 그리드형, 푸시-풀형 |
| 레시버식 | • 유해물질이 일정 방향 흐름을 가지고 발생할 때 설치한다.<br>• 종류 : 그라인더 커버형, 캐노피형 |

### ② 흄후드(포위식 포위형)

㉠ 구조

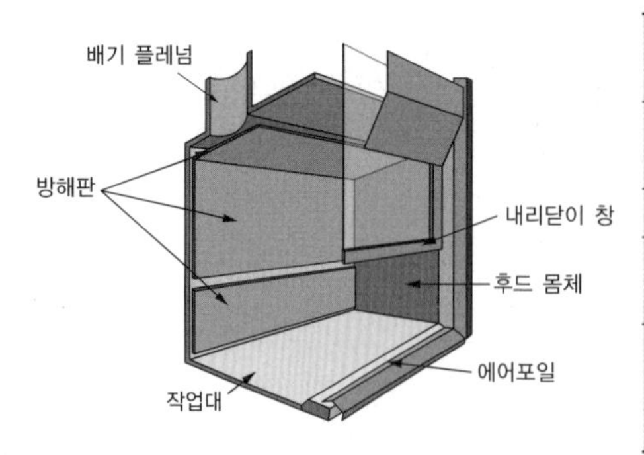


| | |
|---|---|
| 배기 플래넘(exhaust plenum) | • 유입 압력과 공기 흐름을 균일하게 형성<br>• 후드 바로 뒤쪽에 위치 |
| 방해판(baffle) | • 정체 없는 균일한 배기 유로 형성<br>• 후드 몸체의 후면을 따라 위치 |
| 작업대 | 실험 및 반응공정이 진행되는 곳 |
| 내리닫이창(sash) | • 후드 전면의 슬라이딩 도어<br>• 튐, 스프레이, 화재 등으로부터 인체 보호 |
| 에어포일(airfoil) | • 유입기류의 난류화를 억제<br>• sash 완전 폐쇄 시 후드에 공기 공급<br>• 후드 하부와 측부 모서리를 따라서 위치 |

㉡ 설치・운영기준

ⓐ 면속도 확인 게이지가 부착되어 수시로 기능 유지 여부를 확인할 수 있어야 한다.

ⓑ 후드 안의 물건은 입구에서 최소 15cm 이상 떨어져 있어야 한다.

ⓒ 후드 안에 머리를 넣지 말아야 한다.

ⓓ 필요시 추가적인 개인보호장비를 착용한다.

ⓔ 후드 내리닫이창(sash)은 실험 조작이 가능한 최소 범위만 열려 있어야 한다.

ⓕ 미사용 시 창을 완전히 닫아야 한다.

ⓖ 콘센트나 다른 스파크가 발생할 수 있는 원천은 후드 내에 두지 않아야 한다.

ⓗ 흄후드에서의 스프레이 작업은 금지한다(화재・폭발 위험).

ⓘ 흄후드를 화학물질의 저장 및 폐기 장소로 사용해서는 안 된다.

ⓙ 가스 상태 물질은 0.4m/s 이상, 입자상 물질은 0.7m/s 이상의 최소 면속도(제어풍속)를 유지한다.

③ **제어풍속** : 후드 전면 또는 후드 개구면에서의 유해물질을 제어할 수 있는 공기속도

**[관리대상 유해물질 관련 국소배기장치 후드의 제어풍속(안전보건규칙 별표 13)]**

| 물질의 상태 | 후드 형식 | 제어풍속(m/s) |
|---|---|---|
| 가스상태 | 포위식 포위형 | 0.4 |
| | 외부식 측방흡인형 | 0.5 |
| | 외부식 하방흡인형 | 0.5 |
| | 외부식 상방흡인형 | 1.0 |
| 입자상태 | 포위식 포위형 | 0.7 |
| | 외부식 측방흡인형 | 1.0 |
| | 외부식 하방흡인형 | 1.0 |
| | 외부식 상방흡인형 | 1.2 |

㉠ 제어풍속 측정위치

ⓐ 포위식 후드 : 후드 개구면에서의 풍속

ⓑ 외부식 후드 : 후드 개구면으로부터 가장 먼 거리의 작업위치(유해물질 발생원)에서의 풍속

㉡ 후드의 제어풍속을 결정하는 인자

ⓐ 유해물질의 종류 및 성상

ⓑ 후드의 모양(형식)

ⓒ 유해물질의 확산상태

ⓓ 유해물질의 비산거리(후드에서 오염원까지의 거리)

ⓔ 작업장 내 방해기류(난기류)의 속도

④ 후드 배풍량 계산

| 포위식 부스형 | 외부식 장방형 | 외부식 장방형(플랜지 부착) |
|---|---|---|
| $Q = V \times A$ | $Q = V(10X^2 + A)$ | $Q = 0.75V(10X^2 + A)$ |

• $Q(m^3/s)$ : 후드 배풍량
• $V(m/s)$ : 제어속도
• $A(m^2)$ : 후드 단면적 $= L \times W$
• $X(m)$ : 제어거리(후드 중심선으로부터 발생원까지의 거리)

⑤ 후드 방해기류 영향 억제 부품 : 플랜지, 플래넘

⑥ 후드 설치 시 주의사항

㉠ 후드는 유해물질을 충분히 제어할 수 있는 구조와 크기로 선택해야 한다.

㉡ 후드의 형태와 크기 등 구조는 후드에서 유입 손실이 최소화되도록 해야 한다.

㉢ 후드는 발생원을 가능한 한 포위하는 형태인 포위식 형식의 구조로 설치한다.

㉣ 발생원을 포위할 수 없을 때는 발생원과 가장 가까운 위치에 후드를 설치한다.

㉤ 후드의 흡입 방향은 가급적 비산·확산된 유해물질이 작업자의 호흡 영역을 통과하지 않도록 한다.

㉥ 후드 뒷면에서 주 덕트 접속부까지의 가지 덕트 길이는 가능한 한 가지 덕트 지름의 3배 이상 되도록 해야 한다(가지 덕트가 장방형 덕트인 경우에는 원형 덕트의 상당 지름을 이용).

㉦ 후드가 설비에 직접 연결된 경우 후드의 성능 평가를 위한 정압 측정구를 후드와 덕트의 접합 부분에서 주 덕트 방향으로 1~3 직경 정도 거리에 설치해야 한다.

⑦ 추가 설치 시 고려사항(기 설치된 국소배기장치에 후드를 추가로 설치)

㉠ 후드의 추가 설치로 인한 국소배기장치의 전반적인 성능을 검토하여 모든 후드에서 제어풍속을 만족할 수 있을 때만 추가 설치한다.

㉡ 성능 검토 : 후드의 제어풍속 및 배기풍량, 덕트의 반송속도 및 압력평형, 압력손실, 배풍기의 동력과 회전속도, 전지정격용량 등

⑧ 신선한 공기 공급을 위한 주의사항

㉠ 국소배기장치를 설치할 때 배기량과 같은 양의 신선한 공기가 작업장 내부로 공급되도록 공기유입구 또는 급기시설을 설치해야 한다.

ⓛ 신선한 공기의 공급 방향은 유해물질이 없는 깨끗한 지역에서 유해물질이 발생하는 지역으로 향하도록 하여야 한다.

ⓒ 가능한 한 근로자 뒤쪽에 급기구가 설치되어 신선한 공기가 근로자를 거쳐서 후드 방향으로 흐르도록 해야 한다.

ⓔ 신선한 공기의 기류속도는 근로자 위치에서 가능한 0.5m/s를 초과하지 않도록 해야 한다.

ⓜ 후드 근처에서 후드의 성능에 지장을 초래하는 방해기류를 일으키지 않도록 해야 한다.

## (5) 덕트

① **구성** : 주 덕트, 보조 덕트 또는 가지 덕트, 접합부 등

② **설치기준**

ⓖ 가능한 한 길이는 짧게, 굴곡부의 수는 적게 설치한다.

ⓛ 가능한 후드의 가까운 곳에 설치한다.

ⓒ 접합부의 안쪽은 돌출된 부분이 없도록 한다.

ⓔ 덕트 내 오염물질이 쌓이지 않도록 이송속도를 유지한다.

ⓜ 연결 부위 등은 외부 공기가 들어오지 않도록 설치한다.

ⓑ 덕트의 진동이 심한 경우, 진동전달을 감소시키기 위하여 지지대 등을 설치한다.

ⓢ 덕트끼리 접합 시 가능하면 비스듬하게 접합하는 것이 직각으로 접합하는 것보다 압력손실이 적다.

③ **반송속도**

ⓖ 정의 : 덕트를 통하여 이동하는 유해물질이 덕트 내에서 퇴적이 일어나지 않는 상태로 이동시키기 위하여 필요한 최소 속도

ⓛ 반송속도 기준

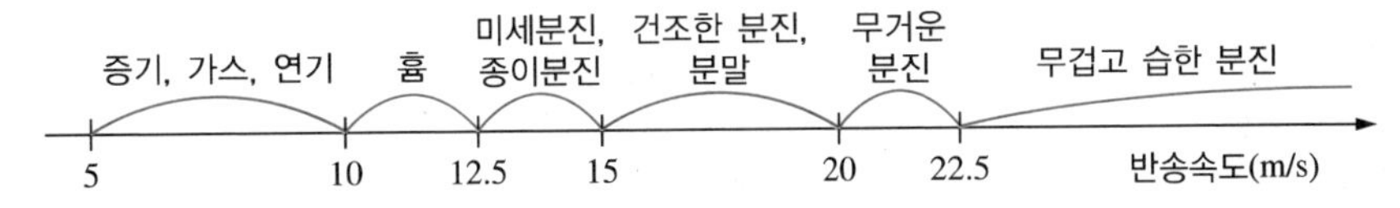


④ **화재・폭발 예방조치**

ⓖ 화재・폭발의 우려가 있는 유해물질을 이송하는 덕트의 경우, 작업장 내부로 화재・폭발의 전파방지를 위한 방화댐퍼를 설치하는 등 기타 안전상 필요한 조치를 해야 한다.

ⓛ 국소배기장치 가동 중지 시 덕트를 통하여 외부 공기가 유입되어 작업장으로 역류할 우려가 있는 경우에는 덕트에 기류의 역류방지를 위한 역류방지댐퍼를 설치해야 한다.

### (6) 공기정화장치

#### ① 입자상 물질 처리장치

| | |
|---|---|
| 원심력집진장치<br>(사이클론) | • 원심력을 이용하여 분진을 제거하는 것<br>• 비교적 적은 비용으로 집진 가능<br>• 입자의 크기가 크고 모양이 구체에 가까울수록 집진효율 증가<br>• 블로다운(blow down) : 사이클론의 집진효율을 높이는 방법(집진된 분진의 가교현상을 억제시켜 재비산 방지, 분진의 축적 및 장치 폐쇄 방지, 난류현상 억제, 유효원심력 증대) |
| 전기집진장치 | • 전기적인 힘을 이용하여 오염물질을 포집<br>• 넓은 범위의 입경과 분진농도에 집진효율이 높음<br>• 고온가스를 처리할 수 있어 보일러와 철강로 등에 설치 가능<br>• 가연성 입자의 집진 시 처리 곤란<br>• 설치 공간이 넓어야 해서 초기 설치비용이 높지만 운전·유지비가 저렴<br>• 압력손실이 낮아 송풍기 가동 비용이 저렴 |
| 여과집진장치 | • 고효율 집진이 필요할 때 흔히 사용<br>• 직접차단, 관성충돌, 확산, 중력침강, 정전기력 등이 복합적으로 작용하는 장치 |
| 중력집진장치 | • 중력 이용하여 분진 제거<br>• 구조가 간단하고 압력손실이 비교적 적으며 설치·가동비 저렴<br>• 미세분진에 대한 집진효율이 높지 않아 전처리로 이용 |
| 세정집진장치 | • 함진가스를 액적·액막·기포 등으로 세정하여 입자를 응집하거나 부착하여 제거<br>• 가연성, 폭발성 분진, 수용성의 가스상 오염물질도 제거 가능<br>• 유출수로 인해 수질오염 발생 가능 |
| 관성력집진장치 | • 관성을 이용하여 입자를 분리·포집<br>• 원리가 간단하고 후단의 미세입자 집진을 위한 전처리용으로 사용<br>• 비교적 큰 입자의 제거에 효율적<br>• 고온 공기 중의 입자상오염물질 제거 가능<br>• 덕트 중간에 설치할 수 있음 |

#### ② 가스상 물질의 처리법

| | |
|---|---|
| 흡수법 | 흡수액에 가스 성분을 용해하여 제거 |
| 흡착법 | • 다공성 고체 표면에 가스상 오염물질을 부착하여 처리<br>• 산업현장에서 가장 널리 사용하는 기술<br>• 주로 유기용제, 악취물질 제거에 사용 |
| 연소법 | • 가연성 오염가스 및 악취물질을 연소하여 제거<br>• 가연성가스나 유독가스에 널리 이용<br>• 종류 : 직접연소법(불꽃연소법), 직접가열산화법, 촉매산화법 등 |

#### ③ 설치 시 주의사항

㉠ 유해물질의 종류(입자상, 가스상), 발생량, 입자의 크기, 형태, 밀도, 온도 등을 고려하여 장치를 선정한다.

㉡ 마모, 부식과 온도에 충분히 견딜 수 있는 재질로 선정한다.

㉢ 공기정화장치에서 정화되어 배출되는 배기 중 유해물질의 농도는 법에서 정한 바에 따른다.

㉣ 압력손실이 가능한 한 작은 구조로 설계해야 한다.

㉤ 공기정화장치 막힘에 의한 유량 감소를 예방하기 위해 공기정화장치는 차압계를 설치하여 상시 차압을 측정해야 한다.

ⓗ 화재폭발의 우려가 있는 유해물질을 정화하는 경우에는 방산구를 설치하는 등 필요한 조치를 해야 하고 방산구를 통해 배출된 유해물질에 의한 근로자의 노출이나 2차 재해의 우려가 없도록 해야 한다.

ⓢ 접근과 청소 및 정기적인 유지보수가 용이한 구조여야 한다.

### (7) 송풍기(배풍기)

① 축류식 송풍기

㉠ 특징

ⓐ 흡입 방향과 배출 방향이 일직선이다.

ⓑ 국소배기용보다는 비교적 작은 전체 환기용으로 사용한다.

㉡ 종류

| | |
|---|---|
| 프로펠러 | 효율은 낮으나(25~50%), 설치비용이 저렴하며 전체 환기에 적합 |
| 튜브형 | 모터를 덕트 외부에 부착할 수 있고, 날개의 마모, 오염의 청소가 용이 |
| 베인형 | 저풍압, 다풍량의 용도로 적합하고, 효율은 낮으나(25~50%) 설치비용 저렴 |

② 원심력식 송풍기

㉠ 특징

ⓐ 흡입 방향과 배출 방향이 수직으로 되어 있다.

ⓑ 국소배기장치에 필요한 유량속도와 압력 특성에 적합하다.

ⓒ 설치비가 저렴하고 소음이 비교적 작아서 많이 사용한다.

㉡ 종류

| | |
|---|---|
| 다익형<br>(전향날개형,<br>sirocco fan) | • 임펠러가 다람쥐 쳇바퀴 모양이며 깃이 회전 방향과 동일한 방향<br>• 비교적 저속회전이어서 소음 적음<br>• 회전날개에 유해물질이 쌓이기 쉬워 청소 곤란<br>• 효율이 낮으며(35~50%), 큰 마력의 용도에 부적합 |
| 터보형(후향날개형) | • 깃이 회전 방향 반대편으로 경사짐<br>• 장소의 제약을 받지 않고 사용할 수 있으나 소음이 큼<br>• 고농도의 분진 함유 공기를 이송시킬 시 집진기 후단에 설치<br>• 효율은 높으며(60~70%), 압력손실의 변동이 있는 경우에 사용 적합 |
| 평판형(방사날개형) | • 깃이 평판이어서 분진을 자체 정화 가능<br>• 마모나 오염되었을 때 취급·교환 용이<br>• 효율은 40~55% 정도 |

③ 소요 축동력 산정 시 고려요소 : 송풍량, 후드 및 덕트의 압력손실, 전동기의 효율, 안전계수 등

④ 설치 주의사항

㉠ 송풍기는 가능한 한 옥외에 설치한다.

㉡ 송풍기 전후에 진동전달을 방지하기 위하여 캔버스를 설치하는 경우 캔버스의 파손 등이 발생하지 않도록 조치한다.

ⓒ 송풍기의 전기제어반을 옥외에 설치하는 경우 옥내작업장의 작업영역 내에 국소배기장치를 가동할 수 있는 스위치를 별도로 부착한다.

ⓓ 옥내작업장에 설치하는 송풍기는 발생하는 소음·진동에 대한 밀폐시설, 흡음시설, 방진시설 등을 설치한다.

ⓔ 송풍기 설치 시 기초대는 견고하게 하고 평형상태를 유지하되, 바닥으로의 진동 전달을 방지하기 위하여 방진스프링이나 방진고무를 설치한다.

ⓕ 송풍기는 구조물 지지대, 난간 등과 접속하지 않아야 한다.

ⓖ 강우, 응축수 등에 의한 송풍기의 케이싱과 임펠러의 부식을 방지하기 위하여 송풍기 내부에 고인 물을 제거할 수 있도록 밸브를 설치해야 한다.

ⓗ 송풍기의 흡입 부분 또는 토출 부분에 댐퍼를 사용하면 반드시 댐퍼 고정장치를 설치하여 작업자가 송풍기의 송풍량을 임의로 조절할 수 없는 구조로 해야 한다.

### (8) 배기구 설치 주의사항

① 옥외에 설치하는 배기구는 지붕으로부터 1.5m 이상 높게 설치한다.

② 배출공기가 주변 지역에 영향을 미치지 않도록 상부 방향으로 10m/s 이상 속도로 배출한다.

③ 배출된 유해물질이 작업장으로 재유입되거나 인근 다른 작업장으로 확산되어 영향을 미치지 않는 구조로 설치한다.

④ 내부식성·내마모성이 있는 재질로 설치한다.

⑤ 공기 유입구와 배기구는 서로 일정 거리만큼 떨어지게 설치한다.

## 3 국소배기장치 안전검사 기준

### (1) 후드

| 구분 | 내용 |
|---|---|
| 설치 | • 유해물질 발산원마다 후드가 설치되어 있어야 한다.<br>• 후드 형태가 해당 작업에 방해를 주지 않고 유해물질을 흡인하기에 적절한 형식, 크기를 갖추어야 한다.<br>• 작업자의 호흡 위치가 오염원과 후드 사이에 위치하지 않아야 한다.<br>• 후드가 유해물질 발생원 가까이에 위치하여야 한다. |
| 표면상태 | 후드 내·외면은 흡기의 기능을 저하시키는 마모, 부식, 흠집, 기타 손상이 없어야 한다. |
| 흡입기류 방해 여부 | • 흡입기류를 방해하는 기둥, 벽 등의 구조물이 없어야 한다.<br>• 후드 내부 또는 전처리 필터 등의 퇴적물로 인한 제어풍속의 저하 없이 기준치를 만족해야 한다. |
| 흡인성능 | • 발연관, 스모크 건, 스모크 캔들 등을 이용하여 흡인기류가 완전히 후드 내부로 흡인되어 후드 밖으로 유출되지 않아야 한다.<br>• 레시버식 후드는 유해물질이 후드 밖으로 비산하지 않고 완전히 후드 내로 흡입되어야 한다.<br>• 후드의 제어풍속이 「산업안전보건기준에 관한 규칙」에 따른 제어풍속 이상을 유지해야 한다(포위식은 후드 개구면에서, 외부식은 후드에서 가장 먼 지점의 유해물질 발생원에서 후드방향으로 측정한다). |

### (2) 덕트

| | |
|---|---|
| **표면상태** | • 덕트 내·외면의 변형 등으로 인한 설계 압력손실 증가가 없어야 한다.<br>• 파손 부분 등에서의 공기 유입 또는 누출이 없고, 이상음 또는 이상진동이 없어야 한다. |
| **플렉시블 덕트** | 심한 굴곡, 꼬임 등으로 인해 설계 압력손실 증가에 영향을 주지 않아야 한다. |
| **퇴적물 여부** | • 덕트 내면의 분진 등의 퇴적물로 인해 설계 압력손실 증가 등 배기 성능에 영향을 주지 않아야 한다.<br>• 분진 등의 퇴적으로 인한 이상음 또는 이상 진동이 없어야 한다.<br>• 덕트 내의 측정정압이 초기정압의 ±10% 이내이어야 한다. |
| **접속부** | • 플랜지의 결합볼트, 너트, 패킹의 손상이 없어야 한다.<br>• 정상작동 시 스모크테스터의 기류가 흡입 덕트에서는 접속부로 흡입되지 않아야 하고, 배기 덕트에서는 접속부로부터 배출되지 않아야 한다.<br>• 공기의 유입이나 누출에 의한 이상음이 없어야 한다. |
| **댐퍼** | • 댐퍼가 손상되지 않고 정상적으로 작동되어야 한다.<br>• 댐퍼가 해당 후드의 적정 제어풍속 또는 필요 풍량을 가지도록 적절하게 개폐되어 있어야 한다.<br>• 댐퍼 개폐 방향이 올바르게 표시되어 있어야 한다. |

### (3) 공기정화장치

| | |
|---|---|
| **형식** | 제거하고자 하는 오염물질의 종류, 특성을 고려한 적합한 형식 및 구조를 가져야 한다. |
| **상태** | • 처리성능에 영향을 줄 수 있는 외면 또는 내면의 파손, 변형, 부식 등이 없어야 한다.<br>• 구동장치, 여과장치 등이 정상적으로 작동되고 이상음이 발생하지 않아야 한다. |
| **접속부** | 볼트, 너트, 패킹 등의 이완 및 파손이 없고 공기의 유입 또는 누출이 없어야 한다. |
| **성능** | 여과재의 막힘 또는 파손이 없고, 정상 작동상태에서 측정한 차압과 설계차압의 비(측정/설계)가 0.8~1.4 이내이어야 한다. |

### (4) 송풍기(배풍기)

| | |
|---|---|
| **상태** | • 배풍기 또는 모터의 기능을 저하하는 파손, 부식, 기타 손상 등이 없어야 한다.<br>• 배풍기 케이싱(casing), 임펠러(impeller), 모터 등에서의 이상음 또는 이상진동이 발생하지 않아야 한다.<br>• 각종 구동장치, 제어반(control panel) 등이 정상적으로 작동되어야 한다. |
| **벨트** | 벨트의 파손, 탈락, 심한 처짐 및 풀리의 손상 등이 없어야 한다. |
| **회전수** | 배풍기의 측정 회전수 값과 설계 회전수 값의 비(측정/설계)가 0.8 이상이어야 한다. |
| **회전 방향** | 배풍기의 회전 방향은 규정의 회전 방향과 일치하여야 한다. |
| **캔버스** | • 캔버스의 파손, 부식 등이 없어야 한다.<br>• 송풍기 및 덕트와의 연결 부위 등에서 공기의 유입 또는 누출이 없어야 한다.<br>• 캔버스의 과도한 수축 또는 팽창으로 배풍기 설계 정압 증가에 영향을 주지 않아야 한다. |
| **안전덮개** | 전동기와 배풍기를 연결하는 벨트 등에는 안전덮개가 설치되고 그 설치부는 부식, 마모, 파손, 변형, 이완 등이 없어야 한다. |
| **배풍량 등** | • 배풍기의 측정풍량과 설계풍량의 비(측정/설계)가 0.8 이상이어야 한다.<br>• 배풍기의 성능을 저하시키는 설계정압의 증가 또는 감소가 없어야 한다. |

### (5) 배기구

| | |
|---|---|
| **구조** | 분진 등을 배출하기 위하여 설치하는 국소배기장치(공기정화장치가 설치된 이동식 국소배기장치를 제외)의 배기구는 직접 외기로 향하도록 개방하여 실외에 설치하는 등 배출되는 분진 등이 작업장으로 재유입되지 않는 구조로 해야 한다. |
| **비마개** | 최종배기구에 비마개 설치 등 배풍기 등으로의 빗물 유입방지조치가 되어 있어야 한다. |

# 과목별 빈칸완성 문제

각 문제의 빈칸에 올바른 답을 적으시오.

## 01 경고표지 작성항목 6가지

| • | • |
|---|---|
| • | • |
| • | • |

정답

- 명칭
- 그림문자
- 신호어
- 유해 · 위험 문구
- 예방조치 문구
- 공급자 정보

## 02 입자상 물질의 분류

| 분류 | 평균입경 | 특징 |
|---|---|---|
| ( ① ) | ( ④ ) | 호흡기 어느 부위(비강, 인후두, 기관 등 호흡기의 기도 부위)에 침착하더라도 독성을 유발하는 분진 |
| ( ② ) | ( ⑤ ) | 가스 교환 부위, 기관지, 폐포 등에 침착하여 독성을 나타내는 분진 |
| ( ③ ) | ( ⑥ ) | 가스 교환 부위, 즉 폐포에 침착할 때 유해한 분진 |

정답

① 흡입성 입자상 물질(IPM)
② 흉곽성 입자상 물질(TPM)
③ 호흡성 입자상 물질(RPM)
④ 100$\mu$m
⑤ 10$\mu$m
⑥ 4$\mu$m

## 03 입자상 물질의 축적·제거기전

- 축적기전 : ( ① ), ( ② ), ( ③ ), ( ④ )
- 제거기전 : ( ⑤ ), ( ⑥ )

정답

① 관성충돌

② 중력침강

③ 차단

④ 확산

⑤ 점액섬모운동

⑥ 대식세포에 의한 정화

## 04 유해인자의 종류

| 물리적 유해인자 | 인체에 ( ① )로 흡수되어 건강장해를 초래하는 물리적 특성으로 이루어진 유해인자 |
|---|---|
| 화학적 유해인자 | ( ② )의 형태로 호흡기, 소화기, 피부를 통해 인체에 흡수되고 잠재적으로 건강에 영향을 끼치는 요인이 될 수 있는 유해인자 |
| ( ③ ) 유해인자 | 생물체나 그 부산물이 작용하여 흡입, 섭취 또는 피부를 통해 건강상 장해를 유발하는 유해인자 |
| ( ④ ) 유해인자 | 반복적인 작업, 부적합한 자세, 무리한 힘 등으로 손, 팔, 어깨, 허리 등을 손상(근골계질환)시키는 인자 |
| 사회심리적 유해인자 (직무 스트레스) | 과중하고 복잡한 업무 등으로 정신건강은 물론 신체적 건강에도 영향을 주는 인자 |

정답

① 에너지

② 물질

③ 생물학적

④ 인간공학적

## 05 유해인자 개선대책의 실시 순서

( ① ) → ( ② ) → ( ③ ) → ( ④ )

정답

① 본질적 대책
② 공학적 대책
③ 관리적 대책
④ 개인보호구 사용

## 06 작업환경측정 실시시기(간격)

- 최초, 작업장 · 작업공정 등 변경사항 발생 시 : ( ① )
- 정기실시 : ( ② )
- 허가대상유해물질, 특별관리물질의 노출기준 초과 시 정기실시 : ( ③ )
- 허가대상유해물질, 특별관리물질 미사용 작업장의 2회 연속 기준 미만일 시 정기실시 : ( ④ )

정답

① 그날로부터 30일 이내
② 반기에 1회 이상(간격 3개월 이상)
③ 3개월에 1회 이상(간격 45일 이상)
④ 연 1회 이상(간격 6개월 이상)

## 07 노출기준의 종류 3가지

- 
- 
- 

정답

- TWA(시간가중평균노출기준)
- STEL(단시간 노출기준)
- C(최고노출기준)

## 08 고용노동부 고시에 의한 발암물질 분류

| | |
|---|---|
| ( ① ) | 사람에게 충분한 발암성 증거가 있는 물질 |
| ( ② ) | 시험동물에서 발암성 증거가 충분히 있거나, 시험동물과 사람 모두에서 제한된 발암성 증거가 있는 물질 |
| ( ③ ) | 사람이나 동물에서 제한된 증거가 있지만, 구분1로 분류하기에는 증거가 충분하지 않은 물질 |

정답

① 1A
② 1B
③ 2

## 09 IARC(국제암연구기관)의 발암물질 분류

| | |
|---|---|
| ( ① ) | 인체 발암성 물질, 인체에 대한 발암성을 확인한 물질 |
| ( ② ) | 인체 발암성 추정 물질, 실험동물에 대한 발암성 근거는 충분하나, 인체에 대한 근거는 제한적인 물질 |
| ( ③ ) | 인체 발암성 가능 물질, 실험동물에 대한 발암성 근거가 충분하지 못하고, 사람에 대한 근거도 제한적인 물질 |
| ( ④ ) | 인체 발암성 비분류 물질, 자료의 불충분으로 인체 발암물질로 분류되지 않은 물질 |
| ( ⑤ ) | 인체 비발암성 추정 물질, 인체에 발암성이 없는 물질 |

정답

① group 1
② group 2A
③ group 2B
④ group 3
⑤ group 4

## 10 ACGIH(미국 산업위생전문가협의회)의 발암물질 분류

| | |
|---|---|
| ( ① ) | 인체에 대한 발암성을 확인한 물질 |
| ( ② ) | 인체에 대한 발암성이 의심되는 물질 |
| ( ③ ) | 동물실험 결과 발암성이 확인되었으나 인체에서는 발암성이 확인되지 않은 물질 |
| ( ④ ) | 자료 불충분으로 인체 발암물질로 분류되지 않은 물질 |
| ( ⑤ ) | 인체에 발암성이 있다고 의심되지 않는 물질 |

정답

① A1
② A2
③ A3
④ A4
⑤ A5

## 11 「근로기준법」상 임산부에게 금지된 업무 5가지

•
•
•
•
•

정답

- 피폭방사선량이 선량한도를 초과하는 원자력 및 방사선 관련 업무
- 유해물질을 취급하는 업무(납, 수은, 크롬, 비소, 황린, 불소(불화수소산), 염소(산), 시안화수소(시안산), 2-브로모프로판, 아닐린, 수산화칼륨, 페놀, 에틸렌글리콜모노메틸에테르, 에틸렌글리콜모노에틸에테르, 에틸렌글리콜모노에틸에테르 아세테이트, 염화비닐, 벤젠 등)
- 병원체로 인하여 오염될 우려가 큰 업무(사이토메갈로바이러스, B형 간염 바이러스 등)
- 신체를 심하게 펴거나 굽히면서 해야 하는 업무 또는 신체를 지속적으로 쭈그려야 하거나 앞으로 구부린 채 해야 하는 업무
- 중량물을 취급하는 업무(연속작업에 있어서는 5kg 이상, 단속작업에 있어서는 10kg 이상의 중량물)

## 12 스트레스에 대한 인간의 반응(Selye의 일반적응증후군) 1~3단계

- 1단계 : ( ① )
- 2단계 : ( ② )
- 3단계 : ( ③ )

정답

① 경고 반응
② 신체 저항 반응
③ 소진 반응

## 13 내전압용 절연장갑의 등급별 색상

| 00등급 | 0등급 | 1등급 | 2등급 | 3등급 | 4등급 |
|---|---|---|---|---|---|
| ( ① ) | ( ② ) | ( ③ ) | ( ④ ) | ( ⑤ ) | ( ⑥ ) |

**정답**

① 갈색
② 빨간색
③ 흰색
④ 노란색
⑤ 녹색
⑥ 등색

## 14 안전정보표지 의미

| ( ① ) | ( ② ) | ( ③ ) | ( ④ ) | ( ⑤ ) |
|---|---|---|---|---|

**정답**

① 유해물질 경고
② 방사능 위험
③ 전파발생지역
④ 대피소
⑤ 소방호스

## 15 전체환기의 종류

| | |
|---|---|
| **자연환기** | • 작업장의 창 등을 통하여 작업장 내외의 바람, 온도, 기압 차에 의한 ( ① )작용으로 행해지는 환기로, 설치비 및 유지보수비가 적다.<br>• 에너지비용을 최소화할 수 있어서 냉방비 절감효과가 크다.<br>• 소음 발생이 ( ② )<br>• 외부 기상조긴과 내부 조건에 따리 환기량이 일정하지 않아 제한적이다.<br>• 환기량 예측 자료를 구하기 힘들다. |
| **강제환기** | • ( ③ ) 힘을 이용하여 강제적으로 환기하는 방식이다.<br>• 기상변화 등과 관계없이 작업환경을 일정하게 유지할 수 있다.<br>• 환기량을 기계적으로 결정하므로 정확한 예측이 가능하다.<br>• 소음 발생이 크고 설치 및 유지보수비가 많이 소요된다. |

**정답**

① 대류
② 적다.
③ 기계적인

## 16 전체환기 적용조건

- 유해물질의 발생량이 적고 독성이 비교적 ( ① ) 경우
- 동일한 작업장에 다수의 오염원이 ( ② )되어 있는 경우
- 소량의 유해물질이 시간에 따라 균일하게 발생할 경우
- 유해물질이 가스나 증기로 ( ③ ) 위험이 있는 경우
- 배출원이 이동성인 경우
- 오염원이 작업자가 작업하는 장소로부터 멀리 떨어져 있는 경우
- 국소배기장치로 불가능할 경우

정답

① 낮은

② 분산

③ 폭발

## 17 국소배기장치 설계 순서

1. ( ① ) 형식 선정
2. ( ② ) 결정
3. 필요 ( ③ ) 계산
4. ( ④ ) 결정
5. 덕트 직경 산출
6. 덕트의 배치와 설치장소 선정
7. ( ⑤ ) 선정
8. 총 압력손실 계산
9. ( ⑥ ) 선정

정답

① 후드

② 제어풍속

③ 송풍량

④ 반송속도

⑤ 공기정화장치

⑥ 송풍기

## 18 일반적인 국소배기장치의 설치 순서

| 후드 → ( ① ) → ( ② ) → ( ③ ) → 배기구 |
|---|

정답

① 덕트

② 공기정화장치

③ 배풍기(송풍기)

## 19 후드의 제어풍속을 결정하는 인자

- ( ① )의 종류 및 성상
- 후드의 모양(형식)
- 유해물질의 확산상태
- 유해물질의 ( ② )
- 작업장 내 ( ③ )의 속도

정답

① 유해물질

② 비산거리

③ 방해기류(난기류)

## 20 공기정화장치의 입자상 물질 처리장치 종류 6가지

| • | • |
|---|---|
| • | • |
| • | • |

정답

- 원심력집진장치
- 여과집진장치
- 세정집진장치
- 전기집진장치
- 중력집진장치
- 관성력집진장치

## 21 공기정화장치의 가스상 물질의 처리방법 3가지

- 
- 
- 

정답

- 흡수법
- 흡착법
- 연소법

## 22 축류식 송풍기, 원심력식 송풍기의 종류

- 축류식 송풍기 : ( ① ), ( ② ), ( ③ )
- 원심력식 송풍기 : ( ④ ), ( ⑤ ), ( ⑥ )

정답

① 프로펠러

② 튜브형

③ 베인형

④ 다익형(전향날개형)

⑤ 터보형(후향날개형)

⑥ 평판형(방사날개형)

합 격 의
공 식
*시대에듀*
S D E D U

실패하는 게 두려운 게 아니라 노력하지 않는 게 두렵다.

– 마이클 조던 –

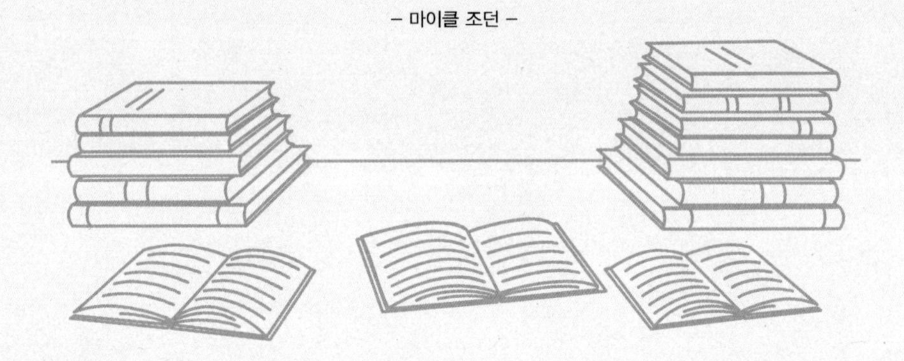

# 부록 01

# 실전모의고사

제1회 ~ 제15회 실전모의고사

# 제 1 회 실전모의고사

## 01 다음 빈칸을 순서대로 채우시오.

안전점검지침 및 정밀안전진단지침에는 다음의 사항이 포함되어야 한다.
1. 안전점검·정밀안전진단 ( ① )의 수립 및 시행에 관한 사항
2. 안전점검·정밀안전진단을 ( ② )의 유의사항
3. 안전점검·정밀안전진단의 실시에 필요한 ( ③ )에 관한 사항
4. 안전점검·정밀안전진단의 ( ④ ) 및 항목별 ( ⑤ )에 관한 사항
5. 안전점검·정밀안전진단 결과의 자체평가 및 사후조치에 관한 사항
6. 그 밖에 연구실의 기능 및 안전을 유지·관리하기 위하여 과학기술정보통신부장관이 필요하다고 인정하는 사항

**정답**

① 실시 계획
② 실시하는 자
③ 장비
④ 점검대상
⑤ 점검방법

## 02 다음 그림문자에 해당하는 물질을 2개씩 적으시오.

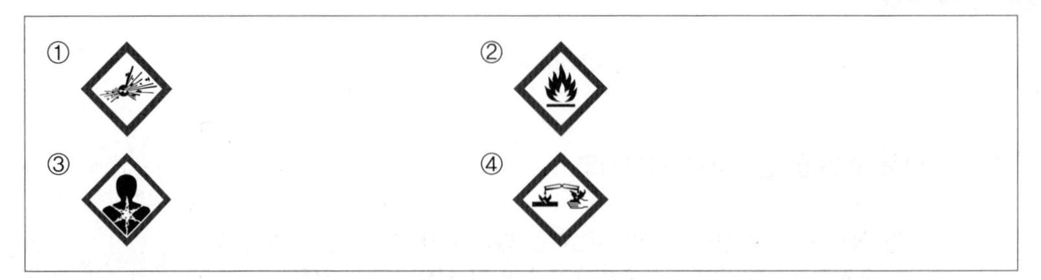


**정답**

① 폭발성 물질, 자기반응성 물질

② 인화성 물질, 물 반응성 물질

③ 발암성 물질, 호흡기 과민성 물질

④ 금속 부식성 물질, 피부 부식성 물질

**해설**

그 외 해당 물질

① 유기과산화물

② 자기반응성 물질, 자연발화성 물질, 자기발열성 물질, 유기과산화물, 에어로졸

③ 생식세포 변이원성 물질, 생식독성 물질, 특정 표적장기 독성물질

④ 심한 눈 손상성 물질

## 03 사고 체인의 5요소를 모두 쓰시오.

**정답**

- 함정
- 충격
- 접촉
- 얽힘 · 말림
- 튀어나옴

## 04 생물 보안의 주요요소 5가지를 작성하시오(단, 기계적 보안, 프로그램 관리 보안은 제외).

정답

- 물리적 보안
- 인적 보안
- 정보 보안
- 물질통제 보안
- 이동 보안

## 05 정전 작업을 위해 전로를 차단할 때의 절차로 알맞도록 빈칸을 순서대로 채우시오.

- 전기기기 등에 공급되는 모든 전원을 관련 도면, ( ① ) 등으로 확인할 것
- 전원을 차단한 후 각 ( ② ) 등을 개방하고 확인할 것
- 차단장치나 ( ② ) 등에 ( ③ ) 및 ( ④ )를 부착할 것
- 개로된 전로에서 유도전압 또는 전기에너지가 축적되어 근로자에게 전기위험을 끼칠 수 있는 전기기기 등은 접촉하기 전에 잔류전하를 완전히 ( ⑤ )시킬 것
- ( ⑥ )를 이용하여 작업 대상 기기가 충전되었는지를 확인할 것
- 전기기기 등이 다른 노출 충전부와의 접촉, 유도 또는 예비동력원의 역송전 등으로 전압이 발생할 우려가 있는 경우에는 충분한 용량을 가진 단락 접지기구를 이용하여 접지할 것

정답

① 배선도
② 단로기
③ 잠금장치
④ 꼬리표
⑤ 방전
⑥ 검전기

## 06 특수건강검진의 구분코드로 알맞도록 빈칸을 순서대로 채우시오.

〈건강관리 구분코드〉
( ① ) : 직업성 질병으로 진전될 우려가 있어 추적검사 등 관찰이 필요한 근로자
( ② ) : 직업성 질병의 소견을 보여 사후관리가 필요한 근로자
( ③ ) : 건강진단 1차 검사결과 건강수준의 평가가 곤란하거나 질병이 의심되는 근로자

〈업무수행 적합 여부 판정코드〉
( ④ ) : 일정 조건(환경 개선, 개인 보호구 착용, 진단주기 단축 등)하에서 현재의 업무 가능
( ⑤ ) : 영구적으로 현재의 업무 불가

**정답**

① C1
② D1
③ R
④ 나
⑤ 라

## 07 (1) 다음 빈칸을 순서대로 채우시오.

- ( ① )은 연구실사고가 발생한 경우에는 과학기술정보통신부령으로 정하는 절차 및 방법에 따라 ( ② )에게 보고하고 이를 공표하여야 한다.
- ( ② )은 연구실사고의 경위 및 원인을 조사하게 하기 위하여 다음의 사람으로 구성되는 사고조사반을 운영할 수 있다.
  - 연구실 안전과 관련한 업무를 수행하는 관계 공무원
  - 연구실 안전 분야 전문가
  - 그 밖에 연구실사고 조사에 필요한 경험과 학식이 풍부한 전문가

(2) 연구실사고 조사 결과에 따라 연구주체의 장이 취할 수 있는 긴급조치의 실시 방법 5가지를 작성하시오.

**정답**

(1) ① 연구주체의 장
② 과학기술정보통신부장관

(2)
- 정밀안전진단 실시
- 유해인자의 제거
- 연구실 일부의 사용제한
- 연구실의 사용금지
- 연구실의 철거

## 08

(1) BLEVE의 방지대책을 3가지 서술하시오.

(2) UVCE의 방지대책을 4가지 서술하시오.

**정답**

(1) • 탱크 내부의 온도가 상승하지 않도록 한다.
- 내부에 상승된 압력을 빠르게 감소시켜 주어야 한다.
- 탱크가 화염에 직접 가열되는 것을 피한다.

(2) • 가연성 가스 또는 인화성 액체의 누출이 발생하지 않도록 지속적으로 관리한다.
- 가연성 가스 또는 인화성 액체의 재고를 최소화시킨다.
- 가스누설감지기 또는 인화성 액체의 누액 감지기 등을 설치하여 초기 누출 시 대응할 수 있도록 한다.
- 긴급차단장치를 설치하여 누출이 감지되면 즉시 공급이 차단되도록 한다.

## 09

(1) 다음 빈칸을 순서대로 채우시오(단, 모든 답은 한글로 작성하되, ①, ③~⑥은 단답형, ②는 서술형으로 작성하시오).

| 위험점 | 내용 |
|---|---|
| ( ① ) | 왕복운동을 하는 동작 부분(운동부)과 움직임이 없는 고정 부분(고정부) 사이에 형성되는 위험점이다. |
| shear point | ( ② ) |
| ( ③ ) | 회전하는 운동 부분 자체의 위험이나 운동하는 기계 부분 자체의 위험에서 초래되는 위험점이다. |
| ( ④ ) | 서로 반대 방향으로 회전하는 2개의 회전체에 말려 들어가는 위험이 존재하는 점이다. |
| ( ⑤ ) | 회전하는 부분의 접선 방향으로 물려 들어가는 위험이 존재하는 점이다. |
| ( ⑥ ) | 회전하는 물체에 장갑 및 작업복 등이 말려 들어갈 위험이 있는 점이다. |

(2) 끼임점에 해당되는 예시 2가지 이상 작성하시오.

**정답**

(1) ① 협착점

② 고정 부분과 회전하는 동작 부분이 함께 만드는 위험점이다.

③ 절단점

④ 물림점

⑤ 접선 물림점

⑥ 회전 말림점

(2) 연삭숫돌과 작업받침대, 교반기의 날개와 하우스(몸체) 사이, 반복왕복운동을 하는 기계 부분

## 10

(1) 다음 빈칸을 순서대로 채우시오.

| 생물안전등급 | 폐기물 처리규정 |
|---|---|
| BL1 | 폐기물 및 실험폐수는 ( ① ) 또는 ( ② ) 등 생물학적 활성을 제거할 수 있는 설비에서 처리 |
| BL2 | • BL1 기준에 아래 내용 추가<br>• 폐기물 처리 시 배출되는 공기는 ( ③ )를 통해 배기할 것을 권장 |
| BL3 | • BL1 기준에 아래 내용 추가<br>• 폐기물 처리 시 배출되는 공기는 ( ③ )를 통해 배기<br>• 별도의 ( ④ )를 설치하고, 압력기준(( ① ) 방식은 최대 사용압력의 1.5배, ( ② ) 방식은 수압 70kPa 이상)에서 10분 이상 견딜 수 있는지 확인 |
| BL4 | • BL3 기준에 아래 내용 추가<br>• ( ① )을 이용하는 생물학적 활성을 제거할 수 있는 설비를 설치<br>• 폐기물처리 시 배출되는 공기는 2단의 ( ③ )를 통해 배기 |

(2) 고압증기멸균기의 작동여부를 확인할 때 사용하는 지표인자 3가지를 작성하시오.

**정답**

(1) ① 고압증기멸균
② 화학약품처리
③ 헤파필터
④ 폐수탱크

(2) • 화학적 색깔 변화 지표인자
• 테이프 지표인자
• 생물학적 지표인자

**11** (1) 다음 물질들의 증기비중을 순서대로 구하시오(단, 계산과정을 적고, 답은 소수점 셋째 자리에서 반올림하여 소수점 둘째 자리까지 쓰시오).

- 프로판
- 이산화탄소

(2) 가스화재가 발생하는 주요 원인을 5가지 이상 작성하시오.

정답

(1) • 프로판($C_3H_8$)의 분자량 = 12 × 3 + 8 = 44
   프로판의 증기비중 = 44 / 29 = 1.52
   • 이산화탄소($CO_2$)의 분자량 = 12 + 16 × 2 = 44
   이산화탄소의 증기비중 = 44 / 29 = 1.52

(2) • 실내 가스용기에서 누설 발생
   • 점화 미확인으로 누설 폭발
   • 환기불량에 의한 질식사
   • 가스 사용 중 장기간 자리 이탈
   • 성냥불로 누설 확인 중 폭발
   • 호스 접속 불량 방치
   • 조정기 분해 오조작
   • 콕(코크) 조작 미숙
   • 인화성 물질(연탄 등)을 동시 사용

## 12 보기를 이용하여 다음을 계산하고 계산과정과 답을 각각 적으시오(단, 답은 반올림하여 소수점 셋째 자리까지 구하시오).

[ 보기 ]

〈건강한 일반 남성을 대상으로 ○○작업 중 측정값〉

- 10분간 배기량 : 200L
- 배기 시 이산화탄소 농도 : 4%
- 배기 시 산소농도 : 16%

(1) 에너지소비량(kcal/min)을 구하시오.

(2) (1)의 작업의 작업강도를 평가하시오.

(3) ○○작업을 1시간 동안 할 경우 1시간에 포함되어야 하는 휴식시간(min)을 구하시오.

**정답**

(1) • 계산과정 : 흡기량($V_1$) = 배기량($V_2$) $\times \frac{100 - CO_2 - O_2}{79}$

$$= \frac{200L}{10min} \times \frac{100 - 4 - 16}{79}$$

$$= 20.253L/min$$

산소소비량 = $(0.21 \times V_1) - (O_2 \times V_2)$

$$= (0.21 \times 20.253L/min) - (0.16 \times 20L/min)$$

$$= 1.053L/min$$

∴ 에너지소비량 = $(1.053L/min) \times (5kcal/L)$

$$= 5.265kcal/min$$

• 답 : 5.265kcal/min

(2) 보통작업이다(보통작업의 에너지 소비율 : 5~7.5kcal/min).

(3) • 계산과정 : $R = T \times \frac{E - S}{E - 1.5}$

$$= (60min) \times \frac{5.265 - 5}{5.265 - 1.5}$$

$$= 4.223min$$

• 답 : 4.223min

# 제 2 회 실전모의고사

## 01 「연구실 안전환경 조성에 관한 법률」의 목적 및 정의에 알맞도록 빈칸을 순서대로 채우시오.

> 제1조(목적) 이 법은 대학 및 연구기관 등에 설치된 ( ① ) 분야 연구실의 안전을 확보하고, ( ② )로 인한 피해를 적절하게 보상하여 ( ③ )의 건강과 생명을 보호하며, 안전한 연구환경을 조성하여 ( ④ ) 활성화에 기여함을 목적으로 한다.
> 제2조(정의) 이 법에서 사용하는 용어의 정의는 다음과 같다.
> • "( ⑤ )"이란 다음의 어느 하나에 해당하는 자를 말한다.
>   – 대학·연구기관 등의 대표자
>   – 대학·연구기관 등의 연구실의 소유자
>   – 제1호사목에 해당하는 소속 기관의 장
> • "연구실안전관리담당자"란 각 연구실에서 안전관리 및 연구실사고 ( ⑥ ) 업무를 수행하는 연구활동종사자를 말한다.
> • "( ⑦ )"이란 연구실사고를 예방하기 위하여 잠재적 위험성의 발견과 그 개선대책의 수립을 목적으로 실시하는 조사·평가를 말한다.

**정답**

① 과학기술　② 연구실사고
③ 연구활동종사자　④ 연구활동
⑤ 연구주체의 장　⑥ 예방
⑦ 정밀안전진단

## 02 「위험물안전관리법」에 따른 유별의 분류에 맞게 빈칸을 순서대로 채우시오.

| 제1류 위험물 | ( ① ) |
|---|---|
| 제2류 위험물 | ( ② ) |
| 제3류 위험물 | ( ③ ) |
| 제4류 위험물 | ( ④ ) |
| 제5류 위험물 | ( ⑤ ) |
| 제6류 위험물 | ( ⑥ ) |

**정답**

① 산화성 고체　② 가연성 고체
③ 자연발화성 물질 및 금수성 물질　④ 인화성 액체
⑤ 자기반응성 물질　⑥ 산화성 액체

## 03 다음 빈칸을 순서대로 채우시오.

〈방호장치의 일반원칙〉
- 작업의 ( ① )
- ( ② ) 방호
- ( ③ ) 안전화
- 기계 특성과 ( ④ )의 보장

정답

① 편의성

② 작업점

③ 외관의

④ 성능

## 04 다음 빈칸을 순서대로 채우시오.

생물안전관리책임자는 다음의 사항에 관하여 기관의 장을 보좌한다.
- ( ① ) 운영에 관한 사항
- 기관 내 ( ② ) 이행 감독에 관한 사항
- 기관 내 ( ③ ) 이행에 관한 사항
- 실험실 ( ④ ) 조사 및 보고에 관한 사항
- 생물안전에 관한 국내·외 ( ⑤ ) 및 제공에 관한 사항
- ( ⑥ ) 지정에 관한 사항
- 기타 기관 내 생물안전 확보에 관한 사항

정답

① 기관생물안전위원회

② 생물안전 준수사항

③ 생물안전교육·훈련

④ 생물안전사고

⑤ 정보수집

⑥ 생물안전관리자

## 05 연구실 안전점검 및 정밀안전진단에 관한 지침상 정기점검 중 전기안전분야의 항목에 알맞게 빈칸을 채우시오.

- 대용량기기(정격 소비 전력 ( ① )W 이상)의 단독회로 구성 여부
- 전기 기계・기구 등의 전기충전부 ( ② ) 방지 조치(폐쇄형 외함구조, 방호망, 절연덮개 등) 여부
- 과전류 또는 누전에 따른 재해를 방지하기 위한 과전류차단장치 및 ( ③ ) 설치・관리 여부
- 절연피복이 손상되거나 노후된 배선(이동전선 포함) 사용 여부
- 바닥에 있는 (이동)전선 ( ④ )처리 여부
- 접지형 콘센트 및 ( ⑤ )전류 초과 사용(문어발식 콘센트 등) 여부
- 전기기계・기구의 적합한 곳(금속제 외함, 충전될 우려가 있는 비충전금속체 등)에 ( ⑥ ) 실시 여부
- 전기기계・기구(전선, 충전부 포함)의 열화, 노후 및 손상 여부
- 분전반 내 각 회로별 명칭(또는 내부도면) 기재 여부
- 분전반 적정 관리 여부(도어개폐, 적치물, 경고표지 부착 등)
- 개수대 등 수분발생지역 주변 ( ⑦ ) 조치(방우형 콘센트 설치 등) 여부
- 연구실 내 불필요 전열기 비치 및 사용 여부
- 콘센트 등 방폭을 위한 적절한 설치 또는 ( ⑧ )전기설비 설치 적정성

**정답**

① 3k
② 감전
③ 누전차단기
④ 몰드
⑤ 정격
⑥ 접지
⑦ 방수
⑧ 방폭

## 06 경고표지에 작성해야 하는 항목 6가지를 작성하시오.

**정답**

- 명칭
- 그림문자
- 신호어
- 유해・위험 문구
- 예방조치 문구
- 공급자 정보

## 07

(1) 다음 빈칸을 순서대로 채우시오.

> • ( ① ) : 연구활동에 사용되는 기계 · 기구 · 전기 · 약품 · 병원체 등의 보관상태 및 보호장비의 관리실태 등을 직접 눈으로 확인하는 점검
> • ( ② ) : 연구활동에 사용되는 기계 · 기구 · 전기 · 약품 · 병원체 등의 보관상태 및 보호장비의 관리실태 등을 안전점검기기를 이용하여 실시하는 세부적인 점검
> • ( ③ ) : 폭발사고 · 화재사고 등 연구활동종사자의 안전에 치명적인 위험을 야기할 가능성이 있을 것으로 예상되는 경우에 실시하는 점검

(2) 정기점검을 면제하는 경우 2가지를 작성하시오.

(3) 안전점검 또는 정밀안전진단을 실시하지 아니하거나 성실하게 실시하지 아니함으로써 연구실에 중대한 손괴를 일으켜 공중의 위험을 발생하게 한 자의 벌칙을 쓰시오.

정답

(1) ① 일상점검
② 정기점검
③ 특별안전점검

(2) • 저위험연구실
• 안전관리 우수연구실 인증을 받은 연구실. 이 경우 정기점검 면제기한은 인증 유효기간의 만료일이 속하는 연도의 12월 31일까지로 한다.

(3) 5년 이하의 징역 또는 5천만원 이하의 벌금

## 08

(1) 다음 빈칸을 순서대로 채우시오(단, ①~②는 단답형, ③은 서술형으로 작성하시오).

| 폭발위험장소 구분 | 특징 |
|---|---|
| ( ① ) | 폭발성 가스 혹은 증기가 폭발 가능한 농도로 계속해서 존재하는 지역이다. |
| 제2종 장소 | ( ③ ) |
| ( ② ) | 상용 상태에서 폭발 분위기가 생성될 가능성이 있는 장소이다. |

(2) 화재 및 폭발을 방지할 수 있는 방법 3가지를 작성하시오.

**정답**

(1) ① 제0종 장소(zone 0)

② 제1종 장소(zone 1)

③ 이상상태에서 폭발성 분위기가 단시간 동안 존재할 수 있는 장소이다.

(2) • 가연성 가스, 증기 및 분진이 폭발범위 내로 축적되지 않도록 환기를 실시한다.

• 공기 또는 산소의 혼입 차단(불활성 가스 봉입 등)한다.

• 연구실 내 불꽃, 기계 및 전기적인 점화원을 제거 또는 억제한다.

**해설**

(1) ③ 그 외 특징

- 위험물이 일반적으로 닫힌 용기 혹은 닫힌 시스템 안에 갇혀 있기 때문에 오직 사고로만 용기나 시스템이 파손되는 경우, 혹은 설비의 부적절한 운전의 경우에만 위험물이 유출될 가능성이 있는 지역이다.
- 위험한 가스나 증기의 집중이 방지되는 지역에서 환기시설이나 장치의 고장이나 이상 운전으로 인해 위험 분위기가 조성될 수 있는 지역이다.
- 제1종 장소에 인접한 지역으로 깨끗한 공기로 적절하게 순환되지 않거나, 양압 설비의 고장에 대비한 효과적인 보호가 없을 경우, 이들 지역으로부터 위험한 증기나 가스가 때때로 유입될 수 있는 지역이다.

## 09

(1) 페일 세이프의 정의를 서술하시오.

(2) 다음 빈칸을 순서대로 채우시오(단, ①~③은 단답형, ④는 서술형으로 작성하시오).

| 페일 세이프의 기능적 분류 | 내용 |
| --- | --- |
| ( ① ) | 일반적 기계의 방식으로 성분의 고장 시 기계장치는 정지상태가 된다. |
| ( ② ) | ( ④ ) |
| ( ③ ) | 병렬요소로 구성한 것으로 성분의 고장이 있어도 다음 정기 점검 시까지는 운전이 가능하다. |

(3) (2)의 ①에 해당하는 예시 1가지를 적으시오.

정답

(1) 기계나 그 부품에 고장이나 기능 불량이 생겨도 항상 안전하게 작동하는 구조와 그 기능

(2) ① 페일 패시브

② 페일 액티브

③ 페일 오퍼레이셔널

④ 기계의 고장 시 기계장치는 경보를 내며 단시간에 역전된다.

(3) 정전 시 승강기 긴급정지

## 10

세척, 소독, 멸균의 의미에 대하여 서술하시오.

정답

- 세척은 물과 세정제 혹은 효소로 물품의 표면에 붙어 있는 오물(토양, 유기물, 기타 이물질)을 제거하여 효과적인 소독·멸균이 가능하게 한다.
- 소독은 미생물의 생활력을 파괴시키거나 약화시켜 감염 및 증식력을 없애는 조작이다.
- 멸균은 모든 형태의 생물, 특히 미생물을 파괴하거나 제거하는 물리적·화학적 행위 또는 처리 과정이다.

## 11

(1) 다음 빈칸을 순서대로 채우시오.

| 구분 | 화재종류 | 표시색 | 특징 |
|---|---|---|---|
| ( ① ) | 유류화재 | 황색 | 가연물이 타고 나서 ( ② )가 남지 않는다. |
| – | 일반화재 | ( ③ ) | – |
| – | 금속화재 | ( ④ ) | 초고온 화재이다. |
| – | ( ⑤ ) | 청색 | – |
| K급 화재 | 주방화재 | – | 동식물유를 취급하는 조리기구에서 일어나는 화재이다. |

(2) B급 화재 발생 시 사용하는 소화약제를 3가지 이상 작성하시오.

**정답**

(1) ① B급 화재

② 재

③ 백색

④ 무색

⑤ 전기화재

(2) • 포 소화약제

• 분말 소화약제

• 이산화탄소 소화약제

**해설**

| 구분 | 화재종류 | 표시색 | 특징 |
|---|---|---|---|
| B급 화재 | 유류화재 | 황색 | 가연물이 타고 나서 재가 남지 않는다. |
| A급 화재 | 일반화재 | 백색 | 가연물이 타고 나서 재가 남는다. |
| D급 화재 | 금속화재 | 무색 | 초고온 화재이다. |
| C급 화재 | 전기화재 | 청색 | 전류가 흐르고 있는 전기기기, 배선과 관련된 화재이다. |
| K급 화재 | 주방화재 | – | 동식물유를 취급하는 조리기구에서 일어나는 화재이다. |

## 12 보기를 이용하여 다음을 계산하고 계산과정과 답을 각각 적으시오.

[ 보기 ]
- 연구실 실내 용적 : $540m^3$
- ACH : 12
- 송풍기 풍량 : $4,600m^3/h$

(1) 필요환기량($m^3/min$)을 구하시오.

(2) 필요한 송풍기의 대수를 구하시오.

**정답**

(1) • 계산과정 : 필요환기량 = ACH × 실험실용적

$$= (12/h) \times (540m^3) \times \frac{1h}{60min}$$

$$= 108m^3/min$$

• 답 : $108m^3/min$

(2) • 계산과정 : $송풍기\ 대수 = \frac{필요환기량}{송풍기\ 풍량}$

$$= \frac{108m^3/min}{4,600m^3/h} \times \frac{60min}{1h}$$

$$≒ 1.409$$

• 답 : 2대

# 제 3 회 실전모의고사

## 01 다음 빈칸을 순서대로 채우시오.

연구활동종사자 교육・훈련의 시간(연구실안전법 시행규칙 별표 3)

| 구분 | 교육대상 | | 교육시간(교육시기) |
|---|---|---|---|
| 신규 교육・훈련 | 근로자 | 가. 영 제11조제2항에 따른 연구실에 신규로 채용된 연구활동종사자 | ( ① ) |
| | | 나. 영 제11조제2항에 따른 연구실이 아닌 연구실에 신규로 채용된 연구활동종사자 | ( ② ) |
| | 근로자가 아닌 사람 | 다. 대학생, 대학원생 등 연구활동에 참여하는 연구활동종사자 | ( ③ ) |
| 정기 교육・훈련 | 가. ( ④ ) | | 연간 3시간 이상 |
| | 나. 영 제11조제2항에 따른 연구실의 연구활동종사자 | | 반기별 6시간 이상 |
| | 다. 가목 및 나목에서 규정한 연구실이 아닌 연구실의 연구활동종사자 | | 반기별 3시간 이상 |
| 특별안전교육・훈련 | 연구실사고가 발생했거나 발생할 우려가 있다고 연구주체의 장이 인정하는 연구실의 연구활동종사자 | | ( ⑤ ) |

**정답**

① 8시간 이상(채용 후 6개월 이내)

② 4시간 이상(채용 후 6개월 이내)

③ 2시간 이상(연구활동 참여 후 3개월 이내)

④ 영 별표 3에 따른 저위험연구실의 연구활동종사자

⑤ 2시간 이상

## 02 고압가스를 판단하기 위한 기준의 다음 빈칸을 순서대로 채우시오.

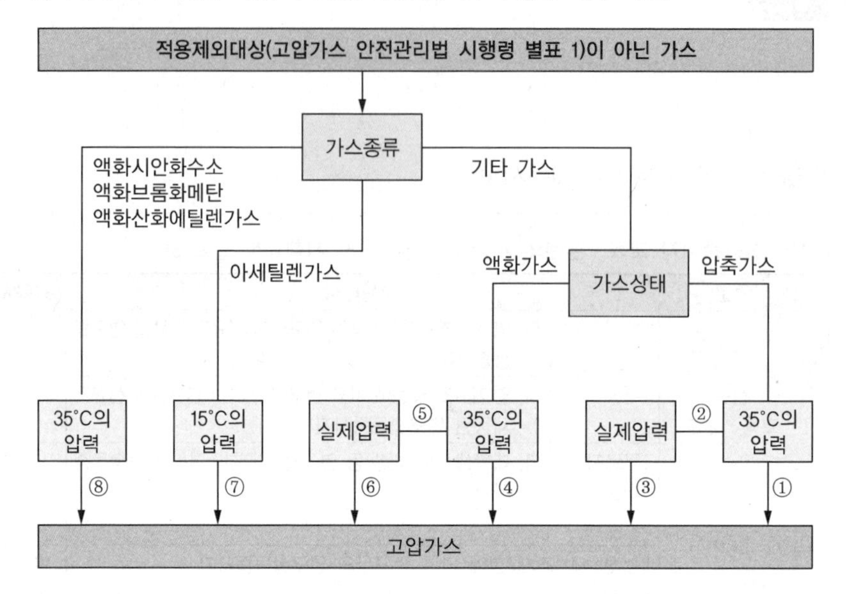


정답

① 1MPa 이상
② 1MPa 미만
③ 1MPa 이상
④ 0.2MPa 이상
⑤ 0.2MPa 미만
⑥ 0.2MPa 이상
⑦ 0Pa 초과
⑧ 0Pa 초과

## 03 각 상황에 맞는 보호구를 1개 이상씩 쓰시오.

- 기계적으로 생기는 분진 등의 발생장소 : ( ① )
- 큰 소음이 발생하는 장소 : ( ② )
- 액화질소를 사용설비를 취급하는 장소 : ( ③ )

정답

① 1급 방진마스크
② 귀마개 또는 귀덮개
③ 초저온 장갑, 저온 내열 앞치마, 고글과 보안면

## 04 다음 빈칸을 순서대로 채우시오.

〈국가승인실험 심사 3단계〉

1. 우선 실험시설의 설치에 대한 신고 및 ( ① ) 여부를 확인하고, 동물실험을 수행할 경우 ( ② )로부터 시설 및 실험에 대하여 승인을 받았는지를 확인 후 시험·연구기관 ( ③ )의 승인을 획득하였는지를 확인한다(연구내용에 따라 ( ④ ) 승인 필요).
2. 이후 ( ⑤ ), ( ⑥ ), ( ⑦ )에 대한 안전성을 확인한다.
3. LMO 개발 및 이용 과정에 대한 안전성을 미생물학적 위해성 평가의 원칙에 따라 단계적이며 복합적으로 평가한다.

**정답**

① 허가
② 동물실험윤리위원회(IACUC)
③ 생물안전위원회(IBC)
④ 생명윤리심의위원회(IRB)
⑤ 연구활동종사자
⑥ 실험시설
⑦ 실험장비

## 05 다음 빈칸을 순서대로 채우시오.

| 전로의 사용전압(V) | DC 시험전압(V) | 절연저항(MΩ) |
|---|---|---|
| SELV 및 PELV | ( ① ) | ( ④ ) |
| FELV, 500V 이하 | ( ② ) | ( ⑤ ) |
| 500V 초과 | ( ③ ) | ( ⑥ ) |

**정답**

① 250
② 500
③ 1,000
④ 0.5
⑤ 1.0
⑥ 1.0

## 06 호흡용 보호구의 기능별 종류이다. 빈칸을 순서대로 채우시오(단, 해당되는 것이 2개 이상일 경우에는 해당되는 것 모두 작성하시오).

| 분류 | ( ① ) | | ( ② ) | |
|---|---|---|---|---|
| 종류 | 비전동식 | 전동식 | 송기식 | 자급식 |
| 보호구 | ( ③ ) | – | ( ④ ) | ( ⑤ ) |

정답

① 공기정화식

② 공기공급식

③ 방진마스크, 방독마스크, 겸용마스크(방진·방독)

④ 송기마스크, 호스마스크

⑤ 공기호흡기, 산소호흡기

## 07 (1) 다음 빈칸을 순서대로 채우시오.

- 연구실안전관리위원회는 위원장 1명을 포함한 ( ① )의 위원으로 구성한다.
- 위원회의 회의는 정기회의와 임시회의로 구분하며, 다음의 구분에 따라 개최한다.
  - 정기회의 : 연 ( ② )회 이상
  - 임시회의 : 위원회의 위원장이 필요하다고 인정하는 경우 또는 ( ③ )하는 경우
- 위원회의 회의는 재적위원 과반수의 출석으로 개의(開議)하고, 출석위원 과반수의 찬성으로 의결한다.
- 위원회의 위원장은 위원회에서 의결된 내용 등 회의 결과를 게시 또는 그 밖의 적절한 방법으로 연구활동종사자에게 신속하게 알려야 한다.

(2) 연구실안전관리위원회에서 협의하여야 할 사항 5가지를 작성하시오.

정답

(1) ① 15명 이내

② 1

③ 위원회의 위원 과반수가 요구

(2) • 안전관리규정의 작성 또는 변경

• 안전점검 실시 계획의 수립

• 정밀안전진단 실시 계획의 수립

• 안전 관련 예산의 계상 및 집행 계획의 수립

• 연구실 안전관리 계획의 심의

## 08

(1) 「산업안전보건법 시행규칙」 별표 18의 유해인자의 유해성·위험성 분류기준에 맞도록 다음 빈칸을 순서대로 채우시오.

> • 인화성 가스 : 20℃, 표준압력(101.3kPa)에서 공기와 혼합하여 인화되는 범위에 있는 가스와 ( ① ) 이하 공기 중에서 자연발화하는 가스를 말한다(혼합물 포함).
> • 자연발화성 액체 : 적은 양으로도 공기와 접촉하여 ( ② )분 안에 발화할 수 있는 액체를 말한다.
> • ( ③ ) : 피부에 접촉되는 경우 피부 알레르기 반응을 일으키는 물질을 말한다.
> • ( ④ ) : 생식기능, 생식능력 또는 태아의 발생·발육에 유해한 영향을 주는 물질을 말한다.

(2) 물반응성 물질의 주의사항을 2가지 이상 서술하시오.

(3) 산화성 액체의 주의사항을 2가지 이상 서술하시오.

**정답**

(1) ① 54℃
② 5
③ 피부 과민성 물질
④ 생식독성 물질

(2) • 화기나 그 밖에 점화원이 될 우려가 있는 것에 접근시키지 않는다.
• 발화를 촉진하는 물질 또는 물에 접촉시키지 않는다.
• 가열하거나 마찰시키거나 충격을 가하는 행위를 하지 않는다.

(3) • 분해가 촉진될 우려가 있는 물질에 접촉시키지 않는다.
• 가열하거나 마찰시키거나 충격을 가하는 행위를 하지 않는다.

## 09

(1) 기계·기구 사고의 인적원인 5가지를 작성하시오.

(2) 기계·기구 사고의 물적원인 5가지를 작성하시오.

**정답**

(1) • 교육적 결함
• 작업자의 능력 부족
• 규율 미흡
• 부주의
• 불안전 동작

(2) • 설비나 시설에 위험이 있는 것
• 기구에 결함이 있는 것
• 구조물이 안전하지 못한 것
• 환경 불량
• 설계 불량

**해설**

그 외 원인
(1) 정신적 부적당, 육체적 부적당
(2) 작업복·보호구의 결함

## 10

(1) 「폐기물관리법 시행령」에 따른 위해의료폐기물에 속한 폐기물 분류 5가지를 쓰시오.

(2) 의료폐기물 용기의 생물재해도형 색상을 초록색으로 표기하는 의료폐기물의 전용용기 종류와 보관기간을 쓰시오.

**정답**

(1) • 조직물류폐기물
• 병리계폐기물
• 손상성폐기물
• 생물·화학폐기물
• 혈액오염폐기물

(2) • 전용용기 : 상자형 합성수지류
• 보관기간 : 15일

**해설**

(2)의 의료폐기물은 조직물류 의료폐기물의 재활용하는 태반이다.

**11** (1) 정전기로 인해 화재·폭발이 일어날 수 있는 조건에 맞게 빈칸을 순서대로 채우시오.

> • 가연성물질이 ( ① ) 이내일 것
> • 정전에너지가 가연성물질의 ( ② ) 이상일 것
> • 방전하기에 충분한 ( ③ )가 있을 것

(2) 전기배선기구에 대한 전기화재의 예방대책 5가지를 서술하시오.

**정답**

(1) ① 폭발한계

② 최소 착화 에너지

③ 전위차

(2) • 코드를 임의로 연장하지 않는다.

• 코드를 고정(못, 스테이플)하여 사용하지 않는다.

• 적정 굵기의 전선을 사용한다.

• 고정 기기에는 고정배선을, 이동전선은 가공시설 혹은 튼튼한 보호관 속에 넣어 시설한다.

• 전원 스위치 차단 후 점검·보수한다.

## 12

(1) 「산업안전보건기준에 관한 규칙」에 따른 '관리대상 유해물질'의 가스 상태의 물질을 흄후드에서 취급할 경우의 최소 제어풍속은 몇 m/s인가?

(2) 아래 조건을 통해 흄후드의 배풍량($m^3$/min)을 계산하시오.

> • 제어풍속 : 「산업안전보건기준에 관한 규칙」에 따른 '관리대상 유해물질'의 가스 상태의 물질을 흄후드에서 취급할 경우의 최소 제어풍속
> • 후드의 개구면 : 1.5m × 1m

(3) 흄후드가 원형덕트와 연결되어 있을 때, 원형덕트의 직경(cm)을 계산하시오(단, 덕트의 반송속도는 5m/s이고, $\pi$는 3.14로 계산하시오).

**정답**

(1) 0.4m/s

(2) • 계산식 : $Q = VA_1$ (단, $Q$ : 필요송풍량, $V$ : 제어풍속, $A_1$ : 후드 개구면의 단면적)

• 계산과정 : $Q = 0.4\text{m/s} \times (1.5\text{m} \times 1\text{m}) \times 60\text{s/min}$

$= 36\text{m}^3/\text{min}$

• 답 : $36\text{m}^3/\text{min}$

(3) • 계산식 : $Q = A_2 \times V$ (단, $A_2$ : 덕트의 단면적)

• 계산과정 :

$$A_2 = \frac{Q}{V} = \frac{36\text{m}^3/\text{min}}{5\text{m/s}} \times \frac{1\text{min}}{60\text{s}} = 0.12\text{m}^2$$

$$A_2 = \pi\left(\frac{D}{2}\right)^2 \text{ (단, } D \text{ : 덕트의 직경)}$$

$$D = 2 \times \sqrt{\frac{A_2}{\pi}} = 2 \times \sqrt{\frac{0.12\text{m}^2}{3.14}} = 0.39\text{m} = 39\text{cm}$$

• 답 : 39cm

# 제4회 실전모의고사

## 01 다음 빈칸을 순서대로 채우시오.

- 연구주체의 장은 연구실사고 예방 및 연구활동종사자의 안전을 위하여 각 연구실에 대통령령으로 정하는 기준에 따라 ( ① )을/를 지정하여야 한다.
- ( ① )은/는 연구활동종사자를 대상으로 해당 연구실의 ( ② )에 관한 교육을 실시하여야 한다.
- ( ① )은/는 연구실에 연구활동에 적합한 ( ③ )를 비치하고 연구활동종사자로 하여금 이를 착용하게 하여야 한다. 이 경우 ( ③ )의 종류는 과학기술정보통신부령으로 정한다.

**정답**

① 연구실책임자

② 유해인자

③ 보호구

## 02 각 시약장(①~⑦)에 보기의 물질을 모두 사용하여 알맞은 곳에 보관하도록 분배하시오(단, 사용되지 않는 시약장이 있을 수 있다).

[ 보기 ]

벤젠, 염산, 메탄올, 암모니아, 질산칼륨, 금속나트륨

<table>
<tr><th>시약장 1</th><th>시약장 2</th><th>시약장 3</th><th>시약장 4</th></tr>
<tr><td rowspan="3">인화성, 휘발성<br>( ① )</td><td>산화성, 산성(고체시약)<br>( ② )</td><td rowspan="2">독성(비휘발성)<br>( ⑤ )</td><td rowspan="3">고체시약<br>( ⑦ )</td></tr>
<tr><td>산성<br>( ③ )</td></tr>
<tr><td>염기성<br>( ④ )</td><td>물반응성<br>( ⑥ )</td></tr>
</table>

**정답**

① 벤젠, 메탄올

② 질산칼륨

③ 염산

④ 암모니아

⑤ –

⑥ 금속나트륨

⑦ –

## 03 다음은 방사선을 나타낸 그림이다. 다음 빈칸을 순서대로 채우시오.

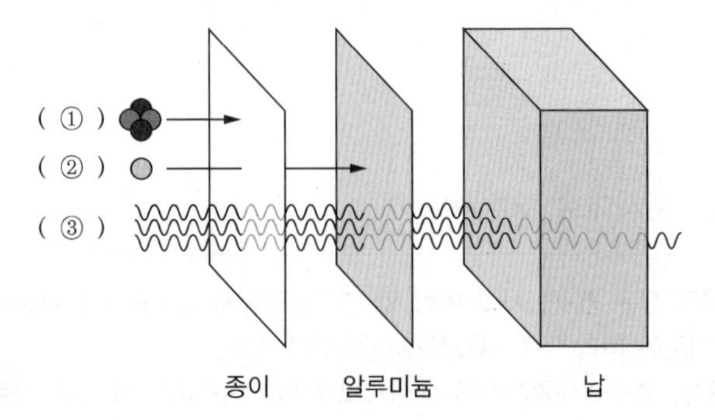


정답

① $\alpha$선

② $\beta$선

③ $\gamma$선

## 04 다음 빈칸을 순서대로 채우시오.

기관승인 실험 대상이 되는 실험

- ( ① ) 이상의 생물체를 숙주-벡터계 또는 DNA 공여체로 이용하는 실험
- ( ② )을 포함하는 실험
- 척추동물에 대하여 몸무게 1kg당 50% 치사독소량(LD50)이 ( ③ )인 단백성 독소를 생산할 수 있는 유전자를 이용하는 실험

정답

① 제2위험군

② 대량배양

③ $0.1\mu g$ 이상 $100\mu g$ 이하

## 05 다음 빈칸을 순서대로 채우시오.

| 교류전압 | 특징 |
| --- | --- |
| ( ① ) | 110V와 220V를 동시에 사용하도록 공급한다. |
| ( ② ) | 상전압과 선간전압이 같다. |
| ( ③ ) | 2가닥의 선이 부하에 물려있다. |
| ( ④ ) | 220V와 380V를 동시에 공급한다. |

**정답**

① 단상 3선식
② 3상 3선식
③ 단상 2선식
④ 3상 4선식

## 06 근골격계질환 유해요인 조사 내용에 알맞도록 다음 빈칸을 순서대로 채우시오.

㉠ 사업주는 근로자가 근골격계부담작업을 하는 경우에 ( ① )마다 유해요인조사를 하여야 한다. 다만, 신설되는 사업장의 경우에는 신설일부터 ( ② ) 이내에 최초의 유해요인 조사를 하여야 한다.

㉡ 사업주는 다음의 어느 하나에 해당하는 사유가 발생하였을 경우에 ㉠에도 불구하고 지체 없이 유해요인 조사를 하여야 한다. 다만, ㉮의 경우는 근골격계부담작업이 아닌 작업에서 발생한 경우를 포함한다.

㉮ 법에 따른 임시건강진단 등에서 근골격계질환자가 발생하였거나 근로자가 근골격계질환으로 「산업재해보상보험법 시행령」 별표 3 제2호가목·마목 및 제12호라목에 따라 ( ③ )으로 인정받은 경우

㉯ 근골격계부담작업에 해당하는 새로운 ( ④ )를 도입한 경우

㉰ 근골격계부담작업에 해당하는 업무의 양과 작업공정 등 ( ⑤ )을 변경한 경우

㉢ 근골격계질환 유해요인조사를 실시할 때에는 별지 제1호 서식의 ( ⑥ ) 및 별지 제2호 서식의 근골격계질환 ( ⑦ )를 활용하여야 한다. 이 경우 별지 제1호 서식의 다목에 따른 작업조건 조사의 경우에는 조사 대상 작업을 보다 정밀하게 조사할 수 있는 작업분석·평가도구를 활용할 수 있다.

**정답**

① 3년
② 1년
③ 업무상 질병
④ 작업·설비
⑤ 작업환경
⑥ 유해요인조사표
⑦ 증상조사표

## 07

「연구실 안전환경 조성에 관한 법률」 제12조에 따른 안전관리규정을 작성할 때 포함하여야 할 사항 6가지를 서술하시오.

**정답**

- 안전관리 조직체계 및 그 직무에 관한 사항
- 연구실안전환경관리자 및 연구실책임자의 권한과 책임에 관한 사항
- 연구실안전관리담당자의 지정에 관한 사항
- 안전교육의 주기적 실시에 관한 사항
- 연구실 안전표식의 설치 또는 부착
- 중대연구실사고 및 그 밖의 연구실사고의 발생을 대비한 긴급대처 방안과 행동요령

**해설**

그 외 포함사항

- 연구실사고 조사 및 후속대책 수립에 관한 사항
- 연구실 안전 관련 예산 계상 및 사용에 관한 사항
- 연구실 유형별 안전관리에 관한 사항

## 08

(1) 유해물질의 노출기준에 관하여 빈칸을 순서대로 채우시오(①・③・④는 한글로 작성하시오).

| • ( ① ) : 1일 작업시간 동안 잠시라도 노출되어서는 아니 되는 기준을 말하며, 노출기준 앞에 “( ② )”를 붙여 표기한다.<br>• ( ③ ) : 1회 15분간의 시간가중평균노출값을 말한다.<br>• ( ④ ) : 1일 8시간 작업을 기준으로 하여 주 40시간 동안의 평균 노출농도를 말한다. |
|---|

(2) 다음 가스를 허용농도값이 작은 것부터 큰 순서대로 나열하시오.

| 암모니아, 염소, 황화수소, 일산화탄소, 포스겐 |
|---|

**정답**

(1) ① 최고노출기준

② C

③ 단시간노출기준

④ 시간가중평균노출기준

(2) 포스겐, 염소, 황화수소, 암모니아, 일산화탄소

해설

(2) 독성가스의 허용농도

| 독성가스 | 허용농도(ppm) |
|---|---|
| 포스겐($COCl_2$), 불소($F_2$) | 0.1 |
| 염소($Cl_2$), 불화수소(HF) | 0.5 |
| 황화수소($H_2S$) | 10 |
| 암모니아($NH_3$) | 25 |
| 일산화탄소(CO) | 30 |

## 09

(1) 다음 빈칸을 순서대로 채우시오.

〈안전율 관계식〉

$$안전율 = \frac{기초강도}{(\ ①\ )} = \frac{(\ ②\ )}{최대설계응력} = \frac{(\ ③\ )}{최대사용하중} = \frac{(\ ④\ )}{안전하중}$$

(2) 안전율의 결정인자 7가지를 작성하시오.

(3) 방호의 원리 4가지를 작성하시오.

정답

(1) ① 허용응력 ② 극한강도
③ 파괴하중 ④ 파단강도

(2) • 재료 및 균질성에 대한 신뢰도
• 하중견적의 정확도의 대소
• 응력계산의 정확도의 대소
• 응력의 종류와 성질의 상이
• 불연속 부분의 존재
• 사용상에 있어서 예측할 수 없는 변화의 가능성 대소
• 공작 정도의 양부

(3) • 위험 제거
• 차단(위험상태의 제거)
• 덮어씌움(위험상태의 삭감)
• 위험에 적응

## 10

(1) 다음 빈칸에 해당하는 소독제를 순서대로 채우시오.

| 소독제 | 장점 | 단점 |
|---|---|---|
| ( ① ) | 넓은 소독범위, 열 또는 습기가 필요하지 않음 | 가연성, 돌연변이성, 잠재적 암 유발 가능성 |
| ( ② ) | 넓은 소독범위, 저렴한 가격, 저온에서도 살균 효과가 있음 | 피부, 금속에 부식성, 빛 · 열에 약함, 유기물에 의해 불활성화 |
| ( ③ ) | 빠른 반응속도, 잔류물이 없음, 독성이 낮고 친환경적임 | 고농도일 때 폭발 가능성, 일부 금속에 부식 유발 |
| ( ④ ) | 넓은 소독범위, 활성 pH 범위가 넓음 | 아포에 대한 가변적 소독효과, 유기물에 의해 소독력 감소 |

(2) 소독 · 멸균 효과에 영향을 미치는 일반적인 요소를 5가지 이상 작성하시오.

**정답**

(1) ① 산화에틸렌　② 염소계 화합물
③ 과산화수소　④ 요오드

(2) • 유기물의 양, 혈액, 우유, 사료, 동물 분비물 등
• 표면 윤곽
• 소독제 농도
• 시간 및 온도
• 상대습도
• 물의 경도 및 세균의 부착능

## 11

(1) 다음 빈칸을 순서대로 채우시오.

| 가스명 | 특징 |
|---|---|
| ( ① ) | • 동물 털, 고무 등 유황 함유물질이 연소 시 발생<br>• 무색의 자극성 냄새를 가진 유독성 기체 |
| ( ② ) | • 폴리염화비닐(PVC) 등 염소 함유물질이 고온연소할 때 발생<br>• 인명살상용 독가스 |
| ( ③ ) | • 계란 썩은 냄새를 가진 독성 가스<br>• 누출 시 공기보다 무거워 바닥면으로 쌓임 |
| ( ④ ) | • 인체 내의 헤모글로빈과 결합하여 산소의 운반기능을 약화시켜 질식<br>• 마취 · 독성가스로 화재중독사의 가장 주된 원인물질 |

(2) (1)의 ①~④의 허용농도가 작은 것부터 순서대로 가스명을 나열하시오.

**정답**

(1) ① 이산화황($SO_2$)　② 포스겐($COCl_2$)
③ 황화수소($H_2S$)　④ 일산화탄소(CO)

(2) 포스겐, 이산화황, 황화수소, 일산화탄소

**12** (1) 원심력식 송풍기의 종류 3가지를 정압 효율이 가장 좋은 것부터 순서대로 나열하시오.

(2) 송풍기의 소요 축동력 산정 시 고려해야 할 요소를 4가지 이상 나열하시오.

**정답**

(1) 터보형, 평판형, 다익형

(2)
- 송풍량
- 후드의 압력손실
- 덕트의 압력손실
- 전동기의 효율
- 안전계수

# 제 5 회 실전모의고사

**01** 다음은 「연구실안전법 시행규칙」의 보험에 관한 내용이다. 빈칸을 순서대로 채우시오(단, ⑦・⑧・⑨・⑩은 해당되는 보험급여 종류를 모두 쓰시오).

> • 보험급여의 종류 및 보상금액
> – ( ① ) : 최고한도(( ② )원 이상으로 한다)의 범위에서 실제로 부담해야 하는 의료비
> – ( ③ ) : 후유장해 등급별로 과학기술정보통신부장관이 정하여 고시하는 금액 이상
> – 입원급여 : 입원 1일당 ( ④ )원 이상
> – 유족급여 : ( ⑤ )원 이상
> – 장의비 : ( ⑥ )원 이상
> • 보험급여 중 두 종류 이상의 보험급여 지급기준
> – 부상 또는 질병 등이 발생한 사람이 치료 중에 그 부상 또는 질병 등이 원인이 되어 사망한 경우 : ( ⑦ )를 합산한 금액
> – 부상 또는 질병 등이 발생한 사람에게 후유장해가 발생한 경우 : ( ⑧ )를 합산한 금액
> – 후유장해가 발생한 사람이 그 후유장해가 원인이 되어 사망한 경우 : ( ⑨ )에서 ( ⑩ )를 공제한 금액

정답

① 요양급여
② 20억
③ 장해급여
④ 5만
⑤ 2억
⑥ 1천만
⑦ 요양급여, 입원급여, 유족급여, 장의비
⑧ 요양급여, 장해급여, 입원급여
⑨ 유족급여, 장의비
⑩ 장해급여

## 02 다음 빈칸에 들어갈 물질을 하나씩만 순서대로 채우시오.

〈위험물질의 성상별 취급 기준〉

- ( ① ) : 화기나 그 밖에 점화원이 될 우려가 있는 것에 접근시키거나 가열 또는 마찰, 충격을 가하는 행위를 하지 않는다.
- ( ② ) : 화기나 그 밖에 점화원이 될 우려가 있는 것에 접근시키거나 발화를 촉진하는 물질 또는 물에 접촉시키거나 가열 또는 마찰, 충격을 가하는 행위를 하지 않는다.
- ( ③ ) : 분해가 촉진될 우려가 있는 물질에 접촉시키거나 가열 또는 마찰, 충격을 가하는 행위를 하지 않는다.
- ( ④ ) : 화기나 그 밖에 점화원이 될 우려가 있는 것에 접근시키거나 주입 또는 가열, 증발시키는 행위를 하지 않는다.
- ( ⑤ ) : 화기나 그 밖에 점화원이 될 우려가 있는 것에 접근시키거나 압축·가열 또는 주입하는 행위를 하지 않는다.
- ( ⑥ ) : 누출시키는 등으로 인체에 접촉시키는 행위를 하지 않는다.

**정답**

① 폭발성 물질
② 물반응성 물질
③ 산화성 액체
④ 인화성 액체
⑤ 인화성 가스
⑥ 부식성 물질

**해설**

그 외 해당 물질
① 유기과산화물
② 인화성 고체
③ 산화성 고체
⑥ 급성 독성 물질

## 03 외부피폭과 내부피폭의 방어원칙을 각각 3가지씩 쓰시오.

**정답**

- 외부피폭 방어원칙 : 시간, 거리, 차폐
- 내부피폭 방어원칙 : 격납, 희석, 차단

## 04 다음 빈칸을 순서대로 채우시오.

고위험병원체 전담관리자는 다음 사항에 관하여 기관의 장을 보좌한다.
- 법률에 의거한 고위험병원체 반입허가 및 인수, 분리, 이동, 보존현황 등 ( ① ) 이행
- 고위험병원체 취급 및 보존지역 지정, 지정구역 내 출입 허가 및 제한 조치
- 고위험병원체 취급 및 보존 장비의 ( ② )
- 고위험병원체 ( ③ ) 기록 사항에 대한 확인
- 사고에 대한 응급조치 및 ( ④ ) 마련
- ( ⑤ ) 및 안전점검 등 고위험병원체 안전관리에 필요한 사항

정답

① 신고절차
② 보안관리
③ 관리대장 및 사용내역대장
④ 비상대처방안
⑤ 안전교육

## 05 다음 빈칸을 순서대로 채우시오.

〈옥내배선 전선의 식별〉
- L1 : ( ① )색
- L2 : ( ② )색
- L3 : ( ③ )색
- N : ( ④ )색
- 보호도체 : ( ⑤ )

정답

① 갈
② 흑
③ 회
④ 청
⑤ 녹색-노란색

## 06 다음은 방독마스크(필터)의 종류이다. 빈칸을 순서대로 채우시오.

| 종류 | 표시색 |
|---|---|
| 유기화합물용 | ( ① ) |
| 할로겐용 | ( ② ) |
| 황화수소용 | |
| 시안화수소용 | |
| 아황산용 | ( ③ ) |
| 암모니아용 | ( ④ ) |
| 복합용 | ( ⑤ ) |
| 겸용 | ( ⑥ ) |

**정답**

① 갈색

② 회색

③ 노란색

④ 녹색

⑤ 해당 가스 모두 표시

⑥ 백색과 해당 가스 모두 표시

## 07

(1) 다음 빈칸을 순서대로 채우시오.

> • ( ① )은/는 유해인자를 취급하는 등 위험한 작업을 수행하는 연구실에 대하여 정기적으로 정밀안전진단을 실시하여야 한다.
> • ( ① )은/는 정밀안전진단을 실시하는 경우 등록된 대행기관으로 하여금 이를 대행하게 할 수 있다.
> • 정기적으로 정밀안전진단을 실시해야 하는 연구실은 다음의 어느 하나에 해당하는 연구실이며, 해당 연구실은 ( ② )마다 1회 이상 정기적으로 정밀안전진단을 실시해야 한다.
>   – 연구활동에 「화학물질관리법」에 따른 ( ③ )을 취급하는 연구실
>   – 연구활동에 「산업안전보건법」에 따른 ( ④ )를 취급하는 연구실
>   – 연구활동에 과학기술정보통신부령으로 정하는 ( ⑤ )을/를 취급하는 연구실

(2) 정밀안전진단의 실시항목 4가지를 쓰시오.

(3) 연구실 안전등급별 연구실 안전환경 상태에 대하여 서술하시오.

**정답**

(1) ① 연구주체의 장
② 2년
③ 유해화학물질
④ 유해인자
⑤ 독성가스

(2) • 정기점검 실시 내용
• 유해인자별 노출도평가의 적정성
• 유해인자별 취급 및 관리의 적정성
• 연구실 사전유해인자위험분석의 적정성

(3) 연구실 안전등급

| 등급 | 연구실 안전환경 상태 |
|---|---|
| 1 | 연구실 안전환경에 문제가 없고 안전성이 유지된 상태 |
| 2 | 연구실 안전환경 및 연구시설에 결함이 일부 발견되었으나, 안전에 크게 영향을 미치지 않으며 개선이 필요한 상태 |
| 3 | 연구실 안전환경 또는 연구시설에 결함이 발견되어 안전환경 개선이 필요한 상태 |
| 4 | 연구실 안전환경 또는 연구시설에 결함이 심하게 발생하여 사용에 제한을 가하여야 하는 상태 |
| 5 | 연구실 안전환경 또는 연구시설의 심각한 결함이 발생하여 안전상 사고발생위험이 커서 즉시 사용을 금지하고 개선해야 하는 상태 |

**08** (1) 다음 빈칸을 순서대로 채우시오(단, ①~③은 단답형, ④~⑤은 서술형으로 작성하시오).

| 방폭구조 종류 | 특징 |
|---|---|
| ( ① ) | 용기 내부에서 폭발성 가스・증기가 폭발하였을 때 용기가 그 압력에 견디며, 접합면・개구부 등을 통해서 외부의 폭발성 가스・증기에 인화되지 않도록 한 구조이다. |
| 유입방폭구조 | ( ④ ) |
| ( ② ) | 용기 내부에 보호가스(신선한 공기, 불연성 가스 등)를 압입하여 내부압력을 유지함으로써 폭발성 가스・증기가 용기 내부로 침입하지 못하도록 한 구조이다. |
| ( ③ ) | 정상운전 중에 폭발성 가스・증기에 점화원이 될 전기불꽃, 아크 또는 고온 부분 등의 발생을 방지하기 위하여 기계적, 전기적 구조상 또는 온도상승에 대해서 특히 안전도를 증가시킨 구조이다. |
| 특수방폭구조 | ( ⑤ ) |

(2) 화학물질 취급설비에 정전기를 유효하게 제거할 수 있는 방법 3가지를 작성하시오.

정답

(1) ① 내압방폭구조
② 압력방폭구조
③ 안전증방폭구조
④ 전기불꽃, 아크 또는 고온이 발생하는 부분을 기름 속에 넣고, 기름 면 위에 존재하는 폭발성 가스 또는 증기에 인화되지 않도록 한 구조이다.
⑤ 폭발성 가스・증기에 점화되는 것을 방지하거나 위험분위기로 인화를 방지할 수 있는 것이 시험 등에 의해 확인된 구조이다.

(2) • 접지에 의한 방법
• 상대습도를 70% 이상으로 유지하는 방법
• 공기를 이온화하는 방법

**09** (1) 기계 취급 실험 전 안전수칙을 4가지 이상 쓰시오.

(2) 기계 취급 실험 후 안전수칙을 4가지 이상 쓰시오.

정답

(1) • 기계 및 기구의 대표적인 위험원 확인 및 주의 · 보호조치 실시
- 위험기계의 경우 기계 제작자가 공급하는 안전 매뉴얼을 반드시 확인하고, 기계 작동방법을 숙지한 후 실시
- 기계작업 시 실수 및 오작동에 대한 안전설계 기능(fail safe, fool proof 기능 등)이 있는지와 오작동에 대응하여 작동되는지 확인
- 실수로 인한 위험상황 발생 시 적어도 인명피해가 최소화되도록 개인보호구 등 적절한 자기방호조치 실시
- 실험 전 기계의 이상 여부 확인 후 실험 수행
- 개인보호구의 상태 확인 및 적절성 확인

(2) • 실험 후 기계 · 기구의 정리정돈 및 안전점검 실시
- 개인보호구는 기능상 문제가 없는지 보호구 상태 확인 후 재사용 혹은 폐기
- 실험 후 발생되는 폐기물(칼날, 송곳, 톱, 뾰족하거나 날카로운 물건 등)은 위험 제거 및 위험보호조치 실시 후 폐기
- 실험 후 위험요소 및 위험요인 기록 및 환류
- 실험 후 위험요소에 대한 제거 및 보호조치
- 건강검진 실시 기준 · 대상 · 종류 · 주기 · 주체 등을 확인하고 건강검진 실시

## 10

(1) 실험구역 내 감염성물질이 유출된 경우 대응조치를 3가지만 서술하시오.

(2) 유출처리키트의 구성품의 예를 각각 3가지 이상 작성하시오.

| 개인보호구 | ( ① ) |
|---|---|
| 유출확산 방지도구 | ( ② ) |
| 청소도구 | ( ③ ) |

정답

(1) • 종이타월이나 소독제가 포함된 흡수물질 등으로 유출물을 천천히 덮어 에어로졸 발생 및 유출 부위 확산을 방지한다.
• 유출 지역에 있는 사람들에게 사고 사실을 알려 연구활동종사자 등이 즉시 사고구역을 벗어나게 한다.
• 연구실책임자와 안전관리 담당자(연구실안전환경관리자, 생물안전관리책임자 등)에게 즉시 보고하고 지시에 따른다.

(2) ① 일회용 실험복, 장갑, 앞치마, 고글, 마스크, 신발덮개
② 확산 방지 쿠션, guard, 고형제, 흡습지
③ 소형 빗자루, 쓰레받기, 핀셋

해설

(1) 그 외 대응조치
• 사고 시 발생한 에어로졸이 가라앉도록 20분 정도 방치한 후, 개인보호구를 착용하고 사고지역으로 들어간다. 장갑을 끼고 핀셋을 이용하여 깨진 유리조각 등을 집고, 날카로운 기기 등은 손상성 의료폐기물 전용용기에 넣는다. 유출된 모든 구역의 미생물을 비활성화시킬 수 있는 소독제를 처리하고 20분 이상 그대로 둔다.
• 종이타월 및 흡수물질 등은 의료폐기물 전용용기에 넣고, 소독제를 사용하여 유출된 모든 구역을 닦는다.
• 청소가 끝난 후 처리작업에 사용했던 기구 등은 의료폐기물 전용용기에 넣어 처리하거나 재사용할 경우 소독 및 세척한다. 장갑, 작업복 등 오염된 개인보호구는 의료폐기물 전용용기에 넣어 처리하고, 노출된 신체부위를 비누와 물을 사용하여 세척하고, 필요한 경우 소독 및 샤워 등으로 오염을 제거한다.

**11** (1) 다음 빈칸을 순서대로 채우시오.

| 진행단계 | 특징(외관, 연소상황) |
|---|---|
| 초기 | • 창 등의 개구부에서 ( ② )색 연기가 나옴<br>• 실내 가구 등 일부가 독립적으로 연소 |
| 성장기 | • 개구부에서 세력이 강한 ( ③ )색 연기가 분출<br>• 가구에서 천장면까지 화재 확대<br>• ( ① ) 직전에 ( ④ ) 발생 가능<br>• 근접한 동으로 연소가 확산될 수 있음 |
| ( ① ) | • 연기의 양이 ( ⑤ )<br>• 화염의 분출이 강하며 유리 파손<br>• 실내 전체에 화염이 충만하며 연소가 최고조에 달함<br>• 강렬한 복사열로 인해 인접 건물로 연소가 확산 |
| 감쇠기 | • 지붕, 벽체 등이 타서 떨어지고, 대들보·기둥도 무너져 떨어짐<br>• 화세가 쇠퇴<br>• ( ⑥ ) 발생 가능 |

(2) 플래시오버와 백드래프트의 발생원인을 각각 서술하시오.

**정답**

(1) ① 최성기
② 백(흰)
③ 흑(검은)
④ 플래시오버
⑤ 적음
⑥ 백드래프트

(2) • 플래시오버 : 온도 상승으로 인화점을 초과하여 플래시오버가 발생한다.
• 백드래프트 : 연소에 필요한 산소가 불충분하던 차에 외부에서 신선한 산소가 공급되며 백드래프트가 발생한다.

## 12 보기를 보고 다음을 계산하시오(단, 계산과정을 적으시오).

[보기]

- 유해물질의 비중 : 2.0
- 유해물질의 사용량 : 0.06L/min
- 분자량 : 58
- 폭발하한 : 1.8%
- 노출기준 : 800ppm
- 작업장 용적 : 200m$^3$
- 작업장 내 온도 21℃
- 작업장 내 공기혼합 정도 : 보통
- 공정안전계수($Sf$) : 10

(1) 화재·폭발 방지를 위해 필요한 시간당 전체환기량(m$^3$/h)을 구하시오.

(2) ACH(1시간당 공기교환 횟수)를 구하시오.

정답

(1) • 계산과정 :

$Q = \dfrac{24.1 \times S \times G \times Sf \times 100}{M \times \text{LEL} \times B}$ 식에

$S$ : 2.0kg/L

$G$ : 0.06L/min × 60min/h = 3.6L/h

$Sf$ : 10

$M$ : 58kg/kmol

LEL : 1.8

$B$ : 1을 대입하면,

$Q = \dfrac{24.1\text{m}^3}{\text{kmol}} \times \dfrac{2.0\text{kg}}{\text{L}} \times \dfrac{3.6\text{L}}{\text{h}} \times \dfrac{\text{kmol}}{58\text{kg}} \times \dfrac{100}{1.8} \times \dfrac{10}{1} = 1{,}662\text{m}^3/\text{h}$

• 답 : 1,662m$^3$/h

(2) • 계산과정 : $\text{ACH} = \dfrac{\text{필요환기량}}{\text{작업장 용적}} = \dfrac{1{,}662\text{m}^3/\text{h}}{200\text{m}^3} = 8.31/\text{h}$

• 답 : 8.31

# 제 6 회 실전모의고사

**01** 다음 빈칸을 순서대로 채우시오.

- 연구주체의 장은 연구실안전법 제23조에 따라 제2조 각 호에 따른 ( ① )가 발생한 경우에는 지체 없이 다음의 사항을 과학기술정보통신부장관에게 전화, 팩스, 전자우편이나 그 밖의 적절한 방법으로 보고해야 한다. 다만, 천재지변 등 부득이한 사유가 발생한 경우에는 그 사유가 없어진 때에 지체 없이 보고해야 한다.
  - ( ① ) 발생 개요 및 ( ② ) 상황
  - ( ① ) 조치 내용, ( ① ) 확산 가능성 및 향후 ( ③ )
  - 그 밖에 ( ① ) 내용·원인 파악 및 대응을 위해 필요한 사항
- 연구주체의 장은 법 제23조에 따라 연구활동종사자가 의료기관에서 ( ④ )일 이상의 치료가 필요한 생명 및 신체상의 손해를 입은 ( ⑤ )가 발생한 경우에는 ( ⑤ )가 발생한 날부터 ( ⑥ )개월 이내에 별지 제6호 서식의 ( ⑦ )를 작성하여 과학기술정보통신부장관에게 보고해야 한다.

**정답**

① 중대연구실사고
② 피해
③ 조치·대응계획
④ 3
⑤ 연구실사고
⑥ 1
⑦ 연구실사고 조사표

## 02 지정폐기물에 대한 설명에 알맞도록 다음 빈칸을 순서대로 채우시오.

- 적절한 폐기물 용기를 사용해야 하고, 용기의 ( ① )% 정도를 채워야 한다.
- 폐기물의 ( ② )에 따라서 구분하여 보관한다.
- 폐기물용기에 부착하는 보관표지 작성항목으로는 ( ③ ) 수집일, ( ④ ) 정보, 폐기물의 용량, 폐기물의 ( ⑤ ), 폐기물의 상태, 폐기물의 잠재적 위험도, 폐기물 ( ⑥ )가 있다.
- 폐유기용제의 보관기간은 ( ⑦ )일을 초과해서는 아니된다.

정답

① 70

② 종류

③ 최초

④ 수집자

⑤ 화학물질명

⑥ 저장소 이동 날짜

⑦ 45

## 03 다음 빈칸을 순서대로 채우시오.

〈연구실 기계사고 발생 시 일반적 비상조치 방안〉

1. 사고가 발생한 기계 기구, 설비 등의 ( ① )
2. 사고자 ( ② )
3. 사고자에 대하여 응급처치 및 병원 이송, 경찰서・소방서 등에 신고
4. 기관 관계자에게 ( ③ )
5. 폭발이나 화재의 경우 ( ④ ) 활동을 개시함과 동시에 2차 재해의 확산방지에 노력하고 현장에서 다른 연구활동종사자를 대피
6. 사고 ( ⑤ )에 대비하여 현장을 보존

정답

① 운전 정지

② 구출

③ 통보

④ 소화

⑤ 원인조사

## 04 다음 빈칸을 순서대로 채우시오.

〈국가승인 실험〉
- 종명(種名)이 명시되지 아니하고 ( ① ) 여부가 밝혀지지 아니한 미생물을 이용하여 개발・실험하는 경우
- 척추동물에 대하여 몸무게 1kg당 50% 치사독소량이 ( ② ) 미만인 ( ③ )를 생산할 능력을 가진 유전자를 이용하여 개발・실험하는 경우
- 자연적으로 발생하지 아니하는 방식으로 생물체에 ( ④ )을/를 의도적으로 전달하는 방식을 이용하여 개발・실험하는 경우
- 국민보건상 ( ⑤ )이/가 필요한 병원성 미생물의 유전자를 직접 이용하거나 해당 병원미생물의 유전자를 합성하여 개발・실험하는 경우
- ( ⑥ ) 등 환경방출과 관련한 실험을 하는 경우
- 그 밖에 국가책임기관의 장이 바이오안전성위원회의 심의를 거쳐 위해가능성이 크다고 인정하여 고시한 유전자변형생물체를 개발・실험하는 경우

정답

① 인체위해성
② 100ng
③ 단백성 독소
④ 약제내성 유전자
⑤ 국가관리
⑥ 포장시험

## 05 다음 빈칸을 순서대로 채우시오.

| 감광계수($m^{-1}$) | 가시거리(m) | 상황 |
|---|---|---|
| ( ① ) | ( ⑦ ) | 연기감지기가 작동할 때의 농도 |
| ( ② ) | ( ⑧ ) | 숙지자의 피난한계농도 |
| ( ③ ) | ( ⑨ ) | 어두운 것을 느낄 정도의 농도 |
| ( ④ ) | ( ⑩ ) | 앞이 거의 보이지 않을 정도의 농도 |
| ( ⑤ ) | ( ⑪ ) | 암흑상태로 유도등이 보이지 않을 정도의 농도 |
| ( ⑥ ) | - | 출화실에서 연기가 분출할 때의 농도 |

정답

① 0.1
② 0.3
③ 0.5
④ 1
⑤ 10
⑥ 30
⑦ 20~30
⑧ 5
⑨ 3
⑩ 1~2
⑪ 0.2~0.5

## 06 다음 빈칸을 순서대로 채우시오.

〈유해인자의 개선대책 수립 순서〉
- ( ① ) 대책 : 대치 혹은 격리
- ( ② ) 대책 : 국소배기장치 설치 등
- ( ③ ) 대책 : 교육·훈련 등
- ( ④ ) 사용

정답

① 본질적

② 공학적

③ 관리적

④ 개인보호구

## 07 (1) 사전유해인자위험분석을 실시해야 하는 연구실 3가지를 쓰시오.

(2) 사전유해인자위험분석의 실시절차를 "→"를 이용하여 4단계로 작성하시오.

(3) 사전유해인자위험분석 보고서의 보고 및 게시 방법에 대하여 서술하시오(가능한 주체, 대상자, 실시 시기 등을 모두 작성하시오).

정답

(1) • 「화학물질관리법」에 따른 유해화학물질을 취급하는 연구실
  • 「산업안전보건법」에 따른 유해인자를 취급하는 연구실
  • 「고압가스 안전관리법 시행규칙」에 따른 독성가스를 취급하는 연구실

(2) 연구실 안전현황 분석 → 연구활동별 유해인자 위험분석 → 연구실 안전계획 수립 → 비상조치 계획 수립

(3) • 보고 : 연구실책임자는 사전유해인자위험분석 결과를 연구활동 시작 전에 연구주체의 장에게 보고해야 한다.
  • 게시 : 연구실책임자는 연구실 출입문 등 해당 연구실의 연구활동종사자가 쉽게 볼 수 있는 장소에 사전유해인자위험분석 보고서를 게시할 수 있다.

**08** 다음 물질의 위험도를 계산하여 위험도가 큰 것부터 작은 순으로 물질명을 나열하시오.

| 황화수소, 수소, 아세틸렌, 암모니아 |
|---|

정답

아세틸렌, 수소, 황화수소, 암모니아

해설

가스별 위험도

| 가스 | 폭발범위(vol%) | 위험도 |
|---|---|---|
| 황화수소 | 4.3~45 | $H=\frac{45-4.3}{4.3}=9.5$ |
| 수소 | 4~75 | $H=\frac{75-4}{4}=17.8$ |
| 아세틸렌 | 2.5~81 | $H=\frac{81-2.5}{2.5}=31.4$ |
| 암모니아 | 15~28 | $H=\frac{28-15}{15}=0.9$ |

**09** (1) 기능의 안전화 방법을 1차적 대책과 2차적 대책으로 나누어 서술하시오.

(2) Cardullo의 안전율 산정식을 쓰고, 각 항에 대하여 서술하시오.

정답

(1) • 1차적 대책 : 이상 시 기계를 급정지시키거나 방호장치가 작동하도록 한다.
- 2차적 대책 : 회로를 개선하여 오동작을 방지하거나 별도의 안전한 회로에 의하여 정상기능을 찾도록 한다.

(2) $S=A\times B\times C$
- A : 탄성률로서 정하중의 경우에는 인장강도와 항복점의 비, 반복하중일 경우에는 인장강도와 피로강도의 비이다.
- B : 충격률로서 하중이 충격적으로 작용하는 경우에 생기는 응력과 같은 하중이 정적으로 작용하는 경우에 생기는 응력과의 비이다.
- C : 여유율로서 재료의 결함, 응력의 선정 및 계산의 부정확도, 잔류응력, 열응력, 관성력 등의 우연적 추가응력의 산정정도를 보아 여유를 두는 값이다.

## 10

(1) 「유전자변형생물체의 국가 간 이동 등에 관한 통합고시」에서 구분한 생물체 실험특성에 따른 연구시설 유형을 5가지 이상 작성하시오.

(2) 실험동물의 탈출방지장치 2가지 이상과 포획장비 2가지 이상 작성하시오.

정답

(1)
- 일반 연구시설
- 대량배양 연구시설
- 동물이용 연구시설
- 식물이용 연구시설
- 곤충이용 연구시설
- 어류이용 연구시설
- 격리포장 연구시설

(2)
- 탈출방지장치 : 탈출방지턱, 끈끈이, 기밀문
- 포획장비 : 포획망, 포획틀, 미끼용 먹이, 서치랜턴, 마취총, 블로파이프

## 11

(1) 다음 빈칸을 순서대로 채우시오.

〈누전차단기 설치 대상〉
- 대지전압이 ( ① )V를 초과하는 이동형 또는 휴대형 전기기계·기구
- 물 등 도전성이 높은 액체가 있는 습윤장소에서 사용하는 저압[( ② )V 이하 직류전압이나 ( ③ )V 이하의 교류전압을 말한다]용 전기기계·기구
- 철판·철골 위 등 도전성이 높은 장소에서 사용하는 이동형 또는 휴대형 전기기계·기구
- 임시배선의 전로가 설치되는 장소에서 사용하는 이동형 또는 휴대형 전기기계·기구

(2) 영상변류기의 작동원리를 서술하시오.

정답

(1) ① 150
② 1,500
③ 1,000

(2)
- 정상상태 : 영상변류기 안에 통과하는 왕로전류와 귀로전류에 의한 자속의 합은 서로 상쇄되어 0이 되므로 영상변류기의 2차측(부하측)에는 누설전류의 출력이 발생하지 않는다.
- 누전사고 발생 시 : 누설전류가 대지를 거쳐 전원으로 되돌아가면서 영상변류기를 통과하는 왕로전류와 귀로전류의 합에는 누설전류만큼의 차이가 생긴다. 그 때문에 영상변류기 철심 중에 누설전류에 상당하는 자속이 발생하고, 영상변류기 2차측에는 누설전류의 출력이 발생한다. 이 출력값의 차이에 의해 누전차단기가 작동한다.

**12** (1) 입자상 물질을 처리하는 공기정화장치의 종류 6가지를 나열하시오.

(2) 공기정화장치에서 가스상 물질을 처리하는 방법 3가지를 서술하시오.

정답

(1) • 원심력집진장치
• 전기집진장치
• 여과집진장치
• 중력집진장치
• 세정집진장치
• 관성력집진장치

(2) • 흡수법 : 가스성분이 잘 용해될 수 있는 액체에 용해하여 제거하는 방법이다.
• 흡착법 : 다공성 고체 표면에 가스상 물질을 부착하여 제거하는 방법이다.
• 연소법 : 가스상 물질을 연소시켜 제거하는 방법이다.

# 제 7 회 실전모의고사

**01** 다음 빈칸을 순서대로 채우시오(단, ④와 ⑤의 순서는 무시).

> 다음의 어느 하나에 해당하는 자에게는 500만원 이하의 과태료를 부과한다.
> 1. ( ① )를 지정하지 아니한 자
> 2. ( ② )를 지정하지 아니한 자
> 3. ( ② )의 대리자를 지정하지 아니한 자
> 4. ( ③ )을 작성하지 아니한 자
> 5. ( ③ )을 성실하게 준수하지 아니한 자
> 6. 보고를 하지 아니하거나 거짓으로 보고한 자
> 7. ( ④ ) 및 ( ⑤ ) 대행기관으로 등록하지 아니하고 ( ④ ) 및 ( ⑤ )을 실시한 자
> 8. ( ② )가 전문교육을 이수하도록 하지 아니한 자
> 9. 소관 연구실에 필요한 안전 관련 예산을 배정 및 집행하지 아니한 자
> 10. 연구과제 수행을 위한 연구비를 책정할 때 일정 비율 이상을 안전 관련 예산에 배정하지 아니한 자
> 11. 안전 관련 예산을 다른 목적으로 사용한 자
> 12. 보고를 하지 아니하거나 거짓으로 보고한 자
> 13. 자료제출이나 경위 및 원인 등에 관한 조사를 거부·방해 또는 기피한 자
> 14. 시정명령을 위반한 자

**정답**

① 연구실책임자

② 연구실안전환경관리자

③ 안전관리규정

④ 안전점검

⑤ 정밀안전진단

## 02 다음 위험물 유별과 함께 혼재할 수 있는 유별을 모두 쓰시오.

(1) 제2류 위험물

(2) 제3류 위험물

(3) 제4류 위험물

**정답**

(1) 제4류 위험물, 제5류 위험물

(2) 제4류 위험물

(3) 제2류 위험물, 제3류 위험물, 제5류 위험물

## 03 다음 빈칸을 순서대로 채우시오.

| 기계장비 구분 | 안전색채 |
|---|---|
| 시동 스위치 | ( ① ) |
| 급정지 스위치 | ( ② ) |
| ( ③ ) | 밝은 연녹색 |
| ( ④ ) | 청록색, 회청색 |
| 증기배관 | ( ⑤ ) |
| 가스배관 | ( ⑥ ) |
| 기름배관 | ( ⑦ ) |

**정답**

① 녹색

② 적색

③ 대형기계

④ 고열기계

⑤ 암적색

⑥ 황색

⑦ 암황적색

## 04 고위험병원체 전담관리자의 역할에 대한 내용에 알맞도록 빈칸을 순서대로 채우시오.

> 다음의 사항에 관하여 기관의 장을 보좌한다.
> - 법률에 의거한 고위험병원체 반입허가 및 인수, 분리, 이동, ( ① ) 등 신고절차 이행
> - 고위험병원체 취급 및 보존지역 지정, ( ② ) 내 출입 허가 및 제한 조치
> - 고위험병원체 취급 및 보존 장비의 ( ③ )
> - 고위험병원체 ( ④ ) 기록 사항에 대한 확인
> - 사고에 대한 응급조치 및 ( ⑤ )방안 마련
> - 안전교육 및 ( ⑥ ) 등 고위험병원체 안전관리에 필요한 사항

**정답**

① 보존현황

② 지정구역

③ 보안관리

④ 관리대장 및 사용내역대장

⑤ 비상대처

⑥ 안전점검

## 05 다음 빈칸을 순서대로 채우시오.

> 〈위험물별 저장・취급・소화방법〉
> - 나트륨 : 산소가 포함되지 않은 ( ① )에 표면이 노출되지 않도록 저장한다.
> - 제( ② )류 위험물 : 화재 발생 시 초기에는 다량의 물로 소화하되 그 이외는 소화가 어렵다.
> - 제6류 위험물 : ( ③ )성 저장용기를 사용한다.
> - 제( ④ )류 위험물 : 정전기 발생에 주의하여 저장・취급한다.
> - 제4류 위험물 중 수용성 위험물 : 화재 시 소화약제로 ( ⑤ )을/를 사용한다.

**정답**

① 석유류(등유, 경유, 유동파라핀)

② 5

③ 내산

④ 4

⑤ 알코올형 포소화약제

**06** 다음 빈칸을 순서대로 채우시오.

〈화학물질 폐기 시 주의사항〉
- 화학반응이 일어날 것으로 예상되는 물질은 ( ① )하지 않아야 한다.
- 처리해야 하는 폐기물에 대한 사전 ( ② )성을 평가하고 숙지한다.
- 폐기하려는 화학물질은 반응이 완결되어 ( ③ )화되어 있어야 한다.
- 수집용기에 적합한 ( ④ )를 부착하고 라벨지를 이용하여 기록·유지한다.

**정답**

① 혼합

② 유해·위험

③ 안정

④ 폐기물 스티커

## 07

(1) A연구소의 본원·분원별 연구실안전환경관리자 및 전담자의 지정 명수를 쓰고, 그 이유를 서술하시오.

[보기]

A 연구소는 서울본원과 대전분원, 부산분원이 있다.
서울본원에는 연구활동종사자가 1,000명이 있고, 이 중 상시연구활동종사자는 500명이다.
대전분원에는 연구활동종사자가 100명이 있고, 모두 상시연구활동종사자이다.
부산본원에는 연구활동종사자가 8명이 있고, 모두 상시연구활동종사자이다.

(2) 연구실안전환경관리자의 업무 5가지를 작성하시오(단, 그 밖에 안전관리규정이나 다른 법령에 따른 연구시설의 안전성 확보에 관한 사항은 제외).

(3) 연구주체의 장이 연구실안전환경관리자의 직무를 대행하도록 하기 위해 대리자를 지정할 때 직무대행기간의 기준을 서술하시오.

정답

(1) • 서울본원에는 연구활동종사자가 1,000명 이상 3,000명 미만이므로 연구실안전환경관리자를 2명 이상 지정하여야 하고, 연구활동종사자가 1천명 이상이므로 연구실안전환경관리자로 지정된 2명 중 1명 이상을 전담자로 지정하여야 한다.
• 대전분원에는 연구활동종사자가 1,000명 미만이므로 연구실안전환경관리자를 1명 이상 지정하여야 한다. 연구활동종사자가 1,000명 미만이며, 상시 연구활동종사자가 300명 미만이므로 전담자는 지정하지 않아도 된다.
• 부산분원에는 연구활동종사자 총 인원이 10명 미만이므로 연구실안전환경관리자 지정 의무는 없다.

(2) • 안전점검·정밀안전진단 실시 계획의 수립 및 실시
• 연구실 안전교육계획 수립 및 실시
• 연구실사고 발생의 원인조사 및 재발 방지를 위한 기술적 지도·조언
• 연구실 안전환경 및 안전관리 현황에 관한 통계의 유지·관리
• 법 또는 법에 따른 명령이나 안전관리규정을 위반한 연구활동종사자에 대한 조치의 건의

(3) 대리자의 직무대행 기간은 30일을 초과할 수 없다. 다만, 출산휴가를 사유로 대리자를 지정한 경우에는 90일을 초과할 수 없다.

## 08

(1) MOC의 정의를 쓰고, 화재·폭발 안전관리 측면의 특징을 서술하시오.

(2) 부탄가스의 MOC(%)를 구하시오.

정답

(1) • MOC(최소산소농도)란 연소가 진행되기 위해 필요한 최소한의 산소농도를 말한다.
• 산소농도를 MOC보다 낮게 낮추면 연료농도와 관계없이 연소·폭발방지가 가능하다.

(2) 11.7%

해설

(2) 부탄의 완전연소 반응식 : $C_4H_{10} + 6.5O_2 \rightarrow 4CO_2 + 5H_2O$

MOC = LFL × $O_2$ (여기서, LFL : 폭발하한계)

= 1.8% × 6.5

= 11.7%

## 09

(1) 다음 빈칸을 순서대로 채우시오(단, ①~②는 단답형, ③은 서술형으로 작성하시오).

[기계·기구의 동작 형태와 위험성]

| 동작 형태 | 내용 |
|---|---|
| ( ① ) | 고정부와 회전부 사이의 끼임·협착·트랩 형성 등의 위험성이 있다. |
| ( ② ) | 고정부와 운동부 사이에 위험이 형성되며, 작업점과 기계적 결합부 사이에 위험성이 상존한다. |
| 왕복동작 | ( ③ ) |

(2) 회전동작과 왕복동작에 해당되는 기계 부품의 예를 1가지씩 작성하시오.

정답

(1) ① 회전동작
② 횡축동작
③ 운동부와 고정부 사이에 위험이 형성되며 운동부 전후, 좌우 등에 적절한 안전조치가 필요하다.

(2) • 회전동작 : 플라이휠, 팬, 풀리, 축
• 왕복동작 : 프레스, 세이퍼

**10** (1) 다음 빈칸을 순서대로 채우시오.

〈감염성 물질 · 독소 취급 시 주의사항〉
- 반드시 버킷에 ( ① )이 있는 장비를 사용한다.
- 컵/로터의 외부표면에 오염이 있으면 즉시 제거한다.
- 원심분리기에 사용하기 적절한 ( ② ) 튜브를 선택한다.
- 원심분리를 할 동안 에어로졸의 방출을 막기 위해 밀봉된 원심분리기 컵/로터를 사용하며, 정기적으로 컵/로터 밀봉의 ( ③ ) 검사를 실시한다.
- 버킷에 시료를 넣을 때와 꺼낼 때에는 반드시 ( ④ ) 안에서 수행한다.
- ( ⑤ ) 내에서는 원심분리기를 사용하지 않는다.

(2) 독소의 정의를 쓰시오(단, 「화학무기 · 생물무기의 금지와 특정화학물질 · 생물작용제 등의 제조 · 수출입 규제 등에 관한 법률」을 기준으로 하시오).

**정답**

(1) ① 뚜껑
② 플라스틱
③ 무결성
④ 생물안전작업대(BSC)
⑤ Class Ⅱ 생물안전작업대

(2) 생물체가 만드는 물질 중 인간이나 동식물에 사망, 고사, 질병, 일시적 무능화나 영구적 상해를 일으키는 것

## 11 (1) 다음 빈칸을 순서대로 채우시오.

| 전자파 잡음 종류 | 특징 |
|---|---|
| ( ① ) | 낙뢰에 의해 발생하는 잡음 |
| ( ② ) | 공간을 통해 전달되는 잡음 |
| ( ③ ) | 물리적 시스템 내에서 임의의 변동으로 발생하는 잡음 |
| ( ④ ) | 도전성 매질을 통해 전달되는 잡음 |
| ( ⑤ ) | 전기·전자 장비나 시스템에서 발생하는 잡음 |

(2) 전자파 잡음을 저감할 수 있는 방법을 3가지 서술하시오.

**정답**

(1) ① 자연 잡음
② 복사성 전자파 잡음
③ 고유 잡음
④ 전도성 전자파 잡음
⑤ 인공 잡음

(2) • 낙뢰로 발생하는 전자파 잡음 문제는 서지 보호기(SPD : Surge Protection Device)와 같은 부품을 사용하여 대책을 세운다.
• 복사성 전자파 잡음은 금속성 재질의 차폐 구조물을 이용하여 억제한다.
• 전도성 전자파 잡음은 필터나 접지 등을 이용하여 억제한다.

## 12

(1) 다음 빈칸을 순서대로 채우시오.

〈덕트의 설치기준〉

1. 가능한 한 길이는 ( ① )게, 굴곡부의 수는 ( ② )게 설치한다.
2. 가능한 후드의 ( ③ ) 곳에 설치한다.
3. 접합부의 안쪽은 ( ④ ) 부분이 없도록 한다.
4. 덕트 내 오염물질이 쌓이지 않도록 ( ⑤ )를 유지한다.
5. 연결 부위 등은 외부 공기가 들어오지 않도록 설치한다.
6. 덕트의 진동이 심한 경우, 진동전달을 감소시키기 위하여 ( ⑥ ) 등을 설치한다.
7. 덕트끼리 접합 시 가능하면 비스듬하게 접합하는 것이 직각으로 접합하는 것보다 압력손실이 ( ⑦ ).

(2) 기 설치된 국소배기장치에 후드를 추가로 설치하고자 할 경우에 고려해야 할 사항을 서술하시오.

**정답**

(1) ① 짧

② 적

③ 가까운

④ 돌출된

⑤ 이송속도(반송속도)

⑥ 지지대

⑦ 적다

(2) • 후드 추가 설치로 인한 국소배기장치의 전반적인 성능을 검토하여 모든 후드에서 제어풍속을 만족할 수 있을 때만 후드를 추가로 설치할 수 있다.

• 성능 검토는 후드의 제어풍속 및 배기풍량, 압력손실, 덕트의 반송속도 및 압력평형, 배풍기의 동력과 회전속도, 전지정격용량 등을 고려해야 한다.

# 제 8 회 실전모의고사

**01** 다음은 표본연구실 검사 주요 지적사항에 대한 내용이다. 빈칸을 순서대로 채우시오.

〈일반분야 주요 지적사항〉
- 유해인자 취급·관리대장 내 일부 유해인자 누락 또는 ( ① )화된 이력 없음
- 연구실 일상점검 ( ② )의 확인·서명 누락
- 연구실 비상대응 연락망 미작성 및 미( ③ )

〈화공분야 주요 지적사항〉
- 유해화학물질 시약병 ( ④ ) 미부착
- MSDS 미비치 및 종사자 미( ⑤ )
- 특별관리물질 ( ⑥ ) 미작성

정답

① 최신
② 연구실책임자
③ 게시
④ 경고표지
⑤ 숙지
⑥ 관리대장

**02** 화학적 폭발의 물적 조건 2가지와 에너지 조건 3가지를 각각 적으시오.

정답

- 물적 조건 : 폭발범위의 농도, 압력
- 에너지 조건 : 발화온도, 발화에너지, 충격감도

## 03 다음 빈칸을 순서대로 채우시오.

〈레이저의 안전 취급 · 관리〉
- 레이저 광선이 사용자의 ( ① )를 피해 진행하도록 해야 한다.
- 의도되지 않은 반사 및 산란광선이 발생하지 않도록 광학부품을 정렬해야 한다.
- 레이저를 취급할 때에는 반드시 ( ② )을 착용해야 하고, ( ② )를 착용했더라도 레이저 광선을 직접 바라보지 말아야 한다.
- 레이저 장치는 ( ③ )를 덮는 것이 바람직하다.
- 레이저 기기 사용 후 반드시 레이저 발생장치 ( ④ )을 차단해야 한다.

**정답**

① 눈높이
② 차광용 보안경
③ 전체
④ 전원

## 04 각각의 생물학적 위험요소의 예를 2가지 이상씩 적으시오.

| 병원체 요소 | ( ① ) |
|---|---|
| 연구활동종사자 요소 | ( ② ) |
| 실험환경 요소 | ( ③ ) |

**정답**

① 미생물이 가지는 병원성, 병독성, 감염량 · 감염성(전파방법 및 감염경로), 숙주의 범위, 환경 내 병원체 안전성, 미생물 위험군 정보와 유전자 재조합에 의한 변이 특성, 항생제 내성, 역학적 유행주, 해외 유입성 등
② 연구활동종사자의 면역 · 건강상태, 백신접종 여부, 기저질환 유무, 알레르기성, 바람직하지 못한 실험습관, 생물안전 교육 이수 여부 등
③ 병원체의 농도 · 양, 노출 빈도 · 기간, 에어로졸 발생실험, 대량배양실험, 유전자재조합실험, 병원체 접종 동물실험 등 위해 가능성을 포함하는지의 여부, 현재 확보한 물리적 밀폐 연구시설의 안전등급, 실험기기, 안전장비, 안전 · 응급조치 등

## 05 옥내소화전 점검방법에 맞게 다음 빈칸을 순서대로 채우시오.

- 옥내소화전 ( ① )개(고층건물은 최대 ( ② )개)를 동시에 개방하여 방수압력을 측정한다.
- 노즐 선단으로부터 노즐구경의 ( ③ ) 떨어진 위치에서 측정한다.
- ( ④ )형 관창을 이용한다.
- ( ⑤ )주수 상태에서 직각으로 측정한다.
- 측정기준은 방수시간 ( ⑥ )분, 방사거리 ( ⑦ )m 이상으로 방수압력이 ( ⑧ )MPa 이상을 충족하여야 한다.
- 최상층 소화전 개방 시 소화펌프 자동 기동 및 ( ⑨ )을 확인한다.

**정답**

① 2
② 5
③ 2의 1(2분의 1)
④ 직사
⑤ 봉상
⑥ 3
⑦ 8
⑧ 0.17
⑨ 기동표시등

## 06 다음 빈칸을 순서대로 채우시오.

〈작업환경측정 단계별 준수사항〉
- ( ① ) : 작업환경측정기관에 위탁하여 실시하는 경우에는 해당기관에 공정별 작업내용, 화학물질의 사용실태 및 물질안전보건자료 등 작업환경측정에 필요한 정보를 제공한다.
- 작업환경측정 : 모든 측정은 ( ② ) 시료채취방법으로 실시한다. 곤란한 경우에는 그 사유를 결과표에 분명히 밝히고 ( ③ ) 시료채취방법으로 실시한다.
- 결과보고 : 시료채취를 마친 날로부터 ( ④ )일 이내에 관할 지방고용노동관서의 장에게 결과를 보고한다.
- 노출기준 초과 시 : 시료채취를 마친 날로부터 ( ⑤ )일 이내에 개선계획 혹은 개선증명 서류를 관할 지방노동관서의 장에게 제출한다.

**정답**

① 예비조사
② 개인
③ 지역
④ 30
⑤ 60

## 07

(1) 다음 빈칸을 순서대로 채우시오.

> • ( ① )은/는 연구실 안전환경 조성에 관한 사항을 심의하기 위하여 연구실안전심의위원회를 설치·운영한다.
> • 심의위원회는 위원장 1명을 포함한 ( ② )명 이내의 위원으로 구성한다.
> • 심의위원회의 위원장은 ( ③ )이/가 되며, 위원은 연구실 안전 분야에 관한 학식과 경험이 풍부한 사람 중에서 과학기술정보통신부장관이 위촉하는 사람으로 한다.
> • 그 밖에 심의위원회의 구성 및 운영에 필요한 사항은 대통령령으로 정한다.

(2) 연구실안전심의위원회에서 심의하는 사항 4가지를 작성하시오(단, 그 밖에 연구실 안전환경 조성에 관하여 위원장이 회의에 부치는 사항은 제외하고 작성하시오).

**정답**

(1) ① 과학기술정보통신부장관
② 15
③ 과학기술정보통신부차관

(2) • 기본계획 수립·시행에 관한 사항
• 연구실 안전환경 조성에 관한 주요정책의 총괄·조정에 관한 사항
• 연구실사고 예방 및 대응에 관한 사항
• 연구실 안전점검 및 정밀안전진단 지침에 관한 사항

## 08

(1) 아세틸렌과 벤젠의 가스누출 검지경보장치의 설치위치를 각각 서술하시오.

(2) 가스농도 검지기의 경보방식 종류 3가지를 서술하시오.

**정답**

(1) • 아세틸렌 : 천장에서 30cm 이내에 설치한다.
• 벤젠 : 바닥면에서 30cm 이내에 설치한다.

(2) • 접촉연소방식
• 격막갈바니전지방식
• 반도체방식

## 09

(1) 실험용 가열판의 주요 위험요소를 3가지 작성하시오.

(2) 실험용 가열판의 안전수칙을 5가지 이상 작성하시오.

정답

(1) • 고온
• 폭발
• 감전

(2) • 실험용 가열판에 고열주의 표시를 한다.
• 적정 온도로 사용하고, 사용 후 전원을 차단하여 가열된 상태로 장시간 방치하지 않도록 주의한다.
• 주변에 인화성 물질을 두지 않는다.
• 인화성, 폭발성 재료를 사용하지 않는다.
• 가열판에 손가락 등을 접촉하지 않는다.
• 전기 코드 등 이상 여부를 확인한다.
• 기기 동작 중에 가열판을 이동하지 않는다.
• 교반기능을 사용할 경우 교반속도를 급격히 높이거나 낮추어 고온의 액체 튐이 발생하지 않도록 주의한다.
• 화학용액 등 액체가 넘치거나 흐른 경우 고온에 주의하여 즉시 제거하여야 한다.
• 사용 직후 가열판에 접촉하지 않아야 한다.
• 과열방지를 위하여 통풍이 잘되는 곳에 설치해야 한다.

## 10

(1) 다음 빈칸에 알맞은 생물안전 관련 장비 이름을 순서대로 채우시오(단, Class 구분이 있는 경우에는 해당 Class도 기입하시오).

| 생물안전 관련 장비 | 특성 |
|---|---|
| ( ① ) | • 여과 급・배기, 작업대 전면부 개방<br>• 최소 유입풍속 및 하방향풍속 유지<br>• 연구활동종사자 및 취급물질 보호 가능 |
| ( ② ) | • 작업공간의 무균상태 유지<br>• 취급물질 보호 가능 |
| ( ③ ) | • 최대 안전 밀폐환경 제공<br>• 연구활동종사자 및 취급물질, 작업환경 보호 가능 |
| ( ④ ) | • 여과 배기, 작업대 전면부 개방<br>• 최소 유입풍속 유지, 연구활동종사자 보호 가능 |

(2) 물리적 밀폐의 핵심요소 세 가지를 작성하시오.

**정답**

(1) ① 생물안전작업대 Class Ⅱ　　② 무균작업대

③ 생물안전작업대 Class Ⅲ　　④ 생물안전작업대 Class Ⅰ

(2) • 안전시설　　• 안전장비

• 안전한 실험절차 및 생물안전준수사항

## 11

(1) 누전차단기의 보호목적 3가지를 작성하시오.

(2) 다음 조건을 통해 심실세동을 일으키는 전기 에너지(cal)를 계산하시오(단, 계산과정을 적고, 답은 소수점 셋째 자리에서 반올림하여 소수점 둘째 자리까지 쓰시오).

• 인체의 전기저항 값 : 400Ω

• 통전시간 : 0.7s

**정답**

(1) • 지락보호 전용　　• 지락보호 및 과부하보호 겸용

• 지락보호, 과부하보호 및 단락보호 겸용

(2) • 계산과정 :

전기 에너지를 $W$라 하면

$$W = I^2RT = \left(\frac{165}{\sqrt{T}} \times 10^{-3}\right)^2 \times RT = \left(\frac{165}{\sqrt{0.7}} \times 10^{-3}\right)^2 \times 400 \times 0.7 = 10.89\mathrm{W \cdot s}$$

$$= 10.89\mathrm{J} = 10.89\mathrm{J} \times \frac{0.24\mathrm{cal}}{1\mathrm{J}} = 2.61\mathrm{cal}$$

• 답 : 2.61cal

## 12

(1) 국소배기장치를 구성하는 요소의 설치순서를 화살표를 이용하여 작성하시오(단, 일반적 설치순서를 기준으로 하시오).

(2) 흄후드의 설치·운영 기준을 5가지 이상 작성하시오.

정답

(1) 후드 → 덕트 → 공기정화장치 → 배풍기(송풍기) → 배기구

(2)
- 면속도 확인 게이지가 부착되어 수시로 기능 유지 여부를 확인할 수 있어야 한다.
- 후드 내부를 깨끗하게 관리하고 후드 안의 물건은 입구에서 최소 15cm 이상 떨어져 있어야 한다.
- 후드 안에 머리를 넣지 말아야 한다.
- 필요시 추가적인 개인보호장비 착용한다.
- 후드 sash(내리닫이 창)는 실험 조작이 가능한 최소 범위만 열려 있어야 한다.
- 미사용 시 창을 완전히 닫아야 한다.
- 콘센트나 다른 스파크가 발생할 수 있는 원천은 후드 내에 두지 않아야 한다.
- 흄후드에서의 스프레이 작업은 화재 및 폭발 위험이 있으므로 금지한다.
- 흄후드를 화학물질의 저장 및 폐기 장소로 사용해서는 안 된다.
- 가스 상태 물질은 0.4m/s 이상, 입자상물질은 0.7m/s 이상의 최소 면속도를 유지한다.

# 제 9 회 실전모의고사

## 01 다음 빈칸을 순서대로 채우시오(관련 법령도 정확히 작성하시오).

"연구실에 유해인자가 누출되는 등 대통령령으로 정하는 중대한 결함이 있는 경우"란 다음의 어느 하나에 해당하는 사유로 연구활동종사자의 사망 또는 심각한 신체적 부상이나 질병을 일으킬 우려가 있는 경우를 말한다.

- 「화학물질관리법」에 따른 유해화학물질, 「산업안전보건법」에 따른 유해인자, 과학기술정보통신부령으로 정하는 독성가스 등 ( ① )의 누출 또는 관리 부실
- 「전기사업법」에 따른 전기설비의 ( ② )
- 연구활동에 사용되는 유해・위험설비의 ( ③ )
- 연구실 시설물의 구조안전에 영향을 미치는 ( ④ )
- 인체에 심각한 위험을 끼칠 수 있는 ( ⑤ )의 누출

**정답**

① 유해・위험물질

② 안전관리 부실

③ 부식・균열 또는 파손

④ 지반침하・균열・누수 또는 부식

⑤ 병원체

## 02 다음 NFPA 704에 대하여 빈칸을 순서대로 채우시오.

- 화재위험성 등급은 ( ① )이고, 이 물질의 인화점(℃) 범위는 ( ② )이다.
- 기타위험성 등급은 ( ③ )이고, ( ④ )을/를 의미한다.
- 건강위험성 등급은 ( ⑤ )이고, 이 물질은 ( ⑥ )하다.
- 반응위험성 등급은 ( ⑦ )이고, 이 물질은 ( ⑧ )하다.

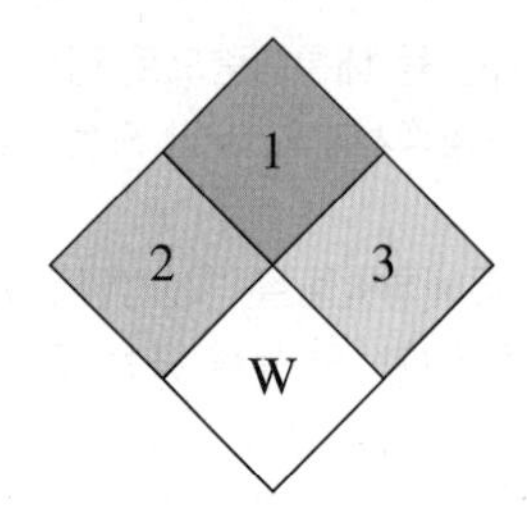


정답

① 1

② 93.3℃ 이상

③ W

④ 물과 반응할 수 있고, 물과 반응할 시 심각한 위험을 수반할 수 있다는 것

⑤ 2

⑥ 유해

⑦ 3

⑧ 충격이나 열에 폭발 가능

## 03 다음 빈칸을 순서대로 채우시오(단, ④, ⑤는 2가지 이상 작성하시오).

| 연구실 기계 · 장비 | 주요 위험요소 |
|---|---|
| ( ① ) | UV, 화재, 감전 |
| ( ② ) | 말림, 파열, 감전 |
| ( ③ ) | 화상, 중량물, 산소 결핍 |
| 실험용 가열판 | ( ④ ) |
| 가스크로마토그래피 | ( ⑤ ) |

정답

① 무균실험대

② 공기압축기

③ 초저온용기

④ 고온, 폭발, 감전

⑤ 감전, 고온, 분진 · 흄, 폭발

## 04 보기에 해당하는 연구실에 맞게 빈칸을 순서대로 채우시오.

[ 보기 ]
• 환경위해성 관련한 LMO 연구시설
• BL 3등급

• 허가관청 : ( ① )
• 허가 시 제출해야 하는 서류
 – 허가신청서
 – 연구시설의 ( ② ) 또는 그 사본
 – 연구시설의 범위와 그 소유 또는 사용에 관한 권리를 증명하는 서류
 – ( ③ )의 기본설계도서 또는 그 사본
 – 허가기준(설비, 기술능력, 인력, ( ④ ), 운영 안전관리기준)을 갖추었음을 증명하는 서류

정답

① 과학기술정보통신부
② 설계도서
③ 위해방지시설
④ 안전관리규정

## 05 다음 빈칸을 순서대로 채우시오.

| 방재장비(설비) | 특징 |
|---|---|
| ( ① ) | 화재로 인한 유독가스가 들어오지 못하도록 차단, 배출하고, 유입된 매연을 희석시키는 등의 제어방식을 통해 실내 공기를 청정하게 유지시켜 피난상의 안전을 도모하는 설비이다. |
| ( ② ) | 사용자의 몸무게에 의해 자동적으로 내려올 수 있는 기구로, 속도조절기를 이용한다. |
| ( ③ ) | 건물의 창, 발코니 등에서 지상까지 포대를 사용하여 피난하는 기구이다. |
| ( ④ ) | 소화약제를 압력에 따라 방사하는 기구로서 사람이 수동조작하여 소화하는 것이다. |
| ( ⑤ ) | 건물 내부에 설치하는 수계용 소방 설비로, 소방대 도착 전 미리 화재를 진압하는 설비이다. |

정답

① 제연설비
② 완강기
③ 구조대
④ 소화기
⑤ 옥내소화전설비

## 06 다음 안전정보표지의 의미를 순서대로 적으시오.

**정답**

① 비상경보기　　② 누출 경보

③ 유전자변형물질　　④ 접지 표지

⑤ 소음 발생

## 07 (1) 다음 빈칸을 순서대로 채우시오.

> • 연구실안전관리사가 되려는 사람은 ( ① )이 실시하는 연구실안전관리사 자격시험에 합격하여야 한다. 이 경우 ( ① )은 안전관리사시험에 합격한 사람에게 자격증을 발급하여야 한다.
> • 자격을 취득한 연구실안전관리사는 안전관리사의 직무를 수행하려면 ( ① )이 실시하는 교육·훈련을 이수하여야 하며, 교육·훈련은 ( ② ) 이상으로 하며, 연구실안전관리사로서의 자질과 전문성을 기를 수 있는 내용으로 한다.
> • 연구실안전관리사는 발급받은 자격증을 다른 사람에게 빌려주거나 다른 사람에게 자기의 이름으로 연구실안전관리사의 직무를 하게 하여서는 아니 된다.
> • 자격을 취득한 연구실안전관리사가 아닌 사람은 연구실안전관리사 또는 이와 유사한 명칭을 사용하여서는 아니 된다.

(2) 연구실안전관리사의 수행하는 직무 5가지를 작성하시오.

**정답**

(1) ① 과학기술정보통신부장관　　② 24시간

(2) • 연구시설·장비·재료 등에 대한 안전점검·정밀안전진단 및 관리
- 연구실 내 유해인자에 관한 취급 관리 및 기술적 지도·조언
- 연구실 안전관리 및 연구실 환경 개선 지도
- 연구실사고 대응 및 사후 관리 지도
- 사전유해인자위험분석 실시 지도

**해설**

(2) 그 외 수행하는 직무
- 연구활동종사자에 대한 교육·훈련
- 안전관리 우수연구실 인증 취득을 위한 지도
- 그 밖에 연구실 안전에 관하여 연구활동종사자 등의 자문에 대한 응답 및 조언

## 08 보기를 보고 다음을 계산하시오(단, 계산과정을 적으시오).

[ 보기 ]

- 유해물질의 비중 : 0.88
- 유해물질의 사용량 : 8L/h
- 분자량 : 78
- 폭발하한 : 1.2%
- 노출기준 : 15ppm
- 작업장 내 온도 21℃
- 작업장 내 공기혼합 정도 : 불완전
- 공정안전계수($Sf$) : 10

(1) 희석환기 실시 시 필요한 시간당 전체환기량($m^3$/h)을 구하시오.

(2) 화재·폭발 방지를 위해 필요한 시간당 전체환기량($m^3$/h)을 구하시오.

정답

(1) • 계산과정 : $Q=\dfrac{24.1\times S\times G\times K\times 10^6}{M\times \text{TLV}}$ 식에

$S$ : 0.88kg/L

$G$ : 8L/h

$K$ : 3(공기혼합 : 불완전)

$M$ : 78kg/kmol

TLV : 15를 대입하면

$$Q=\frac{24.1\text{m}^3}{\text{kmol}}\times\frac{0.88\,\text{kg}}{\text{L}}\times\frac{8\text{L}}{\text{h}}\times\frac{\text{kmol}}{78\text{kg}}\times\frac{10^6}{15}\times 3=435,036\text{m}^3/\text{h}$$

• 답 : 435,036$m^3$/h

(2) • 계산과정 : $Q=\dfrac{24.1\times S\times G\times Sf\times 100}{M\times \text{LEL}\times B}$ 식에

$S$ : 0.88kg/L

$G$ : 8L/h

$Sf$ : 10

$M$ : 78kg/kmol

LEL : 1.2

$B$ : 1을 대입하면

$$Q=\frac{24.1\text{m}^3}{\text{kmol}}\times\frac{0.88\text{kg}}{\text{L}}\times\frac{8\,\text{L}}{\text{h}}\times\frac{\text{kmol}}{78\,\text{kg}}\times\frac{100}{1.2}\times\frac{10}{1}=1,813\text{m}^3/\text{h}$$

• 답 : 1,813$m^3$/h

## 09

(1) 방사선 영향의 결과에 대한 표이다. 빈칸에 한 가지 이상의 예를 적으시오.

| 신체적 영향 | 급성 영향 | ( ① ) |
|---|---|---|
| | 만성 영향 | ( ② ) |
| 유전적 영향 | | ( ③ ) |

(2) 다음 빈칸을 순서대로 채우시오.

| 구분 | 유효선량한도 | 등가선량한도 | |
|---|---|---|---|
| | | 수정체 | 손·발·피부 |
| 방사선작업종사자 | 연간 50을 넘지 않는 범위에서 5년간 100mSv | 연간 150mSv | ( ⑤ ) |
| 수시출입자, 운반종사자, 교육훈련 등의 18세 미만인 사람 | ( ① ) | ( ③ ) | 연간 50mSv |
| 이 외의 사람 | ( ② ) | ( ④ ) | 연간 50mSv |

정답

(1) ① 피부반점, 탈모, 백혈구 감소, 불임
② 백내장, 태아에 영향, 백혈병, 암
③ 대사 이상, 연골 이상

(2) ① 연간 6mSv
② 연간 1mSv
③ 연간 15mSv
④ 연간 15mSv
⑤ 연간 500mSv

## 10

생물학적 위험요소의 위해수준 증가 요소를 5가지 이상 적으시오.

정답

- 에어로졸 발생실험
- 대량배양실험
- 실험동물 감염실험
- 실험실-획득 감염 병원체 이용
- 미지 또는 해외 유입 병원체 취급
- 새로운 실험방법·장비 사용
- 주사침 또는 칼 등 날카로운 도구 사용 등

## 11 전동기의 화재예방을 위한 과열방지 방법을 5가지 이상 서술하시오.

정답

- 청소를 실시한다.
- 통풍이 잘되도록 한다.
- 적정 퓨즈・과부하 보호장치를 사용한다.
- 급유 시 주의한다.
- 정기적으로 절연저항을 시험한다.
- 온도계를 사용하여 과열 여부를 수시로 점검한다.

## 12 (1) 다음 빈칸에 알맞은 등급을 순서대로 채우시오.

〈방진마스크의 등급과 입자상 오염물질의 발생 장소〉
- ( ① ) : 베릴륨(Be) 등과 같이 독성이 강한 물질들을 함유한 분진 등 발생장소 또는 석면 취급 장소
- ( ② ) : 금속 흄 등과 같이 열적으로 생기는 분진 등 발생장소 또는 기계적으로 생기는 분진 등 발생장소(규소 등은 제외)
- ( ③ ) : 그 외의 분진 발생 장소

(2) 방진마스크 착용 시 주의해야 하는 사항을 2가지 이상 서술하시오.

정답

(1) ① 특급
② 1급
③ 2급

(2) • 산소농도 18% 이상인 장소에서 사용해야 한다.
• 가스나 증기 상태의 유해물질이 존재하는 곳에서는 절대 착용을 금지해야 한다.

# 제 10 회 실전모의고사

**01** 다음 빈칸을 순서대로 채우시오.

〈연구실 안전환경 조성 기본계획에 포함하여야 할 사항〉
1. 연구실 안전환경 조성을 위한 발전목표 및 ( ① )
2. 연구실 안전관리 기술 고도화 및 ( ② ) 예방을 위한 연구개발
3. 연구실 유형별 안전관리 ( ③ ) 모델 개발
4. 연구실 안전교육 교재의 개발·보급 및 ( ④ ) 실시
5. 연구실 안전관리의 ( ⑤ ) 추진
6. 안전관리 우수연구실 ( ⑥ ) 운영
7. 연구실의 안전환경 조성 및 개선을 위한 사업 추진
8. 연구안전 지원체계 구축·개선
9. 연구활동종사자의 안전 및 건강 증진
10. 그 밖에 연구실사고 예방 및 안전환경 조성에 관한 중요사항

정답

① 정책의 기본방향
② 연구실사고
③ 표준화
④ 안전교육
⑤ 정보화
⑥ 인증제

**02** 다음 빈칸을 순서대로 채우시오.

| 가스의 종류 | 가스 용기 도색 색상 |
|---|---|
| 수소 | ( ① ) |
| 액화석유가스 | ( ② ) |
| 액화암모니아 | ( ③ ) |
| 액화염소 | ( ④ ) |
| 아세틸렌 | ( ⑤ ) |

정답

① 주황색
② 밝은 회색
③ 백색
④ 갈색
⑤ 황색

## 03 다음 빈칸을 순서대로 채우시오(단, ②는 2가지를 작성하시오).

〈가스크로마토그래피 작업 시 준수사항〉
- 전원 차단 전에 ( ① )을 차단한다.
- 가스 공급 등 기기 사용 준비 시에는 가스에 의한 폭발 위험에 대비해 ( ② ) 등 누출 여부를 확인한 후 기기를 작동하여야 한다.
- 표준품 또는 시료 주입 시 시료의 누출 위험에 대비해 주입 전까지 시료를 ( ③ )한다.
- 전원 차단 시에는 고온에 의한 화상 위험에 대비해 ( ④ )를 착용한다.
- 장비 미사용 시에는 가스를 ( ⑤ )한다.
- 가연성·폭발성 가스를 운반기체로 사용하는 경우 ( ⑥ ) 등을 설치한다.

정답

① 가스 공급

② 가스 연결라인, 밸브

③ 밀봉

④ 개인보호구(장갑 등)

⑤ 차단

⑥ 가스누출검지기

## 04 유전자변형생물체 연구시설 출입문에 부착하는 생물안전표지에 작성해야 하는 항목 5가지를 쓰시오.

정답

- 시설번호
- 안전관리등급
- LMO명칭
- 운영책임자
- 연락처

## 05 다음 빈칸을 순서대로 채우시오.

| 연소 형태 | 설명 | 가연물의 상태(고체, 액체, 기체) |
|---|---|---|
| ( ① ) | 미리 연료와 공기를 혼합하여 버너로 공급하여 연소시키는 방식 | 기체 |
| ( ② ) | 가연성물질을 가열했을 때 액체 표면에서 그대로 증발한 가연성증기가 공기와 혼합해서 연소 | 액체 |
| 분해연소 | 가연성 물질의 ( ③ )에 의해 발생한 가연성 가스가 공기와 혼합하여 연소하는 현상 | 고체 |
| 무연연소 | 가연성물질이 그 표면에서 산소와 발열 반응을 일으켜 타는 연소형식 | ( ④ ) |

정답

① 예혼합연소

② 증발연소

③ 열분해

④ 고체

## 06 다음 빈칸을 순서대로 채우시오.

〈화학물질용 보호복의 구분〉

- 1형식 : 호흡용 공기공급이 있는 ( ① ) 차단 보호복
- 3형식 : ( ② ) 차단 성능을 갖는 보호복
- 4형식 : ( ③ ) 차단 성능을 갖는 보호복
- 5형식 : ( ④ )에 대한 차단 성능을 갖는 보호복
- 6형식 : ( ⑤ )에 대한 차단 성능을 갖는 보호복

정답

① 가스

② 액체

③ 분무

④ 에어로졸

⑤ 미스트

## 07

(1) 다음 빈칸을 순서대로 채우시오.

> • 안전관리 우수연구실 인증을 받으려는 연구주체의 장은 과학기술정보통신부령으로 정하는 인증신청서를 과학기술정보통신부장관에게 제출해야 한다.
> • 인증 기준은 다음과 같다.
>   – 연구실 운영규정, 연구실 안전환경 목표 및 추진계획 등 ( ① )이/가 우수하게 구축되어 있을 것
>   – 연구실 안전점검 및 교육 계획·실시 등 ( ② )이/가 우수할 것
>   – 연구주체의 장, 연구실책임자 및 연구활동종사자 등 ( ③ )이/가 형성되어 있을 것
> • 인증의 유효기간은 인증을 받은 날부터 ( ④ )으로 한다.

(2) 안전관리 우수연구실 인증을 받으려는 연구주체의 장이 인증신청서와 함께 첨부해야 할 서류를 5가지 이상 작성하시오.

(3) 인증심사 기준 중 연구실 안전환경 활동 수준 분야의 인증심사 세부항목을 5가지 이상 작성하시오.

**정답**

(1) ① 연구실 안전환경 관리체계 ② 연구실 안전환경 구축·관리 활동 실적
③ 연구실 안전환경 관계자의 안전의식 ④ 2년

(2) • 「기초연구진흥 및 기술개발지원에 관한 법률」 제14조의2제1항에 따라 인정받은 기업부설 연구소 또는 연구개발전담부서의 경우에는 인정서 사본
• 연구활동종사자 현황
• 연구과제 수행 현황
• 연구장비, 안전설비 및 위험물질 보유 현황
• 연구실 배치도
• 연구실 안전환경 관리체계 및 연구실 안전환경 관계자의 안전의식 확인을 위해 필요한 서류(과학기술정보통신부장관이 해당 서류를 정하여 고시한 경우만 해당한다)

(3) • 연구실의 안전환경 일반
• 연구실 안전점검 및 정밀안전진단 상태 확인
• 연구실 안전교육 및 사고대비·대응 관련 활동
• 개인보호구 지급 및 관리
• 화재·폭발 예방

**해설**

(3) 그 외 세부항목
• 가스안전
• 화학안전
• 전기안전
• 연구실 환경·보건 관리
• 실험 기계·기구 안전
• 생물안전

## 08

(1) 다음 빈칸에 해당하는 안전밸브의 종류를 순서대로 채우시오.

> • ( ① ) : 스팀, 공기, 가스에 이용되며 압력증가에 따라 순간적으로 개방된다.
> • ( ② ) : 액체에 이용되며 압력증가에 따라 서서히 개방된다.
> • ( ③ ) : 가스, 증기, 액체에 이용되며 압력증가에 따라 중간속도로 개방된다.

(2) 폭압 방산공의 특징에 대하여 3가지만 서술하시오.

**정답**

(1) ① safety valve
② relief valve
③ safety-relief valve

(2) • 덕트, 건조기, 방, 건물 등의 일부에 설계 강도보다 낮은 부분을 만들어 폭발압력을 방출하게 한다.
• 다른 압력방출장치에 비해 방출량이 크므로 특히 폭발 방호에 적합하다.
• 구멍이 생긴 후 복원성이 없어서 회분식 장치에 이용된다.

## 09

(1) 소음작업의 정의를 쓰시오.

(2) 음원으로부터 3m 떨어진 곳에서 85dB일 때, 음원으로부터 6m 떨어진 곳의 SPL(dB)을 구하시오(단, 소수점 첫째자리에서 반올림하시오).

**정답**

(1) 1일 8시간 작업을 기준으로 85dB 이상의 소음이 발생하는 작업이다.

(2) 79dB

**해설**

(2) $SPL_1 - SPL_2 = 20\log\frac{r_2}{r_1}$

$85\text{dB} - SPL_2 = 20\log\frac{6\text{m}}{3\text{m}}$

$\therefore SPL_2 = 79\text{dB}$

## 10

(1) LMO 시설의 안전관리 등급(1~4등급)에 대하여 서술하시오.

(2) 안전관리등급을 기본적인 실험실, 밀폐 실험실, 최고 등급의 밀폐 실험실로 구분하여 적으시오.

정답

(1)

| 안전등급 | 대상 | 허가/신고 |
|---|---|---|
| 1등급 | 건강한 성인에게는 질병을 일으키지 아니하는 것으로 알려진 유전자변형생물체와 환경에 대한 위해를 일으키지 아니하는 것으로 알려진 유전자변형생물체를 개발하거나 이를 이용하는 실험을 실시하는 시설 | 신고 |
| 2등급 | 사람에게 발병하더라도 치료가 용이한 질병을 일으킬 수 있는 유전자변형생물체와 환경에 방출되더라도 위해가 경미하고 치유가 용이한 유전자변형생물체를 개발하거나 이를 이용하는 실험을 실시하는 시설 | |
| 3등급 | 사람에게 발병하였을 경우 증세가 심각할 수 있으나 치료가 가능한 유전자변형생물체와 환경에 방출되었을 경우 위해가 상당할 수 있으나 치유가 가능한 유전자변형생물체를 개발하거나 이를 이용하는 실험을 실시하는 시설 | 허가 |
| 4등급 | 사람에게 발병하였을 경우 증세가 치명적이며 치료가 어려운 유전자변형생물체와 환경에 방출되었을 경우 위해가 막대하고 치유가 곤란한 유전자변형생물체를 개발하거나 이를 이용하는 실험을 실시하는 시설 | |

(2) • 기본적인 실험실 : 1·2등급 실험실
• 밀폐 실험실 : 3등급 실험실
• 최고 등급의 밀폐 실험실 : 4등급 실험실

## 11

(1) 정전기 방전의 4종류를 나열하시오.

(2) 다음 조건을 통해 정전기 방전에 의해 착화할 수 있는 전압(V)을 구하시오(단, 계산과정을 적고, 답은 소수점 셋째 자리에서 반올림하여 소수점 둘째 자리까지 쓰시오).

• 최소착화에너지 : 0.35mJ
• 정전용량 : 120pF

정답

(1) • 코로나 방전
• 브러시 방전(스트리머 방전)
• 불꽃 방전
• 연면 방전

(2) • 계산과정 :

$$E=\frac{1}{2}CV^2$$

여기서, $E$ : 착화에너지(J), $C$ : 정전용량(F), $V$ : 전압(V)

$$V=\sqrt{\frac{2E}{C}}=\sqrt{\frac{2\times0.35\times10^{-3}}{120\times10^{-12}}}=2,415.23\text{V}$$

• 답 : 2,415.23V

## 12 (1) 다음 빈칸을 순서대로 채우시오.

〈정밀안전진단 실시 내용〉
1. ( ① ) 실시 내용
2. 유해인자별 ( ② )의 적정성
3. 유해인자별 ( ③ ) 및 관리의 적정성
4. 연구실 ( ④ )의 적정성

(2) 「연구실안전법」에 따른 특별안전점검을 실시주기에 대하여 서술하시오.

**정답**

(1) ① 정기점검
② 노출도평가
③ 취급
④ 사전유해인자위험분석

(2) 실시주기로 정해진 것은 아니고, 폭발사고·화재사고 등 연구활동종사자의 안전에 치명적인 위험을 야기할 가능성이 있을 것으로 예상되는 경우에 실시하는 점검으로서 연구주체의 장이 필요하다고 인정하는 경우에 실시한다.

# 제 11 회 실전모의고사

## 01 다음 빈칸을 순서대로 채우시오.

- 연구주체의 장은 유해인자에 노출될 위험성이 있는 연구활동종사자에 대하여 정기적으로 건강검진을 실시하여야 한다.
- 일반건강검진은 ( ① )년에 1회 이상 실시해야 한다.
- 벤젠을 사용하는 연구실의 연구활동종사자의 특수건강검진은 배치 후 ( ② )개월 이내에 ( ③ )개월 주기로 실시하여야 한다.
- 특수건강검진 결과 업무수행 적합 판정 '다'코드의 의미는 ( ④ )이다.
- 건강검진을 실시하지 않은 자에게는 ( ⑤ )만원 이하의 과태료를 부과한다.

정답

① 1

② 2

③ 6

④ 한시적으로 현재의 업무 불가(건강상 또는 근로조건상의 문제를 해결한 후 작업복귀 가능)

⑤ 1천

## 02 다음 빈칸을 순서대로 채우시오.

〈지정폐기물의 종류〉

1. 특정시설에서 발생되는 폐기물
   - 폐합성 고분자화합물(고체상태 제외)
   - ( ① )(수분함량 95% 미만 또는 고형물함량 5% 이상인 것으로 한정)
   - 폐농약(농약의 제조・판매업소에서 발생되는 것으로 한정)
2. 부식성 폐기물
   - 폐산 : pH 2.0 이하의 액체상태
   - 폐알칼리 : ( ② )의 액체상태
3. 유해물질함유 폐기물 : 광재, 분진, 폐주물사 및 샌드블라스트 폐사, 폐내화물 및 재벌구이 이전에 유약을 바른 도자기 조각, 소각재, 안정화 또는 고형화・고화 처리물, 폐촉매, 폐흡착제 및 폐흡수제
4. ( ③ )
   - 할로겐족
   - 기타 폐유기용제
5. 폐페인트 및 폐락카
6. 폐유 : 기름 성분 ( ④ ) 함유
7. ( ⑤ )
8. 폴리클로리네이티드바이페닐(PCB) 함유 폐기물
9. 폐유독물질
10. 의료폐기물
11. 천연방사성제품폐기물
12. 수은폐기물
13. 그 밖에 주변환경을 오염시킬 수 있는 유해한 물질로서 환경부장관이 정하여 고시하는 물질

**정답**

① 오니류

② pH 12.5 이상

③ 폐유기용제

④ 5% 이상

⑤ 폐석면

## 03 다음 빈칸을 순서대로 채우시오.

〈동력공구 안전수칙〉
- 동력공구는 사용 전에 깨끗이 청소하고 점검한다.
- 실험에 적합한 동력공구를 사용하고 사용하지 않을 때에는 적당한 상태를 유지한다.
- 전기로 동력공구를 사용할 때에는 ( ① )에 접속하여 사용한다.
- 스파크 등이 발생할 수 있는 실험 시에는 주변의 ( ② )을 제거한 후 실험을 실시한다.
- 전선의 ( ③ )이 손상된 부분이 없는지 사용 전에 확인한다.
- 철제 외함 구조로 된 동력공구 사용 시 손으로 잡는 부분은 절연조치를 하고 사용하거나 ( ④ ) 구조로 된 동력공구를 사용한다.

**정답**

① 누전차단기
② 인화성 물질
③ 피복
④ 이중절연

## 04 다음 빈칸을 순서대로 채우시오.

〈생물학적 위해성 평가〉
- 생물학적 위해성 평가란 잠재적인 인체감염 위험이 있는 ( ① )을/를 취급하는 연구실에서 실험과 관련된 병원체 등 ( ② )를 바탕으로 실험의 ( ③ )가 어느 정도인지를 추정하고 평가하는 과정을 말한다.
- 위해성 평가 결과는 해당 실험의 위해 감소 관리를 위한 연구시설의 밀폐수준, ( ④ ), 생물안전장비 및 안전수칙 등을 결정하는 주요 인자가 된다.

**정답**

① 병원체
② 위험요소
③ 위해
④ 개인보호장비

## 05 다음 빈칸을 순서대로 채우시오.

〈분전반의 감전사고 방지 방법〉
- 충전부가 노출되지 않도록 ( ① ) 외함이 있는 구조로 한다.
- 충전부에 충분한 절연효과가 있는 ( ② )이나 절연덮개를 설치한다.
- 충전부는 내구성이 있는 ( ③ )로 완전히 덮어 감싼다.
- 발전소 · 변전소 및 개폐소 등 구획되어 있는 장소로서 관계 근로자가 아닌 사람의 출입이 금지되는 장소에 충전부를 설치하고, 위험표시 등의 방법으로 방호를 강화한다.
- 전주 위 및 철탑 위 등 격리되어 있는 장소로서 관계 근로자가 아닌 사람이 접근할 우려가 없는 장소에 충전부를 설치한다.
- 분전반 각 회로별로 ( ④ )을 부착하여야 한다.
- 분전반 앞 장애물이 없도록 하며, 문을 견고하게 ( ⑤ )시켜야 한다.

정답

① 폐쇄형
② 방호망
③ 절연물
④ 명판
⑤ 고정

## 06 다음 빈칸을 순서대로 채우시오.

〈전체환기 적용 시 조건〉
1. 유해물질의 발생량이 ( ① ), 독성이 비교적 ( ② ) 경우
2. 동일한 작업장에 다수의 오염원이 ( ③ )되어 있는 경우
3. ( ④ )량의 유해물질이 시간에 따라 ( ⑤ )하게 발생할 경우
4. 유해물질이 가스나 증기로 폭발 위험이 있는 경우
5. 배출원이 ( ⑥ )인 경우
6. 오염원이 작업자가 작업하는 장소로부터 ( ⑦ ) 있는 경우
7. 국소배기장치로 불가능할 경우

정답

① 적고
② 낮은
③ 분산
④ 소
⑤ 균일
⑥ 이동성
⑦ 멀리 떨어져

## 07

(1) 다음 빈칸을 순서대로 채우시오.

> • ( ① )은 관계 공무원으로 하여금 대학・연구기관 등의 연구실 안전관리 현황과 관련 서류 등을 검사하게 할 수 있다.
> • ( ① )은 검사를 하는 경우에는 ( ② )에게 검사의 목적, 필요성 및 범위 등을 사전에 통보하여야 한다. 다만, 연구실사고 발생 등 긴급을 요하거나 사전 통보 시 증거인멸의 우려가 있어 검사 목적을 달성할 수 없다고 인정되는 경우에는 그러하지 아니하다.
> • ( ② )은 검사에 적극 협조하여야 하며, 정당한 사유 없이 이를 거부하거나 방해 또는 기피하여서는 아니 된다.
> • 검사 결과 통보를 받은 기관은 지적사항에 대하여 ( ③ )개월 이내에 시정조치결과를 제출하여야 한다(단, 별도의 주어진 시정기간이 없을 경우임).

(2) 검사 중 '법 이행 서류검사' 항목을 5가지 이상 쓰시오.

(3) 검사에 필요한 서류 등을 제출하지 아니하여 시정명령을 받았으나, 이를 위반한 경우의 과태료 부과 금액을 쓰시오.

**정답**

(1) ① 과학기술정보통신부장관
② 연구주체의 장
③ 2

(2) • 안전규정
• 안전조직
• 교육훈련
• 점검・진단
• 안전예산
• 건강검진
• 사고조사
• 보험가입

(3) 500만원 이하의 과태료

## 08 연구실 정기점검(가스안전분야)을 실시할 시 항목별로 점검하는 방법을 서술하시오.

(1) 용기, 배관, 조정기 및 밸브 등의 가스 누출 확인

(2) 적정 가스누출감지·경보장치 설치 및 관리 여부(가연성, 독성 등)

(3) 가스배관 및 부속품 부식 여부

정답

(1) 가연성가스누출검출기, 일산화탄소농도 측정기, 산소농도 측정기를 활용하여 가스 누출 및 산소, 일산화탄소의 농도를 측정한다.

(2) 가스누출경보장치 설치 장소를 확인한다.
누출 우려 설비, 가스가 체류하기 쉬운 장소에 설치했는지, 가스비중에 따른 올바른 설치 높이에 설치했는지, 연구활동종사자가 상주하는 곳에 가스경보부를 설치했는지 확인한다.

(3) 육안으로 확인하고 가연성 가스누출검출기로 점검한다.

## 09 방호장치 선정 시 고려사항 6가지를 서술하시오.

정답

- 위험을 예지하는 것인가, 방지하는 것인가 하는 방호의 정도를 고려한다.
- 기계 성능에 따라 적합한 것을 선정한다.
- 점검, 분해, 조립하기 쉬운 구조로 선정한다.
- 가능한 한 구조가 간단하며 방호능력의 신뢰가 높은 것으로 선정한다.
- 작업성을 저해하지 않는 것으로 선정한다.
- 성능대비 가격의 경제성을 확보한다.

## 10 생물안전작업대 사용 시 일반적인 주의사항 6가지를 서술하시오.

**정답**

- 생물안전작업대는 취급 미생물 및 감염성 물질에 따라 적절한 등급을 선택하여 공인된 규격을 통과한 제품을 구매(예 KSJ0012, EN12469, NSF49 등)하고, 생물안전작업대의 성능 및 규격을 보증할 수 있는 인증서 및 성적서 등을 구매업체로부터 제공받아 검토·보관한다.
- 생물안전작업대는 항상 청결한 상태로 유지한다.
- 생물안전작업대에서 작업하기 전·후에 손을 닦고 작업 시에는 실험복과 장갑을 착용한다.
- 생물안전작업대의 일정한 공기 흐름을 방해할 수 있는 물체들(검사지, 실험 노트, 휴대폰 등)은 생물안전작업대 안에 두지 않는다.
- 피펫, 실험기기 등의 저장을 최소화하고 실험에 필요한 물품만 생물안전작업대 내부에 미리 배치하여 물품 이동으로 인한 오염 발생을 최소화한다.
- BSC 전면 도어를 열 때 셔터 레벨 이상으로 열지 않는다.

**해설**

그 외 주의사항

- 생물안전작업대 내에서 실험하는 작업자는 팔을 크고 빠르게 움직이는 행위를 하지 말아야 하며, 작업대 내에서 실험 중인 작업자의 동료들은 작업자 뒤로 빠르게 움직이거나 달리는 등의 행위들은 하지 말아야 한다(연구실 문을 열 때 생기는 기류, 환기 시스템, 에어컨 등에서 나오는 기류는 방향 등에 따라 생물안전작업대의 공기 흐름에 영향을 줄 수 있다).
- 생물안전관리자 및 연구(실)책임자 등은 일정 기간을 두고 생물안전작업대의 공기 흐름 및 헤파필터 효율 등에 대한 점검을 실시한다.
- 3·4등급 연구시설은 매년 1회 이상 설비·장비의 적절성에 대한 자체평가를 실시한다.
- 생물안전대 내부 표면을 70% 에탄올 등의 적절한 소독제에 적신 종이타월로 소독하고, 실험기구, 피펫, 소독제, 폐기물 용기 등 필요한 물품들도 작업대에 넣기 전 소독제로 잘 닦는다. 필요시 UV 램프를 이용하여 추가적으로 멸균을 실시한다.
- 사용 전 최소 5분간 내부공기를 순환시킨다.
- 작업대 내 팔을 넣어 에어커튼의 안정화를 위해 약 1분 정도 기다린 후 작업을 시작한다.
- 작업 후 적합한 소독제로 작업 내부 청소를 실시하고, 최대 10분 이상 내부 공기를 순환시키며 UV 멸균을 실시한다.
- 작업은 청정구역에서 오염구역 순으로 진행한다.
- 폐기물은 밀폐포장 후 포장지 외부 표면을 소독하여 배출한다.
- 생물안전작업대가 어떻게 작동하는지를 이해하고 실험을 수행하기 전에 계획을 세워 연구활동종사자는 실험과정에서 발생 가능한 위해로부터 스스로를 보호해야 한다.

## 11

(1) Lambert-Beer법칙을 응용하여 연기 감광계수를 구하시오(단, 계산과정도 적으시오).

> • 연기가 없을 때의 빛의 세기 : 300lx
> • 연기가 있을 때의 빛의 세기 : 175lx
> • 연기층 두께 : 1.8m

(2) (1)에서 구한 감광계수에서의 가시거리 범위와 그때의 상황을 서술하시오.

(3) 연기 유동에 영향을 미치는 요인 5가지 이상 작성하시오.

**정답**

(1) • 계산과정 : $C_s = \frac{1}{L}\ln\left(\frac{I_0}{I}\right) = \frac{1}{1.8}\ln\left(\frac{300}{175}\right) = 0.3$

• 답 : $0.3\text{m}^{-1}$

(2) • 가시거리 : 5m

• 상황 : 건물 내부에 익숙한 사람이 피난에 지장을 느낀다.

(3) • 굴뚝효과(연돌효과)

• 외부에서의 풍력

• 부력(밀도차, 비중차)

• 공기 팽창

• 피스톤 효과

• 공조 설비(HVAC System)

## 12 NFPA 704에 대하여 다음의 물음에 답하시오.

(1) 빈칸을 채우시오.

| 분야 (배경색) / 등급 | 건강위험성 ( ) | 화재위험성(인화점) ( ) | 반응위험성 ( ) |
|---|---|---|---|
| 0 | | | |
| 1 | | | |
| 2 | | | |
| 3 | | | |
| 4 | | | |

(2) 다음의 그림에서 기타위험성을 통해 물질의 성질을 서술하시오.

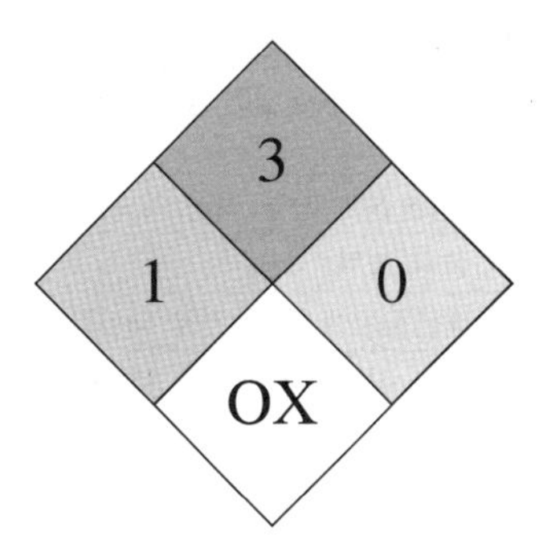


정답

(1)

| 분야 (배경색) / 등급 | 건강위험성 (청색) | 화재위험성(인화점) (적색) | 반응위험성 (황색) |
|---|---|---|---|
| 0 | 유해하지 않음 | 잘 타지 않음 | 안정함 |
| 1 | 약간 유해함 | 93.3℃ 이상 | 열에 불안정함 |
| 2 | 유해함 | 37.8℃~93.3℃ | 화학물질과 격렬히 반응함 |
| 3 | 매우 유해함 | 22.8℃~37.8℃ | 충격이나 열에 폭발 가능함 |
| 4 | 치명적임 | 22.8℃ 이하 | 폭발 가능함 |

(2) 산화제이다.

# 제 12 회 실전모의고사

## 01 다음 빈칸에 알맞은 단어를 순서대로 쓰시오.

[연구실 설치 · 운영 기준]

| 구분 | | 준수사항 | 연구실위험도 | | |
|---|---|---|---|---|---|
| | | | 저위험 | 중위험 | 고위험 |
| 공간분리 | 설치 | 연구 · 실험공간과 사무공간 분리 | 권장 | ( ① ) | 필수 |
| 벽 및 바닥 | 설치 | 기밀성 있는 재질, 구조로 천장, 벽 및 바닥 설치 | 권장 | ( ② ) | 필수 |
| | | 바닥면 내 안전구획 표시 | 권장 | ( ③ ) | 필수 |
| 출입통로 | 설치 | 출입구에 비상대피표지(유도등 또는 출입구 · 비상구 표지) 부착 | ( ④ ) | 필수 | 필수 |
| | | 사람 및 연구장비 · 기자재 출입이 용이하도록 주 출입통로 적정 폭, 간격 확보 | ( ⑤ ) | 필수 | 필수 |
| 조명 | 설치 | 연구활동 및 취급물질에 따른 적정 조도값 이상의 조명장치 설치 | 권장 | ( ⑥ ) | 필수 |
| 환기설비 | 설치 | 기계적인 환기설비 설치 | 권장 | ( ⑦ ) | 필수 |
| | | 국소배기설비 배출공기에 대한 건물 내 재유입 방지 조치 | 권장 | ( ⑧ ) | 필수 |
| | 운영 | 주기적인 환기설비 작동상태(배기팬 훼손상태 등) 점검 | 권장 | ( ⑨ ) | 필수 |

**정답**

① 권장
② 권장
③ 필수
④ 필수
⑤ 필수
⑥ 필수
⑦ 권장
⑧ 권장
⑨ 권장

## 02 다음 빈칸에 들어갈 사고예방장치 · 설비를 순서대로 채우시오.

- 사용시설의 저장설비에 부착된 배관에는 가스 누설 시 안전한 위치에서 조작이 가능한 ( ① )를 설치한다.
- 독성가스의 감압설비와 그 가스의 반응설비 간의 배관에는 ( ② )를 설치한다.
- 수소화염, 산소, 아세틸렌화염을 사용하는 시설의 분기되는 배관에는 ( ③ )를 설치한다.
- 가연성 가스의 저장설비실에는 누출된 가스가 체류하지 않도록 ( ④ )를 설치한다.

**정답**

① 긴급차단장치
② 역류방지장치
③ 역화방지장치
④ 환기설비

## 03 다음 빈칸을 순서대로 채우시오.

〈가공기계에 쓰이는 풀 프루프의 예〉

| 풀 프루프 예 | 종류 |
|---|---|
| ( ① ) | 고정가드, 조정가드, 경고가드, 인터록가드 |
| ( ② ) | 양수조작식, 컨트롤 |
| ( ③ ) | 인터록, 열쇠식 인터록, 키록 |
| ( ④ ) | 접촉식, 비접촉식 |
| ( ⑤ ) | 검출식, 타이밍식 |
| ( ⑥ ) | 자동가드식, 손쳐내기식, 수인식 |
| ( ⑦ ) | 안전블록, 안전플러그, 레버록 |

정답

① 가드
② 조작기계
③ 록기구
④ 트립기구
⑤ 오버런기구
⑥ 밀어내기 기구
⑦ 기동방지 기구

## 04 다음 빈칸을 순서대로 채우시오.

〈생물안전 준수사항〉

- 일반 미생물연구실에서 밀폐를 확보하기 위해 가장 중요한 요소는 표준 미생물연구실의 ( ① ) 및 ( ② )을 엄격히 준수하는 것이다.
- 병원성 미생물 또는 감염성 물질을 취급하는 연구활동종사자는 그 위험성에 대하여 충분히 숙지하고 있어야 한다.
- 이러한 생물체를 안전하게 취급하기 위한 준수사항 및 실험기법 등에 대해 ( ③ )을 받아야 하며, 연구실 책임자는 연구활동종사자들에게 적절한 ( ③ )을 제공하여야 한다.
- 미생물 및 의과학 연구실을 갖추고 있는 기관에서는 발생할 수 있는 생물학적 위해 요인을 사전에 규명하고 이러한 위해 요인에 연구활동종사자 및 연구실 등이 노출되는 것을 최소화하거나 위해 요인을 제거하기 위해 고안된 수칙과 절차를 규정하는 '( ④ )'을 제정하여 운영하는 것이 바람직하다.
- 특별한 병원성 미생물이나 실험 절차를 관리하는 데 표준 연구실 생물안전수칙만으로는 충분하지 않을 경우, 연구실책임자의 판단에 따라 생물안전 심의, ( ⑤ ) 등 이에 대한 부수적인 준수사항을 제시하고 이행하도록 한다.

정답

① 생물안전수칙
② 안전기술(실험법 등)
③ 교육・훈련
④ 생물안전관리규정
⑤ 표준작업 절차서(SOP : Standard Operating Procedure)

## 05 다음 빈칸을 순서대로 채우시오.

〈정전기 사고방지 대책〉
- 도체의 정전기 대전 방지 방법 : 접지 및 ( ① )
- 부도체의 정전기 대전 방지 방법 : 대전방지제 사용, ( ② ) 사용, ( ③ )
- 인체의 대전 방지 방법 : 정전화 착용, ( ④ ) 착용, ( ⑤ )기구

정답

① 본딩
② 제전기
③ 가습
④ 제전복(안전복)
⑤ 손목접지

## 06 다음은 국소배기장치의 설계순서이다. 빈칸을 순서대로 채우시오.

| | |
|---|---|
| 1. ( ① ) 형식 선정 | 작업형태, 공정, 유해물질 비산방향 등을 고려하여 ( ① )의 형식, 모양, 배기방향, 설치 위치 등을 결정한다. |
| 2. ( ② ) 결정 | 유해물질의 비산거리, 방향을 고려하여 ( ② )을 결정한다. |
| 3. ( ③ ) 계산 | 후드 개구부 면적과 제어속도로 ( ③ )을 계산한다. |
| 4. ( ④ ) 결정 | 후드로 흡인한 오염물질을 덕트 내에 퇴적시키지 않고 이송하기 위한 기류의 최소속도를 결정한다. |
| 5. ( ⑤ ) 산출 | 필요 송풍량을 반송속도로 나누어 ( ⑤ )을 산출한다. |
| 6. 덕트의 ( ⑥ )와 설치장소 선정 | 덕트 길이, 연결부위, 곡관의 수, 형태 등을 고려하여 덕트 ( ⑥ )와 설치장소를 선정한다. |
| 7. ( ⑦ ) 선정 | 유해물질에 적절한 ( ⑦ )를 선정하고 압력손실을 계산한다. |
| 8. ( ⑧ ) 계산 | 후드 정압, 덕트·공기정화장치 등의 ( ⑧ )을 계산한다. |
| 9. ( ⑨ ) 선정 | 총 압력손실과 총 배기량을 통해 ( ⑨ )의 풍량, 풍압, 소요동력을 결정하고 적절한 ( ⑨ )를 선정한다. |

정답

① 후드
② 제어풍속
③ 필요 송풍량
④ 반송속도
⑤ 덕트 직경
⑥ 배치
⑦ 공기정화장치
⑧ 총 압력손실
⑨ 송풍기

## 07

(1) 다음 빈칸을 순서대로 채우시오.

> • ( ① )는 연구실사고를 예방하고 안전한 연구환경을 조성하기 위하여 ( ② )년마다 연구실 안전환경 조성 기본계획을 수립 · 시행하여야 한다.
> • 기본계획은 제7조에 따른 ( ③ )의 심의를 거쳐 확정한다. 이를 변경하는 경우에도 또한 같다.
> • 기본계획 수립 · 시행 등에 필요한 사항은 대통령령으로 정한다.

(2) 기본계획에 포함해야 하는 사항 5가지를 작성하시오(단, 그 밖에 연구실사고 예방 및 안전환경 조성에 관한 중요사항은 제외).

**정답**

(1) ① 정부
② 5
③ 연구실안전심의위원회

(2) • 연구실 안전환경 조성을 위한 발전목표 및 정책의 기본방향
• 연구실 안전관리 기술 고도화 및 연구실사고 예방을 위한 연구개발
• 연구실 유형별 안전관리 표준화 모델 개발
• 연구실 안전교육 교재의 개발 · 보급 및 안전교육 실시
• 연구실 안전관리의 정보화 추진

**해설**

(2) 그 외 기본계획에 포함해야 하는 사항
• 안전관리 우수연구실 인증제 운영
• 연구실의 안전환경 조성 및 개선을 위한 사업 추진
• 연구안전 지원체계 구축 · 개선
• 연구활동종사자의 안전 및 건강 증진

## 08

(1) 가스 취급 주의사항으로 알맞도록 빈칸을 순서대로 채우시오.

- 고압가스 용기의 라벨에 기재된 가스의 ( ① )를 확인하고 ( ② )를 읽어 가스의 특성과 누출 시 필요한 사항을 숙지한다.
- ( ③ )가 잘되는 곳에서 사용해야 한다.
- 사용하지 않은 용기와 사용 중인 용기, 빈 용기는 구별하여 보관한다.
- 가스용기를 사용하지 않을 때는 가스용기의 밸브를 잠그고 ( ④ )을 씌우도록 한다.
- 초저온가스 등을 취급하는 경우에는 안면보호구 및 ( ⑤ )을 착용한다.
- 가스용기를 연결할 때는 누출을 방지하고 기밀을 위해 너트에 ( ⑥ )를 사용한다.
- 연구실에 설치된 배관에는 가스명, ( ⑦ ) 등을 표시한다.
- 각 ( ⑧ )에는 개폐 상태를 알 수 있도록 열림, 닫힘을 표시한다.

(2) 가스 사용 전 확인할 사항을 2가지 이상 서술하시오.

정답

(1) ① 종류
② GHS-MSDS
③ 환기
④ 보호캡
⑤ 단열장갑
⑥ 테프론 테이프
⑦ 흐름 방향
⑧ 밸브

(2) • 검지기 또는 비눗물 등으로 누설 점검을 실시한다.
• 압력조절기의 정상적 작동 여부를 확인한다.

## 09

(1) 다음 빈칸을 순서대로 채우시오(단, 한글로 작성하시오).

| 비파괴 검사 방법 | 내용 |
|---|---|
| ( ① ) | X선 또는 $\gamma$선을 투과시켜 투과된 방사선의 농도와 강도를 비교·분석하여 결함을 검출하는 방법 |
| ( ② ) | 초음파가 음향임피던스가 다른 경계면에서 굴절·반사하는 현상을 이용하여 재료의 결함 또는 불연속을 측정하여 결함부를 분석하는 방법 |
| ( ③ ) | 검사 대상을 자화시키고 불연속부의 누설자속이 형성되며, 이 부분에 자분을 도포하면 자분이 집속되어 이를 보고 결함부를 찾아내는 방법 |
| ( ④ ) | 표면으로 열린 결함을 탐지하여 침투액의 모세관 현상을 이용하여 침투시킨 후 현상액을 도포하여 육안으로 확인하는 방법 |

(2) 연구실 안전점검 및 정밀안전진단에 관한 지침에 따른 정기점검 중 기계안전분야의 점검항목을 4가지 이상 쓰시오.

**정답**

(1) ① 방사선 투과 검사
② 초음파 탐상 검사
③ 자분 탐상 검사
④ 침투 탐상 검사

(2) • 위험기계·기구별 적정 안전방호장치 또는 안전덮개 설치 여부
• 위험기계·기구의 법적 안전검사 실시 여부
• 연구기기 또는 장비 관리 여부
• 기계·기구 또는 설비별 작업 안전수칙(주의사항, 작동 매뉴얼 등) 부착 여부

**해설**

(2) 그 외 점검해야 하는 항목
• 위험기계·기구 주변 울타리 설치 및 안전구획 표시 여부
• 연구실 내 자동화설비 기계·기구에 대한 이중 안전장치 마련 여부
• 연구실 내 위험기계·기구에 대한 동력차단장치 또는 비상정지장치 설치 여부
• 연구실 내 자체 제작 장비에 대한 안전관리 수칙·표지 마련 여부
• 위험기계·기구별 법적 안전인증 및 자율안전확인신고 제품 사용 여부

## 10

(1) 다음 빈칸을 순서대로 채우시오.

| LMO 관리대장 2종<br>Ⅰ. 시험·연구용 등의 ( ① )<br>Ⅱ. ( ② ) 관리·운영대장 |
|---|

(2) '고위험병원체 관리·운영에 관한 기록의 작성 및 보관'을 필수로 준수해야 하는 안전관리 등급 기준을 쓰시오(고위험병원체 취급시설 및 안전관리에 관한 고시 기준).

(3) (1)의 Ⅰ에 작성해야 하는 항목 중 'LMO 정보'에 해당하는 항목 4가지를 쓰시오.

**정답**

(1) ① 유전자변형생물체 취급·관리대장
② 유전자변형생물체 연구시설

(2) 1등급 이상 필수

(3) 명칭, 숙주생물체, 삽입유전자, 공여생물체

## 11

(1) 연소의 4요소를 쓰시오.

(2) 가연물의 조건 5가지를 적으시오.

**정답**

(1)
- 가연물
- 산소공급원
- 점화원
- 연쇄반응

(2)
- 열전도율이 작다.
- 발열량이 크다.
- 표면적이 넓다.
- 산소와 친화력이 좋다.
- 활성화에너지가 작다.

**12** (1) 다음 빈칸을 순서대로 채우시오.

| 유해인자 | 특징 |
|---|---|
| 물리적 유해인자 | 인체에 ( ① )로 흡수되어 건강장해를 초래하는 유해인자이다. |
| 화학적 유해인자 | ( ② ) 형태로 인체에 흡수되고 잠재적으로 건강에 영향을 끼치는 요인이 될 수 있는 유해인자이다. |

(2) 입자상 물질의 축적기전 4가지와 제거기전 2가지를 쓰시오.

정답

(1) ① 에너지

② 물질

(2) • 축적기전 : 관성충돌, 중력침강, 차단, 확산

• 제거기전 : 점액섬모운동, 대식세포에 의한 정화

# 제 13 회 실전모의고사

**01** 다음 빈칸을 순서대로 채우시오(단, 해당 공란에 들어갈 내용을 모두 쓰시오).

| 정밀안전진단 분야 | 물적 장비 요건 |
|---|---|
| ( ① ) | 정전기 전하량 측정기<br>접지저항측정기<br>절연저항측정기 |
| 소방 및 가스 | ( ② ) |
| 산업위생 및 생물 | ( ③ ) |

정답

① 일반안전, 기계, 전기 및 화공

② 가스누출검출기, 가스농도측정기, 일산화탄소농도측정기

③ 분진측정기, 소음측정기, 산소농도측정기, 풍속계, 조도계(밝기측정기)

**02** 다음 물질의 성상에 맞는 안전장비를 1가지 이상 쓰시오.

- 부식성물질 : ( ① )
- 인화성·가연성 물질 : ( ② )
- 고독성물질 : ( ③ )

정답

① 비상사워장치 및 세안장치

② 흄후드

③ 환기설비

## 03 다음에 해당하는 「산업안전보건법」 안전보건표지의 정확한 명칭을 쓰시오.

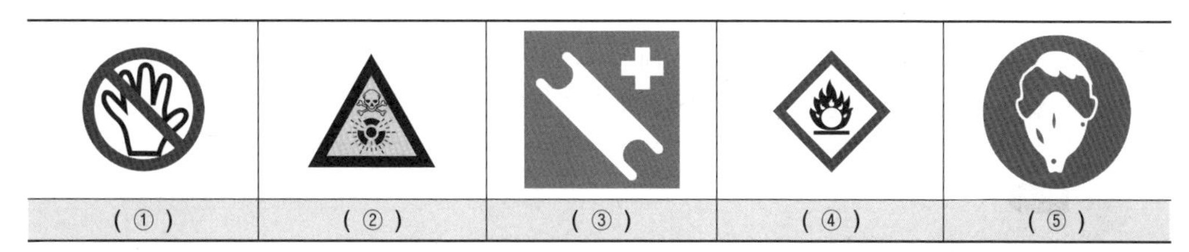


**정답**

① 사용금지
② 방사성물질 경고
③ 들것
④ 산화성물질 경고
⑤ 방진마스크 착용

## 04 전용용기별로 혼합 가능한 의료폐기물의 성상에 대한 설명이다. 다음 빈칸을 순서대로 채우시오(단, ①, ②는 해당하는 의료폐기물 종류를 모두 쓰시오).

- 골판지류 용기는 고상(( ① ))의 경우 혼합보관이 가능하며, 봉투형 용기는 골판지류 용기와 동일한 기준으로 혼합 보관할 수 있으나 위탁처리 시 골판지류(또는 합성수지류) 용기에 담아 배출한다.
- 합성수지류 용기는 액상(( ② ))의 경우 혼합보관이 가능하나, 보관기간 및 방법이 상이하므로 합성수지류 용기에 보관하는 격리, 조직물류, 손상성, 액상폐기물은 서로 간 또는 다른 폐기물과 혼합금지. 단, 수술실과 같이 여러 종류의 의료폐기물이 함께 발생할 경우는 혼합보관을 허용한다.
- ( ③ )는 부패할 우려가 없으므로 상온보관(현재는 냉장보관) 및 합성수지류 또는 골판지류 용기에 다른 의료폐기물과 혼합보관이 가능하다.

**정답**

① 병리계, 생물·화학, 혈액오염, 일반 의료폐기물
② 병리계, 생물·화학, 혈액오염
③ 치아

## 05 단락으로 인한 화재 발생 메커니즘에 맞게 빈칸을 순서대로 채우시오.

( ① ) 손상 → ( ② )이 작아진 상태 또는 전혀 없는 상태 → 순간적으로 ( ③ )가 흐름 → ( ④ ) 발생 → 전선의 용융, 인접한 가연물에 ( ⑤ ) → 화재 발생

정답

① 절연피복
② 전기저항
③ 대전류
④ 고열
⑤ 착화

## 06 다음 빈칸을 순서대로 채우시오.

〈작업환경측정의 실시시기〉
- 최초 혹은 변경사항 발생했을 시 : 그날로부터 ( ① )일 이내 실시
- 정기적인 : ( ② )에 1회 이상 실시(간격은 ( ③ )개월 이상)
- 허가대상유해물질의 노출기준 초과 시 정기적인 실시주기 : ( ④ )에 1회 이상 실시

정답

① 30
② 반기
③ 3
④ 3개월

## 07 (1) 다음 빈칸을 순서대로 채우시오.

〈연구실안전법 제8조〉
- 과학기술정보통신부장관은 연구실안전정보의 체계적인 관리를 위하여 연구실안전정보시스템을 구축·운영하여야 한다.
- 연구실안전정보시스템은 제30조에 따라 지정된 ( ① )이/가 운영하여야 한다.
- 과학기술정보통신부장관은 연구실안전정보시스템을 통하여 대학·연구기관 등의 연구실안전정보를 매년 ( ② )회 이상 공표할 수 있다.
- 과학기술정보통신부장관은 연구실안전정보시스템 구축을 위하여 관계 중앙행정기관의 장 및 연구주체의 장에게 필요한 자료의 제출을 요청할 수 있다. 이 경우 요청을 받은 관계 중앙행정기관의 장 및 연구주체의 장은 특별한 사유가 없으면 이에 따라야 한다.

(2) 연구실안전정보시스템에 포함해야 하는 정보를 5가지 작성하시오(단, 그 밖에 연구실 안전환경 조성에 필요한 사항은 제외).

(3) 정기적으로 과학기술정보통신부장관에게 제출·보고해야 하는 사항을 안전정보시스템에 입력한 경우에도 의무를 이행한 것으로 보지 않는 2가지의 보고를 서술하시오.

정답

(1) ① 권역별연구안전지원센터
② 1

(2)
- 대학·연구기관 등의 현황
- 분야별 연구실사고 발생 현황, 연구실사고 원인 및 피해 현황 등 연구실사고에 관한 통계
- 기본계획 및 연구실 안전 정책에 관한 사항
- 연구실 내 유해인자에 관한 정보
- 안전점검지침 및 정밀안전진단지침

(3)
- 연구실의 중대한 결함 보고
- 연구실 사용제한 조치 등의 보고

해설

(2) 그 외 포함해야 하는 정보
- 안전점검 및 정밀안전진단 대행기관의 등록 현황
- 안전관리 우수연구실 인증 현황
- 권역별연구안전지원센터의 지정 현황
- 연구실안전환경관리자 지정 내용 등 법 및 이 영에 따른 제출·보고 사항

## 08

(1) 다음 빈칸을 순서대로 채우시오(단, ①, ②는 단답형, ③은 서술형, ④~⑥은 예시 가스를 3개 이상 작성하시오).

(2) ②에 해당하는 가스의 사고예방대책에 대하여 서술하시오.

| 가스 종류 | 정의 | 예 |
|---|---|---|
| ( ① ) | 조연성 가스(지연성 가스)와 혼합하면 빛과 열을 발생하면서 연소하는 가스를 말하며 폭발한계(연소범위)의 하한이 10% 이하인 것 또는 폭발한계의 상한과 하한의 차가 20% 이상인 가스를 말한다. | ( ④ ) |
| ( ② ) | 공기 중에 특정 농도 이상 존재하게 되면 인체에 유해하며 허용농도가 100만분의 5,000 이하인 가스를 말한다. | ( ⑤ ) |
| 지연성 가스 | ( ③ ) | ( ⑥ ) |

**정답**

(1) ① 가연성 가스

② 독성 가스

③ 가연성 가스의 연소를 돕는 가스를 말한다.

④ 수소, 일산화탄소, 암모니아, 황화수소, 아세틸렌, 메탄, 프로판, 부탄 등

⑤ 일산화탄소, 염소, 포스겐, 황화수소, 암모니아 등

⑥ 공기, 산소, 염소 등

(2)
- 독성물질이 어떠한 반응을 통한 부산물로도 생성되지 않는 처리방법을 연구개발활동계획 시에 포함한다.
- 항상 후드 내에서만 사용하여 흡입을 최소화하며, 누출 등으로 인체에 접촉시키지 않도록 한다.

## 09

(1) 다음 빈칸에 알맞은 예를 1가지 이상씩 적으시오(단, 중복되지 않도록 작성하시오).

| 연구실 장비 | 장비 예 |
|---|---|
| 안전장비 | ( ① ) |
| 실험장비 | ( ② ) |
| 분석장비 | ( ③ ) |
| 광학기기 | ( ④ ) |

(2) 조직절편기로 인해 발생할 수 있는 사고의 유형을 4가지 쓰시오.

**정답**

(1) ① 고압증기멸균기(autoclave), 흄후드, 생물작업대

② 고압증기멸균기, 흄후드, 무균실험대, 실험용 가열판, 연삭기, 오븐, 용접기, 원심분리기, 인두기, 전기로, 절단기, 조직절편기, 초저온용기, 펌프/진공펌프, 혼합기, 반응성 이온 식각장비, 가열/건조기, 공기압축기, 압력용기

③ 가스크로마토그래피, 만능재료시험기(UTM)

④ 레이저, UV장비

(2) • 나이프/블레이드에 의해 신체가 베일 수 있다.

• 부서지기 쉬운 시료의 파편에 의해 눈 등의 상해 위험이 있다.

• 파라핀 잔해물에 의한 미끄러짐으로 인한 신체 상해 위험이 있다.

• 동결시료를 다룰 때 저온에 의한 동상 위험이 있다.

## 10

(1) 생물안전관리규정에 일반적으로 포함되는 사항을 6가지 이상 적으시오.

(2) 생물안전관리규정을 필수로 작성하여야 하는 연구실의 안전등급 기준을 적으시오(단, 답란에 '□등급~□등급'이라고 작성하시오).

**정답**

(1) • 생물안전관리 조직체계 및 그 직무에 관한 사항
- 연구(실) 또는 연구시설 책임자 및 운영자의 지정
- 기관생물안전위원회의 구성과 운영에 관한 사항
- 연구(실) 또는 연구시설의 안정적 운영에 관한 사항
- 기본적으로 준수해야 할 연구실 생물안전수칙
- 연구실 폐기물 처리절차 및 준수사항
- 실험자의 건강 및 의료 모니터링에 관한 사항
- 생물안전교육 및 관리에 관한 사항
- 응급상황 발생 시 대응방안 및 절차

(2) 2등급~4등급

## 11

(1) 다음 빈칸을 순서대로 채우시오.

| 위험물 종류 | 성질 |
|---|---|
| 제1류 위험물 | 산화성 고체 |
| 제2류 위험물 | ( ① ) |
| 제3류 위험물 | ( ② ) |
| 제4류 위험물 | ( ③ ) |
| 제5류 위험물 | ( ④ ) |
| 제6류 위험물 | ( ⑤ ) |

(2) 제1류 위험물의 소화방법을 서술하시오.

**정답**

(1) ① 가연성 고체
② 자연발화성 물질 및 금수성 물질
③ 인화성 액체
④ 자기반응성 물질
⑤ 산화성 액체

(2) 물에 의해 냉각소화한다. 단, 알칼리금속의 과산화물은 마른 모래, 팽창질석, 팽창진주암, 탄산수소염류 분말약제로 소화한다.

**12** (1) 다음 빈칸을 순서대로 채우시오.

> 〈고용노동부 고시에 따른 암 분류〉
> • ( ① ) : 사람에게 충분한 발암성 증거가 있는 물질
> • ( ② ) : 시험동물에서 발암성 증거가 충분히 있거나 시험동물과 사람 모두에서 제한된 발암성 증거가 있는 물질

(2) 「근로기준법」상 임산부에게 금지된 업무 4가지를 작성하시오.

**정답**

(1) ① 1A

② 1B

(2) • 피폭방사선량이 선량한도를 초과하는 원자력 및 방사선 관련 업무

• 유해물질을 취급하는 업무(납, 수은, 크롬, 비소, 황린, 불소(불화수소산), 염소(산), 시안화수소(시안산), 2-브로모프로판, 아닐린, 수산화칼륨, 페놀, 에틸렌글리콜모노메틸에테르, 에틸렌글리콜모노에틸에테르, 에틸렌글리콜모노에틸에테르 아세테이트, 염화비닐, 벤젠 등)

• 병원체로 인하여 오염될 우려가 큰 업무(사이토메갈로바이러스, B형 간염 바이러스 등)

• 신체를 심하게 펴거나 굽히면서 해야 하는 업무 또는 신체를 지속적으로 쭈그려야 하거나 앞으로 구부린 채 해야 하는 업무

• 중량물을 취급하는 업무(연속작업에 있어서는 5kg 이상, 단속작업에 있어서는 10kg 이상의 중량물)

# 제 14 회 실전모의고사

**01** 다음 빈칸을 순서대로 채우시오.

- 과학기술정보통신부장관은 「연구실안전법」 제4조제4항에 따라 ( ① )년마다 연구실 안전환경 및 안전관리 현황 등에 대한 실태조사(이하 "실태조사"라 한다)를 실시한다. 다만, 필요한 경우에는 수시로 실태조사를 할 수 있다.
- 실태조사에는 다음의 사항이 포함되어야 한다.
  - ( ② ) 및 ( ③ ) 현황
  - 연구실 ( ④ ) 현황
  - ( ⑤ ) 발생 현황
  - 그 밖에 연구실 안전환경 및 안전관리의 현황 파악을 위하여 과학기술정보통신부장관이 필요하다고 인정하는 사항
- 과학기술정보통신부장관은 실태조사를 하려는 경우에는 해당 ( ⑥ )에게 조사의 취지 및 내용, 조사 일시 등이 포함된 조사계획을 미리 통보해야 한다.

정답

① 2
② 연구실
③ 연구활동종사자
④ 안전관리
⑤ 연구실사고
⑥ 연구주체의 장

**02** 가스로 인해 발생할 수 있는 사고의 종류 6가지를 나열하시오.

정답

- 폭발사고
- 화재사고
- 누출사고
- 파열사고
- 질식사고
- 중독사고

## 03 압력용기의 안전수칙에 대한 설명으로 알맞도록 빈칸을 순서대로 채우시오.

- 압력용기에는 안전밸브 또는 ( ① )을 설치한다.
- 압력용기 및 안전밸브는 ( ② )을 사용한다.
- 안전밸브 작동 설정 압력은 압력용기의 설계압력보다 ( ③ )게 설정한다.
- 안전밸브는 용기 본체 또는 그 본체 배관에 밸브축을 ( ④ )으로 설정한다.
- 안전밸브 전·후단에 차단밸브를 설치하면 안 된다.
- 안전밸브가 작동하여 증기 발생이나 유체 유출 시를 대비한 방호장치와 ( ⑤ )을 확보한다.

**정답**

① 파열판
② 안전인증품
③ 낮
④ 수직
⑤ 안전구역

## 04 다음 빈칸을 순서대로 채우시오.

〈생물안전의 구성요소〉
- 연구실의 체계적인 ( ① ) 능력 확보
- 취급 생물체에 적합한 ( ② ) 확보
- 적절한 ( ③ ) 및 운영을 위한 방안 확보 및 이행

**정답**

① 위해성 평가
② 물리적 밀폐
③ 생물안전관리

## 05 자동화재탐지설비의 수신기에 대한 내용에 알맞도록 다음 빈칸을 순서대로 채우시오.

- 수위실 등 ( ① ) 장소에 설치한다.
- 수신기 설치장소에는 ( ② ) 일람도를 비치한다.
- 수신기 음향기구는 그 음량 및 음색이 다른 기기의 소음 등과 명확히 구별될 수 있어야 한다.
- 수신기는 감지기·중계기 또는 발신기가 작동하는 ( ② )을 표시할 수 있는 것을 선택한다.
- 화재·가스·전기 등에 대한 종합방재반을 설치한 경우에는 해당 조작반에 수신기의 작동과 연동하여 감지기·중계기·발신기가 작동하는 ( ② )을 표시할 수 있는 것으로 설치한다.
- 하나의 ( ② )은 하나의 표시등 또는 하나의 문자로 표시한다.
- 수신기 조작 스위치는 바닥으로부터 높이가 ( ③ )m 이상 ( ④ )m 이하인 장소에 설치한다.
- 하나의 특정소방대상물에 2개 이상의 수신기를 설치하는 경우에는 수신기를 상호 간 연동하여 화재 발생상황을 각 수신기마다 확인할 수 있도록 한다.

**정답**

① 상시 사람이 근무하는 ② 경계구역

③ 0.8 ④ 1.5

## 06 다음 빈칸을 순서대로 채우시오.

〈국소배기장치 적용 시 조건〉

1. 유해물질의 독성이 ( ① )하고, 발생량이 ( ② )은 경우
2. ( ③ )은 증기압의 유기용제를 취급하는 경우
3. 작업자의 작업 위치가 유해물질 발생원에 ( ④ ) 있는 경우
4. 발생 주기가 ( ⑤ ) 경우
5. 발생원이 ( ⑥ ) 경우
6. 법적 의무 설치사항인 경우

**정답**

① 강 ② 많

③ 높 ④ 가까이 근접해

⑤ 균일하지 않은 ⑥ 고정된

## 07 과학기술정보통신부장관이 연구주체의 장에게 일정한 기간을 정하여 시정을 명할 수 있는 경우에 해당하는 것을 5가지 이상 쓰시오.

정답

- 연구실 설치·운영 기준에 따라 연구실을 설치·운영하지 아니한 경우
- 연구실안전정보시스템의 구축과 관련하여 필요한 자료를 제출하지 아니하거나 거짓으로 제출한 경우
- 연구실안전관리위원회를 구성·운영하지 아니한 경우
- 안전점검 또는 정밀안전진단 업무를 성실하게 수행하지 아니한 경우
- 연구활동종사자에 대한 교육·훈련을 성실하게 실시하지 아니한 경우
- 연구활동종사자에 대한 건강검진을 성실하게 실시하지 아니한 경우
- 안전을 위하여 필요한 조치를 취하지 아니하였거나 안전조치가 미흡하여 추가조치가 필요한 경우
- 검사에 필요한 서류 등을 제출하지 아니하거나 검사 결과 연구활동종사자나 공중의 위험을 발생시킬 우려가 있는 경우

## 08 (1) 화학적 폭발의 종류에 대한 설명으로 알맞게 빈칸을 순서대로 채우시오.

| | |
|---|---|
| ( ① ) | 가연성 가스와 지연성 가스와의 혼합기체에서 발생하며 폭발범위 내에 있고 점화원이 존재하였을 때 발생 |
| ( ② ) | 분해에 의해 생성된 가스가 열팽창되고 이때 생기는 압력상승과 이 압력의 방출에 의해 발생 |
| **분진폭발** | 분진폭발 예방방법 : ( ③ )로 완전히 치환, ( ④ )농도 약 5% 이하로 유지 또는 ( ⑤ ) 제거 |
| ( ⑥ ) | 고압의 유압설비 일부가 파손되어 내부의 가연성 액체가 공기 중에 분출되고 이것의 미세한 방울이 공기 중에 부유하고 있을 때 착화에너지가 주어지면 발생 |

(2) 분진폭발의 조건 4가지를 쓰시오.

정답

(1) ① 가스폭발
② 분해폭발
③ 불활성 가스
④ 산소
⑤ 점화원
⑥ 분무폭발

(2) 가연성 분진, 지연성 가스(공기 또는 산소), 점화원, 밀폐된 공간

## 09

(1) 연구실 내 물리적 유해인자 5가지를 작성하시오.

(2) 120dB의 강한 소음이 발생하는 기계 2개를 같은 장소에 설치하였을 때 소음의 크기(dB)를 구하시오(소수점 첫째 자리에서 반올림).

**정답**

(1)
- 소음
- 진동
- 방사선
- 분진
- 레이저

(2) 123dB

**해설**

(1) 그 외 유해인자
- 이상기압
- 이상기온

(2) 합성$SPL = 10 \times \log(10^{\frac{120}{10}} + 10^{\frac{120}{10}})$
$= 123\text{dB}$

## 10

기관생물안전위원회에 대한 내용에 알맞도록 다음 질문에 답하시오.

(1) 기관생물안전위원회의 인원 구성에 대하여 서술하시오.

(2) 기관생물안전위원회에서 기관장의 자문에 응하는 사항 3가지를 쓰시오('기타 기관 내 생물안전 확보에 관한 사항'은 제외).

(3) 회의 실시주기를 쓰시오.

**정답**

(1) 기관생물안전위원회는 위원장 1인, 생물안전관리책임자 1인, 외부위원 1인을 포함한 5인 이상의 내・외부위원으로 구성한다.

(2)
- 유전자재조합실험의 위해성 평가 심사 및 승인에 관한 사항
- 생물안전교육・훈련 및 건강관리에 관한 사항
- 생물안전관리규정의 제・개정에 관한 사항

(3) 연 1회

## 11

(1) 다음 빈칸을 순서대로 채우시오.

〈연기의 농도 표현〉
- ( ① ) : 단위 부피당 연기입자의 중량으로 표시하는 방법
- ( ② ) : 빛이 연기층을 통과하면서 흡수·산란되어 세기가 감소되는 정도를 측정하여 연기농도의 척도로 사용하는 ( ② )를 구한다.
- ( ③ ) : 단위 부피당 연기입자의 수로 표시하는 방법

(2) 연기의 위험성을 3가지 서술하시오.

(3) 연기제어기법 6가지를 쓰시오.

**정답**

(1) ① 중량농도법
② 감광계수
③ 입자농도법

(2) • 시계(視界)를 차단하여 신속한 피난이나 초기 진화를 방해하는 원인이 된다.
• 화재로 인해 발생하는 가스는 독성이 강한 것들(시안화수소, 일산화탄소 등)이 포함되어 흡입 시 호흡기 계통 등에 장해를 준다.
• 인간의 정신적인 긴장과 패닉을 유발한다.

(3) 구획(방연), 가압(차연), 배연, 축연, 희석, 연기강하방지

## 12

(1) 후드의 흡인 상태를 육안 확인하기 위해 사용할 수 있는 도구 3가지를 쓰시오.

(2) 포위식 후드의 제어풍속을 측정하는 위치를 서술하시오.

(3) 외부식 후드의 제어풍속을 측정하는 위치를 서술하시오.

**정답**

(1) 발연관, 스모크 건, 스모크 캔들

(2) 후드 개구면에서 측정한다.

(3) 후드에서 가장 먼 지점의 유해물질 발생원에서 후드방향으로 측정한다.

# 제 15 회 실전모의고사

## 01 다음 빈칸을 순서대로 채우시오.

〈사고조사보고서에 포함되어야 하는 내용〉
1. 조사 일시
2. 해당 ( ① ) 구성
3. 사고개요
4. ( ② ) 및 결과(사고현장 사진 포함)
5. ( ③ )
6. 복구 시 반영 필요사항 등 ( ④ )
7. 결론 및 ( ⑤ )

**정답**

① 사고조사반
② 조사내용
③ 문제점
④ 개선대책
⑤ 건의사항

## 02 다음 빈칸을 순서대로 채우시오.

| 1 | 화학제품과 회사에 관한 정보 | 9 | 물리화학적 특성 |
|---|---|---|---|
| 2 | 유해성·위험성 | 10 | 안정성 및 반응성 |
| 3 | 구성성분의 명칭 및 함유량 | 11 | 독성에 관한 정보 |
| 4 | 응급조치 요령 | 12 | ( ③ ) |
| 5 | ( ① ) | 13 | 폐기 시 주의사항 |
| 6 | 누출 사고 시 대처방법 | 14 | 운송에 필요한 정보 |
| 7 | ( ② ) | 15 | ( ④ ) |
| 8 | 노출방지 및 개인보호구 | 16 | 그 밖의 참고사항 |

**정답**

① 폭발·화재 시 대처방법
② 취급 및 저장방법
③ 환경에 미치는 영향
④ 법적 규제현황

## 03 다음 빈칸을 순서대로 채우시오.

〈기계 · 기구설비의 안전화를 위한 기본원칙〉
- ( ① )의 분류 및 결정
- ( ② )에 의한 위험제거 또는 감소
- ( ③ )의 사용
- ( ④ )의 설정과 실시

**정답**

① 위험
② 설계
③ 방호장치
④ 안전작업방법

## 04 보기의 폐기물을 분류하여 코드(①~⑨)로 작성하시오.

[ 보기 ]

① 폐혈액백
② 폐백신
③ 혈액이 묻은 탈지면
④ 주삿바늘
⑤ 채혈진단에 사용된 혈액이 담긴 검사튜브
⑥ 동물의 조직 일부
⑦ 파손된 유리재질의 시험기구
⑧ 폐시험관
⑨ 격리대상 환자에 대한 의료행위에서 발생한 폐기물

(1) 격리의료폐기물
(2) 혈액오염폐기물
(3) 병리계폐기물
(4) 조직물류폐기물
(5) 손상성폐기물
(6) 생물 · 화학폐기물
(7) 일반의료폐기물

**정답**

(1) ⑨
(2) ①
(3) ⑧
(4) ⑤ · ⑥
(5) ④ · ⑦
(6) ②
(7) ③

## 05 다음 빈칸을 순서대로 채우시오.

| 비화재보의 주요원인 | 대책 |
|---|---|
| 주방에 비적응성 감지기가 설치된 경우 | ( ① )로 교체 |
| 천장형 온풍기에 밀접하게 설치된 경우 | 기류 흐름 방향 외 이격 설치 |
| 장마철 공기 중 습도 증가에 의한 감지기 오동작 | ( ② ) 스위치 누름 |
| 청소 불량에 의한 감지기 오동작 | 내부 먼지 제거 |
| 건축물 누수로 인한 감지기 오동작 | 누수 부분 ( ③ ) 처리 및 감지기 교체 |
| 담배 연기로 인한 연기감지기 오작동 | 흡연구역에 ( ④ ) 등 설치 |
| 발신기를 장난으로 눌러 발신기 동작 | 입주자 소방안전 교육을 통한 계몽 |

정답

① 정온식 감지기

② 복구

③ 방수

④ 환풍기

## 06 고위험 연구실에 대하여 설치·운영기준에 알맞도록 다음 빈칸을 순서대로 채우시오.

- 연구공간과 사무공간은 별도의 통로나 ( ① )로/으로 구분한다.
- 천장 높이는 ( ② )m 이상을 권장한다.
- 바닥은 기밀성 있고, 내구성이 좋으며, 청소가 쉬운 재질로 하며 ( ③ )을/를 표시한다.
- 일반연구실의 조도는 최소 ( ④ )lx 이상, 정밀작업을 수행하는 연구실은 최소 ( ⑤ )lx 이상을 확보한다.

정답

① 방호벽

② 2.7

③ 안전구획

④ 300

⑤ 600

**07** (1) 다음 빈칸을 순서대로 채우시오.

> • 연구주체의 장은 대통령령으로 정하는 바에 따라 매년 소관 연구실에 필요한 안전 관련 예산을 배정·집행하여야 한다.
> • 연구주체의 장은 연구과제 수행을 위한 연구비를 책정할 때 일정 비율 이상을 안전 관련 예산에 배정하여야 한다.
> • 연구주체의 장은 연구과제 수행을 위한 연구비를 책정할 때 그 연구과제 인건비 총액의 ( ① )% 이상에 해당하는 금액을 안전 관련 예산으로 배정해야 한다.
> • 연구주체의 장은 매년 ( ② )까지 계상한 해당 연도 연구실 안전 및 유지·관리비의 내용과 전년도 사용 명세서를 과학기술정보통신부장관에게 제출해야 한다.

(2) 연구실 안전 및 유지·관리비로 계상한 예산의 사용용도 5가지를 작성하시오.

(3) 소관 연구실에 필요한 안전 관련 예산을 배정 및 집행하지 아니한 자에게 부과되는 과태료 기준을 쓰시오.

**정답**

(1) ① 1
② 4월 30일

(2) • 안전관리에 관한 정보제공 및 연구활동종사자에 대한 교육·훈련
• 연구실안전환경관리자에 대한 전문교육
• 건강검진
• 보험료
• 연구실의 안전을 유지·관리하기 위한 설비의 설치·유지 및 보수

(3) 500만원 이하의 과태료

**해설**

(2) 그 외 예산의 사용용도
• 연구활동종사자의 보호장비 구입
• 안전점검 및 정밀안전진단

**08** (1) 가스누출 검지경보장치 경보농도 설정기준을 가연성 가스와 독성 가스에 대하여 각각 서술하시오.

(2) 가스누출 검지경보장치 설치개수 기준을 건축물 내·외부에 대하여 각각 서술하시오.

(3) 연구실안전환경관리자가 가스누출검지경보장치를 통해 독성가스 누출사실을 알게 되었을 때 조치해야 하는 사항에 대하여 3가지 이상 서술하시오.

**정답**

(1) • 가연성 가스 : 폭발 하한계의 1/4 이하
• 독성 가스 : TLV-TWA 기준 농도 이하

(2) • 내부 : 가스가 누출하기 쉬운 설비군 바닥면 둘레 10m마다 1개 이상의 비율로 계산한 수만큼 설치한다.
• 외부 : 가스가 누출하여 체류할 우려가 있는(벽, 구조물, 피트 주변) 설비군 바닥면 둘레 20m마다 1개 이상의 비율로 계산한 수만큼 설치한다.

(3) • 누출물질에 대한 MSDS를 확인하고 대응장비를 확보한다.
• 사고현장에 접근 금지 테이프 등을 이용하여 통제구역을 설정한다.
• 개인보호구 착용 후 사고처리를 한다(흡착제, 흡착포, 흡착펜스, 중화제 등 사용).
• 부상자 발생 시 응급조치 및 인근 병원으로 후송한다.

**09** (1) 레이저 안전등급에 대한 내용으로, 다음 빈칸을 순서대로 채우시오(단, ①~④는 단답형, ⑤는 서술형으로 작성하시오).

| 등급 | 노출한계 | 설명 |
| --- | --- | --- |
| ( ① ) | 최대 5mW<br>(가시광선 영역에서<br>0.35초 이상의 노출시간인 경우) | ( ⑤ ) |
| 4 | ( ④ ) | 직접적인 노출뿐만 아니라 반사, 산란된 레이저 광선에 의한 노출에도 안구 손상 및 피부 화상을 야기할 수 있다. |
| ( ② ) | 최대 1mW<br>(0.25초 이상의 노출시간인 경우) | 눈을 깜박(0.25초)여서 위험으로부터 보호 가능하다. |
| ( ③ ) | – | 특정 광학계(렌즈가 있는 광학기기)를 통해 레이저 광선을 관측하는 경우 안구 손상의 가능성이 있다. |

(2) ① 보안경 착용을 권고하는 등급과 ② 보안경 착용을 필수로 해야 하는 등급을 작성하시오.

(3) 레이저의 주요위험요소 3가지를 작성하시오.

정답

(1) ① 3R
② 2
③ 1M
④ 최대 500mW 초과
⑤ 직접적인 노출이나 특정 광학계를 통해 레이저 광선을 관측하는 경우 안구 손상을 야기할 수 있다.

(2) ① 권고 : 3R
② 필수 : 3B, 4

(3) • 실명
• 화상 · 화재
• 감전

## 10

(1) 주사기 바늘 찔림사고의 예방대책을 3가지 이상 서술하시오.

(2) 주사기를 폐기하기 위한 전용용기의 종류를 쓰시오.

(3) 폐기 주사기의 보관기간 기준을 서술하시오.

정답

(1) • 주사기나 날카로운 물건 사용을 최소화한다.
- 여러 개의 날카로운 기구를 사용할 때는 트레이 위의 공간을 분리하고, 기구의 날카로운 방향은 조작자의 반대 방향으로 향하게 한다.
- 주사기 사용 시 다른 사람에게 주의를 시키고, 일정 거리를 유지한다.
- 가능한 한 주사기에 캡을 다시 씌우지 않도록 하며, 캡이 바늘에 자동으로 씌워지는 제품을 사용한다.
- 손상성폐기물 전용용기에 폐기하고 손상성의료폐기물 용기는 70% 이상 차지 않도록 한다.
- 주사기를 재사용해서는 안 되며, 주사기 바늘을 손으로 접촉하지 않고 폐기할 수 있는 수거장치를 사용한다.

(2) 합성수지류 상자형 용기

(3) 30일을 초과하여 보관하지 않는다.

## 11

(1) 다음 빈칸을 순서대로 채우시오.

| 정전기 대전 종류 | 특징 |
|---|---|
| ( ① ) | 서로 밀착되어 있던 두 물체가 떨어질 때 전하의 분리가 일어나서 정전기가 발생하는 현상이다. |
| ( ② ) | 액체류가 배관 등을 흐르면서 고체와 접촉하면서 정전기가 발생한다. |

(2) 정전기 발생에 영향을 주는 요인 5가지를 서술하시오.

정답

(1) ① 박리대전
② 유동대전

(2) • 물체의 재질에 따라 대전 정도가 달라진다. 대전 서열에서 서로 떨어져 있는 물체일수록 정전기 발생이 용이하고 대전량이 많다.
- 표면이 오염, 부식되고, 거칠수록 정전기 발생이 용이하다.
- 정전기 최초 대전 시 정전기 발생 크기가 가장 크다.
- 물체 간 접촉면적과 압력이 클수록 정전기가 많이 발생한다.
- 분리속도가 크면 발생된 전하의 재결합이 적게 일어나서 정전기의 발생량이 많아진다.

## 12 다음 물음에 답하시오.

(1) 흄후드를 구성하는 부품명으로 알맞도록 다음 빈칸을 순서대로 채우시오.

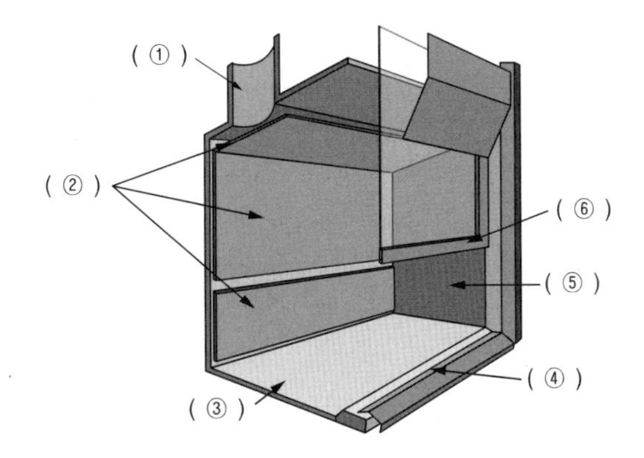


(2) (1)의 그림의 ①의 역할을 서술하시오.

(3) 흄후드에 신선한 공기가 공급될 수 있도록 하기 위한 주의사항을 3가지 이상 서술하시오.

**정답**

(1) ① 배기 플래넘
② 방해판
③ 작업대
④ 에어포일
⑤ 후드 몸체
⑥ 내리닫이 창

(2) 유입 압력과 공기 흐름을 균일하게 형성한다(후드의 방해기류 영향을 억제한다).

(3)
- 국소배기장치를 설치할 때 배기량과 같은 양의 신선한 공기가 작업장 내부로 공급되도록 공기유입구 또는 급기시설을 설치해야 한다.
- 신선한 공기의 공급 방향은 유해물질이 없는 깨끗한 지역에서 유해물질이 발생하는 지역으로 향하도록 하여야 한다.
- 가능한 한 근로자 뒤쪽에 급기구가 설치되어 신선한 공기가 근로자를 거쳐서 후드 방향으로 흐르도록 해야 한다.
- 신선한 공기의 기류속도는 근로자 위치에서 가능한 0.5m/s를 초과하지 않도록 해야 한다.
- 후드 근처에서 후드의 성능에 지장을 초래하는 방해기류를 일으키지 않도록 해야 한다.

실패하는 게 두려운 게 아니라 노력하지 않는 게 두렵다.

- 마이클 조던 -

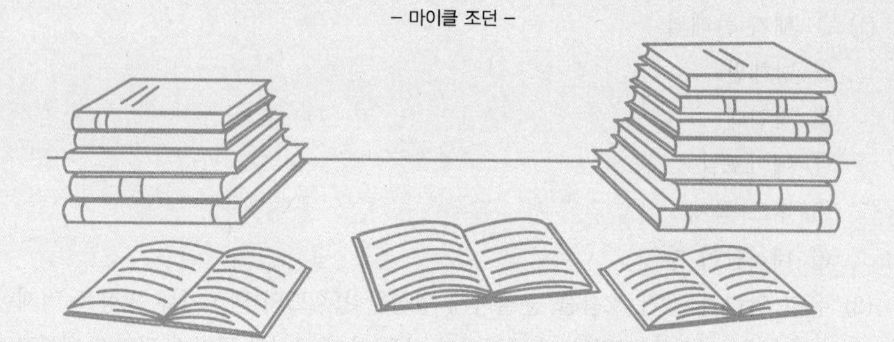

# 부록 02

# 과년도 + 최근 기출복원문제

2022년 제1회 과년도 기출복원문제

2023년 제2회 최근 기출복원문제

# 제 1 회 과년도 기출복원문제

※ 해당 시험 문제는 수험자의 기억에 의해 문제를 복원하였으므로 실제 시행문제와 상이할 수 있음을 알려드립니다.

**01** 다음 빈칸을 순서대로 채우시오.

- 사전유해인자위험분석은 연구활동 시작 전에 실시하며, 연구활동과 관련된 주요 변경사항 발생 또는 ( ① )가 필요하다고 인정할 경우 추가적으로 실시하여야 한다.
- ( ① )는 사전유해인자위험분석 결과를 연구활동 시작 전에 ( ② )에게 보고하여야 한다.
- ( ① )는 사전유해인자위험분석 보고서를 연구실 출입문 등 해당 연구실의 ( ③ )가 쉽게 볼 수 있는 장소에 게시할 수 있다.
- ( ① )는 연구활동별 유해인자 위험분석 실시 후 유해인자 위험분석 실시 후 유해인자에 대한 안전한 취급 및 보관 등을 위한 조치, 폐기방법, 안전설비 및 개인보호구 활동 방안 등을 연구실 ( ④ )에 포함시켜야 한다.
- ( ① )는 화재, 누출, 폭발 등의 비상사태가 발생했을 경우에 대한 대응 방법, 처리 결과 등을 ( ⑤ )에 포함시켜야 한다.

**정답**

① 연구실책임자
② 연구주체의 장
③ 연구활동종사자
④ 안전계획
⑤ 비상조치계획

## 02 다음 빈칸을 순서대로 채우시오.

〈MSDS 항목〉

1. 화학제품과 회사에 관한 정보
2. ( ① )
3. 구성성분의 명칭 및 함유량
4. ( ② )
5. 폭발·화재 시 대처 방법
6. ( ③ )
7. 취급 및 저장 방법
8. 노출 방지 및 개인보호구
9. 물리화학적 특성
10. 안정성 및 반응성
11. 독성에 관한 정보
12. ( ④ )
13. 폐기 시 주의사항
14. 운송에 필요한 정보
15. 법적 규제 현황
16. 그 밖의 참고사항

**정답**

① 유해성·위험성

② 응급조치 요령

③ 누출 사고 시 대처 방법

④ 환경에 미치는 영향

## 03 다음 빈칸을 순서대로 채우시오.

〈공기압축기의 안전점검 시 확인할 사항〉

- ( ① )의 덮개
- ( ② )계 외관 손상 유무
- ( ③ ) 안전인증품 사용
- ( ④ ) 밸브의 조작 및 배수

**정답**

① 방호

② 압력

③ 안전밸브

④ 드레인

## 04

BSC Ⅰ, BSC Ⅱ, 무균작업대가 보호하는 대상을 보기에서 선택하여 각각 적으시오(단, 대상이 2개 이상인 경우 모두 적으시오).

[보기]

작업환경, 연구활동종사자, 취급물질

① BSC Ⅰ

② BSC Ⅱ

③ 무균작업대

**정답**

① 작업환경, 연구활동종사자

② 작업환경, 연구활동종사자, 취급물질

③ 취급물질

## 05

(1) 다음 빈칸을 순서대로 채우시오.

| 유별 | 성질 | 구분 |
|---|---|---|
| 제1류 위험물 | 산화성 고체 | 산화성 고체, 알칼리금속의 과산화물 |
| 제2류 위험물 | 가연성 고체 | 가연성 고체, 인화성 고체 |
| 제3류 위험물 | 자연발화성 물질 및 금수성 물질 | 황린, 금수성 물질 |
| 제4류 위험물 | ( ① ) | 제4류 위험물 |
| 제5류 위험물 | ( ② ) | 제5류 위험물 |
| 제6류 위험물 | 산화성 액체 | 제6류 위험물 |

(2) 위험물 중 할로겐화합물을 이용한 소화방법에 적응성 있는 물질을 적으시오(단, 위의 표 '구분' 칸에 있는 물질을 쓰시오).

**정답**

(1) ① 인화성 액체

② 자기반응성 물질

(2) 인화성 고체, 제4류 위험물

## 06 ACGIH에 따른 입자상물질을 구분하시오.

| 분류 | 평균입경 | 특징 |
|---|---|---|
| ( ① ) 입자상 물질 | ( ③ )$\mu$m | 가스 교환 부위, 즉 폐포에 침착할 때 유해한 분진 |
| ( ② ) 입자상 물질 | ( ④ )$\mu$m | 가스 교환 부위, 기관지, 폐포 등에 침착하여 독성을 나타내는 분진 |

정답

① 호흡성

② 흉곽성

③ 4

④ 10

## 07 (1) 다음 빈칸을 순서대로 채우시오.

> 연구주체의 장은 「연구실 안전환경 조성에 관한 법률」 제15조에 따라 ( ① )을/를 실시한 결과 연구실에 유해인자가 누출되는 등 대통령령으로 정하는 중대한 결함이 있는 경우에는 그 결함이 있음을 안 날부터 ( ② )일 이내에 과학기술정보통신부장관에게 보고하여야 한다.

(2) 중대한 결함에 해당되는 사유 4가지를 작성하시오(단, 인체에 심각한 위험을 끼칠 수 있는 병원체의 누출은 제외).

정답

(1) ① 정밀안전진단

② 7

(2) • 「화학물질관리법」 제2조제7호에 따른 유해화학물질, 「산업안전보건법」 제104조에 따른 유해인자, 과학기술정보통신부령으로 정하는 독성가스 등 유해 · 위험물질의 누출 또는 관리 부실

• 「전기사업법」 제2조제16호에 따른 전기설비의 안전관리 부실

• 연구활동에 사용되는 유해 · 위험설비의 부식 · 균열 또는 파손

• 연구실 시설물의 구조안전에 영향을 미치는 지반침하 · 균열 · 누수 또는 부식

**08** (1) 메탄과 프로판에 대한 가스누출검지경보장치의 설치위치를 각각 서술하시오.
(2) 가연성가스의 누출사고 발생 시 비상대응방안을 순서대로 4가지 서술하시오.
(3) 황산을 취급할 시 필수로 착용해야 하는 보호구를 4가지 작성하시오.

**정답**

(1) • 메탄 : 천장에서 30cm 이내에 설치한다.
• 프로판 : 바닥면에서 30cm 이내에 설치한다.

(2) • 가스기구의 콕을 잠그고, 밸브까지 잠근다.
• 출입문, 창문을 열어 가스를 외부로 유출시켜 환기한다.
• 스파크에 의해 점화될 수 있으므로 전기기구는 절대 조작하지 않는다.
• 소방서 등 관계기관에 신고한다.

(3) • 보안경 또는 고글
• 내화학성 장갑
• 내화학성 앞치마
• 호흡보호구

## 09 (1) 빈칸을 순서대로 채우시오.

| 방호장치 종류 | 정의 |
|---|---|
| ( ① ) | 사용자의 신체 일부가 의도적으로 위험한계 밖에 있도록 기계의 조작 장치를 기계로부터 일정거리 이상 떨어지게 설치해 놓고, 조작하는 두 손 중에서 어느 하나가 떨어져도 기계의 가동이 중지되게 하는 방식 |
| 접근거부형 | ( ④ ) |
| ( ② ) | 사용자가 작업점에 접촉되어 재해를 당하지 않도록 기계 설비 외부에 차단벽이나 방호망을 설치하여 사용하는 방식 |
| 접근반응형 | ( ⑤ ) |
| ( ③ ) | 위험장소에 설치하여 위험원이 비산하거나 튀는 것을 포집하여 사용자로부터 위험원을 차단하는 방식 |

(2) 각각의 방호장치 종류를 아래 기준으로 분류하여 적으시오.

- 위험장소 :
- 위험원 :

**정답**

(1) ① 위치제한형

② 격리형

③ 포집형

④ 작업자의 신체 부위가 위험한계 내로 접근하면 기계의 동작위치에 설치해 놓은 기구가 접근하는 신체 부위를 안전한 위치로 되돌리는 방식

⑤ 사용자의 신체 부위가 위험한계로 들어오게 되면 이를 감지하여 작동 중인 기계를 즉시 정지시키는 장치

(2) • 위험장소 : 격리형, 위치제한형, 접근거부형, 접근반응형

• 위험원 : 포집형

## 10

생물안전 연구시설 설치・운영기준 중 안전관리 1등급에서는 '권장'이며, 안전관리 2등급에서는 '필수'인 기준을 6가지 서술하시오.

정답

- 실험실 출입문은 항상 닫아 두며 승인받은 자만 출입
- 전용 실험복 등 개인보호구 비치 및 사용
- 실험구역에서 실험복을 착용하고 일반구역으로 이동 시에 실험복 탈의
- 실험 시 에어로졸 발생 최소화
- 실험구역 내 식물, 동물, 옷 등 실험과 관련 없는 물품의 반입 금지
- 감염성물질 운반 시 견고한 밀폐 용기에 담아 이동

해설

그 외 기준
- 생물안전위원회 구성
- 생물안전관리규정 마련 및 적용
- 절차를 포함한 기관생물안전지침 마련 및 적용(3, 4등급 연구시설은 시설 운영사항 포함)

## 11

(1) 절연열화로 인한 누설전류로 발생할 수 있는 사고 유형 3가지를 적고, 절연파괴가 발생하는 메커니즘을 서술하시오.

(2) 배선기기로부터의 누전을 방지하기 위한 방법 5가지를 서술하시오.

정답

(1)
- 사고유형 : 감전사고, 화재사고, 폭발사고
- 절연파괴 메커니즘 : 절연체에 가해지는 전압의 크기가 어느 정도 이상에 달했을 때, 그 절연저항이 열화하여 비교적 큰 전류를 통하게 되어 발생한다.

(2)
- 누전경보기 및 누전차단기를 설치한다.
- 배선기기 미사용 시 전원을 차단한다.
- 배선피복 손상 유무, 배선과 건조재와의 거리, 접지 배선의 정기점검을 실시한다.
- 배선기기의 충전부 및 절연물과 다른 금속체(건물의 구조재・수도관・가스관 등)를 이격 조치한다.
- 습윤 장소의 전기시설을 위한 방습 조치를 실시한다.

해설

그 외 방법
- 절연 효력을 위한 전선 접속부에 접속기구 또는 테이프를 사용한다.
- 절연저항을 정기적으로 측정한다.

## 12

보기를 이용하여 다음을 계산하고 계산 시 사용한 계산식, 계산과정, 답을 각각 적으시오(단, $\pi$는 3.14로 계산하고, 소수점 넷째 자리에서 반올림하여 소수점 셋째 자리까지만 표시하시오).

[보기]

- 후드의 크기 : 40cm × 40cm
- 오염원으로부터 위험원까지의 거리($l$) : 20cm
- 후드 제어속도($V$) : 0.5m/s
- 덕트 반송속도($V'$) : 1,200m/min

(1) 외부식 장방형 후드를 사용할 때, 필요환기량($m^3$/h)을 구하시오.

(2) 원형덕트를 사용할 때, 덕트의 단면적($m^2$)을 구하시오.

(3) 원형덕트의 직경($D$)을 구하는 계산식을 쓰고, $D=\sqrt{a}$(m)일 때, "$a$" 값을 구하시오.

**정답**

(1) • 계산식 : $Q=V(10l^2+A_1)$ (단, $Q$ : 필요환기량, $A_1$ : 후드의 단면적)

• 계산과정 : $Q=\left(\frac{0.5\text{m}}{\text{s}}\times\frac{60\text{s}}{1\text{min}}\right)\times[10\times(0.2\text{m})^2+(0.4\text{m})^2]$

$=16.8\text{m}^3/\text{min}$

• 답 : $16.8\text{m}^3/\text{min}$

(2) • 계산식 : $Q=V'\times A_2$ (단, $Q$ : 필요환기량, $A_2$ : 덕트의 단면적)

• 계산과정 : $A_2=\frac{Q}{V'}$

$=\frac{16.8\text{m}^3/\text{min}}{1{,}200\text{m}/\text{min}}$

$=0.014\text{m}^2$

• 답 : $0.014\text{m}^2$

(3) • 계산식 : $A_2=\frac{\pi}{4}D^2$

• 계산과정 : $D=\sqrt{\frac{4\times A_2}{\pi}}$

$=\sqrt{\frac{4\times(0.014\text{m}^2)}{3.14}}$

$=\sqrt{0.01783\text{m}^2}$

$\therefore a=0.018$

• 답 : 0.018

# 제 2 회 최근 기출복원문제

**01** 「연구실안전법」에 따른 연구실안전관리위원회에서 협의하여야 할 사항의 내용에 맞게 빈칸을 순서대로 채우시오.

- ( ① )의 작성 또는 변경
- 안전점검 실시 계획의 수립
- 정밀안전진단 실시 계획의 수립
- ( ② )의 계상 및 집행 계획의 수립
- ( ③ )의 심의
- 그 밖에 연구실 안전에 관한 주요사항

정답

① 안전관리규정 ② 안전 관련 예산

③ 연구실 안전관리 계획

**02** 다음 그래프를 참고하여 문제에 답하시오.

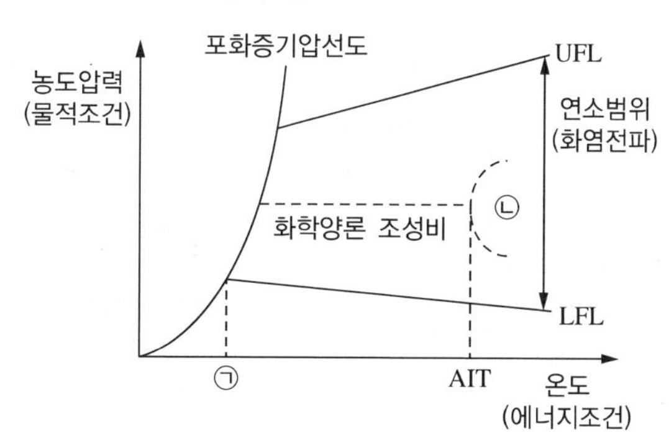


(1) 그래프의 ㉠, ㉡ 명칭을 쓰시오.

(2) KS C IEC 60079-14상, 가연성물질의 발화도 범위가 100℃ 초과 135℃ 이하일 때 사용 가능한 방폭전기기기의 온도등급을 모두 적으시오.

정답

(1) ㉠ 인화점 ㉡ 자연발화

(2) T5, T6

## 03 다음 기계에 사용하는 방호장치를 순서대로 적으시오.

① 교류아크용접기의 감전사고 예방

② 연삭숫돌의 비산물을 막아주는 것

③ 독성·부식성 압력설비의 과압방지(안전밸브 제외)

정답

① 자동전격방지기

② 덮개

③ 파열판

## 04 「유전자변형생물체법」에 따른 유전자변형생물체 수입 시 유전자변형생물체의 수입송장에 표시해야 하는 사항에 알맞도록 빈칸을 채우시오.

- LMO의 명칭, 종류, ( ① ) 및 특성
- LMO의 안전한 취급을 위한 ( ② )
- LMO의 ( ③ ), ( ④ )의 성명·주소 및 전화번호(상세 기제)
- LMO에 해당하는 사실
- ( ⑤ )로 사용되는 LMO 해당 여부

정답

① 용도

② 주의사항

③ 수출자

④ 수입자

⑤ 환경 방출

## 05 다음 표의 빈칸을 순서대로 채우시오.

| 전로의 사용전압(V) | DC 시험전압(V) | 절연저항(MΩ) |
|---|---|---|
| ( ① ) 및 PELV | ( ② ) | 0.5 |
| FELV, 500V 이하 | 500 | ( ③ ) |
| 500V 초과 | 1,000 | 1.0 |

정답

① SELV

② 250

③ 1.0

## 06 「안전보건규칙」에 따른 근골격계 유해요인 조사에 대한 내용에 맞게 빈칸을 채우시오.

- 사업주는 근로자가 근골격계부담작업을 하는 경우에 ( ① )마다 유해요인조사를 하여야 한다. 다만, 신설되는 사업장의 경우에는 신설일부터 1년 이내에 최초의 유해요인 조사를 하여야 한다.
- 사업주는 다음의 어느 하나에 해당하는 사유가 발생하였을 경우에 위 사항에도 불구하고 지체 없이 유해요인 조사를 하여야 한다. 다만, 제1호의 경우는 근골격계부담작업이 아닌 작업에서 발생한 경우를 포함한다.
  1. 법에 따른 임시건강진단 등에서 근골격계질환자가 발생하였거나 근로자가 근골격계질환으로 「산업재해보상보험법 시행령」 별표 3 제2호가목 · 마목 및 제12호라목에 따라 ( ② )으로 인정받은 경우
  2. 근골격계부담작업에 해당하는 새로운 ( ③ )를 도입한 경우
  3. 근골격계부담작업에 해당하는 업무의 양과 작업공정 등 작업환경을 변경한 경우

정답

① 3년

② 업무상 질병

③ 작업 · 설비

**07** (1) 정밀안전진단을 정기적으로 실시해야 하는 연구실을 3가지 작성하시오(단, 관련 법규를 명확히 명시하시오).

(2) 정밀안전진단 실시항목을 3가지 작성하시오(정기점검에 준하는 내용 제외).

정답

(1) • 「화학물질관리법」에 따른 유해화학물질을 취급하는 연구실
• 「산업안전보건법」에 따른 유해인자를 취급하는 연구실
• 「고압가스 안전관리법 시행규칙」에 따른 독성가스를 취급하는 연구실

(2) • 유해인자별 노출도평가의 적정성
• 유해인자별 취급 및 관리의 적정성
• 연구실 사전유해인자위험분석의 적정성

**08** (1) 탄화칼슘과 물의 반응식을 쓰시오.

(2) (1)의 반응을 통해 생성된 가스의 위험도를 계산하시오.

(3) (1)의 반응을 통해 생성된 가스가 연소될 수 있는 최소산소농도를 계산하시오.

정답

(1) $CaC_2 + 2H_2O \rightarrow Ca(OH)_2 + C_2H_2$

(2) $H = \frac{U-L}{L}$ (여기서, $V$ : 폭발상한계, $L$ : 폭발하한계)

$= \frac{81-2.5}{2.5}$

$= 31.4$

(3) MOC(최소산소농도) = LFL(폭발하한계) × $O_2$(산소몰수)

완전연소반응식 : $C_2H_2 + 2.5O_2 \rightarrow 2CO_2 + H_2O$

MOC = (2.5%) × 2.5

= 6.25%

## 09 기계 사고체인의 5요소에 대한 빈칸을 채우시오(①의 답은 영어 명칭으로 쓰시오).

- ( ① ) : 날카로운 물체, 고·저온, 전류 등에 접촉하여 상해가 일어날 수 있는 위험요소
- 충격(impact) : ( ② )
- 함정(trap) : ( ③ )
- 얽힘·말림(entanglement) : ( ④ )
- 튀어나옴(ejection) : ( ⑤ )

**정답**

① contact

② 움직이는 기계와 작업자가 충돌하거나, 고정된 기계에 사람이 충돌하여 사고가 일어날 수 있는 위험요소

③ 기계의 운동에 의해 작업자가 끌려가 다칠 수 있는 위험요소

④ 작업자가 기계설비에 말려 들어갈 수 있는 위험요소

⑤ 기계요소나 피가공재가 기계로부터 튀어나올 수 있는 위험요소

## 10 (1) 기관생물안전위원회의 위원 구성에 대하여 서술하시오.

(2) 소규모 기업이라서 기관생물안전위원회를 자체적으로 구성하기 어려울 경우의 해결방법을 쓰시오.

(3) 기관생물안전위원회에서 시험·연구기관의 자문에 응해야 하는 사항 3가지를 적으시오(기타 기관 내 생물안전 확보에 관한 사항은 제외).

**정답**

(1) 위원장 1인, 생물안전관리책임자 1인, 외부위원 1인을 포함한 5인 이상의 위원으로 구성한다.

(2) 기관생물안전위원회의 업무를 외부 기관생물안전위원회에 위탁한다.

(3) • 유전자재조합실험의 위해성 평가 심사 및 승인에 관한 사항
- 생물안전 교육·훈련 및 건강관리에 관한 사항
- 생물안전관리규정의 제·개정에 관한 사항

## 11 다음 빈칸을 순서대로 채우시오.

| 구분 | 플래시오버 | 백드래프트 |
|---|---|---|
| 정의 | ( ① ) | ( ④ ) |
| 발생원인 | ( ② ) | ( ⑤ ) |
| 발생단계 | ( ③ ) | ( ⑥ ) |

정답

① 화재 초기 단계에서 연소물로부터 가연성 가스가 천장 부근에 모이고, 그것이 일시에 인화해서 폭발적으로 방 전체가 불꽃이 도는 현상

② 온도상승(인화점 초과)

③ 일반적으로 성장기 마지막에 발생하며, 최성기 시작점 경계에 발생

④ 연소에 필요한 산소가 부족하여 훈소상태에 있는 실내에 산소가 갑자기 다량 공급될 때 연소가스가 순간적으로 발화하는 현상

⑤ 외부(신선한) 공기의 유입

⑥ 일반적으로 감쇠기에 발생하며, 예외적으로 성장기에도 발생

## 12 호흡용 보호구의 기능별 분류에 대하여 다음 빈칸을 채우시오.

[공기정화식]

| | | |
|---|---|---|
| ( ① ) | ( ② ) | 방진마스크, 방독마스크, 방진·방독 겸용마스크 |
| ( ③ ) | 송풍장치를 사용하여 오염공기가 여과재·정화통을 통과한 뒤 정화된 공기가 안면부로 가도록 고안된 형태 | 전동팬 부착 방진마스크, 방독마스크, 방진·방독 겸용마스크 |

[공기공급식]

| | | |
|---|---|---|
| 송기식 | ( ④ ) | 송기마스크, 호스마스크 |
| 자급식 | ( ⑤ ) | 공기호흡기(개방식), 산소호흡기(폐쇄식) |

정답

① 비전동식

② 별도의 송풍장치 없이 오염공기가 여과재·정화통을 통과한 뒤 정화된 공기가 안면부로 가도록 고안된 형태

③ 전동식

④ 공기호스 등으로 호흡용 공기를 공급할 수 있도록 설계된 형태

⑤ 사용자의 몸에 지닌 압력공기실린더, 압력산소실린더 또는 산소발생장치가 작동하여 호흡용 공기가 공급되도록 한 형태

지식에 대한 투자가 가장 이윤이 많이 남는 법이다.

– 벤자민 프랭클린 –

작은 기회로부터 종종 위대한 업적이 시작된다.

– 데모스테네스 –

모든 전사 중 가장 강한 전사는 이 두가지, 시간과 인내다.

– 레프 톨스토이 –

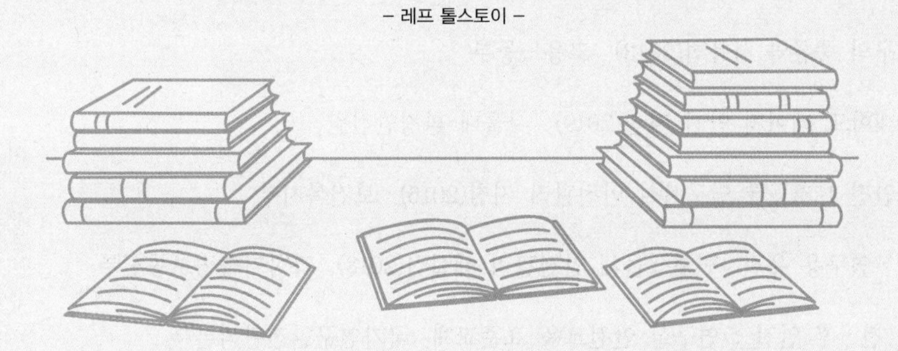

# 참고문헌 및 자료


- 김찬양(2024). **김찬양 교수의 연구실안전관리사 1차 한권으로 끝내기**. 시대고시기획
- **2023 새로운 위험성평가 안내서(2023)**. 고용노동부.
- **가스시설 전기방폭 기준(KGS GC201 2018)**. 한국가스안전공사.
- **국민행동요령 – 화재**. 소방청.
- 김종인, 이동호(2008). **4M 방식에 의한 화학실험실 위험성 평가 기법**. 대한안전경영과학회 춘계학술대회.
- 박병호(2023). **Win-Q 산업안전기사 필기**. 시대고시기획.
- 박지은(2023). **Win-Q 화학분석기사 필기 단기완성**. 시대고시기획.
- **보호구의 종류와 사용법(2013)**. 고용노동부.
- **서울대학교 레이저 안전 지침(2019)**. 서울대 환경안전원.
- **생물안전 1, 2등급 연구시설 안전관리 지침(2016)**. 보건복지부.
- **시험・연구용 유전자변형생물체 안전관리 해설집(2018)**. 과학기술정보통신부.
- **실험 전・후 안전 : 연구실 안전교육 표준교재**. 국가연구안전관리본부.
- **실험실생물안전지침(2019)**. 질병관리청.
- **실험실 안전관리 매뉴얼(2019)**. 국립보건연구원.
- **안전검사 매뉴얼**. 산업안전보건인증원.
- **연구실 기계안전 사고대응 매뉴얼**. 과학기술정보통신부.
- **연구실 설치운영 가이드라인(2017)**. 과학기술정보통신부.
- **연구실 생물안전 사고대응 매뉴얼(2020)**. 과학기술정보통신부.

- **연구실안전관리사 학습가이드**(2022). 과학기술정보통신부・국가연구안전관리본부・한국생산성본부.
- **연구실 안전교육 표준교재**. 과학기술정보통신부・국가연구안전관리본부.
- **연구실안전법 해설집**(2017). 과학기술정보통신부・국가연구안전관리본부.
- **연구실 주요 기기・장비 취급관리 가이드라인**(2020). 과학기술정보통신부.
- **의료폐기물 처리 매뉴얼**(2021). 질병관리청.
- **이달의 안전교실 협착재해예방**(2006). 대한산업보건협회.
- 정재희(1998). **위험요인별 안전관리 요령**. 한국산업간호협회지.
- **한국생물안전안내서 2판**(2021). 한국생물안전안내서 발간위원회.
- **현장작업자를 위한 전기설비 작업안전**(2019). 한국산업안전보건공단.
- **환경실험실 운영관리 및 안전 제3판**(2015). 국립환경과학원.
- **휴먼에러의 원인과 예방대책**(2011). 한국산업안전보건공단.
- KOSHA GUIDE
  - D-44-2016 세안설비 등의 성능 및 설치에 관한 기술지침
  - G-24-2011 기계류의 방사성 물질로부터 위험을 줄이기 위한 안전가이드
  - G-82-2018 실험실 안전보건에 관한기술지침
  - G-96-2012 인적오류 예방에 관한 인간공학적 안전보건관리 지침
  - G-120-2015 인적에러 방지를 위한 안전가이드
  - M-39-2012 작업장내에서 인간공학에 관한 기술지침
  - P-76-2011 화학물질을 사용하는 실험실 내의 작업 및 설비안전 기술지침
  - W-3-2021 생물안전 1, 2등급 실험실의 안전보건에 관한 기술지침

# 참고사이트

- 국가연구안전정보시스템
- 네이버 지식백과
- 두산백과
- 미국산업안전보건연구원(NIOSH)
- 법제처 국가법령정보센터(연구실 안전환경 조성에 관한 법률, 산업안전보건법 등)
- 보건복지부
- 산업안전보건공단
- 한국소방안전원
- https://www.labs.go.kr(과학기술정보통신부 국가연구안전정보시스템)
- https://blog.naver.com/koshablog(안전보건공단 공식블로그)
- https://smartstore.naver.com
- https://blog.naver.com/autodog
- https://blog.naver.com/hskorea2994
- https://cafe.naver.com/anjun/
- https://blog.naver.com/prologue/PrologueList.naver?blogId=nagaja_2003

# 김찬양 교수의 연구실안전관리사 2차 한권으로 끝내기


| | |
|---|---|
| 개정2판1쇄 발행 | 2024년 08월 30일 (인쇄 2024년 06월 19일) |
| 초 판 발 행 | 2022년 10월 05일 (인쇄 2022년 08월 19일) |
| 발 행 인 | 박영일 |
| 책 임 편 집 | 이해욱 |
| 편 저 | 김찬양 |
| 편 집 진 행 | 윤진영 · 오현석 |
| 표지디자인 | 권은경 · 길전홍선 |
| 편집디자인 | 정경일 |
| 발 행 처 | (주)시대고시기획 |
| 출 판 등 록 | 제10-1521호 |
| 주 소 | 서울시 마포구 큰우물로 75 [도화동 538 성지 B/D] 9F |
| 전 화 | 1600-3600 |
| 팩 스 | 02-701-8823 |
| 홈 페 이 지 | www.sdedu.co.kr |

| | |
|---|---|
| I S B N | 979-11-383-7150-6(13530) |
| 정 가 | 28,000원 |